Ottokar Lorenz

Lehrbuch der gesammten wissenschaftlichen Genealogie

Stammbaum und Ahnentafel in ihrer geschichtlichen, soziologischen und

naturwissenschaftlichen Bedeutung

Ottokar Lorenz

Lehrbuch der gesammten wissenschaftlichen Genealogie
*Stammbaum und Ahnentafel in ihrer geschichtlichen, soziologischen und
naturwissenschaftlichen Bedeutung*

ISBN/EAN: 9783743472976

Hergestellt in Europa, USA, Kanada, Australien, Japan

Cover: Foto ©berggeist007 / pixelio.de

Weitere Bücher finden Sie auf **www.hansebooks.com**

Lehrbuch

der gesammten wissenschaftlichen

Genealogie.

Stammbaum und Ahnentafel

in ihrer

geschichtlichen, sociologischen und naturwissenschaftlichen
Bedeutung

von

Dr. Ottokar Lorenz

Professor der Geschichte.

Berlin.
Verlag von Wilhelm Hertz
(Besserische Buchhandlung).
1898.

Vorwort.

———

Vor mehr als hundert Jahren hat Gatterer in Göttingen zum Gebrauche seiner Vorlesungen ein Lehrbuch der Genealogie geschrieben. Seitdem hat dieser Gegenstand, abgesehen von einigen encyklopädischen Artikeln und einigen auf den praktischen Betrieb familiengeschichtlicher Studien gerichteten Anweisungen und Behelfen, keine systematische Behandlung mehr erfahren. Vielmehr sind selbst die noch bis etwa in die Mitte des Jahrhunderts hie und da fortgesetzten Vorlesungen über Genealogie an den Universitäten ganz außer Gebrauch gekommen. Endlich ist auch in der Litteratur, wie im Unterricht, alle genealogische Grundlegung geschichtlicher Entwickelungen, oft bis zur vollständigsten Vernachlässigung selbst des einfachsten Zusammenhangs von Generationen und Familien, aufgegeben worden.

Indem ich den Versuch gemacht habe, die Genealogie als Wissenschaft in ihren gesammten Beziehungen zu historischen, gesellschaftlichen, staatlichen, rechtlichen und vor allem auch naturwissenschaftlichen Fragen und Aufgaben systematisch darzustellen, muß ich es dem Leser des Buches selbst überlassen, sich ein Urtheil über den bemerkten Mangel jetziger und über die zu erwartenden Aussichten und Vortheile künftiger Studien in dieser Richtung zu bilden.

Wenn man indessen nach den Ursachen forschen wollte, welche den Fortschritt des genealogischen Studiums hauptsächlich verhinderten, so dürfte man nicht leugnen, daß dieselben auch zum großen Theile in der Art und Weise der Behandlung dieser Disziplin zu suchen waren. Sie ist zweimal im Laufe ihrer litterarischen Entwicklung auf Abwege gerathen, durch die sie Dienerin thörichter Vorurtheile geworden ist. Die genealogische Gelehrsamkeit hat zuweilen dem Schwindel politischer und persönlicher Eitelkeit nachgegeben und ist zum andernmal zu einem Spielzeug unkritischer Liebhabereien herabgesunken. Manche haben behauptet, daß selbst bedeutende Familien durch falsche genealogische Lehren zu politischen Irrthümern verleitet worden seien, und andere haben auf die Gefahren aufmerksam gemacht, welche dem Ernst der Wissenschaft durch den Dilettantismus eines der Geschichte verwandten Studiums drohen könnten.

Indessen sind Abwege auch bei der Geschichte anderer großer Disciplinen, wie etwa Astronomie und Chemie, wahrzunehmen gewesen. Wird es heute jemand einfallen, die Berechnung der Nativitäten, oder die Goldmacherkunst, die selbst von den größten Gelehrten betrieben wurden, zu einem Vorwurf gegen diese Wissenschaften selbst auszubeuten? Wenn sich aber in angesehenen biographischen Werken etwa von einem Manne, wie Philipp Spener, eine in jeder anderen Beziehung zu rühmende Darstellung findet, in der jedoch nur seiner genealogischen Verdienste eben mit keinem Worte gedacht ist, so muß man vermuten, daß dieser Wissenschaft in einem großen Kreise der gelehrten Welt die ihr gebührende Würdigung nicht mehr zu Theil wird.

Und dennoch ist man in mannigfachen Zweigen psychologischer und naturwissenschaftlicher, sowie soziologischer Disziplinen heute ohne Zuthun des historischen Betriebs mehr und mehr in einer genealogischen Richtung thätig. Von Vertretern eben dieser

Wissenschaften sind Wünsche ausgesprochen worden, mehr historisches Material zu besitzen, um die Aufgaben lösen zu können, die sich von ihrem Standpunkte erheben. Ich leugne nicht, daß zunächst meine Hoffnungen eben auf diese Kreise am meisten gerichtet sind, wenn ich erwarte, daß den genealogischen Studien ein neues Zeitalter sich eröffnen werde und müsse.

Bis dahin kann man indessen jenen Bestrebungen nicht genug Dank und Aufmerksamkeit zuwenden, welche in selbstgewählter Thätigkeit und durch private Veranstaltungen sich bemühen, dem genealogischen Studium Arbeiter und Freunde zu erwerben, wie die beiden Vereine „Adler" in Wien und „Herold" in Berlin, welchem letzteren ich dieses Werk seit Jahren zugedacht habe und hiermit auch zueigne. Möchte das gute Beispiel, welches in diesem Augenblicke in Berlin durch die von der Adelsgenossenschaft veranstalteten Vorlesungen über Genealogie gegeben worden ist, recht befruchtend wirken! In nicht allzuferner Zeit werden sich ja doch Regierungen, die für die Interessen der Wissenschaft thätig sind, entschließen müssen, das dicke Scheuleder der Fakultäten zu durchbrechen und etwas für die Wiederaufnahme genealogischer Studien zu thun.

Von meinem Theile kann ich die Gelegenheit nicht vorübergehen lassen ohne zu bekunden, daß ich bei zahlreichen Vertretern wissenschaftlicher Zweige, deren ich in vielen einzelnen Fällen anerkennungsweise zu gedenken hatte, und die ich bitte, hier ein für allemale meinen Dank entgegen zu nehmen, auch heute schon ein sehr entschiedenes Interesse für die Fragen wahrgenommen habe, zu deren Lösung die Genealogie einiges beitragen möchte.

Auch fand mein Versuch bei einem jungen tüchtigen Vorkämpfer genealogischer Forschung, Ernst Devrient, mitarbeitende Theilnahme.

Und so geht dieser genealogische „Gatterer" nach hundert Jahren neuerdings mit Wunsch und Erwartung in die Welt, im nächsten Jahrhundert doch noch eine Renaissance zu sehen.

Rom, im December 1897.

O. Lorenz.

Inhalts-Verzeichniß.

Einleitung.
Genealogie als Wissenschaft.

Erster Theil.
Die Lehre vom Stammbaum.

Zweiter Theil.

Die Ahnentafel.

Dritter Theil.
Fortpflanzung und Vererbung.

Probleme.

Einleitung.

Genealogie als Wissenschaft.

Begriff der Genealogie.

Die Erkenntnis von dem Zusammenhange lebender Wesen in Folge von Zeugungen der einen und Abstammung der andern kann im allgemeinsten Sinne als die Grundlage alles dessen angesehen werden, was unter Genealogie zu verstehen ist. Sie umfaßt in dieser weiten Bedeutung des Wortes die gesammte geschlechtlich fortgepflanzte Thierwelt und findet ihre Anwendung in Bezug auf alle Gattungen und Arten derselben. Für die objektiv wissen= schaftliche Betrachtung bietet sich jedes geschlechtlich erzeugte Wesen als Gegenstand genealogischer Forschung dar und jede Erforschung des Lebens erlangt unter diesem Gesichtspunkte den Charakter einer genealogischen Wissenschaft. Indessen ergiebt sich zwischen den Objekten der auf Zeugung und Abstammung gerichteten genea= logischen Betrachtung ein wesentlicher Unterschied in Folge des Bewußtseins des Zusammenhangs zwischen Erzeugern und Erzeugten. Das Thier erkennt seine Eltern vermöge des Bedürfnisses der eigenen Lebenserhaltung während eines Zeitraums, dessen Dauer von der Höhe der Entwicklung seiner Gattung abhängig ist, aber erst beim Menschen beginnt eine von dem unmittelbaren Trieb des Lebens unabhängige Erkenntnis des Zusammenhangs zwischen Eltern und Kindern: In der Stufenfolge organischer Wesen gelangt man endlich zu gewissen Arten von Menschen, welche sich durch das allgemein vorhandene genealogische Bewußtsein von den Thieren und wahr= scheinlich auch von andern Arten deutlich unterscheiden lassen, die nach sonstigen Eigenschaften ihnen menschlich nahe verwandt er= scheinen mögen. Eine sichere anthropologische Kenntnis davon, bei

welchen Arten von Menschen, unter welchen Rassen und Himmels-
strichen das genealogische Bewußtsein sich entwickelte, ist zur Zeit
nicht vorhanden. Man kann nur sagen, daß überall da, wo sich
unter Menschen Erinnerungen an vergangene Menschen bewahren,
genealogisches Bewußtsein vorhanden ist, und daß daher die ältesten
geschichtlichen Ueberlieferungen, die bei den verschiedensten Völkern gefunden wurden, meistens genealogischer Natur waren. Die Genealogie
im engeren und eigentlichen Sinne setzt mithin das Vorhandensein
des genealogischen Bewußtseins jener besonderen Wesen voraus,
deren Zusammenhang unter einander auf Erzeugung und Abstammung erkannt werden soll. Die Genealogie als Wissenschaft kann
nur von denjenigen Lebewesen gedacht werden, die die Vorstellung
von Eltern und Kindern in der Besonderheit der Fälle zu erhalten
gewußt haben. Sie setzt voraus, daß das Individuum in seiner
Abstammung von Individuen erkannt worden ist und begnügt sich
nicht mit einer Erkenntnis des Zusammenhangs und der Entwicklung von Arten überhaupt.

Im Gegensatze zu dem Gattungsbegriff und seiner Evolution
steht die Genealogie auf dem Individualbegriff und alle von ihr
zu beobachtende Entwicklung kann nur im collectiven Sinne verstanden werden. Sie hat es nicht mit dem Menschen überhaupt,
sondern mit den geschichtlich handelnden, durch Zeugungen fortge-
pflanzten Personen zu thun, die sich des Zusammenhanges von
Eltern und Kindern bewußt geworden und zur Erkenntnis einer
Reihe zeitlich entwickelter Thatsachen gekommen sind, welche durch
die Geburt und den Tod jedes einzelnen Individuums deutlich
erkennbar begrenzt sind. In dieser Abfolge von Ereignissen bilden
sich die Erinnerungen des geschichtlichen Menschen als Wirkungen
von Lebensaltern oder Generationen, und das sich erhaltende und
stets erneuernde Bewußtsein von Abstammungsreihen, die Erkenntnis
immer wiederholter und neu geborener Generationen von Vätern,
Söhnen und Enkeln ist hinwieder das Kennzeichen von gewissen
Menschenarten, die man zum Unterschiede von allen andern Lebewesen den Geschichtsmenschen nennen darf. Wo immer der Naturforscher in Rücksicht auf die Eigenschaften der gesammten Thierwelt
das unterscheidende in den Arten aufsuchen und feststellen mag,

unter allen Umständen wird er an eine Grenze gelangen, wo das genealogische Bewußtsein unter den Menschenarten zuerst auftritt und die Erkenntnis der Geschlechtsreihen im Gegensatze zur Thier-welt in lebendiger Vorstellung forterbt. Kann er in den natür-lichen Vorgängen der Fortpflanzung zwischen den geschlechtlichen Zeugungen keinen wesentlichen Unterschied bemerken, so tritt in dem Bewußtwerden des genealogischen Begriffs ein Individuum hervor, dessen Wirkungen mit denen keiner andern Art von Lebe-wesen vergleichbar sind. In diesem Sinne erscheint das Auftreten des genealogischen Bewußtseins unter den Menschen nicht bloß als ein Hilfsmittel, welches die geschichtliche Erinnerung begleitet oder erleichtert, sondern vielmehr als die Ursprungsquelle alles geschicht-lichen Lebens und Denkens.

Es ist daher ganz richtig, wenn schon der alte Gatterer, der sich rühmen durfte, der erste gewesen zu sein, welcher ein systema-tisches Buch über die Genealogie geschrieben, sagte: „Genealogie gab es eher unter den Menschen als Geschichte." Und mit gleichem Rechte hob er es als besonders merkwürdig und bezeichnend her-vor, daß man, sobald der Gedanke von Genealogie in der Menschen-seele erwacht war, sofort darauf verfiel, Stammtafeln der Götter zu machen, bevor man noch Stammtafeln der Menschen be-saß. Selbst die Weltschöpfung, die man personifizirte, konnte nur genealogisch gedacht sein; in der That eine frühzeitige Ahnung der Völker davon, daß hier etwas notwendiges und gesetzliches zu Grunde liege, welches keinen anderen historischen Vorstellungen und Erinnerungen in gleichem Maße zuzukommen schien. Denn was man auch von Menschen und ihren Erlebnissen und Handlungen sonst wissen und erzählen konnte, etwas gleich sicheres, stets wieder-kehrendes, durchaus gesetzmäßiges, wie Geburt und Tod, wie die Aufeinanderfolge der Geschlechter, wie Zeugung und Abstammung ist bei Beobachtung aller den Menschen betreffenden und vom Thun der Menschen abhängigen Ereignissen nicht zu erkennen gewesen. Seit den urweltlichen Zeiten des entstandenen menschlichen Bewußt-seins drängte sich die genealogische Erkenntnis als ein etwas der Erfahrung auf, das sich als dauerndes im Wechsel der Erscheinun-gen erweisen mußte. In diesem Sinne gehörte die Genealogie zu

den ältesten Erfahrungen des Menschengeschlechts, denen in der
Einfachheit ihrer Sätze der Charakter einer Wissenschaft nicht ab=
zusprechen war, denn was sie feststellte, beruhte auf der allgemeinen
und unbedingten Giltigkeit ihrer Erkenntnisse, gleichwie die Wahr=
heiten des Sternenlaufes und die Beobachtungen an Sonne und
Mond. Gleichwie sich die astronomischen Wissenschaften als Erb=
theil der ältesten Völker aus der Beobachtung des Weltalls er=
geben haben, so entwickelte sich die Genealogie als ein Ergebnis
der Betrachtung des menschlichen Daseins. Es bedarf nicht erst
des Hinweises auf das Schriftthum, das seit Moses zu Gebote
steht.

Die Genealogie ist in diesem ursprünglichsten Sinne mithin
die Wissenschaft von der Fortpflanzung des Geschlechts in seinen
individuellen Erscheinungen. Sie erhält ihren vollen Inhalt
und ihr eigentliches Gepräge durch die Beobachtung eben des in
seinen persönlichen Zeugungs= und Abstammungsverhältnissen
erkannten Menschen selbst, der in Rücksicht auf seine physischen,
geistigen und gesellschaftlichen Eigenschaften einer Reihe von Ver=
änderungen unterliegt, deren Erkenntnis im einzelnen zwar zu den
Aufgaben anderer selbständiger Wissenszweige gehört, an deren
Grenzen jedoch die Genealogie diejenigen Ursachen und Wirkungen
untersucht, welche sich auf Zeugung und Abstammung des Indi=
viduums in seiner Besonderheit beziehen.

Stellung der Genealogie in den Wissenschaften überhaupt.

Eine sehr verschiedene Bedeutung gewinnt die Genealogie
durch ihre Beziehungen zu der Gesammtheit der Wissenszweige.
Auf sich selbst gestellt und in sich beruhend erscheint die Genealogie
nur da, wo sie in der Darstellung lediglich die Thatsachen indi=
vidueller Zeugungs= und Abstammungsverhältnisse berücksichtigt.
Wendet sie sich dagegen zur Betrachtung der Natur und des Wesens
der Erzeugten, so tritt sie in vielfache Beziehungen zu einer Reihe
von Wissenschaften, deren Untersuchungen sich nur zum Theile mit
den Aufgaben der Genealogie decken werden, denen sie jedoch

überall hilfswissenschaftlich zur Seite stehen kann. So läßt sich
die Genealogie ihrem Begriff und Wesen nach in zwei Hauptrichtungen gliedern, je nachdem man ihre formale Seite in der
Nachweisung thatsächlicher Geschlechtsverhältnisse ins Auge faßt, oder
aber stofflich und inhaltlich die Beziehungen untersucht, die sie zu
andern Wissensgebieten darbietet.

In ersterer Rücksicht — man mag den Ausdruck formaler
Genealogie, wenn er auch nicht sehr bezeichnend ist, der Kürze und
Bequemlichkeit wegen nicht mißbilligen — handelt es sich um Darstellung von Abstammungsverhältnissen und Verwandtschaften einer
gewissen Anzahl persönlich zu bezeichnender Menschen in aufsteigenden und absteigenden Zeugungs- oder Geschlechtsreihen. Bei dieser
ein für allemale wichtigsten, grundlegenden Thätigkeit kommt es
in der genealogischen Wissenschaft zunächst darauf an, die durch
Zeugung und Abstammung bedingten Verhältnisse von bestimmten
Personen zu bestimmten Personen richtig zu erkennen und klar
nachzuweisen. Man gelangt auf diesem Wege zu einem System
von reihenweis fortschreitenden, aufsteigenden oder absteigenden
Linien, aus welchen sich der Begriff der Generationen entwickelt.
In diesem eigentlichen und besonderen Sinne fällt der Genealogie
die Aufgabe zu, die Vielheiten menschlicher Zeugungsakte unter ein-
heitliche Gesichtspunkte des Abstammungsverhältnisses von bestimmten Menschenpaaren zu bringen, welche in ihrer zeitlich begrenzten Wirksamkeit als Urheber von bestimmt bezeichneten, ebenfalls zeitlich begrenzten durch die gleiche Abstammung geschwister-
lich vereinigten Personen erkannt sind und in immer neu sich bildenden Reihen zu Stammeltern eines im Zeitenstrom sich fortent-
wickelnden Geschlechts werden. Die Genealogie beschäftigt sich in ele-
mentarer Arbeit zunächst mit dem Generationsbegriff als Ausfluß
unmittelbar nachzuweisender Zeugungen und kann zunächst von der
Frage absehen, inwiefern auch im weiteren Sinne von Generationen gesprochen werden kann, bei denen aus zeitlich zusammen-
fallenden Lebenswirksamkeiten gleichsam auf eine Stammvaterschaft
idealer Art und auf eine Zusammengehörigkeit von Abstammungsreihen geschlossen werden kann. Im weitesten Sinne des Begriffs
fällt die Vorstellung von Generationen aus dem Rahmen gene-

alogischer Nachweisung selbstverständlich heraus, beruht eigentlich
auf der Hypothese einer Abstammung von einem Elternpaar und
erhält ihre Bedeutung erst in ihrer Anwendung auf anderen Gebieten historischer Erscheinungen.

Indessen sind die Aufgaben, welche der Genealogie schon auf
ihrer untersten Stufe in dem Nachweise bloßer Zeugungs- und
Abstammungsverhältnisse gestellt sind, schwierig genug zu erfüllen.
Denn das Erinnerungsvermögen der Menschen ist in Bezug auf
diese ohne Zweifel natürlichsten Vorgänge, auf denen ihr Dasein
doch beruht, wenngleich besser als bei den Thieren, doch im ganzen
und großen ebenfalls ein außerordentlich geringes und ungewisses.
Die sichere Kenntnis von Abstammungsverhältnissen setzt nicht nur
einen hohen Grad erlangter ethischer Kultur, sondern auch den
ausgedehnten Gebrauch der Schrift voraus. Ohne diese giebt es
so wenig eine Genealogie, wie eine Geschichte, diese vielleicht noch
eher, als jene. Aber auch das schriftliche Zeugnis ist nur ein,
wenn auch unentbehrlicher Nothbehelf in genealogischen Dingen,
sobald man denselben in größerem Umfange nachgeht. Das Erinnerungsvermögen in Bezug auf Abstammungsverhältnisse reicht
bei den Menschen bis zu den Großeltern und in besonders günstigen
Verhältnissen bis zu den Urgroßeltern. Die mündliche Ueberlieferung kann ganz zuverlässige Mittheilungen über einzelne Linien
von Vorfahren darbieten, aber für die Erkenntnis von Geschlechtsreihen reicht kein Gedächtnis aus. Und selbst das schriftliche Zeugnis unterliegt einem gewissen Skepticismus in genealogischen Dingen,
der trotz selbstverständlicher Anwendung aller jener Mittel und
Methoden, die man in den geschichtlichen Wissenschaften überhaupt
besitzt, vermöge der eigenthümlichen Natur genealogischer Thatsachen
unbesiegbar sein mag. Trotz aller Feinheiten geschichtlicher Untersuchung, trotz aller Fortschritte des historisch-kritischen Geistes unserer
Zeit, wird der Genealog immer nur Sätze auszusprechen vermögen,
zu deren Annahme die Bereitwilligkeit des Glaubens und Vertrauens gehört. Zu einer exakten Wissenschaft, die sich auf den
Standpunkt des experimentellen Beweises befände, kann es die
Genealogie nicht bringen, da sie Geheimnisse in sich verbirgt, die
keine Kritik enträthseln kann. Der verbreitete Hochmuth des histo-

rischen Calculs kommt sicherlich nie öfters zu Falle, als selbst bei
den sorgfältigst erforschten Thatsachen dieses menschlich so un-
sicheren Gebietes. Ob die genealogische Wissenschaft aus sich selbst
heraus zu Methoden vorzubringen vermöchte, nach welchen ihre dunkeln
Seiten mehr zu erhellen wären, dies erfordert eine Ueberlegung,
die weit schwieriger sein wird, als die handwerksmäßigen Erörterungen über Geburtszeugnisse und Sterberegister.

Indem sich die wissenschaftliche Genealogie diese weit über
das Gebiet ihrer formalen Aufgabe hinausschreitende Frage vor-
legt, steht sie mitten in den Beziehungen, die sich ihr aus der
stofflichen Betrachtung ihrer Gegenstände zu den mannigfaltigsten
Zweigen historischer, politischer und naturwissenschaftlicher Disziplinen
ergeben werden. So lange sie auf dem Standpunkt der formalen
Feststellung der Zeugungs- und Abstammungsverhältnisse stehen
bleibt, brauchten sich ihre Ergebnisse wenig von einander zu unterscheiden, sei es, daß sie sich mit menschlichen oder thierischen Individuen beschäftigt; indem sie aber daran geht, die natürlichen und
qualitativen Veränderungen derselben mit zu beobachten, erhebt sie
sich zu einer Wissenschaft vom Menschen und seiner Geschichte im
Besonderen. Auf diesem Wege ersteigt sie den Gipfel ihrer Einsicht
in der Erkenntniß der individuellen Unterschiede der sich fortpflanzenden Geschlechter, und betheiligt sich auf dieser Höhe ihrer
Forschungen an der Lösung von Fragen, die von den verschiedensten
Seiten her wissenschaftlich angestrebt wird. Sie wandelt auf den
Grenzlinien des geschichtlichen und naturwissenschaftlichen, wie des
staats- und rechtswissenschaftlichen Gebiets. Will man sie als
Hilfswissenschaft bezeichnen, so versteht sich dies im weitesten Umfange der Disziplinen des sogenannten Natur- und Geisteslebens.
Indem sie sich den mannigfaltigsten Wissenschaftsgebieten anzuschmiegen und zu unterordnen vermag, unterscheidet sie sich jedoch
in ihrer Art von allen übrigen zugleich dadurch, daß sie niemals
von dem individuellen Charakter ihrer gesammten Betrachtungen
abzusehen und abzugehen vermag. Sie beschäftigt sich immer mit
dem Einzelnen und gestattet keine Verallgemeinerung nach Art jener
Wissenschaften, die durch die Abstraktion zur Erkenntnis gesetzlich
festgestellter Thatsachen vordringen. Die Genealogie geht von dem

einzelnen Fall aus und behandelt auch nur den einzelnen Fall.
Was allen Fällen gemeinschaftlich ist, ist nichts als ein leeres
Schema, eine Form, eine Voraussetzung für Erkenntnis von Gesetzen, welche vielleicht die Geschichte, die Gesellschafts- und Staats-
wissenschaft, wahrscheinlich die Biologie und Anthropologie, jedenfalls die Physiologie und Psychologie auszudenken und aufzustellen
im Stande sein werden.

Genealogie und Geschichte.

Wenn die ältesten geschichtlichen Erinnerungen der meisten
Culturvölker genealogischer Natur waren, so erweiterte sich alsbald
die Genealogie zur Geschichte der Völker selbst, indem sie in das
Knochengerüste ihrer Geschlechtsreihen den gesammten Inhalt des
historischen Lebens derselben willig und gleichsam unwillkürlich auf-
nahm. Das genealogische System trat in Concurrenz mit dem
der Chronologie und ergänzte das letztere. Auf dem Standpunkte
der Entwickelung astronomischer Beobachtungen vermochte die Annalistik sich auszubilden, die vorherrschend genealogische Betrachtungsweise förderte die epische Erzählung unter wesentlicher Vernachlässigung chronologischer Momente. Die eigentliche Geschichte konnte
sich nicht entwickeln ohne gleichwertige Betrachtung und gleiche
Bewertung der chronologischen wie der genealogischen Grundlagen
des wirklichen Geschehens. Wenn sich nun aber die Geschichte er-
zählend und berichtend zu immer reinerer Darstellung der Handlungen und Wirkungen erhebt und das gesammte Interesse auf
das Gegenständliche der Entwicklung hinleitet, so büßt die Genealogie ebenso wie die Chronologie ihre leitende Stellung mehr und
mehr ein und sinkt zur Dienerin, zur Hilfswissenschaft herab. In
dieser Form begleitet sie in Zeiten hoher Vervollkommnung den
geschichtsforschenden Geist fortgeschrittener Nationen und je mehr
die Kunstgebilde historischer Darstellung verfeinert in der Litteratur
erscheinen, desto weniger scheint die Stammtafel noch einen in sich
ruhenden Werth besitzen zu können. Die Genealogie theilt dann
das Schicksal des chronologischen Schemas, der Annalistik, welche

von einer abgezogenen Wissenschaftlichkeit bis zur Verwirrung des thatsächlichen vernachlässigt werden konnte.

Indessen vermag doch alle Geschichtsbaukunst, sei sie auch noch so sehr auf die rein sachlichen Fragen und Gesichtspunkte gerichtet, auch noch so sehr den politischen, litterarischen, culturellen und sozialen Entwicklungen zugewandt, die genealogische Grundlage und mit dieser das genealogische Interesse nicht ganz zu verdrängen. Still und in sich gekehrt behauptet die Geschlechtskunde zunächst im engen Kreise von Familienerinnerungen und da es die Familie ist, die sich als solche im Gange des Geschichtslebens mächtiger und mächtiger zu regen versteht, als solche in der Gemeinde, im Volke, im Staate allgemach entscheidend aufzutreten vermag, so drängt sie sich der Geschichtswissenschaft wieder mit ihrer genealogischen Grundlage bedeutend auf und nötigt den Erzähler von Helden- thaten und Geistesschlachten, ebenso wie den Erklärer von Staats- einrichtungen, Verfassungen und Kunstwerken sich wieder in den Dienst der Genealogie zu stellen und ein gutes Stück von Weisheit und Kraft aus dem Mark und den Thaten von Stammvätern und Vorfahren herzuleiten, die wieder nur aus der Ahnentafel erkannt werden können.

Das Verhältnis, in welches die Genealogie zur Geschichte sich stellt, ist äußerlich genommen leicht verständlich und in hilfswissen- schaftlichem Sinne im allgemeinen nicht unbeachtet geblieben; aber indem sich die genealogischen Fragen im Hinblicke auf das, was der Sohn vom Vater, die absteigenden Geschlechter von den Vor- fahren überkommen haben, mächtig in den Aufbau geschichtlicher Ursachen und Wirkungen hineinschieben, befindet sich die Forschung auf einem Gebiete, welches zu größerer Erhellung aufzufordern scheint. Daß alles menschliche Wollen und Thun aus Quellen fließt, die in einem genealogisch zu erforschenden Boden liegen, kann wol an keiner Stelle von dem Geschichtsforscher verkannt werden, wenn auch eine Erkenntnis einzelner Umstände in dieser Beziehung schwierig, zuweilen unmöglich sein mag. Aber die Ge- schichte darf von der Genealogie Aufklärungen erwarten, die viel- leicht noch mehr nach dem zu beurtheilen sind, was sich als Auf- gabe darstellt, als was darin bereits geleistet worden sein mag.

Die mannigfaltigsten Erscheinungen des geschichtlichen Verlaufs der
Dinge im Staat und in der Gesellschaft, wie in der Litteratur
und Kunst sind Wirkungen nicht nur von einer Person und nicht
nur von einer Reihe gleichzeitig lebender Menschen, sondern
auch Ergebnisse der Thätigkeit einer Anzahl hintereinander auf=
tretender Generationen, die sich, weil Väter, Söhne und Enkel in
einem geistigen wie körperlichen Zusammenhange stehen, nur als
Produkte genealogisch wirkender Kräfte erfassen lassen. Der klare
Begriff des geschichtlichen Werdens ergibt sich aus dem, was durch
die sich fortpflanzenden und erneuernden Geschlechtsreihen hervor=
gebracht worden ist, was von den einen erworben und erlangt,
von den andern übernommen und an's Ende geführt worden ist.
Keine geschichtliche Betrachtung kann von dem Zusammenwirken der
in Familie, Stamm und Volk verbundenen und in gewissen genea=
logisch festzustellenden Verbindungen thätigen Persönlichkeiten ab=
sehen; alle Geschichte ist Familien=, Stamm= oder Volksgeschichte
und kann als solche den Begriff der Generation nicht entbehren.
Der Familienstammbaum theilt sich nach der Abfolge von Eltern
und Kindern und verzweigt sich nach den von den Geschwistern
ausgehenden Linien und der Stammbaum des Volkes schreitet in
Generationen fort, welche als ein ideales Schema für die Gesammt=
heit der in Familien, Stämmen und Völkern vereinigten Menschen
gedacht werden, aus welchen jedoch die Genealogie nur einzelne
durch Persönlichkeit ausgezeichnete Bestandtheile darstellend heraus=
greift. Je bestimmter sich aber der einzelne Stammbaum als
Typus der historisch wirksamen Generationen erfassen läßt, desto
sicherer wird er dem Historiker als Grundlage für seine Beob=
achtung der Entwicklung gelten dürfen. Der geschichtliche Prozeß
schreitet generationsweise fort und findet sein zeitliches Maß in den
genealogisch erkennbaren Geschlechtsreihen bestimmter Personen und
namentlich festzustellender Abstammungen. So mannigfaltig auch
der Begriff der Generation von den verschiedensten Wissenschaften,
bald von der Statistik und Bevölkerungslehre, bald von der Philo=
sophie der Geschichte, bald von der Zoologie und Anthropologie
gefaßt werden wollte, eine sichere Grundlage erhält derselbe nur durch
die Genealogie, denn er bedeutet nichts anderes als das durch den

Stammbaum persönlich ausgefüllte Schema der menschlichen Zeugungen und Fortpflanzungen. In dieser abgezogenen den realen
Zusammenhängen der einzelnen Familien entnommenen Bedeutung
bietet der Begriff der Generation dem Geschichtsforscher den sicheren
Wegweiser, welchen der alte Weltweise schon mit dem Satze
bezeichnete: Der Mensch ist das Maß aller Dinge.

Indessen ist die Beziehung der Genealogie zur Geschichte
keineswegs durch die Erklärung dessen, was man die Generations-
lehre nennen darf, erschöpft. Und obwol Ranke der Idee einer
generationsweisen Entwicklung die grundlegende Stellung gesichert
hat, so bezeichnet dieses Ziel genealogischer Studien doch mehr
die Aufgaben geschichtlicher Zukunftswissenschaft, als die gewohnten
Beziehungen des wissenschaftlichen Betriebes. Dagegen ist die
Genealogie in ihrer Bedeutung für die politische Geschichte zu allen
Zeiten im wesentlichen richtig erkannt worden. Der Zusammenhang genealogischer und politischer Dinge ist dem Erzähler von
Weltbegebenheiten klar gewesen, so lange es Volkshäupter und
Herrschergeschlechter gegeben hat, und so lange ständische Gliede-
rungen von was immer für einer Art, führende Persönlichkeiten
unterscheidbar machten. Die Staatengeschichte kann so wenig von
der Kenntnis ihrer genealogischen Voraussetzungen losgelöst werden,
wie die Geographie von der Landkarte. Es giebt eine Behandlungs-
weise des genealogischen Stoffes, die mit der politischen Geschichte
vollständig zusammenfällt und es gibt staatsgeschichtliche Vorgänge,
die überhaupt nichts als genealogische Fragen sind. Die Geschichtsforschung und Geschichtserzählung aller Völker läßt einen nicht
selten Wechsel in der Wertschätzung der genealogischen Verhältnisse wahrnehmen, die Staatsformen und Verfassungsein-
richtungen, die sich dem Geschichtsforscher darbieten, nehmen einen
im Gegenstand begründeten Einfluß auf die genealogische Behandlung der Geschichte selbst; die Betrachtung monarchischer und
aristokratischer Entwickelungen nöthigt in bestimmterer Weise zur
Berücksichtigung des genealogischen Momentes, als die Darstellung
republikanischer und demokratischer Einrichtungen. Aber seit man
erfahren, daß auch die römische Republik ihren genealogischen
Grundzug behalten und ihre Geschlechtergeschichte zum Verständ-

nis der Staatsverhältnisse unerläßlich war und seit man weiß,
daß das große Parteiwesen Englands auf vorherrschend genealogischen Grundlagen ruhte, würde es als eine Thorheit betrachtet werden müssen, diesen freiesten Völkerentwicklungen ohne die
Leuchte der Genealogie nahen zu wollen.

Die Geschichte der Staaten der neueren Zeit ist in Absicht
auf ihre geographische Existenz und in Betreff aller Dinge, die
unter den Gesichtspunkt internationaler Verhältnisse fallen, überhaupt genealogischer Natur und da man von Geschichte im höchsten
und eigentlichsten Sinne doch eben nur bei jenen Culturvölkern
zu sprechen pflegt, die sich in den neueren Zeiten bethätigt haben,
so versteht sich von selbst, daß thatsächlich alle moderne Geschichtsdarstellung sich im Geiste der Autoren theils bewußt, theils unbewußt auf dem Schema, wie auf dem persönlichen Aufbau der
Stammbäume emporheben konnte; es ist immer nur eine
methodische Frage für den Historiker, ob er die natürliche Grundlage
des menschlichen Daseins und mithin auch alles menschlichen Thuns, das
genealogische Gerüst der Familien und der Gesellschaft ganz oder
nur theilweise aufgedeckt dem Hörer oder Leser seiner Erzählungen
vorführen will. Im Bestreben, den von der Geschichte zu meldenden·
Thatsachen eine möglichst objektive Giltigkeit zuzuerkennen, ist der
genealogische Bestand des geschichtlichen Stoffes gerade durch die
vollkommeneren Beiträge der Historiographie immer mehr zurückgedrängt worden. Den künstlerischen Aufgaben geschichtlicher
Darstellungen sagte die zum Theil eintönige Betrachtung von
Zeugungs- und Abstammungsverhältnissen oft weniger zu, als die
gleichsam innerlich· begründete Verknüpfung der Ereignisse der
Weltgeschichte selbst. Und wiewol es stets ein Beweis ganz besonderen Talents war, wenn Geschichtschreiber in weiser Oekonomie
ihrer Mittheilungen das persönlich genealogische in sichere Verbindung mit dem objektiv thatsächlichen zu setzen verstanden haben,
so kann man doch nicht verkennen, daß der Gang der historiographischen Entwicklung der genealogischen Erkenntnis im letzten
Jahrhundert weniger günstig war, obgleich doch auf der einen
Seite die genealogische Forschung bei gänzlicher Abseitsstellung in
Betreff einzelner Familienbesonderheiten große Fortschritte aufzu-

weisen und andererseits die Geschichtsforschung in Betreff alles
thatsächlichen der Begebenheiten und in der Erkenntnis des Zu-
ständlichen einen ungeheuren Aufschwung genommen hat. Die
starke und mächtige Verknüpfung zwischen den genealogischen und
staatsgeschichtlichen Momenten ist dagegen zurückgetreten und in
einige Vergessenheit gerathen. Als der bedeutendste Schöpfer und
Lehrer einer genealogisch begründeten Staatsgeschichte stand vor
fast zweihundert Jahren Johann Hübner in Hamburg auf, einer
der größten und gewaltigsten Geschichtsdenker im historiographischen
Salon der Zurückgewiesenen und Vergessenen. Er hat nicht nur
die umfassendsten Grundlagen für die Genealogie im speciellen
geschaffen, sondern auch den rechten Weg für eindringendes Ver-
ständis und Studium der politischen und Rechtsgeschichte gewiesen.
In Folge seiner vortrefflichen Methoden besaß das 18. Jahrhundert
eine sehr sichere staatsgeschichtliche Thatsachenkenntnis ohne jede
Phraseologie und aufdringliche Hervorkehrung der idealen Beziehungen. Wiewol nun zuweilen hierin eine, große Geister, wie
Voltaire oder Friedrich den Großen beleidigende Steifheit der Auffassung erreicht worden sein mag, so kann man doch sagen, daß
besonders der praktischen Staatskunst diese sichere genealogische
Geschichtskenntnis zu Gute kam und die große Zahl eminenter
diplomatischer Talente des 18. Jahrhunderts ohne Frage mit
dem trefflichen auf der Genealogie beruhenden Geschichtsunterricht zusammenhing. Die Göttinger historische Schule und besonders
Pütter war sich dieses Zusammenhangs und dieses Erfolgs des
genealogisch-staatswissenschaftlich-geschichtlichen Lehrvortrags dann
auch vollkommen bewußt. Derselbe beruhte eigentlich auf dem von
Johann Hübner begründeten System genealogischer Erklärung der
Staatsgeschichte, welches derselbe in dem Werke: „Kurtze Fragen
aus der Genealogie nebst denen darzu gehörigen Tabellen zur Erläuterung der politischen Historie" darlegte. Gatterer und Pütter
schlossen sich in ihren Vorlesungen noch ganz genau diesem System
an und des letzteren Tabulae genealogicae ad illustrandam
historiam imperii blieben lange Zeit das unentbehrlichste und
benützteste Hilfsmittel historischen Unterrichts. Wenn seit Schlosser
und Johannes Müller dieselbe Methode wenigstens in der Litteratur

der Lehrbücher zurückzutreten schien, so möchte man der Vermutung
Raum geben können, daß diese Männer den Gebrauch der Stammtafel vermöge des von ihnen noch genossenen Unterrichts als etwas
so selbstverständliches betrachteten, daß sie sich auf die älteren
Werke ausreichend stützen zu können meinten. Leider hielt aber das
genealogische Studium selbst im weiteren Verfolg der historiographischen Entwicklung nicht gleichen Schritt. Einzelne Darsteller
der Weltgeschichte, wie Damberger, waren noch von der Nothwendigkeit der genealogischen Tafeln überzeugt und ein ebenso
gelehrter wie ausgezeichneter Forscher, wie J. Richter machte sogar
noch den gewagten Versuch, durch ein genealogisches Werk von
hervorragendster Bedeutung zur römischen Geschichte die der
Genealogie besonders abgeneigten Philologen für das ältere
System zu gewinnen, aber er scheiterte bereits an der Gleich-
giltigkeit der neuen Gelehrten für diese Dinge und fast ist es
dahin gekommen, daß das Bewußtsein des Zusammenhangs von
Genealogie und geschichtlicher Entwicklung in der großen Menge
der historischen Litteratur verloren ging. Das von Oncken
herausgegebene Werk der Weltgeschichte lieferte endlich den Beweis,
daß in einer gewaltigen Zahl von Bänden eine Reihe von Gelehrten
sich vereinigen konnte, die mannigfaltigsten künstlerischen Hilfsmittel
herbeizuziehen, um das Verständnis geschichtlicher Dinge zu erleichtern,
aber nicht eine einzige Stammtafel beizufügen für nötig fand!
Auch haben die zahlreichen Akademieen und gelehrten Gesellschaften,
die in den letzten fünfzig Jahren unendliche Summen für zum Theil
recht unbedeutende Publicationen ausgegeben haben, nicht ein einziges
Werk genealogischen Inhalts und Characters zu Tage gefördert
oder unterstützt, obwohl doch die großen Leistungen der älteren
Zeit zu Fortsetzungen aufgefordert hätten, die sicher nur durch die
Thätigkeit von gelehrten Körperschaften zu Stande kommen konnten.
Der Verfasser des vorliegenden Werkes hat seit längerer Zeit in
Schrift und Wort für die Notwendigkeit der Wiederaufnahme
genealogischer Studien und Arbeiten zum Zwecke der Herbeiführung
entsprechenderer geschichtlicher Kenntnisse gestritten, hat aber fast
nur Widerspruch von Seiten der historischen Gelehrsamkeit und
insbesondere von den ihm meist feindseligen, tonangebenden, die

öffentlichen und privaten Mittel der verschiedensten Gesellschaften verwaltenden Leitern historischer Unternehmungen erfahren. Die genealogisch-historische Forschung sieht aber auf eine große Vergangenheit zurück und wird als wichtiges Gebiet historischer Forschung im zwanzigsten Jahrhundert ohne Zweifel wieder auferstehen.

Genealogie, Staatswissenschaft, Gesellschaftslehre, öffentliches und privates Recht.

Der große Staatsrechts- und Geschichtslehrer Johann Stephan Pütter, dessen Lehr- und Handbücher bis auf unsere Tage unübertroffen geblieben sind und dessen Methode unerschüttert feststeht, wie der Polarstern, hat schon vor mehr als hundert Jahren jedem seiner Schüler die ebenso einfache als zuverlässige Wahrheit eingeschärft, daß sich in Staatssachen und Rechtsverhältnissen seit die Menschen Eigenthumsbegriffe mit Erbschaftsbegriffen verbunden hätten, ohne genealogische Grundlage keinerlei Wissenschaft und keinerlei Rechtssystem entwickeln konnte. In seinem schon erwähnten Werke zur Erläuterung der Rechtsgeschichte weist er besonders darauf hin, daß das öffentliche Recht überhaupt und das besonders in Deutschland ausgebildete Fürstenrecht ohne Einsicht und Studium der Genealogie nicht verstanden werden können. Aber auch das von den Römern ausgebildete Privatrecht nötigte zu der genaueren Erwägung genealogischer Fragen und brachte eine genealogische Systematik hervor, die ihrerseits wiederum auf die Entwicklung der Genealogie als Wissenschaft zurückwirkte. Den Erbschaftsfragen des Privatrechts steht die Erbfolgefrage des öffentlichen Rechts zur Seite und die juristische Entscheidung des Streitfalles setzt den Nachweis und die Sicherstellung genealogischer Thatsachen im Privatrecht wie im öffentlichen voraus. Die Vernachlässigung der genealogischen Studien schien im Beginn des Jahrhunderts mit den Einflüssen der französischen Revolutionsideen auf die Rechts- und Staatsentwicklung im Zusammenhange zu stehen. Eine gewisse Theilnahmslosigkeit für Fragen des Fürstenrechts und in Folge dessen eine geringe Kenntnis der Erbfolgefragen zeigte sich sowohl in den Staatsange-

legenheiten, wie auch in der geschichtlichen Behandlung vergangener
Erbfolgefragen. Aber der eherne Bestand gewisser unveräußerlicher
Rechte wurde dadurch nicht berührt und das zu Ende gehende
Jahrhundert läßt genealogische Streitfragen zur Entscheidung kommen,
von denen mancher Politiker geglaubt hat, daß sie nicht leicht mehr
eine praktische Bedeutung haben könnten. Die Vorstellung, daß die
Genealogie nur rückwärts gekehrt für vergangene Jahrhunderte
eine Hilfswissenschaft bilden werde, zeigt sich als ein Irrthum der
sozialdemokratischen Lehre, die sich von den natürlichen Grundlagen
des menschlichen Daseins, wie der Gesellschaft emancipiren zu können
meint. Das genealogische Bewußtsein der Gesellschaft ist vielmehr
durch die Erkenntnis natürlicher Vorgänge und durch den steigend
naturwissenschaftlichen Geist der Zeit trotz aller entgegengesetzten
Theorien lebhafter erwacht, als jemals seit den Zeiten der französischen Revolution. Die Auffassung der Gesellschaftszustände zieht
heute ihre Nahrung weniger aus der Hochachtung vor den ständisch
gegliederten Classen, welche in der Genealogie zum Ausbruck kommen,
als vielmehr aus der Erkenntnis der natürlichen Beschaffenheit
und den genealogisch entwickelten Eigenschaften der Geschlechter.
Unter diesem Banner kämpft die wissenschaftliche Genealogie heute
gegen die sozialen Lehren, wie ehemals die Aristokratie gegen die Demokratie. Das was gleichwertig geblieben ist, ist die Vorstellung von der
Wichtigkeit der genealogischen Verhältnisse für den Aufbau und Bestand
der Gesellschaft; die genealogischen Verhältnisse sind nur ehedem
mehr in ihrem mehr äußerlichen politischen und ständischen Charakter und heute mehr von ihrer biologisch-physiologischen Seite ge-
würdigt worden. Der genealogisch zu erkennende Grundcharakter
aller Gesellschaftslehre — die genealogische Wissenschaft in ihrem
Wesen bleibt unberührt von allen zeitlichen Wandlungen dessen,
was die Geschlechter als solche jeweils für das wertvollere und
wichtigere gesellschaftliche Moment erachtet haben. Kein Mensch
kann aus seinen Zeugungs- und Abstammungsreihen herausspringen,
mag er sich diese oder jene soziale Theorie zurechtmachen. Auf
den Verhältnissen seiner Vorfahren und Nachkommenschaft beruht
die Stellung, die er in der Gesellschaft einnimmt, er
kann sich körperlich und geistig noch viel weniger als

ständisch und politisch davon befreien. Wenn er sich als ge-
schäftliches Wesen betrachtet, so sitzen ihm Vorfahren und Nachkommen (d. h. seine Genealogie) wie die Kobolde auf dem Nacken,
sie begleiten ihn wie den Bauer, der sein Haus verbrannt hat in der
Meinung sich von ihnen befreien zu können.

In geschichtlicher Zeit spielten die durch die politische Standschaft bedingten Gesellschaftsverhältnisse die Hauptrolle und stellten der wissenschaftlichen Genealogie eine Reihe der vornehmsten Aufgaben. Eine
ständisch gegliederte Gesellschaft war ohne scharfes genealogisches Bewußtsein nicht denkbar und die Wissenschaft trat ganz in den Dienst der
praktischen Interessen; bald in gutem und bald in schlechtem Sinne
wurden genealogische Forschungen angestellt und je mehr und
sicherer die Abstammung zum Maße aller gesellschaftlichen und
politischen Rechte gemacht worden ist, desto entscheidender waren
die Ergebnisse des genealogischen Beweises. Kenntnis der Vorfahren,
Wissenschaft von der Reihenfolge und Verzweigung der Geschlechter
beherrschte vollkommen das gesellschaftliche und politische Leben.
Erinnerungen und Nachweise über Eltern, Großeltern, Urgroßeltern,
waren in den meisten und wichtigsten Momenten des Lebens nötig;
sie wurden bei der Geburt eines Menschen sorgfältig in Betracht
gezogen, sie wurden bei dem Eintritt in ein Standesverhältnis berechnet, sie entschieden über die Satisfaktionsfähigkeit, sie gaben
den Ausschlag bei der Eheschließung und bestimmten die Stellung
des Mannes wie der Frau nach individueller Bewertung. Die
Genealogie repräsentierte in gewissen Zeiten, wenn sie auch nicht
die bedeutendste Wissenschaft war, doch das vornehmste Wissen,
welches zu vielen Dingen befähigte, die dem Stammbaumlosen
verschlossen waren. Und nicht erst in der französischen Revolution
haben die unteren Stände den Kampf gegen das genealogische Bewußtsein in der Gesellschaft begonnen. Dem heutigen kommunistisch
gerichteten Classenhaß steht der Bauernkrieg gegen die Ahnentafel
und den Stammbaum als durchgreifende Analogie zur Seite.
„Als Adam grub und Eva spann, wo war denn da der Edelmann"
sangen die englischen Landarbeiter im vierzehnten Jahrhundert.
Aber sie wußten nicht, daß sie sich gegen einen Begriff erhoben,
der zwar in seiner zeitlichen Erscheinung in der menschlichen Ge-

2*

sellschaft zur Handhabe des politischen Vorrechts wurde, aber in seinem Wesen und seiner eigentlichen Grundlage eine naturgesetzliche Erkenntnis bedeutet, welcher jedermann unterworfen ist. Der Unterschied zwischen den einen und den andern liegt nicht darin, daß der eine einen Besitz hat, der dem andern mangelt, sondern nur darin, daß der eine eine individuelle Erinnerung und Kenntnis verwertet, welche dem andern abhanden gekommen ist. Das Wesen der Genealogie zeigte sich auch auf dem Standpunkt ihrer praktischen Verwertung darin, daß sie lediglich als individualisirte Wissenschaft Nutzen bringen konnte und daß dem Bauern des vierzehnten Jahrhunderts kein Vortheil daraus entsprang, daß er im allgemeinen voraussetzte, alle Menschen stammten gleichermaßen von Adam und Eva ab.

Das individualisirte genealogische Bewußtsein wurde in früheren Zeiten Adel genannt, aber mehr und mehr ist eine Trennung dieser Begriffe vor sich gegangen. Es giebt Adel ohne Stammbaum und Stammbäume ohne Adel. Die Kenntnis der Geschlechterabfolge in Rücksicht auf die persönliche Qualität eines Individuums übt aber ihre Wirkung völlig unabhängig von der Frage, ob in der politisch organisirten Gesellschaft durch dieselbe Stellung, Standschaft, Bevorrechtung, materieller Vortheil erworben worden ist oder nicht. Das ideale Moment des genealogischen Bewußtseins hat eine viel höhere, allgemeinere Bedeutung als das politische. Man kann vielmehr sagen dieses ist jenem untergeordnet, so gut wie das gesammte Dasein des Menschen ein Produkt von Zeugungen bestimmter vorhergegangener Geschlechter war. In der Erkenntnis und in dem Nachweis der individuellen Qualitäten liegt das Geheimnis der genealogischen Wissenschaft. Auch dem Adligen, der seine Ebenbürtigkeit nachzuweisen hatte, konnte es nichts nützen, so und so viele Namen als Vorfahren und Erzeuger zu beschwören, sondern durch die nachgewiesenen Eigenschaften derselben erlangte er erst die durch seine Abstammung ermöglichten gesellschaftlichen Vortheile. Auch das die Standschaft bewirkende genealogische Bewußtsein kann des idealen Moments nicht entbehren, welches bald eine ausgedehntere, bald eine einseitigere Bedeutung haben mochte, stets aber darauf beruhte, daß eine Reihe von Personen durch den Besitz gewisser

vortheilhafter und die Abwesenheit gewisser nachtheiliger Eigenschaften bekannt und ausgezeichnet gewesen ist. Hierin lag zu allen
Zeiten der fruchtbare Kern jedes aristokratischen Prinzips in der
Gesellschaft und es ist klar, daß man auf derselben genealogischen
Basis jede Art von Aristokratie begründet denken kann: geistige
und militärische, priesterliche und handwerkszünftige, landwirt-
schaftliche und grundbesitzende und in manchen Zeiten und Städten
gab es eine Hausbesitzer- und Bierschanksaristokratie. Was die zu
erlangenden Eigenschaften allgemeiner Bildung betrifft, so giebt es
keine irgendwie erkannte oder erkennbare genealogische Regel, die
so einfach wäre, wie die Bestimmungen mancher vormaliger geistlicher Körperschaften über die Bedingungen für eine Domherrnstelle,
aber es gibt niemand, der nicht die stille Voraussetzung macht,
daß auch in den geistigen Productionen der menschlichen Gesellschaft genealogische Gesetze walten, und daß dem Dichter und
dem Gelehrten und Künstler Abstammungsverhältnisse zu gute
kommen.

Genealogie und Statistik.

Daß die Genealogie Beziehungen zu der Statistik gewinnen
könne, ist erst in neuester Zeit klarer erkannt worden, und es ist
das Verdienst des geistvollen Freiherrn du Prel, auf den Zusammenhang einer ganzen Reihe von merkwürdigen Problemen der Bevölkerungsstatistik mit Fragen, die sich nur aus der Genealogie
beantworten lassen werden, zuerst in überzeugender Weise hingewiesen zu haben. In allgemeinerer Entwicklung wurden die Veränderungen in den Bevölkerungsverhältnissen schon früher in einem
interessanten Buche von Hansen in Neuburg untersucht und erörtert, wobei sich gezeigt hat, daß in den Abstufungen der Bevölkerung
ein Wechsel vor sich geht, der auf das innigste mit genealogisch
zu erklärenden Thatsachen zusammenhängt. Statistische Erhebungen,
welche Hansen mit größter Sorgfalt im städtischen Gemeinwesen
angestellt hat, führten zu dem Ergebnis, daß bei der Annahme
von drei Stufen der Bevölkerung eine stetige Ergänzung der oberen
Stufen aus den unteren stattfindet und notwendigerweise vor sich

gehen mußte, wenn diese nicht im Laufe einer gewissen Zeit verloren gehen sollten. Die ganze städtische Bevölkerung zeigt sich als
ein Produkt neuerer Zeiten, da der Familienwechsel hier unendlich
rasch vor sich geht und der sogenannte Mittelstand lediglich durch
Heiraten aus den unteren Ständen sich zu behaupten vermag.
Es handelt sich also hierbei um den Nachweis von Geschlechtsver-
änderungen und um die Erscheinung, daß der Familienbestand der
städtischen Bevölkerungen lediglich auf eine gewisse Zahl von Generationen beschränkt ist. Soll nun diese aus Namenverzeichnissen der Bürgerschaften eines Orts zu erschließende und von Hansen erschlossene
Thatsache im einzelnen sichergestellt werden, so ist es klar, daß es
sich um eine genealogisch durchzuführende Arbeit handelt und du
Prel hat mit dem ihm eigenthümlichen Scharfblick auch sofort erkannt,
daß man zur völligen Klarstellung der Abwandlungen in den Bevölkerungsverhältnissen durchaus zu dem Studium der Stammbäume wird greifen müssen; ja der gelehrte und energisch thätige
Mann hat nicht versäumt, sich sofort an die Untersuchung solcher
genealogischer Verhältnisse zu machen, zu denen ihm zahlreiche
Ahnenproben ein treffliches Material gaben. Man darf behaupten,
daß sich durch diese Betrachtungen ein ganzer Zweig genealogischer
Thätigkeit eröffnet hat und es ist zu hoffen, daß eine große Zahl
einsichtsvoller Arbeiter auf dem Gebiete der rasch und erstaunlich
emporgekommenen statistischen Wissenschaften mehr und mehr zu
genealogischen Untersuchungsmethoden fortschreiten werden. Alsbald
wird sich auch auf diesem Felde die Erkenntnis aufdrängen, daß
die genealogischen Ueberlieferungen viel zahlreicher und inhaltsreicher
sind, als man vielfach anzunehmen geneigt schien, und daß der
sich auch den Statistiker hier massenhaft darbietende Stoff so gut
wie garnicht benutzt zu werden pflegt.

Gewisse, der Genealogie verwandte und auf ihren Erfahrungen
beruhende Fragen sind ohnehin schon von der Statistik mehr oder
weniger zum Gegenstande eigener Untersuchungen gemacht worden.
So sollte neuerdings durch Gelehrte dieses Wissenszweiges der von
Rümelin geistvoll, aber wol zu allgemein erörterte Begriff der
Generationen auf dem Wege familiärer Einzelforschung zu sicherer
Feststellung gebracht werden. Vielleicht wäre ein sorgfältiges

Studium der nach taufenden zählenden ohnehin vorhandenen Stamm=
bäume aus allen Jahrhunderten ein noch einfacheres Mittel gewesen,
zum Ziele zu gelangen. Denn die Generation im Sinne der Bevölke=
rungsstatistik wird immer nur eine abstrakte Vorstellung und ein
formaler Begriff bleiben können, der erst durch die Beobachtung
der wirklichen Zeugungsresultate einer Reihe von aufeinanderfol=
genden Abstammungen zeitliche Grenzen und eigentlichen Inhalt
erlangen kann (f. oben). Will also die Statistik den Begriff der
Generation ihrerseits nicht entbehren, so ist sie auch in Folge dieses
Zusammenhanges ihrer Aufgabe zur Verwendung genealogischer
Ueberlieferungen gezwungen und dürfte sich auf eine ausgebreitete
Mitwirkung bei den genealogischen Studien in der Zukunft hingewiesen sehen. Sobald sie sich auf die Erforschung nicht bloß der
gegenwärtigen, sondern auch der vergangenen Zustände in ihrer
Folgewirkung auf die jeweils nachkommenden Zeiten verlegt, sobald
sie mit andern Worten historisch und zeitenvergleichend vorgeht, so
kann sie, wie alle Geschichte überdies nicht den genealogischen
Standpunkt entbehren, sowenig die Topfkunst von den Töpfern
und die Malerei von den Malern abzusehen vermag. Das genealogische Problem ist in Wahrheit auch von der Statistik heute
bald von dieser, bald von jener Seite angeschnitten worden, wenn
dabei nicht immer systematisch genug verfahren zu werden pflegt,
so liegt ohne Zweifel eine Ursache davon darin, daß die genealo=
gische Wissenschaft selbst nicht in sich gefestigt und nicht genug
wissenschaftlich erkannt und nutzbar gemacht ist.

Indessen giebt der in der statistischen Wissenschaft hervortre=
tende stark historische Gesichtspunkt die Zuversicht einer bedeutenden
Unterstützung, die den genealogischen Studien von dieser Seite
wird zutheil werden müssen, weil alles, was über Bevölkerungs=
verhältnisse früherer Zeiten gedacht werden kann, lediglich auf dem
Wege der Ahnentafel und der Ahnenprobleme zu erschließen ist und
diejenigen, die sich auf diesem Gebiete nicht deutlicher individua-
lisirter Vorstellungen erfreuen, in die größten Irrthümer verfallen
müssen. In dem Fortschreiten und im Rückgang der Bevölkerungs=
zahlen, in dem Auf= und Niedergang von Nationalitäten, in der
Ausgleichung von Rassenunterschieden stecken wesentlich genealo=

gische Probleme. Auf welchem Wege man sich der Lösung derselben zu nähern haben wird, ist eine Frage genealogischer Methode.
Die Lehre von den Ahnenverlusten behandelt Gegenstände, deren
Tragweite in Bezug auf die Entstehung von Nationen und Volks-
abstammungen noch gar nicht ermessen werden kann. Das genealogische Verfahren ist vermöge seiner Natur und Wesenheit auf
das einzelne so sehr hingewiesen, daß man noch kaum gewagt hat,
aus der ungeheuren Masse der bekannt gewordenen Abstammungsverhältnisse einzelner Menschen Schlüsse auf die Entwickelungen zu
machen, die sich aus dem Zusammensein der Vielen ergeben. Die
Abstammung der Familien, der Völker, der Menschheit wird seit
Jahrtausenden in ein sagenhaftes und mythologisches Gewand gehüllt, welches auf genealogische Grundlagen gestellt erscheint, ob
aber die wissenschaftliche Genealogie den Weg rückwärts beschreitend
zur Entdeckung des Ursprungs der Völker gelangen könne, oder
nicht, ist eine wol aufzuwerfende Frage, die vorerst kaum noch angeregt worden ist. In allen diesen Punkten steht unsere heutige
genealogische Wissenschaft auf einem jungfräulichen Boden, dessen
Bearbeitung die ungeahntesten Resultate erwarten läßt.

Genealogie und Naturwissenschaft.

Die modernen Naturwissenschaften haben einen so überwältigenden Einfluß auf die Gedankenwelt gewonnen, daß man
berechtigt zu sein glaubt, die meisten Vorstellungen und Ansichten
über Sein und Leben auf diese zurückzuführen, wie man die Lösung
der sich dabei ergebenden wissenschaftlichen Fragen umgekehrt auch
nur von der Naturwissenschaft erwarten zu können meint. Wenn
irgendwo von Ahnenforschung, Entwicklungslehre, Vererbung die
Rede ist, so wird vorausgesetzt, daß man sich in Gebieten bewege,
über welche der Naturforscher ausschließlich zu herrschen im Stande
ist. Von gewissen zum Gemeingut gewordenen Begriffen, wie
Kampf um das Dasein, wie Vererbung und Anpassung, wird heute
in den meisten Wissenschaften Gebrauch gemacht und selbst das
Drama und der Roman bemächtigen sich dieser Vorstellungen, um

Charactere zu zeichnen, die ohne dieselben kaum mehr ernsthaft genommen, sondern bloß Bedauern oder Heiterkeit erregen könnten. Indem man sich aber den Theorien anzuschließen scheint, von welchen die Naturwissenschaften hauptsächlich getragen sind, erhalten selbst die entferntesten Beziehungen eine gewisse Weihe, deren man sich selbst da zu bemächtigen sucht, wo vielleicht die betreffenden Voraussetzungen nur Verwirrung stiften können. Betrunkene Leute galten der älteren Schauspielkunst fast nur als Motive der Posse, unter den Gesichtspunkten der modernen Biologie und Vererbungslehre sind sie aber sogar zu tragischen Helden geworden.

Merkwürdigerweise hat sich die Geschichtswissenschaft verhältnismäßig am wenigsten von den Anschauungen der heutigen Naturforschung beeinflussen lassen. Wo man vielmehr gewisse gemeinsame Gesetze oder Betrachtungsarten aufsuchte, wurde eine starke Gegnerschaft aufgerufen. Und obwol die Geschichte nicht ungern und nicht selten mit dem Entwicklungsbegriff arbeitet, wie die moderne Naturforschung von dem Evolutionsprinzip beherrscht zu werden pflegt, so besteht doch vielfach eine gewisse Gegeneinanderstellung zwischen diesen Wissenschaften, die sich beide vorzugsweise für historisch halten. Während alle ältesten Geschichtserzählungen in Phantasieen von Weltschöpfungen schwelgten, ist die Naturforschung ehemals systematisch und beschreibend zu Werke gegangen, und da diese heute sich ganz geschichtlich und evolutionistisch verhält, hat sich jene immer mehr in sich abgeschlossen und abgesperrt und verabscheut oft den Umgang mit ihrer jüngeren Schwester. Ja es kann vorkommen, daß die leisesten Anklänge an Fragen der natürlichen Entwicklungslehre den Jüngern Klios Sorgen und Aerger bereiten, weil sie meinen, die altehrwürdige Geschichtsmethode wolle sich erniedrigen, bei den Naturwissenschaften in die Schule zu gehen. Wenn der Verfasser dieses Lehrbuchs einmal von Genealogie und Abstammung sprach, so ist es ihm wol begegnet, daß ihm bedeutet wurde, die Geschichte könne sich nicht gefallen lassen, durch Darwin und Genossen belästigt zu werden. So gänzlich hat man zuweilen vergessen, daß die Idee von der Fortpflanzung der Geschlechter, auf welcher alle

körperliche und geistige wie gesellschaftliche Entwicklung beruht,
durchaus als das früheste Eigenthum der Geschichtswissenschaft
gelten muß, und daß hierin nicht die Geschichte bei der Naturwissenschaft, sondern jene bei dieser in die Lehre ging. In der
That liegt hier ein unzweifelhaft sachlicher Zusammenhang vor,
der von der Willkühr, Laune oder dem subjektiven Bedürfnis des
Forschers ganz unabhängig ist. Wenn vermöge der Natur der zu
erforschenden Sache zwischen der gesunden historischen Betrachtung
und den verschiedenen Zweigen der Naturwissenschaft die mannigfaltigsten Beziehungen sich darbieten, so liegt der Grund davon
darin, daß das Objekt der Forschung der Mensch ist, der zwar
von verschiedenen Seiten betrachtet werden kann, aber in der Einheit seines Wesens immer derselbe ist. Darin also kann unmöglich etwas auffallendes gesucht werden, weder etwas stolzes noch
etwas demütigendes, wenn die auf den Menschen bezüglichen
Naturwissenschaftszweige sich bei der Lösung ihrer Probleme ganz
nahe mit der Geschichte berühren und die Aufgaben bis zu einem
gewissen Grade zusammenfallen. Was die Geschichtsforschung sucht,
sind Aufklärungen über menschliche Handlungen, die sich auf die
gesellschaftlichen und staatlichen Zustände der Gesammtheit beziehen;
was die Naturwissenschaft in Bezug auf den Menschen erstrebt, ist
die Erkenntnis seiner Herkunft, Entwicklung, Beschaffenheit und
Wesenheit selbst. Der geschichtliche Mensch kann aber doch nicht
von dem natürlichen Menschen getrennt werden, und es hat noch
keinen Historiker gegeben, der vermocht hätte, bei den von ihm
erzählten Handlungen von dem Menschen und der menschlichen
Natur abzusehen. Kann und will der Geschichtsforscher sich nicht
mit abstracten Schemen, sondern mit dem wirklichen Menschen beschäftigen, sind es Persönlichkeiten, und lebende Wesen, die er darzustellen unternimmt, so bleibt ihm allerdings nichts übrig, als
eine Strecke seines Weges den Naturforscher neben sich einherschreiten zu sehen, glücklich, wenn er findet, daß er mit ihm Hand
in Hand zu gehen vermag.

Die Brücke, auf welcher sich die geschichtliche und Naturforschung
begegnen und begegnen müssen, ist die Genealogie. Indem diese
die Entwicklungsreihen der menschlichen Zeugungsprodukte ins

Auge faßt, bestrebt sie sich an dem besondern und einzelnen genau
das zu erkennen, was der Forscher auf dem Gebiete des ani-
malischen Lebens überhaupt beobachtet. So nahe berühren sich
hier die Ziele dieser Wissenschaften, daß es weitmehr darauf ankommen wird, die Gebiete säuberlich auseinanderzuhalten und von
einander zu trennen, als sich für ihre Verbindungen zu bemühen,
die sich dem Unbefangenen ohnehin nur zu sehr aufdrängen, denn
viel Verwirrung und Unheil kann hier durch Verwechslung der
Aufgaben entstehen, die einerseits der auf Grund der Genealogie
entwickelten Geschichte und andererseits der den geschichtlichen Her-
gang des natürlichen Werdens beobachtenden Forschung zugewiesen
sind. Ein erheblicher Fehler ist es die Grenzen zu verkennen,
die diesen verschiedenen Wissenszweigen sachgemäß gesteckt sind.
Der Historiker widerstrebt zuweilen vermöge seiner methodischen
Vorstellungen der Naturbeobachtung an sich und der Naturforscher
scheint nicht selten zu glauben, daß die Geschichte zur Naturwissenschaft gemacht werden müßte, um völlig exakt und gesichert
zu sein. Aber es ist durchaus nicht richtig, daß der Historiker
nur von dem Naturforscher empfangen kann, man kann im Gegentheil behaupten, dieser hätte sehr vieles von jenem zu erfahren
und zu lernen. Gar vieles, was die Naturforschung mit dem
Messer und dem Mikroskop zu gewinnen sucht, bietet die historische
Ueberlieferung zwar nicht dem Auge aber dem ahnenden Verständnis. Die Genealogie, historisch erforscht, macht Mittheilungen
über Entwicklungsverhältnisse, welche sich den Methoden der Naturforschung völlig entziehen. Wenn andererseits die Naturforschung
an die Geschichte der Erdrinde herantritt, so bereitet sie dem
Historiker seinen Boden vor, sie lehrt die Umstände kennen, unter
welchen das Leben der Menschen möglich geworden ist. Vom
Uebel ist es jedoch, wenn man die Grenze verschiebt, welche diese
Wissenschaften von einander scheidet. Zu einer früheren Epoche
der Historiographie glaubte man die geologischen Vorbedingungen
des historischen Daseins so wenig für die Erkenntnis der gesellschaftlichen Entwicklungen entbehren zu können, daß der sogenannte
weltgeschichtliche oder universalhistorische Standpunkt die Grenze
zwischen den geologischen und historischen Ereignissen und That-

sachen geradezu aufheben zu müssen glaubte. Unsere Universal-
historiker fielen immer wieder in die Aufgaben zurück, die sich
Moses und Hesiod gestellt haben und die der Philosoph seit dem
vorigen Jahrhundert heranzog, um den in der Menschheit ruhenden
Entwicklungsplan zu erkennen und zu enthüllen; aber alle Bemühungen, die Grenze dieser verschiedenen Wissenszweige zu verschieben oder zu beseitigen, haben nur wenig zur Lösung jener
Fragen beitragen können, welche in ihrer Besonderheit der einen
und der andern Wissenschaft gestellt sind. Ohne Zweifel kann
vom Menschen und seiner fortzeugenden Entwicklung nur die Rede
sein im Hinblick auf die feste Erdrinde und unter den Veränderungen derselben wird Leben geweckt und begraben bis auf
den heutigen Tag. Alle Handlungen fortschreitender Generationen
— der gesammte Gesellschaftszustand — ist, wenn der Vergleich
gestattet wird, wie der Leibeigene an die Scholle gebunden, aber der
hieraus entstandene Willenszwang erscheint als eine in der geschichtlichen Welt ein für allemal gegebene Größe, die für den
historischen Act keine das einzelne erklärende Bedeutung hat und
daher auch keiner allgemein erklärenden Einführung bedarf. Der
gegebene Naturzustand ist die selbstverständliche Voraussetzung für
alles geschichtliche Menschendasein. Soweit sich die Gebiete berühren, kann die Erkenntnis des einen nicht ohne die des andern
bestehen, aber im besondern bleiben sie getrennt und die Naturforschung bedient sich des Begriffs der Geschichte nur in einem
übertragenen Sinne, wie die Geschichte der naturwissenschaftlichen
Aufklärung gerade so weit bedarf, um die Handlungen des geschichtlichen Menschen aus seiner Erzeugung und Abstammung begreifen und erklären zu können. In dieser Beziehung stellt sich
die wissenschaftliche Genealogie in ein besonderes Verhältnis zu
den verschiedensten Zweigen der Naturwissenschaft und erhält von
denselben sehr verschieden wirkende Belehrungen.

Genealogie und Zoologie.

Als sehr auffallend könnte es auf den ersten Blick fast erscheinen, daß gerade zwischen denjenigen beiden Wissenszweigen, die

scheinbar am verwandtesten sind, weil sie sich beiderseits mit der Fortpflanzung und Entwicklung von geschlechtlich erzeugten Arten von Lebewesen beschäftigen, so gut wie gar keine näheren Beziehungen bestehen. Die Genealogie im Sinne einer historischen Wissenschaft und die moderne Zoologie berühren sich in den Objekten ihrer Forschung genau nur so, wie die Geschichte überhaupt mit der Astronomie und Geologie. Die Zoologie ist da wo der historische — der genealogisch überlieferte Mensch seinen Anfang nimmt, am Ende ihrer Betrachtungen angelangt. Wenn man gleichnisweise sprechen wollte, so dürfte man sagen, der heutige Historiker übernimmt den von ihm beobachteten Menschen als fertiges Individuum aus der Hand des Naturforschers, gleichwie Homer seine Helden aus den Irrfahrten der Götterwelt empfangen hat. Und die Menschenkinder, die Prometheus im Trotz gegen die Götter nach seinem Sinne gebildet hat, sind für die Genealogie im historischen Sinne des Wortes die ersten und einzigen Gegenstände ihrer Forschung, mag der Naturforscher bemerkt haben, daß die Stoffe, aus welchen sie entstanden sind, Steine, Pflanzen oder die Urzelle gewesen sind. Der Genealog mag an die Entwicklungsreihen des modernen Naturforschers seine Beobachtungen über die aufeinanderfolgenden Geschlechter der Menschen anschließen und er wird vielleicht dem Gedanken derselben fortzeugenden Natur ein offenes aufgeklärtes Auge zuwenden, aber die Thatsachen, die sich ihm zur Erforschung und Erklärung aufdrängen, brauchen durchaus nicht mit Notwendigkeit aus einer natürlichen Schöpfungsgeschichte hervorgegangen zu sein, die Nachkommen von Adam und Eva sind völlig individualisirt auf sich gestellte genealogische Objekte, für welche die zwischen Moses und Darwin schwebende Streitfrage durchaus sekundärer Natur ist.

Es ist daher ein volles Mißverständnis, wenn Leute, die sich in den allerengsten Kreisen bewegen, nicht ohne gewisse Geringschätzung gegen Wissenschaften, deren Größe und geistige Bedeutung ihnen unbekannt ist, die Meinung hegen, daß eine geregelte Betrachtung der Geschlechterentwicklung der historischen Menschheit eine Frucht oder eine Folge der heutigen naturwissenschaftlichen Doctrin sei, man sollte in Wahrheit das umgekehrte behaupten: die Methode der Naturwissenschaft ist in diesen Zweigen historisch geworden und hat der uralten historischen Genealogie das Handwerk abgelernt. Sie ist es, welche die Ahnenforschung aus der Geschichte der Menschen entlehnt und zu einer Entwicklungslehre des lebenden Organismus überhaupt erhoben hat. Es ist eine wol aufzuwerfende Frage, ob nicht durch eine genauere Beobachtung genealogisch-historisch festzustellender Thatsachen der menschheitlichen Geschichte, welche vielfach sicherere Quellen darbietet, als diejenige des Thieres, auch für die ursprünglichen Stufen der Entwicklung bedeutendere Gesichtspunkte zu gewinnen wären. Wenn der Thierzüchter seine genealogischen Beobachtungen mit Geschick und Fleiß feststellt, so hat er sich Methoden und Gesichtspunkte angeeignet, die durch redende Zeugen und geschriebene Zeugnisse dem Menschengeschlechte längst etwas vertrautes waren, aber es ist umgekehrt ebenso richtig, daß die genealogische Wissenschaft aus der unbewußten Zeugungs- und Vererbungsthatsache, welche die Zoologie kennt, auch ihrerseits Schlüsse ziehen kann. Eine solche Fülle von Wechselbeziehungen eröffnet sich auch da, wo an eine Wechselwirkung noch gar nicht gedacht zu werden braucht, daß wol nichts befruchtender sein kann, als die gleiche Beachtung so nahe verwandter Nachbargebiete. Wie die thierische und menschliche Welt nicht nur individuell, sondern auch gesellschaftlich unendliche Analogieen darbietet, so ergänzen sich auch die Gesichtspunkte der genealogischen Forschung wo immer man den Thatsachen der Zeugung und Abstammung nachgeht. Sicherlich wird sowol das eine wie das andere Gebiet Nutzen ziehen können aus der wechselseitigen Beobachtung der Methode und ihrer Ergebnisse. Die Entwicklungslehre der Arten kann aus der Genealogie nicht nur die Mannigfaltigkeit der Zeugungsergebnisse bei gleicher Herkunft, sondern auch die eingreifenden Veränderungen der durch die Ahnenverzweigung bestimmten Abstammung entnehmen, und diese wird aus jener die Bedingungen und Wirkungen des Anpassungsgesetzes der Generationen weit sicherer und zuverlässiger erfahren, als aus den geschichtlich erwiesenen Umständen, die den Menschen kaum einer wesentlichen Veränderung unterworfen erscheinen lassen. Selbst in den formalen Fragen und Darstellungen würde ein genaueres

Studium der Genealogie für die Entwicklungslehre nicht unzweck-
mäßig sein. So spricht man in der Regel von phylogenetischen
Stammbäumen, während man eigentlich Ahnentafeln im Auge hat,
bei welcher formalen Verwechselung dann aber ein sachlicher Irrthum darin unterläuft, daß man bei einer solchen Ahnentafel von
den Geschlechtsunterschieden absehen zu können meint und nur
die männlichen Abstammungsverhältnisse berücksichtigt. So kommt
es denn, daß die Ahnentafeln, die von der Descendenztheorie aufgestellt worden sind, von Kreuzungs- und Mischungsverhältnissen
ganz abzusehen scheinen, während das auf die Entstehung der Arten
bezügliche Experiment eigentlich nur von der Kreuzung der Rassen
seinen Ursprung nahm. Der Hinweis auf die von der Genealogie
untersuchte Ahnentafel mit ihrer strengen, beide Geschlechter gleich
berücksichtigenden Gliederung ist vielleicht hier recht am Platze.
Die Forschungen im Gebiete der menschlichen Ahnentafel sind von
ganz besonderer Fruchtbarkeit für alle naturwissenschaftlichen Fragen,
weil sie eine ungeahnte Menge von Fällen in Betracht ziehen und
immerhin über ein wol überliefertes Material verfügen, welchem
kein anderes vergleichbar sein dürfte. Wenn also auch der von
der Genealogie ins Auge gefaßte Mensch keinerlei Auskunft über
seine Abstammung im Sinne der heutigen Descendenztheorie zu
geben vermag, die beide hier in Betracht kommenden Wissenschaften
vielmehr stets als etwas völlig getrenntes erscheinen werden, so
mangelt es doch keineswegs an gewissen analogen Vorgängen,
welche zwischen der Ahnentafel des einzelnen Individuums und
zwischen derjenigen des Menschen überhaupt bestehn. Und außerdem ergeben sich für die Naturforschung aus der Betrachtung der
Ahnentafel jedes einzelnen Individuums gewisse Probleme, deren
Lösung vielleicht kaum noch in Betracht gezogen ist. Denn wenn
die Ahnenforschung des Menschen zu einer unendlichen Vielheit
von Individuen führt, so kann der Descendenzlehre umgekehrt
die Frage nicht erspart bleiben, wie der Uebergang der Arten von
einer Form zur andern gedacht werden kann, wenn die Genealogie
doch lehrt, daß jedes Individuum eine unendliche Menge von gleichartigen und gleichzeitig zeugenden Ahnen voraussetzt und die Vorstellung einer Abstammung der Menschen durch Zeugungen Eines

Paares an der unzweifelhaft feststehenden Thatsache scheitern muß,
daß jedes einzelne Dasein vielmehr eine unendliche Zahl von
Adams und Evas zur Bedingung hat. Die Einheitlichkeit des
Abstammungsprinzips steht daher zunächst im vollen Widerspruch
zu den genealogischen Beobachtungen.

Genealogie, Physiologie, Psychologie.

In einer anderen und viel innigeren Beziehung steht die
Genealogie noch zu jenen Naturwissenschaften, die sich mit dem
Menschen als solchem in seiner Natur und Wesenheit beschäftigen.
Es ist klar, daß der seiner genealogischen Verhältnisse sich bewußte
Mensch, indem er handelnd und geschichtlich erscheint, sich in der
Einheit seines Seins nur als Ganzes begreifen läßt und daher
zu seiner Selbsterkenntnis der physiologischen wie der psychologischen
Beobachtung gleichermaßen bedarf. Es wäre überflüssig an dieser
Stelle die Fragen zu berühren, die sich auf den Zusammenhang
der auf Seele und Leib, wie man sonst zu sagen pflegte, bezüglichen Erfahrungen und Wissenschaften beziehen. Für die Genea=
logie treten die Differenzen, die sich etwa in den Anschauungen
über diese Dinge ergeben könnten, gänzlich in den Hintergrund.
Das menschliche Zeugungsprodukt erscheint in der Geschichte ohne
weiteres mit gleichwertigen Antheilen von Seelen- und Leibesthätig-
keiten, und wenn man in historisirender Abstraktion vom Geist
spricht, der in der Geschichte waltet, so versteht dies doch niemand
anders, als daß dieser nur vermöge der genealogisch verstandenen
körperlichen Wesen wirksam sein kann. Der Todte macht keine
Geschichte. Auch jene, welche sich die Geistgeschichte in den mannigfachsten Formen thätig denken, als eine philosophische ideale Ge-
setzeswelt, als weltgöttliche Emanation, oder als gutchristliche Erden-
wanderung aufsteigender Engel oder absteigender Teufel, können
doch nicht davon absehen, daß alles, was von Menschen geschehen
ist, von Wesen herkam, welche geboren wurden und starben. Auch
denen, die in den modernen Betrieb der Geschichte so außerordentlich „gesetzeslüstern" geworden sind, daß sie ohne Aufstellung von
allerlei historischen Gesetzen gar nicht mehr ein Geschichtsbuch lesen

mögen, kann man nicht genug die Gesetze des Geborenwerdens
und Sterbens empfehlen, da diese doch die einzigen sind, auf deren
immer erneute Wirksamkeit der Historiker mit voller Sicherheit
rechnen kann, wobei er sich jedoch nicht zu verhehlen braucht, daß die
allgemeine Beobachtung auch dieser Gesetze nichts anderes als die
Anerkennung einer trivialen Thatsache ist. Indem sich aber die
genealogische Wissenschaft auf den Standpunkt der Beobachtung des
durch Geburt und Tod in seiner Wirksamkeit begrenzten Individuums
stellt, fallen ihre Aufgaben zum großen Theil mit den Untersuchungen jener Wissenschaften zusammen, die den Menschen in
seinen leiblichen und geistigen Eigenschaften überhaupt zum Objekt
haben. Die Genealogie kann aber den biologischen Fragen überhaupt zu Hilfe kommen, indem sie sich, soweit ihr die Quellen zu
Gebote stehen, zugleich auf jene Erinnerungen und Erfahrungen
stützt, die von früheren Individuen auf spätere, also von den Voreltern auf die Nachkommen übergegangen sind. In Folge der Beobachtung des Zusammenhanges der aufeinander folgenden Geschlechter construirt sich in der Genealogie ganz von selbst der
Begriff der Vererbung der Eigenschaften durch Erzeugung immer
neuer Geschlechtsreihen, deren Wesen und Sein ohne die Erkenntnis
ihrer Eigenschaften und Verwandlungen nicht verstanden werden
könnte. Der Genealog bietet daher dem Biologen eine Thatsachen-
reihe dar, die sich auf keinem andern Wege, als auf dem der be-
wußten Ueberlieferung der Geschlechter erreichen läßt. Wollte man
die Beobachtung vererbter Eigenschaften lediglich auf die Vergleichung lebender Wesen begründen, so würde dieser wissenschaftliche Begriff im äußersten Maße beschränkt erscheinen. Es könnte
dann im besten Falle nur der Beweis geliefert werden, daß gewisse Eigenschaften erwachsener Menschen auch bei deren Großeltern
vorkommen. Wollte man aber sich damit nicht genügen lassen,
sondern die Vererbungsfrage auch weiter hinaufsteigenden Generationen gegenüber zur Entscheidung bringen, so befände man sich
im Gebiete genealogischer Ueberlieferungen und vermöchte diese nicht
einen Augenblick zu entbehren. In Folge dessen läßt sich behaupten,
daß jede physiologische und psychologische Untersuchung, die sich auf
die Vererbung der Eigenschaften bezieht, genealogisch ist.

Durch die ſichergeſtellte Kenntnis ſchon der äußeren Eigenſchaften
vorhergegangener Geſchlechter gelangt man zu dem Schluße, daß
der Menſch, den die Wiſſenſchaft heute unterſucht, derſelbe iſt, den
Ariſtoteles gekannt hat, und daß folglich im Wege der Zeugung
und Abſtammung keine Eigenſchaftenveränderung ſtattgefunden hat.
Bildniſſe, die vor tauſenden von Jahren gemacht worden ſind,
zeigen, daß die Menſchen immer zwei Augen und zwei Ohren und
eine Naſe von einer Generation auf die andere übertragen haben.
In dieſer Allgemeinheit iſt die Erblichkeit als durchgehendes Prinzip
alles organiſchen Lebens überhaupt ein Axiom, zu deſſen Erkenntnis
es kaum eines beſonderen Beweiſes bedarf. Die Theorie, welche
ſich mit der Erklärung dieſer Erſcheinung des organiſchen Lebens
beſchäftigte, bedurfte thatſächlich von Darwin bis Weismann keines beſonderen genealogiſchen Studiums und es wäre
lächerlich geweſen zu verlangen, daß die Abſtammungsreihen der
heutigen Menſchen wirklich nachgewieſen ſein müßten, um zur Erklärung von Vorgängen der Natur zu ſchreiten, welche die ſtetige
Wiederholung der gleichartigen Eigenſchaften der von einander ab-
ſtammenden Individuen zur Folge hatten. Die Beobachtungen,
welche an den heutigen Eltern und Kindern gemacht ſind, dürfen
als Vorausſetzung einer unendlichen Reihe von gleichzeitigen und
in der Zeit vorangehenden Fällen zur Grundlage jeder Vererbungstheorie mit Recht gemacht werden, und es bedarf keiner hiſtoriſch-
genealogiſchen Unterſuchung darüber, ob alle unſere Ahnentafeln
auf Adam und Eva zurückgehen oder nicht. Wenn es der Natur-
forſchung gelungen iſt, den Vorgang bei der Entwicklung der Arten
in einem Falle zu erklären, ſo iſt es klar, daß auch jene Vererbungen und Veränderungen damit erklärlich ſind, die bei allen
früheren Generationen ſtattgefunden haben. Die genealogiſche
Wiſſenſchaft braucht ſich hier keineswegs einem Forſchungsgebiete
aufzudrängen, welches in der Umſicht ſeiner Methoden durchaus
auf ſich ſelbſt geſtellt iſt und bleiben wird.

Und auch die Pſychologie, die ſich ſeit Sokrates auf ein und
dasſelbe Beobachtungsprinzip ſtützt und in der „Selbſterkenntnis"
den ganzen Umfang ihres Gebietes richtig bezeichnet weiß, bedarf
zur Unterſuchung der geiſtigen Lebensvorgänge keineswegs einen

Hinweis auf vergangene Geschlechter und noch niemand hat daran gezweifelt, daß für alle menschlichen Wesen dieselben Denkgesetze galten. Auch hier könnte man daher mit Recht ein eigentliches genealogisches Studium für höchst überflüssig halten, wenn es auch schon sicher ist, daß sich die Psychologie zu allen Zeiten doch genötigt sah ihr Beobachtungsmaterial möglichst zu verbreitern und sich nicht mit den Thatsachen eines Lebens zu begnügen, sondern so mannigfaltig wie möglich in die Erfahrungen vieler Geschlechter und vergangener Zeiten zurückzugreifen.

Danach aber ist gerade von Psychologen die Forderung in neuerer Zeit wiederholt gestellt worden, daß die Forschung auf eine gewisse genealogische Basis gestellt werden könnte, um auch hier den Erblichkeitsbegriff besser erfassen zu können, und andererseits ist auch neben dem psychologischen Bedürfnis der Ahnenkenntnis vermöge der pathologischen Vorgänge im Organismus auch die physiologische Betrachtung mehr und mehr dem Stammbaum zugewendet worden.

So lange es sich mit einem Worte um den allgemeinen Bestand physiologischer und psychologischer Eigenschaften handelt bedarf weder diese noch jene Wissenschaft eines Hinblicks auf genealogisch-historische Thatsachen. Die letzteren können erst von Bedeutung werden, wenn es sich um Veränderungen handelt, die in dem Organismus des Individuums zu beobachten sind. Vom Standpunkt der Erblichkeit betrachtet darf man also sagen, daß sich das genealogische Moment erst da der Forschung aufdrängt, wo es sich hauptsächlich um die Veränderung handelt. Wie in der Natur die Vererbung ohne die Veränderung nicht gedacht werden kann, weil sich trotz aller Gleichartigkeit der Individuen doch nicht zwei völlig gleiche finden, so kann der Begriff der Vererbung der Eigenschaften wissenschaftlich nicht ohne den der Variabilität gedacht werden. Diese aber ist historischer Natur, ein werdendes, welches sich dem gewesenen entgegensetzt. Hier ist der Punkt wo das genealogische Moment sich jeder Art von biologischer Forschung unbedingt und ohne unser Zuthun nicht nur empfiehlt, sondern aufdrängt. Wäre aller natürlich fortgepflanzte Organismus aus-

3*

schließlich auf die Erblichkeit gestellt, so hätten auch die höchstent-
wickelten Wesen keine Geschichte. Wie die verschiedenen Arten der
Steine immer in derselben Weise krystallisiren, so würde die voll-
endete Vererbung der Eigenschaften der organischen Wesen eine
Gleichartigkeit zur Folge haben, die selbst eine Verschiedenheit der
Thätigkeit des Individuums ausschlösse; indem aber in leiblicher
und geistiger Beziehung die Variabilitäten desto größer werden, je
entwickelter der Organismus des Individuums ist, so sind auch die
Lebensäußerungen derselben einem Wechsel unterworfen, der geschichtliche Entwicklung bedeutet. Alle Geschichte hat Veränderungen
in den Eigenschaften der Menschen zur Voraussetzung und die Beobachtung derselben kann nur auf dem Wege genealogischer Forschung
geschehen. Die wechselnden Generationen sind ein Produkt der
immer gleiches anstrebenden Vererbung und der stets neues zeugenden Varietät. Die Vererbung bewirkt den Begriff der Art und
Gattung, die Veränderlichkeit den Begriff der Geschichte. In dem
genealogischen Fortgang findet die Wissenschaft von dem einen und
dem andern ihr Maß und Ziel.

Genealogie und Psychiatrie.

Da, wo die Veränderungen am Organismus einen pathologischen
Character angenommen haben, ist es demnach sehr erklärlich, daß die
Ursachenforschung den Hinblick auf die Genealogie am allerwenigsten
entbehren kann. So ist aus der rückwärts gestellten Beobachtung
physischer und psychischer Erkrankungen die Frage der Erblichkeit
zu einem genealogischen Hauptproblem der Psychiatrie geworden,
in Folge dessen die pathologische Ahnenforschung seit geraumer
Zeit einen hervorragenden Zweig ihrer Beobachtungen bildet.
Hier berühren sich die Arbeitsgebiete so unendlich nahe, daß es
überflüssig erscheint, viel darüber zu bemerken. Es bedarf lediglich einer Betrachtung über die Art und Weise, wie sich die
Genealogie für die psychiatrische Wissenschaft am zweckmäßigsten
verwenden lassen wird, da über die prinzipielle Seite des Verhält-

nisses kaum ein leiseſter Zweifel vorhanden iſt. Der Stammbaum iſt im Gebiete der pſychiatriſchen Theorie und Praxis ein Gegen=ſtand der ausgiebigſten Unterſuchungen, aber dennoch wird man gerade nicht behaupten, daß dieſe nach ihren Ausgangspunkten ſo gänzlich verſchiedenen Wiſſenſchaften ſich gegenſeitig heute ſchon ſehr ſtark unterſtützt hätten. Man darf vielmehr den Wunſch ausſprechen, daß der praktiſche Nutzen, der hier angenſcheinlich aus dem Studium der Genealogie entſpringen kann, dazu führen möchte, derſelben mehr Freunde und größere Verbreitung gerade im Kreiſe dieſer Forſcher zu verſchaffen.

Für die wiſſenſchaftlichen Fragen, welche ſich vom Standpunkte phyſiologiſcher wie pſychologiſcher und pathologiſcher Forſchung er=geben, wird es ohne Zweifel von unabſehbarem Vortheile ſein, wenn einſtens die genealogiſchen Arbeiten in ſolcher Vollkommen=heit vorliegen werden, daß die Vererbungs= und Veränderungs=momente in den Zeugungen einer langen Reihe von Generationen genau feſtgeſtellt werden können. Dazu liegt geſchichtlich ſchon jetzt ein ſehr großes Material vor, welches lediglich der Ordnung und Bearbeitung bedarf. Andererſeits iſt zur Aufſtellung genealo=giſcher Tafeln in aufſteigender oder abſteigender Linie eine gewiſſe methodiſche Uebung nötig, durch welche wol mancherlei Fehler des pſychologiſchen und pathologiſchen Calcüls vermieden werden dürften. Sammlung genealogiſcher Daten iſt zwar unter allen Umſtänden höchſt erwünſcht, wenn dieſelben aber nicht mit Anwendung ſtrengſter hiſtoriſcher Kritik zu Stande gekommen ſind, ſo laſſen ſich ſichere Schlüſſe wol ſchwerlich an dieſelben knüpfen. Die Nach=frage perſönlicher Art nach den Qualitäten vorangegangener oder überhaupt verwandter Perſonen läßt dem ſubjektiven Ermeſſen und vielleicht dem Urtheil wenig urtheilsfähiger Leute einen zu großen Spielraum. Eine Hilfe mag dem Praktiker auch dieſe dilettantiſche Art der Stammbaumforſchung darbieten; für eine geſicherte Theorie dagegen können gewiß nur jene ein für allemal hiſtoriſch erforſchten Zeugungs= und Abſtammungsverhältniſſe etwas darbieten, bei denen in einer unendlichen Menge von blutsverwandtſchaftlichen Beziehungen das ganze Material von Vererbungs= und Varietäts=fällen ohne irgend eine Vorausſetzung feſtgelegt worden iſt. Die

Erweiterung unserer genealogischen Quellen ist daher eine Haupt-
aufgabe, an deren Lösung gerade jene Wissenschaften das größte
Interesse nehmen sollten, die auf die Untersuchung von Erblichkeitsfragen seit geraumer Zeit schon ein großes Gewicht zu legen pflegen.

Die Genealogie und der historische Fortschritt.

Der Vererbung individueller Eigenschaften durch Zeugung und
Abstammung steht die Veränderung derselben gegenüber und die
Genealogie beschäftigt sich mit der Feststellung der im einzelnen
überlieferten diesbezüglichen Thatsachen ohne zunächst den Anspruch
erheben zu können eine Erklärung für dieselben zu geben. Sie
überläßt es vielmehr den verwandten naturwissenschaftlichen Zweigen
die Aufgabe zu lösen, die sich aus der nachgewiesenen Vererbung
und Variabilität der Eigenschaften ergeben werden. Indem aber
die Genealogie ein umfassendes Material der Beobachtung darbietet,
kann sie sich ihrerseits nur auf den Standpunkt des Schülers gegenüber der naturwissenschaftlichen und psychologischen Untersuchung
und Theorie stellen. Sie darf sich nicht in Widerspruch gegen dieselbe setzen und finden lassen, darf aber allerdings die Hoffnung
hegen, jenen wissenschaftlichen Zweigen dadurch eine vielleicht unerwartete Unterstützung gewähren zu können, daß sie die Erblich-
keits- und Veränderungsverhältnisse im Gegensatze zu einer bloßen
Statistik gegenwärtiger Zustände durch viele Generationen rückwärts
zu verfolgen und vermöge ihrer genauen Kenntnis der einzelnen
Zeugungsergebnisse durch sehr lange Reihen von Geschlechtsfolgen
in einer unendlichen Anzahl von überlieferten Fällen das Problem
der Erblichkeit in exakter empirischer Weise zu behandeln vermag.
Indem sie sich aber auf der Grundlage der Prüfung der einzelnen
Fälle zu einer Betrachtung der in immer neuen Reihen sich bildenden Generationen und ihrer Wirksamkeit erhebt, nähert sie sich der
Beantwortung einer Frage, die von sehr entgegengesetzten Stand-
punkten, einerseits von der biologischen Naturforschung, andererseits
von den geschichtlichen Wissenschaften her angeregt zu werden pflegt.
Alle Entwicklungslehre, wie sie einerseits von der Naturforschung,

andererseits von vielen historischen Denkern mehr oder weniger
hypothetisch gefaßt zu werden pflegt, gipfelt in dem Begriff des
Fortschritts oder der Vervollkommnung, die man einerseits in
den vom Individuum ausgehenden Lebensäußerungen objektiv,
andererseits aber auch auf Grund der Eigenschaftsveränderungen
desselben in subjektivem Sinne verstanden wissen will. Hiebei
nimmt die natürliche Entwicklungslehre der neuesten Zeit im ganzen
einen vorsichtigeren Standpunkt ein, als die viel älteren Wissenszweige, welche bald auf historischen, bald auf philosophischen Wegen
das Fortschrittsproblem erörterten. Denn die natürliche Entwicklungslehre wie sie insbesondere von Darwin vermöge der besonnenen
Bescheidenheit des großen Forschers verstanden worden ist, beschränkt
sich durchaus darauf den Begriff und die Entstehung der Arten
unter das Entwicklungsgesetz zu stellen, verzichtet aber wol darauf
innerhalb der erkannten Stufen aus etwaigen Eigenschaftsveränderungen einzelner Individualitäten auf ein allgemeines Fortschrittsgesetz zu schließen. Und wenn auch in übel verstandener
Anwendung der Darwinschen Theorie zuweilen die Schlußfolgerung
gezogen worden ist, daß die genealogisch sich entwickelnden Geschlechtsreihen, analog den nachgewiesenen Stammtafeln der niederen organischen Wesen in stetiger innerer Vervollkommnung der Individuen
ebenfalls eine aufsteigende Linie des Fortschritts bildeten, so dürfte
man doch durchaus nicht behaupten, daß die exakte Naturforschung
zu solchen Uebereilungen Anlaß gegeben hätte. Die letztere weiß
vielmehr ganz genau, daß ihre auf die Entstehung der Arten bezüglichen thatsächlichen Nachweisungen alle nur unter der Annahme
von Zeiträumen denkbar sind, denen gegenüber die kleine Spanne
von Jahrhunderten, in welche unsere historisch-genealogischen Beobachtungen des Menschendaseins fallen, als eine minimalste Größe
gar nicht in Betracht kommen wird. Zu einer Verwendbarkeit von
Entwicklungsgesetzen der Schöpfungsgeschichte — wenn es erlaubt
ist diesen Ausdruck zu gebrauchen — für die geringfügigen Variabilitäten der historisch überlieferten Zeiträume, in welche mensch-
liches Dasein fällt, wird sich kaum jemand ernsthaft bekennen wollen,
wenn auch, man könnte sagen, eine gewisse Art religiösen Dranges
den Wunsch rege machen mag, daß die allgemeinen Gesetze der

Entwicklung eine erfreuliche Analogie auch in den kleinsten Zeiträumen gewissermaßen unsichtbar anzunehmen gestatteten. Zu
etwas sicherem aber vermochten Schädelmessungen in historischen
Zeiten wol nicht zu führen und wie es scheint, würden selbst nachweisbare Variabilitäten bei ausgegrabenen anatomischen Resten
menschlichen Daseins gegenüber der historisch erkennbaren psychischen
Größe vergangener Geschlechter — denke man dabei an Semiten
oder Japhetiden, an Chinesen, Inder oder Griechen — sich stets
hinfällig erweisen müssen. Würde sich aber auch die Naturforschung
des Problems in dem Sinne bemächtigen, daß sie den Entwicklungs-
prozeß an dem historischen Menschen nachzuweisen unternähme,
so würde dies am allerwenigsten ohne genaue genealogische Untersuchungen möglich sein, von denen es freilich zweifelhaft wäre, ob
das nötige genealogische Material hiefür aus den menschheitlichen
Erinnerungen selbst fließen dürfte. Denn wollte man die natürlichen Ursachen der Artenverbesserungen bei dem historischen Menschen exakt zur Darstellung bringen, so würde ohne Zweifel das
Studium der Rassen-, Völker- und Familienkreuzungen in die erste
Linie zu stellen sein. Alsdann müßte eine Wissenschaft geschaffen
werden, die, indem sie auf die Untersuchung der einzelnen Fälle
begründet werden müßte, nicht nur eine Ergänzung, sondern geradezu einen Gipfelpunkt aller genealogischen Forschung zu bedeuten
hätte. Die Genealogie würde in Folge dessen eine Aufgabe zu bewältigen haben, die erst nach Ablauf einer ganzen Reihe von
Generationen, für welche quellenmäßige Nachrichten zu sammeln
wären, zu Ergebnissen gelangen könnte. Denn so sehr auch Rassen-
und Völkermischungen seit tausenden von Jahren als eine im allgemeinen feststehende Thatsache bekannt sind, so wenig sind dieselben
genealogisch genau untersucht, und so lange sie nicht genealogisch
genau bekannt sind, werden alle anthropologischen Betrachtungen
über eine gewisse Grenze der Beobachtung von einer oder zwei
Generationen hinaus zu keiner Sicherheit gelangen können. Selbst
die Kreuzungsverhältnisse zwischen schwarzen und weißen Rassen
sind heute noch in Dunkel gehüllt, und selbst die auffallendsten
physiologischen Merkmale der Vererbung sind durch eine genügende
genealogische Quellenforschung nicht gesichert, sondern meist nur auf

ein anekdotenhaftes Material gestützt. Die anthropologische, biologische und physiologische Forschung über Vererbung und Veränderung der menschlichen Eigenschaften bedürfte eines umfassenden genealogischen Studiums, wenn ihre Resultate gesichert werden sollten.

Möchte die Einsicht in das so deutlich vorhandene Bedürfnis bei dem Entgegenkommen, dessen sich alle Naturwissenschaften heute erfreuen, dazu führen, daß man sich zur Errichtung großer genealogischer Forschungsanstalten entschlösse, die doch sicherlich ebenso viel oder noch mehr Berechtigung haben würden, als diejenigen Beobachtungsstationen, die man den niederen Organismen in so großartigem Maßstabe allerorten zu theil werden läßt! Jedenfalls würde auf diesem Wege einzig und allein das Problem des Fortschritts, beziehungsweise der Vervollkommnung der innerhalb der historischen Zeit lebenden Individualitäten, sowie der sich nach abwärts entwickelnden Generationen der Stammbäume der nächsten Jahrhunderte exakt und nach Analogie sonst gebräuchlicher naturwissenschaftlicher Methoden gelöst werden können.

Andere Wege und Methoden sind dagegen von philosophischen und historischen Denkern seit den ältesten Zeiten eingeschlagen worden, um dem stets vorhandenen Fortschrittsglauben der Menschheit eine feste Grundlage zu verschaffen und man kann allerdings nicht läugnen, daß nach der Auffassung der meisten geltenden Fortschrittstheorien die Genealogie als solche für die Lösung des Problems überflüssig wäre. Die Philosophie der Geschichte beansprucht seit den Zeiten des Augustin und Eusebius eine gleichsam in sich selbst ruhende Gewißheit und Anerkennung dieses Glaubens, und so verschieden die Formen sind, in welchen der Fortschritt nach der Meinung der verschiedensten Philosophen zur Erscheinung kommt, so bestimmt wird doch dieser selbst als eine petitio principii ohne weiteres vorausgesetzt und so sehr beeinflußt er die allermeisten historischen Darstellungen der bedeutendsten neueren Völker. So ganz hat diese Vorstellungsweise vermöge der Befriedigung, die sie dem menschlichen Gemüte gibt, etwas dogmatisches angenommen, daß man die genealogischen Schwierigkeiten, die sie bietet, von Seiten der meisten Historiker und Philosophen ganz und gar

unbeachtet ließ. In einem der vielen neueren Bücher über Philo=
sophie der Geschichte, worin die Versuche dieser Art trefflich seit
ältester Zeit dargelegt sind, in dem Werke von Rocholl, kann man
beispielsweise die Wahrnehmung machen, daß alle Versuche, die
Möglichkeit einer Philosophie der Geschichte zu läugnen, von vorn=
herein mit der Bemerkung zurückgewiesen werden, daß diese über=
haupt eine solche Negation nicht zu beantworten brauchte. Schopen=
hauer und Goethe müßten freilich von diesem Standpunkte aus
für Thoren betrachtet werden. Dagegen dürfte man das Verdienst
Rocholls darin nicht für gering anschlagen, daß er mit einer
vielen anderen geschichtsphilosophischen Arbeiten fehlenden Auf=
richtigkeit dem Fortschrittsproblem in der Geschichte seinen rein
dogmatischen Charakter wahrt.

Alle Versuche zu einer Philosophie der Geschichte zu gelangen,
beruhen auf der Vorstellung eines Zweckes oder Zieles, das auf
dem Wege ihrer Geschichte von der Menschheit erreicht werden
müsse. Die alten christlichen Philosophen waren unbefangen und
weise genug, die Erfüllung des Lebenszweckes in eine andere Welt
zu versetzen. Sie redeten zu nüchternen Menschen, die sich nicht
weiß machen ließen, daß die auf dieser Welt sich vollziehende Ge=
schichte irgend eine wesentliche Veränderung in irgend einem Stücke
erkennen ließe. Indem jedes individuelle Leben eine auf sich selbst
gestellte unendliche, ewige, unsterbliche Entwicklungsreihe besitzen
sollte, war es für die Auffassung des Geschichtsphilosophen von
Augustin bis Otto von Freising etwas ganz nebensächliches,
ob man sich die erwartete Vollendung diesseits oder jenseits vor=
stellte. Die Hauptsache war, daß der Lebenszweck, das Ziel er=
reicht wurde.

Später hat man die Sache gleichsam umgedreht; da die Leute
unchristlich und ungläubig geworden sind, und auf die Geschichts=
vollendung im Himmel nicht warten wollten, so erfanden sie sich
eine irdische Geschichtsphilosophie und ein diesseits anzustrebendes
Paradies, und suchten sich einzubilden, man rücke zusehends von
Jahrhundert zu Jahrhundert auf dem Wege der Geschichte
in den himmlischen Zustand hinein. Dabei ging allerdings das
individuelle Moment verloren und die Vervollkommnung, welche

die christliche Philosophie jedem einzelnen versprach, wurde mehr
und mehr zu einem abstracten Zustandsbegriff der Menschheit überhaupt. Die ganze Vorstellungsart, ganz gleichgiltig, ob sie auf
dem Wege philosophischer und ethischer, kulturhistorischer oder
wiedertäuferischer und sozialistischer Combinationen und Lehren entstanden ist, war und blieb ein dogmatischer Ueberrest, ein materia-
listisch geformter religiöser Altruismus, weil dem philosophirenden
Geschlecht die lebhafte Phantasie der alten christlichen Philosophen,
vielleicht der alten Welt überhaupt fehlte, die Zweckbestimmung der
geschichtlichen Entwicklung in das Jenseits mit seinen Heiligen und
Engeln zu verlegen. Fragt man aber nach der größern Vernünf-
tigkeit dieser ganz verwandten, aber in Betreff der Form des zu
erreichenden Zustandes sich völlig ausschließenden Anschauungen, so
scheint kein Zweifel zu sein, daß diejenige Ottos von Freising
oder Dantes, abgesehen von ihrer poetischen Natur und Verwendbarkeit, jedenfalls um vieles einleuchtender und glaubwürdiger war.
Denn daß die Seelen nach dem Tode zur Vollendung und Reini-
gung kommen werden, vermochte Dante zu versichern, ohne daß
es irgend jemand gelingen konnte einen Gegenbeweis zu liefern,
während in Betreff des diesseitigen Lebens, der thatsächlichen geschichtlichen Entwicklung jeder Tag einem jeden Menschen den Beweis liefert, wie Geburt und Tod und jede innerhalb dieser Grenzen
eintretende individuelle Hinfälligkeit und Elendigkeit ohne die aller-
geringste Vervollkommnung des Menschen und ohne jede Veränd-
rung seiner Schmerzen in unverändertem Einerlei wechseln. Der
Philosoph, welcher der Geschichte einen erkennbaren zu einem Ziele
hinstrebenden Plan unterlegt, mag er an Utopia, oder mit den
Modernen an Cabets Ikarien denken, lebt also in einer Welt von
Phantasie, die ihren Himmel diesseits aufbaut. Immer werden
diese Anschauungen und Lehren, welcher Art und Schule sie auch
sein mögen, genötigt sein von zwei Dingen abzusehen, von der
Zeit und von dem Einzelleben, welches auf Zeugung und Abstammung von einer gleichen Art und gleichen Wesen unabänder-
lich beruht. So hat diese Art der historischen Abstractionen hauptsächlich dem genealogischen Studium Abbruch gethan, sie hat am
meisten die Genealogie geschädigt und gestürzt. Und indem sie sich

des Kunstgriffs bediente vom Zeitbegriff sich ganz zu trennen, tritt
die Unwahrheit ihres Systems zu Tage, denn eine Geschichte ohne
Zeitmaß ist ein Roman. Nicht alle aber waren so ehrlich wie
Thomas Morus, ihre utopistische Philosophie als einen bloßen
Roman zu erklären. Die meisten halfen sich mit dem rein formalen
Begriff des Fortschritts, welcher über den von der Geschichte uner-
bittlich geforderten Maßstab der Zeit glücklich hinwegtäuschen
konnte.

Der Begriff des Fortschritts, als oberstes Prinzip der geschichtlichen Entwicklung, ist vermöge seiner unendlichen Bequemlichkeit eigentlich als der Bodensatz aller geschichtsphilosophischen Betrachtungen und Erörterungen anzusehen und zu erkennen. An
diese Fortschrittsidee, die dem politischen und dem culturhistorischen
Doctrinär gleich willkommen ist, hat sich in heutiger Zeit eine Art
Religion gehängt, die dann alle, die sich mit geschichtlichen Dingen
beschäftigen, jedes weiteren Nachdenkens zu entheben scheint. Durch
den Gedanken an den ewigen Fortschritt ist der Historiker in die
angenehme Lage versetzt, immer von einem Zusammenhang und
vielleicht auch von einer Notwendigkeit des Laufes der Dinge zu
sprechen, da überall wo etwas zu Grunde geht, irgendwo und
irgendwie auch etwas neues entsteht oder geschieht und mithin der
Fortschritt nachgewiesen zu sein scheint. Daß hiebei unvermerkt
der Begriff der Bewegung mit der Vorstellung des Fortschritts
verwechselt wird, bleibt unbeachtet. Indem man aber den Begriff
einer Fortschrittsentwicklung eingeführt hat, während in Wahrheit
nur von Ursachen und Wirkungen geredet werden dürfte, werden
die Beobachtungen äußerlicher Thatsachen zu Aeußerungen von
innerlich wirkenden Gesetzen umgewandelt, welche den Fortschritt
hervorgebracht haben sollen. Ohne Zweifel ist es der Mensch, der
den zweirädrigen Karren und auch den Eisenbahnwagen gemacht
hat; wenn dieser so viel schneller läuft als jener, so ist dies ein
Fortschritt des laufenden Gefährts; der Mensch, der darin sitzt,
ist derselbe geblieben, und sein erfindungsreicher Sinn zeigt sich in
gleicherweise in der uralten Herstellung des Rades, wie in der
complicirten Maschine der Neuzeit. Wollte jemand im Ernste behaupten, daß Plato oder Dante geringere geistige Eigenschaften

befeffen hätten als Stephenfon, weil diefer ein Bewegungs-
werkzeug gefchaffen hat, von welchem jene fich nicht einmal etwas
träumen laffen fonnten, fo wäre das nicht beffer, als die vielfach
umgefehrt lautende Folgerung, daß die heutigen Gefchlechter phyfifch
fchwächer und unvollkommener feien als früher, weil ja die Fabeln
von den Titanen, Riefen, Herkules und Siegfried fchon vor Jahr-
taufenden erfunden worden find. Alle auf die Vervollkommnung
der menfchlichen Eigenfchaftsvererbung gerichteten Fortfchrittsideen
müffen der Frage gegenüber verftummen, ob irgend jemand im
menfchlichen Gehirn einen einzigen logifchen Vorgang bemerkt
habe, den nicht Ariftoteles bereits gekannt und befchrieben hätte.

Auch die Gefchichtserkenntnis felbft beruht durchaus auf der
Annahme, daß der Menfch der Gefchichte, foweit er in feinen
Eigenfchaftsüberlieferungen von einer Generation auf die andere
fich dargeftellt hat, immer derfelbe war. Daß wir die Menfchen-
gefchichte zu verftehen in der Lage find, und das, was Väter und
Vorväter erlebt und gethan haben, nachempfinden können, ift nur
dadurch erklärlich, daß wir dem vergangenen Menfchen genau diefelben Gedankengänge und diefelben Beweggründe feiner Handlungen zufchreiben dürfen, die wir bei dem gegenwärtigen und
lebenden wahrnehmen. Wäre jener in feinem Wefen anders ge-
artet gewefen als wir felbft, fo würde jede Sicherheit des Ver-
ftändniffes feiner Ueberlieferungen aufgehoben fein und es wäre
thöricht, zu denken, daß man eine Gefchichte Agamemnons oder
Karls des Großen zu fchreiben im Stande wäre. Die Mittheilungen, die eine Generation der andern zu machen hatte,
wären alsdann nicht beffer als das Gezwitfcher der Waldvögel,
welches wir hören und von dem wir wol überzeugt find, daß es
allerlei zu bedeuten hat, denn wir verftehen die Sprachen der Thiere
unvollkommen. Denken wir uns den Menfchen der Vorzeit, felbft
den Pfahlbauer, den Südfeeinfulaner, fo ift es möglich von ihnen
allerlei zu wiffen wie man von den Fifchen, von den Kohlen, die
in der Erde verbrannt liegen, eine fehr merkwürdige Gefchichte
erzählen kann, aber was man Gefchichte im Sinne der Erkenntnis des Wollens und Thuns, des Gelingens und Leidens vergangener Gefchlechter zu nennen pflegt, dies alles als Mit-

empfindung erlebter und erstrebter Handlungen gedacht, kann nur
da auf volles Verständnis rechnen, wo eine Gleichartigkeit ererbter
Eigenschaften von Generation zu Generation vorausgesetzt wird.
Der wahre Geschichtschreiber entwickelt in dieser Beziehung in sich
eine ungemein große Feinfühligkeit. Selbst wenn er von anderen
Nationen oder gar von anderen Rassen erzählen soll, so fehlen
ihm nicht selten Stimmung, Wahlverwandtschaft, Sinn und Auffassung, man darf sagen das Organ des Verständnisses. Er sucht
sich erst auf alle Weise vorzubereiten, er lernt die Sprache fremder
Menschen, er studiert die Länder und deren Natur, in der sie
wohnen, er nähert sich dem Vorstellungskreise, welchen das nicht
verwandte Volk von Vätern auf Söhne vererbt hat und dadurch
als etwas selbstverständliches betrachtet. Geschichtserkenntnis im
höchsten Sinne ist nicht nur ein Produkt der Beobachtung von
Thatsachen, die sich darbieten, wie die Wandlungen der Erdrinde,
wie die Eigenschaften der Elemente, die Erscheinungen der Wärme,
des Lichts, der Elektricität, sondern auch eine Folge der Vererbung
des gleichen Wesens der Eigenschaften in einer langen Reihe von
Generationen. Die wesentliche Unveränderlichkeit des geschichtlichen Menschen macht die Geschichte möglich und die Geschichte
beweist umgekehrt, daß sich seit Jahrtausenden derselbe im Wesen
gleich geblieben ist. Was sich verändert hat, sind Werke seiner
Hände, oder wenn man lieber will, seiner Kunst. Er selbst war
immer dasselbe werkzeugschaffende Wesen, so lange ihn die Geschichte
beobachtet hat, so lange ihm das Bewußtsein seiner Aehnlichkeit
genealogisch erkennbar war. Den Fortschritt in den Dingen, die
sein Schaffen hervorbringt und seine Kunst in Jahrtausenden geschaffen hat, zu verkennen, wäre dieselbe Täuschung, wie wenn sich
jemand nicht überzeugt halten könnte, daß die Berge der Schweiz
höher sind als im Harz, weil er sie ja nicht nebeneinander sehen kann.
Diese Fortschrittsfrage ist in der That keine Frage, es dürfte davon nicht geredet werden. Ranke hat sofort in der klaren und
weltweisen Einfachheit seiner historischen Denkungsart das Wort
vom „technischen Fortschritt" selbstverständlich aus der Reihe allgemeiner Probleme der Geschichte gestrichen; wenn er den Fortschritt überhaupt bezweifelt hat, so dachte er an eine Frage, die

sich auf die durch Zeugung und Abstammung sich vererbenden und verändernden Eigenschaften des historischen Menschen bezog. Wahrlich nicht daran wollte der Altmeister gerührt haben, daß sich das Jahrhundert nicht freuen sollte, daß es das erfindungsreichste gewesen, daß es mit dem elektrischen Funken zu schreiben und zu sprechen versteht; er wollte nur sagen, daß auch das frühere schon verstanden hat, dem Himmel den Blitzstrahl zu entreißen. Wie klein dachten doch jene von dem gewaltigen Kenner menschlicher Größe, wenn sie um ihre vermeintliche Fortschrittsidee zu retten, ihm entgegen hielten, wie herrlich weit wir es gebracht hätten. Für diesen Fortschritt bedarf es keiner besonderen Beweise von Seiten der Geschichte, jeder Fabriksarbeiter stellt ihn dar, wenn er das Eisen hämmert oder die Dampfmaschine in Bewegung setzt. Er vermag mit einem Drucke seiner Hand ungemessene Lasten zu ziehen oder mit dem Wandervogel in Schnelligkeit zu wetteifern, und ist selbst doch wol nicht besser, als der Kohlenbrenner vor tausend Jahren war, der im tiefen Urwald nichts wußte, als daß das Feuer seines Meilers in steter Dämpfung brennen sollte. Was der große Geschichtsdenker den technischen Fortschritt nannte, begleitet in seiner concreten Bedeutung den Gang des Menschen in jeder Epoche, und nichts kann erfreulicher sein, als die gewaltige und erstaunliche Fülle dieser Fortschritte in zusammenfassender Geschichte der Cultur der Menschheit in allen ihren Theilen und Zweigen und Besonderheiten anzuzeigen. Wollte man aber den Fortschritt im handelnden und thätigen Subject und nicht in den Ergebnissen seiner Arbeit suchen, so müßte der Nachweis gefordert werden, daß im Laufe der Generationen an den Individuen selbst Veränderungen eingetreten seien, die in Rücksicht auf bestimmte vererbte Eigenschaften in physischer, intellektueller oder moralischer Beziehung als Vervollkommnungen aufgefaßt werden könnten. In diesem durchaus genealogischen Sinne hat Ranke das Fortschrittsprinzip verworfen und indem er, der außerordentlichste Kenner der menschlichen Natur, während einer Vergangenheit von mehr als dreitausend Jahren wol berechtigt war zu bekennen, daß er in dieser Beziehung keine wesentlichen Variabilitäten wahrgenommen habe, vermochte er gegenüber den Unklarheiten und

Dunkelheiten des Fortschrittsbegriffs dem ganzen Problem ein für
allemal eine exakte Grundlage zu schaffen, von welcher die wissen=
schaftliche Genealogie nicht mehr abzusehen vermag. Man
dürfte heute, wo die Frage auch entfernt noch nicht durch Einzel=
studien spruchreif geworden ist, sich keineswegs bei einer blinden
Anerkennung und einfachen Wiederholung des Rankeschen Stand=
punktes beruhigen; historische und naturwissenschaftlich genealogische
Beobachtungen der schwierigsten Art müssen ineinander greifen,
um zu einigermaßen gesicherten Resultaten zu gelangen, aber auch
schon die ganz allgemeinen Erwägungen mögen erkennen lassen,
daß man auch das genealogische Problem ohne sorgfältige Analyse
der im Begriffe des Fortschritts liegenden Besonderheiten nicht
wol lösen könnte.

Auch vom Standpunkt der reinen Speculation hat schon
Kant in der unendlich vorsichtigen Weise, mit der er alle Ent=
wicklungsfragen und besonders diejenigen historischer Zeiten be=
handelte, dem Fortschrittsproblem eine speziellere Seite abzugewinnen
gewußt, wodurch der Annahme einer Vervollkommnung des ﹒Indi=
viduums in geschichtlicher Entwicklung eine wenigstens denkbare Unter=
lage gegeben werden sollte. Indem er die Gesellschaftszustände als
solche historisch einer Vervollkommnung fähig hielt, die von einem
philosophischen Kopf in dem Gange zu einem weltbürgerlichen Ziel
erblickt werden könnte, und wonach die Geschichte selbst einem fort=
schreitenden Gesetze unterstehen würde, dachte Kant das hierbei
thätige Individuum — den geschichtlich wirkenden Menschen — in
einer fortwährenden Auswicklung der in ihm vorhandenen Fähig=
keiten und Kräfte begriffen. Die Vervollkommnung des Gesell=
schaftszustandes, welche gleichsam durch künstliche Veranstaltung,
wie das immer mehr verbesserte Werkzeug des Werkmeisters her=
vorgebracht ist, wäre darnach nicht Selbstzweck, sondern müßte als
Mittel gedacht werden, um die in der Menschheit im ganzen und
in jedem einzelnen vorhandenen Anlagen vollends zur Reise zu
bringen. In diesem Verstande müßte also, wenn nicht eine quali=
tative, so doch eine quantitative Veränderung der Eigenschaften
von Geschlecht zu Geschlecht vor sich gehen und in den aufeinander=
folgenden Generationen würde ein Fortschritt des Könnens und

Vermögens eine Schlußfolgerung auf die Erhöhung und Vermehrung innerer, sei es physischer, psychischer oder moralischer
Kräfteverhältnisse gestatten. So schwierig und zweifelhaft selbstverständlich der empirische Nachweis einer solchen von Kant geforderten Auswicklung von Anlagen in den Generationen sein
mag, so sicher erhält durch diese Auffassung des Fortschritts die
genealogische Forschung eine Aufgabe, der sie sich nicht entziehen
könnte. Die ältere Psychologie, die mit dem Begriff der Vermögen
hauptsächlich arbeitete, konnte sich freilich leicht mit der Vorstellung
eines solchen quantitativen Fortschritts befreunden, während der
Versuch etwas meßbares und vergleichbares in dieser Beziehung
bei der Bewerthung der von Geschlecht zu Geschlecht vererbten
Eigenschaften zu finden, jedenfalls sehr schwierig sein müßte. Vergleicht man indessen den von Kant aufgestellten Fortschrittsbegriff
mit den brutalen Aufstellungen früherer oder späterer Utopisten,
so muß man ohne Zweifel erkennen, daß ganz so wie bei dem
Geschichtsdenker, so auch bei dem Philosophen die Forderung maßgebend bleibt, nicht bei den äußerlichen Erscheinungen und Wirkungen stehen zu bleiben, sondern in die Frage der Vervollkommnung auf dem Wege der inneren Veränderungen der Menschen
selbst einzutreten, d. h. das Problem genealogisch zu fassen.

Ganz unverständlich wäre dagegen auf dem genealogischen
Standpunkt die Annahme einer Gesetzlichkeit des objektiven Fortschritts, bei welcher Vorgänge physiologischer oder psychologischer
Natur in den Zeugungs- und Abstammungsverhältnissen ausgeschlossen wären oder wenigstens ganz außer Betracht bleiben könnten.
Wenn das Geschehene, in welchem sich der menschliche Fortschritt
als gesetzlich waltende Macht zeigen soll, doch ohne alle Frage den
handelnden Menschen voraussetzt, so wird die veränderte Wirkung
nicht ohne veränderte Ursache zu Stande gekommen sein und da
die sich verändernden Ursachen der historischen Wirkung nur in
den Eigenschaften der sich verändernden Generationen liegen können,
so wird daraus folgern, daß es kein Fortschrittsgesetz geben könne,
welches nicht ein Gesetz der Variabilität der Eigenschaften der als
Ursachen wirkenden Menschen wäre. Ob aber eine solche fortschreitende Variabilität überhaupt besteht und nachgewiesen werden

kann, ist wiederum eine Frage der Genealogie und kann ohne die
empirische Untersuchung des Verhältnisses von Zeugungen und
Abstammungen nicht beantwortet werden.

Wenn dagegen immer wieder die Versuche gemacht worden
sind, abgezogen von den concreten vererbten oder veränderten
Eigenschaften der Menschen historische Entwicklungsgesetze aufzustellen, so scheint es begründet zu sein, daß auch der gewöhnliche
Historiker, der zunächst gar nicht das genealogische Problem in
Rechnung zieht, eine gewisse Abneigung gegen dergleichen Aufstellungen zu haben pflegt. Zunächst wird es ihm bedenklich sein,
und wieder ist es Ranke, der diese Vorstellungsweise an der
Masse seiner historischen Menschenkenntnis zu corrigiren verstanden
hat, daß durch ein solches objektiv wirkendes Gesetz ein Zwang
ausgeübt wird, unter welchem alle individuelle Thätigkeit zu einem
bloßen Schein herabgedrückt würde. Ranke hat sich nicht gescheut,
sogar eine Art von Ungerechtigkeit Gottes in dem vermeintlichen
Bestande eines die geschichtlichen Dinge ein für allemal bestimmen-
den Willenplans zu erblicken. In der That wird eine Geschichtsphilosophie, die sich oder andere glauben machen will, daß alles
historische Leben ein für allemal einem feststehenden Fortschrittsgesetze unterworfen sei, den geschichtlich denkenden und empfindenden Forscher bis zu einer Leidenschaft des Abscheus erbittern
müssen, weil die Vorstellung der völligen Unfreiheit, unter der
die historische Handlung vollzogen sein müßte, das spezifisch geschichtliche Interesse an dem Gegenstande sofort und mit Notwendigkeit aufhebt. So urtheilten Goethe und Alexander von
Humboldt über die Erfindung historischer Gesetze, während sie
das lebhafteste Interesse und Auffassungsvermögen geschichtlichen
Vorgängen gegenüber besaßen. Und wenn Schopenhauer der
geschichtlichen Erkenntnis überhaupt die Möglichkeit bestritt, zu einem
Allgemeinen zu gelangen, dem sich das einzelne subsummiren lasse
und meinte, daß alles Historische immer nur auf dem Boden
der Erfahrung weiter krieche, so ist es durchaus falsch ihm vor-
zuwerfen, daß er dadurch die Geschichte als Wissenschaft herab-
setzen wollte, er verwahrte sich bloß gegen den Nebel eines Fort-
schrittsgesetzes, welches man außerhalb der durch Zeugung und

Abstammung bedingten Individualitäten erkennen zu können ver-
meinte.

So wahrhaft glücklich und herzlich froh indessen den echt
historisch empfindenden Geist die Beobachtung der Ungebundenheit
des handelnden Menschen in der Geschichte machen wird, und so
abstoßend die Zwangslage des Weltenplans, des Fortschritts, des
Entwicklungsgesetzes auf die größten Geister gewirkt hat, so entfernt
ist doch ein jeder davon, zu verkennen und zu leugnen, daß in
den objektiv vorliegenden und zu beobachtenden Thatsachen sich fortwährend gewisse Wiederholungen und Regelmäßigkeiten darstellen,
die sich durchaus mit dem vergleichen lassen, was der Naturforscher
Gesetze nennt. Wenn der Meteorolog eine Beobachtung gemacht
hat, nach welcher die Winde sich nach einer gewissen Regel verändern, so findet der Historiker nicht wenig Thatsachen, die auf
der Wiederkehr und dem Wechsel von Ideen und Geschmacks-
richtungen beruhen, von welchen Individuen, oder ganze Generationen erfüllt sind. Die reiche Fülle von Ergebnissen menschlicher
Handlungen, welche die Statistik nachweist, zeigt in der nach
Ursache und Wirkung geordneten systematischen Darstellung die
größte Aehnlichkeit mit dem, was der Naturforscher ein Gesetz
nennt; und wie sich diese Wissenschaft als die Schlußbilanz
historischer Erscheinungen in gewissen Zeiträumen bezeichnen läßt,
so lassen ihre Gesetze einen Rückschluß auf die Wandlungen der
Eigenschaften zu, welche die Personen besaßen, die als Urheber
des Zustandes anzusehen waren. Wenn die Statistik ihre genaue
Rechnung über Heiraten und Geburten macht, so vermag sie die
Ursachen der Vermehrung und Verminderung durch mannigfache
Combinationen zu ergründen suchen, darüber aber wird kein Zweifel
sein, daß alles von den individuellen Acten einer zeitlich zusamm-
gefaßten Generation, einer gewissen Classe der Bevölkerung, oder
einer Familie abhing, deren Eigenschaften hinwieder bestimmt
worden sind durch Vererbung derselben von den Vorfahren. Geht
man nur demjenigen, was sich als regelmäßige Erscheinung in
den historischen Begebenheiten erfassen läßt, tief genug auf den
Grund, so darf man wol sagen, daß selbst die scheinbar äußerlichsten und unpersönlichsten Thatsachen, die sich fast wie die

4*

Prozesse der Chemie und Physik zu entwickeln scheinen, Thatsachen
des allgemeinen Culturlebens, oder der Verfassung am letzten
Ende doch immer nur aus den Erbschaftsqualitäten bestimmter
Individuen ergeben, und auf diese zurückgehen, wie der Topf zum
Töpfer, wie das Bild des Zeus zu Phidias und der steinerne
Moses zu Michelangelo.

Man kann um Beispiele nicht verlegen sein: die alte Beobachtung des Aristoteles, die sich auf den Wandel der Ver-
fassungsformen bezog, wobei sich der Denker rein in die Form
vertiefte, in Grundformen und Nebenformen eine erstaunlich
wechselnde Regelmäßigkeit erkannte, scheint auf den ersten Blick
fast wie eine Sache mathematischer Abstraction, man glaubt fast
jedes Gedankens an eine individuelle Willensaction entrathen zu
können, wie wenn es sich um ein Kräfteparallelogramm handelte.
Aber als Gervinus fast mit leidenschaftlicher Sicherheit die alte
aristotelische Weisheit als Entwicklungsgesetz des 19. Jahrhunderts
verkündete, war man weit entfernt sich die Sache als mathematischen
Calcül gefallen zu lassen und wie den Pythagoräischen Lehrsatz
hinzunehmen, vielmehr war man geneigt den demokratischen
Propheten einzusperren und der klagende Staatsanwalt wurde, so
thöricht und bedauerlich auch der Prozeß gegen Gervinus war, doch
von niemand einer Versündigung gegen die einfachsten Denkgesetze
beschuldigt. Und trotzdem wird heute wiederum jedermann gern
zugestehen, daß in der Gervinusschen Theorie, nach welcher das
Jahrhundert mit einem Siege der Demokratie schließen sollte,
immerhin ein Fünkchen Wahrheit gelegen habe; man dürfte nur
seine Behauptung nicht in jener großartigen Allgemeinheit fort-
schrittsgesetzlicher Einbildung, sondern in der bescheidenen Fassung
individueller geistiger Veränderungen verstanden haben, vermöge
welcher man am Ende des Jahrhunderts allerdings eine Generation
lebend und wirkend wahrnimmt, die mit einer überraschenden
Masse von demokratischem Oel gesalbt, oder wie andere vielleicht
lieber sagen werden, beschmiert ist. Man sieht also, daß Gervinus
unter dem Gesichtspunkte großartiger historischer Fortschrittsgesetze
nichts zu Stande brachte, als die Fanfaronade einer alten
Aristotelischen Beobachtung; auf dem bescheidenen Standpunkte der

Genealogie dagegen wird sich seine Prophezeiung für genugsam begründet erachten lassen, wie die Ziffern beweisen, welche über die Gesinnungen und Ideen der Enkel und Kinder von 1830 und 1848 alljährlich in allen europäischen Ländern Auskunft geben. Genealogisch betrachtet läßt sich gewiß nicht bezweifeln, daß die Denkungweise der seit dem Anfang des Jahrhunderts erzeugten Geschlechter in immer breiteren Massen in ganz Europa den monarchischen Ideen entfremdet wurde, und daß eine Stimmung, eine Pietätsempfindung, mag man sie psychologisch oder physiologisch erklären wollen, sich thatsächlich im Vererbungsprozeß der Generationen verloren hat und eine große Zahl von Söhnen und Enkeln nun hassen, was die Väter geliebt und lieben was diese gehaßt haben. Hätte sich Gervinus bei seiner demokratischen und republikanischen Weissagung damit begnügt auf diesen voraussichtlichen Wechsel der Gesinnungen und Gefühle der europäischen Menschheit hinzuweisen, so würde man ihn wol kaum, wie es nun kleinmeisterliche Weisheit thut, belächeln können, wobei man überdies nicht vergessen dürfte, daß der ruhige Bestand der Republik in Frankreich immerhin auch beweisen kann, daß so ganz thöricht die Beurtheilung des historischen Charakters des 19. Jahrhunderts, Seitens des geistreichen Mannes nicht gewesen ist. Aber sein Irrthum bestand in dem Glauben an die abstrakten Entwicklungsgesetze, an die Fortschrittstheorie. Denn wer von diesen Dingen spricht, darf sich nicht in den Fall gesetzt sehen, daß die Ausnahmen größer sind, als die Regeln, gegen die sich der zufällige Gang der Ereignisse fortwährend sträubt und empört. Was man thatsächlich bemerkt ist ein steter Wechsel von Gesinnungen und Handlungen in den thätigen Generationen der Menschen und in dem speziellen Fall der Verfassungsfragen des 19. Jahrhunderts ein mechanischer Wandel monarchischer und demokratischer Willensäußerungen, ein Wachsthum überlieferter Ideen hier und ein Rückgang dort — der Naturforscher könnte sich leicht bestimmen lassen das ganze unter die Kategorie der Variabilitäten in der Vererbung zu stellen. Doch so rasch wird sich der Genealog vielleicht nicht entschließen können, das große Problem als ehrlich gelöst zu betrachten, denn was in der Geschichte unter den handeln-

den Menschen als Resultat hervortritt, sind lauter Produkte von
hunderterlei Umständen, bei denen sich keine Empirie für über=
zeugend genug erwies, um eben Zeugung und Abstammung als
erste oder gar als die einzige Ursache der Erscheinungen an=
nehmen zu können. Es ist klar, daß man hier vorsichtig zu Werke
gehen muß.

Bei der objektiven Betrachtung historischer Erscheinungen erregt
es unser größtes Erstaunen, daß überall da, wo man gewisse Ueber=
zeugungen, Gedanken, Gesinnungen — alles was man unter Ideen
zu begreifen pflegt — als die Triebfedern der Handlungen wahr=
nimmt, die mannigfaltigsten Wirkungen aus derselben Quelle ent=
springen. Auf die psychologisch zu erklärenden Vorgänge im Leben
der Generationen angewendet, ergibt sich aus solchen Erscheinungen
eine Art von Charaktereigenschaften, die dem Spiel der Wellen ver=
gleichbar sind. Man denke an die Idee der Volkssouveränetät.
Aus ungeahnter Tiefe der Zeiten und der gesellschaftlichen Zustände
emporsteigend, hat sie Form und Gestalt oft mannigfaltig gewechselt.
Sie hat im fünfzehnten Jahrhundert den Mord des Herzogs von
Orleans zu rechtfertigen verstanden, und sie hat mit der Gelehr=
samkeit des Jesuitismus den staatskirchlichen Absolutismus eines
Philipp II. vertheidigt, sie hat dann durch ein Jahrhundert ge=
schwiegen und in wiedererwachter Gestalt die große Revolution
hervorgebracht.

Auch die Erscheinungen, die man heute mit dem Namen der
Frauenemanzipation nicht eben sehr treffend bezeichnet, vermöchte
wol kein Kenner vergangener Culturzustände als eine in allen ein=
zelnen Theilen neue Sache zu betrachten. Namentlich ist der An=
trieb der Frauen sich der gelehrten Bildung ihrer Zeit zu be=
mächtigen, im 16. und im 10. Jahrhundert ganz ebenso groß ge=
wesen, wie im 19. Auch der heutige soziale Gedanke den Frauen
eine auf sich gestellte Wirksamkeit zu sichern, hat im kirchlichen und
Klosterleben vergangener Zeiten seine vollen Analogien. Wenn
man nun die Ursachen dieser im Wechsel der Zeiten sich ganz
regelmäßig wiederholenden Erscheinungen erforscht, so ist doch un=
zweifelhaft, daß mindestens einen mächtigen Antheil daran jene
Antriebe, jene Bewegungen haben müssen, die in den persönlichen

Eigenschaften eben der nach der sogenannten Emanzipation in ihren
verschiedenen Formen und Zeiten strebenden Frauen selbst begründet waren. Indem also die Frauenfrage im Wechsel der Zeiten
bald mehr und bald weniger hervortritt, beweist sie für die aufeinander folgenden Geschlechter eine gewisse Wiederkehr frauenhafter
Eigenschaften, die in gewissen Epochen unzweifelhaft weit mehr von
männischer Art sind als in anderen, wo in denselben Zügen etwas
geradezu häßliches erblickt worden ist.

Dem Wechsel der seelischen Stimmungen, der sich in der
Frauenfrage zeigt, innig verwandt sind die allermeisten Erscheinungen auf dem Gebiete des sozialen Lebens. Daß man die
vollständige Identität aller jener Bewegungen, die sich in den
unteren Schichten der Bevölkerungen gegen die oberen fast in jedem
Jahrhundert wiederholen, heute nicht deutlicher zu erkennen und
zuzugestehen pflegt, kommt lediglich daher, weil man das, was heute
mit weit hochtönenderen Namen bezeichnet wird, in den früheren
Zeiten einfach Bauernkriege nannte, wobei man an nichts als
an jenen Gegensatz der Arbeiterklassen zu denken pflegte, welche jetzt
den gleichen Kampf führen. Einer der wenigen Praktiker, die den
gemeinsamen Charakter der „sozialen Frage" am Anfang des 16.
und am Ende des 18. Jahrhunderts erkannt hatten, war der erste
Napoleon, der von Karl V. meinte, er hätte sich der Bauern gerade
so gut zur Aufrichtung einer neuen Macht bedienen können, wie
der Tyrann des 19. Jahrhunderts der Demokratie. Die Geschichtsforschung vermag mit immer tieferer Erkenntnis der Dinge nachzuweisen, daß zwischen den wiedertäuferischen Lehren und den
sozialistisch-communistischen Theorien kaum noch ein Unterschied
in Wesen der Sache, sondern höchstens in den Formen und Mitteln
besteht, allein Beobachtungen dieser Art läßt sich der Eigendünkel
keiner Zeit gerne gefallen, und so wollen merkwürdigerweise Regierung und Regierte nicht viel davon hören, daß die ganze
Comödie der Irrungen, die man heute sozialdemokratisch aufführt,
eben uralte Geschichten sind. Nichts destoweniger bleibt es gewiß,
daß alle Erscheinungen in dieser Richtung eine Regelmäßigkeit der
Wiederkehr erkennen lassen, die sich doch nur dann erklären läßt,
wenn man Eigenschaften in Betracht nimmt, die von Geschlecht zu

Geschlecht dem geschichtlich thätigen Menschen anhaften und immer
wieder zur Aeußerung gelangen müssen, weil sie auf Zeugung und
Abstammung beruhen, und eben vermöge der Vererbung nach ihren
äußeren Wirkungen hin den Schein eines objektiv wirkenden Ge-
setzes erregen.   Statt nun in diesem genealogischen Problem den
eigentlichen Gegenstand der Forschung aufzudecken, zeigt man mehr
Neigung irgend einen Plan zu enthüllen, der in dem Gange der
Geschichte zum Ausdruck kommen soll.   In Wahrheit sind es aber
die in den Menschen forterbenden Gebrechen und Bedürfnisse,
welche dieselben Wirkungen erzeugen und wenn die Philosophen
des vorigen Jahrhunderts sehr viel von den angeborenen Menschen-
rechten sprachen, so standen sie damit einer genealogischen Beobachtung eigentlich nicht ganz ferne, sie suchten nur eine Lösung
auf einem Gebiete, welches selbst von der dem Menschen angeborenen Natur nicht unabhängig und nicht zu trennen war.   Wenn
jemand sagen sollte, was sich seit den Zeiten der Jaquerie in den
Bewegungen und Kämpfen der unteren Stände gegen die oberen
im wesentlichen geändert habe, so wird er zwar in den Gegenständen
der Beschwerden und Leiden des einen Theils und in der Natur
der Uebergriffe und Sünden des anderen deutliche Unterschiede
wahrnehmen können, aber die subjektive Grundlage des ganzen
Kampfes müßte er doch als unverändert und unveränderlich anerkennen.   Es handelt sich heute nicht um Frohndienste und Leib-
eigenschaft, nicht um den Fisch im Wasser und den Vogel in der
Luft, es handelt sich um Lohn und Arbeitszeit, aber auch um
Eigenthum und Erbe.   Wo ist der Unterschied? Sind es nicht dieselben angeborenen Eigenthumsbegriffe auf der einen Seite und
dieselben menschheitlichen Gleichheitsbegehrungen auf der andern
Seite, die mit einander ringen; und was im Laufe der Geschlechtsreihen immer wieder zum Vorschein kommt, ist es nicht eine Regelmäßigkeit, die sich lediglich aus der unveränderten Natur natürlicher
Zeugungs- und Abstammungsverhältnisse erklärt? Was sich davon
als äußerliche Wirkung geschichtlich zu erkennen gibt, ist das Auf-
und Abwogen dieses sozialen und moralischen Meeres. Welle auf
Welle stürzt sich und drängt sich zum Ufer und immer wieder wird
sie gebrochen und fällt in sich selbst zusammen, aber wie sagt doch

der Dichter: „Aber das Meer erschöpft sich nicht." Wer am Ufer steht und zusieht kann wol eine Art von Gesetz darin finden, wie sich mit mathematischer Sicherheit in gewissem Zeitmaß die Wogen aufeinander folgen, aber indem er sich dieser Beobachtung erfreut, ist seine ganze Weisheit auch schon am Ende. Wenn er die Natur des Menschen betrachtet in dessen Geschlechtsreihen die sozialen Wellen ihr Spiel treiben, so wird er nichts als den tausendjährigen Wunsch und Antrieb nach dem tausendjährigen Reich entdecken. Der Chiliasmus treibt sein Wesen durch alle Zeiten hindurch, er lebt und webt unter mannigfaltiger Standarte, aber irgend etwas anderes, als das Vorhandensein von chiliastischen Träumen in den Seelen unzähliger Generationen ist damit nicht zu ersehen. Wenn der Historiker diesen gesellschaftspsychologischen Zustand untersucht, so stellt er sich eigentlich nur auf den Standpunkt eines nach wissenschaftlichen Erfahrungsgrundsätzen arbeitenden Pathologen; er sollte sich, wie dieser auch nicht durch eine falsche Fortschrittsidee zu der Meinung verleiten lassen, daß es eine Zeit geben werde, wo die Menschen nicht mehr krank sein werden.

Neben den von Geschlecht zu Geschlecht forterbenden historischen Beweggründen scheinen solche, die nur von Zeit zu Zeit auftreten, genealogisch genommen, fast noch mehr Interesse zu bieten. So spielt der politische Mord in der Geschichte eine Rolle, für welche die objektive Geschichtsforschung in keiner Weise eine Erklärung zu geben vermöchte, wenn sie nicht auf die persönlichen Bedingungen eingehe, unter denen solche Thatsachen eintreten und oft völlig veränderte Richtungen in dem Leben eines ganzen Staates zur Folge haben. In Rußland sind seit Peter III. bis Alexander III. von den sieben Monarchen nur drei eines natürlichen Todes gestorben; auf die Staatsoberhäupter von Frankreich sind seit 1815 so viele Attentate versucht worden, daß die stete Wiederholung dieser Thatsachen eine Art von Regel bildet. Vergleicht man ferner die politischen Morde bei den lateinischen Völkern, mit denen bei den germanischen Rassen, seit etwa 600 Jahren, so kann man sagen, es sei eine Charaktereigenschaft der slavischen und romanischen Nationen, die in den politischen Mordthaten und Versuchen zum Ausdruck kommt. Man schließt hier aus der Häufigkeit derselben

politischen Thatsachen auf eine Eigenthümlichkeit der individuellen
Beschaffenheit, die sich bei verschiedenen von einander abstammen=
den Menschen verschieden entwickelt. Die historische Thatsache des
häufigen Vorkommens des politischen Mordes bei den einen gegen=
über den andern ist mithin nicht objektiv zu erklären und begreifen,
sondern es liegt etwas zu Grunde, was auf Vererbung von einem
Geschlecht auf das andere beruht.

Sehr interessant ist die in neuester Zeit wieder hervortretende
Neigung, die Vertretungskörper verschiedener Nationen mit tödtlichen
Waffen anzugreifen, denn auch dieses seltsame Verbrechen ist in
der That in keiner Weise als etwas neues zu betrachten. Die
englische Pulververschwörung beweist, daß vor 300 Jahren bereits
eine solche Unthat von einer erheblichen Zahl von Genossen als
eine politisch erwünschte Handlung angesehen worden ist. Sehr
sonderbar würde sich die heute wiederholte Thatsache aber dar=
stellen, wenn man auf diese Vorgänge das beliebte historische
Entwicklungsgesetz und die Annahme eines menschheitlichen Fort=
schritts anwenden wollte. Da müßte der Fortschritt darin gesehen
werden, daß die Verschwörer vor dreihundert Jahren soviele Fässer
Pulver nötig zu haben glaubten, während der heutige Anarchist
seine Bombe vergnügt in seiner Tasche trägt. Wollte man aber
auch in dieser technischen Vervollkommnung der Mordwerkzeuge das
Wirken des Fortschritts nicht läugnen, so müßte man doch anderer=
seits zugestehen, daß bei den dabei in Betracht kommenden Personen
in gewisser Beziehung ein Rückschritt bewiesen werden kann, denn
offenbar gehörte ungleich mehr Muth und Ausdauer dazu, das
Attentat von 1605 in Szene zu setzen, als eine Bombe in einen
Saal voll Menschen zu schleudern. Kaiser Napoleon III. hat
einmal die treffende Bemerkung gemacht, daß die Attentäter früherer
Zeiten mutigere und entschlossenere Leute gewesen wären als die
heutigen, denn indem sie mit dem Dolch auf ihr Opfer losgingen,
waren sie demselben wirklich gefährlich und in ihrem Verbrechen
fast immer erfolgreich, da sie ihr eigenes Leben einsetzten, während
der Bombenwerfer davon zu laufen und sich zu retten beabsichtigt.
In der That zeigt nichts deutlicher als die Geschichte der Ver=
brechen und insbesondere die der politischen Verbrechen, wie wenig

hier mit dem objektiven Entwicklungsgesetz anzufangen sei. Hin=
gegen läßt sich durch die genealogische Betrachtung dieser so steten
Wiederholung scheinbar ganz zufälliger Umstände, wie Attentate,
das Räthsel leicht lösen, denn durch den immer wieder erwachten
tigerartigen Trieb gewisser Charaktere, die zwar als Individuen
starben, aber immer neugeboren wurden, ist eine Motivengleichheit
erkennbar, die in der nie abbrechenden Vererbung der menschlichen
Eigenschaften ausreichend begründet ist.

Es ist klar, daß man hier an dem Punkte einer ungeheuren
Aufgabe steht, welche die Genealogie in Verbindung und im Dienste
der Geschichte zu erfüllen hat. Es ist gleichsam nur ein aus
dem Dunkel führender Weg, dessen Weite sich vor uns zu ent=
wickeln scheint. Was auf demselben den Sterblichen zu sehen und
zu erkennen beschieden sein mag, sind natürlich nur die kleinsten
Segmente eines ungeheueren Kreises von Vorgängen, zu deren
Erklärung überhaupt nicht eine einzelne Wissenschaft, sondern der
Inbegriff alles wissenschaftlichen Arbeitens und Denkens erforder=
lich sein würde. Die Geschichtsforschung übernimmt nur aus den
Beobachtungen über das gesammte Dasein des Menschen einen
kleinen Theil, um denselben zur Erklärung jener historischen That=
sachen zu benützen, denen sie ihr Interesse zuwendet. Sie ist ge=
nötigt, das menschliche Wesen mit Rücksicht und Kenntnisnahme
seiner mannigfachen persönlichen, physischen und moralischen Quali=
täten und im Hinblick auf alle Thätigkeit zu beachten, die von
demselben zur Erfüllung seines gesellschaftlichen Zweckes und Da=
seins ausgegangen ist. Sie macht sich dabei so wenig zum Arzt
wie zum Beichtvater des Menschen, aber sie kann seine Eigenart
nicht entbehren, wenn sie von seinen Werken mit dem Anspruch
des redlichen Verständnisses sprechen soll. Die Geschichtschreibung
ist in dem Falle des Bildhauers, der dem Helden eine Statue
setzen soll. Alle Kenntnis von den Thaten desselben kann dem
Künstler nichts nützen, wenn er von seinem darzustellenden Feld=
herrn nicht weiß, ob er eine lange Nase gehabt oder einen Bart
getragen habe. Wer in diesen Stücken das Porträt verkehrt ge=
macht hat, wird sich über harten Tadel nicht beklagen können,
wenn er die Geschichte der Thaten des Helden auch noch so gut

studiert hätte, die ungenügende Kenntnis der Nase, des Mundes
und der Ohren reicht hin um sein Standbild völlig verfehlt er=
scheinen zu lassen. So hat auch der Geschichtsforscher nur die
Hoffnung, in die Motive Einblick zu gewinnen, wenn er den Ur=
heber der Ereignisse in seinen Eigenschaften erkannt hat, und da in
einer Reihe von Begebenheiten, welche die Lebenszeit eines ein=
zelnen weit übersteigen, die Eigenschaften vieler Generationen in
Betracht zu ziehen sind, so entspricht dem Laufe der Jahrhunderte
eine Reihe von Vererbungen vieler aufeinander folgender Zeugungen.

Es ist richtig, daß diese Art von Forschung, welche im streng=
sten Sinne des Wortes rein genealogisch vorgehen müßte, lange Zeit=
räume hindurch nicht durchführbar wäre. Es gibt unzählige werthvolle
Ueberlieferungen der Geschichte, welche nichts als Thatsachen mit=
theilen, wie Virgil in Dantes Inferno massenhaft Schatten zeigt
vom Namen getrennt. So wandern in vielen Epochen Thatsachen
auf Thatsachen dahin, hinter denen sich nur die Schattenumrisse
von Menschen zeigen, welche die Ereignisse hervorgebracht haben.
Alle Feldzüge und Eroberungen Attilas geben von dem Hunnen=
könig nicht den leisesten persönlichen Begriff, und wenn ihn
Raphael malte, so ist sein Bild ein Produkt seiner Phantasie,
aber auch nicht schlechter als das, welches der gelehrteste Historiker
von ihm entwerfen mag. Alle Geschichte nimmt erst dann eine
concrete Gestalt an, wenn sie genealogisch wird. Sie zeigt als=
dann Personen, die unter uns zu wandeln scheinen, weil sie von
vielen gekannt und beschrieben wurden und in dem Rahmen eines
Porträts auf die Nachwelt gekommen sind, welches inmitten einer
Ahnengallerie alle Merkmale individueller und familiärer Be=
urtheilung darbietet. Es versteht sich von selbst, daß die Geschichte
jener Zeiträume, von denen uns fast nur Thatsachen und keine
Personenreihen überliefert sind, nicht im mindesten weniger merk=
würdig, oder werthloser ist. Es ist ganz berechtigt, daß das In=
teresse der Geschichtsforscher oftmals desto größer zu sein pflegt,
je mehr man sich den dunkeln Jahrhunderten nähert, aus welchen
wenig persönliches, außer verworrenen Nachrichten von tödtlichen
Speerwürfen und tapferen Streichen gegen den Feind überliefert
ist. Indem sie mit größtem Fleiße und tiefem Scharfsinn nach)

den „Zuständen" forschen, vermögen sie vielleicht, eben weil der
schwer zu berechnende Faktor der Wesenseigenschaften, aus denen
sich das Produkt entwickelte, bei Seite geblieben ist, die objektiv
vorliegenden Thatsachen in eine desto bessere Ordnung und in ein
System zu bringen. Allein darüber kann keine Täuschung stattfinden: die Fortschrittsfrage kann auf diesem Wege nie und nimmer
gelöst werden, weil alle Vervollkommnungen, von denen die Zustände noch so beredtes Zeugnis ablegen, nur zeigen können, daß
das Produkt der menschlichen Hand ein besseres geworden, die
Hand selbst aber die gleiche geblieben ist.

Anders stände es natürlich mit der Frage des Fortschritts,
wenn man durch Zeugungs- und Abstammungsverhältnisse belehrt
werden könnte, daß der Mensch in seinen physiologischen, psychologischen und moralischen Eigenschaften selbst eine Verbesserung
erfahren habe. Hier ist der Punkt, wo sich die genealogische
Forschung auf die vollste Höhe naturwissenschaftlicher Bedeutung
erheben würde, wenn es ihr gelänge, auch nur die kleinsten Resultate auf erfahrungsmäßigem Wege festzustellen. Daß sie dabei
durchaus vom einzelnen ausgehen würde und nur aus der Sammlung von vielen einzelnen Fällen zu Schlüssen allgemeiner Art
gelangen könnte, würde ihr dabei nicht zum Schaden gereichen, so
lange der Triumphzug der inductiven Logik der neueren Wissenschaften nicht als eitle Täuschung angesehen werden wird. Indem
die Genealogie mit ihrem wesentlichen Erkenntnisprinzip auf dem
Grunde der Erblichkeit der Eigenschaften ruht, betrachtete sie das
Fortschrittsproblem lediglich unter dem Gesichtspunkt einer Variabilität, die sie als eine Vervollkommnung des individuellen Wesens
nachzuweisen und mithin als die Möglichkeit einer solchen in Absicht auf die Menschheit überhaupt zu erschließen vermöchte. Und
wenn in dieser ohne Frage größten Sache menschlicher Wißbegierde
die Genealogie auch nur eine leiseste Unterstützung anderen Wissenszweigen bieten könnte, so würde sie dadurch schon auf einen sehr
hohen Standpunkt gehoben sein.

Es kann selbstverständlich in einleitenden Worten nicht davon
die Rede sein, daß die sich so gewaltig darstellenden Aufgaben einer
gleichsam jungfräulich dastehenden Wissenschaft ohne weiteres er-

füllbar seien, aber eine gewisse Vorstellung davon wird man sich
doch bilden müssen, wie man sich der Lösung des Problems nähern
könne. Hierbei darf es der Genealog ohne Zweifel den physiologischen
und psychologischen Untersuchungen vollständig überlassen, wie die
Vorgänge zu denken und erklären seien, die den als Eigenschaften
erscheinenden Einzelwirkungen des Menschen zu Grunde liegen.
Indem sich diese aber eines Theils auf das Gebiet materieller,
anderntheils auf das Gebiet äußerlich unmeßbarer Kraftverhältnisse beziehen, so wird der Genealog von jenen anderen Wissenschaften auch jene Eintheilungen übernehmen dürfen, nach welchen
die Eigenschaften in ihrer Vererbung von einem Individuum auf
das andere, theils als physische, theils als intellektuelle, theils als
moralische bezeichnet zu werden pflegen. Man kann wol behaupten, daß die Genealogie bei der Beurtheilung der physischen und
moralischen Eigenschaften, soweit ihre Quellen reichen, ein weit
leichteres Spiel haben dürfte, als in Bezug auf die intellektuellen,
und man dürfte sich einer vollen Zustimmung zu erfreuen haben,
wenn man behauptete, daß das vielberührte Fortschrittsproblem
eigentlich in der Frage einer Vervollkommnung der letzteren Qualitäten wesentlich begrenzt erscheint. Indessen ist selbst in Betreff der
physischen Kraftverhältnisse menschlicher Generationen, so viel auch
darüber hin und hergeredet worden ist, und so vielerlei Vermutungen darüber ausgesprochen zu werden pflegten, eine gründliche
historisch-genealogische Untersuchung niemals angestellt worden und
wenn sich die einen einbilden, daß die Schwabenstreiche in den
Kreuzzügen, die Uhland besungen hat, viel gewaltiger gewesen
seien, als die der Küraffiere bei Mars la Tour, so weiß man solche
kaum mit guten Gründen zu widerlegen, obwol es sich doch hier
um ein Problem handelt, welches allen Ernstes zu untersuchen,
vom Standpunkt vieler Wissenszweige sehr wichtig wäre. Aber
hier fehlt es wiederum an der richtigen genealogischen Methode.
Wer sich aus ein paar kulturhistorischen Momenten, erhaltenen
Rüstungen, Waffen, Werkzeugen und dergl. über die Stärke und
Schwäche der Menschen, sei es ein günstiges oder ungünstiges
Urtheil, bilden möchte, indem er in den verschiedenen Zeiträumen
der Welt umherspringt und bald da, bald dort eine Notiz erhascht,

kann sich unmöglich einbilden über die Fortschrittsfrage etwas aus-
zusagen, da sie doch ihrer Natur nach nur etwas stetiges sein kann
und dabei die Voraussetzung gelten wird, daß in der Vererbung
ein Gleichmaß der Zunahme oder Abnahme geherrscht haben müßte.
Ganz anders würde auf dem genealogischen Wege verfahren werden,
denn auf diesem gibt es keine Sprünge von einem Jahrhundert
in das andere, alles kann nur von Vater auf Sohn und Enkel
übergehen; diese Methode hält sich entweder an die Vergleichung
von Abstammungsreihen, oder sie existirt überhaupt nicht, denn
nur aus der wirklichen Beobachtung der Väter und Söhne vermag sie Schlüsse zu ziehen. Nun könnte man freilich sagen, auch
für die nächsten vergangenen Generationen werde man nicht
im Stande sein, die physischen Kräfte mathematisch zu bestimmen,
weil es darüber an den nötigen Experimenten im 19. Jahrhundert
ebenso sehr mangelt, wie zu den Zeiten der Kreuzzüge, aber diese
Einwendung läßt es nur bedauerlich erscheinen, daß ähnliche
Forschungen von Geschlecht zu Geschlecht nicht schon früher unter
den civilisirten Völkern begonnen haben, aber sie besagt nichts
gegen die genealogische Methode, als solche, vielmehr fordert sie
bloß auf dafür zu sorgen, daß man in diesen Fragen künftig
mehr genealogisches Material sammelt und überliefert, da das
bis jetzt vorliegende in nötigem Umfang nicht vorliegt; aber mit
ähnlichen Schwierigkeiten haben die meisten Wissenschaften, die
Statistik, die Hygiene und viele andere zu kämpfen. Hier kommt
es nur darauf an zu zeigen, daß die genealogische Prüfung der
physischen Kraft des Menschen der einzige Weg sein wird, um
bestimmen zu können, ob eine leise Ab- oder Zunahme vorzukommen pflegt.

Merkwürdigerweise liegt heute schon etwas mehr Material
zur Beurtheilung der moralischen Fortschrittsfragen vor. Die
Statistik, die sich glücklicherweise vermöge ihrer Quellen ganz bestimmt an die Beachtung der nächsten Generationen zu halten genötigt war, hat in Bezug auf die negative Seite der moralischen
Eigenschaften ganz zahlreiche Beobachtungen anzustellen begonnen,
wobei häufig die Frage der Vererbung nicht unbeachtet blieb. Es
muß aber zugestanden werden, daß auch hier aus geschichtlichen

Quellen noch vieles nachzuholen sein wird. Indessen ist das Problem des sogenannten moralischen Fortschritts so sehr mit dem gesammten Gesellschaftszustand verknüpft, daß die Aufgabe der Genealogie in dieser Beziehung — da sie sich immer nur an den concreten Einzelfall halten kann — vielfach zurücktreten wird. Die Eigenschaften, die Gegenstand moralischer Bewertung sind, werden, wenn sie collectiv in ihren Wirkungen zusammengefaßt sind, dem Statistiker ein gewisses Bild der Zunahme oder Abnahme darbieten, aber seine Beobachtungen werden individuell genommen, nur dann für den genealogischen Fortschritt in Betracht kommen, wenn er jemals das Verschwinden gewisser Eigenschaften nachweisen könnte. Aber so lange die Qualitäten, mit denen die Moralstatistik zu thun hat, immer dieselben bleiben, kann es wol eine genealogische Vererbungsfrage in Bezug auf die individuellen Fälle, aber keine Fortschrittsfrage im allgemeinen geben, weil die Zunahme und Abnahme des Verbrechens überhaupt nicht den einzelnen charakterisirt, sondern nur den gesellschaftlichen Zustand im ganzen. Es ist daher von verschiedenen Seiten her oft behauptet worden, daß das Moralprinzip an sich eine Veränderung nicht erfahren kann. Auf dem genealogischen Wege können daher wol große Erfahrungen darüber gesammelt werden, in wie weit gewisse auf die Moral bezügliche Eigenschaften erblich seien u. dergl., aber wenn von einem Fortschritt in moralischer Beziehung die Rede sein soll, so kann damit nichts anderes gemeint sein, als daß eine gewisse Art von Tugenden, oder eine gewisse Art von Gebrechen in einer gewissen Classe von Menschen, oder in einer ganzen Nation, oder in einer zufälligen Staatsgemeinschaft häufiger, oder seltener zur Beobachtung gekommen sind. Die Eigenschaften, die hier wirksam waren, dürften wol kaum von jemand in Bezug auf das Individuum in ihrer vollen Unveränderlichkeit verkannt werden können. Denn wenn jemand an Kleptomanie leidet, so kann er zwar nach der Größe des Diebstahls stärker oder schwächer bestraft worden sein, aber wenn man die Fortschrittsfrage der Menschheit nach den Objekten der verbrecherischen Handlungen beurtheilen wollte, so käme man zu den sonderbarsten Schlüssen. Für den Genealogen, der etwa in der Lage war, Kleptomanie in einer Reihe von Abstammungen nachzuweisen, wird es ganz gleichgiltig sein, ob der Großvater nur kleine Summen und der Enkel dem heutigen Zustand gemäß eine Million entwendet hat; er wird sich doch dadurch nicht bestimmen lassen von einem moralischen Rückgang oder in einem umgekehrten Fall von einem Fortschritt zu sprechen. Die individuelle Eigenschaft, welche genealogisch in Betracht kommt, ist immer dieselbe, und so lange der Nachweis geliefert werden kann, daß es gute und böse Menschen gegeben, dürfte in der That die Fortschrittsfrage im Gebiete der Moral nur in Rücksicht auf gewisse collektivistische Wirkungen zu Resultaten führen.

 · Viel schwieriger aber auch lehrreicher gestaltet sich das Problem in Betreff der den Menschen innewohnenden intellektuellen Eigenschaften, in Bezug auf welche ohne Zweifel der Genealogie ein großes Feld, vielleicht der bedeutendste Antheil an seiner Bearbeitung, eröffnet zu sein scheint. Daß dies der Fall ist, haben auch die hervorragendsten Vertreter neuerer psychologischer Wissenschaften vollständig anerkannt. Denn man kann sagen, daß alle Entscheidung der Frage, ob es einen inneren Fortschritt der in der Geschichte wirkenden Individualität gebe oder nicht, von der Beobachtung über die Zunahme des Intellekts in aufeinanderfolgenden Generationen abhängt. Daß die Behauptung als solche oftmals aufgestellt und mit vieler Gelehrsamkeit vertreten worden ist, beweist, daß man den Punkt unzweifelhaft richtig zu bezeichnen gewußt hat, um welchen sich das Fortschrittsproblem überhaupt dreht. Die Schwierigkeit liegt eben nur darin, den empirisch herzustellenden Beweis von der Vermehrung, und man darf gleich hinzufügen von Vermehrbarkeit, Verbesserlichkeit, Erhöhung des Intellekts zu liefern. Es braucht nicht wiederholt zu werden, wie sehr sich die Naturwissenschaften von den äußerlichen Schädelmessungen angefangen bis zu den sorgfältigsten Untersuchungen der Gehirnsubstanz seit lange bemüht haben, um greifbare Beweise für ein Postulat zu erbringen, welches sich aus dem Satze zu ergeben scheint, daß größerer Arbeitsleistung auch eine größere Kraft entsprechen müsse. Indessen vermag sich die Forschung doch nicht bei einer so formalen Entscheidung zu beruhigen, sie wünscht durchaus auch im Einzelnen den Fortschritt in seinen sichtbaren

Eigenschaften, sei es in realem oder idealem Sinne, nachzuweisen. Die Genealogie wird sich nicht vermessen, hier das letzte Wort sprechen zu wollen, aber wenn sie in dieser Richtung ein schon vielfach vorbereitetes Thatsachenmaterial nach Gesichtspunkten dieser Art geordnet haben wird, wie es keiner anderen Wissenschaft zu Gebote steht, so wird man sich wundern, daß nicht von allen Seiten mehr geschehen ist, um das brach liegende Feld zu bearbeiten.

Auf den ersten Blick ist es ja richtig, daß die genealogische Beobachtung wenig Förderung zu geben scheint. Sie zeigt uns Väter von größter Gelehrsamkeit, deren Kinder immer wieder von neuem beginnen müssen, Dichter, welche keine dichterisch veranlagten Söhne haben, freilich auch Maler und Musiker wiederum, die eine ganze Generationenreihe gleicher Talente, eben Maler und Musiker, hervorbringen, — wo ist da der Fortschritt? — im allgemeinen steht es ja fest, daß niemand den Mutterlaut der Sprache mit auf die Welt bringt, daß das deutsche Kind in Frankreich ein Franzose wird und unter den Chinesen bloß chinesisch sprechen lernt. Könnte man vermöge dieser Beispiele, die hundertfältig zu vermehren wären, an der Vererbung des besondern Intellekts überhaupt vielleicht verzweifeln, wie wollte man die um soviel schwierigere Fortschrittsfrage auf diese Art zu lösen sich vermessen? Und doch gibt es Erwägungen, welche den genealogischen Weg der Beobachtung für wichtig genug erscheinen lassen. Man trete zunächst den Erscheinungen der Thierwelt, welche vermöge ihrer einfachen Lebensäußerungen zuverlässigere Schlüsse zuzulassen scheint, etwas näher. Das Pferd, welches im wilden Zustand mit dem Lasso eingefangen und nur durch die schwersten zum Theil grausamsten Zwangsmittel den Zwecken des Menschen dienstbar gemacht werden kann, verändert in der häuslichen Züchtung seine Natur so sehr, daß der Stallmeister die Abkömmlinge guter Reit- und Fahrpferde, sobald sie in dem entsprechenden Alter stehen, durch die einfachsten Erziehungsmittel an den Sattel zu gewöhnen oder an den Wagen zu spannen vermag. Die Züchtung der Jagdhunde besorgt der Jäger mit solcher Vorsicht in der Auswahl der Eltern, daß er sich der Talente seiner Zöglinge versichert weiß, bevor er noch den

ersten Erziehungsversuch gemacht hat. Alle unsere heutigen Haus=
thiere lassen im Vergleiche mit den wilden Spielarten derselben
Rasse schon von der Geburt an Eigenschaften erkennen, die jenen
durchaus mangeln. Schließlich dürfte kaum jemand gegen die
Annahme etwas einzuwenden haben, daß die wilde Katze und die
Hauskatze, obwol sie derselben Art angehören, eben doch nur ihres
gleichen zur Welt bringen. Darin liegt vielleicht für die Frage
der Variabilität in Bezug auf Fortschritt mehr Beweiskraft, als
in den vielen Fällen, welche durch die Zuchtwahl festgestellt sind.
Denn bei dieser handelt es sich um ein durch physische Umstände
herbeigeführtes Produkt; bei der Beobachtung des gezähmten
Thieres, welches eben nur gezähmte Nachkommenschaft erzielt, liegt
dagegen der Fall vor, daß sich Eigenschaften im Wege der Ver=
erbung nachweisen lassen, die im psychischen Sinne unzweifelhaft
für erworben gelten können. Und diese Ueberlegung ist deshalb
für die Fortschrittsfrage besonders wichtig, weil vom Standpunkt
physiologischer Betrachtung der Begriff der erworbenen Eigen=
schaften weit schwerer zu fassen ist und eine Uebereinstimmung
darüber, was unter einer solchen im physischen Sinne zu verstehen,
nicht eigentlich vorhanden zu sein scheint. Ueberhaupt ist ja die
Variabilität der sogenannten körperlichen Eigenschaften in der ge=
sammten Lebewelt — ganz abgesehen davon, ob sie einen Fort=
schritt bezeichnet oder nicht — viel schwerer nachweisbar, als jene
erwähnten Aeußerungen der civilisirten Thiere, die wir der Kürze
halber psychisch nennen wollen. Das oft citirte Beispiel der sechs=
fingerigen Hand — wobei es unentschieden bleiben mag, ob es
ein Fortschritt heißen müßte, wenn wir 12 Finger hätten — ist
jederzeit eine vereinzelte, genealogisch unfruchtbare Erscheinung ge=
blieben. Und wie viele Dinge ähnlicher Art ließen sich bemerken.
In den letzten Capiteln dieses Werkes wird gezeigt werden, in
welcher Weise man vermittelst der genealogischen Methoden sich
der Entscheidung dieser Frage zu nähern vermöchte.

Betritt man das Gebiet menschlicher Empfindungsvererbungen,
so scheint die Geschichte der Musik eines der vorzüglichsten Capitel
in Betreff der fortschreitenden Eigenschaften bilden zu können.
Denn wenn die Aeußerungen der schönen Künste, welche dem Wesen

5*

der menschlichen Natur entspringen, vermöge der unmittelbaren
Betheiligung der Sinnesorgane an den Hervorbringungen des Malers,
des Bildners, des Tondichters überhaupt geeignete Objekte der
Untersuchungen über psychische Vererbung sein dürften, so sind die
in der Musik unzweifelhaft hervortretenden „Compositionstechnischen"
Fortschritte noch besonders geeignet Rückschlüsse auf die inneren
Veränderungen der musikalischen Empfindungsorgane zu gestatten.
Man weiß, daß die heute lebenden Kulturvölker noch vor verhältnismäßig ganz kurzer Zeit nur homophone Musik gekannt haben;
die allmähliche Entwicklung, in welcher die Harmonie mehr und mehr
dem menschlichen Ohr als wolthuende Wirkung akustischer Vorgänge
erschien, ließe sich als eine historische nach allen Seiten hin genau bestimmen, wenn man die Generationen rückwärts zählen wollte, die
unter dem Einfluß der Accorde ihre Nerventhätigkeit entwickelt
haben. Wahrscheinlich handelt es sich um nicht mehr als zwei oder
dritthalb Dutzend Vorväter Richard Wagners, welche sich allmählich
von dem Wolgefallen des Einklangs zu der Polyphonie seines
Parsifal hindurchgerungen und emporgehoben haben. Ob der
musikalische Abt Hermann von Reichenau toll geworden wäre,
wenn man ihn unmittelbar aus seinem Grabe in das Bayreuther
Parterre hätte setzen können, läßt sich nicht sagen, aber es ist sehr
wahrscheinlich, daß er die Tonwirkung der polyphonen Musik für
nichts anderes, als ein Nebeneinanderlaufen von Tonreihen dreier,
vier oder mehrerer Personen und Instrumente empfunden haben
würde, wie wir etwa nach verschiedenen Seiten hinhören, wenn
gleichzeitig drei oder vier Musikchöre aus der Ferne schallen. Erwägt man die verschiedenen Resultate, welche die neuere Tonpsycho-
logie durch Experimente mit gleichzeitig lebenden Menschen zu Tage
gefördert hat, so kann historisch-genealogisch betrachtet wol kaum ein
ernster Zweifel bestehen, daß unser zwölfter Großvater musikalisch anders
organisirt war, als der Besucher des Bayreuther Theaters. Worin diese Variabilität bestand oder vielmehr bestehen konnte und
als denkbar sich zeigen dürfte, läßt sich ja bekanntlich durch kein
Experiment feststellen, und es ist dies freilich überhaupt der Mangel
aller historischen Erfahrung, allein die vordringende Kenntnis der
Vorgänge des menschlichen Organismus kann es möglicherweise

dahin bringen, die qualitative Veränderbarkeit — die Abände-
rungsfähigkeit gerade jener Organe aufzuzeigen, die beim musikalischen Empfinden hauptsächlich betheiligt sind. Die Genealogie
muß, kann und wird hier dem forschenden Physiologen oder Psychologen sicherlich unter die Arme greifen, um das Fortschritts-
räthsel zu lösen. Ist nun darüber kein Zweifel, daß der Fortschritt der Musik in der polyphonen Ausgestaltung gleichzeitiger
Tonwirkungen lag, so muß dieser äußeren Thatsache eines Fortschritts der „Technik" allerdings auch eine fortschreitende Variabilität der vererbten Eigenschaften entsprechen. Die Schwierigkeit
liegt fürs erste wahrscheinlich nur darin, daß zunächst in der äußeren Einrichtung des das musikalische Empfinden bedingenden Or-
gans physiologisch betrachtet im Laufe geschichtlicher Zeiten gewiß
keinerlei Veränderung erkennbar war; vielmehr weist alles, was
man vom menschlichen Ohr durch Darstellungen und Abbildungen
wie durch Beschreibungen seit tausend Jahren erfahren hat, auf eine
völlige Unveränderlichkeit hin. Wenn also dennoch dem heutigen
Menschen in der Polyphonie der Musik angenehme Empfindungen
erregt sind, die den früheren Geschlechtern mindestens unbekannt
waren, wahrscheinlich unangenehm gewesen wären, so stellt sich die
Annahme von einer stattgefundenen Veränderung der neuerdings
angeborenen Eigenschaften doch als ein logisches Postulat dar; und
wenn die Beobachtung einer solchen Veränderung an den Organen
der musikalischen Empfindung selbst nicht möglich war, so würde
man vielleicht auf die älteren psychologischen Anschauungen gestützt
sagen dürfen, daß jene Veränderungen, auf denen der Fortschritt
der musikalischen Empfindungen beruhte, in den imponderabeln
Qualitäten des Menschen gesucht werden könnten, die dem Messer
und Mikroskop unerreichbar zu sein scheinen.

Wie man auch die colossalen Wirkungen der Polyphonie auf
das menschliche Empfindungsvermögen erklären mag, darüber kann
kein Zweifel sein, daß der Vererbungsbestand von dem, was man
heute im Gegensatze zum homophonen Tonsystem als Musik bezeichnet, ein völlig verschiedener ist. Die erlangte Fähigkeit des
Verständnisses der Harmonie setzt unbedingt eine angeborene Variabilität der Eigenschaften voraus, welche bei den Tonempfindungen

maßgebend sind. Und damit ist ein Beispiel gegeben, daß den in den äußern Erscheinungen als technisch zu bezeichnenden Fort= schritten auch ein die inneren Qualitäten betreffende Veränderung entspreche. Würde bei der genealogischen Betrachtung sich nun ein Beweis führen lassen, daß dieser innerliche Fortschritt in Ge= schlechtsreihen zur Erscheinung kommt, so wäre ein wesentliches Moment in der Frage des historischen Fortschritts gegeben. Frei= lich würde die Genealogie damit noch immer nicht den Schluß zu ziehen gestatten, daß ein solches Fortschreiten etwas indeterminirtes sei, vielmehr ist es wahrscheinlich, daß die Veränderlichkeiten nur innerhalb gewisser Grenzen stattgefunden haben, und daß diese ebensogut in anderen Generationsreihen zu einem Rückschreiten führen könne, wie sie zunächst einen musikalischen Fortschritt zu erweisen schienen. Es ist sehr wahrscheinlich, daß man auf dem Gebiete der Malerei bei Erscheinungen der Farbenwirkung generationsweise Variabilität der Vererbung ebenfalls wahrnehmen könnte.

Wie immer aber auch das Problem des qualitativen Fortschritts in der Geschichte gelöst werden mag, gegen einen Irrthum kann ganz sicher nur die Genealogie sicheren Schutz gewähren: gegen die Vorstellung von sogenannten Fortschrittseinwirkungen, die sich aus der abstracten Theorie von allen in der Weltgeschichte vorgekommenen, oder nachgewiesenen, in Zeit und Ort verschiedenen Entwicklungen technischer Leistungen zu ergeben schienen. Ein Fortschritt dessen subjektive Rückwirkung überhaupt nicht als Vererbungsprinzip be= griffen und durch Zeugung und Abstammung erwiesen werden kann, darf überhaupt kein Gegenstand einer Entwicklungslehre sein. Hier wird das genealogische Studium jederzeit eine Controlle für voreilige Schlüsse, oder allzukühne Vermutungen sein.

Ganz besonders bedenklich und beschwerlich wird es für den Genealogen bleiben die Fortschrittsfrage auch auf dem Gebiete des menschlichen Intellekts zu verfolgen, wo es sich um einen erhöhten Grad von Denkoperationen oder um eine tiefere Einsicht in die gemachten Erfahrungen einer Gesammtheit von unterein= ander durch Zeugung und Abstammung zusammenhängender Individualitäten handelt. Daß hier die Erblichkeit eine Rolle spiele, ist eine der am meisten umstrittenen Fragen und doch darf

behauptet werden, daß alle Fortschrittstheorien als gescheitert zu
betrachten sein werden, wenn nicht im Intellekt der auf einander=
folgenden Geschlechter Vervollkommnungen angeboren sein sollten,
die den staunenswürdigen objektiven Leistungen des modernen
geistigen Lebens entsprechen. Sind wir darauf angewiesen den
Fortschritt der Wissenschaften nur in der Vermehrung der Bibliotheken,
in der Verbesserung der Mikroskope, in der Entdeckung immer
neuer Reagentien zu erblicken, oder entspricht diesen technischen
Entwicklungen auch ein von Geschlecht zu Geschlecht vererbter
Fortschritt des geistigen Vermögens?

Die Genealogie steht hier bekanntlich in einem Kampfe mit
der Pädagogik und Methodologie der Wissenschaften selbst. Daß
von dem genealogischen Prinzip ganz abgesehen werden könnte,
scheint indessen doch auch die optimistischste Erziehungskunst nicht
zu behaupten und kann jemand wird der Meinung sein, daß man
in den Schulen Afrikas dieselben Resultate erzielen könnte, wie in
denen von Europa. Es handelt sich daher auch nicht darum, die
Frage selbst zu lösen, sondern lediglich um den Antheil, der der
Erblichkeit des geistigen Vermögens an den Resultaten der Erziehung zugesprochen werden darf. Für die Feststellung der
genealogischen Aufgaben genügt es, wenn die Möglichkeit des
Fortschritts im Intellekt nicht ausgeschlossen ist; und daß dies
wirklich nicht der Fall, darüber mögen einige Erwägungen zum
Schlusse wol am Platze sein.

Jedermann weiß, daß alle erworbenen Kenntnisse der Väter
den Söhnen verloren gehen; von den Sprachen, die jene sprachen,
von den Naturgesetzen, die sie beherrschten, von dem ganzen Er-
fahrungskreis, der ihnen zu Gebote stand, ist nichts auf diese übergegangen, selbst das Einmaleins müssen die Kinder immer von
neuem wieder lernen. Wenn also durch unzählige Beispiele, von
denen in den späteren Capiteln dieses Buches zu sprechen sein
wird, dennoch nachgewiesen ist, daß Vererbungen geistiger Qualitäten
stattfinden, so ist es klar, daß es sich nicht um eine materielle Uebertragung von irgendwelchen erworbenen Fähigkeiten, Vermögen oder
Kräften gehandelt haben könne, sondern um eine Eigenschaft,
welche dem Kinde möglich macht, das von den Eltern erworbene

ebenfalls zu erwerben und zwar in einer graduell und virtuell
erhöhten Weise. Das Fortschrittsmoment kann nur darin gesucht
werden, daß die von den Eltern schon erworbenen Fähigkeiten
von den Kindern vermöge der ererbten Anlage dazu so nutzbar
geworden sind, daß eine Erhöhung der Leistungen in jeder nächsten
Generation ermöglicht worden ist. Das subjektive Fortschrittsprinzip des Intellekts stellt sich aber bei dieser Betrachtung in
wesentlicher Analogie zu den vervollkommten Tonempfindungen
der späteren Geschlechter, als eine erhöhte Disposition dar, den
intellektuellen Productionen nachzukommen.

Man sage nicht, daß mit dieser Ueberlegung nicht viel gewonnen wäre, wenigstens auch von medizinischen Autoritäten wird
es ja zuweilen anerkannt, daß die Wissenschaft der Pathologie
trotz aller bewunderungswürdigsten Forschungen über die Ursachen
der Krankheiten nicht ohne die Annahme von Dispositionen auszu-
kommen vermöchte. Wenn es den genealogischen Studien gelänge
durch methodische Entwicklung dieser Wissenschaft zu zeigen, daß
sich von Geschlecht zu Geschlecht nicht bloß der Normalbestand
des intellektuellen Vermögens, sondern auch jene Variabilitäten
zu vererben vermögen, die eine erhöhte geistige Production und
eine vermehrte Thätigkeit der die Welt der Begriffe bedingenden
physischen und psychischen Organe ermöglichen, so wäre damit
allerdings auf empirischem Wege der Beweis hergestellt, daß der
von Kant geahnte Fortschritt im Sinne der Auswicklung der
menschlichen Fähigkeiten thatsächlich vorhanden sei. Freilich
würde aber die Einschränkung gemacht werden müssen, daß dieser
Fortschritt außerhalb jener Abstammungsreihen, die auf Zeugung
und Vererbung beruhen, keineswegs gedacht werden könnte. Eine
in weltbürgerlicher Absicht gedachte bloße Form äußerer
Zustände könnte diese Auswicklung beziehungsweise diesen Fortschritt unmöglich hervorbringen, solange nicht Rückwirkungen auf
das Subjekt in den veränderten Eigenschaften der Vererbung
auch genealogisch zum Ausdruck gekommen sind. Der naturwissenschaftlichen Forschung wird es vorbehalten sein die sichtbaren
Merkmale solcher Veränderungen in der Aufeinanderfolge der
Geschlechter zu entdecken, die Genealogie wird sich immer darauf

beschränken Thatsachen zu bezeichnen, die das subjektive Fortschritts=
moment in der Zeugung und Abstammung, d. h. eine höher
entwickelte Befähigung, eine fortschreitende Disposition als etwas
wahrscheinliches — wenn man will als ein logisches Postulat
erkennen lassen. Sie liefert damit die allerwichtigsten Beiträge
zur Frage des historischen Fortschritts, aber sie sichert zugleich
auch vor jeder falschen Schlußfolgerung, welche in einer Anwendung
des Begriffs des Fortschritts auf die dunkle Abstraction der
sogenannten „Menschheit" gesucht zu werden pflegt, indem sie
keinen Augenblick von den Nachweisungen der Zeugung und Ab=
stammung im einzelnen und besonderen abzusehen vermag.

Schlußbetrachtung.

So vielfältig sind die Bande, welche die Genealogie mit dem
größten Theile aller historischen und naturwissenschaftlichen Gebiete
verknüpft, daß man die Erwartung aussprechen dürfte, sie werde
sich in naher Zeit außerordentlich entwickeln und erweitern. Im
Sinne einer Hilfswissenschaft gefaßt, wird sie kaum länger als
ein bloßes Anhängsel politischer oder sozialer Geschichte gedacht
werden können, sie wird vielmehr von denjenigen Wissenszweigen
mehr und mehr herangezogen werden müssen, welche kurzweg in
dem Begriffe der Biologie sich zu einer gewissen Einheit zu gestalten
scheinen. Wer den Gang des modernen Wissensbetriebes unbefangen
bedenkt, wird zugleich in den aufgedeckten Beziehungen eines Ge=
bietes, welches zuweilen nur als eine Antiquität aus überwundenen
Zeitläuften, als ein Ueberbleibsel feudaler Vorstellungen angesehen
worden ist, die beste Gewähr seines Aufblühens erkennen, und
man kann nicht zweifeln, daß die zahlreichen Interessen und die
reichen Mittel, welche sich allen naturwissenschaftlichen Disziplinen
zuwenden, früher oder später auch der Genealogie zu gute kommen
werden. Das Material, welches diese Wissenschaft zu bewältigen
hat, ist ein ungeheuer ausgedehntes und welche Masse von Be=
obachtungen aus den aufgespeicherten Schätzen genealogischer Ueber=
lieferungen zu gewinnen sein wird, ist heute nur erst zu ahnen.

Um dieses Meer von erkennbaren Thatsachen aber mit Nutzen aus-
zuschöpfen, dazu dürfte viel gemeinsame Arbeit nötig sein, bei
der es darauf ankommen wird, daß sich die Vertreter der verschiedensten Disziplinen mit aller Strenge nur jener Methoden
bedienen, welche aus der Natur des Gegenstandes selbst hervorgegangen sind.

Dazu sollte der Inhalt der folgenden Capitel dienen und
helfen.

Erster Theil.

Die Lehre vom Stammbaum.

Erstes Capitel.

Genealogische Grundformen.

Alle genealogische Forschung beruht auf einer doppelten, sehr verschiedenartigen Betrachtung von Zeugungs- und Abstammungsverhältnissen. Wenn man eine bestimmte Persönlichkeit in die Mitte einer Reihe von Geschlechtern gestellt denkt, so lassen sich Beziehungen derselben entweder zu vorhergehenden oder zu nachfolgenden Generationen erkennen und darstellen. Indem man nun die innerhalb eines bestimmten Zeitraums vorsichgegangenen Zeugungen und Abstammungen verfolgt, die das Leben dieses Individuums bedingten und hervorbrachten, oder aber von diesem selbst ihren Ursprung und Ausgangspunkt genommen haben, ergibt sich eine vollständig verschiedene Auffassung und Ansicht von dem genealogischen Problem. Im erstern Falle werden aus den in der Zeit vorhergegangenen Geschlechtern diejenigen Elternpaare zur Beobachtung kommen, die in stets sich verdoppelnder Art die Abstammung eines Individuums bewirkten, während im andern Falle die von einem Elternpaare ausgegangenen Zeugungen in absteigenden Linien an den sich vermehrenden Nachkommen verfolgt und nachgewiesen werden. Die Genealogie berücksichtigt mithin in besonderen Aufgaben Vorfahren, deren Zeugungen zusammengenommen das Dasein eines Individuums bestimmen, und Nachkommenschaft, die in ihrem Dasein von den Zeugungen eines Individuums bedingt war.

Diese beiden Betrachtungsarten des genealogischen Stoffes sind etwas grundverschiedenes. Von dem deutlich erkannten Bilde ihres ganz verschiedenen Characters hängt alles richtige genealogische Verständnis und Denken ab.

In darstellender Form wird jene Betrachtungsweise, welche von dem Individuum aufwärts steigend die sich verdoppelnden Elternpaare aufsucht, die „Ahnentafel" genannt, während die Nachweisung der von einem Elternpaare abstammenden Nachkommenschaft den Namen der „Stammtafel" trägt. Jede Verwechslung beider Begriffe, oder auch nur der Bezeichnung derselben erschwert das richtige genealogische Verständnis und gibt Anlaß zu ganz falschen Folgerungen und Irrthümern aller Art.

Der Begriff der Stammtafel umfaßt nur solche Darstellungen von Blutsverwandtschaften, die sich im Kreise der Descendenten d. h. jener Geschlechtsreihen bewegen, die vom Elternpaare ausgehen, die abstammenden Kinder aufzeichnen und diese immer wieder in ihren elterlichen Eigenschaften als Väter oder Mütter neuer Geschlechtsreihen betrachten. Auch die Bezeichnung „Stammbaum" gebührt eigentlich durchaus nur dieser Art genealogischer Vorstellung, doch ist der Gebrauch dieses Wortes ein so vielfältiger, daß die erwünschte Einschränkung des Ausdrucks auf den bezeichneten Begriff der Stammtafel wol nicht leicht zu erreichen sein mag.

Im Gegensatze zur Stammtafel stellt sich der Begriff der Ahnentafel als die Darstellung der Ascendenten dar, d. h. der Väter und Mütter eines oder mehrerer durch geschwisterliche Bande verbundener Individuen, und zwar in der Weise, daß die Eltern des Elternpaares, und immer wieder in aufsteigenden Linien deren Väter und Mütter zur Kenntnis gebracht werden.

Wenn man zur Unterscheidung dieser beiden Grundformen aller genealogischen Wissenschaft die Bezeichnung Stammtafel und Ahnentafel gewählt hat, so ist zwar nicht zu läugnen, daß der gewöhnliche Sprachgebrauch in der Anwendung dieser Worte wenig genau und streng zu sein pflegt[1]) und daß auch in älteren Zeiten

---

[1]) Das Grimmsche Wörterbuch setzt ohne weiteres Ahnentafel dem Geschlechtsregister und Stammbaum gleich. Ein Beleg ist nicht gegeben; während unter Geschlechtsregister und Geschlechtstafel ganz allgemein „genealogia" verstanden wird. „Geschlechtstafel" wird von Fischart im Sinne der Ahnentafel und von Kleist im Sinne der Stammtafel gebraucht. Im Wörterbuch von Heyne wird Stammtafel als eine Tafel bezeichnet, auf der

bei der Bezeichnung genealogischer Verhältnisse viel willkürliches und
unklares ausgesprochen wurde, allein in der Sache waren sich alle,
die sich wissenschaftlich mit genealogischen Dingen beschäftigten,
doch stets sehr klar über die Grundverschiedenheit der Betrachtungsweise, die einerseits der Ahnentafel und andererseits dem Stammbaum zukommt. Bei den alten Völkern erscheint die Stammtafel,
wie die Ahnentafel zunächst in einer so vereinfachten Form, daß
für diese von den genealogischen Systematikern der Name der
„Stammlisten" angewendet wird, doch ist es klar, daß auch die
ältesten Nachrichten bei den verschiedensten Culturvölkern im vollen
Bewußtsein des sachlichen Unterschiedes der beiden Grundformen
genealogischer Betrachtung verfaßt sind. Wenn man von einem
Stammbaum Jesu sprach und diese Bezeichnung in jedem Schul-
buche leider fortführt, so versteht man selbstverständlich die Ahnentafel Marias darunter, und niemand läßt sich durch den wissenschaftlich unstatthaften Ausdruck in der Ueberzeugung beirren, daß
Jesus keine Nachkommen hatte. Will man jedoch Sorge tragen,
daß die genealogische Terminologie nicht zu unheilvollen Irrungen
Anlaß gebe, so ist wissenschaftlich zu fordern, daß die Begriffe
scharf getrennt werden und daß alle Darstellungsformen, die sich
im Kreise der Descendenz bewegen, ausschließlich mit der Bezeichnung von Stammbäumen wie jene, die sich auf die Ascendenten

ein Geschlecht nach Abstammung und Ausbreitung verzeichnet ist, eine Definition,
die streng genommen in der That nur auf die Descendenz anwendbar ist; aber
das Wort Ahnentafel ist daneben ganz unbekannt. Das Wort Stamm bezeichnet
aber nach Henne etwas feststehendes, woraus anderes sich entwickelnd abzweigt,
hervorgeht, und woran hinzutretendes sich anschließt, was dafür die feste Grundlage, Stütze, Kern, Mittelpunkt bildet. In diesem Sinne darf man es also
durchaus für sprachlich gerechtfertigt halten, von Stammtafel nur im Sinne der
Descendenz zu sprechen, obwol der bestehende Sprachgebrauch überall unsicher
und willkürlich ist und auf einen großen Mangel an Sachkenntnis schließen läßt.
Im Französischen macht table généalogique den Unterschied der Descendenz
und Ascendenz ebenfalls nicht deutlich erkennbar. Doch unterscheidet man beim
„Arbre généalogique" sehr bestimmt ascendant und descendant. Sehr
merkwürdig ist, daß die Geste des Normands ou Roman de Rou eine
Chronique ascendant um 1160—1174 enthalten, worin die Herzöge bis auf
Rollo hinaufgeführt werden. Vgl. Gaston Paris, Litterature française au
moyen age No. 93 p. 134, Romania IX. 598.

beziehen, lediglich mit der von Ahnentafeln belegt werden. Was
aber nebenher mit dem Ausdruck „Stammlisten" bezeichnet werden
sollte, stellt sich unter dem Gesichtspunkte wissenschaftlicher Terminologie nur als eine Vereinfachung des Begriffs von Stammtafel
und Ahnentafel dar, indem man unvollständige, und beziehungsweise nur auf väterliche Ahnen oder Nachkommen beschränkte Ver-
zeichnisse der Kürze wegen mit dem Namen von Stammlisten ganz
passend bezeichnen kann.

Hält man indessen an den beiden wissenschaftlichen Grundformen aller genealogischen Darstellungen prinzipiell fest, so wird
man die Beobachtung machen können, daß im Laufe der Geschichte
allerdings den beiden Betrachtungsarten von Geschlechtsreihen oder
Generationen eine sehr verschiedene Werthschätzung zu theil geworden
ist, und es ist sehr merkwürdig, wie spät die Ahnentafel im strengen
Sinne des Wortes sich Geltung verschaffte, obwohl die Ahnenverehrung mit Recht als eine der vorzüglichsten Quellen der Genealogie,
oder wenigstens des genealogischen Interesses bezeichnet zu werden
pflegt. Wenn aber die Geschichtserzähler an die Darstellung der
auf die Geschlechtsreihen bezüglichen Ereignisse schritten, so zogen
sie sofort die Form des Stammbaums derjenigen der Ahnentafel
vor und erzählten in activischen Sätzen: Abraham zeugte den
Jsaak u. s. w. Auch die Griechen kannten in ihren Theogonieen
nur den Stammbaum als Grundform ihrer Darstellungen. Schließlich führte die Vorstellung von den Stammvätern und ihrer Wichtigkeit für die ganze Nachkommenschaft in der Familie und selbst
im Stamm und ganzem Volk zu einer lediglich den Stammbaum
beachtenden Genealogie. Die Ahnentafel feierte unter ganz andern
Einflüssen erst wiederum eine Art von Auferstehung in anders-
gearteten Culturen.

Psychologisch ließe sich für die Bevorzugung des Stammbaums manches merkwürdige bemerken. Verehrung, selbst religiöser
Cultus, wendet sich den Ahnen zu; die ungeheure Kraft der Liebe
nimmt ihre Richtung nach dem Stammbaum. Großeltern und
vollends Urgroßeltern werden vom Zeitenstrome hinweggeschwemmt
und verschwinden dem Gedächtnisse der Nachlebenden, aber auf
Enkel und Enkelkinder, den Erben der erstrebten und gewonnenen

Güter, blicken die Stammväter mit Stolz und Freude herab. So verwittern an Gräbern die guten Worte der Erinnerung auf den Gedenksteinen der Ahnen, die bald nur noch der Geschichtsforscher aufsucht, aber in lebendiger Hoffnung blickt die Selbstliebe der Eltern auf den Fortgang der Generationen. Auch der rückwärts gekehrte Blick scheint nur dann ganz gefesselt werden zu können, wenn sich die Erzählung vergangener Thaten von dem Stammvater in absteigender Linie zu Kind und Kindeskindern hinbewegt, eine Erzählung, die sich zu den Ahnen stufenweise emporschlingt, erscheint dem an die Stammtafel gewöhnten Auge unnatürlich und fast komisch.

Indessen wird man doch nicht behaupten dürfen, daß die Vorliebe für die Stammtafel ausschließlich in den räthselhaften Tiefen des menschlichen Herzens, welches den Dank gegen vergangene Geschlechter immer noch durch die größere Liebe zu den nachfolgenden übertäubt, ihre Erklärung findet; vieles hat zur Bevorzugung des Stammbaums auch die Sitte und das Recht vergangener Zeiten beigetragen, in denen noch alles von den Stammeshäuptern abhing, und außerdem die Frau neben dem Stammvater nur eine sehr unbedeutende Stellung einnahm. Es war daher selbstverständlich, daß die Stammlisten immer nur auf die männliche Ascendenz zu achten brauchten und somit die Ahnentafel mit der Berücksichtigung von Vätern und Müttern rechtlich und gesellschaftlich mehr oder weniger gegenstandslos wurde.

Als sehr merkwürdig erscheint es, daß man in der indogermanischen Urzeit für die Eltern der Frau überhaupt keine Bezeichnung kannte und daß man daher mit Recht den Schluß ziehen konnte, die Brauteltern wären nicht wie die Mitglieder des Gattenhauses zur Verwandtschaft im engeren Sinne gerechnet worden. Daraus ergibt sich dann weiter, daß die mütterlichen Ahnen ursprünglich eine untergeordnete Bedeutung hatten und erst im Laufe der Zeiten eine gleichberechtigtere Stellung erwarben, womit die Erscheinung erklärt sein würde, daß die Genealogien der alten Völker in der Ascendenz immer nur die väterliche Reihe berücksichtigten. Bei den alten Indiern zeigt sich auch die verschiedene Werthschätzung der väterlichen und mütterlichen Verwandtschaft

in den Gebräuchen bei dem Tode von Verwandten des Vaters,
Großvaters oder Urgroßvaters, durch welchen die Familie zehn
Tage lang unrein wird, während bei dem Tode der nächsten Ver-
wandten der Mutter die Unreinheitsfrist nur drei Tage dauert.[1]

In völlig überzeugender Weise hat daher O. Schrader[2]
den Satz aufstellen können, daß in der altindogermanischen Familie
nur die Verschwägerung der Schwiegertochter mit den Verwandten
des Mannes, nicht aber die des Schwiegersohnes mit den Verwandten der Frau zur Anerkennung gekommen sei. Nur das
erstere Verhältnis ist in den indogermanischen Sprachgleichungen
zum Bewußtsein gebracht und ebenso durfte derselbe hinzufügen,
daß damit ein höchst wichtiger Schlüssel für das Verständnis
der ältesten Gesellschafts- und Familienverhältnisse gewonnen
worden sei. „Wir haben," sagt der gelehrte Verfasser, „von
einem Zustand der altindogermanischen Familienorganisation auszugehen, in welchem der Begriff der Verschwägerung lediglich hinsichtlich der Verwandten des Mannes gegenüber der Frau ausgebildet war. Die Sippe der Frau mochte schon damals als eine
„befreundete" gelten, aber als durch Verwandtschaft betrachtete man
sich noch nicht mit ihr verbunden. Mit der Ehe trat ein Weib
aus dem Kreis ihrer Anverwandten in den des Mannes über, was
sie aber mit diesem vereinigte, zerriß zugleich ihre bisherigen
Familienbande, knüpfte nicht neue zwischen ihrer und des Mannes
Sippe an. Das Weib verschwand, sozusagen, in dem Hause des
Ehegatten."

---

[1] Vgl. Delbrück, die Indogermanischen Verwandtschaftsnamen, Abhdlg.
d. sächs. G. XI. 589. Für folgende Notiz bin ich auch Delbrück noch zu
Danke verpflichtet, indem er mir schreibt: in den Hausregeln könne kein Zweifel
sein, daß ursprünglich nur Vater, Großvater und Urgroßvater beim Opfer erwähnt wurden, die weiblichen Ascendenten aber erst im Laufe der Zeit hinzu-
traten. Uebrigens ist auf Coland, Altindischer Ahnencult, Leiden 1893, zu
verweisen. Bei einer gewissen Gelegenheit, wo von den Opfern aus der Reihe
der Rishi's die Rede ist, macht Delbrück übrigens auf das Erfordernis von
Nachweis von 10 Ahnen aufmerksam. Ob hiebei nicht doch die mütterlichen
gezählt wurden?

[2] Sprachvergleichung und Urgeschichte von O. Schrader, 2. Auflage,
S. 542 ff.

„Im engsten Zusammenhange aber hiemit steht es, wenn, ebenso wenig wie durch die Braut und junge Frau verwandt- schaftliche Beziehungen zu den Angehörigen derselben angeknüpft wurden, eine ebenso geringe Beachtung auch die durch das zur Mutter gewordene Weib vermittelte Blutsverwandtschaft zwischen ihren Verwandten und ihren und ihres Mannes Kindern, wenigstens zunächst bei den Indogermanen, fand. Es ist somit nach meiner Auffassung kein Zufall, daß wol des Vaters nicht aber der Mutter Bruder übereinstimmend in den indogermanischen Sprachen benannt ist und überhaupt lediglich cognatische Verwandtschaftsgrade sich durch urzeitliche Gleichungen nicht belegen lassen."[1]

Aus diesem geistigen und gesellschaftlichen Zustand der indo- germanischen Vorzeit erklärt es sich vollständig, daß alle sogenannte Ahnenverehrung auch noch in historischen Zeiten auf den männlichen Stammeskreis beschränkt blieb und die natürliche durch das Eltern- verhältnis gegebene Gabelung des Ascendentenbegriffs kaum be- achtet worden ist. Wahrscheinlich ist es ein noch kaum gewürdig- tes Verdienst der griechischen Naturphilosophie richtigere Ahnen- vorstellungen in die Welt gesetzt zu haben und jedenfalls ist auch in dieser Beziehung Aristoteles derjenige, der das Ahnenproblem zum erstenmale naturgesetzlich durchzudenken unternommen hat. Aber in gesellschaftlicher und familienrechtlicher Beziehung erhielt die mütterliche Ascendenz doch erst durch die Rechtsbildung der Römer wirkliche Berücksichtigung.

---

[1] Ebd. S. 546; daher spricht sich Schrader in seinem trefflichen Werke gegen die von Bachofen verbreitete Meinung der Promiscuität der Arier sehr bestimmt aus und auch gegen die Ausführungen Leists, Graecoitalische Rechts- geschichte, welcher den „aus dem Obsequium gegen die Parentes erzeugten cognatischen Familienbegriff für uralt arisch erklärt und die auf diesem gegründete Vorstellung eines engeren Verwandtenkreises für das älteste des alten hält, was die Griechen und Italier von ihren Vorfahren erhalten hätten". Man dürfte vielleicht dieser Ansicht gegenüber auch den Zweifel aussprechen, ob überhaupt einer agnatischen und cognatischen Entwicklung des Familienbegriffs das menschliche Gedächtnis Stand zu halten vermöchte, solange es nicht durch Schriftkunde unterstützt wird. Die Ahnentafel ist wahrscheinlich ohne Schriftthum etwas gar nicht denkbares. Studien hierüber bei mannigfachen Völkern wären erwünscht.

Die Ahnentafel im eigentlichen und vollen Sinne des Wortes
hat sich allmählich als ein Bedürfnis der Familiengeschichte entwickelt und ihre formale Vollendung gehört einer Zeit an, in
welcher die moderne Gesellschaftsordnung zur vollen Herrschaft
gelangt war. Nicht aus dem natürlichen Wunsche die Ahnen in
aufsteigenden Reihen vorzustellen hat sie sich entwickelt, sondern in
Rücksicht auf gewisse Vortheile, welche der Ahnennachweis erbrachte,
ist die Notwendigkeit hervorgegangen, die Ascendententafeln im
Gegensatz der Descendentenreihen in der Breite der Entwicklung
darzustellen, während diese ihren Werth in der Länge der Geschlechtsreihen erblicken mochten. Denn der Stammbaum, der im
Nachweis der immer neu entstandenen Geschlechter nach unten hin
den Zeitenstrom erfüllt, strebt lediglich dahin den Stammvater
beziehungsweise die Stammeltern fest zu stellen, von welchen eine
Familie ausgegangen ist. Er erfüllt seinen Zweck in der Sicherstellung des Verhältnisses von Söhnen und Vätern und darf sich
jede Vernachlässigung von Zweigen und Linien gestatten, die etwa
auch zu demselben Stamme hinleiten würden; die Ahnentafel dagegen kann von keinem Gliede absehen, welches in das System
ihres natürlichen Zusammenhangs gehört, sie ist ein für allemal
als ein mathematisches Problem gegeben und bricht im selben
Augenblick ab, wo die Ahnenreihe nicht in doppelter Anzahl der
vorhergehenden nachgewiesen werden kann. Die Ahnentafel bietet
mithin Schwierigkeiten dar, die in gar keinem Verhältnis zu dem
Stammbaum stehen und es ist daher auch unter diesem Gesichtspunkt sehr erklärlich, daß sie sich nur unter den Einflüssen der
höchsten fortschreitenden Cultur entwickeln konnte. Sie bedarf in viel
größerem Maße des Schriftthums als die Stammtafel, weil sich
wol im Gedächtnis einer Familie die Reihe der Väter und Söhne,
gleichsam als eine Linie vorgestellt, leicht zu erhalten vermag,
niemals aber eine Ahnentafel als ein Gegenstand mündlicher Ueberlieferung gedacht werden dürfte.

Die Formen, in welchen die Stammtafeln erscheinen, können
die mannigfaltigsten sein, es kommt immer nur darauf an, daß
eine gewisse, beliebig ausgewählte Reihe von Generationen auf
einen Stammvater beziehungsweise auf ein Stammelternpaar zu-

rückgeführt ist. Die Ahnentafel dagegen läßt keine Auswahl zu, sie hat ihr ein für allemale giltiges Schema:

```
8 Ahnen:  h    i    k    l    m    n    o    p
4 Ahnen:     d         e         f         g
2 Ahnen:          b                   c
                          a
```

Die Schemata des Stammbaumes können sehr verschieden gestaltet sein:

```
                a b
        c     d     e     f
    g h i  k  l m  n o  p  q  r
```

```
oder:   a b        oder:   a b        oder:   a b
         c  d               c  d             c d e f
        e f g             e f g              g h i k
```

Wie man hieraus ersieht, lassen sich die Abzweigungen der von a b abstammenden Generationen immer wieder als besondere Stammbäume behandeln; alsdann erscheint a b als Stammelternpaar einer Anzahl von Linien c, d, e, f, von denen jede für sich betrachtet werden kann. Die einzelnen Linien des Stammbaums weisen in ihrer jedesmaligen Beziehung zu einem Stammelternpaar auf ihren gemeinsamen Ursprung hin und stehen in Folge dessen untereinander in einer Verwandtschaft, deren Grad durch die Beziehungen zu dem Stammvater geregelt ist: Man unterscheidet die Linien einer Familie und die Grade ihrer Verwandtschaft im Hinblick auf eine gemeinsame Abstammung von einem Paare. Alle Descendenzbetrachtungen gehen auf die Vorstellung eines centralen Ausgangspunktes zurück. Im Gegensatze hiezu beziehen sich alle Betrachtungen über die Abstammung eines Individuums auf die Vorstellung unendlicher Reihen von Ahnen, die sich zwar nicht nachweisen aber mathematisch bezeichnen lassen.

Für die genealogische Wissenschaft sind beide Arten der Betrachtung die Ahnentafel wie die Stammtafel gleich wichtig und unentbehrlich. Alles richtige genealogische Denken bewegt sich innerhalb dieser beiden Grundformen, welchen jede Zeugungs-, Ab-

stammungs- und Verwandtschaftsfrage lebender Wesen angepaßt
werden muß.[1])

Es eröffnet sich aber, wie sich von selbst versteht, vermöge der
mannigfachen Zwecke, die zur Aufstellung von Stammtafeln und
Ahnentafeln genötigt haben, die Möglichkeit die Darstellung derselben sehr verschieden zu gestalten. Dennoch aber werden alle
sachlichen Gesichtspunkte, zu deren Erklärung und Beleuchtung
genealogische Betrachtungen erfordert sind, immer nur in den
beiden maßgebenden Grundformen des genealogischen Denkens erscheinen können. Unter dieser Voraussetzung lassen sich sowol die
Ahnentafeln wie die Stammtafeln nach Unterarten gliedern, deren
Werth und Bedeutung sachlich zu beurtheilen bleibt und deren
Inhalt in dem materiellen Theile der Genealogie des näheren besprochen werden muß. Hier sei nur, soweit die formale Seite der
Sache berührt wird, auf einiges aufmerksam gemacht.

Die als Unterabtheilung der Ahnentafeln sich darstellenden
Ahnenproben haben vermöge der damit verbundenen Zwecke ihre
bestimmte durch den Zeitgeschmack wie durch Gewohnheiten und
gesetzliche Bestimmungen vorgezeichneten Formularien. Dagegen
läßt sich in Bezug auf die Stammtafeln vermöge der engen Beziehungen, die zwischen diesen und den historischen Entwicklungen
staatlicher, gesellschaftlicher, cultureller und selbst litterarischer Verhältnisse aufgefunden werden können, eine sehr große Zahl von
Unterarten denken, die den Stammbäumen zu Theil werden können.
Es sei hier nur im Gebiete der politischen Geschichte auf einige
schon von älteren Genealogen hervorgehobenen Darstellungsarten
hingewiesen. So unterscheidet Gatterer: Regierungsfolgetafeln,
Erbfolgestreitstafeln, synchronistische Stammtafeln neben historischen
Stammtafeln überhaupt, und er thut sich etwas darauf zu gute

---

[1]) Daß freilich es selbst in gelehrten Kreisen an einem Verständnis der
fundamentalen Begriffe zuweilen gebricht, ist noch jüngst in dem lippischen
Erbfolgestreit hervorgetreten, wo es selbst Herrn Professor Kahl wirklich passirt
ist, sogar „Genealogen" aufzutreiben, denen die Unterschiede von Stammtafeln
und Ahnentafeln völlig unklar waren. Es sei dies nur gesagt, um auch die
Jurisprudenz aufmerksam zu machen, daß es doch nicht angeht, eine noch so
vielfach in Rechtsverhältnisse eingreifende Wissenschaft vollständig dem Dilettantismus anheim fallen zu lassen.

auch noch auf eine seinerzeit neue Art von Tafeln hingewiesen zu haben, die er die Ländervereinigungs= und Trennungstafeln nennt. Man könnte dergleichen historische Darstellungen, für welche die Stammtafelform, das genealogische Bild, maßgebend ist, noch mannigfaltig vermehren, man darf nur nicht verkennen, daß hier= bei die Grundform, in welcher sich dem Auge geistig und körper= lich der Gegenstand einer Entwicklung einprägt, ausschließlich im Stammbaum dargeboten wird. Wenn es jemandem gelingt culturelle, litterarische oder wissenschaftliche Zusammenhänge generationsweise vorzustellen, so hindert ihn nichts in diesen Fällen einen Stamm= baum zu entwerfen, er muß sich nur gegenwärtig halten, daß es sich dabei um ein Gleichnis handelt und diese Form des Darstellens und Vorstellens von der Genealogie nur entlehnt ist, während es sich bei dieser um wirklich vor sich gegangene Zeugungen und Hervorbringung lebender organischer und im engeren und eigent= lichen Sinne um menschliche Wesen handelt. Allein die Form des Stammbaums ist für jede Art der Entwicklungsidee etwas so ein= schmeichelndes und brauchbares, daß dem künstlerischen Erfinden in dieser Beziehung keine Schranken gesetzt sein können,[1] und die Stammtafel daher in ihrer formalen Erscheinung in unendlicher Mannigfaltigkeit gedacht werden kann, wie sie sich auch thatsächlich und geschichtlich in verschiedenster Art und Weise ausbildete.

[1] Auch im bildlichen Sinne ist die Stammtafel schon seit ältesten Zeiten in Anwendung gebracht worden. Beispiele dafür s. weiter unten im zweiten Capitel etwa die Stammbäume der Dominikaner u. a., doch dürfte man eigentlich wünschen, daß die Dinge etwas sorgfältiger auseinandergehalten würden. Man bedient sich des Ausdrucks Stammbaum in den verschiedenen Wissenschaften gewiß nur im Sinne eines Bildes, aber die Schlüsse, die zuweilen aus dieser tropischen Redewendung gezogen werden, sind bedenklich, weil Begriffe zwar nach Analogie eines Stammbaums fortschreiten können, aber doch nie einen wirklichen Vater haben. Ebenso verwirrend ist es, wenn man etwa von einem Stamm= baum der Menschheit oder von einem Stammbaum der Thiere spricht, weil nur der Mensch, oder das Thier in seiner Besonderheit, nicht aber das abstracte Mensch und der Begriff vom Thier Kinder erzeugt. Die Genealogie muß sich mithin gegen den Gebrauch des Wortes Stammbaum in jeglichem tropischen Sinne verwahren und kann ebensowenig die „Sprachenstammbäume", wie die „zoologischen Stammbäume" zu Darstellungen des wirklichen genealogischen Stoffes rechnen, weil sie sich nur mit den wirklich nachweisbaren Zeugungen bestimmter Individuen beschäftigt.

Zweites Capitel.

Die Stammtafel in formaler Beziehung.

Wer eine der schön und kunstvoll gezeichneten, oder gemalten Stammtafeln betrachtet, auf welcher die Namen der Abkömmlinge eines Ehepaares auf zierlich stilisirten Blättern verzeichnet sind, die von den Aesten und Zweigen eines Baumes herabhängen, dessen Stamm in gerade ansteigender kräftiger Gestalt die Stammhalter der Familie darstellt, scheint nicht zweifeln zu können, daß dieses Bild natürlichen Wachsthums sich dem menschlichen Bewußtsein gleichsam von selbst und seit unvordenklichen Zeiten mit innerer Notwendigkeit aufgedrängt habe. So nahe liegt der Vergleich zwischen der in der freien Natur sich entwickelnden Pflanze und der von Geschlecht zu Geschlecht sich fortpflanzenden Familie. Auch wol die in den verschiedensten Sprachen üblichen Wörter zur Bezeichnung des Familienzusammenhangs und der Stammesverzweigung könnten darnach als außerordentlich alt angesehen werden. Indessen scheint im lateinischen das Wort arbor in Anwendung und Verbindung von Verwandtschaftsverhältnissen ziemlich späten Ursprungs zu sein[1]), und stemma bezeichnete den Kranz, mit welchem die Ahnen-

---

[1]) Ueber die Geschichte des Wortes arbor wird wol erst der thesaurus volle Aufklärung bringen; ich habe nicht unterlassen anzufragen, wie weit das Material vorliegt, aber nichts erfahren. Du Cange ve Favre, 1883, kennt arbor affinitatis nicht; und arboretum nur als locus arboribus consitus und als tributi species. Bei Isidor Orig. wird die ausdrückliche Bezeichnung arbor eigentlich auch noch vermieden, darüber weiter unten. Stinzing, Gesch. d. pop. Lit. d. röm. Rechts S. 152, sagt daher vorsichtig, Isidor habe den Namen arbor „autorisirt".

bilder der Römer geschmückt zu werden pflegten.[1]) Im deutschen wird Abstamm und Abstammung zunächst ganz allgemein auf den Ursprung bezogen und wol erst in engerer Beziehung mit der Nach= kommenschaft (proles) in Verbindung gedacht. Der Name Stamm= baum ist dann offenbar dem lateinischen Arbor consanguinitatis oder affinitatis nachgebildet worden, so gut wie arbre généalo= gique und albero genealogico. Der Schwerpunkt ist ohne Zweifel in Betreff des Aufkommens des Ausdrucks Arbor für Darstellungen von Verwandtschaften in der lateinischen Sprache zu suchen, wie auch sachlich betrachtet eine besondere Aufmerksamkeit auf Familien= und Verwandschaftsverhältnisse bei den Römern, wie bei keinem andern Volke des Alterthums beobachtet werden kann.

Wenn sich nun aber schon nach der Wortgeschichte der Begriff des Stammbaums keineswegs als etwas so ganz ursprüngliches vermuthen läßt, so muß man doch auch bemerken, daß das Gleich= nis vom Baum und der Familienverzweigung eigentlich nicht nach jeder Richtung hin zutreffend ist. Eine gewaltige Eiche als Bild eines großen, weit verzweigten Geschlechts ist sicher eine die Phantasie des Künstlers anregende Idee. Der gewaltige Stamm, der sich aus den weithin fassenden Wurzeln der Stamm= eltern erhebt, entwickelt seine Aeste und Zweige, welche die Linien und Grade der Familienverwandtschaft passend zu versinnbildlichen scheinen, und dennoch erhält die genealogische Entwicklung durch die Form des Baumes für denjenigen etwas befremdendes, der sich erinnert, daß die in Wahrheit absteigenden Linien der Geschlechter, dem Baumwuchs folgend, für das Auge des Beschauers in auf= steigenden Linien sich bewegen. Selbst in den Zeiten phantasie= vollster Zeichenkunst hat man die Uebelstände der Darstellungen des Stammbaums als eine Umkehrung des natürlichen Verhält= nisses richtig bemerkt und die nach unten gerichtete Descendenten-

---

[1]) Stinzing ebd. S. 151. Du Cange, Stemma pro schema seu σχῆμα. Dann erst im XI. und XII. Jhdt. belegt als Generis species; aber metonymisch als Genealogie, Verwandtenreihe, Stammbaum schon bei Seneca, Sueton u. A. In den ältesten Verwandtschaftsverzeichnissen ist jedenfalls, wie gleich zu zeigen ist, das Stemma nichts als ein Schema.

tafel einen umgekehrten Baum genannt.[1]) Niemand könnte verkennen, daß die an der Wurzel eines den natürlichen Baum nach-
ahmenden Familienschemas sitzenden Stammeltern in der genealogischen Vorstellung nothwendig den obersten Platz beanspruchen,
der ihnen denn auch in vielen rein tabellarischen Darstellungen
stets eingeräumt wurde. Das Bild des Baumes enthält einen gewissen Widerspruch in sich selbst und es ist daher sehr verständlich, daß die allerältesten Darstellungen verwandtschaftlicher Beziehungen, die wir besitzen, sich in Formen bewegen, die nicht das
mindeste mit dem Gleichnis vom Baume zu thun haben. Was
überhaupt zu stammtafelartigen Darstellungen geführt hat, war
zunächst nicht eigentlich das genealogische Interesse an sich und
auch nicht die Kenntnisnahme von persönlichen Familienverhält-
nissen und Beziehungen. Vielmehr hat sich in gewissen Kreisen
römischer Beamten und Richter lediglich das Bedürfnis ergeben,
die aus praktischen Gründen denselben zur Beurtheilung vorliegenden Verwandtschaftsgrade nach gleichen Grundsätzen und
Regeln zu behandeln. Der nothwendige Besitz eines Verwandtschaftsformulars in zahlreichen Fällen von Verwaltungsangelegen-
heiten und privatrechtlichen Fragen hat bei den Römern den Anlaß zu gewissen Aufstellungen, Verzeichnissen und Darstellungen
gegeben, aus denen nachher der Stammbaum entstanden ist. Hier
läßt sich mithin eine manchen vielleicht unerwartete iconographische
Entwicklung beobachten, die tief in die Kaiserzeit, vielleicht in die
der Republik zurückgreift.

Dem römischen Censor und Richter, welcher erbrechtliche oder
verwaltungsrechtliche Fragen zu entscheiden hatte, war die Aufgabe
gestellt, nach einer ein für allemal giltigen Regel die Verwandt-
schaftsansprüche zu beurtheilen, welche irgend eine Person vermöge
ihrer Stellung zu einem etwa als Erblasser erscheinenden Mitgliede
einer Familie erheben konnte. Zu diesem Zwecke bediente er sich eines
Schemas, nach welchem der Grad der Verwandtschaft rasch und

---

[1]) Eine alte deutsche Bearbeitung des Arbor (Stinzing a. a. O., sechste
Classe Nr. Hh und Si S. 179): Unnd ist wol ein umblerter boume, des eite
under sich gont; als auch der Mensch in der geschrift ein umblerter boume
genennt wurd und dem geleichet.

ohne Widerrede nachgezählt werden konnte. Es findet sich nun in zahlreichen Rechtshandschriften ein solches Schema bereits aus der Zeit vor Geltung des mütterlichen Erbrechts, welches aber auch noch in spätern Handschrift des Mittelalters nachgezeichnet worden ist, ohne daß man sich des Ursprungs und hohen Alters desselben bewußt geblieben wäre.[1]) Dieses Schema war durchaus architektonisch gedacht und ausgeführt worden, und bildete einen Säulenbau, auf dessen unteren Theilen die Verwandtschaft der absteigenden Grade auf Täfelchen verzeichnet wurde. Die vom Vater ausgehenden aufsteigenden Verwandtschaftsgrade bildeten einen Aufsatz, der aber nur einer halben Pyramide glich, weil dabei die mütterlichen Ahnen und auch die Mutter selbst nicht berücksichtigt worden ist, während der Vater und dessen männliche Verwandte nur die Hälfte des Sockels ausfüllten. Diese stammbaumartige Darstellung muß, wie sich keinen Augenblick zweifeln läßt, in einer Zeit verfaßt sein, wo die Mutter und ihre Verwandten noch keinen Erbanspruch erheben konnten. Dies aber war bis zu dem S. C. Tertullianum der Fall, welches unter Hadrian das Erbrecht der Mutter feststellte.

Offenbar späterer Zeit verdankt ein anderes Formular seine Entstehung, das eine noch sonderbarere Figur zeigt. Es war aus dem Bedürfnis hervorgegangen die Gleichartigkeit der aufsteigenden, wie der absteigenden Verwandtschaften durch eine möglichst deutlich erkennbare Bezeichnung desselben ihnen anhaftenden Grades zur Anschauung zu bringen; alle Verwandte des gleichen Grades, sowol Vorfahren wie Nachkommen, sollten in diesem Schema immer auf eine Linie zu stehen kommen, und es bildete sich auf diese Weise die Form eines stumpfen Kegels, der den Vater, die Mutter, den Sohn und die Tochter auf der obersten Linie als ersten Verwandt-

[1]) Fig. I, unten, außerordentlich häufig, bei Huschke, Jurisprud. antejust. 513—517 und Hänel, Lex Romana Visig. auf Tafel und S. 456 ff. mit Bezeichnung der zahlreichen Handschriften im Vatican, in Paris u. s. w. dazu Stinzing a. a. O.: paterfamilias, qui in domo dominium habet. Dabei fehlt aber die Beachtung der Aufschrift: Lege hereditates quemadmodum redeant. Auf den wichtigsten Umstand, daß die Mutter hier noch nicht erbt, und auf die Bedeutung des S. C. Tertullianum hat mich mein hochverehrter College Kniep aufmerksam gemacht, dessen freundlichen Belehrungen ich hierbei vieles verdanke.

schaftsgrad erkennbar machte, während die Basis des Kegels die
breiter gewordene Ahnenschaft von Vater und Mutter und die
ebenfalls verzweigte Nachkommenschaft von Sohn und Tochter bis
zum sechsten Grade der Verwandtschaft zur Darstellung brachte.[1]
Es braucht nach dem schon früher gesagten kaum bemerkt zu werden,
daß die hier berücksichtigte Erbfähigkeit der mütterlichen Vorfahren
ausreichenden Beweis dafür gibt, daß das Schema aus der Zeit
nach Hadrian stammt; eine Randbemerkung, die sich am Fuße des
dritten Verwandtschaftsgrades findet, verräth uns aber noch deutlicher den Zweck und wol auch die Entstehungszeit desselben. Indem nämlich die Tafel versichert, daß die ersten Verwandtschaftsgrade nach dem Gesetz für steuerfrei anzusehen seien, so weist sie
auf eine Epoche hin, in welcher diese Begünstigung, die ursprünglich nur der erste Grad genoß, bereits ausgedehnt wurde, was
zuerst von Trajan geschah. Das Schema erweist sich also als eine
Arbeit der letzten Jahre des zweiten Jahrhunderts und rührt
wahrscheinlich von einem Steuerbeamten her.

Man hätte kaum zu ahnen vermocht, daß dieses so gestaltete
Schema jemals zu den Formen eines Baumes überzugehen, oder
auch nur an einen solchen zu erinnern vermocht hätte. Wenn
man aber die Voraussetzung machen darf, daß die in späteren
Handschriften massenhaft auftretenden schematischen Darstellungen
doch meist auf viel ältere Quellen zurückgehen, da sie sonst nicht
in den verschiedensten Gegenden und Ländern immer wieder in
denselben Formen vorkämen, so kann man nicht zweifelhaft sein,
daß der erfindungsreiche Geist der Handschriftenschreiber der Rechtsbücher sehr frühe begonnen hat, noch allerlei andere Figuren zu

---

[1] Fig. II, unten, Huschke a. a. O., vgl. Isidor Hisp. Orig. IX.
c. 6 etwas abweichend. Der Vermerk „Usque ad hunc interculum immunes
personae sunt" findet sich bei der dritten Stufe und bezieht sich keinesfalls
meines Erachtens auf die vierte. Eine Schwierigkeit ist es, daß Trajan vgl. Plinius
Paneg. 39 die Steuerfreiheit nur auf den zweiten Grad ausdehnte. Entweder ist
also der Vermerk von Schreibern, die denselben nicht mehr verstanden haben,
fälschlich zur dritten Stufe gesetzt worden, oder es liegt ein besonderer Fall vor.
Dagegen bezieht Conrat, Geschichte der Quellen und Literatur des römischen
Rechts Bd. I. S. 84 die Immunität auf das vinculum matrimonii, siehe den
Nachtrag zu diesem Capitel unten.

zeichnen, die dem Zwecke einer raschen Auffassung von Verwandtschaftsverhältnissen und Graden dienen mochten. So mögen das
Kreuz und das Fähnlein und das an einem langen Stiel sitzende
Parallelogramm, sowie der in Kreisform siebenmal getheilte Schild
und manche andere geometrische Darstellung[1]) schon lange um den
Preis vollkommenster Anschaulichkeit gestritten haben, als man
eine sehr merkwürdige Figur construirte, in welcher sich archite-
tonische und naturalistische Motive ornamental zu vereinigen
schienen. Die entscheidende Wendung in dem Aufbau des Verwandtschaftsschemas ergab sich dadurch, daß man die in einer einzigen Linie absteigenden Nachkommen von den weitverzweigten
oberen Verwandten figuralisch trennte. Indem von der fraglichen
Person, deren Verwandtschaftsgrade aufgezeigt werden sollten,
Kinder, Enkel, Urenkel nach unten hin fortgesetzt wurden, bildete
sich eine Art Säule, die ornamentirt einen Stamm vorstellen
konnte, und welche den mannigfaltig entwickelten Regel mit den
oberen Verwandtschaftsgraden aller Voreltern mit ihren Geschwistern
und deren Descendenten wiederum wie einen Baum mit seinen
Aesten zu tragen schien.[2]) Daß dieses ebenfalls uralte Schema
sofort den Eindruck eines Baumes machen mußte, braucht nicht
bloß vermutet zu werden, sondern läßt sich aus den Beschreibungen,

[1]) Stinzing a. a. O. Hänel hat im ganzen 6 Formen abgebildet.
Die Kreisform findet sich auch bei Isidor a. a. O., septem circulis inclusa
sunt. Cod. Pad. 4410 u. 4412, anderweitige Darstellungen habe ich in
mancherlei deutschen Codd. in München gesehen, z. B. Cod. germ. 660, Cod.
germ. 757 f. 18 u. 19 und Cod. germ. 632 fol. 122, beide sec. XV. Das
von Joh. Andree erwähnte Fähnlein hat am deutlichsten Cod. germ. 601.
fol. 81: Albrechts von Eyb in Nürnberg verfaßte Uebersetzung des Eherechts,
so auch in Cod. germ. 1115 fol. 13, vgl. auch den sogenannten Arbor
actionum des Joh. Bassianus, nichts weniger als ein Baum; Brinz Arbor
actionum p. 11 sq. über den Arbor affinitatis Joh. Andree, vgl. unten Anm.
[2]) Fig. 3, unten, nach Hänel a. a. O. Cod. Vat. u. Par. sec. IX. u. X.
Isidor, Orig. lib. X. De affinitatibus et gradibus cap. V. Hier kommt
schon der Ausdruck stirps vor. Dann: Stemmata dicuntur „ramusculi" ꝛc.,
dann citirt Stinzing, Isidor Decret c. 1. C. 35 qu. 5, jedoch sei die Stelle
interpolirt nach Wasserschleben. Hier kommt es lediglich darauf an, daß diese
Worte schon frühzeitig gebraucht sind und also aus der bezeichneten Figur
entstanden sind.

beziehungsweise aus den bildlichen Ausdrücken erweisen, die jetzt
auf diese Formulare mehr und mehr angewendet worden sind.
Denn nun wird es verständlich, wenn Isidor die Worte truncus,
radix, ramusculi gebraucht und selbst von einem Arbor juris
spricht, welcher letztere Ausdruck dann wieder unterschiedslos bei
jeder figuralen Darstellung von Verwandtschaftsverhältnissen vor=
kommt. Während, wie schon Stintzing bemerkt, ehedem nur von
linea, gradus, descendentes, ascendentes die Rede war, und
höchstens der Name stirps dem Bilde des vegetabilischen Lebens
entlehnt worden ist, herrschen nunmehr die dem Baum entnommenen
bildlichen Bezeichnungen vor. Man darf hinzufügen, daß jedenfalls
unter allen überlieferten Verwandtschaftsformularen kein anderes,
wie das beschriebene, die Phantasie in gleichem Maße zur Vor=
stellung des Stammbaumes erregen konnte. Denn wenn schon
der ornamentirte Stamm auch Aeste und Zweige vermöge des
ein Dreieck bildenden Aufbaues erwarten ließ, so bedurfte es nur
noch weniger Verbindungsstriche um thatsächlich ein Bild zu geben,
nach welchem sich von der Krone des Baumes zahlreiche Zweige
herabsenken. Denn indem der Zeichner im Stamme von unten
nach oben bis zum tritavi pater und zur tritaviae mater als
zu dem siebenten Grade der Verwandtschaft in der Ascendenz vor=
geschritten war, verfolgte er die Nachkommenschaft dieser beiden
in zwei sich herabsenkenden Aesten, die sich zunächst horizontal
neben den vom tritavus, atavus, abavus abfallenden Zweigen
nach unten hin breiter und breiter entwickeln, und ornamental
stilisirt das unzweifelhafte Bild eines Baumes geben, der indessen
mehr einer Traueresche als einer Eiche gleicht. Die ersten deut=
lich erkennbaren Stammbäume sind offenbar nichts anderes, als
das zur Zeit Isidors bekannte und von ihm beschriebene Formular,
auf welchem die Verwandtschaftsgrade statt mit Nummern versehen
zu sein, als Aeste erscheinen, auf denen die Verwandtschaftsnamen
in Blattform eingezeichnet sind.[1])

---

[1]) Figur 4 u. 5. Schöne Abbildungen bei Böhmer Corpus juris can.
tom. I. p. 1099, Decreti p. II qu. 5. C. I.: De gradibus vero consanguinitatis. Sex gradibus hoc modo dirimitur filius et filia, quod est frater
et soror, sit „ipse“ truncus: illis scorsum seiunctis ex radice illius trunci

Für die als Baum gedachte Form des Verwandtschaftsschemas wurde jedoch in späteren Jahrhunderten der Jurist Johannes Andree als eigentlicher Urheber in Anspruch genommen. Fast eine jede Darstellung dieser Art wird in den Handschriften des vierzehnten und fünfzehnten Jahrhunderts mit dem Titel Arbor Johannis Andree ausgezeichnet. Dieser war es, der den Stammbaum popularisirte, wie sich seine Anweisungen der Berechnung und Zählung der Verwandtschaftsgrade auch im praktischen Gebrauch bis in die neueren Jahrhunderte des größten Ansehens und der größten Verbreitung erfreut haben; Johannes Andree war der Sohn eines Priesters und Lehrers der Grammatik zu Bologna, um 1270 geboren und nach einer großen Gelehrtenlaufbahn zu Bologna an der Pest 1348 gestorben.[1] Das Werk, durch welches er so berühmt geworden ist, führte den Titel Summa oder Lectura super arboribus consanguinitatis et affinitatis und er sagt selbst, daß er schon im Beginne seiner Lehrthätigkeit glossas arboris geschrieben habe. Bemerkenswerth erscheint jedoch, daß die Formen des Verwandtschaftsschemas für Johannes Andree noch keineswegs so fest standen, wie seine dem Pflanzenreich entnommenen Bilder, denn neben der ausdrücklichen Aufforderung der Lectura einen Baum zu construiren, der die Grade der Familienverwandt-

---

egrediuntur isti ramusculi, nepos etc. — „iuxta Isidorum, qui mox post tempora Gregorii floruit". Die Abbildungen in Hdschftn. des XV. Jahrhunderts sehr zahlreich. Auch Stinzing a. a. O. gibt zu, daß in der Figur die geometrische Grundform des Baumes gewonnen war: „Man braucht nur die geraden Linien mit den freieren Formen der Vegetation zu vertauschen", um dem Bilde arbor gerecht zu werden. Wenn aber Stinzing die Entstehung des vollständigen Baumes erst der Hand der kunstsinnigen deutschen Drucker zuschreibt, so widersprechen doch dem mancherlei handschriftliche Zeichnungen, wo der Baum doch auch schon ganz entwickelt ist — auf die Schönheit kommt es dabei nicht an: Cod. germ. 1115 f. 13 in München hat sec. XV einen regelrecht zweiseitig verästeten Baum. Auch sind doch die Aeste in Fig. 4 nicht erst vom Drucker erfunden. Als Blätter freilich kann man die runden Kreise, auf denen die Namen verzeichnet sind, nur im ornamentalen Sinne gelten lassen.

[1] Savigny, Gesch. d. röm. Rechts III. 167 und Ersch und Gruber, Bd. III, s. v. Andreae. Im Zedlerschen Lexikon wird versichert, daß der pater juris canonici et omnium juris can. interpretum facile princeps durch zwanzig Jahre unter einer Bärenhaut geschlafen habe.

schaft erkennen lasse,[1] heißt es dann doch wieder, das Schema
könne nach Art eines Fähnleins, ad modum vexilli, construirt
werden. Dieses vexillum ist indessen nur dadurch entstanden,
daß man die eine Hälfte des Baumes abschnitt und die sämmtlichen Aeste vom Stamme aus nur nach der einen Seite hin laufen
ließ; dieses vexillum ist aber bald nachher ebenfalls einem Baum-
ornamente anheimgefallen und verschwindet als solches wenigstens
dem Namen nach gänzlich, während sich die Bezeichnung als
arbor consanguinitatis auch in solchen Handschriften siegreich behauptete, wo man über den Charakter einer eben nur oberflächlich gezeichneten Figur wol zweifelhaft sein dürfte.[2]

Wenn indessen der Stammbaum sich als Schema lediglich
aus den römischen Verwandtschaftsformularen und keineswegs aus
einer ursprünglichen künstlerischen Idee entwickelt hat, so ist man
leider doch nicht in der Lage ganz exakt den Zeitpunkt zu bestimmen, in welchem die thatsächlich überlieferten Genealogieen
in figuraler Darstellung der Geschlechtsreihen sich des schematisch
ausgestalteten Rechtsformulars zuerst bedient haben; und es ist
eine verhältnismäßig recht späte Uebung, den zahlreich vorliegenden
Genealogieen älterer und ältester Dynastieen und Familien eine
tabellarische Darstellung zu theil werden zu lassen, die endlich im

---

[1] Stinzing a. a. O. Formatur sic arbor. Nunc formemus arborem.

[2] Mit dem Fähnlein hat es nun aber ein besonderes Bewandtnis.
Eine sehr schöne Abbildung dessen, was Andree wahrscheinlich unter dem
vexillum verstanden haben wird, habe ich in einem Münchener Codex germ.
601. in Albrecht von Eybs Eherechtsbuch gesehen, fol. 81. Hier ist über-
schrieben: arbor consanguinitatis vulgarisata cum autenticis successionis
ab intestato und am unteren Ende die Aufschrift: Arbor Johannis Andree
1472. Es ist ein deutlicher Baumstamm mit neun Tafeln, in deren Mitte der
Ehecandidat gedacht ist, vier Verwandtschaftsgrade nach oben, und vier Verwandtschaftsgrade nach unten, hier also Sohn und Tochter, Enkel und Niftel,
Enkels und Niftels Sohn oder Tochter, Enkels- und Niftels Kinds Kind; dort
Vater und Mutter, Ahnherr und Ahnfrau, Großahnherr und Großahnfrau,
Vorahnherr und Urahnfrau. Von den vier oberen Graden gehen nach links
abgezweigt die ramusculi mit den absteigenden Linien der vier Voreltern. Da
die rechtseitigen ramusculi fehlen, so könnte man sich leicht das Bild als eine
fliegende Fahne vorstellen, es ist aber vom Zeichner der Handschrift doch offenbar
nur an den Arbor gedacht, wie die Ornamente vermuten lassen.

Stammbaum gipfelte. Lange Zeit hindurch sind die chronifalischen und annalistischen Mittheilungen neben den Stammbaumformularen der Rechtsbücher unvermittelt und beziehungslos einhergegangen, ohne daß man daran dachte, dem Blätterornamente, welches nur abstracte Bezeichnungen wie avus, proavus, nepos, pronepos u. s. w. tragen zu können schien, auch die wirklichen Namen be= stimmter im Abstammungsverhältnis zu einander stehender Personen anvertrauen zu können. Noch ist uns der erste Entdecker dieses Gedankens unbekannt, und so wenig bedeutend der Schritt er= scheint, welcher von den altrömischen Formularen der Verwandt= schaftsgrade zur Darstellung wirklicher und persönlich bezeichneter Abstammungsverhältnisse gemacht werden mußte, so ist uns der= selbe doch nach seinem Ursprung und in concreter Gestalt zur Zeit nicht nachweisbar, und wir müssen leider darauf verzichten, etwas bestimmtes über jene Epoche zeichnender Künste zu sagen, in welcher bildliche Darstellungen des Baumes zur Versinnbild= lichung persönlich verzeichneter Familienverwandtschaften zuerst in Anwendung kamen.

In zahlreichen Handschriften finden sich Genealogieen in reihen= förmiger Gestalt vorgeführt und sind nichts anderes als Verzeich= nisse von Namen die durch das Wort „genuit" genealogisch ver= knüpft erscheinen. Bei ehegerichtlichen Akten waren solche Ver= wandtschaftsdarstellungen ja canonisch erforderlich.[1]) Aber auch die Chronistik bedurfte tabellarischer Uebersichten. Einige der ältesten derartig gezeichneten Stammbäume finden sich in der Hand= schrift Ekkehards in der Jenaer Universitätsbibliothek.[2]) Aber

---

[1]) Vgl. die Tabula consanguinitatis Friderici I. regis et Adelae reginae im Cod. Ep. Wibaldi, Jaffé, Monum. Corbeiensia Bibl. I. 547. no. 408.

[2]) Beschreibung und Abbildung in Mon. Germ., Script. VI. praef. und Archiv f. ä. G. VII. 471: „Am Schlusse der Geschichte der Karolinger Bl. 152¹ findet sich eine sorgfältig geschriebene und gezeichnete Stammtafel derselben und Bl. 171¹ nach Heinrichs I. Tode eine ähnliche des sächsischen Hauses; besonders sind die Eltern des hlg. Arnulf für das Ende des elften Jahrhunderts auffallend gut gezeichnet; sie halten eine Pergamentrolle, aus welcher sich der Stammbaum entwickelt." Auch auf dem sächsischen Stammbaum ist es eine Figur, die den Stammbaum in der linken Hand hält. Sie ist genannt: Jvitolfus dux Saxonum und hält in der rechten Hand einen Cirkel, auf welchem geschrieben ist: Brun

diese Darstellungen sind nicht anders gedacht, als unsere heute in jedem beliebigen Buche gegebenen tabellarischen Uebersichten von Verwandtschaftsverhältnissen. Es ist nicht die geringste Spur eines natürlichen „arbor" oder „arboretum" zu bemerken, sondern in regelrechter Abfolge von oben nach unten befinden sich die Namen von Vätern und Söhnen in Kreisen verzeichnet, welche durch Striche mit einander verbunden sind. Da sich auf dem einen dieser Stamm= bäume eine Nebenlinie von dem oben stehenden Otto Dur wie ein Fähnchen herabsenkt, so konnte leicht eine Täuschung entstehen, als ob es sich um ein baumartiges Ornament handelte, besonders wenn die Reproductionen nicht eben sehr genau sind.

Eine unzweifelhaftere Anwendung des Baums als Dar= stellungsmotiv für die Abstammung und Verzweigung der Ge= schlechter läßt sich dagegen seit sehr alter Zeit an malerischen und plastischen Kunstwerken beobachten, die der evangelischen Ueber= lieferung von der Abstammung Jesu Christi gewidmet sind. Der älteste „Stammbaum Jesse" dürfte wol derjenige gewesen sein, welchen die Aebtissin Herrad von Landsberg 1167—1195 in ihrer illustrirten lateinischen Encyklopaedie gemalt hat.[1]) Das Charakte= ristische desselben dürfte ohne Zweifel in dem Aufsteigen des Baums aus einer figuralen wahrscheinlich Adam vorstellenden Darstellung erblickt werden; in dem Mitteltheil ist die Figur Abrahams und darüber die Köpfe aller Patriarchen und Könige;

dux a Danis occisus. Die Tafeln sind im übrigen in absteigenden Linien gedacht und die Reproductionen sind nicht sehr genau. Schon das Facsimile der Mon. Germ. läßt manches zu wünschen, dann sind von da weitere, immer weniger treue Nachbildungen in populären Geschichtsbüchern gemacht worden. Alles, was sonst das Mittelalter an Genealogieen hervorgebracht, findet man selbstverständlich unter „Genealogie" bei Wattenbach, Lorenz und Potthast zusammengestellt und es wäre eine dankbare Arbeit, die formale Behandlung dieser Dinge einmal besonders zu besprechen. Unseren heutigen genealogischen Begriffen entsprechend, dürften wol die flandrischen Genealogieen am meisten entwickelt erscheinen.

[1]) Die Reproduction ist in der Straßburger Ausgabe planche 25 B. nach den geretteten Theilen des hortus deliciar. wolgelungen und ich ergreife die Gelegenheit, um dem Herrn Dr. Weber hier in Jena für diese und manche andere Mittheilung bestens zu danken. Beschreibung des Bildes auch bei Engelhard, Herrad von Landsberg 1818.

ganz oben ist Maria und Christus zu sehen, während in den Zweigen eine große Masse von Personen zum Theil in abenteuer= lichen Zusammenstellungen erscheint. So wenig es sich hier um eine eigentlich genealogische Arbeit handelt, so ist doch die Idee des Baumes in voller Ausbildung als Sinnbild der Abstammung und Geschlechtsverzweigung benutzt. Ebenso zeigt sich in einem nahezu gleichzeitigen großen Kunstwerk jener Periode, in der Darstellung von der Abstammung der Maria und ihres Sohnes auf dem Deckengemälde der St. Michaelskirche zu Hildesheim das Baum= ornament, wenn man auch nicht sagen dürfte, daß es sich da um einen wirklichen Stammbaum handle.[1]) Allein die Vorstellung von der geschlechtlichen Entwicklung als ein dem Baume vergleich= bares Wachsthum ist unleugbar vorhanden. Da die Michaelskirche im Jahre 1186 geweiht wurde, so dürfte auch das Deckengemälde noch dem 12. Jahrhundert angehören. Etwas jüngeren Datums ist der in Marmor ausgeführte Stammbaum Christi unter den Basreliefs, womit die Vorderseite des Doms von Orvieto 1290 bis 1296 geschmückt ist.[2]) Manches andere dieser Art findet sich auf Glasgemälden,[3]) und darf hier übergangen werden, da es

---

[1]) Janitschek, Gesch. der deutschen Malerei, Berl. 1890, S. 159 ff. Der Ausdruck Stammbaum Christi ist für dieses merkwürdige Gemälde jedenfalls nicht wörtlich zu nehmen. Die Hauptbilder in der Mitte, David und andere Könige, entwickeln sich eigentlich nicht aus dem Stamme, der überdies nicht zu Christus hinaufsteigt, sondern von ihm ausgeht.

[2]) Gruner, Ludw. Die Basreliefs an der Vorderseite des Doms zu Orvieto, Marmorbildwerk der Schule der Pisaner mit erklärendem Text von Emil Braun, Leipzig 1858, Tafel 19 ff. Der bekannte Erbach'sche Stamm= baum Jesse liegt mir leider nicht in Abbildung vor.

[3]) Otte, Hdbch. d. kirchl. Kunstarchäologie I. 516 sagt: „Eine seit dem dreizehnten Jahrhundert beliebt werdende, namentlich in Glasmalereien vor= kommende Darstellung ist der aus der Wurzel Jesse, Jesaias 11, 10 erwachsende Stammbaum Christi. Unten liegt Isai, der Vater Davids, in Patriarchen= tracht und auf seiner Brust wurzelt ein Weinstock, der auf seinen Reben, durch Ranken verbunden, den biblischen Geschlechtsregistern folgend, die Bilder der Vorfahren Christi trägt und in der Darstellung des thronenden Salvators gipfelt. Die ausführlichste mit Adam und Eva beginnende Reihenfolge ist in der Deckenmalerei von St. Michael in Hildesheim enthalten. Eines der vor= züglichsten Beispiele dieser Art ist der berühmte Schnitzaltar des Veit Stoß in

7*

sich nur darum handelt zu zeigen, wie sich die Idee des Baums
in der Entwicklung der Kunst immer mehr zur festen Form des
Generationsbegriffs gestaltete. Ob nicht dem Stammbaum Jesse im
besondern noch eine gewisse Symbolik zu Grunde liegen möchte,
die mit der Weltesche und dem Lebensbaum unvordenklicher germa-
nischer Ideenkreise zusammenhängen kann, ist eine nach meiner Ansicht nicht zu unterschätzende Frage, die aber hier in gar keiner
Weise angeschnitten zu werden braucht.[1]

Kehrt man zu den eigentlich historisch-genealogischen Darstellungen zurück, so findet man als eine der ältesten Kunstleistungen
dieser Art die stammbaumartige Ausschmückung der Burg Karlstein in Böhmen. Der niederländische Geschichtschreiber Dynter
erzählt, daß er bei seinem Besuche in Böhmen das auf Befehl
Kaiser Karls IV. hergestellte Wandgemälde selbst zu sehen Gelegenheit hatte. Leider ist aber seine Darstellung der Sache so wenig
genau, daß man über die Form des Stammbaums keinerlei ge-
nügenden Aufschluß erhält, und auch die örtlichen Untersuchungen
der neuesten Zeit haben keine Anhaltspunkte dargeboten, so daß
sich nicht einmal sagen läßt, ob es sich um einen Stammbaum oder um
eine Ahnentafel gehandelt habe. Jetzt sind aber in einem Wiener Codex
des sechszehnten Jahrhunderts prachtvolle Nachbildungen der Wandgemälde von Karlstein aufgefunden worden, welche Neuwirth in
einem Prachtwerke herausgegeben hat. Die einzelnen Figuren der Tafel
sind hier gleichsam zu einer Porträtgallerie der Vorfahren des luxem-

der Marienkirche zu Krakau. — Analog sind die im Spätmittelalter vorkommenden
Stammbäume der Mönchsorden, z. B. der Stammbaum der Dominicaner mit
den vorzüglichsten Heiligen dieses Ordens z. B. am Lettner der Dominicaner-
kirche zu Bern, vereint mit dem Christi v. 1472, allein in Holzschnitt v. 1473.

[1] Ich ergreife hier die Gelegenheit, um meinem hochverehrten Freunde
Herrn Custos Wöber an der Hofbibliothek in Wien Dank zu sagen für seine
vielen Mittheilungen aus dem reichen Schatze seiner geneal. Kenntnisse. Er ist
der Vertreter einer Richtung, die sowol die heraldische wie die genealogische
Wissenschaft vielfach auf eine Symbolik zurückzuführen strebt, deren Vorhandensein überhaupt zu läugnen oder gar zu belächeln, nur als eine Bequemlichkeit
der heutigen Forschung aufgefaßt werden könnte. Aber dieses Gebiet ist schwierig
und wird seit Creuzers Zeiten immer wiederum aufleben und untergehen.
Herr Wöber hat einen sehr beachtenswerthen Beitrag zur Symbolik in seiner
Schrift über die Heraldik des Uradels geliefert.

burgischen Hauses vereinigt worden. Die Auswahl der Bilder gestattet immerhin an eine Darstellung zu denken, welche die Form
des Baums zur Grundlage nahm, indessen bleibt es ungewiß, ob
es sich nicht doch vielmehr um eine Ahnenprobe gehandelt habe.
Der Copist des sechszehnten Jahrhunderts scheint nur Werth auf die
Einzeldarstellungen gelegt zu haben, wobei es ganz unsicher ist,
wie weit die künstlerische Phantasie und Virtuosität des großen
Zeitalters der Malerei nachgeholfen hat.[1]) Jedenfalls kann darüber
kein Zweifel sein, daß in dem sogenannten Stammbaum von Karlstein ein frühes Beispiel künstlerischer genealogischer Darstellung zu
erkennen ist, bei welcher das Porträt dem historischen Gedächtnis zu
Hilfe kommen sollte. Das sechszehnte Jahrhundert hat nachher auf die
Ausbildung dieser Formen ein so großes Gewicht gelegt, daß der
Werth des Inhalts dieser Darstellungen erheblich dagegen zurück-
trat. Je glänzendere bildliche Darstellungen in den Familien in
Betreff der Abstammung geschätzt und beliebt waren, desto weniger
genau nahm man es mit den Angaben, welche der Künstler auf
Holz, Leinwand oder Kupfer verewigte. Die Zahl der Darstellungen
von Stammbäumen, zum Theil in ungemein großen Dimensionen
scheint sehr erheblich gewesen zu sein. Was sich davon erhalten
hat verdiente sorgfältiger gesammelt und verzeichnet zu werden,
als es der Fall ist.[2]) Sehr bekannt war der durch Primisser's
Publication seit lange beachtete Stammbaum der Habsburger zu
Ambras in Tirol. Anderes noch ist, wie es scheint den genealogischen
Liebhabereien Maximilians I. zu verdanken gewesen und es findet
sich in Wien an der Hofbibliothek eine ganze Serie von großen

---

[1]) Dvnter, vgl. meine Gesch. Quellen II. 29 ff., ist schon von Neuwirth
in seinen früheren Arbeiten über die Burg Karlstein, Prag 1896, benutzt worden.
Die Stelle läßt aber nichts sicheres über die Art der Ausführung des Stammbaums erkennen. Jetzt hat aber Neuwirth, Prag 1897, „Die Wandgemälde
auf der Burg Karlstein", die Sache nach dem Wiener Codex genauer beschrieben
und die Abbildungen selbst in trefflicher Reproduction mitgetheilt.

[2]) Einen Anfang dazu findet man in mannigfaltigen Mittheilungen der
Zeitschrift des deutschen Herold, wie 1895 S. 54, 55, S. 98 u. a. a. O. Einiges
beabsichtigt Walther Gräbner zu veröffentlichen, der in Dresden und Berlin
vieles Schöne verzeichnet hat.

Stammbaumdarstellungen, die bis in das 18. Jahrhundert sich fortsetzen.[1])

Nicht weniger beliebt als die Stammbäume waren indessen die Ahnenproben, die man ebenfalls in der Form von Bäumen zur Anschauung zu bringen pflegte.[2]) Doch hat sich für diese eine ein für allemale giltige Form durchaus nicht behaupten lassen, vielmehr sind die mannigfaltigsten Ornamente in Anwendung gebracht worden, um Ascendentenreihen zu verherrlichen. So ist die Ahnenprobe Herzog Wilhelms IV. von Baiern in der Münchener Bibliothek nichts anderes als eine Reihe von stilgerecht ornamentirten Wappen,[3]) wogegen sich ebendaselbst eine interessante Ahnenprobe des Hector von Beroldingen befindet,[4]) welche in ganz ähnlicher Weise wie der durch Estor bekannte Ahnenbaum der Familie Baumbach gestaltet ist. Uebrigens ist es für die Stammbäume so gut wie für die

---

[1]) Aus den Schätzen der Wiener Hofbibliothek bin ich durch die Güte des Herrn Custos Wöber in der Lage, einiges hier zusammenzustellen:

1. Das Bruchstück eines Stammbaums, Holzschnitt nach Art des Ambraser Stammbaums aus dem sechszehnten Jahrhundert.

2. Stammbaum der Habsburger, zwei Meter hoch, eineinviertel Meter breit, auf Holzrahmen.

3. Stammbaum der Habsburger, zehn große Perg.-Blätter, sec. XVI. Von Rudolf Graf zu Habsburg 2c. bis auf Maximilian I., dessen Todesjahr noch angeführt ist.

4. Pramer, Wolfgang-Wilhelm, Hoftriegsrath. Arbor monarchica repraesentans omnes universi orbis monarchas. 18 Blätter gr. Fol. Von Adam bis 1690, electus est Josephus I.

5. Calin Dominit, Franz. Von diesem sind vier genealogische Arbeiten in Stammbaumformen vorhanden, eine in zwei Perg.-Blättern, eine in fünf, eine in achtzehn, und zwei in je einundzwanzig Blättern. Daß alle diese Dinge eben nur einen formalen Werth haben, braucht wol nicht erst bemerkt zu werden.

[2]) Sehr beliebt waren Darstellungen mit Kettenornamenten, durch die Täfelchen und Wappendarstellungen verbunden worden sind. Auch die Weinrebe ist aus dem Stammbaum Jesse in die Ahnenproben übergegangen.

[3] München, Cod. iconogr., Nr. 383, mit zweiunddreißig Wappen sechszehn väterlicher und sechszehn mütterlicher Ahnen. Die Reihen sind aber nicht eingehalten, sondern willkürlich durcheinandergeworfen.

[4]) München, Cod. iconogr., Nr. 323, vgl. die Ahnenprobe von Baumbach, auch bei Gatterer im Abriß. Aeltere Ahnenproben erwähnte Riedel, Abhdlgn. der Berl. Akad. 1854. — Ferner vgl. eine Ahnenprobe Hugelins von Hunolstein vom 7. Juni 1427.

Ahnenbäume charakteristisch, daß die neuzeitliche Kunstepoche an die
Stelle der in den römischen Rechtsbüchern durch tiefherabhängende
Aeste charakterisirten Eiche des nüchternen Verwandtschaftsformulars,
durchaus die breit nach oben mächtig verzweigte Eiche fast ausnahmslos zu setzen pflegt.

        Als eines der schönsten Werke dieser Art halte ich den im
Besitze der Münchener Bibliothek befindlichen mit bewunderungs-
würdiger Feinheit ausgeführten großen, in Kupfer gestochenen Stammbaum des Johannes Herold von 1555, welcher die Wittelsbachische
und Habsburgische Verwandtschaft auf den Merowingischen König
der Franken „Thieterich", phantastisch genug in seinem genealogischen
Inhalt zurückführt. Die Arbeit verdient eine größere Beachtung,
sie zeigt von dem großen Interesse welches die Wittelsbacher bis ins
achtzehnte Jahrhundert diesen genealogischen Schaustellungen bewahrt
haben.¹) Für den praktischen Gebrauch war freilich die monströse
Behandlung genealogischer Dinge durch die Kunst überhaupt
weniger geeignet, aber der Stammbaum hat sich trotz seiner Un-
bequemlichkeit für Zwecke des eigentlichen Studiums nicht mehr
entwurzeln lassen, und treibt seine Blüten bis in unsere Tage, in
denen Nachahmungen der alten figuralen Darstellungen wieder sehr
beliebt werden.

        So war es wol auch als eine Nachwirkung der Stammbaum-
vorstellung zu betrachten, wenn auch da wo keine künstlerische Notwendigkeit dazu veranlaßte, die Descendenzen von unten nach oben
dargestellt worden sind. In dieser Weise ist zum Beispiel in dem im
Jahre 1592 gedruckten Buche des Dominikaners Joseph Texera,
welcher die Vorfahren des Königs Heinrich IV. von Frankreich
mit üblicher Phantasie auf Antenor, Dagobert und Garsias zurückführt,²) das Baummotiv so sklavisch festgehalten daß man die
schön gedruckten Tafeln stets von unten nach oben lesen muß, obwol nichts weiter als die in Kreisen stehenden Namen und die

----

    ¹) München, Cod. iconogr., Nr. 387. In der Ausstellung zu sehen.
Genauere Beschreibung und Besprechung bedaure ich nicht haben geben zu können,
da dazu ein sehr gutes Auge nötig wäre. Vgl. auch den gemalten Stammbaum
Nr. 388 und den Kupferstich von 1745 Nr. 386.
    ²) Schöner Druck, Lugd. Batav. 1592.

Verbindungsstriche an das Blätterornament erinnern können. Heute dürfte kaum jemand zum Zwecke des Studiums, unbeschadet der bereitwilligen Beibehaltung des ehrwürdigen Namens „Stamm= baum" solche künstlerische Verzierungen der ohnehin oft sehr ver= wickelten Verhältnisse der Genealogien noch für erwünscht erachten. Ueberſichtlichkeit, Deutlichkeit und Klarheit sollten vielmehr die einzig maßgebenden Gesichtspunkte für die Abfassung der dem genealo= gischen Betriebe dienenden Tafeln sein, welche im Hinblicke auf den Inhalt dessen, was sie vermöge der heutigen wiſſenſchaftlichen Erforderniſſe mitzutheilen genötigt sind, ohnehin räumliche Schwierig= keiten der mannigfachsten Art verursachen. So wird sich jederzeit die einfache Abfolge der Geschlechter von oben nach unten am meisten empfehlen, aber nicht selten kann es vorkommen, daß die Quer= und Längstafeln oder auch gemischte Formationen dem be= sonderen Zwecke recht gut entsprechen, den man eben zu genea= logiſcher Anschauung zu bringen beabsichtigt.

Als vorzüglichster Gesichtspunkt für die Darstellungen der Stammtafel muß die deutliche Kennzeichnung der Geschlechtsreihen, oder der Generationen jederzeit und in erster Linie bezeichnet werden. Ohne die volle Klarheit der Generationenfolge hat jede Stamm= tafel etwas verwirrendes und selbst die trefflichsten typographiſchen Leistungen auf diesem Gebiete, wie etwa das schöne Werk von C. von Behr, laſſen treue Berücksichtigung der Geschlechtsfolge nur allzusehr vermissen.[1] Am klarsten laſſen sich die Abstammungen bei hervortretenden Generationsbezeichnungen erkennen und man hat es daher als einen Fortschritt der Darstellung anerkannt, als in meinem genealogiſchen Handbuch die Generationen durch rothe Linien kenntlich gemacht wurden. Sollte aber auch dieses System sich typographiſch nicht verallgemeinern, so dürfte doch zu verlangen sein, daß geradlinige Darstellung des Generationenfortgangs mit absoluter Sicherheit festgehalten werde.

Die Stammtafel bietet übrigens für die Darstellung jeder Art und unter allen Umständen gewiſſe Schwierigkeiten dar, die einer=

---

[1] Als ein Muster regelrecht marschierender Geschlechtsreihen können die schon gedruckten Stammtafeln der hessischen Ritterschaft bezeichnet werden.

ſeits in den natürlichen und thatſächlichen Abſtammungsthatſachen
und andererſeits in dem ungleichen Fortſchreiten der Geſchlechtsreihen begründet ſind.

A. Abſtammung.

Wenn man mit der Bibel vorausſetzen würde, daß alle
Menſchen von einem Paare abſtammen, ſo würden in der letzten
darzuſtellenden Reihe von Nachkommen dieſes Paares ſämmtliche
heute lebenden Menſchen zu verzeichnen ſein. In verkleinertem
Maßſtabe tritt aber dieſelbe Schwierigkeit bei der weitaus größten
Zahl von Stammeltern hervor, die man an die Spitze einer Reihe
von Nachkommen ſetzen mag. Nach einer Reihe von Jahrhunderten
müßten, wie ſich leicht begreifen läßt, die Nachkommen eines Paares
zu einer ganz außerordentlichen, faſt unüberſehbaren Zahl gewachſen
ſein, wenn man auch nur eine gleichmäßige Vervielfältigung von
drei oder vier Zeugungen für jedes nachkommende Familienglied
annehmen würde. Thatſächlich zeigen auch die meiſten bekannten
Familienſtammbäume eine ſo große Menge von Nachkommen
männlichen und weiblichen Geſchlechts wenigſtens im Verlaufe ge-
gewiſſer Zeiträume, daß es eine unmögliche Forderung wäre, eine
vollſtändige Descendenznachweiſung eines Stammelternpaares auf
einer Tafel zu verſuchen. Um die Ueberſichtlichkeit der Stammbäume nicht aufzugeben, hat man ſich daher gleichſam ſtillſchweigend
in dem Prinzipe vereinigt, daß die Stammtafel eine Darſtellung
der Descendenz der männlichen Generationen unter gleichzeitiger Anführung der in jeder einzelnen Familie vorkommenden
Töchter, aber unter Ausſchluß von deren Nachkommen ſein ſoll.
In Folge deſſen fallen auf allen Stammtafeln die Descendenten
weiblicher Linien einfach weg, und die Darſtellungen erhalten dadurch nicht nur einen mäßigeren und begrenzten Umfang, ſondern,
was noch wichtiger iſt, ſie geſtalten ſich auf dieſe Art zu eigentlichen Stammtafeln von Familien. Sie verzeichnen demnach nur
ſolche Mitglieder, die denſelben Familiennamen führen und ſcheiden
mithin diejenigen weiblichen Mitglieder aus, welche durch Heirat
einer andern Familie, und mithin einem andern Stammbaum ein-
gereiht worden ſind. Als formales Prinzip der Aufſtellung von

Stammbäumen ist die Darstellung nicht der gesammten Descendenz eines Elternpaares, sondern die Darstellung aller einen und denselben Familiennamen tragenden Nachkommen eines Elternpaares zu betrachten. Diese durchaus praktische Anwendung des Familienbegriffs bei der Anfertigung von Stammtafeln darf jedoch nur nicht zu falschen Schlüssen über die Abstammungen und Nachkommenschaften überhaupt verleiten, da man sich stets zu vergegenwärtigen hat, daß unsere Stammbäume, eben weil sie Familienstammbäume sind, immer nur von einem Theile der Zeugungen Kenntnis nehmen.

Generationenfolge der Stammbäume.

Wollte man den Versuch machen die ganze Nachkommenschaft eines Paares ohne Unterschied der Geschlechter auf einer Stammtafel zu verzeichnen, so ergäbe sich noch eine andere unüberwindliche Schwierigkeit, die ebenfalls in sehr sachlich merkwürdigen Umständen begründet ist. Bei der Verehelichung der männlichen und weiblichen Nachkommen eines Paares zeigt sich ein in natürlichen und sozialen Verhältnissen begründeter Altersunterschied, der sich im Laufe einer Reihe von Zeugungen zu einer vollständigen Verwirrung der Generationenabfolge steigern kann; die männlichen Enkel eines Paares werden fast regelmäßig viel jünger sein, als die aus der weiblichen Descendenz hervorgegangenen Nachkommen. Die Urenkelinnen der Schwester eines Stammvaters werden meistens schon eine volle Generation weiter vorgerückt sein, als des letztern männliche Nachkommen. Die vom Manne ausgehende Zeugung entwickelt sich in jedesmaliger männlicher Fortpflanzung so viel langsamer, als die im weiblichen Geschlecht fortgehende Abfolge, daß nach verwunderlich kurzen Zeiträumen weibliche und männliche Descendenzen durchaus nicht mehr auf derselben Geschlechtslinie stehen. Diese merkwürdige Erscheinung gehört zu den Dingen, die auch sachlich betrachtet eine außerordentliche Wirkung auf die Entwicklung der Menschheit ausüben, worüber, da der Gegenstand mehr naturwissenschaftlicher Art ist, an einem andern Orte die Rede sein wird. Hier soll nur das formale Prinzip ins Auge gefaßt sein, daß es überhaupt undenkbar wäre, eine generationenweiſe Darſtellung auf einer Tafel zu geben, wenn man jedesmal die geſammten weiblichen und männlichen Descendenzen nebeneinander ſtellen wollte. Es braucht kaum noch aufmerkſam gemacht zu werden, daß, falls man eine ſolche Darſtellung ver= ſuchte, die Generationslinien keine geraden ſein könnten, ſondern in den ſonderbarſten Curven verlaufen müßten. Daß dieſe nicht zur Deutlichkeit des Bildes beitrügen, iſt klar, aber auch von dem Fortgange der Generationen ſelbſt würde auf dieſe Weiſe eine völlig irrige Vorſtellung entſtehen, da dieſe überhaupt nur auf Grund der männlichen Zeugungen einen regelmäßigen Ver= lauf nehmen und daher auch nur nach dem Syſtem männlicher Zeugungen gezählt werden können. Wenn man auf einer Tafel 8, 9, 10 und noch mehr Geſchlechtsreihen darſtellt, ſo iſt darunter nur verſtanden, daß man eine Reihenfolge von Vätern und Söhnen im Auge hat. Man wird dann die Beobachtung machen können, daß ſich die Descendenzen dieſer Geſchlechtsreihen durch lange Zeiträume hindurch in nahezu gleichen Altersentfernungen ent= wickeln. Eine nach dem Generationsprinzip verfaßte Stammtafel, welche die Abfolge männlicher Descendenzen zur Anſchauung bringt, wird in den meiſten Fällen drei Geſchlechtsreihen im Zeitraum eines Jahrhunderts zu berückſichtigen haben. Hierbei bleiben je= doch die erſten zwanzig bis dreißig Lebensjahre des Stammvaters ungerechnet, weil er in der Generationenreihe eigentlich von der Zeit an zu zählen iſt, wo er in der Zeugungskraft einer Generation erſcheint. Mit ſeinem Geburtsjahr ſteht er bereits um etwa dreißig Jahre vor den Generationsreihen, welche in ihrer Lebenswirkſamkeit und Zeugungskraft zu je drei ein Jahrhundert ausfüllen.[1]) Zählt

---

[1]) Vgl. meine Ausführungen in Geſchichtswiſſenſchaft Bd. I., 272 ff., II. 166—275. Dazu ſind mancherlei Bemerkungen, aber ſehr wenig ernſtlich gemachte Beobachtungen gekommen. Der treffliche Profeſſor Schmidt von der Realſchule in Augsburg hat dagegen einiges wirklich werthvolle durch Heran= ziehung orientaliſcher Genealogien hinzugefügt. Daß im übrigen die große Maſſe der Hiſtoriker an den ſich hier darbietenden Problemen kalt lächelnd, oder noch lieber ſchimpfend vorüberging, gereichte mir jederzeit zu großem Vergnügen in Erinnerung an eine Stelle in den autobiographiſchen Aufzeichnungen Schloſſers, die er geſchrieben hat, als er ungefähr ſo alt war, wie ich. Für diejenigen, welche durch genealogiſches Denken vorbereitet ſind, das Generationsproblem

man jedoch durch längere Zeiträume die Generationen fort, so wird man nicht selten Fälle finden, wo durchschnittlich 10 Generationen auf 300 Jahre zu fallen pflegen.

Die Genealogische Zählung unterscheidet sich dabei von der statistischen dadurch, daß die letztere die durchschnittliche Lebensdauer aus der Summirung der Lebensjahre einer gewissen Anzahl von Personen gewinnt, woraus sich das mittlere ergibt, während die Genealogie die Periode der Zeugungskraft und Lebenswirksamkeit des männlichen Geschlechts als Mittel betrachtet um die Geschlechtsreihen darnach abzugrenzen. Der Werth und die Kunst der Darstellung einer Stammtafel werden um so größer sein, je deutlicher das Verhältnis von Generationen und Lebenswirksamkeiten zur Anschauung gebracht worden ist. Unter allen Umständen sollten die Geschlechtsreihen auf jeder Stammtafel, sei es durch Nummern, sei es durch Buchstaben, vielleicht durch eine von einem hervorragenden Vertreter einer Generation entlehnte Namensbezeichnung markirt werden. Bei den Reihen regierender Häuser gibt sich eine solche Charakterisirung an den hervorgehobenen Namen des jeweiligen Familienhauptes und Regenten leichter zu erkennen.

C. Thatsächliche Mittheilungen auf der Stammtafel in Bezug auf die einzelnen Personen.

Trotz der Einschränkungen, die sich die Stammtafel in der Mittheilung der weiblichen Descendenzen gefallen lassen muß, und trotz der strengen Wahrung des Charakters der Stammtafel als Familienstammtafel, bleibt immer noch ein sehr bedeutender Raum nötig, um alle Erfordernisse zu befriedigen, welche an den Inhalt

---

aufzufassen, sei aber noch aufmerksam gemacht, daß die Generationsberechnung eben ganz unter die Gesichtspunkte der Statistik der Lebensberechnungen fällt, weshalb es sehr erfreulich ist, daß sich in Wien Seitens des statistischen Seminars der Universität und auch des statistischen Bureaus an meine Ausführungen Bemühungen anschlossen, Material zu sammeln. Man vgl. auch darüber Du Prel im Allg. Stat. Archiv, 1895—96, IV. 456, wobei nur zu bemerken ist, daß auch Du Prel übersehen hat, daß alle Generationenzählungen — so lange überhaupt Genealogie betrieben wird — stets auf Grund der Zeugungen männlicher Nachkommen vorgenommen worden ist, werden wird und werden muß.

derselben gestellt zu werden pflegen. Das Maß dessen, was man in Bezug auf die einzelnen Personen, also in Hinsicht auf die biographischen Mittheilungen von der Stammtafel erwarten dürfte, ist sehr verschieden und richtet sich nach dem besondern Zweck, welchen die Stammtafeln in jedem einzelnen Falle ihrer Abfassung im Hinblicke auf die geschichtliche Entwicklung der allgemeinen Fragen verfolgen, oder was durch dieselben inr besondern an das Licht gestellt werden soll. Aber es ist nicht zuviel gesagt, wenn man für den Inhalt einer Stammtafel eine Art idealer wissenschaftlicher Vollständigkeit der Lebensumstände der auf derselben bezeichneten Personen voraussetzen kann. Damit ist aber ein Gedanke ausgesprochen, der nach allen Seiten hin einer genauen Erklärung und Begrenzung bedürfen wird. Daß aber das persönliche Leben der Mitglieder einer Familie durch die Stammtafel in allen Hauptpunkten des genealogischen Begriffs beglaubigt erscheinen muß, ist wol nie verkannt worden, und man hat sich daher seit alter Zeit daran gewöhnt, mindestens folgende Angaben auf jenen Stammtafeln gemacht zu sehen, welche dem allgemeinen genealogischen Zweck, und nicht irgend einer besonderen historischen oder naturwissenschaftlichen Unterweisung dienen sollen: (vgl. Gatterer S. 21.) 1. Die Herkunft. 2. Zeit und Ort der Geburt. 3. Stand, Amt, Würde. 4. Zeit, Ort und Art des Todes. 5. Die Vermählung mit gleichzeitiger Angabe von Herkunft, Geburt, Stand, Würde, Tod des Gemahls oder der Gemahlin. 6. Die Kinder sowol weiblichen als männlichen Geschlechts, mit Ausschluß der Nachkommen des ersteren. Da aber die Tafel Gelegenheit geben muß, wenigstens die Stammfortsetzung auch der weiblichen Descendenzen aufzufinden, so ist unter allen Umständen auch auf diejenigen Familien zu verweisen, auf deren Tafeln die Nachkommenschaft der nur persönlich verzeichneten weiblichen Sprossen eines Paares sich entwickelt. Durch die Außerachtlassung solcher Verweisungen wurden nicht selten irrthümliche Vorstellungen von dem sogenannten Aussterben von Familien hervorgerufen, die in statistischer, naturwissenschaftlicher und medizinischer Hinsicht geradezu verhängnisvoll wirken können.

Für den darstellenden Künstler einer in so verhältnismäßiger

Vollständigkeit ausgeführten Stammtafel ist eine reiche Gelegenheit
gegeben auf Mittel zu sinnen, um bei möglichster Raumersparnis
eine größtmögliche Menge von Daten mittheilen zu können. Man
sucht sich durch Anwendung von Abkürzungen, Zeichen und Siglen
die Sache zu erleichtern, für welche dann freilich bei jeder derartigen Arbeit ein eigener Unterricht in der Form von Zeichen-
erklärungen nötig ist. Eine wirkliche Verbesserung würde aber erst
dadurch erreicht werden, wenn sich alle Genealogen auf ein gewisses
System geeinigt hätten, nach welchem aus der Reihenfolge von
Daten die bezüglichen Ereignisse erkannt werden könnten. Dies
würde allerdings voraussetzen, daß eine gewisse Uebung im Stamm-
tafel-Lesen erreicht werde, was aber nur als erwünscht zu bezeichnen wäre.[1] Immer wird man aber daran zu denken haben,

---

[1] Z. B. 13./4. 1769 Berlin, 14./2. 1820 London, ⚭. 17./6. 1798,
Marg. v. X. 18./4. 1840. Hiebei wäre also: 1. Datum der Geburt, 2. Tod,
3. Stand, welcher durch ein für allemal festzustellende Siglen zu bestimmen
wäre. 4. Vermählungsdatum, 5. Name der Frau oder des Mannes, 6. Tod
von diesen. Wären mehrere Männer oder Frauen zu erwähnen, so ließen sich
die Reihen 4, 5, 6 eben mehrmals wiederholen. Eine Schwierigkeit, die sich
unter allen Umständen und bei jeder Form der Darstellung ergibt, ist die
Einreihung der Kinder unter die Ehepaare, welche, wenn sie nebeneinander
gestellt sind, die Reihen der Descendenten unterbrechen. Sehr beachtenswerth
scheint in dieser Beziehung das System, welches The Herald and Genealogist
edited by Nichols anzuwenden pflegt. Hier werden in der Reihe der direkten
Descendenten neben den Söhnen ohne weiteres die Schwiegertöchter mit aufgenommen und mit ihren nebenstehenden Männern durch ein Zeichen = verbunden, während sie nach der Seite der Eltern hin natürlich ohne Verbindungsstrich bleiben; dagegen geht der Descendenzenstrich von dem Zeichen = aus,
wodurch dann die Abstammung von Kindern aus erster oder zweiter Ehe auch
rasch erkennbar sind. Als Schema ergibt sich also:

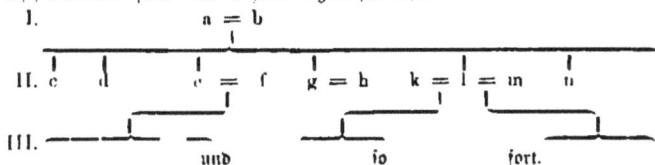

I.   a = b

II. c d   e = f g = h k = l = m n

III.   und   so   fort.

Da hierbei vorausgesetzt ist, daß die Heirat der Tochter g mit h in dem
Familienstammbaum von a = b nicht weiter zu berücksichtigen ist, so bleibt
Raum genug für die Mannslinien e und l, selbst wenn l zweimal verheiratet

daß die Genealogie noch eine Reihe von Aufgaben zu berücksichtigen hat, die desto mehr hervortreten werden, je mehr sich diese Wissenschaft entwickelt und erweitert. Der Inhalt dessen, was von persönlichen Eigenschaften die Stammtafel zu übermitteln berufen sein wird, ist so außerordentlich verschieden und ausgedehnt, daß die graphischen Darstellungen in tabellarischer Form sich überhaupt nur als ein Hilfs- und Orientierungsmittel bezeichnen lassen werden, und daß das „genealogische Buch" — um den Sprachgebrauch Gatterers nicht zu beseitigen — immer mehr und mehr in Aufnahme kommen wird, denn wenn die vorliegenden Tafeln sich noch so sehr bemühten, möglichst viele Details über die von ihr zu verzeichnenden Persönlichkeiten zusammenzutragen, so war man bis jetzt doch zufrieden die Thatsachen des äußerlichsten Lebens zusammengetragen zu finden; sollten auch die inneren Cha-

war. Eine dritte Heirat von l würde dann freilich schon wieder neue Schwierigkeiten machen, doch dürfte eine Fortsetzung doch durchaus nicht schädlich sein, wenn nur der Verbindungsstrich von Eltern zu Kindern deutlich genug wäre. Bei Heinrich VIII. würde die Sache freilich verwickelt, doch ginge es in folgender Weise:

```
                    Heinrich VII.    Elisabeth von York
                          |                |
       _____
      |         |
Arthur.  Heinr.VIII. - K.v.Arag. - A.Boleyn - J.Seymour - A.v.Cleve - Katharina   Katharin
                          |            |                                Howard       Parr
                    Maria Tudor  Elisabeth        Edward VI.
```

Zu bedenken wäre hierbei nur, daß die Tafeln eine starke Ausdehnung nach der Breite erhalten werden, wodurch z. B. im vorliegenden Falle die beiden Töchter Margarethe und Marie wahrscheinlich ausgeschlossen würden, aber hier wird sich noch eine weitere Frage erheben, ob es nicht überhaupt zweckmäßig wäre, Söhne und Töchter ein für allemale zu trennen, wie dies etwa Behr in seinen schönen Tafeln gethan hat. Es wäre dann nur dafür zu sorgen, daß die Generationen in Sichtbarkeit blieben, was dadurch möglich wäre, daß die Töchter vorangehen und die Söhne folgen nach folgendem Schema:

```
I.                      a = b
                          |
         _____
        |       |            |           |
        c = d  e = f        g = h       i = k

II.   l = m = n = o          p          q = r

III.              und so fort.
```

ractermerkmale, wovon in den nächsten Capiteln die Rede sein wird, in Betracht gezogen werden, so ist man genötigt sich nach anderen Formen der Darstellung umzusehen, bei welchen die übliche Tafel eine wesentliche Ergänzung und ausführliche Behandlung in dem genealogischen Buch finden wird, welches ihr zur Seite steht. Man wird sich überhaupt bald überzeugen, daß der Stammbaum, welches Ziel und welche Aufgabe er sich auch im besonderen gesteckt haben mag, ohne begleitenden Text kaum den wissenschaftlichen Fragen und Aufgaben heute mehr in seiner Isolierung zu genügen vermöchte.

D. Genealogische Bücher.

Die älteren Genealogen, welche bereits die Unmöglichkeit erkannten, alle Aufgaben der Wissenschaft in der tabellarischen Form des Stammbaums erfüllen zu können, haben mit der dem frühern Jahrhundert eigenen Neigung für scharfe Distinctionen verschiedene Arten von genealogischen Büchern unterschieden. Gatterer kannte sechs. Er bezeichnete die „Geschlechtshistorien" als die vornehmste Art von genealogischen Büchern, und suchte noch den sogenannten „Genealogischen Geschichtsbüchern" neben den „Geschichtsbüchern mit Stammtafeln" und den „genealogisch-kritischen Büchern und Abhandlungen" einen besonderen Charakter zuzuschreiben. Indessen beruht doch wol die Unterscheidung dieser Arten von Büchern nur auf zufälligen Aeußerlichkeiten und es wird wol niemand den Wunsch hegen, daß sich die Kritik der genealogischen Dinge von den genealogisch-historischen Darstellungen so sehr trenne, daß diese Dinge eben in verschiedenen Büchern abgehandelt werden müßten. Indem man also diese Auseinanderlegung von zusammengehörigen Aufgaben dem Pedantismus älterer Gelehrsamkeit wol überlassen kann, dürften dagegen das „genealogische Lexikon" und der „genealogische Kalender" in der That als sehr wichtige und besondere Arten des genealogischen Arbeitsbetriebs bezeichnet und in ihren besonderen Formen der Darstellung sehr sorgfältig zu erhalten sein. Daß sich beide Arten von Werken heute einer hohen Entwicklungsstufe erfreuen, konnte schon in unserer Vorrede rühmend hervorgehoben werden.

Dagegen weichen die Darstellungen in den genealogischen Büchern in Betreff der anzuwendenden Methoden sehr wesentlich von einander ab, und man könnte kaum behaupten, daß sich ein feststehender Gebrauch gebildet hätte. Unter den neueren Werken dieser Art dürfen Haeutles „Genealogie des Stammhauses Wittelsbach" besonders wegen der Mannigfaltigkeit und Reichhaltigkeit des zur genealogischen Erkenntnis gerechneten Materials und die vor kurzem erschienene Genealogie des Gesammthauses Baden von Oberstlieutenant von Chrismar wegen der sehr übersichtlichen Form der Darstellung als musterhaft bezeichnet werden.

In dem letzteren Werke erleichtert die strenge Einhaltung des Generationenprinzips den Gebrauch der Tafel sowol, wie der in Buchform niedergelegten Personalnachrichten. In der tabellarischen Uebersicht bildet die deutlich sichtbar gemachte Reihe von Jahreszahlen und Namen der Mitglieder des Hauses seit Herzog Berthold von Zähringen zugleich den Schlüssel für Auffindung der Personen im Buche selbst, indem diese mit fortlaufenden Nummern versehen sind.[1]) Wenn man vielleicht auch nicht in der Methode des Herrn von Chrismar heute schon die denkbar beste Form der genealogischen Darstellung eines Gesammthauses erblicken dürfte, so scheint doch hier ein Anfang gemacht zu sein, um die Aufgaben zu lösen, die dem Stammbaum gestellt sind, vielleicht ließe sich auf der Uebersichtstafel von Personalnachrichten etwas mehr leisten, um das Bild der Generationenentwicklung plastischer zu gestalten, während der Text hinter den von Haeutle für die Wittelsbacher ins Auge gefaßten Charakterisirungen nicht zurückbleiben sollte.

Bei sämmtlichen genealogischen Arbeiten ist endlich auch noch einer Wissenschaft zu gedenken, welche ihren formalen Ausdruck in der Darstellung der Stammbäume zum Zwecke der Erreichung

---

[1]) Eine erwähnenswerthe Verbesserung bietet die Stammbaumdarstellung in der vortrefflichen Familiengeschichte von Wolf von Tümpling, wo die fortlaufenden Nummern der einzelnen Personen auf den Text des Buches verweisen und gleichzeitig die verschiedenen Linien der Familie in verschiedenen Farben erscheinen. Soviel gutes auch in dieser Beziehung die moderne Typographie darbietet, so bestimmt scheint mir diese Anwendung verschiedenen Farbendrucks auf einer Tafel sehr empfehlenswerth.

ihrer Vollständigkeit zu finden pflegt: der Beziehung von Genealogie und Heraldik. Beide Gebiete sind, sofern der Stammbaum besonders in seiner historischen Bedeutung betrachtet wird, enge miteinander verbunden, und die Familiengeschichte des Adels läßt sich ohne Rücksicht auf heraldische Fragen kaum durchführen und kritisch erörtern. Indessen sind die Beziehungen dieser Wissenschaftszweige in dem Meisterwerke von umfassendster Gelehrsamkeit, welches J. Seyler als Einleitung zu der neuen Ausgabe von Siebmachers Wappenbuch veröffentlicht hat, so vollständig erschöpft, daß es genügt hier darauf hinzuweisen. Was die Ausstattung der Stammbäume mit den einschlägigen Familienwappen betrifft, so hat man in den älteren Zeiten mehr Gewicht darauf gelegt, als heute. Unter den Handbüchern der Genealogie von mäßigem Umfang ist dasjenige von H. Grote bemüht, die nötigen heraldischen Notizen in sachkundiger Weise präcise und kurz zusammenzustellen. Wenn es mehr und mehr eine gute Sitte werden sollte, wie zu wünschen wäre, daß auch wappenlose Familien die Pflege ihrer genealogischen Verhältnisse sich angelegen sein lassen, so wird für diese zwar die Bedeutung des heraldischen Studiums zurücktreten, aber wo heraldische Beziehungen bestehen, muß sie der Genealog nach allen Seiten beachten. Zu einer vollständigen Stammbaumdarstellung gehört wol auch die der Familienwappen; sie spielen freilich, wie sich zeigen wird, bei Darstellungen der Ahnentafel eine noch wichtigere Rolle.

Nachtrag zu Seite 92—94.

Max Conrat hat in seiner „Geschichte der Quellen und Literatur des römischen Rechts im früheren Mittelalter, Leipzig 1891, den Darstellungen des arbor ebenfalls große Aufmerksamkeit zugewendet, und glaubt in der Handschrift der lex Romana canonice compta, Cod. Paris. 12448 das echte Justinianische Stemma gefunden zu haben, welches bis dahin für verloren galt. Wäre diese Vermutung richtig und es ist bei der Sorgfalt der Forschungen Conrats nichts anderes anzunehmen, so wäre damit der Beweis geliefert, daß die Stammbaum-vorstellung sich nach Justinian entwickelte und mithin wirklich erst der Epoche Isidors oder diesem selbst original angehört. Denn der von Conrat vermutete Stammbaum ist eine geometrische Figur, kein Baum. Eine getreue Abbildung fehlt leider.

Im Bollettino dell istituto di diritto Romano IV. 53, welches mir nicht zur Zeit einzusehen möglich war, ist in einer Florentiner Handschrift von F. Patetta noch ein anderes Stemma nachgewiesen, welches dieser für authentischer hält, als das im Cod. Paris. der lex Romana.

Es scheint nun sicher zu sein, daß zu Justinian, Instit. III. 6, § 9, eben auch schon frühzeitig mannigfaltige Schemata bestanden haben, und daß von einer gleichsam offiziellen Form doch wol kaum zu sprechen sein dürfte. Bei der folgenden Auswahl der älteren und neueren Formen wird wol nur das eine als sehr wahrscheinlich gelten dürfen, daß sich die Figur IV aus III entwickelt hat, und daß die sich daran anschließenden Kunststammbäume der Renaissance, Figur V, sich naturgemäß als Phantasieprodukte der Ornamentierung eines ziemlich dürren schematischen Formalismus der römischen Jurisprudenz erweisen lassen.

8*

FORMA I.a

a) Ex codd. Vat. Reg. Suec. 1023, Acad. Lugd. Bad. 114, Reg. Par 4410 et 4412.

Tritavus	Patruus maximus				
Atavus	Patruus maior	Patrui maioris filius			
Abavus	Patruus magnus	Patrui magni filius	Patrui magni nepos		
Proavus	Patruus	Patrui filius	Patrui nepos	Patrui pronepos	
Avus	Frater	Fratris filius	Fratris nepos	Fratris pronepos	Fratris abnepos

LEGE HEREDITATES	Pater	QUEMADMODUM REDEANT
	EGO	

Uxor quae in manu viri est	CONSANGUINEI	Filius qui ex potestate non exiit	SUNT INTER SE	Filia quae in potestate est
Nurus quae in manu filii est	HI QUOQUE SUNT IN	Nepos qui ex potestate non exiit	TER SE CONSANGUINEI	Neptis quae in potestate est
Pronurus quae in manu nepotis est	ITEM CONSANGUINEI	Pronepos qui ex potestate non exiit	SUNT INTER SE	Proneptis quae in potestate est
Abnurus quae in manu pronepotis est	ET HI INTER SE	Abnepos qui ex potestate non exiit	SUNT CONSANGUINEI	Abneptis quae in potestate est
Adnurus quae in manu abnepotis est	SUNT QUOQUE INTER	Adnepos qui ex potestate non exiit	SE CONSANGUINEI	Adneptis quae in potestate est
Trinurus quae in manu adnepotis est	ITEM II SUNT INTER	Trinepos qui ex potestate non exiit	SE CONSANGUINEI	Trineptis quae in potestate est

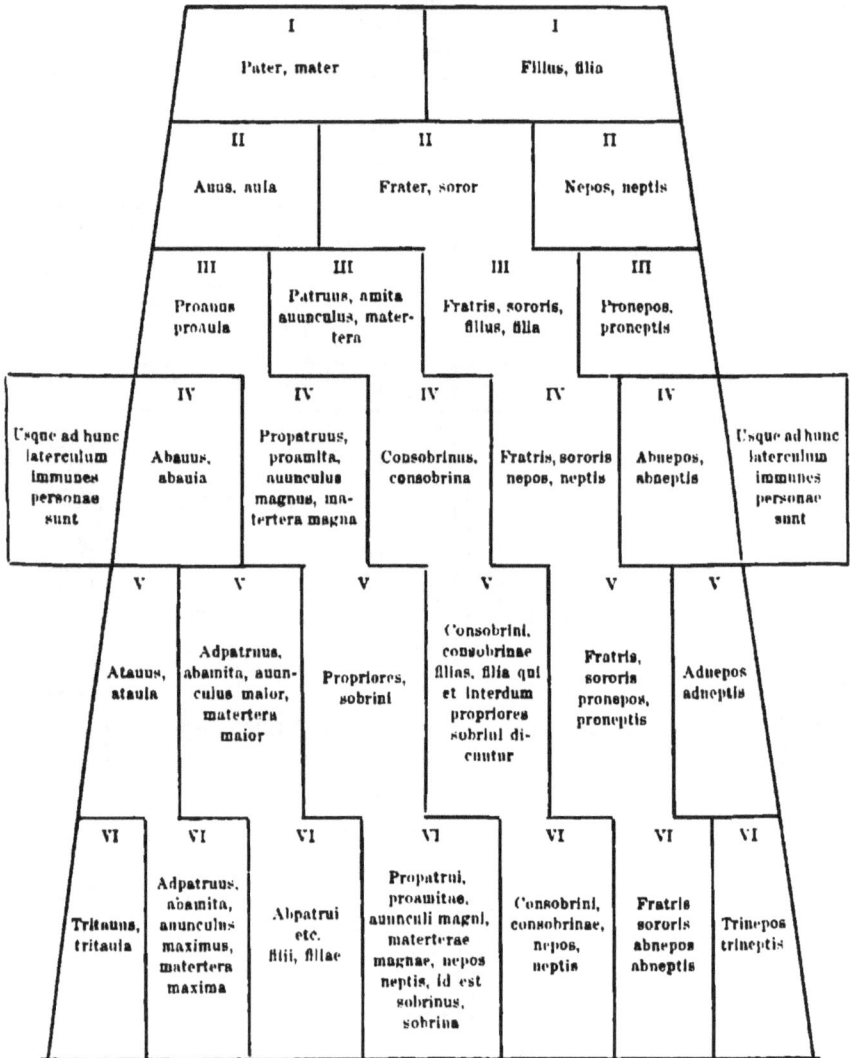

(Stemma cognationum)

Ipse.

I	I
Pater, mater	Filius, filia

II	II	II
Auus, auia	Frater, soror	Nepos, neptis

III	III	III	III
Proauus proauia	Patruus, amita auunculus, matertera	Fratris, sororis, filius, filia	Pronepos, proneptis

IV	IV	IV	IV	IV	IV	IV
Usque ad hunc laterculum immunes personae sunt	Abauus, abauia	Propatruus, proamita, auunculus magnus, matertera magna	Consobrinus, consobrina	Fratris, sororis nepos, neptis	Abnepos, abneptis	Usque ad hunc laterculum immunes personae sunt

V	V	V	V	V	V
Atauus, ataula	Adpatruus, abamita, auunculus maior, matertera maior	Propriores, sobrini	Consobrini, consobrinae filius, filia qui et interdum propriores sobrini dicuntur	Fratris, sororis pronepos, proneptis	Aduepos adneptis

VI	VI	VI	VI	VI	VI	VI
Tritauus, tritauia	Adpatruus, abamita, auunculus maximus, matertera maxima	Abpatrui etc. filii, filiae	Propatrui, proamitae, auunculi magni, materterae magnae, nepos neptis, id est sobrinus, sobrina	Consobrini, consobrinae, nepos, neptis	Fratris sororis abnepos abneptis	Trinepos trineptis

Figur III. (S. 98, Anm. 2.)

FORMA IV.d

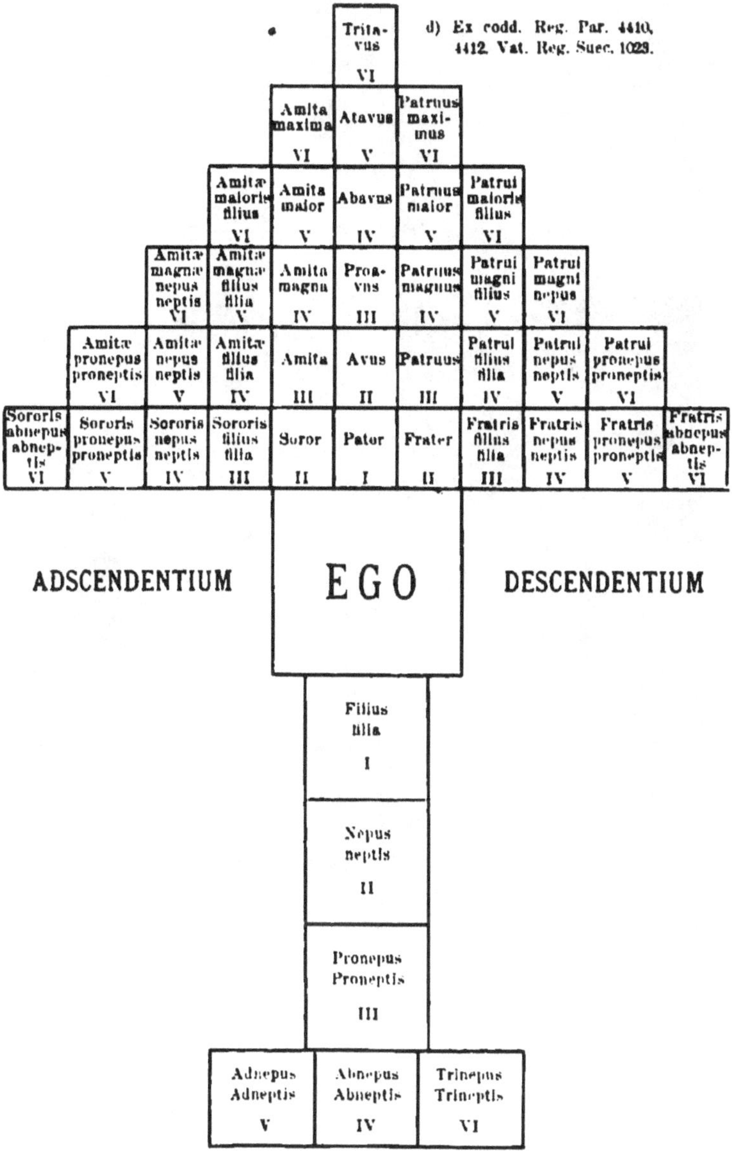

d) Ex codd. Reg. Par. 4410, 4412. Vat. Reg. Suec. 1028.

					Trita-vus VI					
				Amita maxima VI	Atavus V	Patruus maximus VI				
			Amitæ maioris filius VI	Amita maior V	Abavus IV	Patruus maior V	Patrui maioris filius VI			
		Amitæ magnæ nepus neptis VI	Amitæ magnæ filius filia V	Amita magna IV	Proavus III	Patruus magnus IV	Patrui magni filius V	Patrui magni nepus VI		
	Amitæ pronepus proneptis VI	Amitæ nepus neptis V	Amitæ filius filia IV	Amita III	Avus II	Patruus III	Patrui filius filia IV	Patrui nepus neptis V	Patrui pronepus proneptis VI	
Sororis abnepus abneptis VI	Sororis pronepus proneptis V	Sororis nepus neptis IV	Sororis filius filia III	Soror II	Pater I	Frater II	Fratris filius filia III	Fratris nepus neptis IV	Fratris pronepus proneptis V	Fratris abnepus abneptis VI

ADSCENDENTIUM   EGO   DESCENDENTIUM

Filius filia I

Nepus neptis II

Pronepus Proneptis III

Adnepus Adneptis V	Abnepus Abneptis IV	Trinepus Trineptis VI

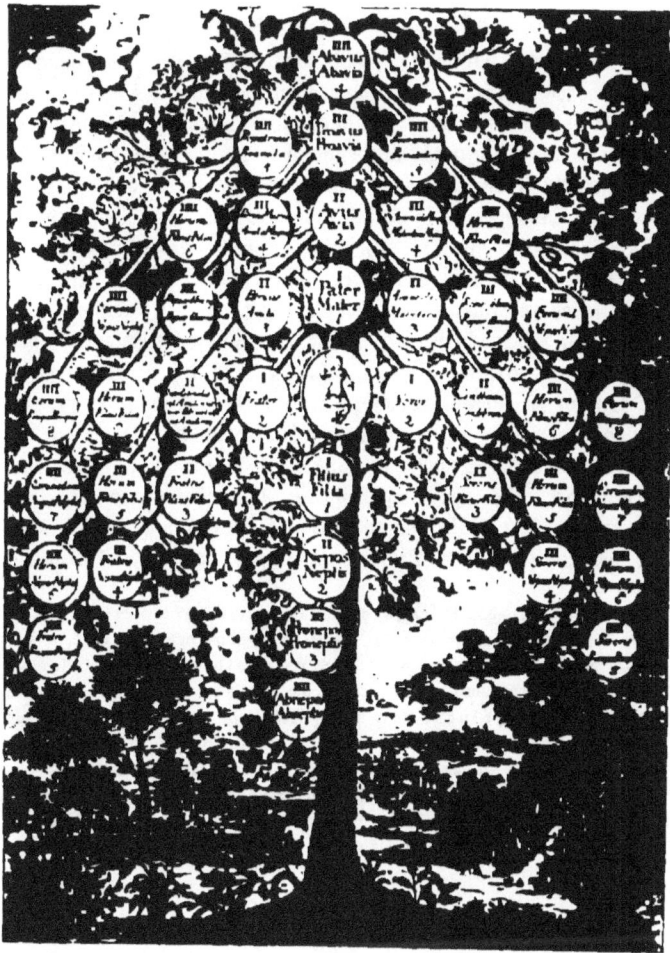

Figur V. (S. 94, Anm. 1.)

Drittes Capitel.

Der Inhalt der Stammtafel.

Ueber den stofflichen Inhalt der Stammtafel war man in verschiedenen Epochen der Vergangenheit und selbst bei verschiedenen Völkern sehr verschiedener Meinung. Das individuelle, gesellschaftliche und wissenschaftliche Bedürfnis war nicht immer dasselbe bei der Aufstellung von Stammbäumen. Bei den alten Völkern überwog das Stammes- und Familienbewußtsein. Der Stammbaum wollte eigentlich nur die Geschlechts- und Familienzusammengehörigkeit in Betreff eines bestimmten Individuums feststellen. Die ältesten Genealogieen beschränkten sich auf den Nachweis von Zeugungen in einer einzelnen Reihe und als selbstverständlich gilt es fast bei allen alten Völkern, nur die männlichen Descendenzen in Betracht zu ziehen. Auch in den älteren Zeiten der neueren europäischen Völker bieten die Stammbäume nichts, als die direkten Abstammungsreihen, wobei es zunächst als nebensächlich betrachtet werden darf, wie viel Sicherheit den Ueberlieferungen derselben beizumessen ist. Die ost- und westgothischen Königsstammbäume, wie die spätfabricirten Stammbäume von Franken, Tschechen,[1])

---

[1]) Die Stammbäume bei Jordanis und Cassiodor können ohne Zweifel neben den Stammbäumen der Bibel als Stammregister bezeichnet werden; sehr merkwürdig ist die Genealogie des falschen Hunibald, wo man die Gelehrtenfabelei sofort bemerkt, während die Fabeleien von Cosmas, vom anonymen Notar, und von Kadlubek Tendenzen zeigen; alle haben aber nur erst das Bedürfnis Stammreihen nicht eigentlich Stammbäume zu verfassen. Das Familienbewußtsein, welches den vollendeten Stammbaum hervorbringt, entwickelt sich weit später. Für Kulturhistoriker wäre also die Frage so zu stellen: Seit wann gibt es ein Familienbewußtsein in indirekten Linien? Viele solcher Fragen warten einer sachgemäßen Behandlung.

Ungarn oder Polen zeigen, ganz abgesehen von ihrer Unglaub-
würdigkeit, lediglich ein Interesse für die einfache Descendenzen-
reihe und wollen bloß Zeugnis ablegen für die Abstammung gewisser Personen von einem ihnen aus praktischen oder idealen
Gründen erwünschten oder zur Begründung ihrer Rechte notwendigen Stammvater. Die Erkenntnis thatsächlich erfolgter
Zeugungsreihen in dem vollen Umfange des Zusammenhangs von
Eltern und Kindern ist den alten Zeiten der Weltgeschichte etwas
durchaus fremdes. Die Stammtafel als ein in sich ruhendes Objekt der Forschung und der Wißbegierde ist keinesfalls vor den
Zeiten humanistischer Gelehrsamkeit vorhanden und entwickelt sich
im Sinne einer alle Theile der Descendenz umfassenden Darstellung
erst in den neuesten Jahrhunderten. Diese Erscheinung ist nur
dadurch zu erklären, daß sich der Familienbegriff selbst im Laufe
der Zeiten immer mehr erweiterte und eben erst durch die Kunst
der Darstellung in den Stammbäumen gedächtnismäßig zu entwickeln vermochte. Für den nach der Stammtafel unterrichteten
Nachkommen Hugo Capets stellt sich das französische Königs-
geschlecht als eine einzige große Familie dar, aber die Valois
und Orleans und Bourbons sind trotzdem immer als besondere
Dynastieen bezeichnet worden. Es ist daher keinesweges eine ganz
einfache Sache, den Familienbegriff als Grundlage des Stammbaums kurz zu definiren; und B. Köse hat deshalb in seinem in der
Ersch und Gruber'schen Encyklopaedie enthaltenen Artikel über
die Genealogie das Auskunftsmittel gebraucht zwischen Familie im
engeren und im weiteren Sinne zu unterscheiden. Er begreift unter
Familie die Vereinigung der Eltern und der unter ihrer unmittelbaren Obhut stehenden Kinder, aber er sieht in der Verbindung
der durch Blutsverwandtschaft mit einander vereinigten Geschlechter
überhaupt ebenfalls eine Familie. Gewiß ist in dem einen Fall
die Begriffsbestimmung zu eng und in dem anderen zu weit, und
so muß man auch in der That zugestehen, daß alle Genealogie sich
bis auf den heutigen Tag die Freiheit nimmt, das Wort Familie in
dem verschiedensten Sinne zu gebrauchen und bald eine weitere,
bald eine engere Gemeinschaft von Abstammungsverhältnissen darunter zu verstehen. In weiterer Bedeutung fällt es dann durch-

aus mit dem Begriffe des Geſchlechts, gens, zuſammen, wobei
wieder eine genauere Begriffsbezeichnung eigentlich nur bei den
Römern, bei den neueren Völkern aber höchſtens ſeit den ſpäten
Zeiten des ſogenannten Mittelalters maßgebend war.

Die Verwandtſchaftsverhältniſſe des Stammbaums.

Stammvater und Stammmutter erſcheinen bei dem
Umſtande, daß alle Collektivbezeichnungen genealogiſcher Art immer
nur etwas relatives bedeuten können, weil ſehr wahrſcheinlich alle,
oder doch ſehr große Theile von Völkern und Raſſen in Abſtammungs-
verwandtſchaft ſtehen, als die eigentlichen Träger des Familien-
bewußtſeins. Alle durch die Zeugungen eines Paares in ihrem
Daſein bedingten Perſonen erkennen ſich als Familienangehörige
an, ſie erweitern oder verengern ſich in dem Maße, in welchem die
Stammeltern in eine höhere oder tiefere Reihe oder Generation
von Vorfahren geſetzt werden. Denkt man ſich ein Stammelternpaar lediglich in der Eigenſchaft als Eltern, ſo iſt die Familie
leicht zu überblicken in den Kindern. Denkt man jedoch das
Stammespaar hinaufgerückt in die Eigenſchaft und Stellung von
Großeltern, Urgroßeltern bis zu den Uraltvätern, ſo erweitert ſich
der Stammbaum und mithin die Familie nach unten bis zu den
Urgroßenkeln und es zeigt ſich eine Abfolge von Zeugungen, die
in Anſehung aller dabei in Betracht kommenden Perſonen immer
wieder auf das als urſprüngliche Erzeuger gedachte Stammelternpaar
zurückführen und im Hinblick auf die dazwiſchen liegenden Abſtammungsverhältniſſe je eines Vaters und ſeiner Kinder als
Generationen oder Geſchlechtsreihen bezeichnet werden. In der
Geſchlechtsreihe ſtehen aber die Kinder verſchiedener Väter und
Mütter, während in der Reihe, in welcher man den gemeinſamen
Urſprung aller untereinander verwandter Perſonen aufſucht, nur
Ein Stammvater und Eine Stammmutter ſtehen können. Demnach
iſt auch der Begriff der Blutsverwandtſchaft, consanguinitas,
von der Abſtammung von einem Elternpaar abhängig, welches
man in einer vorhergegangenen Generation als Ausgangspunkt
einer Reihe von Zeugungen angenommen und nachgewieſen hat.

Als Agnaten und Cognaten unterscheidet man die solchergestalt in Blutsverwandtschaft stehenden Personen in der Weise,
daß man alle von väterlichen Seiten herstammenden Verwandten
Agnaten und die von mütterlichen Seiten nachweisbaren Verwandten
als Cognaten bezeichnet. Ebenso wichtig ist aber die Unterscheidung
aller von einander im Abstammungsverhältnis stehenden Geschlechtsreihen oder Generationen in Absicht auf ihre Eigenschaft als
Vorfahren oder Nachkommen. Je nachdem man von einer
bestimmten Geschlechtsreihe ausgehend die Eltern als solche und
ihre Agnaten und Cognaten oder aber die Kinder in ihren Zeugungen
in Betracht zieht, ergeben sich die Begriffe von Ascendenten und
Descendenten. Auch diese haben selbstverständlich nur eine
relative Bedeutung; sie sind auf jede in einer Abstammungsreihe
befindliche Person anwendbar, denn jedermann kann als Ascendent
oder Descendent gedacht und gezählt werden, vorausgesetzt, daß er
selbst nicht kinderlos war, wodurch seine Eigenschaft als Ascendent
wegfallen würde.

Wenn nun auf einem Stammbaum Ascendenten und Descendenten durch eine Reihe von Generationen zur Darstellung
gebracht sind, so kann man an jeder beliebigen Stelle und bei jeder
sei es männlichen oder weiblichen Person, wo immer durch den
Abschluß eines ehelichen Verhältnisses ein neues Stammelternpaar
antritt, den Anfangspunkt einer neuen Familiengemeinschaft erkennen, wenn von diesen Stammeltern eine Anzahl von Kindern
sich abzweigen, die ihrerseits wieder nach Eingehung ehelicher Verhältnisse Nachkommen gezeugt haben. Im Hinblick auf diese Eltern
erscheinen nun die von ihren Kindern ausgegangenen Nachkommenschaften als Zweige eines Stammes, die sich genealogisch bezeichnet
als Linien einer Familie oder eines Geschlechts darstellen. Die
von einem gemeinschaftlichen Ahnherrn abstammenden Nachkommen
können mithin jederzeit dadurch von einander unterschieden werden,
daß sie eine dem Alter der Kinder desselben entnommene Zählung
und meist auch besondere Benennung ihrer Linien auf ihre Nachkommen vererben. Solche Linien können dann von unten nach
oben oder von oben nach unten vom Stammvater auf die Enkel
und Enkelkinder oder von diesen zu jenem hin verfolgt werden,
so daß man erhält:

a) eine gerade aufſteigende oder obere Linie linea recta ascendens oder superior:

b) eine gerade abſteigende oder untere Linie linea recta descendens oder inferior;

c) Seiten oder Nebenlinien linea obliqua collateralis, ex transverso oder a latere.

Und darnach wurde die Blutsverwandtſchaft von den älteren Genealogen und Juriſten auch bezeichnet als a) cognatio superior, b) inferior, und c) ex transverso oder a latere, womit man a) die Ascendenten, b) die Descendenten und c) die Collateralen zu verſtehen pflegt. Die Reihenfolge der Collateralen bildet dann die Grundlage für die Verwandtſchaftsberechnung, bei welcher wiederum linea aequalis und linea inaequalis zu unterſcheiden iſt. Bei den älteren und größeren Familien iſt die Linientheilung auch meiſtens mit Erbtheilung verbunden und erleichtert ſich die Unterſcheidung der Linien durch die Aufnahme von neuen Familiennamen, durch die der ältere Stammname ergänzt oder differenzirt wird.[1])

Vom Standpunkt der natürlichen Abſtammung betrachtet, laſſen ſich von den Kindern jeder engeren Familiengemeinſchaft auch genealogiſche Linien ableiten, man ſpricht daher ſowol von männlichen wie von weiblichen Linien, obwol der Stammbaum aus den formalen Gründen, die im vorigen Capitel erörtert ſind, die weiblichen Linien unter allen Umſtänden vernachläſſigt. Indem aber genealogiſch genommen jedes von den Geſchwiſtern einer Familie Begründer einer Linie werden kann, ſo kommt bei der Qualifizirung derſelben doch auch das Verhältnis in Betracht, in welchem dieſe Geſchwiſter zu einander ſtanden. Man unterſcheidet leibliche und Stiefgeſchwiſter (consanguinei und comprivigni) und

---

[1]) Beiſpiele für die Linienentwicklung ſind wol nicht nötig beizubringen, ſie bieten ſich am beſten durch die Beachtung der in den genealogiſchen Handbüchern bewährten Methode der Darſtellung dar. Dagegen wird nicht zu vergeſſen ſein, daß die Linientrennung in ihrer natürlichen Grundlage genealogiſch nur als ein Mittel zu betrachten iſt, die Ueberſichtlichkeit einer Darſtellung zu vergrößern und zu erleichtern. Wo drei Geſchwiſter ſind, iſt natürlich genealogiſch niemand verhindert, von der älteſten, mittleren und jüngſten Linie zu ſprechen, vorausgeſetzt, daß alle drei Nachkommen brützen. Ueber die Zählung der Verwandtſchaft und ihrer Grade weiter unten.

bezeichnet sie nach genealogischem Sprachgebrauch als „vollbürtige und halbbürtige" (bilaterales und unilaterales).[1]) Daneben erwächst der Stammtafel eine gewisse sachliche Schwierigkeit aus dem Gegensatze natürlicher und bürgerlicher Verwandtschaftsver- hältnisse und zwar nach zwei Richtungen hin, einmal durch die Anwendung des gesetzlichen Begriffs der Ehe im Gegensatze zu außerehelicher Zeugung und dann vermöge der Adoption fremder Kinder, die in den Besitz von Namen und Erbe ihrer Adoptiveltern gelangt sind und in dunkleren Epochen der Beurkundungen oft kaum von natürlichen Kindern geschichtlich unterschieden werden können. Je mehr man der anthropologischen Seite genealogischer Forschung notwendige Aufmerksamkeit schenken wird, desto wichtiger ist es aber, sich den Unterschied des natürlichen und bürgerlichen Stammbaums klar vor Augen zu halten. Es kann Fälle geben, wo die wahre und eigentliche Genealogie in den Abstammungs- reihen natürlicher Kinder zu suchen ist, während der bürgerlich anerkannte Stammbaum anthropologisch werthlos sein mag. In diese Kategorie kann man auch solche Abstammungsreihen setzen, die sich an die Ehe zweier verwittweten Personen anschließen, die beiderseits Kinder aus erster Ehe mitgebracht haben. Für dieses

---

[1]) Ex utroque parente conjuncti und ex uno parente conjuncti, also Halbgeschwister; die letzteren werden im lateinischen auch noch unterschieden als uterini Halbgeschwister von der Mutter, consanguinei Halbgeschwister vom Vater her. Stiefvater und Stiefmutter entbehren der eigentlichen Bezeichnung in mancherlei Sprachen, wie im französischen, wo sie sich merkwürdigerweise das genealogisch so unähnliche Verhältnis der Schwiegereltern gefallen lassen müssen. In neuester Zeit ist eine lebhafte Erörterung über die Ausdrücke halbbürtig und vollbürtig geführt worden (vgl. Deutscher Herold 1896 u. 1897), wobei jedoch manche unnötige Bedenklichkeit über den Ausdruck halbbürtige Geschwister hervortrat. Das Wort ist lexikalisch vollkommen klargestellt und es ist dazu Halbblut, Halbbruder u. s. w. zu vgl., ab uno latere kann nicht zweifelhaft sein. Wenn man sich vor der Nebenbedeutung, die man in Schlegels Ueber- setzung von halfblooded fellow „halbbürtiger Bursche" findet, ängstigt, so ist dies unbegründet, denn die Halbbürtigkeit besitzt selbstverständlich auch der Bastard; wer Verwechslungen fürchtet, könnte sich nur dadurch sichern, daß er stets hin- zufügt „ehelich", dies versteht sich aber beim Gothaischen Kalender und in den meisten anderen derartigen Büchern von selbst, da ja die legitimen Ehen stets bezeichnet und vorangestellt sind.

bürgerlich nicht ſtreng unterſchiedene Stiefgeſchwiſterverhältnis fehlt
es an einer näheren Bezeichnung, obwol dabei von Verwandtſchaft
nicht mehr die Rede iſt. Und ebenſo wird im gewöhnlichen Leben
die Schwägerſchaft, affinitas, das durch den Abſchluß einer Ehe
entſtandene Verhältnis zwiſchen dem einen Ehegatten und ſeiner
Verwandtſchaft und den Blutsverwandten des andern mehr beachtet,
als genealogiſch begründet iſt, doch entſteht der Stammtafel hierdurch keine Schwierigkeit, wenn ſie von dem Prinzip der Zeugung
und Abſtammung ſich nicht abdrängen läßt. Was die Stammtafel
als Grundlage für alle andern Darſtellungen zunächſt als ganzes
betrachtet zur Darſtellung bringt, wird am deutlichſten in dem
Begriff der Sippe oder Sippſchaft ausgedrückt. Soweit geſchichtlich
erweisliche Erinnerungen reichen, gründet ſich die Sippe auf die
Zeugung, auf die Vorſtellung vom gemeinſchaftlichen Blut. Daher
trat der bürgerliche und kirchliche Ehebegriff in älteſter Zeit gegen
das natürliche Abſtammungsgefühl gar ſehr zurück und gehörten
auch die Kinder der Nebenfrauen zu der Sippe, wovon die genealogiſchen Verhältniſſe der Merovinger und Karolinger noch genug
deutliche Zeugniſſe geben.[1]

---

[1] Vgl. Siegel, Deutſche Rechtsgeſch., S. 317. Dabei iſt noch zu beachten, daß die Eintheilung der Sippſchaft durch heute im Sprachgebrauche leider
verlorene Ausdrücke bezeichnet zu werden pflegte. Siegel ſagt: „Nach ihrem
Abſtammungsverhältnis waren die Glieder einer Sippe entweder Nachkommen,
welche auch Leibeserben genannt wurden, oder Stammeltern oder Ahnen oder
endlich Nachkommen von gemeinſamen Stammeltern. Bildlich hießen die erſten,
und zwar im Laufe der Zeit alle ohne Unterſchied, „der Buſen", die anderen
„der Schooß" und die dritten „der Magen" oder die „Magſchaft". Die
letztere Bezeichnung war übrigens auch für die Verwandtſchaft überhaupt üblich,
und dieſe weitere Bedeutung lag insbeſondere dem Ausdruck „Schwertmagen"
zu Grunde, worunter in Sachſen männliche Verwandte, oder in einem engeren
Sinne die männlichen durchwegs durch Männer Verwandte begriffen wurden,
während die Spille oder Spindel das was wir heute die weibliche Linie nennen,
bezeichnete, ſo daß Spill- oder Spindelmagen Verwandte männlichen wie weiblichen
Geſchlechts hießen, deren Blutsgemeinſchaft durch ein Weib vermittelt war.
Die Unterſcheidung von Vater und Muttermagen, welche außerhalb Sachſen
eine große Rolle ſpielte, bezog ſich auf die Verwandtſchaft von des Vaters und
der Mutter Seite, während nach ſächſiſchem Rechte unter den Magen im engern
Sinne, den Nachkommen von demſelben Stamme die Vollgeburt, die bildlich

Verwandtschaftsberechnung.

Aus den im Stammbaum sich entwickelnden Verwandtschafts=
verhältnissen ergibt sich eine so große Menge von Wirkungen für
das rechtliche und gesellschaftliche Leben der Völker, daß seit den
Zeiten des Moses von demselben in keiner geordneten Gemeinschaft,
in keinem staatlichen oder religiösen Verbande der Menschen abge=
sehen zu werden vermochte. Die Verwandtschaftsverhältnisse und
in Folge dessen die Verwandtschaftsgrade kamen zur vollsten Geltung
in erbrechtlichen und in eherechtlichen Angelegenheiten und fanden
auch von Seite des Fiscus in Fragen der Besteuerung Beachtung.
In den indogermanischen Urzeiten spielte zwar die Verwandtschaft
in Rücksicht auf die Ehe kaum eine bedeutende Rolle, und auch bei
den Griechen verschaffte sich der Stammbaum in Betreff der Heiraten
sogut wie keine Geltung, doch sind die Inder sowol wie die Römer
diejenigen gewesen, bei denen Verwandtschaftsberechnung sich not=
wendig zu einem wohlausgebildeten System rechtlicher Kenntnis
entwickeln mußte.[1]

durch einen Menschen mit zwei Köpfen dargestellt wurde, gegenüber der Halb=
sippe, da nur einer von den Stammeltern gemeinsam war, ins Gewicht fiel."
Diese Verwandtschaftsauffassung nach altem deutschen Recht kommt bei der
Abfassung vieler Stammbäume in Betracht. Ueber die verschiedenen Namen
zur Bezeichnung der Verwandtschaft vgl. auch noch unten bei dem Capitel über
Ahnentafeln.

[1] In dem von Herrn Prof. Schrader soeben bearbeiteten Sachwörterbuch
der indogermanischen Alterthumskunde, in welches mir dieser große Kenner
gütigst Einblick gestattet hat, wird die Verwandtenehe bei den alten Iraniern
auch zwischen Eltern und Kindern nicht mißbilligt. Auch bei Griechen reichen
Eheverbote nicht weit, Diomedes heiratet der Mutter Schwester. Bei den
Römern war von Haus aus außer der Ehe zwischen Ascendenten und Des=
cendenten (in birekter Linie versteht sich) auch die Ehe zwischen Geschwistern und
mit Geschwistern der Ascendenten und wahrscheinlich auch zwischen Geschwister=
kindern untersagt; doch ist es nicht üblich aus der Gens herauszuheiraten (enubere).
Bei den Germanen macht es nur der Widerstand gegen die römischen Gesetze
wahrscheinlich, daß vor Einführung des Christenthums weitergehende Ehe=
hindernisse wegen Blutsnähe nicht bestanden. Löning, Geschichte des deutschen
Kirchenrechts, II, 542. Als ursprünglicher Zustand der Indogermanen vermutet
Schrader außerdem lediglich Verbote innerhalb der agnatischen Verwandtschaft.

Das römische Recht berechnet nun die Verwandtschaften nach dem Grundsatz quot generationes tot gradus, d. h. es werden die zwischen den beiden Verwandten liegenden Zeugungen gezählt.[1]) In den schon früher besprochenen Verwandtschaftsformularen der römischen Jurisprudenz (vgl. Tafel I, II u. III) lassen sich die Verwandtschaftsgrade rasch ablesen, ohne daß eine besondere, die persönlichen Verhältnisse Stammtafelmäßig nachzuweisende Dar- stellung nötig war. War jemand als des Bruders oder der Schwester Urenkel oder Urenkelin bekannt, so sagte dem Steuer- beamten sein Schema rasch, daß er im fünften Grade mit dem Erblasser verwandt gewesen sei, wie es nicht viel Besinnen erforderte, daß Vater und Mutter, Sohn und Tochter mit demselben durch je eine Zeugung verbunden waren und also im ersten Grade der Verwandtschaft standen.[2])

Die römische Kirche behielt zunächst die römische Verwandten- berechnung bei. Sie erweiterte jedoch den Verwandtschaftsbegriff, indem sie die Ehe unter Verwandten überhaupt innerhalb der siebenten Generation verbot. Hierbei macht sich jedoch die im germanischen Rechte ausgebildete Zählungsweise nach dem Grund- satz der Entfernung von dem gemeinschaftlichen Stammvater geltend, die auch als canonische Rechnung bezeichnet wird. Den römischen Begriffen von Agnation und Cognation entsprechen bei den Ger- manen die Hausgemeinschaft (Familie) und die Sippe Bluts- verwandtschaft (parentela). Man berechnet die Parentel nach der Menge der Generationen die in direkter Linie zu einem Eltern- paar führen, von dem zwei Personen als Descendenten abstammen.

---

[1]) Gajus, Inst. III. § 10. Vocantur autem agnati. Ulpian l. 46 ad edictum: Cognati autem appellati sunt quasi ex uno nati sunt ut Sabeo ait quasi commune nascendi initium habuerint. Alles nähere findet man bei Dernburg S. 17, 205 ff., Richter (Dove) Kirchenrecht, S. 1084, Dirksen, Beiträge zur Kunde des römischen Rechts, S. 248 ff.

[2]) Ueber die Computatio beim Erbrecht vgl. oben S. 92 Anmerkung 1. Seit Justinian ist das Vorrecht der Agnaten gänzlich beseitigt, es erben Ver- wandte in aufsteigender und absteigender Linie bis zum sechsten Grade. Mithin war wieder die bis zum sechsten Grade der Verwandtschaft reichende Stamm- tafel nötig.

Dabei kann es vorkommen, daß zwei Verwandte bei der Berechnung ihrer Verwandtschaft d. h. der Nähe des Blutes zum gemeinsamen Stammvater verschiedene Grade zeigen, je nachdem die Linie des einen oder des anderen kürzer oder länger ist. Die fraglichen Personen sind also unter einander Verwandte sowohl im dritten wie im vierten Grade, wenn der eine Theil der Enkel und der andere der Urenkel des gemeinschaftlichen Stammvaters war. Unter Gregor IX. wurde dann festgestellt, daß bei Ungleichheit der beiden Linien die längere für den Verwandtschaftsgrad bestimmend sein solle.[1]

Will man eine Uebung in der Zählung der Grade erlangen, so vergegenwärtige man sich zunächst Descendenzreihen:

Vater	Mutter	Nach römischer Zählung:
3. Grad	4. Grad	ef = Verwandtschaft im 6. Grade = 6 Zeugungen
a	b	ab = „ „ 2.
2. Grad	5. Grad	ad = „ „ 3.
c	d	af = „ „ 4.
1. Grad	6. Grad	cb = „ „ 3.
e	f	cd = „ „ 4.
		ef = „ „ 5.
		eb = „ „ 4.
		ed = „ „ 5.

---

[1] Der Germane veranschaulichte die Sippe nicht als Baum sondern als menschlichen Körper (vgl. oben S. 99 A. 1 u. S. 127 A. 1). Der Stammvater ist der Kopf, die Kinder bilden den Hals, die Enkel die Schultern, die Urenkel den Elbogen; jede Generation entspricht einem Gelenk und wie das siebente Gelenk das Nagelglied, das letzte ist, so schließt die Sippe mit den Verwandten im siebenten Gliede den Nagelmagen ab. Darüber hinaus ist keine Verwandtschaft. Man zählte aber häufig die Hausgenossen nicht mit und dann sind die Nagelmagen der sechste Grad. Ausführliche Darstellung aller dieser Dinge bei Heusler, Institutionen des deutschen Privatrechts II. S. 586—595. Für das Eherecht der fränkischen Kirche ist beachtenswerth, daß bei der in sechs Generationen getheilten Sippe die Ehe nur bis zur dritten Generation erlaubt ist; auch die Ehen des vierten Grades sind strafbar, brauchen aber nicht wieder getrennt zu werden. Cod. Theod. Cant. c. 25. Ergo in quinta generatione conjungantur quarta, si inventi fuerint, non separantur, etc. Richter (Dove) a. A. S. 108 b. Für die Generationenzählung im Erbrecht vergl. noch Heusler a. a. O. 595—603.

Im Aſcendenzverhältnis macht ſich zunächſt eine Linienbetrach-
tung nötig, welche der Grabberechnung der Verwandtſchaft vorausgeht. z. B.

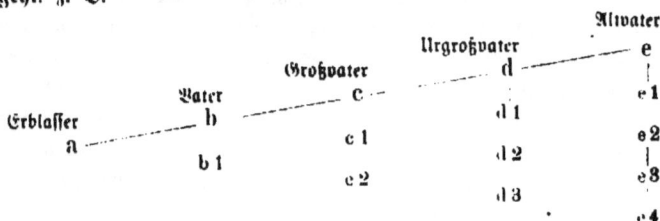

n und e 4 = 8. Verwandtſchaftsgrad. [1]

Der römiſchen Computation gegenüber ſtellt ſich die germaniſche
und kirchenrechtliche Berechnung auf den Standpunkt der Generations-
zählung. Eine Vergleichung bietet das folgende Schema. Doch
laſſen ſich hierbei noch drei verſchiedene Syſteme beobachten. Im

---

[1] Dieſes Zählungsſyſtem, welches linealgradual gedacht iſt, liegt der im
neuen bürgerlichen Geſetzbuch angenommenen Erbenfolge zu Grunde, wo fünf
Ordnungen von erbberechtigten Verwandten nach den bis zum Altvater reichenden
Linien feſtgeſtellt werden. Vgl. §§ 1922—1929. In der Begründung des
Entwurfs zum bürgerlichen Geſetzbuch, Erbfolge, S. 592 wird außerdem
folgendes Schema für die Gradualberechnung aufgeſtellt:

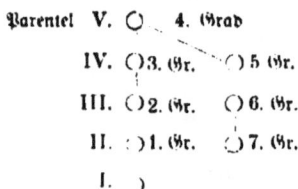

Parentel V. ◯ 4. Grad

IV. ◯ 3. Gr. ◯ 5 Gr.

III. ◯ 2. Gr. ◯ 6. Gr.

II. ◯ 1. Gr. ◯ 7. Gr.

I. ◯

Nach dem katholiſchen Eherecht wurde übrigens wie ſchon oben bemerkt,
die längere Linie für die Giltigkeit des Eheverbots berechnet. Ein ſehr ſchönes
hiſtoriſches Beiſpiel für die Ungleichheiten der Verwandtſchaftsberechnungen führt
Heusler D. P. II. 592 an, indem er darauf hinweiſt, daß die Ehe des
Herzogs Konrad von Kärnten mit der Tochter des Herzogs Hermann von
Schwaben, Mathilde, nach einem Ausſpruch des Biſchofs Adalbero wegen des
zweiten Grads der Verwandtſchaft auszuſchließen geweſen wäre, quia frater
et soror in supputationem non admittuntur. Die Verwandtſchaft ſtand
aber genealogiſch folgendermaßen:

longobardischen Recht zählt man die Generation des Stammvaters mit, im salischen Recht fängt man mit den Geschwistern, im ribuarischen erst mit den Geschwisterkindern an zu zählen. Diese drei Systeme und ihren Unterschied von der römischen Zählung möge folgende Tabelle veranschaulichen, in der die arabischen Ziffern die römischen Grade, die lateinischen dagegen die Generationen anzeigen:

```
            longob. I.   salisch  ⊃   ribuar.
               II.    I.  ◯  6  7  ◯
                              5     8
               III.   II. ◯      ◯   I.
                              4     9
               IV.    III. ⟩      ◯   II.
                              3     10
               V.     IV.  ◯      ◯   III.
                              2     11
               VI.    V.   ◯      ◯   IV.
                              1     12
               VII.   VI.  ◯      ◡   V.
                              a     b
```

a und b sind also nach römischem Recht im 12. Grad (d. h. juristisch überhaupt nicht) verwandt, nach longobardischem in der 7., nach salischem in der 6. und nach ribuarischem Recht in der 5. Generation. Diese Verwandtschaft ist in den drei genannten germanischen Rechten die Grenze der Sippe. Die ribuarische Zählung, auch im englischen Rechte angewendet, ist im früheren Mittelalter in Deutschland allgemein üblich und auch von der Kirche auf-

```
                        Heinrich I.
     ┌──────────────────────┴──────────────────────┐
   Otto I.      1.        Gisberga. Ludwig IV. v. Frankreich.
   ┌────────────┴──────────┐
I. Konrad d. Rothe. Lint-  2.       Mathilde  Konrad v. Burgund   I.
      gardt
   ┌────────┴────────┐
II. Otto, Hg. v. Kärnten  3.         Gisberga. Hermann, Hg. v.    II.
                                              Schwaben
   Konrad, Hg. v. Kärnten               Mathilde
```

Die Rechnung Adalberos bezeichne ich mit den römischen, die Rechnung der Gegenpartei (auch Kaiser Heinrichs II.) mit arabischen Ziffern, während, wie man leicht sehen kann, das römische Recht den 8. Verwandtschaftsgrad berechnet haben würde. Das Beispiel zeigt zugleich, wie viel mehr Ungenauigkeit und Willkühr in der Sippenberechnung lag.

genommen. Seit dem 13. Jahrhundert aber verbreitet ſich die
im Schwabenſpiegel feſtgelegte altalamanniſche Zählweiſe, die der
ſaliſchen entſpricht.

Die individuellen Verhältniſſe des Stammbaums.

Wenn man die Genealogie auf die Erkenntnis von Zeugung
und Abſtammung beſchränkt gedacht hätte, ſo würde ſie ſich nicht
höher als zu einem erweiterten Stammregiſter entwickelt haben.
Zu den direkten Linien von Ascendenten oder Descendenten würden
nach den Bedürfniſſen der Rechtsgelehrten und Steuerbeamten des
römiſchen Reichs die Verwandtſchaftsverhältniſſe des Stammbaum-
ſchemas hinzugefügt worden ſein. Aber der Wiſſensdrang ging
ſchon ſehr früh noch viel weiter. Indem man dem Andenken
vergangener Geſchlechter eine tiefere Aufmerkſamkeit zuwendete und
die Schickſale der Nachkommen ſchärfer beobachtete, individualiſirte
ſich das Intereſſe an dem Stammbaum immer mehr. Die Entwicklung des Stammbaumes geht mit der der Biographie wenigſtens
in den neueren Jahrhunderten alsdann Hand in Hand. Wie ſich
dieſe Litteraturgattung im modernen Geiſte durchaus nach ihrer
pſychologiſchen Seite zu vertiefen beginnt, ſo zieht ſie das genealogiſche Bewußtſein mit Notwendigkeit nach ſich und es wäre nicht
unmöglich von den moraliſirenden Lebensbeſchreibungen der Heiligen
bis zu der Darwiniſtiſchen Biographie der Neuzeit einen Faden zu
ſpinnen, an welchem man als weſentlichſte Entwicklung das genealogiſche Intereſſe wahrnehmen könnte, welches ſich bis zu den phy-
ſiologiſchen Phantaſien des Romans und Dramas von Zola und
Ibſen zu ſteigern vermochte.

Betrachtet man nun dieſe Entwicklung im Hinblick auf die zu
fordernden Leiſtungen des Stammbaumes, ſo ergiebt ſich ohne Frage
ein ſteigendes Verlangen nach Vervollſtändigung deſſen, was derſelbe ſowohl in Bezug auf die Darſtellung der in jedem Familien-
bilde vorgekommenen Zeugungsverhältniſſe, wie auch in Bezug auf
die für jede einzelne in der Reihe der Generationen zu erwähnende
Perſon mitzuteilen und nachzuweiſen haben wird. In Bezug
auf beide Punkte war ſchon bei der Beſprechung der Form des

Stammbaums nach der Auffassung älterer Genealogen einiges
wesentliche hervorzuheben.[1]) Was das sachliche betrifft, so muß
noch hinzugefügt werden, daß die Zwecke, die man bei der Aufstellung einer Stammtafel verfolgt, maßgebend sein werden für
den Grad der Vollständigkeit mit welcher sowol die Personen wie
die Personalnotizen anzuführen sind. Sofern es sich aber um
Stammbäume handelt, die als eigentliche Grundlage für alle einzelnen Arten von genealogischen Betrachtungen dienen sollen, so
kann man verlangen, daß dieselben in beiden Beziehungen alle
Auskünfte ertheilen, welche zur Erkenntnis des ganzen Geschlechts
wie jeder einzelnen Persönlichkeit nötig sind. Denn im weitesten
Sinne des Wortes läßt sich kaum etwas finden, was in Betreff
der Zeugungs- und Abstammungsverhältnisse einer Familie nicht
wichtig sein könnte. Die Stammtafel in ihrer grundlegenden Bedeutung für die genealogischen Studien muß daher sämmtliche
Nachkommen in jeder Generation enthalten, wobei es gänzlich
irrelevant ist, ob die einzelne Person politisch oder sozial wichtig
ist, oder nicht, ob sie lang oder kurz gelebt hat.

Die Königin Anna von England erscheint in der Regenten-
geschichte des Reichs kinderlos, aber ihre Ehe gehört vermöge ihrer
ungewöhnlichen Fruchtbarkeit und der auffallenden Sterblichkeit der
Nachkommen zu den interessantesten genealogischen Beobachtungen.

Die schwierigste Aufgabe ergibt sich aus der Feststellung der persönlichen Lebensumstände jedes einzelnen Mitgliedes der Stammtafel. Selbst noch zu den Zeiten des großen Fortschritts der
genealogischen Wissenschaft um die Wende des 17. und 18. Jahrhunderts war man verhältnismäßig genügsam in Betreff dessen,
was man auf der Stammtafel von Nachrichten persönlicher Natur
erwartete. Was Gatterer an Angaben über die Lebensumstände
der auf der Stammtafel angeführten Personen forderte, wurde
früher erwähnt. Es bezieht sich auf das äußere des Lebensganges.
Allein wenn man die Aufgaben ins Auge faßt, die der genealogischen Wissenschaft überhaupt zufallen, so muß man erheblich
mehr Auskünfte von ihr erwarten. Schon der äußere Lebensgang

---

[1]) Oben S. 109.

muß viel vollständiger beachtet werden. Es genügt nicht zu
schreiben, daß jemand geboren und gestorben ist; nichts ist merkwürdiger in dem Lebensgange einer Familie, als die Berufswahl
ihrer einzelnen Mitglieder, womit die Stellung in ständischer und
sozialer Hinsicht zusammenhängt. Es ergibt sich dabei nicht selten
ein Auf- und Abwogen in der Bedeutung der Generationen, welches zu den verschiedenartigsten Schlüssen berechtigt. Man erfährt
auf diese Weise aus den Stammtafeln, daß es gewisse Dispositionen
für den Beruf der Mitglieder einer Familie giebt, oder daß diese
Berufsarten von einzelnen Individuen durchkreuzt worden sind.
Es giebt Kriegerfamilien, wie Pastoren- und Gelehrtenfamilien.
Kunst und Handwerk sind bei weitem mehr mit der Familiengeschichte und Genealogie verwandt, als man gewöhnlich annimmt.
Auch läßt sich eine eigenthümliche Erscheinung in der Art und Weise
beobachten, wie sich in den Geschlechtsreihen und ihren Verzweigungen
der vorherrschende Familientypus zuweilen verändert. Wenn man
einen Stammbaum betrachtet wie den der Nachkommen des berühmten Köhlers, der durch den sächsischen Prinzenraub bekannt
geworden ist, so nimmt man merkwürdiges wahr: immer steigen
einzelne Mitglieder in die Reihen gelehrter Stände auf und immer
sterben diese Zweige aus, während sich das Handwerk zeugungs-
tüchtig erhält. Zahlreiche Beispiele bieten die Stammbäume des
mittleren Adels für den Wechsel der Beschäftigung und der Standes-
genossenschaft der verschiedenen Zweige und Linien einer Familie,
und die Genealogien der in den Städten ansässigen oder dahin
wandernden Familien machen die mannigfachsten biologischen Beobachtungen möglich.

Die Stammtafel, sofern sie für genealogische Erörterungen
ausreichendes Material bieten, gleichsam die Grundlage aller biologischen und sozialwissenschaftlichen Fragen werden soll, muß mithin ein möglichst vollständiges Bild der Lebensverhältnisse der
Familien und ihrer einzelnen Glieder darbieten, sie muß mindestens
den Beruf und die sozialen Stellungen derselben, wenn möglich
auch die sonstige äußere Lebenslage zur Kenntnis bringen.

Hieran schließt sich die Frage der inneren Eigenschaften. Die
beste Stammtafel wäre ohne Zweifel die, welche ein volles Bild

der Einzelnen, wie von ihrem körperlichen, so auch von ihrem moralischen Aussehen den Nachkommen zu vermitteln im Stande wäre. Leider muß man gestehen, daß die Geschichte von den körperlichen Eigenschaften der Mitglieder einer Familie nur in seltenen Fällen ausreichende Ueberlieferungen zu Gebote stellt; um so wichtiger ist für die Genealogie das Porträt. Seit den Zeiten, in welchen das Porträt überhaupt zur Geltung kommt, müßte keine Stammtafel ohne Personsbeschreibung erscheinen. Der Triumph der genealogischen Wissenschaft würde in der vollkommenen Versinnbildlichung der Individualität aller zu einem Familienstammbaum gehörigen Personen bestehen. Man könnte sich einen idealen Stammbaum vorstellen, auf welchem alle darzustellenden Personen in Abbildungen, etwa in Miniaturphotographien erscheinen. Indessen soll nicht verkannt werden, daß diese Forderung auch in unserm mit Sonnenstrahlen schreibenden Zeitalter nur im geringsten Maße zu erfüllen wäre, wohl aber giebt es eine nicht geringe Anzahl von Familien, bei denen allerdings viele wichtige Eigenschaften ihrer körperlichen Beschaffenheit aus allerlei geschichtlichen Ueberlieferungen zu erkennen sind und die in ihrem Familienzusammenhange eben durch diese erst recht verständlich und erfaßbar erscheinen. Es darf daher als Forderung aufgestellt werden, daß die genealogische Wissenschaft, wo immer sie Nachrichten über die Körperbeschaffenheit der Mitglieder eines Stammbaumes findet, dieselben auch sammelt.[1]

In Betreff der moralischen Eigenschaften ist die Beschreibung der im Stammbaum vereinigten Persönlichkeiten allerdings noch schwieriger, aber wenn sich die Genealogie des wissenschaftlichen Characters nicht entkleiden will, so muß sie auch an dieses müh

---

[1] Die Geschichtschreibung des 19. Jahrhunderts hat diese Dinge so sehr vernachlässigt, daß man ein Beispiel zu haben wünscht, um sich überzeugen zu können, daß der redlich durchforschte Quellenbestand allerdings eine fast wunderbare Masse von Kenntnissen in diesen Dingen ermöglicht. Ein Beispiel dieser Art gibt nun die genealogische Studie über die Ernestiner im 16. und 17. Jahrhundert von Dr. Ernst Devrient. Sie zeigt, daß die Ansprüche historischer, psychologischer und biologischer Forscher allerdings durch das genealogischhistorische Material zu befriedigen sein werden.

same Werk der Forschung mit der Zeit herantreten. Ein Theil jener Fragen, die den Character der Nachkommen eines Stammvaters betreffen, beantwortet sich schon durch die Feststellung des Berufs und der Beschäftigung, anderes aber wird auf das Zeugnis der Quellen hin ausdrücklich bezeichnet werden können. Hierbei mögen Tugenden und Laster in Betracht gezogen werden und gewisse hervorstechende Familieneigenschaften werden unter allen Umständen in voller Sicherheit zu Tage treten. Erst wenn die wissenschaftliche Genealogie in systematischer Weise an diese Arbeit gegangen sein wird, ist eine exakte Lösung von einer Reihe von Problemen möglich, welche heute vergeblich von der Philosophie, oder von der Geschichte, oder von den Naturwissenschaften versucht wird.

Es wird zweckmäßig sein, daß sich der Genealog bei seinen Arbeiten ein Schema gegenwärtig hält, welches er bei der Beschreibung der auf der Stammtafel darzustellenden Geschlechtsreihen sogut wie der einzelnen Personen auszufüllen haben wird. Wenn sich Viele methodisch vereinigten, nach dem gleichen Gesichtspunkt vorzugehen, so würde den verschiedensten Wissenschaften eine Hilfe gewährt werden können, die alle Erwartungen übersteigt. Nur in dieser Rücksicht kann es vielleicht erwünscht sein, eine Art von idealen Stammbauminhalt aufzustellen, der sich etwa in folgendem Schema ausdrücken läßt.

a) Aeußere Lebensverhältnisse nach Gatterer bezeichnet oben S. 109)

b) Eigenschaften: 1. körperliche,

α) Körperlänge, Knochenbau, Schädelform, Gesichtsbildung, Haarfarbe, Augenfarbe, Augen- und Ohrenbildung, Nase.

β) Besondere Merkmale wie die Sechsfingrigkeit, sogenannte Muttermale, erworbene und angeborene Körperdefekte.

γ) Krankheiten, Todesart.

2. geistige und moralische.

α) sogenannte angeborene, Temperament, ganz speziell überlieferte und beglaubigte Tugenden oder Laster, Talente.

β) durch Bildung und Erziehung erworbene, Berufsthätigkeit, auffallende Leistungen.

Bei der Ausfüllung solcher Schemata wird der Genealog zunächst ganz unbefangen und ohne jede Voreingenommenheit der

Anschauung in Bezug auf die Vererbungsfrage vorgehen und darf
die Benützung des so überlieferten Materials weiterer wissenschaftlicher Verarbeitung ruhig überlassen. Bei der Aufstellung von
Eigenschaftsbegriffen vergangener Geschlechter darf man jedoch nie
vergessen, daß man sich eben an die Ueberlieferung und folglich
an diejenigen Begriffe zu halten genötigt ist, welche der Geist
früherer Zeiten unter seinen Bezeichnungen von Tugend oder Laster
verstanden hat. Glücklicherweise sind doch unsere Begriffe von
schön und häßlich, gut und böse schon seit recht langer Zeit immer
dieselben gewesen, so daß wir uns hier der Führung überliefernder
Quellen ganz ruhig anvertrauen können. Wer freilich auf dem
Standpunkt stände, daß das Eigenthum Diebstahl oder der Affen-
mensch das Ideal der Schönheit wäre, könnte sich überhaupt mit
geschichtlichen Ueberlieferungen nicht verständigen, und er verfiele
stets dem Narrenschiff Seb. Brants.[1]

Auswahl des Stoffes und besondere Arten des Stammbaums.

Wenn man nur Stammbäume verfertigen wollte, die den
aufgestellten und erwünschten Forderungen in allen Richtungen
zum Zwecke der Erkenntnis des einzelnen Menschen wie der Geschlechter in ihrem Zusammenhange gerecht werden wollten, so fände
man nur in den seltensten Fällen ausreichende Ueberlieferungen,
um dieses Ziel zu erreichen. Es bleibt daher nur ein frommer
Wunsch solche nach allen Seiten hin grundlegende genealogische
Bücher zu besitzen. Thatsächlich werden Stammbäume meistens
nur mit Rücksicht auf die besonderen Zwecke verfaßt werden, denen

---

[1] Dagegen wird es allerdings darauf ankommen, die Eigenschaften der
für genealogische Fragen zu benützenden Persönlichkeiten möglichst concret zu
erforschen, und Begriffsanwendungen wie schön und häßlich zu vermeiden.
Als ich vor vielen Jahren in meiner deutschen Geschichte ein Portrait des
Königs Ottokar II. von Böhmen herzustellen bemüht war, fanden ihn manche
Kritiker nicht schön genug gezeichnet und wollten sogar den Ausdruck ore amplo
der Quelle nicht dahin verstanden wissen, daß er einen großen Mund gehabt hätte.

sie zu dienen haben. Man muß mithin den gleichsam ideal ge=
dachten allgemein erforderlichen Inhalt der vollständig ausgeführten
Stammbäume von den verschiedenen Arten unterscheiden, in welche
dieselben nach ihrem Zwecke im besonderen zerfallen. Davon hängt
die Auswahl des Stoffes ab, den die Stammbäume zur Darstel=
lung bringen. Unzweifelhaft sind die besonderen Arten des Stamm=
baumes die im praktischen Betriebe der Wissenschaft die eigentlich
gebräuchlichen und verdienen in jedem Falle die besondere Auf=
merksamkeit des Genealogen.

Drei große Wissenschaftsgebiete bedienen sich der Stammtafel
zur Erkenntnis ihrer Aufgaben und zur Darstellung ihrer Lehren:
die historisch=politische, die juristisch=staatswissenschaftliche und die
naturwissenschaftliche. Dabei braucht wol hier nicht auf das ver=
breitete wenn auch nachgerade fast komische Vorurtheil eingegangen
zu werden, als handle es sich dabei um eine Sache des Adels oder
der regierenden Häuser. Wenn etwas zur Entschuldigung dieses
Irrthums, der jedoch dem genealogischen Studium in unseren
demokratisch denkenden Zeiten ziemlich viel geschadet hat, beizu=
bringen wäre, so könnte allenfalls gesagt werden, daß derselbe aus
der Natur der für die Stammtafel sich darbietenden Ueberlieferungen
entstanden sein mag. Der vorhandene historische Stoff, aus dem
die Stammtafel gebildet werden muß, beschränkt sich allerdings
leider nur auf einen verhältnismäßig kleineren Kreis von Familien,
da die größere Masse der bis heute zur Entwicklung gekommenen
Menschheit ohne Familiengeschichte gelebt hat oder noch lebt und
erst durch zunehmendes genealogisches Bewußtsein in den Besitz der
für den Stammbaum nötigen Ueberlieferungen gelangt, was aber
mit jedem Tage sich hebender Gesellschaftsverhältnisse besser zu
werden vermag. Man darf sogar sagen, es gehört mit zu den
Aufgaben der genealogischen Wissenschaft die Menschen anzuleiten
für ihre Nachkommen das richtige Material zu sammeln, welches
diesen die Aufstellung ihrer Stammbäume möglich machen wird.
Hierbei wird es darauf ankommen, wie bei Ordnung und Be=
nützung des schon vorhandenen historischen, so bei Schaffung des
künftigen genealogischen Materials die richtige Stoffauswahl zu
treffen.

a) historisch-politische Stammtafeln.

Die einfache Geschichtsdarstellung monarchisch regierter Staaten
hat zu allen Zeiten das Bedürfnis hervorgerufen, die zur Regierung
gekommenen Personen, sowie diejenigen die Hoffnung darauf oder
Anspruchsrechte besaßen, in ihrem genealogischen Zusammenhange
zu erkennen. Man kann daher wol sagen, daß es seit Herodot
nie einen Geschichtschreiber gegeben hat, der sich nicht bemüht
hätte die auf Erblichkeitsverhältnisse beruhenden Regierungsent-
wicklungen genealogisch darzustellen. Indessen ist die tabellarische
Form solcher Nachweisungen im Alterthum und Mittelalter etwas
unbekanntes gewesen, und hat sich erst aus den in Rücksicht auf
das Familieninteresse entstandenen allgemeinen Stammbäumen entwickelt. Wer die fünf ersten römischen Kaiser in ihren Abstam-
mungs- und Adoptionsverhältnissen auf Julius Cäsar zurückführte,
fand zwar bei Tacitus, Suetonius, und den sonstigen auch späteren
Geschichtschreibern alle wünschenswerthen Nachrichten gesammelt,
aber alle Genealogie dieser Art erscheint mit der Geschichtserzählung
in unmittelbarer Verbindung und wurde erst in neuester Zeit aus
den Gesammtdarstellungen ausgeschieden.

In den Regententafeln sind daher die Personen hervorzuheben, auf welchen der Fortgang der Regierungen beruht; in den
für die Erbfolgefragen entscheidenden Darstellungen kommt es besonders darauf an, die Verwandtschaftsverhältnisse durch geschickte
Gruppierung derjenigen Personen, aus deren Verbindung oder
Abstammung sich die Ansprüche nachfolgender Geschlechter ergeben,
zur Anschauung zu bringen; und wenn es darauf ankommt die geographische Entwicklung von Staaten und Familienbesitzungen aufzuzeigen, so spielen in den Erbschaftstheilungen einerseits und in
den Länder- und Besitzvereinigungen andererseits nicht sowol die
einzelnen Personen als vielmehr die Linien der jeweils regierenden
Häuser die Hauptrolle. Klare und übersichtliche Darstellungen der
genealogischen Linienbildung ist in dieser Beziehung ein Haupt-
erfordernis der Stammtafel. Und da sowol Erbschafts- wie Re-
gierungsfragen nicht selten sowol im Staatsleben wie in privatrechtlichen Verhältnissen sehr häufig durch Eheschließungen voran-

gegangener Geschlechter entstanden sind, so werden in sehr vielen
Fällen die Besitz- und Erbschaftsansprüche von Frauen als aus-
schlaggebende Momente zur Darstellung gebracht werden müssen,
wie auch in genealogischer Beziehung die den Stamm, die Linie,
oder die engere Familie begründenden Mütter zu den wichtigsten
Bestandtheilen historischer Stammtafeln zu rechnen sind.

Eine gewisse Aufmerksamkeit der Geschichtsforscher suchte schon
Gatterer auf die in verschiedenen Stammbäumen vorhandene Entwicklung der Gleichzeitigkeit der in Lebenswirksamkeit stehenden
Generationen zu lenken. Dem politischen Leben der Staaten liegt
ein Parallelismus zu Grunde, der sich in den Lebensläufen der
regierenden Häuser einen häufigen, nicht selten räthselhaften Ausdruck giebt. Der Synchronismus der Ereignisse im Staatsleben
leitet zu einer gemeinsamen Betrachtung des genealogischen Verlaufs der Stammbäume hin, und durch die nebeneinander her-
gehenden Wirksamkeiten verschiedener Abstammungsreihen erweitert
sich der Generationsbegriff einzelner Zeugungsreihen zu einem
gemeinsamen Merkmal der Gesellschaftsordnung. Die synchronistische Stammtafel ist mithin die einzig sichere Grundlage zur Aufstellung eines allgemeinen Begriffs der Generation, und wenn es
kaum Historiker und kaum ein Geschichtsbuch gegeben hat, die den
unendlich häufigen und bezeichnenden Gebrauch des Wortes Generation im collektiven Sinne entbehren mochten, so bedürfen sie der
synchronistischen Stammtafel, um eine concrete Vorstellung von den
parallel laufenden Geschlechtsreihen der verschiedensten Abstammungen
zu geben. Die Generation im gesellschaftlichen Sinne des Wortes
als Bezeichnung für eine Gesammtheit gleichzeitiger Lebenswirksamkeiten stellt sich im synchronistischen Stammbaum dar. Wollte
man denselben unendlich erweitert auf alle Klassen von Menschen
und auf alle Vertretungen von geistiger und politischer Thätigkeit
ausgedehnt denken, so würde sich in ihm der Gesammtinhalt dessen,
was man Kultur zu nennen pflegt ausdrücken. Die Vervollkommnung der synchronistischen Stammbäume ist daher eine eifrig an-
zustrebende Aufgabe der Genealogie.

b) Rechtliche und standschaftliche Stammbäume.

Die zum Zwecke von Rechtsentscheidungen notwendigen Stammtafeln sind, wie schon aus der im zweiten Capitel entwickelten
Geschichte der Stammbaumformen hervorgeht, die ältesten Darstellungen genealogischer Art, sie greifen in sehr verschiedene Gebiete ein und bedürfen zur Erfüllung ihrer Aufgaben meist gleichzeitig der beiden Grundformen der Genealogie, sowol des Stammbaums, wie auch der Ahnentafel. In Erbschaftssachen, seien dieselben privater, oder öffentlicher Natur fällt in der Descendenz die
Linie und in der Ascendenz der Verwandtschaftsgrad der Collateralen
ins Gewicht. Es ist daher keine ganz leichte Sache bei Rechts-
streitigkeiten Stammtafeln zu entwerfen, welche allen Anforderungen
der Erkenntnis verwandtschaftlicher Ansprüche in der Descendenz
und Ascendenz gleichzeitig entsprechen. Manchmal waren mangelhafte Vorstellungen über Stammbäume Ursache großer Verwirrungen
im staatlichen Leben, und es ist daher erklärlich, daß die ältesten
Rechtsgelehrten, wie sich gezeigt hat, zugleich die frühesten und
gründlichsten Genealogen gewesen sind.

Wenig Bedeutung hat der Stammbaum für die Fragen der
Standschaft und der sozialen Stellung; denn für diese ist lediglich
die Ahnentafel maßgebend. Es wird daher auch passend sein von
diesen Verhältnissen da zu handeln, wo das Wesen der Ahnentafel zu besprechen sein wird. Der häufig vorkommende Sprachgebrauch von dem „Stammbaum" welcher den Adelstolz begründet,
gehört zu den Ungenauigkeiten, die in dieser Beziehung vorzukommen pflegen. Ein Adel, der bloß auf dem Stammbaum beruht,
wird da, wo deutsche Standesbegriffe maßgebend sind, durchaus
nicht als voll anzusehen sein, und zeigt sich seiner Natur nach wenig
angesehen.

c) Stammbäume zum Gebrauche der Naturwissenschaft.

Noch vor nicht zu langer Zeit war der Irrthum allgemein
verbreitet, daß die Genealogie lediglich wegen der in der Geschichte
auftretenden Regentenhäuser und wegen der Standesvorurtheile
einer Anzahl von Familien betrieben werde, die sich dem Zuge
der Zeit in den Jahren der Gleichheit der Menschen widersetzten.

Inzwischen hat sich das Bedürfnis, die Abstammung des individuellen Lebens genauer zu beobachten mehr und mehr in den
Naturwissenschaften Bahn gebrochen und es besteht kaum ein Zweig
biologischer Forschung, der sich nicht mit dem Stammbaum beschäftigt.

Zu genauer Beobachtung der Zeugungs- und Abstammungsverhältnisse scheinen hierbei die landwirtschaftlichen Disciplinen
vorangegangen zu sein. Thierzucht wird heute kaum in rationeller
Weise anders als unter genauer Führung von Stammregistern
betrieben werden, und die Besitzer von Rennställen wissen den
Werth von Stammbäumen und Ahnenproben ganz genau zu
schätzen. Es mag hier, obwol wir uns durchaus nur mit Genealogie des Menschen beschäftigen, doch der Exemplification wegen
darauf hingewiesen werden, daß die Stammbäume bedeutender
Thierzüchter neben der Mittheilung väterlicher und mütterlicher
Rassen auch sehr eingehende Beobachtungen individueller Eigenschaften verzeichnen und hierin für Anlage menschlicher Ahnentafeln
allerdings als Muster dienen könnten.

Die Beobachtung persönlicher Qualificationen hat dann zu
einer sorgfältigen Stammbaumlitteratur in den medizinischen Kreisen
geführt, wo man jedoch gemäß der Natur des sich darbietenden
Materials mehr nach pathologischen als physiologischen Gesichtspunkten verfährt. Auf diese Weise ist insbesondere für die Psychiatrie
der Stammbaum heute zu einem wichtigen Zweige der Forschung
geworden. In allen psychiatrischen Werken findet man den Gebrauch von Stammbäumen, wobei vielleicht der Wunsch ausgesprochen
werden darf, daß eine strengere Scheidung der Begriffe von Ahnentafeln und Stammbäumen und demgemäß eine genauere Berücksichtigung dieser Grundlagen aller genealogischen Betrachtung Platz
greifen möchte. Dejerine hat zuweilen auch historische Stammbäume zur Erklärung von nervösen Erkrankungen aufgestellt und
außerdem eine große Anzahl von Privatpersonen auf ihre Stammbäume oder Ahnenverhältnisse untersucht. Aber die Bilder, die
auf diese Weise zu erhalten waren, leiden häufig an einer Berücksichtigung von Collateralen, die ohne Zurückführung auf ein Stammelternpaar zu Schlußfolgerungen nicht geeignet sind (s. unten III.
Theil Cap. 5.)

Ich wage die Behauptung aufzustellen, daß die physiologisch-pathologische Forschung sich ganz strenge an die Grundformen der Genealogie (f. oben 1. Cap.) halten, und auf die willkürliche Ver-mischung von Stammbäumen und Ahnentafeln verzichten müßte, wenn sie zu sicheren Schlüssen gelangen wollte. Sollte sich aber den in den sonstigen genealogischen Gebieten gebrauchten Systemen eine gleichsam gemischte Darstellungsweise für diese Wissenschaften rechtfertigen lassen, so müßte dies jedenfalls als eine Unterabtheilung genealogischer Formen näher begründet werden.

Der gleiche Wunsch dürfte vielleicht auch für die von neueren Psychologen unternommenen genealogischen Forschungen gelten. Stammtafeln, welche die Berufseigenschaften gewisser Familien zur Anschauung bringen sind seit längerer Zeit im Gebrauche. Man hat auf dem genealogischen Wege sichergestellt, daß es Maler und Musikerfamilien giebt und daß selbst gewisse Wissenschaftszweige zu Familieneigenthümlichkeiten sich entwickeln. Priester und Krieger sind seit den ältesten Zeiten als Stände angesehen worden, die sich kastenartig fortpflanzen lassen. Solche Eigenschafts-Stamm-bäume, sei es pathologischer, physiologischer oder psychologischer Art haben sich heute schon als festbegründete Formen genealogischer Darstellungen allenthalben eingeführt und sollten nur eine ein für allemal giltige Bezeichnung erhalten, um dem System der Genealogie eingefügt werden zu können. Im allgemeinen wäre es von etwaigen Unterabtheilungen abgesehen, schon sehr nützlich, wenn man diese Darstellungen mit dem Namen „biologische Stammbäume" bezeichnen würde.

Viertes Capitel.

Von dem Beweise der Genealogischen Tafeln.

Für den Genealogen kommen, wie für alle historische Forschung, die Quellen in Betracht, auf die er sich zu stützen im Stande ist. Daß ihm mündliche Ueberlieferung oder Versicherungen, wenn es sich um Aufstellung neuer und neuester Stammbäume oder Abstammungsfragen von vorhergehenden Geschlechtern handelt, genügen könnten, wird doch nur in einem ganz beschränkten Sinne und in eng begrenztesten Kreisen höherer Bildung bejaht werden können. Aller genealogische Dilettantismus beruht seit unvordenklichen Zeiten, man könnte sagen seit Moses, auf der mangelnden Energie des Geistes der Nachkommen, die Traditionen als solche abzuweisen. Der wissenschaftliche Betrieb der Fachmänner dagegen bemüht sich in der angegebenen Richtung lieber zu viel, als zu wenig zu thun. Dagegen wird bei der Anlage von Stammtafeln neuesten Datums, die zum Zwecke physiologischer oder psychologischer Untersuchungen gemacht worden sind, das Bedenken nicht erspart werden können, daß sie häufig auf gänzlich ungenügenden Zeugnissen beruhen.

Es ist klar, daß man einer festen Norm bedarf, um genügende und ungenügende Quellen zu unterscheiden. Zu diesen ist strenge genommen jede Art bloß erzählender oder berichtender Geschichtsdarstellungen zu rechnen, zu jenen dürfte man eigentlich nur solche Urkunden zählen, die den Zweck haben Abstammungsverhältnisse rechtlich und gesetzlich zu beglaubigen. Indessen käme die Genealogie mit der Aufstellung von Grundsätzen von solcher Strenge eben nicht weit und es wird also auch in genealogischen Fragen,

wie bei allen geschichtlichen Dingen sich um eine Stufenleiter von
größerer oder geringerer Wahrscheinlichkeit handeln, welche durch
die Natur der, sei es mündlichen, sei es schriftlichen Quellen zu
erlangen ist.

Für die Quellen, die für die Genealogie verwendbar sein werden,
hat schon Gatterer eine Art System aufgestellt, welches auch heute
noch wiederholt werden darf, da es eine leichtfaßliche Anweisung
für jedermann enthält, seine Familienforschungen auf eine möglichst
sichere Grundlage zu stellen.[1])

1. Urkunden.

a) In öffentlichen und Privaturkunden dürfen alle Angaben
über Abstammungsverhältnisse als die verhältnismäßig sicherste
Grundlage genealogischer Sätze angesehen werden.

b) Die in Betreff von Geburten, Heirats- und Todesfällen
im besonderen ausgestellten Beglaubigungen „Notificationsschreiben",
ferner Gevatterbriefe, Eheberedungen, Uebergabs- und Schenkungs-
briefe, Chartae traditionum, donationum, Stiftungsbriefe für Messe

----

[1]) Eine vorzügliche Rede hat Dr. Stephan Kekule v. Stradonitz bei
dem 25 jährigen Stiftungsfest des deutschen Herold über die Methode in der
Familienforschung gehalten, worin er kurz und bündig auf strengste Nachweisungen des genealogischen Materials gegenüber vielen unkritischen Versuchen
besteht. Den gleichen Zweck verfolgt auch die treffliche kleine, sehr populär
gehaltene Schrift von W. E. Freiherrn von Lützendorff-Leinburg „Familiengeschichte, Stammbaum und Ahnenprobe, kurzgefaßte Anleitung für Familien-
geschichtsforscher." Frankfurt 1890. Es wird indessen darin etwas zu ausschließlich die Adelsgeschichte ins Auge gefaßt und zu wenig beachtet, daß es
sich um ganz allgemeine historisch kritische Probleme handelt. Ich
will also nicht unbemerkt lassen, daß es sich bei der Genealogie eben um eine
richtige historische Schulung handelt, und daß im allgemeinen das
Studium insbesondere der Urkundenlehre zu empfehlen ist, die gerade im
letzten Lebensalter durch Th. Sickel neuerdings auf den echten Grundlagen der
Gelehrsamkeit Mabillons wieder zur Blüte gebracht worden ist. Ficker,
Breslau, Possen u. a. müssen dem Familienforscher geläufig sein, wenn
er wissenschaftlich zu Werke gehen will. Litteraturnachweisungen über Urkunden-
wesen für die nächstliegenden Zwecke findet man in der von Dahlmann begründeten und von Waitz und zuletzt von Steindorff vervollständigten
Quellenkunde. Ueber alles einzelne vgl. weiter unten Nr. IV, Hilfswissenschaften.

und Seelgeräth, Lehenbriefe, Testamente, Familienverträge, Kauf-
und Tauschbriefe nehmen den vornehmsten Rang unter den genealogischen Quellen ein.

2. Als den Urkunden gleichgeachtete Schriften pflegt
man anzuführen:

Die in den Archiven vorhandenen Register und Registratur-
vermerke, alle Auszüge aus Kirchenbüchern, insonderheit Taufscheine,
Trauungsbescheinigungen, Nekrologien der Stifte (Todtenbücher)
auch die neuern Todtenregister und Friedhofsverzeichnisse, Auszüge
aus Lehns- und Salbüchern.

Gatterer glaubt auch den Aufzeichnungen von eines Vaters
eigener Hand über Leben und Sterben der Kinder, ferner gewissen
Zeugnissen von Beamten und endlich den seit dem 15. und 16.
Jahrhundert vorkommenden Familienstammbüchern, sowie den
Leichenpredigten wenigstens in Ansehung der Eltern und vielleicht
der Großeltern urkundlichen Werth beilegen zu können.

3. Denkmäler.

a) Wappen und Siegel bilden eine der ergiebigsten Quellen
für Familienforschung.[1])

---

[1]) Siebmachers großes und allgemeines Wappenbuch als Grundlage für die deutsche Heraldik ist in der reich vermehrten Auflage des Bauer-
schen Verlags in Nürnberg durch die umfassende „Geschichte der Heraldik"
(Wappenwesen, Wappenkunst und Wappenwissenschaft) von Gustav A. Seyler
eingeleitet worden. Dieses Werk, wol eine der größten Zierden der historischen
Wissenschaften, orientirt vollständig. Für die Familiengeschichte im besonderen
ist die rechtliche Seite des Wappenwesens von größter Bedeutung, eine Sache,
die bislang wenig bearbeitet worden, jetzt aber durch das hervorragende Werk
von Dr. Jur. F. Hauptmann, Das Wappenrecht, Bonn 1896 eine erfreuliche
Lösung fand. Zur Seite desselben steht das belgische Werk von Leon Arendt
und Alfred de Ridder Législation héraldique de la Belgique 1595—1895.
Bruxelles 1896. Einführung in die Wappen wissenschaftdurch O. T. v. Hefner's,
Handbuch d. theoret. u. prakt. Heraldik wird jetzt weniger empfohlen,
vgl. K. v. Mayer, Heraldisches Abc-Buch.

Sehr geeignet dagegen: Hildebrandt, Prof. Ad. M., Wappenfibel,
Frankfurt a. M. Eine kurze Zusammenstellung der hauptsächlichsten heraldischen und genealogischen Regeln. Im Auftrag des Vereins „Herold", wozu
Grißner, M., Handbuch der heraldischen Terminologie in zwölf (germanischen
und romanischen) Zungen, enthaltend zugleich die Hauptgrundsätze der Wappen-

10*

h) **Münzen und Medaillen.** Wenn man auch hier die Frage der Echtheit und Unechtheit nicht minder sorgfältig zu untersuchen hat, wie bei Urkunden, so kann doch als allgemeine Regel gelten, daß die aus Münzen und Medaillen und ihren chronologischen Daten gewonnenen Kenntnisse zu den zuverlässigsten Grundlagen genealogischer Sätze gezählt werden können.[1])

kunst. Nürnberg 1890. Noch vollständiger wird endlich die Wappenfibel durch das treffliche „Heraldische Handbuch" von J. Warnecke ergänzt, 4. Auflage. Frankfurt a. M. 1887. Mit 313 Handzeichnungen von E. Döpler d. J. Zur Adelsgeschichte im besonderen bedient man sich des älteren Adels-Lexicons von Hellbach, 2 Bde. Ilmenau 1825—26 und des neueren von Kneschke. Und des „Stammbuchs des blühenden und abgestorbenen Adels in Teutschland", 4 Bde. Regensburg 1860-1866, wobei unentbehrlich: Grißner, M., Standes-Erhebungen und Gnaden-Acte deutscher Landesfürsten während der letzten drei Jahrhunderte. Görlitz 1877.

Was endlich die Sphragistik betrifft, so gehören zur Einführung in diese Wissenschaft G. A. Seyler, Abriß der Sphragistik. Wien 1884. A. Chassant et P. J. Delbarre. Dictionnaire de sigillographie pratique. Paris 1860. H. Grotefend, Ueber Sphragistik. Breslau 1875. Dazu noch Sphragistische Mittheilungen aus dem Deutsch-Ordens-Central-Archive von Dr. Pöttith Graf von Pettenegg. Frankfurt a. M. 1887. Weiteres unter Nr. IV, Hilfswissenschaften.

[1]) Seit Eckhels doctrina nummorum veterum und Koehlers Münz-belustigungen hat die Numismatik eine solche wissenschaftliche Bedeutung, Ausdehnung und Höhe erlangt, daß hier von einer Anweisung und Litteraturnachweisung selbstverständlich nicht die Rede sein könnte. Man orientirt sich über die von 1800—1865 erschienenen Arbeiten bei Leitzmann, Bibliotheca numaria und durch die Zeitschriften für Numismatik von Sallet in Berlin und W. Huber, Wien, sowie durch Grotes Münzstudien und Leitzmanns Wegweiser auf dem Gebiete der deutschen Münzkunde. Für die ältere Zeit ist Weilmeyers Allg. numismatisches Lexikon, Appels Repertorium und Schmieders Handwörterbuch zu gebrauchen. Weiters entwickelt sich die Numismatik besonders für die neuere Zeit nach Ländern und Territorien, wo Beispielsweise für Bayern Zinauer und das Repertorium z. Münzkunde von J. C. Kule, für das Berliner Münzkabinet Friedländer und Sallet zu vgl., für Sachsen Posern-Klett, für Hessen Hoffmeister u. s. w. Grundlegend waren. Zu der am meisten entwickelten und durchgearbeiteten römischen Münzkunde hat die Genealogie selbstverständlich wenig Beziehungen. Für Brakteatenkunde ist das Archiv von Rud. Höfler I. II., Wien 1886 zu gebrauchen. Von größtem Werthe für genealogische Zwecke sind die auf Münzen und Medaillen vorkommenden Portraits, wo das Medaillenwerk der Wiener Ambrasensammlung, herzg. von Bergmann, viel nützliches darbietet.

c) **Stammbäume.** Alle sind jedoch nur mit größter Vorsicht als Quellen zu benützen, sie waren gerade in der Zeit am meisten der Urtheilslosigkeit der Gelehrten und der Erfindungsgabe der Liebhaber unterworfen, als sie sich formell am schönsten zu entwickeln schienen. Eine Ausnahme machen Stammbäume und noch mehr diejenigen Ahnentafeln, die zu irgend einem offiziellen Zwecke geprüft und in Folge dessen als eine Art von Urkunden betrachtet werden durften.

d) Inschriften, die sich in Kirchen und Kapellen finden, sind wenn ihre Originalität nicht vollkommen sicher steht, nicht unbedingt zu gebrauchen, weil bei Erneuerungen derselben oft sehr willkürlich verfahren wurde. Zuverlässiger sind wohl im allgemeinen die Votivtafeln und Bilder, sowie die Sterbetafeln von Familien in den Kirchen und die Grabmäler und Leichensteine. Den sogenannten Todtenschildern in den Kirchen gegenüber glaubt Gatterer ebenfalls zu besonderer Vorsicht mahnen zu sollen.

e) Eine für die Entwicklung der Genealogie immer wichtiger werdende Quellengattung ist das Porträt, dessen Benutzung bei der Frage der Erblichkeit von entscheidender Bedeutung werden muß. Natürlich gewinnt die Zukunftsgenealogie durch die rasche Verbreitung der Photographie eine Grundlage, die der Genealogie älterer Zeiten fehlt, wobei freilich wichtige Momente für Bestimmung von Erblichkeit verloren gehen wie die Farbe von Augen und Haaren. Indessen wird die Kenntnis des Porträts seit den ältesten Zeiten durch plastische Darstellungen vermittelt. Der Grabstein des Mittelalters gibt wenigstens für einzelne Familien bereits die Möglichkeit der Erforschung von typischen Erscheinungen. Seit dem Aufkommen und der Verbreitung des gemalten Porträts und seit der Zeit des Holzschnitts und der Stecherkunst also seit vierhundert Jahren, ausreichend für Erblichkeitsfragen von zwölf Generationen, ist das Material so massenhaft vorhanden wenn auch zerstreut, daß man die Porträtforschung schon heute für einen der lohnendsten Zweige des genealogischen Studiums bezeichnen kann.[1])

---

[1]) Bildersammlungen und Porträtsnachweisungen kenne ich leider nicht; man scheint vorläufig auf die Antiquarcataloge angewiesen zu sein. Nur für Bayern hat soviel ich weiß Haeutle in seiner schon wiederholt erwähnten

4. Geschlechts-Geschichts-Wappen- und andere Bücher.

Eine Reihe von Aufzeichnungen genealogischer Art seit den ältesten Zeiten des Mittelalters fallen unter die Kategorie von Büchern überhaupt und können in gewissem Sinne als beweiskräftige Quellen angesehen und benutzt werden. Indessen ist vor dem häufig vorkommenden Irrthum zu warnen, als ob für diesen ganzen Zweig genealogischer Litteratur die Frage des Alters derselben viel zu bedeuten hätte. Besonders liebt es die dilettantische Familienforschung sich auf alte, sei es gedruckte, oder geschriebene Bücher zu berufen. Aber gerade in genealogischen Dingen ist das sogenannte „alte Buch" gewöhnlich die unbrauchbarste Sache von der Welt.

Die moderne sogenannte exakte Kritik hat freilich durch Einseitigkeit und Uebertreibung in Betreff der ausschließlichen Werthschätzung gleichzeitiger Geschichtsquellen den Vorurtheilen des genealogischen Liebhaberthums bis zu einem gewissen Grade neue Nahrung gegeben. Dem gegenüber muß nun ausdrücklich bemerkt werden, daß in allen auf genealogische Buchlitteratur bezüglichen Angelegenheiten der neuere und neueste Darsteller fast stets eine größere Autorität und Glaubwürdigkeit in Anspruch nehmen kann, als der alte, wenn man von demselben eine gewissenhafte Arbeitsweise voraussetzen darf, weil das heute zur Verfügung stehende urkundliche Material in genealogischen Dingen erheblich größer ist, als dasjenige, welches selbst den besten Schriftstellern älterer Zeiten vorgelegen hat. Die neuesten genealogischen Forscher sind daher im Stande die ältesten Bücher, die unter dem Namen „Genealogieen" überliefert sind weit zu überflügeln, und wer z. B. über die Stammbäume der Agilolfinger oder der Wittelsbacher

---

musterhaften Genealogie des erlauchten Stammhauses Wittelsbach die Bildnisse systematisch in Betracht gezogen. Vorarbeiten gewährten schon in früherer Zeit Zimmermann, Series imaginum, Dammer, Bilder der Monarchen u. a. m.; auch für die Hohenzollern sei auf die Familienbilder von Baumeister hingewiesen. Die für die deutschen Kaiser nach dem Frankfurter Bildercyklus verbreiteten Bilderbücher zeigen freilich, wie die Sache nicht gemacht werden muß. Im ganzen halte ich das historische Porträt für einen vollständig liegengelassenen Zweig der Kunstgeschichte.

das verhältnismäßig sicherste wissen will, muß seine Kenntnis bei Riezler suchen und nicht in den „alten Büchern". Diese sind, welchen Namen sie auch tragen, nur im uneigentlichen Sinne „Quellen" und ihr Werth hängt weder von ihrem Alter noch von ihrer Verfasserschaft, sondern lediglich von der Art und Weise ab, wie sie ihre Ueberlieferungen glaubhaft zu machen, oder die gegen sie jederzeit vorhandenen Verdachtsgründe wahrscheinlicher Irrthümer zu beseitigen im Stande sind. Von einer Unterscheidung oder einer ein für allemale feststehenden Terminologie der verschiedenen Arten genealogischer Bücher dürfte heute kaum die Rede sein können. Die etwa noch von Gatterer festgehaltenen oder zurechtgemachten Distinctionen und Definitionen haben sich nicht einmal im Sprachgebrauche erhalten, weil die verschiedenen Arten, in welchen genealogische Ueberlieferungen in Büchern auf uns gekommen sind, überall das ganz subjektive Gepräge des Darstellers an sich tragen.

Alles was den Gebrauch der für die Genealogie sich darbietenden Quellen betrifft, hängt der Natur der Sache nach von jenen Ueberzeugungen ab, welche man in historischen Dingen überhaupt befolgt und zur Anerkennung bringen zu können meint. Da liegt jedoch ein Capitel vor, welches in einigen ganz besondern das Gebiet biologischer Fragen streifenden Richtungen auf eine eigenthümliche Beurtheilung Anspruch erheben könnte:

Besondere kritische Fragen.

Genealogische Quellen und Ueberlieferungen unterliegen in Ansehung der Abstammungsfrage der Mitglieder eines Stammbaums noch einer besonderen Schwierigkeit, die für den Historiker überhaupt meist nur eine sekundäre Bedeutung hat. Mündliche und schriftliche Beglaubigungen der Geburt eines Menschen vermögen zwar das mütterliche, aber nicht das väterliche Elternverhältnis sicherzustellen. Der Rechtsgrundsatz: Pater est. quem nuptiae demonstrant, kann für den Stammbaum in höchster wissenschaftlicher Bedeutung keine Geltung beanspruchen. Die historische Regententafel braucht sich mit der Frage, ob die Abstammung eines Thronfolgers echt oder unecht ist, nur zum Theil zu beschäftigen; für die äußere Geschichte genügen jene Annahmen, welche durch Urkunden, durch die Ueberzeugung oder das Stillschweigen der Betheiligten und durch die allgemeine Meinung (communis opinio) gewährleistet sind, aber für die innere Geschichte des Stammbaums und für die Benutzbarkeit desselben in Betreff von Fragen, die für die psychologische nud physiologische Forschung wichtig sein werden, bedarf es auf alle Fälle einer weiteren kritischen Ueberlegung, und einer noch viel strengeren Prüfung der Zuverlässigkeit des Stammbaums einer Familie, die zur Grundlage biologischer Forschung dienen soll. Diese Frage hier methodologisch zu erörtern ist daher unbedingt geboten.

Zur Sicherung der ehelichen Geburt enthält das römische Recht eine Reihe eingehender Vorschriften, welche die Grundlage von vielen Gebräuchen geworden sind, die sich bis auf den heutigen Tag bei Feststellung legitimer Successionsansprüche erhalten haben. Der von seiner Frau geschiedene Mann wird durch das Senatus Consultum Plancianum gegen Unterschiebung eines Kindes geschützt, indem dasselbe von der Frau verlangt, daß sie ihre Schwangerschaft dem Manne innerhalb 30 Tagen nach der Scheidung anzeigt und der Mann berechtigt ist Wächter zu schicken; auch kann der Mann Untersuchung der Frau durch drei Hebammen und Bewachung der Frau anordnen. Ebenso ist die Frau eines verstorbenen Mannes verpflichtet den Erben desselben von ihrer Schwangerschaft Mittheilung zu machen, und dreißig Tage vor der zu erwartenden Niederkunft Aufforderung zugehen zu lassen, „ut mittant, qui ventrem custodiant". Treten Kennzeichen der baldigen Niederkunft ein, so sind Anstalten zu treffen, daß Zeugen der Geburt in dem Hause einer ehrbaren Frau, in welchem die Entbindung stattzufinden hat, anwesend seien. Vorsorglich ist sogar bestimmt, daß das Zimmer, in welchem das Kind geboren werden soll nur eine Thüre haben dürfe.[1]

Nach ganz ähnlichen Grundsätzen ist bei der Geburt von Nachkommen fürstlicher regierender Familien noch in unseren Zei-

---

[1] § 1—4 de agnoscendis et alendis liberis vel parentibus 25. 3. de inspiciendo ventre 25. 4. Glück, Pandecten 28, 50—320.

ten verfahren worden. Sofern Hausgefetze dabei in Betracht kom=
men, zeigt fich freilich eine große Verfchiedenheit. Doch find die
Beurfunbungen der Geburt von Succeffionsberechtigten Söhnen
meift unter der Zeugenfchaft von Perfonen vollzogen worden, die
fich in der Nähe der gebärenden Mutter befanden, im Vorzimmer
auf ausdrückliche Aufforderung verfammelt waren und das neuge=
borene Kind alsbald gefehen haben. Wer die Geburtsbeglaubi=
gungen zum Zwecke genealogifcher Unterfuchungen prüft, muß fich
eben mit den in einer Familie fei es hausgefetzlich oder gewohn=
heitsmäßig feftftehenden Gebräuchen vertraut gemacht haben.[1]

Durch gefetzliche und gewohnheitsrechtliche Beftimmungen ift
zu allen Zeiten demnach dafür geforgt worden, daß die ftattge=
fundene Geburt eines Kindes von der Mutter hinreichend ficherge=
ftellt und demgemäß beglaubigt wurde. Das Senatus consultum
Plancianum handelte auch von der Strafbarkeit der Unterfchie=
bung eines Kindes von Seite der Mutter, als eines Kapitalver=
brechens, welches an diefer, fowie an der Hebamme, die das Kind

---

[1] Schulze, Die Hausgefetze der regierenden deutfchen Fürftenhäufer.
I. Bd. Kgl. bayr. Familiengefetz von 1808. III. Titel. Von den Alten über
die Geburt, die Vermählungen und die Sterbefälle der königl. Familie. Bef.
Art. 19 und 20, betreffend die Zeugen des zu beurkundenden Aktes. Vgl.
Hausgefetz von 1816. III. Titel Art 18 und 19. Familienftatut von 1819.
III. Theil § 1 und 2. Lehrreich ift der vom Moniteur 16. März 1856 ge=
brachte Bericht über die Geburt des Prinzen Napoleon, Sohnes des Kaifers
Napoleon III. und der Kaiferin Eugenie: „Seit Mitte der vorigen Nacht hatte
Ihre Majeftät die erften Geburtswehen empfunden. Bei der Kaiferin befanden
fich ihre Mutter, die Fürftin von Eßlingen, Frau Admiralin Bruat, Gouver=
nante der Kinder Frankreichs und die Ehrendame Herzogin von Baffano. Bei
den Wehen wurden die von Sr. Majeftät bezeichneten Zeugen: der Prinz
Napoleon, kaif. Hoheit, und S. Hoheit der Prinz Lucian Murat, fowie der
Staatsminifter und der Siegelbewahrer in das Gemach Ihrer Majeftät ein=
geführt. Sogleich nach der Entbindung wurde das Kind durch die Gouvernante
der Kinder Frankreichs, Frau Admiralin Bruat, dem Kaifer, der Kaiferin, dem
Prinzen Napoleon und dem Prinzen Lucian Murat, fowie dem Staatsminifter
und dem Siegelbewahrer vorgezeigt. Sodann wurde über die Geburt des
Prinzen u. f. w. das Protofoll aufgenommen. Vgl. Augsb. Allg. Ztg.
20. März 1856. Aehnliches fand bei der Beurkundung der Geburt des Kron=
prinzen Rudolf von Oefterreich ftatt.

herbeigeschafft hat, durch den Tod gesühnt wird.[1]) Eine viel
geringere Sicherheit wird der Genealog dagegen aus den gesetzli=
chen und rechtlichen Verhältnissen für die Abstammungen vom
Vater gewinnen können. .Der Filiationsbeweis ist durch den seit
den Zeiten der Römer bei allen modernen abendländischen Völkern
zur Regel gewordenen Grundsatz, daß die Paternität durch die
Ehe praejudicirt sei,[2]) überall in das ungewisse gesetzt. Das Kind
muß so lange für ein rechtmäßiges Kind des Ehemanns gehalten
werden, bis das Gegentheil von dem Manne auf eine solche Art,
die keinen Zweifel übrig läßt, dargethan worden ist. Hiebei
zeigt sich in der Geschichte der Gesetzgebungen sogar die Neigung
den Nachweis der illegitimen Geburt eines Kindes dem Vater zu
erschweren, denn bei den Römern galt noch die Vorstellung von
der heiligen Siebenzahl des Pythagoras, wornach für die Schwan=
gerschaft mindestens sieben Monate nötig seien, um ein lebensfähi=
ges Kind zur Welt zu bringen. In den neueren Gesetzgebungen gilt
die Paternität für unbestreitbar, wenn die Anwesenheit des Mannes
bei der Frau zwischen dem 300. und 180. Tage vor der Geburt
des Kindes constatirt ist.[3]) Auch im neuen deutschen bürgerlichen
Gesetzbuch ist die Anfechtung der Ehelichkeit ausgeschlossen, wenn
ehelicher Verkehr der Gatten zwischen dem 302. und 181. Tage

[1]) Ulpian, L. 1. pr. D. Senatus Consulti Plancinni caput de falso
partu supposito, vgl. Glück a. a. O. S. 106.
[2]) Pater is est, quem nuptiae demonstrant L. 5. D. de in ius vocando.
Verweigerung der Agnition eines dem Ehemann von seiner rechtmäßigen Ehe=
frau geborenen Kindes berechtigt die Frau gegen den Mann zu klagen. Die
Klage ist Präjudicialklage de partu agnoscendo, nach Justinian Justit. § 13.
J. de actionibus durch das prätorische Edikt eingeführt.
[3]) Septimo mense nasci perfectum partum, iam receptum est propter
auctoritatem doctissimi viri Hippocratis: et ideo credendum est, eum
qui ex iustis nuptiis septimo mense natus est, iustum filium esse. Auf
die Pythagoreische Zahl weist Paulus hin. Sentent. recept. lib. IV. tit. 9,
§ 5, Glück a. a. O. S. 111. Es scheint aber mehr und mehr die Ansicht
durchgedrungen, daß der siebente Monat im Sinne von vollendeten sechs auf=
zufassen sei, und darnach ist denn im Code Napol. 312 die Zeit von 180 Tagen
bis 300 als maßgebend für die Rechtmäßigkeit der Geburt angenommen worden.
Durch dieses Herabgehen von sieben auf sechs Monaten ist aber natürlich
die Filiation in natürlichem Sinne noch unsicherer geworden.

vor der Geburt des Kindes stattgefunden hat, und überhaupt immer, wenn der Vater das Kind nach der Geburt anerkennt.[1])
Nach dem französischen Recht ist es fast kaum, oder nur sehr schwer
möglich den Nachweis des physischen Unvermögens gegen die Paternität zu führen und in allen Fällen hat in der Rechtsprechung
die rechtliche Vermutung für die Paternität des Ehegatten durchaus im Vordergrund der Entscheidungen gestanden. Der Genealog würde einen sehr vergeblichen Kampf gegen die seit den Zeiten des römischen Rechts in der Welt geltenden Vorstellungen
führen, wenn er sich aus kritischen Erwägungen verleiten ließe,
Anfechtungen der Ehelichkeit und Abstammung zu versuchen, welche
von dem zeitlichen Richter nicht anerkannt worden sind.[2])

Man wird mithin bei der Aufstellung von genealogischen
Tafeln einen wesentlichen Unterschied zu machen genötigt sein, und
je nach dem Zwecke, den dieselben verfolgen, eine ganz verschiedene
Beurtheilung des Werthes der Geburtsbeglaubigungen der zu
untersuchenden Personen eintreten lassen müssen. Für die rechtliche und soziale Geltung des Stammbaums, so gut wie der
Ahnentafel, ist die rechtlich beglaubigte Urkunde die ausreichende
und völlig erschöpfende Filiationsprobe. Will man dagegen gewisse biologische Fragen auf Grund des Stammbaums, oder der
Ahnentafel beantworten, so versteht sich von selbst, daß der Genealog vor der bürgerlichen Urkunde nicht stehen zu bleiben vermag
und sich bei auftauchenden Zweifeln einer richtigen Filiation durch
das Zeugnis des Pfarrers, oder des Standesbeamten nicht zurück-
schrecken lassen darf, die Sache des weiteren zu untersuchen. Nun
giebt es Zweifelsüchtige, welche in Folge dieser Betrachtung der
Genealogie überhaupt jeden Werth für biologische Untersuchungen
absprechen möchten; ginge man aber so weit, so wäre auch zu

---

[1]) Das neue Gesetzbuch § 1541—1598.

[2]) Der Genealog hat hier mit dem römischen Rechts-Grundsatz zu rechnen:
Res judicata pro veritate accipitur. Uebrigens soll nicht unbemerkt bleiben,
daß das canonische Recht, welches in den Zeiten, mit denen sich der Genealog
hauptsächlich zu beschäftigen hat, den Grundsatz des pater est etc. ebenfalls
angenommen hat, in der Anerkennung der spurii durch matrimonium sub-
sequens noch weiter ging als das römische Recht.

fragen, mit welchem Rechte der Arzt am Krankenbette eines Menschen irgend welche Schlüsse aus der besonderen Abstammung desselben ziehen dürfte. Trotzdem macht die heutige psychiatrische Wissenschaft die weitestgehenden Folgerungen auf Grund rein persönlicher Angaben über Verwandtschaften und Abstammung. Die Frage ist daher nur die, welche relative Sicherheiten die Wissenschaft als solche zu gewinnen vermag, und innerhalb welcher Grenzen sich hier eine gewissenhafte kritische Forschung bewegen kann.

Hierbei wird man von einer unanfechtbaren Voraussetzung ausgehen können. Durch die rechtsgiltige Beglaubigung der Geburt eines Kindes erhält die wirkliche physische Abstammungsfrage immerhin eine wenn auch nicht materielle, so doch moralische Sicherstellung. Wenn der Ehegatte im Augenblicke der Geburt eines Kindes seiner Ueberzeugung Ausdruck giebt, daß er an dem ehelichen Erzeugungsakt keinen Zweifel hege, so wird wenigstens in der bei weitem größten Masse von Fällen die Glaubwürdigkeit vollkommen auf seiner Seite sein. Die Zweifelsucht hat hier wenigstens nicht mehr Grund als in jedem beliebigen Falle menschlichen Thuns und Lassens. Es ist daher durchaus billig zu verlangen, daß die Begründung des Zweifels zunächst der gegnerischen Seite obliegt, bevor die genealogische Forschung sich in jedem einzelnen Falle damit abgeben kann in eine Untersuchung einzutreten, die über das beurkundete Protokoll hinausschreitet.

Indessen liegen die Fälle vor und sind nicht selten, daß sich Meinungen gebildet haben, vermöge welcher nicht nur die väterliche, sondern auch selbst die mütterliche Abstammung bei einem ordnungsgemäß beglaubigten Geburtsakt bereits zu Lebzeiten der betheiligten Personen bestritten worden sind. Von dem Sohne Napoleons III. wurde, wie von Jakobs II. Sohne in England behauptet, dieselben seien unterschobene Kinder gewesen. Der Bestand einer Schwangerschaft der Kaiserin Eugenie war unter Hinweis auf die von ihr damals wieder hervorgesuchte Mode der Crinoline geläugnet worden. Häufiger sind noch aus leicht erklärlichen Gründen die Zweifel an der Paternität. Sie treten manchmal mit einer so überwältigenden Stärke auf, daß der Genealog sich Gewalt anthun und aus der streng wissenschaftlichen Betrachtung heraustreten müßte, wenn

er den Stammbaum an solchen Stellen zu biologischen Zwecken
ruhig fortsetzen wollte. Es ist für den Stammbaum der
dänischen Könige rechtlich zwar ganz belanglos, ob die
im Jahre 1771 geborene Tochter der Königin Mathilde
Christians VII. Kind gewesen sei, oder nicht, wohl aber
kann die genealogische Wissenschaft als solche die Augen vor der
Wahrscheinlichkeit nicht schließen, daß die Ahnen einer großen Anzahl von heutigen fürstlichen Familien in den Pastorenhäusern
der Provinz Sachsen zu suchen sein werden und nicht auf dem
Throne von Dänemark. In manchen Fällen findet sich das unsichere Urtheil in Betreff der Anerkennung eines Kindes von Seite
des Vaters offen ausgesprochen. Heinrich VIII. verläugnete zuerst
seine Tochter Elisabeth und machte sie dann doch zu seiner even-
tuellen Nachfolgerin. Nicht für unbedenklich galten in den Augen
gleichzeitiger und späterer Menschen oftmals solche Ehen, bei denen
sich ein auffallend spätes Kinderglück einstellte, wie bei der Gemahlin
Ludwigs XIII. nach 23 jähriger Unfruchtbarkeit. Noch häufiger
werden solche Zweifel in den älteren Jahrhunderten der Geschichte
erwachen, wo die Zeugnisse über die Geburten noch so unvoll-
kommene sind. Die Stammmutter der Habsburger, Johanna von
Pfirdt gebar vier kräftige blühende Söhne ihrem lahmen Gatten,
als dieser schon in höherem Alter stand, während die Kinder aus
den ersten Jahren der Ehe auffallend rasch nach der Geburt gestorben waren. Wer an der Lust und Neigung leidet so viel
Zweifel wie möglich den historischen Dingen entgegenzusetzen, findet
hier ein ungemein ergiebiges Feld. Die Frage, die sich erhebt,
ist jedoch eine ernste. Soll man auf eine genealogische Wissenschaft,
die über die äußersten Aeußerlichkeiten hinausgehen will, Verzicht
leisten? — Es kann natürlich nur davon die Rede sein, ob
sich verständige Ueberlegungen machen lassen werden, welche die
Abstammung so weit sicherstellen, oder wenigstens für dieselbe einen
so hohen Grad von Wahrscheinlichkeit annehmbar machen, daß es
der Mühe werth zu sein scheint, gewisse Schlußreihen unseres
Denkens an die so angenommenen Thatsachen anzuschließen.

Alle historische Kritik ist nichts weiter, als eine Vertrauens-
sache. Die Ueberzeugung von der Richtigkeit einer urkundlich be-

glaubigten Nachricht beruht bloß darauf, daß man voraussetzt,
der Aussteller des Zeugnisses sei kein Lügner gewesen. Wenn sich
trotz der vorhandenen Zeugenaussage in irgend einer Sache Zweifel
erheben, so können sie nur durch sogenannte innere Gründe beseitigt werden. Diese letzteren liegen auf dem Gebiete der Genealogie in mancher Beziehung viel klarer zu Tage, als bei andern
Zweigen des historischen Wissens, weil die Ereignisse der Geschichte
auf die mannigfachsten Ursachen zurückgeführt werden und Handlungen in derselben Weise von den verschiedensten Menschen
in völlig gleicher Weise vollbracht worden sein können. Die
Thatsachen des Lebens dagegen beruhen auf natürlichen Voraussetzungen, die von der freien Wahl unabhängig sind. Ein schwarzes
Kind kann von weißen Eltern nicht abstammen und wenn der
Satz von der Erblichkeit und Uebertragung der Eigenschaften von
einem Individuum auf das andere auch in seiner Allgemeinheit
wenig Handhaben für die Abstammungsbeurtheilung geben kann,
so ist gerade die Genealogie damit beschäftigt die Aehnlichkeiten
und Unähnlichkeiten der Individuen festzustellen und gewinnt aus
dieser Beschäftigung Wahrscheinlichkeitsmomente, die jedenfalls für
die Frage der Abstammung und Zeugung auch im besondern Falle
verwendbar sind. Es ist nicht nur eine Gewohnheit, sondern selbst
ein natürliches Bedürfnis der Menschen im täglichen Leben, die
Abstammungsähnlichkeiten zwischen Eltern und Kindern festzustellen,
und die Vergleichung physischer und psychischer Eigenschaften ist
etwas so allgemeines, daß es überflüssig wäre, besondere Gründe
für die Beweiskräftigkeit hereditärer Beschaffenheit in Bezug auf
Abstammung anzuführen. Die Genealogie kann in ihrer entwickelten
Gestalt eine außerordentliche Verschärfung des Urtheils über die
ererbten Merkmale der Nachkommen bewirken und durch die Erkenntnis längerer Reihen von väterlichen Eigenschaften eine von
Fall zu Fall gesteigerte Sicherheit für den Zusammenhang von
Aehnlichkeiten erbringen, die dann nur auf die Zeugung zurückgeführt werden können. Diese Erkenntnisquelle nährt sich selbstverständlich von einer Aufgabe, die selbst wieder eine genealogische
ist, und die in denjenigen Theilen unserer Wissenschaft zu besprechen und näher kennen zu lernen sein wird, die sich mit den

allgemeinen biologischen Fragen der Geschlechtskunde berühren. (III. Theil dieses Lehrbuchs.)

Hier wird nur so viel gesagt zu werden brauchen, daß in allen Fällen zweifelhafter Abstammungen, die biologische, sowol physische wie psychische Untersuchung mindestens eine sehr wesentliche Ergänzung der materiellen Beglaubigungsurkunde darbieten wird und daß das, was man den biologischen Filiationsbeweis nennen darf, die wissenschaftliche Genealogie ermöglicht und grundlegend sicherstellt, wie diese umgekehrt wieder zur Beurtheilung des einzelnen Falles die wichtigsten Hilfsmittel darbietet. Man denke beispielsweise an den schon erwähnten Fall der Königin Elisabeth von England. Gleichzeitige und spätere Geschichtschreiber haben in den Eigenschaften der Königin Elisabeth die echte Tudor erkannt. Obwol die genealogische Beschreibung des Geschlechts heute noch keineswegs mit jener Genauigkeit durchgeführt worden ist, die erwünscht wäre, so wird sich doch kaum ein Historiker finden, der den Zweifel ihres Vaters nicht für sehr unbegründet halten dürfte. Aber diese Einsicht gewinnt man bewußt, oder unbewußt nicht aus den Prozeßakten und Urkunden, welche Froude u. a. zur Geschichte der unglücklichen Anna Boleyn benützt haben, sondern vielmehr vorzugsweise aus einem biologischen Filiationsverfahren, das man nicht selten für untrüglicher halten wird, als so manche Eintragungen in Kirchenbüchern oder irgend welche standesamtliche Erklärungen.

Faßt man das eben Erörterte demnach zusammen, so ergibt sich als Erkenntnistheoretische Grundlage aller Abstammungsverhältnisse die übereinstimmende auch von dritten nicht bestrittene Angabe der Ehegatten. Sie ist die Voraussetzung aller genealogischen Wissenschaft, und verdient im allgemeinen vollen Glauben. Sie wird sich durch Aussagen von Personen kontrollieren lassen, die als Zeugen bei der Geburt eines Kindes herbeigerufen worden und in urkundlicher Form alsdann die Abstammung desselben von bestimmt genannten Eltern beglaubigen konnten. Weitere Sicherheiten bietet der in allen Zeiten sich bildende Leumund, der in der geschichtlichen Ueberlieferung zum Ausdruck gelangt. Und endlich wird die genealogische Forschung selbst in der Betrachtung und Erkennt-

nis häreditärer Eigenschaften und Familienbesonderheiten ein
wesentliches Mittel der Kontrolle aller äußeren Zeugnisse und
Ueberlieferungen aufdecken und solchergestalt dem urkundlichen
Filiationsbeweis noch ein besonderes Merkmal und eine wesentliche
Stärkung geben.

Indem wir uns nun anschicken dem äußeren Abstammungs-
beweise unsere besondere Aufmerksamkeit zuzuwenden, hat man sich
zunächst einer Schwierigkeit zu erinnern, die daraus entsteht, daß
der regelrechte Urkundenbeweis für Zeugung und Geburt verhältnismäßig spät in der Quellenlitteratur des Rechts und der Geschichte aufkommt und daß die Genealogie, je höher sie in obere
Generationen steigt, desto weniger in der Lage ist, sich auf solche
Zeugnisse zu stützen, die einen amtlichen Character zu tragen pflegen. Indem man daher genötigt ist die historische Ueberlieferung
im weitesten Umfange des Gebrauchs in die genealogische Forschung hereinzuziehen, bedarf es einer Reihe von Erwägungen, die
sich zunächst auf die allgemeinen kulturellen und litterarischen Verhältnisse vorangehender Zeiten und dann weiters auf die besonderen geschichtlichen Hilfswissenschaften beziehen werden.

I. Allgemeine Erwägungen.

Die lediglich referierenden und erzählenden Quellen für den
Ursprung und Fortgang der Familien bedürfen in Betreff ihrer
Glaubwürdigkeit einer fast schärferen Beurtheilung, als die meisten
anderen Ueberlieferungen, weil die persönlichen Interessen bei Aufstellung von Stammbäumen eine allzu große Rolle spielen und
die bewußte, oder unbewußte Lüge hiebei in den Dienst des moralischen und nicht selten auch des materiellen Vortheils tritt.
Schon Gatterer mahnt daher in seiner bescheiden verständigen
Weise „zur Vorsicht bei der Feststellung des Ursprungs einer Familie." Und indem er auf die enormen Fabeleien aufmerksam
macht, denen sich Gelehrte und Laien gerade in der Genealogie
mit Vorliebe hingegeben haben, weiß er auch schon die Mittel
erschöpfend anzugeben, um die erfundenen Stammbäume auch
sofort zu erkennen. Er unterscheidet vier Epochen von genealogi-

schen Fälschungen, die sich durch die Stammväter kennzeichnen, welche man herbeizuziehen strebt. Mit zu den ältesten Versuchungen gehört, wie er meint, das trojanische Pferd. In der That weist der Glaube an Trojanische und griechische Abstammung tief in das Alterthum zurück und schließt sich eigentlich unmittelbar an die Vorstellungen von der Abkunft der Heroengeschlechter von den Göttern an. Die nächst beliebten Abstammungsfabeln schließen sich an Augustus und seine Nachfolger an, und diese Vorstellungen beherrschen mit Vorliebe die Zeiten, in denen das Studium des Alterthums blüht. Da findet man dann das Bestreben überhaupt mit altrömischen Familien neurömische zu verknüpfen und überdies den deutschen Adel aus dem römischen hervorgehen zu lassen. Dann sind es die Karolinger, deren Stammbäume als Ursprung späterer Familien aufgesucht zu werden pflegen, und endlich ist durch die Turnierbücher eine leidenschaftliche Neigung entstanden die Stammväter in den Zeiten König Heinrichs I. und unter den Turnierrittern zu finden, welche besonders in Rürners Fabelbuch zuerst mit verschwenderischer Hand vorgeführt worden sind. Man darf noch hinzufügen, daß der Wunsch vieler Geschlechter auch heute noch dahin geht, die Familienväter wenigstens unter dem Adel der Kreuzzüge zu suchen. Der Stammbaum der Habsburger hat auf diese Weise alle Phasen des historischen Vorurtheils durchgemacht: er ist je nach der Mode der Zeit auf Priamus, auf die römische Aristokratie, und auf die Karolinger zurückgeführt worden. Lustige Beispiele dieser Art führt Gatterer noch weiter an: die Abstammung der Herzoge von Litthauen von einem Bastard des Kaisers Augustus, den Ursprung des Badischen Hauses in den Zeiten des Kaisers Vepasian, die Abstammung der Familie Welser von Belisar und die der Hohenzollern von den Colonna u. a. m.

Es braucht kaum erst bemerkt zu werden, daß die genealogische Fabel sich leicht an den bezeichneten Stammvätern erkennen läßt und daß es in Fällen dieser Art eigentlich keiner langathmigen Beweise bedarf. Gatterer hat recht, wenn er sagt, daß es überhaupt keinen neuern Stammbaum geben darf, an dessen Spitze römische oder karolingische Kaiser geduldet werden können. In-

deſſen gibt es genealogiſche Ueberlieferungen, die noch im allge=
meinen einen hiſtoriſchen Werth haben können, wo ihnen jede per=
ſönliche Bedeutung abzuſprechen iſt. Als eine nicht zu unter=
ſchätzende Beobachtung darf es immerhin feſtgehalten werden, daß
genealogiſche Erinnerungen in einem Geſchlechte, ſofern ſie über=
haupt einmal vorhanden waren, ſich viel länger als glaubwürdig
erweiſen, wie andere hiſtoriſche Thatſachen. Das mechaniſche
Syſtem der ausſchließlichen Glaubwürdigkeit der Zeitgenoſſen, wo=
mit die heutige Geſchichtſchreibung ihre Blößen zuzudecken pflegt,
iſt nur mit Vorſicht für die genealogiſche Forſchung zu gebrauchen.
Es iſt vielmehr zuzugeben, daß Leute, die überhaupt von einem
Familienbewußtſein getragen ſind, allemal ihre Großväter und
ſelbſt Urgroßväter anzugeben wiſſen, und daß man dieſe Auf=
ſtellungen gelten laſſen darf, auch wenn keine früheren urkundlichen
Beglaubigungen vorhanden ſind. Wenn alſo kein Grund vor=
liegt aus anderweitigen Motiven auf eine beabſichtigte Täuſchung
zu ſchließen, ſo darf man wohl den genealogiſchen mündlich und
perſönlich gemachten Angaben, ſofern ſie eben nur aus Intereſſe
für das genealogiſche gemacht ſind, allerdings bis zur zweiten und
ſelbſt dritten emporſteigenden Generation ein gewiſſes Vertrauen
entgegen bringen[1]). Wenn irgend ein Erzähler von den Königen
der Gothen Nachrichten ſammelte, ſo iſt durchaus nicht abzuſehen,
warum er von den Großvätern und ſelbſt Urgroßvätern der Könige
Theodorich oder Alarich nicht ſicheres mittheilen ſollte. Und ganz
daſſelbe darf der heutige Menſch ebenſo gut für ſich in Anſpruch
nehmen. Wenn er ſeinen Stammbaum ausarbeitet, ſo wäre doch
wahrlich nicht einzuſehen, warum man ſeinen Angaben ein Miß=
trauen entgegenſetzen ſollte, wenn er etwa von ſeinem Groß= und
ſelbſt Urgroßvater Namen, Stand, Charakter u. ſ. w. mittheilt, wenn=
gleich er auch nicht die leiſeſte Spur eines urkundlichen Zeugniſſes
über dieſe ſeine Vorfahren beizubringen im Stande ſein mag. Es
iſt keine Frage, daß die Kritik, um das ſchon geſagte immer
wieder zu wiederholen, zu einer gemeinen Verneinungsſucht aus=

---

[1]) Eben hierauf beruht doch die Glaubwürdigkeit, die man ſeit älteſten
Zeiten den ſogenannten aufgeſchworenen Ahnenproben entgegengebracht hat,
worüber im nächſten Theile.

arten würde, wenn sie alle nicht gleichzeitig beurkundeten Familienerinnerungen läugnen wollte. Vor dieser Eigenschaft ist aber der Genealog zu warnen, besonders deshalb, weil der zu erwartende Fortschritt der Genealogie davon abhängt, daß auch solche Familien, die durchaus nicht immer im öffentlichen Leben gestanden haben, Stammbäume haben und besitzen sollen. Wollte man aber das sogenannte kritische Prinzip festhalten, daß jedermann nur das glaubhaft überliefert, was er selbst erlebt hat, so würde man zu einer Logik kommen, bei der jedermann erst urkundliche Beweise beibringen müßte, daß er selbst geboren worden sei und einen Vater hatte. So wünschenswerth es auch ist, daß die Aufstellung von Stammbäumen mit der größten Sorgfalt und unter möglichster Herbeiziehung jeder Art von schriftlichen Beglaubigungen geschehe, so bestimmt mag es betont werden, daß die mündliche Ueberlieferung für die meisten genealogischen Nachrichten über eine Strecke von kaum viel weniger als hundert Jahren ihr volles Recht und eine sehr beachtenswerthe Bedeutung besitzt.

Im übrigen ist die Werthbeurtheilung genealogischer Nachrichten so nahe verwandt mit der bei historischen Erörterungen überhaupt erforderlichen Kritik, daß man wol behaupten dürfte, der Genealog wird in seinem Urtheile meistens durch seine Auffassung geschichtlicher Dinge überhaupt geleitet sein. Da es aber eine exakte Regel für das was historisch sicher oder nicht ist, in keinem Falle gibt, so kann es sich nur empfehlen, durch die von guten Mustern gegebenen Beispiele sich ein gewisses Talent anzueignen, das wahre vom falschen zu unterscheiden, denn in diesem undefinirbaren Empfinden liegt das was den Geschichtsforscher macht. Gewisse Anhaltspunkte für die Sicherung seiner Urtheile gewinnt er jedoch insbesondere aus den Beobachtungen der Diplomatik und der Rechtswissenschaften. Was diese dem Genealogen besonders nahe legen, wird im folgenden zu erörtern sein.

II. Rechte und Titel aus ständischen Verhältnissen hergeleitet.

Sehr wichtig für genealogische Untersuchungen ist die Kenntnis derjenigen Theile des deutschen Staats- und Privatrechts,

11*

die sich mit Rechten und Titeln der verschiedenen Stände beschäftigen[1]).   Die Vieldeutigkeit der hierhergehörenden Ausdrücke in den
Quellen bereitet dem Genealogen oft große Schwierigkeiten. Ein
alphabetisches Verzeichnis der wichtigsten Standesbezeichnungen wird
ihm daher wohl nicht unwillkommen sein.

Adel. adaling, edeling. edhiling = nobilis bezeichnet im frühen
Mittelalter den durch kriegerische Tüchtigkeit und ansehnlichen
Landbesitz über die Masse erhobenen Freien, kommt seit dem
5. Jh. vielfach den königlichen Gefolgsleuten zu. Erst seit dem
10. Jh. bildet sich der Adel als Geburtsstand, der die ritter-
mäßig lebenden Freien umfaßt, und von dem sich im 12. Jh.
die Fürsten als höherer Stand absondern. Gleichzeitig beginnt
die Trennung in hohen und niederen Adel, indem die im
Lehenssystem niederstehenden Freien als mediocres nobiles,
inferioris ordinis nobiles oder Mittelfreie von den freien
Herren unterschieden werden. Seit dem 14. Jh. werden dann
auch die unfreien Ritterbürtigen (ministeriales, milites) zum niederen Adel gezählt, dessen Hauptbestandtheil sie nun ausmachen[2]).
Seit dem Ausgang des Mittelalters beruht der Begriff des hohen

---

[1]) Chr. Ludw. Scheidt, Hist. und dipl. Nachrichten von dem hohen und
niedern Adel in Teutschland. Hannover 1754. Karl Dietr. Hüllmann,
Gesch. des Ursprungs der Stände in Teutschland. 3 Theile. Frankfurt a. O.
1806/8. 2. A. Berlin 1830. Jak. Grimm, Dt. Rechtsalterthümer. Gött. 1828.
Aug. Freiherr von Fürth, Die Ministerialen. Cöln a. Rh. 1836. Chr. G.
Böhrum, Geschichtl. Darstellung der Lehre von der Ebenbürtigkeit. 2 Bde.
Tübingen 1846. L. H. Freiherr Roth von Schreckenstein, Das Patriziat
in den deutschen Städten. Tübingen 1856. K. W. Nitzsch, Ministerialität
und Burgertum im 11. und 12. Jh. Lpz. 1859. Jul. Ficker, Vom Reichs-
fürstenstande (Forsch. z. Gesch. der Reichsverfassung zunächst im 12. u. 13. Jh. I.)
Innsbr. 1861. Derselbe, Vom Heerschilde. Ebenda 1862. v. Zallinger,
Ministeriales und Milites. Innsbr. 1878. A. Hensler, Institutionen des
dt. Privatrechts. 2 Bde. Lpz. 1885/6. G. Waitz, Deutsche Verfassungsge-
schichte. 8 Bde. 2. A. Berlin 1888 ff. R. Schröder, Deutsche Rechtsgeschichte. 2 A. Lpz. 1894.

[2]) Böhrum I, S. 239 f. Scheidt S. 139 c. Die Bezeichnung nobilis
wird Ministerialen schon seit dem Ende des 12. Jh. beigelegt, doch meist nur
adjectivisch. Ficker, Heersch. S. 144.

Adels auf der Reichsstandschaft und umfaßt also auch wieder die
regierenden Fürsten. Die sogenannten Titularfürsten, — Grafen,
— Freiherren, auch wenn sie reichssässig sind, gehören zum niederen
Adel, haben keinen Geburtsstandsvorzug vor dem einfachen Edelmann und, seit dem allgemeinen Eindringen römischer Rechtsan-
schauungen auch nicht mehr vor den unritterlichen Freien. Den
seit 1806 mediatisierten Reichsständen aber ist durch die deutsche
Bundesacte der gleiche Geburtsstand mit den souverainen Familien
gesichert[1].)

allodiones == Miterben.

amici sind allgemein abhängige Leute, auch Vasallen[2]).

Amtmann. Die ambetliude vor dem 14. Jh. sind die meist
freien Vorsteher der vier Hausämter, in die alle Ministerialen
eines fürstlichen Haushaltes verteilt waren: Ober-Marschall,
Kämmerer, Schenk, Truchseß = summi officiales[3]) Seit
dem Verfall der Ministerialität ist der Amtmann ein fürstlicher Verwaltungsbeamter.

ancilla entspricht dem servus und famulus bis ins 12. Jh.

antrustio = Gefolgsmann in merowingischer und karolingischer
Zeit, Vorläufer des späteren Vasallen[4])

armiger. Waffenträger ist im frühen Mittelalter ein gewöhnlicher
Knecht, im 13. und 14. Jh. = Knappe.

Baron, baro, paro bedeutet

1. im frühen Mittelalter allgem. Mann, homo, alemannisch
manchmal den abhängigen Mann (letus);

2. im 11. Jh. linksrheinisch den Mann, Vasallen oder Ministerialen;

3. seit dem 12. Jh. den freien Herren, der Vasall des Reiches
oder eines Fürsten und selbst Lehnsherr ist, = capitaneus,
— in dieser Bedeutung zuerst in Italien, Frankreich und

---

[1] Göhrum II, S. 246, 371 ff.
[2] Waitz II, 257.
[3] Fürth S. 188 ff. 194/5. 198.
[4] Waitz I, 201 ff. Vgl. unten den Abschnitt über Ebenbürtigkeit.

Lothringen, im übrigen Deutschland allgemein erst im 14. Jh.

4. Seit dem 16. Jh. ist Baron oder Freiherr ein bloßer Titel beim niederen Adel,[1]

beneficiarius ist der Inhaber eines Lehngutes; b. servus, auch beneficialis servus aber ist der zu einem Lehengut gehörige Knecht.

bonus homo, bene ingenuus = Vollfreier[2]).

Bürger.

1. burgenses, burgari sind seit dem 11. Jh. die bewaffnete Besatzung jedes befestigten Ortes = castrenses, castellani. Burgmannen, Hutmannen, meist Ministerialen oder eigene Leute.

2. Seit dem 12. Jh. werden als burgenses im Besonderen alle Diejenigen bezeichnet, die nach Weichbildrecht in den Städten ansässig sind: in erster Linie Kaufleute.

3. Seit dem 13. Jh. erwerben die Handwerker (burgenses minores) die Gleichberechtigung in den Städten. Doch bleibt die Bezeichnung Bürger noch lange vornehmlich den Altbürgern, den Geschlechtern, die seit dem 15. Jh. Patrizier genannt werden und stets zum niederen Adel gehört haben, obgleich ihnen die völlige Gleichstellung mit dem Landadel oft bestritten wurde.[3])

capitaneus ist allgemein ein Höherstehender, Häuptling, bezeichnet in Schwaben den freien Herren im 11. Jh.[4])

---

[1] Scheidt S. 191 ff. nicht ohne Fehler. Göhrum II, S. 10 ff. Waitz II, 238 f. IV, 333 u. V, 462 f.

[2] Waitz II, 273 f. IV, 332.

[3] Fürth S. 229 f. Roth S. 59 ff. 172 ff. 560 ff. und oft. Waitz V, 391 ff. Sohm, Entstehung des dt. Städtewesens (1890) S. 66 f. Schröder S. 609 ff. Die Ansicht von Nitzsch S. 159 ff., der den Bürgerstand aus der Ministerialität ableitet, ist jetzt wohl allgemein aufgegeben. Vgl. Richter, Annal. d. dt. Gesch. III, 2. Anhang (1897).

[4] Waitz V, 464 f.

censuales, censuarii, censarii, censati, censionarii, censores,
vectigales, tributarii ſind Zinspflichtige, freier oder unfreier
Herkunft, außer dem Zins ihrem Herren zu Erbgebühr und
Heimatsgeld verpflichtet.[1]

cives ſind die vollberechtigten Gemeindegenoſſen, ſpäter = Bürger.

clientes ſind allgem. abhängige Leute, auch Vaſallen, meiſt aber
Miniſterialen.[2]

coloni werden alle genannt, die auf fremden Boden ſitzen und
Abgaben zahlen, meiſt aber ſind perſönlich Freie in ſolchem
Verhältnis gemeint.[3]

comes urſprünglich = Begleiter, von der Merowingerzeit an Beamter des Königs = Graf.

curiales ſind die am Hofe lebenden Miniſterialen.[4]

dagescalci, dagowarti ſind unfreie Arbeiter und Handwerker.[5]

Dienſtmann = ministerialis, ſeit dem 14. Jh. = Vaſall, dafür in Süddeutſchland auch Dienſtherr.[6]

domestici ſind häusliche Diener, aber auch Hausgenoſſen (pares,
compares).

domicellus = Junker.

dominus = Herr.

Eques =
1. Reiter, berittener Krieger;
2. als Titel „Ritter" erſt ſeit dem Ende des 15. Jh.[7]

familia iſt die Geſammtheit der Untergebenen eines Herren.

familiaris = Angehöriger der familia.

Famulus iſt
1. allgem. Diener, wird beſ. im Plural auch für Vaſallen und
Miniſterialen gebraucht;
2. ſeit dem Ende des 13. Jh. = Knappe.

---

[1] Waitz V, 333 ff. Nitzſch 230 ff. Heusler I, S. 137 ff. Schröder
S. 441 ff.
[2] Waitz V, 400 f.
[3] ebenda II, 241. IV, 347. V, 205.
[4] ebenda V, 494.
[5] ebenda V, S. 209 f. Schröder S. 444.
[6] Fürth S. 58. 491 f. Waitz V, 322.
[7] Scheidt S. 54.

fidelis bezeichnet zunächst vornehmlich den kgl. Begleiter, damit aber Jeden, der dem König Treue gelobt hat, also im Allge=meinen jeden Unterthan, im Besonderen den Vasallen, im 13. Jh. den niederen Adel.[1])

filii nennen besonders die Kirchen ihre Ministerialen.[2])

Freiherr = Baron in der 3. und 4. Bedeutung.

Fürst siehe princeps.

Graf, crafo, garab, garatio, gerefa, grafio, graphio, gravio, gravo, greve = comes ist der königliche Gerichts=beamte im fränkischen Reiche. Seit dem 10. Jh. aber wird das Grafenamt als Lehen betrachtet und erblich. Die Grafen gehören bis ums Jahr 1180 zu den Reichsfürsten, später wer=den sie zum Stande der freien Herren gezählt. Doch giebt es auch Ministerialgrafen, besonders in Westfalen (comes civi-tatis, civium oder urbis, praefectus, rector civitatis, wich gravius, auch einfach comes. Die Rheingrafen z. B. sind Ministerialen von Mainz). Auch nehmen, hauptsächlich in Sachsen, viele einfache Edelleute willkürlich den Grafentitel an, den andererseits selbst die Reichsgrafen in Urkk. sehr oft weg=lassen. Seit dem 14. Jh. werden einzelne Grafen wieder in den Reichsfürstenstand aufgenommen ('gefürstete Grafen'), auch von den übrigen erlangen die reichsunmittelbaren größtentheils die Reichsstandschaft und behaupten damit die Stellung des hohen Adels, während die seit dem 16. Jh. neuernannten Grafen wie alle Landsässigen dem niederen Adel angehören.[3])

gregarius miles = einschiltic, vasallus, qui non nisi ab uno latere gaudet clypeo militare, also der Inhaber des letzten Heerschildes, deckt sich beinahe mit miles proprius, wird schon früh für die niederste Klasse der ritterlichen Mannen gebraucht.[1])

Herr

1. Der Titel dominus kommt ursprünglich nur dem König zu,

1) Waitz II, 346 f. III, 295 ff. IV, 55. Fider Af. S. 147.

2) Fürth S. 61. Waitz V, 496.

3) Grimm S. 722 f. Fider Af. S. 75 ff. 79 ff. 104 ff. Göhrum II. S. 55 u. o.

wird aber bald auch auf andere angesehene Männer, bes.
Geistliche angewendet.

2. Er bezeichnet seit dem 11. Jh. vornehmlich einen freien
Grundbesitzer ritterlicher Lebensart. Diese Hochfreien bilden
den Herrenstand oder hohen Adel.

3. Seit dem 13. Jh. führen auch die unfreien Ritter den
Herrentitel.

4. Im Lehensverhältnis heißt der Leihende dominus seltener
senior.[1]   .

homo = Mann.

Illustris ist das Prädikat der Fürsten, wird aber auch manchmal nichtfürstlichen Magnaten gegeben, seit dem 16. Jh. dem
hohen Adel überhaupt.[3]

ingenuus = frei, bezeichnet vornehmlich den Freigeborenen in
unabhängiger Stellung.[4]

Junker, domicellus ist der hochadelige Knappe. Seit dem 14. Jh.
wird auch der einfache Ritterbürtige sogenannt. Seit dem 16. Jh.
bezeichnet das Wort vornehmlich den niederen Adeligen.[5]

Knappe, armiger, famulus ist der ritterbürtige Mann, ehe er den
Ritterschlag empfangen hat; mancher bleibt es sein Leben lang.[6]

Knecht = Knappe, bezeichnet aber auch oft den freien Lohndiener
und dann jeden Dienenden, deshalb werden die Knappen als
freie Knechte, Edelknechte hervorgehoben.[7]

Liber ist der allgemeine Ausdruck für frei, bezeichnet auch den
freien Zinsmann.

Magd = Jungfrau, wird ohne Unterschied des Standes gebraucht.[8]

magnates sind die Vornehmsten nach den Fürsten, seit 1180 besonders die nichtfürstlichen Herzoge, Markgrafen u. s. w.[9]

---

1) Waitz V, 502.
2) Waitz V, 400 f. VI, 57. Schmidt S. 68 f.
3) Ficker Rf. S. 150 ff. Göhrum II. S. 101.
4) Waitz V, 435.
5) Scheidt S. 99 f. Grimm W. B. IV, 2, S. 2400.
6) Scheidt S. 43 ff. Fürth S. 80 ff.
7) Fürth a. a. O.
8) Scheidt S. 110.
9) Ficker Rf. S. 142

Mann ist allgem. ein Abhängiger. meist Vasall.

miles:

1. allgem. Krieger, Bewaffneter, besonders zu Pferde.

2. Im 10. und 11. Jh. bezeichnet es den Lehnsmann, wenn dieser in Urkunden vom Dienstmann unterschieden werden soll (milites — ministeriales), sonst, besonders seit dem 12. Jh. auch den Ministerialen und den unfreien Krieger. Diese Klassen werden manchmal unterschieden als milites primi, — m. secundi, secundi ordinis. — m. tertii ordinis, gregarii proprii, simplices.

3. Seit dem 12. Jh. bezeichnet m. schlechthin fast immer den der dritten Klasse.

4. Als Titel = Ritter im Gegensatz zum Knappen findet sich m. auch bei Edlen und Fürsten.[1]

Ministerialen. Das Wort ministerialis, menesterialis hat zu verschiedenen Zeiten wechselnde Bedeutung.

1. Vor Karl dem Großen sind die M. meist unfreie Diener, die infolge ihres persönlichen Werthes vor den übrigen Un-freien eine bevorzugte Stellung erhalten haben als Verwalter Aufseher, Hausdiener u. s. w., dann auch als bewaffnete Begleiter der Großen.

2. die Karolinger erheben ihre M. zu Beamten des Reiches, auf die auch der Name übergeht. Auch viele Freie gehören nun zur Ministerialität. Daneben kommt das Wort auch noch in der früheren Bedeutung vor.

3. Da seit dem Verfall des fränkischen Reiches die Beamten ihre Aemter als Lehen zu betrachten anfangen, beschränkt sich die Bezeichnung M. auf die unfreien Diener, die das bewaffnete Gefolge der Fürsten bilden. So entwickelt sich im 11. Jh. zwischen Freien und Unfreien der festbegrenzte Stand der M. (Dienstmannen), die in erblichem Abhängig-

---

[1] Ficker, Heerschild. S. 140. Fürth S. 67. Scheidt S. 52 f. Waitz V, 334 n. 3. Schröder S. 429.

keitsverhältniß zu dem Reich oder einem Fürsten[1]) stehen und nach besonderen Dienstrechten beurtheilt werden. Innerhalb der Gewalt ihres Herren haben sie freie Erwerbsfähigkeit und Verfügung über ihre Güter, die aber nach außen als Eigenthum des Dienstherren erscheinen. Einseitige Lösung des Dienstverhältnisses durch den M. ist gesetzlich nur möglich durch dessen Eintritt in den geistlichen Stand. Schon früh erhalten die M. regelmäßig Dienstgüter von ihren Herren, und seit dem 12. Jh. wiederholt sich die Bewegung nach der lehensrechtlichen Auffassung des Verhältnisses. Die M. können nun auch Vasallen fremder Herren werden. Schon im 13. Jh. wird ihnen mehr und mehr Landrecht und damit unbeschränkte Verfügung über ihre Eigengüter eingeräumt.[2]) Seit dem Anfang des 14. Jh. verlieren sich nach einander alle Kennzeichen der Ministerialität.

4. der Name M. kommt noch bis ins 15. Jh. vereinzelt vor in Verhältnissen, die ihn theils als gleichbedeutend mit Vasall, theils mit Beamter erscheinen lassen.[3])

Nobilis im staatsrechtlichen Sinne siehe Adel. Das Wort wird auch im grammaticalischen Sinne gebraucht = edel, vornehm.

Officialis, officiatus = ministerialis mit Beziehung auf bestimmte amtliche Stellung, oft adjectivisch: officiales ministri. summi officiales sind die Vorsteher der Hausämter, siehe Amtleute.

Princeps.

1. Der erste in irgend einem Kreise, vornehmlich der Kaiser.

2. Zunächst im Plural die Ersten nach dem Herrscher oder ohne einen solchen sich gleichstehend innerhalb eines Kreises. In diesem Sinne heißen noch im 12. Jh. die Amtleute eines Fürsten seine principes.

---

[1]) Schwäbisches Landrecht 8: Wist das niemant dienstman haben mag mit recht wann das reich und die fürsten, wer anderst spricht er hab dientmans das wissent der sagt unrecht sy seind ir eygen die sy haben on die hie vorgenennt seind. Daß die Wirklichkeit im Allgemeinen diesem Grundsatze entsprach, hat Zallinger nachgewiesen. Doch findet man auch eigene Leute von freien Herren und niederen Kirchen als ministeriales bezeichnet.

[2]) Fürth S. 481 ff., auch Schröder S. 425 ff.

[3]) Fürth S. 492 ff.

3. Seit dem 12. Jh. herrscht die Beziehung auf das Reich vor. Es bildet sich ein bestimmter Reichsfürstenstand. Zu ihm gehören bis zum Jahre 1180 alle Bischöfe und unmittelbaren Aebte, einige Pröbste und der Reichskanzler, alle Herzoge, Markgrafen, Landgrafen und fast alle Grafen. Später werden weder die Grafen, noch alle höher betitelten Großen dazu gerechnet.

4. Princeps, Fürst im engeren Sinne für Reichsfürsten ohne besonderen Titel kommt erst seit dem 15. Jh. vor.

5. Titular-Fürsten, die zum niederen Adel gehören, giebt es seit dem 16. Jh.[1]

Prinz, prince, prinze.

1. vom 13. bis zum Ende des 18. Jh. = Fürst.

2. seit dem 16. Jh. der Fürstensohn, bes. der zur Nachfolge bestimmte.[2]

Ritter heißt seit dem 13. Jh. der durch feierlichen Ritterschlag dazu erhobene Fürst oder Edelmann; alleinstehend bezeichnet das Wort aber regelmäßig den unfreien Ritter (miles militaris). Erst im 16. Jh. wird aus der Rittergenossenschaft ein erblicher Stand (eques); vorher wurde niemand als Ritter geboren.[3]

Satelles = vasallus bes. bei Geschichtschreibern im 10. u. 11. Jh.[4]

senior = Herr des Vasallen.[5]

servientes, servitores = Diener, oft für Ministerialen gebraucht.

servus.

1. unfreier Knecht, auch für Ministerialen, die aber oft als honestiores, primi, praecipui, summi servi hervorgehoben werden.

2. im 13. Jh. = Knappe, bes. mit dem Zusatz adhuc.[6]

[1] Ficker Rf. S. 24 ff. 33 ff. 42 ff. 67 ff. 120 ff. 180 ff. Fürth S. 191. Göhrum II, S. 199.
[2] Grimm, Dt. Wörterbuch VIII, 2130 f.
[3] Scheidt S. 51 ff. Schröder S. 438 ff.
[4] Waitz VI, 54 n. 2.
[5] Waitz IV, 244. VI, 57.
[6] Fürth S. 59. Scheidt S. 64.

smerdi, smurdi, smurdones, zmurde ſind ſlaviſche Unfreie.[1]) strenuus iſt das Prädicat des niederen Adels.

Vassus (nur bis ins 11. Jh.), vasallus (erſt ſeit dem 8. Jh.), valvassor (nur in Italien) bezeichnet

1. urſprünglich den unfreien Diener,
2. in karolingiſcher Zeit Jeden, der ſich in den Schutz (mundium) eines Andern begeben hat (commendatus est).
3. Allmählich, ſeit dem 8. Jh. löſt ſich davon die Vaſallität als freieres Abhängigkeitsverhältniß los. An die Stelle der commendatio in mundeburdium tritt die commendatio in fidem, deren Hauptverpflichtung der Kriegsdienſt iſt.
4. Verbindung der Vaſallität mit Lehen wird ſchon in karolingiſcher Zeit allgemein. Man kann Vaſall ſein ohne Lehen; aber wer Lehen nimmt, verpflichtet ſich als Vaſall (Lehnsmann). Ausnahmen hiervon gibt es in kirchlichen und bäuerlichen Verhältniſſen. Die Vaſallität beruht auf freien Willen beider Theile.
5. Seit Karl dem Großen werden unterworfene Fürſten zu Vaſallen des Königs, auch die höheren Beamten im Reiche werden bald alle als Vaſallen betrachtet. Im 14. Jh. geht die ganze Vaſallität im Lehnsverband auf.[2])

III. Perſonen- und Familiennamen.

Auf dem Zuſammenhange und dem Bewußtſein der bürgerlichen Familie iſt die genealogiſche Wiſſenſchaft in erſter Linie aufgebaut. Für die Forſchung iſt daher die Entſtehung der Perſonen- und Familiennamen von der größten Bedeutung. In der geſchichtlichen Entwicklung der Völker gewährt der Gebrauch der Eigennamen als Individualbezeichnung, wie als Familien- und Stammesbezeichnung einen gewiſſen Einblick in den pſychologiſchen und geſellſchaftlichen Fortgang der Dinge, auf welchen ohne Zweifel

---

[1]) Fürth S. 89 f. Waitz V, 219.
[2]) Waitz II, 1, 222. IV, 242. 252. 254. VI, 52 ff. Heusler I, S. 121. 130 ff.

gewisse allgemeine, anthropologisch — kulturelle Betrachtungen gegründet werden könnten.

Im allgemeinen darf man sagen, daß es sicherlich eine
tiefere Stufe bezeichnen mag, wenn sich die Völker zur Kenntlichmachung des Individiums zunächst nur des Zusatzes des Namens des
Vaters bedienen. Es liegt dann schon ein gewisses schärfer hervor-
tretendes genealogisches Bewußtsein darin, wenn auch noch weitere
Zusätze, des Großvaters, der Mutter, oder des Stammes der Individualbezeichnung hinzugefügt wurden. Wir sind hier weit entfernt
auf diese die genealogische Specialforschung nicht weiter berühren-
den Entwicklungen einzugehen, deren höchst beachtenswerthes kul-
turgeschichtliches Interesse jedoch durchaus nicht in Abrede gestellt
werden dürfte.

Ein großartiges die Genealogie besonders förderndes System
der Personen und Familienbezeichnungen haben erst die Römer
hervorgebracht, nachdem schon bei Griechen und Italern die Stam-
mes- und Vaternamen in regelmäßigeren Gebrauch gekommen waren. Aber doch erst die vorwiegende und scharfe Hervorhebung
des Familiennamens machte die Aufstellung von ausgedehnten und
vielverzweigten Stammbäumen möglich, wie sie seit der Zeit des
Uebergangs von der republikanischen zur monarchischen Verfassung
für geschichtliche und rechtliche Verhältnisse grundlegend waren.[1]
Alsbald ließ sich aus dem feststehenden Familienbegriff durch Hin-
zunahme von Beinamen solcher Stammväter, deren Nachkommen
sich als Seitenlinien gruppirten, ein festes genealogisches System
erbauen. Die Aemilier unterscheiden sich als Lepidi und Scauri,
durch welche letztere Bezeichnung auf einen Stammvater hingewiesen
wurde, der wegen der fehlerhaften Gestalt seiner Füße so benannt
worden ist und seinen Beinamen auf seine Linie vererbte, gleichwie
es unter den Aureliern ebenfalls Scauri gab, die aber gar nicht mit
den Aemiliern verwandt waren. Das genealogische System erhält
durch den strengen Familienbegriff, der im Gentilnamen Ausdruck
findet, sein Rückgrat in ganz anderer Weise als bei den Völkern

[1] Zahlreiche Stammbäume bei Drumann, Geschichte Roms nach Geschlechtern, wo die Familien in alphabetischer Ordnung Bd. I—VI zu finden sind.

die sich mit patronymischen Namensbezeichnungen behelfen. Der ursprüngliche Eigenname wird zum Vornamen praenomen; während an Stelle des Vaternamens, der nicht mehr regelmäßig vorkommt, Beinamen folgen, die teils individuellen Eigenschaften, teils einer Differenzierung des Stammnamens ihren Ursprung verdanken. Dieser letztere tritt seit dem vierten Jahrhundert d. St. mehr und mehr hervor. Die Cornelier unterscheiden sich als Maluginenser, Cosser, Scipionen u. s. w. Man unterscheidet patricische und plebejische Geschlechter, aber jede vollständige Personenbezeichnung setzte sich aus praenomen, nomen gentilicium und cognomen zusammen. Bei der Trennung der Linien eines Geschlechts gelangt das cognomen zu immer größerer Bedeutung. Man redet von den „Scipionen"; daß sie Cornelier waren gilt theils als selbstverständlich theils als nebensächlich. In Folge dessen geräth das strenge Namensystem seit den Flaviern in einigen Verfall. Bei Tacitus findet sich manchmal das cognomen an Stelle des Praenomen, dann verschwindet hinter der Hervorhebung des Beinamens auch der Gentilname mehr und mehr,[1] doch ist mit so abgekürzter Bezeichnung nicht wohl gemeint, daß die Familienzusammenhänge in Vergessenheit gekommen wären. Der Stammbaum wächst vielmehr in seiner Bedeutung.

Seit dem dritten Jahrhundert n. Ch. G. dringen fremde Namen ein. Auch gewöhnte man sich mehr und mehr daran mit nur einem Namen bezeichnet zu werden. In einzelnen Familien, besonders solchen, die ihren Ursprung von römischen Senatoren ableiteten, behielt man die Namenhäufung bei. In den Jahrhunderten der sogenannten Völkerwanderungen treten allenthalben große Verschiebungen und Veränderungen in der Namenführung auf, welche auf griechische, keltische und besonders germanische Einflüsse zurückzuführen sind.

Die Germanen begnügten sich lange mit den Eigennamen der Person ohne jede weitere Kennzeichnung des Geschlechts, oder der väterlichen Abstammung. In Folge ihres Einflusses auf die

---

[1] Mommsen, Die römischen Eigennamen der republikanischen und augusteischen Zeit. Rom. Forschgn. I. 3—68.

geſellſchaftlichen Verhältniſſe löſt ſich das alte römiſche Namen-
ſyſtem mehr und mehr auf, und man muß bei der weitern Entwicklung die verſchiedenen Gebiete unterſcheiden. Man wird zwiſchen Frankreich und Italien weſentliche Unterſchiede zu machen
haben und ſelbſt in Nord- und Südfrankreich verſchiedene Ge-
bräuche in der Namenführung wahrnehmen. In Italien erſcheint
es dann als eine Art von Renaiſſance, wenn dann doch früher als in anderen Ländern der Familienname wieder zu Ehren
kommt. In Venedig wird die patriziſche Verfaſſung dieſen Erfolg
gehabt haben. Im übrigen Italien herrſcht dann wie ſpäter in
Frankreich und Deutſchland die Bezeichnung der Perſon nach dem
Orte von dem ſie herſtammt vor. Es kommt auch ſchon vor,
daß die Herkunftsbezeichnung auch bei Wechſel der Anſäſſigkeit bei-
behalten wird, alſo der Fall, in dem dieſe am natürlichſten ſich in
den Familiennamen verwandeln mag.¹) Auch finden ſich Verwandt-
ſchaftsbezeichnungen, aber doch nur ſelten patronymiſche Bildun-
gen.²) Beinamen die mit der Herkunft nichts zu thun haben, ſind
im 10. Jahrhundert in Italien nur ſelten.³)

In Frankreich will man wahrgenommen haben, daß ſchon
im ſiebenten Jahrhundert drei Viertel der Perſonennamen unter
dem Einfluß germaniſcher Namenbildung geſtanden hätten.⁴) Auch
finden ſich da nicht ſelten Doppelnamen, die durch qui et vocatur,
durch sive oder cognomento verbunden werden. Dieſe ſeit dem
6. Jahrhundert aufkommenden Erſcheinungen mehren ſich im ſüd-

---

¹) J. B. Johannes de Ansimo, Civ. de castello Ariciense, Hartmann,
Tabularium 8. Nr. 7.

²) Johannes filius quondam Andre de vico Atino. 975. Cod. Langob.
1336 u. 761, aber eine patronymiſche Form hat Uhlirz nur ein einziges mal
im 10. Jahrhdt. bemerkt: Leo Bezonis, Reg. di Farfa 3, 102 u. 401.

³) Uhlirz, der eben hier maßgebend ſein wird, hat mir gütigſt folgende
Beiſpiele mitgetheilt, Andreas, qui vocatur Angelus negotiator, 972 Muratori
Ant. Ital. 5, 427. Johannes qui vocatur Peroncio, Hartmann, Tabul. 10
Nr. 8, 11, Nr. 9. Crescentius qui vocatur Marcapullo 993. Reg. Sub-
lacense 128, No. 84. Dominicus, qui Buccabarpa vocatur, 994. ebd.
213 Nr. 167., Johannes Judex qui supernomine Burellus vocatur, Reg.
di Farfa 3, 127. No. 416. Johannes qui vocatur Pazus, ebd. 2, 141 Nr. 428.

⁴) A. Giry, Manuel de diplomatique. Paris 1894. S. 381 ff.

lichen und ſüdweſtlichen Frankreich ſeit dem Ende des 9. Jahrhun=
berts und werden allgemeiner im 11.[1]) Daneben kommt auch der
Vatername häufiger als ſonſt zu dieſer Zeit in Italien in Anwendung:
781 Paulus fil. Pandionis de Reate. 969 Benedicti filii Johannis, 1017 Geraldus filius Carlucio, auch ohne filius: 990
Ingelbertus Pitacis, 1020 Guillelmus Hibrini.[2])

Seit dem Ende des 10 Jh. werden in Frankreich und
Deutſchland die Perſonen in den Urkunden oft durch Anmerkung
ihrer Heimat, meiſt mit de, ſelten im Adjectiv, näher beſtimmt;
z. B. Herbertus Britto, Thomas de Marla.[3]) Dieſer Zuſatz
wird zuerſt in den oberen Kreiſen allgemeiner, wo er nicht nur
den Wohnſitz, ſondern auch die Herrſchaft bezeichnet und mit dieſer
auf die Nachfolger übergeht. Der Umſtand freilich, daß wir bei
Grafen ſchon in fränkiſcher Zeit oft den Namen ihrer Stadt (in
Frankreich) oder ihres Gaues (in Deutſchland) finden, darf uns
nicht zu genealogiſchen Schlüſſen verführen, da das Grafenamt da=
mals noch nicht erblich war. In Ottoniſcher und Saliſcher Zeit
aber wurden die Lehen immer häufiger erblich ertheilt und als
ſolche auch die Grafenämter behandelt.[4]) Für den Anfang des
11 Jh. können wir die Erblichkeit der Grafſchaften ſchon als
Regel annehmen. In dieſer Zeit begannen Grafen und Edle ihre
Herrenſitze im Thale zu verlaſſen, auf den Höhen feſte Burgen
zu bauen und ſich nach dieſen zu benennen. So finden wir im
Jahre 1024: testimonio Herimanni de Werla, Ekkika de Aslan
— — comitum[5]). 1028: Comitibus Christiano de hudenkirchen:
hermanno de noruenich[6]) 1037: Poppo comes de Henneberg[7])

---

[1]) Giru 369 f. So auch in Italien: Giovanni detto Amizo, Leone
detto Azzo. — Nazzaro detto Bonizo; Ficker, Ital. Forſch. IV, n.
45 v. J. 1015. Ähnlich führen die ſlaviſchen Fürſten ſeit dem 13. Jh. oft
2 Namen, meiſt einen ſlaviſchen und einen deutſchen. Gebhardi, Geneal.
Geſch. III, S. 52 ff.

[2]) J. Ficker, Ital. Forſch. IV, Nr. 2. 26. Giru S. 361.

[3]) Mabillon, De re diplomatica II, 2, 3.

[4]) Waitz VG. IV², 215.

[5]) Mon. Germ. hist. SS. XI, S. 123.

[6]) Laccomblet, Niederrh. UB. I, Nr. 105.

[7]) Würtenb. UB. I, Nr. 222.

u. s. w. Auch bei den niederen Ständen festigen sich mehr und mehr die persönlichen Heimatsbezeichnungen zu erblichen Familiennamen. Hier ist zu beachten, daß es Familien gleichen Namens giebt, die keine Verwandtschaft mit einander haben, da oft mehrere Dienstmannen an einem Orte saßen, und daß aus demselben Grunde oft Herren und Diener den gleichen Namen führen. Doch begnügen sich in den Urkunden noch im 11. Jh. sehr viele mit Titel und Taufnamen, auch Grafen und Edle. Erst seit der Mitte des 12. Jh. sind Familiennamen bei diesen die Regel, wobei aber jüngere Linien mit neuen Wohnsitzen noch oft neue Namen erwerben. Beim niederen Adel werden zuweilen noch im 13. Jh. die Familiennamen ausgelassen.

Noch langsamer verschafft sich eine andere Gattung von Familiennamen Eingang: Seit dem Anfang des 11. Jh. vermehren sich in Frankreich die Beispiele von charakterisierenden Beinamen (die aber nicht mit den oben erwähnten doppelten Eigennamen zu verwechseln sind), z. B. Thedbaldus Rufus, Joscelinus Parvus, Guido Rubeus, Odo cum barba, auch nach besonderen Ereignissen oder Redewendungen, z. B. Hugo Manduca Britonem, Pendens lupum, Jerusalem oder nach dem Amte: advocatus u. s. w.[1]) Diese Beinamen pflegte man zwischen den Zeilen über die Eigennamen zu schreiben (daher surnoms), ein Brauch, der später auch in den Rheinlanden Eingang fand.[2]) Seit dem Ende des 11. Jh. werden diese Beinamen zu erblichen Familiennamen. In Deutschland finden wir sie vereinzelt seit dem Anfang des 12. Jh., häufiger seit der Mitte des 13.: 1133 Heinricus Fuhszagil in bayrischer Urk.[3]); 1141 Herimannus niger. Heri-

---

[1]) Giry S. 303 ff.

[2]) Mabillon II, 2, 5. Giry S. 366. Lacomblet I, Nr. 366 v. J. 1149. Nr. 464 v. J. 1178.

[3]) Mon. Boica XXXII, 2 unter F. Bei den Annalisten und Geschichtschreibern, besonders bei Thietmar von Merseburg und Annalista Saxo finden sich zahlreichere Beispiele, doch ist zu bemerken, daß die Beinamen (man vergl. besonders Nekrologien) insbesondere nur bei den Ständen vorkommen, wo ein Mangel einer Besitzbezeichnung vorhanden ist, also bei Geistlichen und Kriegern; daher Simon Graecus, Leo fortis; bei Thietmar findet man Walter Pulverel clericus, Crispinus Lippus miles, Heinricus superbus, miles.

mannus albus. — Albero karraman. Herimannus cum barba in
Köln[1]); 1157 Arnoldus Rufus. Siboldus Albus in Erfurt[2]);
1159 Wartwin Emmersacker und Udalricus Eugnach in Augsburg[3]); 1159 Heinricus Houe in brandenburgijcher Urf. für Magdeburg[4]); 1170 Gerlachus Gramann in Fuldaer Urf.[5]); 1210
Siboldus Humularius. — Hartliebus Gensevuz, Wernherus
Cellarius, Guntherus Spisarius in Erfurt[6]) u. f. w. Auch hier
werden fie rafch erblich. 1267 heißt es in Erfurter Urkunde:
Hugo Longus filius Gothscalci Longi[7]). Wir können diese Bezeichnungen wohl faft gleich nach ihrem Auftreten in Deutschland
als Familiennamen auffaffen. Im Often treffen wir fie fpäter
als im Weften, öftlich des 30. Längengrades v. F. nicht vor der
Mitte, in Berlin erft gegen Ende des 13. Jh.[8])

Zu Wien war zu Anfang des 14. Jahrhunderts in der obern
Bürgerfchaft der Gebrauch des Familiennamens bereits allgemein;
aber der urfprüngliche Character desfelben als Beinamen zeigt fich
noch in dem vorgefeßten Artikel „der", das lateinijche dictus, erft
um 1380 wird dies „der" vereinzelt weggelaffen und man erhält
alsdann die bis heute übliche Form z. B. „Niflas Steiner".[9])
Diese Entwicklung führt aber überall zum Verfchwinden des Wört-

[1] Laccomblet I, Nr.. 344.
[2] Beyer, Erf. UB. I, Nr.. 41.
[3] Mon. Boica XXXV, 1 unter F.
[4] Riedel, Cod. dipl. Brandenb. A. XVII, 434.
[5] Scheidt, Nachr. vom hohen u. nied. Abel. S. 562.
[6] Beyer I, n. 69.
[7] Ebenda n. 220.
[8] Heffters Namensverzeichnis zu Riedel, Cod. dipl. Brand. Irre-
führend ift bei Heffter die häufige Anführung einfacher Eigennamen als
„Fam. ohne Vornamen." In Magdeburg, Burg, Stendal, Ratzeburg, Havel-
berg, Lübed, Perleberg, Salzwedel treten die Familiennamen vor dem Jahre
1252 auf, in Neu-Ruppin 1256, Brandenburg 1267, Schwerin 1281, Prenz-
lau 1282, Berlin 1284, Spandau 1289, Frankfurt a. O. 1294.
[9] Dies nach Mittheilungen von Uhlirz, der in feiner Arbeit über die
Wiener Treubriefe die Familien des 13. Jhdts. zufammengeftellt hat. Für
das 12. Jahrhundert ift noch die Taufname mit dem Zufaß de Wienna vor-
herrichend; Beifpiele von 1195—97. Oberoeftr. Urlbch. 692 Nr. 221. Hier
finden fich neben der Bezeichnung von Wien auch Verwandtfchaftsbezeichnungen.

1251.

chens de mit der Ortsbezeichnung bei Personennamen insbesondere
von Bürgern oder Bauern seit dem 15. Jahrhundert, und es läßt
sich aus dem Fehlen oder Vorhandensein desselben durchaus nicht
auf irgend ein Standesverhältnis schließen. Patrizische Geschlechter
in den Städten und ritterbürtige Familien kommen ohne Ortsbezeichnung und folglich auch ohne das Wort de vor.[1])

Das sechzehnte Jahrhundert bringt die Entwicklung unserer
Familiennamen im allgemeinen zum Abschluß.[2])

Hier soll nur noch auf einige Schwierigkeiten hingewiesen
werden, die sich dem Genealogen bei der Aufstellung seiner Stammtafeln besonders häufig ergeben.

1) Die Geistlichen führen nicht nur in den Klöstern lediglich
einen Vornamen, der oftmals beim Eintritt in den geistlichen
Stand erst angenommen worden ist. Weltgeistliche führen
auch im Mittelalter zuweilen einen Familiennamen,[3]) aber
der hohe Klerus bediente sich bis in die neueste Zeit offiziell
lediglich des geistlichen Vornamens.

2) Der Mangel an Interpunktion in Urkunden führt leicht zu
dem Irrthum, daß zwei oder drei Namen als einer Person
zugehörig betrachtet werden. Doppelte Vornamen sind aber
in Teutschland bis zum 13. Jahrhundert sehr selten. Fast
als eine Ausnahme erscheint im 11. Jahrhundert Lothar
Udo I. Markgraf. Was aber in den alten Zeiten selten gewesen zu sein scheint wird seit dem 17. Jahrh. allgemein

---

[1]) Vgl. Pott, Die Personennamen. Leipzig 1853. S. 9. 58. Ein
frühzeitig vorkommendes Beispiel von Zusammensetzung von Beinamen und
Ortsnamen ist das Geschlecht der Gans von Putliz, vgl. Roth v. Schreden-
stein, Patriziat, S. 74.

[2]) Wirz a. a. O. S. 371. Merkwürdig ist, daß die Juden seit dem
Ende des 15. Jahrhunderts an Stelle ihrer älteren Namensführung die Annahme eines zweiten Namens beginnen, aber in Teutschland wol erst seit dem
18. Jahrhundert.

[3]) Herimannus de Hengebach vir illustris et ecclesiasticus majoris
ecclesiae in Colonia prepositus 1165. Lacomblet Urkb. I. Nr. 41; Otto
de Lobdeburc, Gerlacus de Heldrungen canonici St. Mauritii in Naumburg. Scheidt, orig. Guelf. III. 363. Nr. 96.

Regel und faſt niemand erhält ſeither nur einen einzigen Vornamen in der Taufe.[1])

3) In den älteren Urkunden werden die Taufnamen ſelbſt die
der höchſten Perſonen meiſt nur als Sigle verzeichnet. Auch
die Zeugen werden nur nach ihrem Standescharacter unter
bloßer Anführung eines Anfangsbuchſtabens als Bezeichnung
für den Namen mitgetheilt. Hierüber kann nur die Spezial-
diplomatik und die aus ſonſtigen Quellen und Schriftſtellern
zu beziehende Familiengeſchichte Aufſchlüſſe geben.[2])

4) Das immer wiederholte gleichmäßige Vorkommen deſſelben
Vornamens in vielen Familien hat ſehr viele Irrthümer in
den Genealogieen veranlaßt, die nur durch die größte Sorg-
falt vermieden werden können. Es genügt auf die Namen
Berthold bei den Zähringern, Hermann bei den älteren
Badenſern und Heinrich bei den Reußen hinzuweiſen.

5) Schwankende Schreibart der Tauf- und Familiennamen, Anwendung von Abkürzungen und zahlreiche Koſeformen machen
die genealogiſche Ueberlieferung oft ſo ſchwierig, daß ſich
Gatterer veranlaßt geſehen hat, ein „Alphabetiſches Verzeichnis
von verkürzten oder auf anderer Weiſe entſtellten und un-
kenntlichen Taufnamen‟ zuſammenzuſtellen. Daſſelbe genügt
den heutigen Anforderungen und dem jetzt vorliegenden
Quellenmateriale nicht mehr. Neben Potts grundlegender
Abhandlung: (die Perſonennamen insbeſondere die Familiennamen Leipzig 1853) iſt jetzt durch Foerſtemann und ſeine
Nachfolger ein geradezu erſtaunliches hiſtoriſch-philologiſches

---

[1] Dr. Klemm im deutſchen Herold XXVI. 1895. S. 106 ff. 111 ff.
[2] An Beiſpielen bietet jedes Urkundenbuch maſſenhaftes. Gatterer
führt aus Schannat, Hiſt. Worm. UB. S. 118 eine Urkunde Heinrichs VII.
von 1234 an. Jetzt gewinnt man überhaupt aus den neuen ſtädtiſchen
Urkundenbüchern, wie beſonders aus dem trefflichen Cod. Worm. von Heinrich
Boos für die Geſchichte der Familiennamen hervorragendes. Hierbei iſt auch
Arnold, Geſch. d. deutſchen Freiſtädte 2, 197 ff. ſehr zu beachten. Was
derſelbe über die Eintheilung der Namen ſagt, wird ſich kaum verbeſſern
laſſen. Ueber die zeitliche Folge des Vorkommens der Namen iſt dagegen
durch Hönigers Kölner Schreinsurkunden viel neues zugewachſen.

Wissensgebiet eröffnet worden,[1]) welches dem Genealogen die zuverlässigsten Wege weist.

IV. Hülfswissenschaften.

Unter den historischen Hülfswissenschaften, die der Genealog kennen muß, nimmt die wichtigste Stelle die Urkundenlehre ein. Was daraus im Besonderen für genealogische Zwecke wichtig ist, soll im Folgenden kurz zusammengestellt werden.

Personen können in Urkunden auf verschiedene Arten auftreten: 1. als Aussteller, 2. als Empfänger, 3. als Fürbitter und sonst in der narratio, 4. als Zeugen, 5. als Kanzleibeamte im Schlußprotokoll.

Die Echtheit der Urkunde vorausgesetzt, scheint an der Existenz von Aussteller und Empfänger zu der angegebenen Zeit nicht gezweifelt werden zu können, und doch kommen echte Urkunden vor, die als Datum einen Zeitpunkt geben, an dem nach anderen sicheren Quellen die eine der beiden Hauptperionen bereits tot war. Sie kann während der Abfassung der das Datum der Ausfertigung tragenden Urkunde gestorben sein oder der Hersteller der Urkunde rechnete nach einem anderen Jahresanfang als die Quelle, die uns das Todesdatum überliefert. Hier ist es nützlich zu wissen, daß die meisten Privaturkunden bis ins 13. Jahrhundert von den Empfängern, fast immer geistlichen Stiften, herrühren und daß jeder Orden seine bestimmte Zeitrechnung hatte.[2]) Damit muß der Genealog rechnen bei Feststellung seiner Daten.

Als Fürbitter (intervenientes) erscheinen häufig Verwandte des Empfängers oder des Ausstellers, und wegen dieser Beziehun-

---

[1]) An das Foerstemann'sche Namenbuch, welches die deutschen Namen bis 1100 enthält, schließt sich Fr. Stark, Die Kosenamen der Germanen. Wien 1868. Ludwig Steub, Die oberdeutschen Familiennamen, München 1870. K. G. Andresen, Konkurrenzen in der Erklärung der deutschen Geschlechtsnamen. Heilbronn 1883. Heintze, Die deutschen Familiennamen. Halle 1882. Ueber die Lesarten französischer Namen s. Giry S. 371 ff.

[2]) Posse, Privaturkunden S. 102.

gen sind sie für die Genealogie von besonderer Wichtigkeit. Doch
beweist ihr Vorkommen auch nicht immer, daß sie zu der im
Schlußprotokoll angegebenen Zeit noch am Leben waren. Gemäß
den mannigfachen Rechtsgeschäften, die den Inhalt einer Urkunde
bilden können, erhalten wir in ihrem erzählenden Hauptteil
oft die mannigfachsten genealogischen Daten. So wird bei from=
men Stiftungen nicht selten erwähnt, daß sie zum Gedächtnis
eines namentlich angeführten Verwandten errichtet werden. Ferner
erfahren wir von Stiftungen der Vorfahren und gewinnen dadurch
leicht einen Anhalt, um die Genealogie eines Geschlechtes noch über
das erste Vorkommen der Familiennamen hinaufzuführen.

Bei den Zeugen in den Urkunden gilt für ihre Lebensdaten
das, was bei Aussteller, Empfänger und Fürbittern bemerkt ist, in
noch höherem Maße, da hier die Ungleichheit der chronologischen
Behandlung am stärksten ist. Das Datum kann sich auf die Be=
urkundung beziehen und die Zeugenreihe auf die Handlung oder
umgekehrt, auch sind manchmal Zeugen der Handlung mit solchen
der Beurkundung vermengt.[1]) Wichtige genealogische Anhaltspunkte
bietet die Rangordnung der Zeugen. Sie wechselte freilich selbst
innerhalb der einzelnen Kanzleien nach verschiedenen, sich oft kreu=
zenden Gesichtspunkten. Doch haben die Untersuchungen Fickers[2])
wenigstens für das 12. bis 14. Jahrhundert feste Regeln ergeben,
die man wohl in folgendem Schema darstellen darf:

1. Regel: Alle Geistliche gehen allen Weltlichen vor.

Ausnahmen:

> a) Könige und ihre Angehörigen stehen bald vor, bald hinter
> den Geistlichen, der regierende deutsche König stets vor
> ihnen.

---

[1]) Ficker, Urkundenlehre § 473. Posse S. 71 f. Breßlau Urkundenlehre I, S. 809 f.

[2]) Vom Reichsfürstenstand §§ 115—133. Ficker fußt hier vielfach auf
einer Arbeit von Dr. Alfons Huber. Ausdrücklich als solche genannt werden
die Stände oft in Privaturkunden seit dem 12. Jh., in Kaiserurkunden selten
vor der Mitte des 13. Posse S. 71. Ficker Rst. § 115.

b) Die weltlichen Kurfürsten stehen seit dem Ende des 13. Jahrhundert manchmal, seit Karl IV. regelmäßig vor den Bischöfen.

c) Manchmal tritt eine Scheidung der Reichsfürsten von den nichtfürstlichen Großen ein. Dann ist die Reihenfolge: geistliche Fürsten — weltliche Fürsten — Prälaten — Edle u. s. w. oder — Edle — Prälaten.

d) In einzelnen Urkunden stehen alle deutschen Zeugen den italienischen und burgundischen voran.

2. Regel: Die Reihenfolge der Geistlichen beruht auf der kirchlichen Rangordnung (Karbinäle, Patriarchen, Erzbischöfe, Bischöfe, Aebte, Pröbste).

Ausnahmen:

a) Karbinalpriester und = Diakonen stehen auch hinter Erzbischöfen oder Bischöfen.

b) Apostolische Legaten haben manchmal Vortritt.

c) Patriarchen werden manchmal Erzbischöfen, Erzbischöfe Bischöfen nachgesetzt, z. B. nach Kirchenprovinzen geordnet.

d) Die reichsfürstliche Stellung von Geistlichen begründet oft Ausnahmen,

e) auch wohl die Stellung ihres Hauses.

f) Der Ort der Urkundenausstellung begründet einen Vorzug für den Vorsteher des betr. Kirchensprengels.

g) Deutsche gehen Italienern und Burgundern auch oft innerhalb der geistlichen Reihe vor.

3. Regel: Unter den weltlichen Zeugen ist die Reihenfolge: Fürsten, Herren, Dienstmannen, Ritter, Bürger.

Ausnahmen:

a) Nichtfürstliche Mitglieder der königlichen und fürstlichen Häuser stehen bis 1180 häufig zwischen den Fürsten, später meist an der Spitze der Herren.

b) Deutsche gehen Italienern und Burgundern manchmal vor innerhalb der weltlichen Reihe.

Diese Regeln sind manchmal das einzige Mittel, um die Stellung eines Geschlechtes zu bestimmen oder den Träger eines

von mehreren Familien geführten Namens der seinigen einzureihen.
In einer Urkunde v. J. 1239 werden als Zeugen aufgeführt zwei
Grafen und drei nobiles, es folgt ohne Standesbezeichnung: Al-
hardo de Preisingen, Sifrido de Vrowenberch, Ortolfo de
Waldeck, Hadmaro de Wesen, et aliis quam pluribus.[1]) Die
Stellung der Zeugen läßt uns hier mit Sicherheit annehmen, daß
wir unter Ortolf von Waldeck nicht ein Mitglied der bekannten
Grafenfamilie, sondern wahrscheinlich einen ihrer Dienstmannen
zu verstehen haben. Unregelmäßigkeiten und Nachträge sind natürlich in den Zeugenreihen nicht selten, doch sind sie oft als
solche zu erkennen.[2])

Die geringste Ausbeute gewährt dem Genealogen das bei
Herstellung der Urkunde beteiligte Beamtenpersonal. Die selten erwähnten Schreiber kommen kaum in Betracht; dagegen dürfen die Notare und Kanzler der Fürsten, vor Allem die königlichen und kaiserlichen Kanzler, die meist den ersten Familien des
Reiches angehörten, bei genealogischen Untersuchungen nicht übersehen werden.[3])

Die Siegel der Urkunden darf der Genealog nicht außer Acht
lassen. Sie finden sich im 10. Jahrhundert vereinzelt, seit dem
11. allgemeiner an Urkunden geistlicher Fürsten, seit dem 12. auch
bei den weltlichen Großen.[4]) Die Siegelfähigkeit war seit dem
13. Jahrhundert allgemein, sodaß aus dem Gebrauch oder dem
Mangel eines Siegels kein Schluß auf den Stand des Ausstellers
erlaubt ist. Auch die Unterschiede in Stoff und Farbe der Siegel
sind für unsere Zwecke unerheblich. Wichtiger ist die Beobachtung,
daß Porträtsiegel mit ganzer Figur zu Fuß oder zu Pferd mit
wenigen Ausnahmen nur beim hohen Adel vorkommen.[5]) Die
Inschriften der Siegel sind sehr mannigfaltig, bringen aber
meistens den Namen und Titel des Inhabers.

[1]) Scheidt, Adel S. 496 f.
[2]) Ficker, Reichsfürstenstand § 115.
[3]) Siehe besonders Breßlau I, S. 344 ff. und Posse S. 176 ff.
[4]) Ficker, Urkundenlehre I, § 57 ff. Posse S. 65. 126 ff. Leist,
Urkundenlehre S. 303 ff., wo auch weitere Litteraturnachweise.
[5]) Leist S. 347 ff.

Seit dem letzten Drittel des 12. Jahrhunderts finden wir
Wappen auf Siegeln des hohen Adels, und damit gewinnt die
Genealogie eine neue wichtige Hülfswissenschaft in der Heraldik.
Wappensiegel sind seit dem 13. Jahrhundert allgemein, seit seinem
letzten Drittel auch bei dem niederen Adel, etwas später folgen
die Altbürger in den Städten. Von den übrigen Quellen der
Heraldik sind Denkmäler, Gemälde, Wappenrollen und Geschichtschreiber genealogisch wichtig. Die Wappen gehen von den Vätern
auf die Söhne über, Jahrhunderte hindurch von der Mode nur
in Einzelheiten verändert. So läßt sich der gemeinsame Ursprung
von Familien vermuten, die dasselbe oder ein ähnliches Wappen
führen, auch wenn sie sich nach verschiedenen Wohnsitzen nennen.
Andererseits kommt es auch vor, daß die verschiedenen Zweige
einer Familie, die den gemeinsamen Namen behalten, sich durch
geänderte Wappen von einander unterscheiden. Z. B. ist das
Wappen des hochfreien Geschlechtes von Lobdeburg ein weißer
Schrägbalken in Rot; die jüngeren Linien in Arnshangk und
Elsterberg führen dagegen einen roten Schrägbalken in Weiß, die
in Burgau einen roten geflügelten Fisch in Weiß. Wenn wir
nun ein Siegel finden mit dem geflügelten Fisch im Wappen und
der Umschrift S. Hartmanni senioris de Lobdeburg,[1]) dann giebt
uns erst das Wappen die Sicherheit, mit welchem der zahlreichen
Träger dieses Namens wir es hier zu thun haben. In Frank-
reich hatte man seit dem 13. Jahrhundert mehrere Systeme zur
Kenntlichmachung der verschiedenen Linien durch Beizeichen im
Wappen, besonders durch Turnierkragen und Schrägbalken. Bekannt ist das Bastardzeichen, ein roter linker Schrägbalken, der
aber nicht durchweg diese Bedeutung hat. Zu allgemein gültigen
Regeln ist man auch in der Blütezeit der Heraldik nicht gelangt.
In Spanien ließ man die Wappen selbst unberührt und unter-
schied nur durch abweichende Schildeinfassungen. Eine nur in
Deutschland übliche Sitte war die Anwendung verschiedener Helm-
zierden für die einzelnen Linien eines Geschlechtes.[2])

[1]) Seyler Gesch. der Heraldik, S. 270.
[2]) Vgl. A. Rosenberg, Ursprung.

Um das Alter von Denkmälern jeder Art bestimmen zu können, ist es dem Genealogen zu raten, sich mit den einschlägigen Teilen der Kunst= und Culturgeschichte, besonders auch mit der Costümkunde vertraut zu machen. Auf Grabsteinen und Gemälden fehlt oft jede Zeitangabe, oder sie ist nicht mehr zu entziffern. Glücklich ist dann der, den fleißiges Studium alter Denkmäler in Museen und Kirchen in Stand setzt, aus dem Werke selbst das Datum herauszulesen, das dem Laien verborgen bleibt.[1])

Aber auch die schriftlichen Zeitangaben in den mittelalterlichen Quellen sind nicht Jedem deutbar. Ohne Kenntnis der Chrono= logie kann von allen historischen Arbeitern nächst dem Diploma= tiker der Genealog am wenigsten bestehen. Die meisten neueren Werke über Urkundenlehre bringen einen Abschnitt über die Zeit= rechnung, auch giebt es besondere Handbücher dafür.[2]) Hier möge erwähnt werden, daß in dem Falle, wo ein römisches Datum mit einem kirchlichen in Widerspruch steht, dem kirchlichen die größere Glaub= würdigkeit zukommt, da man z. B. wol leicht VI. kal. Jun. verschreiben kann in XI. kal. Jul., aber Festum corporis Christi oder Gotsleichnamstag schwerlich mit andern Festen mechanisch verwechseln wird. Daß der Genealog die natürlichen Bedingungen des menschlichen Daseins mitaufnehmen muß in seine chronologischen Berechnungen, versteht sich von selbst.[3])

[1]) Herm. Weiß, Kostümkunde. Handbuch der Gesch. der Tracht u. s. w. der Völker des Altertums. 2 Bde. Stuttg. 1860. Karl Köhler, Die Ent= wickelung der Tracht in Teutschl. Nürnbg. 1877. Wolfg. Quinke, Katechis= mus der Kostümkunde. Lpz. 1889.

[2]) Ludw. Ideler, Handbuch der mathematischen und technischen Chrono= logie. 2 Bde. Berlin 1825/26 und Lehrbuch der Chr. 1829. W. Matzka, Die Chronologie in ihrem ganzen Umfange. Wien 1844. J. A. Weidenbach, Calendarium historico-christianum medii et novi aevi. Regensbg. 1855. H. Grotefend, Handbuch der historischen Chronologie des deutschen Mittel= alters und der Neuzeit. Hannover 1872 (das bequemste Nachschlagebuch) und Zeitrechnung des deutschen Mittelalters u. d. Neuzeit, bis jetzt 2 Bande. Hannover 1891/2. Leist S. 224 ff. Girn S. 79 ff. Franz Rühl, Chrono logie des Mittelalters und der Neuzeit. Berlin 1897 (mit weiteren Litteratur= angaben).

[3]) Trotzdem ist diese Bemerkung nicht überflüssig, da man hierin die größten Gedankenlosigkeiten erleben kann; so finden sich bei Cohn, Stamm-

Alphabetisches Verzeichnis

von Wörtern, die Abstammung, Verwandtschaft u. dgl. bestimmen.[1]

Abava, abavia, Aban, Oberurenbl, Ururgroßmutter 4.

abavus, Abeen, Oberuren, Ururgroßvater 4.

Aberane L., Aberene Gr. == proavus.

Aberuranherr Gr. == atavus.

abnepos, == neptis, Oberurenfel, Kindskindskindssohn oder -tochter 4.

abortivus, — a ein unzeitig geborenes Kind, Frühgeburt.

adamita, Schwester des atavus 6.

adavunculus, Bruder der atavia 6.

Aden == Eidam, Schwiegersohn G.

admatertera, Schwester der atavia 6.

adpatruus, Bruder des atavus 6.

Aene G., alem. Aehni K. == avus

Aette, Aetti schwäb. alem. == Vater K. Gr.

agnatus, Vaterfräwnt A. —, qui veniunt per virilis sexus personas J.

---

taf eln 62 unter den Kindern des Kurfürsten Ernst von Sachsen aufgeführt: Christine geb. 25. Dec. 1462. Friedrich geb. 18. Jan. 1463!

[1] Ein solches hat auch Gatterer S. 54—58 (als G. angeführt). Von neueren Werken wurden benutzt: Jakob und Wilhelm Grimm, Deutsches Wörterbuch, Lpz. 1854 ff. (Gr.); Daniel Sanders, Wörterbuch der deutschen Sprache, Lpz. 1860 ff. (S.); Matthias Lexer, Mittelhochdeutsches Handwörterbuch, Lpz. 1872 ff. (L.); Karl Schiller und Aug. Lübben, Mittelniederdeutsches Wörterbuch, Bremen 1875 ff. (S-L.); Du Cange, Glossarium mediae et infimae latinitatis, editio nova a Leopold Favre, Niort 1883 ff. (D.); Friedrich Kluge, Etymologisches Wörterbuch der deutschen Sprache. 5. A. Straßbg. 1894. (K.) Für die lateinischen Verwandtschaftsnamen sind angezogen worden Isidorus, Orig. lib. X. (J.) und die deutsche Erklärung der lateinischen Verwandtschaftsnamen in der 3. Klasse der Andreä-Ausgaben bei Stintzing, Gesch. d. popul. Litter. d. röm.-kan. Rechts S. 161 f. (A.) Die Zahlen hinter den Wörtern bezeichnen den Verwandtschaftsgrad in dem von den römischen Rechtslehrern ausgebildeten System. Vgl. dazu oben die Verwandtschaftstabellen. Die gesammte neue Bearbeitung verdanke ich Herrn Dr. E. Devrient.

Abn, Ahnherr G. K. = avus.

Ahne, Ahnfrau G. K. = avia. Ahnen für Vorfahren niederdt.,
ſchriftſprachlich erſt 1750 K.

Aiden = Eidam G. K.

Ama = Mutter G.

amita, Pas, Vatersſchweſter, soror patris. 2.

amitinus, = a. sc. filius vel filia, Kinder der amita. 3.

An, Ana, Ane G. K. = avia.

Ano S., Anche G. = avus.

antenatus = privignus J.

Atta, Atte G. K. = pater.

atavus, = ia, Vater, Mutter des abavus, ia. 5.

ava, avia, An, Ahne, Enkel, Großmutter 2.

avunculus, Oheim, Eheim, Mutterbruder 2.

avunculus magnus, Großoheim, Großmutterbruder 3.

avus, Ahn, Großvater 2.

Barn = Kind G. L.

Bankert = nothus.

Baſe = Vatersſchweſter, amita 2, bezeichnet aber auch jeden ent-
fernteren weiblichen Verwandtſchaftsgrad K.

Baſtard = nothus.

C. ſiehe K.

cognatus, Mutterfräunt A. — per foeminini sexus personas
veniunt J.

commater, Gevatterin.

compater, Gevatter.

consobrinus, = a, Muttergeſchwiſterkind 3.

consobrini — vocati, qui aut ex sorore et fratre, aut ex duabus
sororibus sunt nati — quasi consororini. J.

Dede G. = avus.

Degen, Degenkind = männliches Kind. G. L.

Dod, Dot, Dotin = Pate, Patin, Patenkind. G. S. L. (Döt-
lein).

Echtſchop = Eheſtand G.

Ehaim, Ehem = avunculus A.

Ehni = Großvater G. Gr.

Ehevogt, Ehewirt = Ehemann, maritus Gr.

Ehewirtin = Ehefrau, marita Gr.

Een — Großvater G.

Endel = Großmutter G.

Ete = Vater G.

Filia. Tochter

filiaster 1) Stiefsohn oder -tochter, 2) auch Schwiegersohn seit dem 14. Jh. D.

filiastra, Stieftochter. D.

filiola. Dottlein, Gottla, Göttle, Patenkind. A. D.

filius. Sohn, auch übertragen, bes. auf Untergebene einer Kirche.

frater, Bruder, ex eodem fructu, unopatris semine J.

Freund = Bluts-Verwandter.   Freundschaft = Blutsverwandt-schaft Gr.

Friedel s. Briedel.

Frie s. Brie.

Ganerben = Seitenverwandte, auch Gesammtbesitzer G. Gr.

Gekünne, Gekunne = Künne.

Gemac, Gemage, gemaget, Verwandte L.

gemellus. Zwilling

gener, Tochtermann.

Gerhab, Gerhaber, Vormund. Gerhabschaft, Vormundschaft G. L.

Geschwäger, Geschwäher, coll. zu Schwager Gr.

Geschwei, Schwager auch Schwägerin, allg. Verwandte durch Ver-schwägerung Gr.

Gesippe = Sippe. G. Gr.

germani — de eadem genitrice manantes.

Gevatter, Gevatterin, gemeinsame Paten.

glos. Schwägerin, Bruderweib A., Mannsschwester D.

Godt, Gott, Göt, Götte = Pate. Gotin, Gottin = materna A. L.

Gote, Göttle, Gotte, Gottla = Patenkind A. L.

Hausehre, Hausfrau, Hauswirtin = Ehefrau G. Gr.

Hausherr, Hauswirt = Ehemann G. Gr.

Hileich, Hillifi, Hilicheit = Hochzeit, hileichen, hillifen = hei-raten. L. S.-L.

Kan, Chan, Kon, Chon, Kunne == Ehegatte, meiſt weiblich. Gr.

Konleute = Eheleute, könlich = ehelich, Konmann = Ehemann. Konſchaft == Eheſtand. Gr.

Künne, Kunne, Gekünne, Gekunne == Geſchlecht, Verwandtſchaft, Zippe. Gr.

Künſchaft = Eheſtand. Gr.

Levir, frater mariti, Mannsbruder A.

Mag, Mage = Verwandter, im Beſ. verſchwägerter. Gr. Magenſcheid, ein Vergleich zwiſchen Verwandten G.

Magſchaft == Verwandtſchaft Gr. L. (das bei G. nach angeführte Magetheide bedeutet ebenſo wie Magetſchaft die Jungfernſchaft Gr. L.)

materna, Gottin, Göttin, Tötin, Tett = Patin.

Mauſer = nothus A.

Medder, Mobder = Muhme. Medderen Kunne == weibliche Erbfolgelinie S.-L.

Mog = Mag, auch in den Zuſammenſetzungen.

Moie, Moige, Moge = Muhme. S.-L.

Mome, Muhme iſt urſprünglich nur die Mutterſchweſter, matertera, ſeit Ausgang des Mittelalters aber auch oft Vatersſchweſter, Geſchwiſterkind und jede weibliche Verwandtſchaft. Gr.

Nagelfreund, Nagelmage == Verwandter im 7. Grade. Gr. (Weil das Nagelglied das 7. Gelenk, vom Kopfe gezählt, hat.)

natus == filius.

nepos, nepus urſprünglich = Enkel, Kindesſohn im Mittelalter aber ſehr oft == Neffe, Bruder- oder Schweſterſohn auch = Vetter. A. D.

neptis fem. zu nepos.

nothus. der uneheliche Sohn eines bekannten Vaters, Baſtard, Kebskind wofür auch der Sohn einer unebenbürtigen Ehe gilt.

noverca. Stiefmutter, novercus, Stiefvater A.

nurus, Schwiegertochter, Schnur.

Oberſippſchaft == Verwandtſchaft in aufſteigender Linie G.

Oberuren = abavus A.

Oberurendel == abava A.

Oberurenkel = abnepos A.

Oem, Oehm, Oehem, Oeheim, Oheim, Ohm ist eigentlich der Mutterbruder, avunculus, aber auch Vatersbruder oder Schwester-
  mann von Mutter oder Vater. Gr.

orphanus, Vaterlos, Vaterswaise A.

Vas = Base.

pater, Vater. patres sind die Vorfahren und auch die Vorgänger.

paternus, patrinus, Godt, Töll = Pate.

patruelis = fratris filius. J.

patruus, Vatersbruder. 2.

posthumus, nach des Vaters Tod geboren.

prefignus, = a. Stiefkind.

privignus est qui ex alio patre natus est quia prius genitus.
  Unde et vulgo antenatus. J.

proamita, Urbase, Urgroßvatersschwester 4.

proavia, Urenbl, Urgroßmutter 3.

proavunculus, Uroheim, Urgroßmutterbruder 4.

proavus, Urahn, Urgroßvater 3.

proles, Kind, Erbe.

promatertera, Urmum, Urgroßmutterschwester 4.

pronepos, — neptis, Urenkel 4.

propatruus, Urvetter, Urgroßvatersbruder 4.

pupillus, mutterlos, Mutterswaise.

Schnur = nurus Gr.

Schwäher, Schweher, Schwer = Schwiegervater G.

Schwiger = socrus A.

Schwertmagen, männlicher Verwandter, agnatus.

Sippe, Sippschaft, Blutsverwandtschaft.

socer, Schwiegervater.

socrus, Schwiegersohn.

sorcrius, Schweitermann.

Spillemagen, weiblicher Verwandter, cognatus.

spurius = incerto patre natus D.

Sünerin, des Sohns Frau G.

Tatta, Tätte, Tate, Vater Gr.

Tett = materna A.

Tiehter = Enkel G.

Tötin = materna A.

Unterfippichaft = Verwandtichaft in abiteigender Linie G.

Ur — vor Verwandtichaftsnamen siehe unter pro.

Vergerhaben = bevormunden L.

Vrie, Frie = Liebeswerbung, Liebe L.

Vrebel, Vribil, Friedel, Fribil = Geliebter, Buhle, Gatte. fem.
vriedele L.

vittricus, Stiefvater, qui uxorem ex alio viro filium aut filiam
habentem duxit J.

vopiscus = de geminis — uno abortivo, alter qui legitime
natus fuerit J.

Wase = Base L.

Wirt, Wert, Würt = Ehemann L.

Wirtin, Wertin = Ehefrau L.

Beispiele für Aufstellung von Stammtafeln.

a.

Die älteren Genealogen pflegten die Beweisaufnahmen für
die auf den genealogischen Tafeln verzeichneten Thatsachen sehr
umständlich zu führen. Man begnügt sich heute mit einem abge-
kürzten Verfahren von Noten und Citaten, deren Nachprüfung
dem Leser überlassen bleibt. Aber es ist in der Sache ganz
richtig und zutreffend, wenn Gatterer jede genealogische Tafel
in eine Anzahl von historisch zu beweisenden Sätzen oder Theien
auflöst und dadurch allerdings die Untersuchung wesentlich erleichtert. Der wesentliche Zweck wird indessen wol auch durch die
heutige Methode des Citierens erreicht.

Wichtiger dagegen ist wohl der Umstand, daß für die verschiedenen Zeiträume von Familiengeschichte, das Beweis-Material
ein sehr verschiedenes ist und die Glaubwürdigkeit der Zeugnisse

und ihre Anfechtbarkeit zu ganz verschiedenen Aufstellungen führen muß. Hübner glaubt noch in seinem berühmten geneal. Werke von den ältesten Generationen der Merowinger folgendes berichten zu dürfen:

Pharamundus, Kg. d. Westfranken 419 † 425 oder 428 oder 43). Gemahlin Argotta, T. Genebaldi des letzten Hzgs. d. Westfranken.

Clodio oder Clodius Crinitus, Kg. 425. † 445. Gem. Basina T. Wibelphi, Kgs. in Thüringen.

Merovaeus I. Kg. 445 † 460.   Albero oder Sigimerus Stammvater
   (Gem. Verica   der karolingischen Könige.

Childericus Kg. 460 verjagt 461 restituirt 469. † 484. Gem. Basina eine untreue und verlaufene Gemalin des Thüringischen Königs
Chlodovaeus u. s. w.   Basini

Aber von den auf dieser Tafel stehenden Thatsachen läßt Giesebrecht unter Berufung auf Gregor von Tours (vgl. dessen Uebersetzung mit Stammtafeln, und Junghanus, Gesch. der fränkischen Könige Childerich und Chlodwich 1857 und darnach Kohn in Voigtel's St.) nichts anderes bestehen als:

Meroved)

Childerich I. Kg. d. Franken † 481 Gem. Basina

Chlodoved) I. u. s. w.

Daraus ergibt sich von selbst, daß die Glaubwürdigkeit aller der Zeugnisse, welche die Aufstellung eines Stammbaums von Pharamund zu gestatten schienen, von der heutigen kritischen Ge- schichtsschreibung mit Recht geläugnet wird.

b.

Dagegen ist keineswegs der Ursprung einer Familie anfecht- bar, weil etwa für denselben bloß chronistische Angaben vorliegen. Gatterer konnte schon seiner Zeit auf den Stammbaum der Hohenstaufen exemplifizieren, und wie aus den von Stälin und andern nachgeprüften Quellen zu ersehen ist, wird kaum von irgend

einer Seite eine erhebliche Einwendung gegen die von ihm aufgestellten genealogischen Sätze erhoben werden, die wir hier ebenfalls
nur in abgekürzterer Form als Fußnoten zur Nachahmung empfehlen:

Friedrich[1])

Friedrich v. Büren † ?[2])
Gem. Hildegardis
lebt 1094 † 1094—95.[3])

Otto Bf.	Friedrich Hg.	Ludwig Pfalzgr.	Walther[7]	Konrad	Adelheid[9])
v. Straßbg.	v. Schwaben	† vor 1104[6])		† 1094 od.95.[8])	
† 1100.[4])	† 1105[5])				
	Gem. Agnes				
	T. K. Heinrich IV.				
	† 1143.[10])				

Das gesammte staufische Haus.

—

[1]) Stammbaum in Epist. Wibaldi No. 384 Mart. Coll. 2, 557. Jaffe
I, 547 No. 408.

[2]) Ebd. und Otto Frising. Gesta Fr. I, Cp. 8. Die Bezeichnung als
Graf erscheint Stälin zweifelhaft. Wirt. Gesch. II. 229.

[3]) Urkundlich beglaubigt mit allen Kindern: Hildegardis begabt die
St. Fidis-Kirche zu Schlettstadt im Jahre 1094 — cum filiis suis videlicet
Othone Argentoratensis ecclesiae episcopo, Suevorumque duce Friderico,
Ludovico, Walthero, Conrado et filia sua Adelheida carissima. Herrgott
Gen. Habs. 2; 2, 129; Würdtwein Nov. subs. 6, 256. Reg. bei Stälin,
Wirt. Gesch. II, 38. Todesjahr nach Bisch. Ottos v. Straßburg Urkunde
von 1095, Jul. 23, bei Würdtwein, Nova subs. 6, 200.

[4]) Vgl. 3. Todesjahr bei Bernold. Chron. z. J. 1100. Mon. Germ. 7, 467.

[5]) Vgl. 3. Als Herzog mit Gemahlin Agnes bei Otto Frising. Gesta
Frid. I, cp. 8. Chronik von Petershausen bei Mone Quellens. I, 137. Urk.
Regesten bei Stälin, Wirt. Gesch. II, 38. Todesjahr Ekkehard chron. Mon.
Germ. 8, 230. a. a. 1105, vor dem 21. Juli mit Rücksicht auf Urk. Friedrichs II.
von 1105, Juli 21. Würdtwein, Nova subs. 6, 286.

[6]) Vgl. 3. Todesjahr nach einer Urk. von 1103 Hg. Friedrichs I. Schannat
Vind. coll. 1, 62. Stälin, Wirt. Gesch. II, 224.

[7]) Vgl. 3.

[8]) Vgl. 3. Todesjahr nach Urk. v. 1095 Jul. 23. Würdtwein, Nova
subs. 2, 260.

[9]) Vgl. 3.

[10]) Vgl. 5. Todesjahr Necrol. Admontense VIII. Kal. Octobr.

13*

c.

Auch für niedere Geschlechter lassen sich die Stammbäume
weit zurück, zum Theil selbst vor die Zeiten der Annahme von
Familiennamen, mit voller Sicherheit verfolgen. So hat Stälin
musterhafte Genealogieen von oberschwäbischen Herrengeschlechtern
aufgestellt, gegen die nicht der leiseste Zweifel verständigerweise
bestehen kann. Als Beispiel diene etwa der Ursprung einer
Familie, die unser Interesse auch dadurch erregt, daß ihr einer
der bedeutensten Geschichtsschreiber des 11. Jahrhunderts ange=
hörte: (Stälin Wirt. Gesch. I S. 554 f, vgl. auch Mon. Germ.
SS. Bd. V, wo in der Einleitung zu Herm. Contr. ebenfalls die
Stammtafel angeführt ist).

Die Grafen von Beringen.[1]

Wolferat I von Alshausen
seit 1004 Graf im Eritgau[2] † 1010[3]
(Gem. Berdita, Tochter Manegolds v. Dillingen † 1032.[4]

Wolferat II. († 1065)
(Gem. 1009 Hiltrud, T. Piligrins und Bertrades,
† 1052 begraben in Alshausen.[5]

Hermann	Werinhar	Wolferat III.	Manegold	Irmengart.[8]	Liutpold.[8]
Contractus geb. 1021, Mönch,[7]	† 1065.[8]	† 1104 od. 1100.[9]		und 9 weitere	
geb. 1013 † 1054		(Gem. Liethpilda		Geschwister.	
begr. in Alshausen.[8]		† an Gift[10]			

[1] Sie werden wegen der Gleichheit der Wappen beider Familien und
wegen der Lage ihrer Güter von vielen Schriftstellern mit den Grafen von
Nellenburg in Verbindung gebracht; zuerst erschienen sie mit dem Eritgau belehnt; ihr späterer Name rührt von der Burg Beringen im Lauchartthal.
Wolferat I. soll ein Bruder Eberharts II. von Nellenburg gewesen sein
(nach Neugart, Ep. Const. S. 342).

[2] Urk. Kg. Heinrichs II. von 1016; Dümge Reg. Bad. S. 15.

[3] Herm. Contr. u. a. 1010 (SS. V, S. 119): Senior Wolferadus
comes, paternus avus meus . . . IV. Non. Martii iam senex moritur.

[4] Herm. Contr. u. a. 1032: Bertha, avia mea, femina satis religiosa
XXIII. viduitatis anno XI. Kal. Jan. decessit. Ad. a. 955 nennt Herm.
Contr. den Dietbald von Dillingen aviae meae patruus; außer dem Bf.
Ulrich von Straßburg ist aber nur Manegold als Bruder Dietbalds bekannt
(Stalin I, 562).

d.

Wie aus den voranstehenden Beispielen zu ersehen, ergiebt sich die Genealogie sehr alter Zeiträume aus allgemeinen urkundlichen und chronistischen Nachrichten in mannigfacher Combination. Steigt man jedoch in den Jahrhunderten hinab, so erlangt die specielle Beurkundung der genealogischen Daten eine immer größere Bedeutung und die Anforderung an den zu erbringenden Beweis wird stärker. Als Beispiel mögen einige urkundliche Feststellungen, wie sie seit dem 15. Jahrhundert erforderlich erscheinen, nach einer von Burkhardt gearbeiteten und von Devrient rectificierten Stammtafel der Ernestiner hier angeführt werden.

⁵) Herm. Contr. a. a. 1009: Wolferadus comes Hiltrudem Piligrini et Berhtradae filiam (deren Familie unbekannt ist) uxorem duxit, ex qua postea, me Herimanno annumerato, XV liberos procreavit. Todesjahr Wolferats in dem freilich erst zu Anfang des vorigen Jahrhunderts abgefaßten Chron. Isenense bei Heß Mon. Guelf. S. 276 mit dem Zusatz: alii volunt anno 1069. Tod und Begräbnis der Hildrut Herm. Contr. a. a. 1052.

⁶) Herm. Contr. a. a. 1013: Herimannus ego XV. Kal. Aug. natus sum. Chron. Herm. cont. ad a. 1054 (SS. XIII, S. 780): Herimannus, Wolferadi comitis filius, ab infantia omnibus membris contractus, sed omnes tunc temporis viros sapientia et virtutibus praecellens, in Aleshusan praedio suo defunctus ac sepultus est. Chron. S. Blasii a. a. 1054: Hermannus Contractus, homo Dei VIII. Kal. Octob. feliciter expiravit.

⁷) Herm. Contr. a. a. 1021: Werinharius frater meus, Kal. Novembris nascitur. ibid. 1053: Werinharius, frater meus, Augiensis monachus, admodum doctus etc. iuvenis — peregrinationem an. pro Christo adgreditur.

⁸) Chron. Isenense.

⁹) Paul. Bernried, Vita S. Gregorii VII. c. 31 bei Mabillon Act. SS. ord. Bened. saec. 6. pars. 2. S. 445 ed. Venet.: Comes Manegoldus . . . . Hic . . . . . . a sapientissimo fratre suo, Herimanno videlicet Contracto . . . . informatus. Bei Ortlieb in Heß Mon. Guelf. S. 184 heißt er Comes de Veringen. Daemge Reg. Bad. S. 119. Chron. Isenense bei Heß a. a. O. S. 277: Obiit . . . Mangoldus comes VII. Idus Febr. a. C. 1104 vel 1106, utramque enim annum reperio.

¹⁰) Heß 276. Vielleicht verschrieben für Liuthild. Paul Bernried l. cit.

Ernst

geb. 24. März 1441,[1] † 26. Aug 1486[2]:

verm. 12. Nov. 1460 mit Elisabeth von Bayern[3],

† 5. März 1484.[4]

Christine,	Friedrich III. der Weise,	Ernst,	Albrecht,
geb. 25. Dec. 1461,[5]	geb. 17. Jan. 1463[6]	geb 26. Juni 1464[11]	geb. 1467,[12]
† 8. Dec. 1521;[8]	† 5. Mai 1525.[10]	† 3. Aug. 1513.[12]	† 1. Mai 1484[14]
verm. 6. Sept. 1478 mit			
Johann von Dänemark[7]			
† 20. Febr. 1513.[8]			

Johann der Beständ.,	Margarethe,	Wolfgang,
geb. 30. Juni 1468,[15]	geb. 4. Aug. 1469,[21]	geb. frühzeit. 1470,
† 16. Aug. 1532;[16]	† 7. Dec. 1528;[22]	† um 1475.[18]
verm. 1) 1. März 1500 mit	verm. 27. Febr.	
Sophie v. Mecklenburg,[17]	1487 mit Heinrich von	
† 12. Juli 1503[18]	Braunschweig-Celle,[23]	
2) 13. Nov. 1513 mit	† 29. Febr. 1532[24]	
Margarethe v. Anhalt[19]		
† 7. Oct. 1521.[20]		

---

1) Handschriftliche Bemerkung an einem Exemplar der Goldenen Bulle bei Tenzel, curiöse Bibl. I, 1125: anno 1441 feria sexta post Oculi et fuit notanter vigilia annunciacionis beatae virginis Mariae u. s. w. Spätere Quellen geben den 25. März.

2) Grabschrift in Meißen, abgedruckt bei Mencke, Script. rer. Germ. II, 808 und in der Thuringia Sacra S. 951 : 1486. Die 26. Augusti. Gedächtnismünzen bei Tenzel, Saxonia Num. lin. Ern. S. 10 ebenso.

3) Struve, Hist. u. pol. Archiv III. 4. Anm. nach dem Original des Heiratbriefes: anno 1460. Mittwochs nach Martini.

4) Grabschrift in der Paulinerkirche zu Leipzig, abgedruckt bei Mencke II, 869, Tenzel, cur. Bibl. I, 1125 und in der Thur. Sacra S. 951: Freitag nach Estomihi zu Mitternacht. Ebenso Spalatin bei Struve III, 24.

5) Spalatin bei Struve III, 38: ist jung worden zu Torgau in der heyligen Christnacht 1462, d. h. 24./25. Dec. 1461, da das Jahr mit Weihnachten begann.

6) Spalatin bei Mencke II, 609 in festo conceptionis Gloriosiss. Virginis Mariae. Ebenso Script. rer. Dan. I, 148. V, 514. Grabschrift bei Burkhardt 3.

7) SS. rer. Dan. I, 146: In Haffnia regina regum nuptie sunt peracte A. D. 1478. VIII. Idus Septembris. Müller, Sächs. Annales S. 46.

8) Corn. Hamsfort, Series reg. SS. rer. Dan I, 41: Alburgi Anno 1513. 9. Cal. Febr.

⁹) Brief der Mutter an Hg. Wilhelm in Weimar bei Spalatin her. v.
Reudeder und Preller S. 21: zu Torgau am Montag Antonii LX tertio.
Friedrichs Grabschrift Vixit Annos LXII. Menses III. Dies XIX. Horas
fere III. ergiebt dasselbe.

¹⁰) Grabschrift in der Wittenberger Schloßkirche, abgedruckt bei Schadow,
Wittenberger Denkmäler S. 114, bei Mende II, 872 und in der Thur.
Sacra S. 952. Decessit Anno Christi MDXXV. Die V. Maii. Siehe
auch Spalatin bei Reudeder u. Preller S. 67, bei Struve III, S. 100
und bei Mende II, 643.

¹¹) Spalatin bei Burkhardt 7: St. Johanns und St. Paulstag 1464.
Die Grabschrift: vixit annis XLIX. mens. I. diebus VI führt auf den
27. Juni 1464, wobei der Tag verrechnet sein wird. Die Richtigkeit der Jahreszahl wird der allgemein verbreiteten Angabe 1408 gegenüber gesichert durch die
Urk. des Legaten Barth. de Maraschis für Ernst vom 26. Juli 1484 (Viertel-
jahrsschr. f. Wappen-, Siegel- und Familienkunde 1897, Heft 1. S. 109), in
der es heißt: tu qui in vigesimo primo tue etatis anno constitutus existis
u. s. w.

¹²) Bleitafel im Sarg, Magdeburger Schöppenchronik (Städtechroniken VII),
S. 420 und Seckendorf, Hist. Luthern. I, S. 145, auch Mende II,
1100, Anm. g: Obiit Halis in arce D. Mauricii die Mercurii, 3. Augusti
anno 1513. Grabschrift im Magdeburger Dom, abgedruckt bei Struve III,
37. Seckendorf I, S. 145. Mende II, 1100, die tertia mensis Aug.

¹³) Spalatin bei Struve III, 22: „geboren zu Meißen, nach Christi Geburt 1467."

¹⁴) Grabschrift in Mainz, abgedruckt bei Struve III, 25. Mende II,
869 und in der Thur Sacra S. 951: 1784. Kal. May.

¹⁵) Spalatin bei Struve III, 45: „1468 zu Meißen am nächsten Tag
nach Petri und Pauli." Die Jahreszahl — von Späteren angegriffen — ist
gesichert durch die Jahresrechnung 1468 des Rats zu Meißen, in der zwischen
dem 24. Juni und dem 7. Aug. eingetragen ist: „Item 20 gr. zcu dem botin
brothe vnnsir gnedigen franwen dyner in vorkundigunge des nuwen hern herc-
zogen Hannses" (Pfotenhauer in Webers Archiv f. sächs. Gesch. VIII, 320).

¹⁶) Grabschrift in der Wittenberger Schloßkirche, abgedruckt bei Schadow
114. Mende II, 871. Thur Sacra S. 952: Decessit anno netatis LXV.
die XVI. Augusti An. Domini M.D.XXXII. Ausführlicher Bericht von
Spalatin bei Struve III, 192—194.

¹⁷) Spalatin a. a. O. 61: Sonntag Esto mihi. Gesta arch. Magd. SS.
XIV, 483: 1500 Dominica Esto mihi. Müller, Annal. 59 zu 1500: „1. Mart.
Am Sonntage Esto mihi."

¹⁸) Grabschrift in Torgau, abgedruckt in der Thur. Sacra S. 952: Anno
M.D.III. am obent Mararethe. Fabricius, Orig. Sax. l. VIII, S. 23 : 4.
Idus Julii. Müller 62 zu 1503: „12. Juli Am Abend Margrethä."

[19] Excerpta Sax. bei Men de II, 1484: (MVCXIII.) Sontags nach Martini. Müller S. 68 zu 1513: „13. Nov. zu Torgau."

[20] Spalatin bei Strude III, 48: „nach Christi Geburth 1521. Montag der heiligen Merterer Sergi und Bahi des 8. tags des Octobris," und bei Men de II, 608: VIII. Idus Octobr. quae et octava fuit ejusd. mensis feria II. die SS. Martyrum Sergii et Bacchi obiit. Sergius und Bacchus fallen aber nicht auf den 8., sondern auf den 7. Oct., der i. J. 1521 ein Montag war.

[21] Burkhardt 11 nach einem Actenstück des Weimarer Archivs: „Freitag nach Petri Kettenfeier in der 5. Stunde 1469."

[22] Grabschrift in Weimar, abgedr. bei Schöll, Weimars Merkwürdigkeiten S. 30. Wette, Hist. Nachr. I, 305. Men de II, 809. Thur Sacra S. 951. Siehe auch Spalatin bei Men de III, 1102.

[23] Bothon. Chron. pictur. bei Leibniz Script. rer. Brunsv. III, 423.

[24] Grabschrift im Kloster Wienhausen, Lichtdruck im Deutschen Herold 1894. N. 9: M.D.XXXII. Februarii die XIXl. qui fuit dies martis post Reminiscere.

[25] Spalatin bei Burkhardt 13: „jung, ungeferlich im fünften Jar gestorben."

Zweiter Theil.

Die Ahnentafel.

— —

Erstes Capitel.

Form und Inhalt der Ahnentafel.

Im Gegensatze zur Stammtafel bietet die Ahnentafel ein ihrem Inhalte nach unbegrenztes Feld der Darstellung dar, und es ist unter diesen Umständen sehr schwierig passende Formen für die Ausführung von Ahnentafeln zu finden. Die Stammtafel läßt sich durch Einschränkung auf die männlichen Descendenzen wie wir gesehen haben (Cap. III) sachgemäß zu einem überall noch übersichtlichen Bilde gestalten und sie zeigt unter allen Umständen einen in irgend einem Zeitraum gegebenen Abschluß der Geschlechtsfolge. Die Ahnentafel fordert dagegen ihrer Idee und Absicht nach die unweigerliche Aufnahme aller in aufsteigenden Reihen an dem Leben eines Individuums betheiligten Erzeuger männlichen und weiblichen Geschlechts. Diese Reihen verdoppeln sich in arithmetischer Progression und finden eine Grenze ihres Wachsthums lediglich in der Unmöglichkeit eines individualisirten Nachweises, nicht aber in der unzweifelhaft vorauszusetzenden Wirklichkeit der Dinge selbst. Der Stammbaum findet, wo er auch angefangen wurde, in den heute lebenden Nachkommen eines Stammvaters seinen zeitlichen, und in dem etwa eingetretenen Aussterben der Geschlechter seinen dauernden Abschluß, die Ahnentafel dagegen ist ihrem Wesen nach ohne erdenklichen Endpunkt; mathematisch betrachtet reicht sie in die Unendlichkeit. Jede Zahl von Voreltern eines Menschen muß immer wieder mit zwei multiplizirt werden, wenn man die Erzeuger derselben zahlenmäßig bezeichnen soll. Die Grenze der Ahnentafel wird mithin nur durch das Aufhören der historischen Ueberlieferungen herbeigeführt, und sie ist daher selbstverständlich für jede einzelne Person eine sehr

verschiedene. Die weitaus größte Menge der Menschen kennt kaum
die Reihe der Großeltern genau, die der Urgroßeltern entzieht sich
fast ganz dem Gedächtnisse der großen Masse der Lebenden. Die
streng historische Arbeit beginnt für den, der seine Ahnen aufstellt
— man kann sagen gleich bei dem ersten Schritte. Indessen gab es
seit dem 13. Jahrhundert bis auf unsere Zeit besonders für den
Adel zwingende Gründe, um die Geschlechtsreihen bis zu 16 und
selbst 32 Ahnen möglichst genau zu bestimmen. Es sollen im
nächsten Capitel die rechtlichen und gesellschaftlichen Motive der
Aufstellung von Tafeln mit 8, 16 oder 32 Ahnen speziell erörtert
werden, hier sei über die Form dieser Aufstellungen nur bemerkt,
daß man Ahnentafeln, meist von unten nach oben fortschreiten
läßt, weil auf diese Weise der Begriff der Ascendenz dem Auge
deutlicher erkennbar wird, und weil es bei der Ahnentafel vor
allem darauf ankommt die jedesmal oberste Reihe, in gerader
Linie zur Anschauung zu bringen. Da aber die Darstellung von
mehr als 32 Ahnen in einer geraden horizontalen Linie die Uebersicht sehr erschwert, so hat man es häufig vorgezogen die Ahnen
in vertical verlaufenden Geschlechtsreihen zur Darstellung zu bringen, eine ansprechende Form, durch welche sich insbesondere die alten
Werke von Spener und Seuffert auszeichneten und dadurch zu
großer Beliebtheit gekommen sind. Wenn sich in früheren Jahrhunderten wie oben gezeigt wurde (vgl. 1. Theil Cp. 2) Ahnentafeln,
ebenso wie Stammtafeln zur Decoration von Wänden verwendet
finden, so versteht sich leicht, daß der Maler die von unten nach
oben wachsende Form am liebsten gewählt hat, weil er dadurch
in der Lage war, beim Stammbaum sich den Aesten und Zweigen
des Baums bildlich anzuschmiegen und bei der Ahnentafel den
Strom der Zeugungen wie ein Zusammenfließen vieler Bäche
erscheinen zu lassen.

Eine große Schwierigkeit in Bezug auf die Form der Ahnentafel wird immer dadurch verursacht werden, daß sich nur eine
beschränkte Zahl aufsteigender Geschlechtsreihen im Wachsthum
ihrer Breite übersichtlich darstellen läßt. Es sind zuweilen genealogische Kunststücke gemacht worden, wo man die Ahnen gewisser
Häuser auf einer einzigen Tafel bis in hohe Geschlechtsreihen

vorzustellen versuchte, aber eine Benutzbarkeit solcher mühevoller
Arbeiten schließt sich von selbst aus.[1]) Man sollte bei Darstellung
von Ahnentafeln als Grundsatz festhalten, daß der Nachweis von
32, oder höchstens 64 Ahnen das äußerste ist, was auf einem
Blatte geleistet werden kann, auch diese Form wird sich fast nur
bei der sogenannten Quertafel befriedigend anwenden lassen.

Wer 64 Ahnen darstellt, nimmt von den Kindern eines Elternpaares seinen Ausgangspunkt; (es braucht kaum erinnert zu
werden, daß eben nur die von einem und demselben Elternpaare
abstammenden Geschwister dieselbe Ahnenreihe haben) und steigt
zu der sechsten Generation empor, indem er den Eltern folgend
zuerst die Reihe der vier Ahnen, dann die der acht, der sechzehn,
zwei und dreißig und endlich der vier und sechzig nachzuweisen
hat.

Ein Uebelstand der meisten Sprachen ist es, daß diese aufsteigenden Generationsreihen nicht mehr durch ganz anerkannte,
allgemein verständliche Namen bezeichnet werden können. Es
würde daher sehr erwünscht sein, wenn sich wenigstens die Genealogen unter einander über eine Reihe von Namen einigen könnten,
die dann zu bleibender Anwendung kämen. Zu empfehlen ist in
dieser Beziehung das Schema, welches im vorigen Jahrhundert

---

[1]) So wurde vor mehreren Jahren eine Riesentafel angefertigt von den
Ahnen des Erzherzogs Ludwig Victor, der als Probant aufgestellt war. Die
Ahnenprobe reichte bis zu 1024 Ahnen und zählte sie alle nebeneinander ohne
Berücksichtigung des Ahnenverlustes auf. Dieselbe war von dem kgl. preuß.
Major Eduard von Fehrentheil und Gruppenberg verfaßt, und in der heraldischen
Ausstellung des Vereins Adler in Wien im Jahr 1878 zu sehen. Sie befindet
sich im Besitze des Erzherzogs Ludwig Victor. Vgl. den über die Ausstellung
im Jahre 1881 erschienenen Bericht, wo der Artikel Genealogie von dem trefflichsten Kenner genealogischer Dinge, dem Grafen von Pettenegg verfaßt und zu
vgl. ist. Auch manche andere Formen sind hier zu erwähnen: In Kreisform
ist die Ahnentafel Kaiser Wilhelms II. vor kurzem in einer Extrabeilage der
Zeitschrift: Vom Fels zum Meer XVI. Jahrgang, 2. Heft erschienen. Es sind
so Generationen zur Darstellung gebracht. Die Uebersichtlichkeit ist dabei nicht
groß. Tischplatten sind ebenfalls zuweilen zu genealogischen Darstellungen benutzt worden; eine solche auf Kehlheimer Stein geätzt, findet sich im öster.
Museum für Kunstindustrie in Wien.

von Damian Hartrad aufgestellt worden ist, welcher bis zur Ahnenreihe der Zweiunddreißig folgende Namen empfahl.[1])

Ahnen

32 =	16 Uraltväter	16 Uraltmütter.
16 =	8 Altväter	8 Altmütter.
8 =	4 Urgroßväter	4 Urgroßmütter.
4 =	2 Großväter	2 Großmütter.
2 =	Vater	Mutter

Kinder

[1]) Ein anderer ähnlicher aber umfassenderer Vorschlag wird im Herold
Jhrg. XXVI. S. 49 gemacht:

1. Vater	11. Stammgroßvater,	26. Edelobervater,
2. Großvater,	12. Stammurgroßvater,	27. Edelobergroßvater,
3. Urgroßvater,	u. s. w.	28. Edeloberurgroßvater,
4. Altvater,	19. Edel oder Edeling,	29. Edelstammvater,
5. Altgroßvater,	20. Edelvater,	30. Edelstammgroßvater,
6. Alturgroßvater,	21. Edelgroßvater,	31. Edelstammurgroßvater,
7. Obervater,	22. Edelurgroßvater,	32. Ahn,
8. Obergroßvater,	23. Edelaltvater,	33. Urahn.
9. Oberurgroßvater,	24. Edelaltgroßvater,	
10. Stammvater,	25. Edelalturgroßvater,	

Für den praktischen Gebrauch würde es genügen No. 1—10 anzuwenden
und für 11 u. 12 Ahn und Urahn zu sagen; jedenfalls wäre es schon ganz
erfreulich, wenn sich für die sechs oberen Generationen ein fester Sprachgebrauch
bildete; wer gleich mit Forderungen für 33. anfängt, wird vermutlich gar nichts
erreichen. Auch die praktischen Römer sind (vgl. die Tafeln) überall nur bis
zum protritavus in ihrem Sprachgebrauch fortgeschritten, was darüber hinaus
geht, sind eben majores, gleichwie in der Descendenz bis zum protrinepos
herabgestiegen wird, und alsdann die posteri ohne besondere Bezeichnung folgen.
Es ist bei dieser Nomenclatur ja vor allem zu beachten, daß es sich darum
handelt die gleiche Menge von Namen für Ascendenz und Descendenz zu schaffen,
denn um das Verhältnis von ego zu tritavus zu bezeichnen reicht es nicht
aus, bloß für den Uraltvater einen Namen zu haben, es muß auch ein Name
bestehen um das Verhältnis von tritavus zu ego bemerklich zu machen und
dazu ist trinepos gebräuchlich, aber darüber hinaus geht es höchstens noch bis
zum protrinepos.   Franzosen und Italiener helfen sich bekanntlich durch die
Zahlwörter, welche dem aycul und avolo vorgesetzt werden; die deutsche Wort-
bildung widerstrebt jedoch diesem System. Daß die Bezeichnungen im lateinischen
bei den Chronisten schwankend geworden sind, ist richtig und mag ja zu der
völligen Abweichung der Namen in den lateinischen Idiomen schließlich geführt haben.
    Du Cange reicht wol zur Erklärung dieser Dinge nicht aus; von dem
Thesaurus der vereinigten Akademien muß das nötige erwartet werden.

Die besonders für praktische Zwecke angefertigten Ahnentafeln
bedürfen niemals eine die Reihe der Uraltväter und Uraltmütter
überschreitende Darstellung: der Nachweis von 32 Ahnen ist im
allgemeinen schon so schwierig, daß man in keiner Rechts- und
Standesfrage über diese Forderung jemals hinausging. Wenn
nun aber die Aufstellung einer solchen Ahnentafel mit Rücksicht
auf den zu erweisenden Adel einer Person geschieht, so pflegen die
Formen solcher Adelsproben seit langer Zeit dieselben zu sein, und
es ist bereits von Gatterer ein praktisches Beispiel gegeben, welches auch heute noch meist in den amtlichen Schriftstücken betreffs
der Adelsproben angewendet und nachgeahmt zu werden pflegt.
Bei der Adelsprobe handelt es sich nämlich darum den Adel jeder
der in der Ahnentafel aufgenommenen Personen nachzuweisen,
was man der Hauptsache nach nur durch eine Reihe von Beilagen
zu leisten im Stande sein wird, die sich unter entsprechenden Verweisungen an die Ahnentafel anschließen.[1]) Um aber auf der
Tafel selbst eine Uebersicht des Adels der Personen darzubieten,
aus denen die Ahnenreihen gebildet sind, werden die Familienwappen gerne sogleich zu den einzelnen Namen hinzugefügt.[2]) Man
pflegt daher die Adelsproben in aufsteigender Form unter Beifü-

---

[1]) Gatterer hat hier die von Estor, Anleitung zur Ahnenprobe aufgestellte
Ahnenprobe des Carl Friedrich Reinhold von Baumbach seinem Lehrbüchlein
einverleibt. Ich habe geglaubt etwas vollkommeneres als Beispiel für die
Ahnenprobe aus der neuesten Zeit beifügen zu sollen und freue mich außerordentlich der werthvollen Unterstützung des gelehrten Rathsgebietigers des
deutschen Ordens in Wien, S. Excellenz des Herrn Grafen von Pettenegg hierbei gefunden zu haben. Die Ahnenprobe, welche derselbe mir zur Benutzung
überließ, ist in der Beilage zum 2. Capitel dieses Theils abgedruckt.

[2]) Vgl. die erwähnte Ahnenprobe bei Estor und Gatterer in hübscher
Abbildung, und die köstlich stilisirte Ahnenprobe Illustrissimae principis et
Dominae D. Annae Mariae Palatinae Rheni et Ducissae Saxoniae Vi-
mariensis, verheiratet mit Herzog Friedrich Wilhelm von Weimar 1591. Es
würde bei so vielfach vorliegenden Abbildungen wol als ein Lurus erscheinen
sein mein Lehrbuch durch viele Kunstbeilagen zu vertheuern, und der Leser sei
dafür ein für allemal auf sein eigenes weiteres Studium gewiesen. Der fragliche Ahnenbaum findet sich in dem kleinen leicht zugänglichen Büchlein von
Freiherrn von Lütgendorff-Leinburg: Familiengeschichte, Stammbaum und Ahnenprobe.

gung des Wappens am untern Rande der Tafel zu beginnen und
mit den 16 oder 32 Wappenbildern der Altväter oder Uraltväter-
Reihe oben zu beendigen.

Wenn aber eine solche mit den Wappen der betreffenden Personen ausgeführte Ahnenprobe bei jedem einzelnen Namen das
Familienwappen hinzufügt, so ist es klar, daß sich in jeder der Generationsreihen dieselben Wappen immer wieder wiederholen werden.
Es ist völlig ausreichend wenn die Wappen in der obersten Reihe
angebracht sind, weil sich von selbst versteht, daß diese Ahnen-
wappen auf die untere Reihe übergehen. Wer also in der
Zweiahnenreihe zwei Wappen anbringt, könnte, wenn er dieselben Wappen nicht immer wiederholen wollte, schon in der Vierahnenreihe zwei in der Achtahnenreihe vier und in der von
sechzehn acht Bilder durchaus entbehren. Stellt er mithin eine
Ahnenprobe dar, bei welcher die Wappen aller einzelnen Personen
unmittelbar über ihren Namen abgebildet und also immer wiederholt werden, so mag dies durch allerlei künstlerische und Schön-
heitsgründe erwünscht sein, aber vom heraldisch-genealogischen
Standpunkt genügt allemal der Wappennachweis in der obersten
Reihe jener Ahnen, die man eben nachzuweisen sich bestimmt findet.
Diese Betrachtung hängt mit dem Ahnengesetz, mit dem mathematischen Ahnenbegriff selbstverständlich zusammen und bedarf
keiner weiteren Erklärung. Wol aber darf vorausgesetzt werden, daß
diejenigen, welche an genealogisches Denken gewöhnt sind, bei der
Abfassung von Ahnentafeln, Wappenbilder gewiß immer nur
in der obersten Reihe vor ihrem geistigen Auge erblicken werden.[1]

Es gibt eine gewisse Art von Ahnendarstellungen, bei welchen
aber diese Voraussetzung sich als sehr wichtig erweist: Ahnentafeln oder
richtiger gesagt Ahnennachweise, bei welchen man bloß Wappen
ohne jede Zuthat von Namenserklärungen sprechen läßt. Diese

[1] Eitor, prakt. Anleitung zur Ahnenprobe S. 460. Bucelinus, Germania Topo- Chrono- Stemmatographica sacra et profana, wo sich viele Abbildungen finden ebenso D. H. von und zu Hattieni, die Hoheit des teutschen Reichsadels, Rudolphi, Heraldica curiosa, die andere Abtheilung von den heutigen Wappen und deren Gebrauch; Salver, J. C. Proben des hohen teutschen Reichsadels. S. 105—176.

Art der Darstellungen findet sich sehr häufig auf Katafalken, Grab=
steinen und ähnlichen Denkmälern der bildenden Kunst.[1]
Im 13. und 14. Jahrhundert wurde auf Grabsteinen gewöhn=
lich nur das Stammwappen der Verstorbenen angebracht, doch
kommen auch die Wappen ihrer Eltern vor. War das Stamm=
wappen etwa schon in der Mitte des Grabsteins eingemeißelt, so
war es vom Ueberfluß das gleichgeartete Wappen des Vaters
auch nochmals in der Ecke des Steins rechts correspondirend dem
Wappen der Mutter links anzubringen. So mochte schon die Rück=
sicht auf das künstlerische Ebenmaß bei dem Steinmetz den Wunsch er=
regen in jeder Ecke des Grabsteins ein Wappen anbringen zu können.
Indem er aber an seiner mittleren Wappendarstellung zur Bezeich=
nung des Verstorbenen festhielt, blieben ihm noch vier Plätze die
er den Großvätern und Großmüttern widmen konnte. Es lassen
sich nun die mannigfachsten Combinationen in Bezug auf die Ord=
nung denken, nach welcher die Wappen der Ahnen aufgestellt wor=
den sind und da man im Laufe der Zeit zu der Sitte überging auch
acht und selbst sechzehn Wappen auf den Grabsteinen und Kata=
falken anzubringen, so bieten manche dieser künstlerischen Leistungen
eine vollständige Ahnenprobe dar. Die richtige Lektüre einer solchen
gemeißelten Wappentafel gehört aber mitunter zu den allergrößten
Schwierigkeiten, zu deren Lösung wol auch ein so großer Kenner
dieser Dinge, wie Fürst F. K. zu Hohenlohe=Waldenburg keinen all=
gemein giltigen Schlüssel zu finden wußte.[2] Dagegen unterließ

---

[1] Aenderungen des Wappens im Verfolge der Geschlechter sind in den
Probationsbeilagen nachzuweisen und zu besprechen.

[2] Correspondenzblatt der deutschen Alterths.=Vereine. VII. nro 10; 1859
92 — 94. mit Beilage. Fürst Hohenlohe=Waldenburg hält folgendes für normale
Darstellungen:

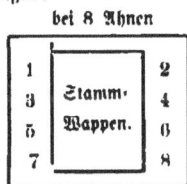

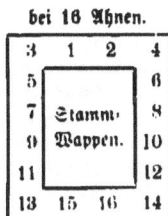

bei 8 Ahnen	bei 16 Ahnen

bei 8 Ahnen:

1	Stamm=	2
3	Wappen.	4
5		6
7		8

bei 16 Ahnen:

3	1	2	4
5			6
7	Stamm=		8
9	Wappen.		10
11			12
13	15	16	14

er nicht auf Grund des bisherigen Gebrauchs einige Regeln für
die Zukunft aufzustellen, welche bei Monumenten aller Art und archi-
tektonischen Darstellungen nicht außer Acht gelassen werden sollten.

Zur Entzifferung und genaueren Benutzung solcher Ahnenproben, die lediglich auf Wappendarstellungen beruhen, sind aber
mancherlei Versuche gemacht worden in der Absicht, um auch Grabsteine und ähnliche Monumente zum genealogischen Quellenmaterial
besser heranziehen zu können. Besonders ist dieser Gegenstand von
Herrn von Lüttgendorff-Leinburg in erschöpfender Weise in
seinem oft genannten schönen Büchlein behandelt worden und man
findet daselbst die Reihenfolge der Wappen auf Grabsteinen bei
zwei, vier, acht und sechzehn Ahnen sowie auch bei Mann und Frau
oder bei einem Manne mit zwei Frauen genau beschrieben und
abgebildet. Es liegt mir außerdem im Manuscript eine auf mathematischer Combination beruhende Arbeit über den Gegenstand
von Herrn Dr. Hermann Hahn in Berlin vor, die, wenn sie gedruckt sein wird, einen Weg weisen dürfte, um der Sache noch
näher zu treten. Vorläufig läßt sich aus Vergleichungen, die
zwischen anderweitig sichergestellten und auf Wappendarstellung gegründeten Ahnenproben angestellt worden sind, nur sagen, daß
das Kunsthandwerk der früheren Jahrhunderte ziemlich leichtfertig
und oberflächlich verfuhr, und doch wahrscheinlich nur dann sich
an strenge Regeln hielt, wenn es unter eine genaue Aufsicht genealogischer Sachverständiger gestellt war. Daß dies nicht allzu häufig
der Fall gewesen sein dürfte, kann man aus Vorkommnissen erschließen, die auch heutzutage nicht zu den Seltenheiten gehören
und wofür Zeitschriften wie Herold und Adler häufig genug be-
denkliche Beispiele zur Kenntniß zu bringen oder festzunageln sich
bemüßigt finden.

Diesem Normalschema stehen jedoch die stärksten Abänderungen entgegen, die
sich in andern Fällen nachweisen lassen, und man findet bei Salver und in Bezug
auf Würzburg bei Rudolphi, Heraldica curiosa, allerlei Abweichungen. Der
Gegenstand ändert aber an dem Wesen der Ahnenprobe wenig und ist eigentlich mehr archäologischer Natur. Hier sollte dem Lehrer nur ein ohngefähr
Begriff von der Sachlage gegeben werden, die doch, wie ich aus der Arbeit
des Herrn Dr. Hahn ersehe, im einzelnen zu wenig sicheren Schlüssen führen
kann.

Abweichungen im Gebrauch und in den Formen der Ahnentafeln.

Neben den in der Natur der Ahnentafeln begründeten Aufstellungen von vier, acht, sechzehn u. s. w. Ahnen gibt es eine
Anzahl thatsächlich vorkommender Ahnenproben, die sich aus Gewohnheiten und Gesetzen verschiedener Länder, Institutionen und
Gesellschaften gebildet haben ohne doch irgend einen vernünftigen Zusammenhang mit den realen Grundlagen der Ahnentafel der Menschen
überhaupt zu besitzen. Bei einer großen Anzahl von Institutionen,
bei welchen ehedem die Ahnenprobe im Sinne des Nachweises
einer gewissen Zugehörigkeit zu einem Stande unweigerlich erfordert
worden ist, fanden im Laufe der Zeit Ermäßigungen betreffs der
Erprobung statt, wodurch sich ganz besondere Arten von Ahnenproben ausgebildet haben, die eigentlich mit der wirklichen Ahnentafel nur noch dem Namen nach verwandt sind.

Bei manchen älteren erst in neuerer Zeit abgezweigten Institutionen wie dem königlich preußischen Johanniter-Orden ist die
Ahnenprobe ganz erlassen worden; bei anderen wie dem königlich
ungarischen St. Stephansorden ist sie zu einem dürren Schema von
sechs adeligen direkten Vorfahren zusammengeschrumpft und erinnert
in dieser Form eigentlich an die Anekdote vom ungarischen Globus.
Bei den Sternkreuzordensdamen verlangt man den Nachweis von
acht väterlichen aber nur von vier mütterlichen Ahnen. Ungenau
ist dabei der Ausdruck einer Probe von 12 Ahnen, denn man
kann wol 12 Ahnen statt 16 haben, wenn vier durch voran-
gehende Verwandtschaftsheiraten verloren gegangen sind, (siehe das
nachfolgende 3. Capitel) aber niemals können acht Ahnen der
Sechzehner- und vier Ahnen der Achterreihe zusammen zwölf Ahnen
ergeben. Was in diesen Fällen stattfindet ist, richtig ausgedrückt, vielmehr die Nachsicht des Adelsnachweises der mütterlichen acht Ahnen,
die sonst so gut wie die des Vaters nachgewiesen werden sollten.
In Wirklichkeit kann niemandem ein Ahne nachgesehen werden,
und es ist in der That wissenschaftlich verkehrt von einer Probe
von zwölf Ahnen zu sprechen. Ebenso ist alles, was von sogenannten Ahnenproben des ungarischen Adels in direkten Ascendenzen unter Zugrundelegung bloß adeliger Väter gilt, kein Gegen-

14*

stand wissenschaftlicher Genealogie, sondern nur ein zufälliger Gebrauch bestimmter Staats- und Gesellschaftsformen.[1]) Wahrscheinlich ließen sich die Fälle von eigenthümlichen Forderungen in dem
Nachweis gewisser Vorfahren unendlich vermehren, wenn man die
Sitten und Einrichtungen aller Völker mit heranziehen wollte, die
seit den Zeiten der Indogermanen einem gewissen Ahnencultus treu
geblieben sind, der von dem Erwachen des genealogischen Bewußtseins in der Menschheit unzertrennbar war.

Viel eingreifender und wichtiger ist dagegen eine andere Frage
des Gebrauchs der Ahnentafel, welche dadurch entsteht, daß in

---

[1]) Die ganze Sache, von Lüttgendorff-Leinburg S. 73 — 107 trefflich
und fast erschöpfend behandelt, genügt uns in diesem System der wissenschaftlichen Genealogie hier erwähnt zu finden. Für die Ahnenprobe wichtig ist, daß
1. Geschenkte Ahnen, 2. Neugeadelte, 3. Kinder von Neugeadelten, 4. Legitimirte
Kinder, 5. Adoptivkinder, 6. Patriziats-Adelige nicht als Ahnen gezählt werden
dürfen.

Von diesen verschiedenen Arten nicht giltiger Ahnen verdienen die sogenannten „geschenkten" noch eine besondere Erwähnung. Man versteht darunter
nichtadelige Vorfahren, die bei Verleihung von Adel gleichsam nachträglich mit
in den Adelstand erhoben worden sind. Die zur Nobilitirung berechtigten Personen haben zuweilen, um einem neuen Adel einen größeren Werth und eine
gewisse Gleichstellung mit dem alten Adel zu geben sich auch noch berechtigt
geglaubt eine gewisse Anzahl von Ahnen zu „schenken". Doch vermochten sich
solche geschenkte Ahnen trotzdem in statutenmäßig vorgeschriebene Ahnenproben nicht einzudrängen. Eine conservativere Auffassung des Ständebewußt-
seins widerstand also diesen Versuchen der Nobilitirungswillkühr. Die oben
beschriebenen Ahnenproben (lucus a non lucendo), welche besonders in Oesterreich eingeführt worden sind, haben ebenfalls keinen anderen Zweck als Leuten,
die ihrer Abstammung nach die nötigen Bedingungen nicht erfüllen konnten, den
Genuß von Einkünften und Ehren zu ermöglichen und zu erleichtern. Es ist
eine andere Gattung von geschenkten Ahnen, die damit constituirt worden ist
— in dem einen Falle werden die Todten nobilitirt und in dem anderen Falle
ist der Nachweis geschenkt von so und sovielen Ahnen, deren Qualitäten nicht
weiter untersucht werden sollte. Denn daß die Leute Ahnen haben, soll ja damit nicht bestritten sein, man kennt sie eben nur nicht, oder kennt ihre Qualitäten nicht und man verlangt nicht, daß sie nachgewiesen werden, weiter hat
das ganze keinen Zweck und müßte eigentlich unter dem Titel der „Dispen-
sationen" behandelt werden, wenn man auch noch hierin systematisch vorgehen
wollte.

vielen ja in den meisten Fällen schon bei zweiunddreißig Ahnen
vermöge der bei den Heirathen vorkommenden Verwandtschaften
Ahnenverluste entstehen. In Folge dessen ist bei Nachweisen von
sechzehn und zweiunddreißig Ahnen die Erscheinung zu beobachten,
daß mehrfach Individuen in den Urgroßväter-, Altväter- und Ur-
altvätergenerationen doppelt und zuweilen dreifach gezählt werden
müssen. Hierbei erhebt sich nun für die Ahnenprobe der Zweifel,
ob eine so unvollständige oberste Ahnenreihe den Bedingungen
einer auf Ahnenprobe beruhenden Institution entspricht oder nicht.
Die Meinungen können hierüber getheilt sein; einer der unter-
richtetsten Genealogen Friedrich Theodor Richter vertrat die
Meinung, daß unter sechzehn und zweiunddreißig Ahnen im „stiftsfähigen“ Sinne, also nach diplomatischen Regeln jedesmal eine
individualisirte Zählung zu verstehen und also sechzehn und zweiunddreißig verschiedene Personen gemeint seien. Von anderen
Seiten wird dagegen betont, daß es sich bei der Ahnenprobe nur
um den Nachweis der Standesmäßigkeit handle und also der
Umstand, daß dieselben Personen mehrfach als Ahnen zu berechnen
kommen, keinen Unterschied in der Bewertung ihres Adels und
ihrer Abstammung machen könnte.[1] Indessen scheint die Sache

---

[1] Vergl. weiter unten das Capitel über den Ahnenverlust, ferner Richter
in Oertels Geneal. Tafeln zur Staatengeschichte des neunzehnten Jahrhunderts. Einleitung S. IX. Ein so gewiegter Kenner wie Herr Ministerial-
rath von Du Prel in Straßburg hatte die Güte mich aufmerksam zu machen,
daß die gegentheilige Anschauung die gebräuchliche sei. Dennoch kann ich die
Meinung Richters keinesweg für einen Irrthum halten. Vom wissenschaftlichen Standpunkt kann historisch betrachtet die Ahnenprobe als natürliches
Produkt kaum anders aufgefaßt werden, denn als Nachweis persönlich ge-
dachter und gezählter Abstammungen. Im Laufe der Zeiten mögen andere
Rücksichten überwuchert haben, wie ja in der That die ganze Ahnenprobe vermöge der Entwicklung der Gesellschaft mehr und mehr zu einer Komödie herab-
zusinken scheint. Der Lippische Prozeß hat jetzt bewiesen, daß sie auch im
Fürstenrecht allmählich unerheblich zu werden anfängt, wobei nicht zu läugnen,
daß die fürstlichen Familien auch in früheren Zeiten dafür gesorgt haben, die
prinzipielle Seite der Sache gründlich genug zu durchlöchern. Denn wie viele
Leute können sich überhaupt, vgl. Zöpfl's ausgezeichnetes Werk „über Mißheiraten“, auf reine Ahnenproben stützen?!!

vom historischen Standpunkt betrachtet durchaus nicht so leicht zu
entscheiden, denn bei vielen insbesondere kirchlichen Institutionen
wird nach Maßgabe des Ursprungs der Ahnenprobe durchaus Gewicht darauf zu legen sein, daß die nachzuweisenden Ahnen
schon von der Elternreihe an nicht etwa in illegitimen Eheverhält-
nissen gelebt haben.   Denn wenn Beispielsweise ein Proband statt
vier nur zwei Großeltern nachzuweisen im Stande gewesen wäre,
so könnten diese zwei königlichen Blutes sein, aber der geschwisterliche Ursprung des Bewerbers würde doch bei den meisten christlichen Institutionen ein Hindernis der Aufnahme gebildet haben.
Auch bei dem Falle, daß jemand bloß vierzehn, statt sechzehn
Ahnen besaß, wird bei kirchlichen Institutionen entschieden der
Nachweis des gesetzlichen Dispenses zu erbringen gewesen sein,
durch welchen die Vettern-Ehe der Eltern legitimirt worden
war.

Es ist daher ohne Zweifel richtig, daß die Ahnenprobe im
Princip unbedingt auf dem Nachweis verschiedener Personen in
den oberen Generationsreihen beruhte und daß ein in dieser Beziehung vorhandener Mangel an Ahnen gesetzlich im Probations-
verfahren zu rechtfertigen war.   Selbstverständlich entscheiden in
der Praxis dieser Dinge die besonderen über solche Einzelheiten
bestehenden Statuten oder Gewohnheiten jeder einzelnen Institution.
Dem Begriffe des „Aufschwörens" von Ahnen liegt es aber näher
anzunehmen, daß man, zumal in ältesten Zeiten, da alles derartige
Verfahren ein mündliches gewesen ist, eben vier und acht standesmäßige Personen zu nennen hatte, welche als Ahnen anerkannt
werden sollten, nicht aber eine beliebige verminderte Anzahl, die
bald väterlicher- bald mütterlicherseits als Vorfahren wie in einem
Theater auftraten, wo die Mannen einerseits heraus und andererseits wieder hereinkommen. Leider sind solche Fragen historisch
kaum genugsam untersucht worden, aber ein gewisses geschichtliches
Empfinden dürfte dem Genealogen, wie dem Kulturhistoriker sagen,
daß die Ahnennachweise unter der Voraussetzung christlich ehelicher
Gesetzgebung in der That auf der Namhaftmachung verschiedener
Personen beruht haben mußten. Wenn Beispielsweise Herzog Gottfried III., der Bucklige, von Lothringen, der im Jahre 1076 ge-

storben ist und mit der Markgräfin Mathilde verheirathet war, einen Sohn gehabt hätte, so wäre derselbe außer Stande gewesen vier und acht Ahnen aufzuschwören.

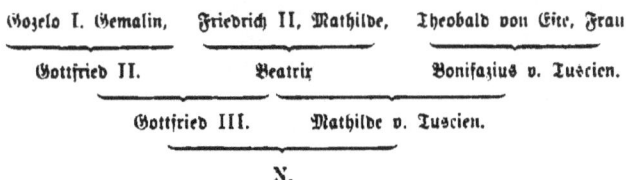

Gozelo I. Gemalin,   Friedrich II. Mathilde,   Theobald von Cive, Frau

Gottfried II.   Beatrix   Bonifazius v. Tuscien.

Gottfried III.   Mathilde v. Tuscien.

X.

Der Sohn X wäre nur in der Lage gewesen drei statt vier, sechs statt acht aufzuschwören, was doch nur in dem Falle hätte genügen können, wenn die Legitimität der Ehe der Eltern nachgewiesen worden wäre. Wollte man dagegen annehmen, daß bei dem Nachweise irgend einer Ahnenschaft lediglich nur die Standesmäßigkeit berücksichtigt worden sei, so würde darin eine Vernachlässigung des kirchlichen Eherechts gelegen haben, welche äußerst auffallend sein müßte. Und dabei müssen doch vermöge der Parentelenzählung gerade in den Zeiten, wo das Ritterwesen der Entwicklung der Ahnenprobe besonders günstig war, die Fälle häufig genug vorgekommen sein, wo erst durch kirchlichen Dispens Rechtmäßigkeit von Ehen nachgewiesen werden konnte. Es lag daher in der religiösen Natur der ritterlichen Jahrhunderte tief genug begründet, wenn die Ahnenzählung principiell der natürlichen und mathematischen Regel zunächst folgte, und die Abweichung von derselben als solche erkannt und empfunden wurde. In späteren Zeiten mag, als die Standschaft immer mehr in den Vordergrund trat und durch die Verschiedenheiten ehelicher Gesetzgebungen besonders seit dem Aufkommen evangelischer Kirchen die Verwandtschaftsfrage mehr und mehr unerheblich schien, die strengere Ahnenberechnung in Vergessenheit gekommen sein, doch scheint bei den katholischen Stiftern, soviel ich aus Würzburger und anderen Ahnenproben ersehen zu können glaube, doch das ursprüngliche Prinzip sorgfältiger beachtet worden zu sein. Mehr und sichereres darüber zu wissen, wäre gewiß erwünscht.

Nicht unwichtig ist die Art und Weise der Zählung der Ahnen

insbesondere da, wo es sich um eine richtige Probe handelt. In diesem Falle wird es von unzweifelhaftem Werth sein, daß bei den Darstellungen ein festes Bild vorhanden ist, nach welchem die Ahnenreihen in ihren einzelnen Persönlichkeiten gezählt zu werden pflegen. Hierbei kann nach zwei Grundsätzen verfahren werden: man berechnet im ersten Falle die jedesmaligen nächst vorhergehenden Eltern paarweise, so daß die erste obere Generation als zweite, die dritte vom Vater aufsteigende mit drei, die vierte vom Großvater mit vier und die vom Urgroßvater ausgehende mit fünf nummerirt ist. Daran schließt sich das von der Urgroßmutter aufsteigende Elternpaar als Nummer sechs, das von der Großmutter aufsteigende als sieben und daran wieder die beiden Altväter-Elternpaare als acht und neun an; und ebenso geht es dann auf der mütterlichen Seite mit der Zählung der Großeltern, des Urgroßelternpaares großväterlicher Seits u. s. w. bis man zu den sechzehn Ahnenpaaren der vierten oberen oder Altvätergeneration gelangt ist. Bei den Belegen, die man der Ahnenprobe beizufügen hat, ist diese Zählweise nicht unpraktisch.

Genealogisch begründeter ist es aber der Zählweise nach Ahnenlinien zu folgen, denn bis zu der Altvätergeneration besitzt jeder Mensch eine direkte väterliche Väterlinie von vier und eine mütterliche Väterlinie von vier; eine mütterliche Väterlinie von drei und eine mütterliche Mutterlinie von drei Ahnen. Ebenso hat man vier großväterliche Mütter und vier großmütterliche Mütter und wieder in der obersten Reihe vier hinzu tretende Altväter und vier hinzutretende Altmütter, durch welche letzteren die Zahl von sechzehn Ahnen voll wird. Diese Zählungsweise berücksichtigt zugleich das Familienprinzip, denn wenn in den unteren Generationen keine Verwandtenheiraten stattgefunden haben, so wird man in der Altväterreihe sechzehn Familiennamen finden, die sich nach unten hin dem Probanden in der angegebenen Zahl von je vier, drei, zwei und je einem Erzeuger bemerkbar gemacht haben. Da diese Betrachtung auch für die biologischen und physiologischen Probleme der Ahnentafel, in den folgenden Capiteln sich als wichtig darstellen wird, so mag hier noch ein Schema hinzugefügt werden:

A J E L C N G P B K F M D O H Q

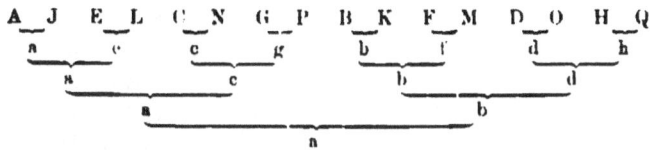

Denkt man sich die Buchstaben als Familienbezeichnungen so folgt:

$$n = 4A + 4B + 3C + 3D + 2E + 2F + 2G + 2H + 8 (IK$$
$$L M N O P Q).$$

Allgemein wissenschaftliche Ahnentafeln.

Wenn die für unmittelbare praktischen Zwecke erforderlichen Darstellungen von Ahnenproben, was die Form betrifft, verhältnißmäßig leicht und einfach sind, so ist bei der unendlichen Ausdehnung des wissenschaftlichen Ahnenproblems die Aufstellung einer Ahnentafel, die in die höheren Generationen hinaufsteigt, in formeller Beziehung sehr viel schwieriger und es giebt bei der Seltenheit solcher Arbeiten auch kaum ein bestimmtes Muster nach welchem sich die Wissenschaft ein für allemale zu richten pflegt. Es ist dabei zu erwägen, daß die nach oben fortschreitenden Ahnenreihen in der zwölften oberen Generation bereits 4096 und in der zwanzigsten weit über eine Million Namen, oder wenigstens anzunehmende Personen aufweisen müßten und daß daher eine schriftliche Darstellung solcher Ahnentafeln überhaupt in das Reich der Unmöglichkeit gehören würde. Es werden die sachlichen Schwierigkeiten, die in Betreff der wirklichen und der vermeintlichen Ahnenreihen und ihrer wirklichen, oder bloß scheinbaren Existenzen vorhanden sind, in einem spätern Capitel zu erörtern sein, an dieser Stelle sei nur auf die formelle Seite der Sache die Aufmerksamkeit gelenkt. Wer also aus wissenschaftlichen Gründen Ahnentafeln in die höchst erreichbaren Generationsreihen hinauf zu führen beabsichtigt, muß die Tafel in ihre einzelnen Theile zerlegen, und thut am besten ein System von 64 Ahnen, wie es sich auf den Spenerschen Tafeln findet, seiner Arbeit zu Grunde zu legen. Ist die Tafel bei den 64 Ahnen angelangt, so wird jede dieser 64 Personen zur Grundlage einer neuen Tafel von 64 Ahnen gemacht, so daß man auf weiteren 64 Tafeln sich in der Reihe der 4096

Ahnen befinden und auf solche Weise die zwölfte obere Generation erreicht haben wird. In dieser Form würde dann wenigstens die Möglichkeit gegeben sein große Ahnenreihen zu verfolgen, und das sachlich so unendlich merkwürdige Ahnenproblem zu studieren. Im übrigen braucht kaum bemerkt zu werden, daß es nur verhältnis- mäßig sehr wenige Personen gibt und immer gegeben hat, die eine Ahnenprobe bis zur zwölften oder zu einer noch höheren Gene- ration darzubieten im Stande sind, obwohl die Voreltern eines heutigen Menschen in der zwölften Ahnenreihe meistentheils nicht früher als im 16. Jahrhundert gelebt haben werden, und diese ganze Ahnentafel mithin auch nur einen sehr kleinen Bruchtheil des langen Zeitenstroms umfaßt, den man Weltgeschichte nennt.

Nichts belehrt uns über die Kürze des menschlichen Gedächt- nisses und über die Unsicherheit der weltgeschichtlichen Vorstellun- gen deutlicher als die Ahnenforschung!

Ueber eine zweckmäßige Bezifferung der Ahnen.

Eine sehr einfache und übersichtliche Bezeichnungsweise und Zählung auf der Ahnentafel läßt sich folgendermaßen bewerk- stelligen. Man geht von dem Schema einer Ahnentafel aus, die in der gewöhnlichen Weise angefertigt ist. Als ein für allemal feststehend hat man einzig die Regel zu beobachten, daß stets die Männer zuerst geschrieben werden. Nur bezeichnet man die Gene- rationsreihen nach der Zahl der Ahnen:

$$\text{Reihe} \quad 1 \quad \text{mit} \quad 2$$
$$\text{„} \quad\quad 2 \quad\, \text{„} \quad\, 4$$
$$\text{„} \quad\quad 3 \quad\, \text{„} \quad\, 8$$
$$\text{„} \quad\quad 4 \quad\, \text{„} \quad 16$$
$$\text{u. s. w.}$$

Jede Person jeder Reihe erhält eine Ordnungszahl. In Reihe 8 also Nr. 1, Nr. 2, Nr. 3, ... Nr. 8. Reihenzahlen werden als Zähler, Ordnungszahlen als Nenner geschrieben. $\frac{16}{5}$ bedeutet also den fünften Ahnen in der Reihe der 16 Ahnen; $\frac{4}{3}$ den dritten in der Reihe der vier u. s. w. Diese Art der Bezeichnung gewährt große Vortheile, indem nicht nur jeder Ahn sicher bezeichnet ist, sondern man aus den Zahlen der Bezeichnung gleichzeitig eine Reihe wichtiger Relationen der Ahnen untereinander und gegen den Probanden ablesen kann, ohne daß man es nötig hätte, die ausgearbeitete Ahnentafel zu Hülfe zu nehmen.

1) Man erkennt, ob der Ahn männlich oder weiblich ist. Alle männlichen Ahnen haben ungrade, alle weiblichen Ahnen gerade Ordnungszahlen (Nenner). Beispiele: $\frac{8}{2}$; $\frac{8}{4}$; $\frac{8}{6}$; $\frac{8}{8}$; ferner $\frac{16}{8}$; $\frac{16}{2}$ sind Frauen; $\frac{8}{1}$; $\frac{8}{3}$; $\frac{8}{5}$; $\frac{8}{7}$; ferner $\frac{4}{1}$; $\frac{4}{3}$ sind Männer.

2) Man erkennt das entsprechende in Betracht kommende Ehepaar. Eine zugehörige Ehefrau ist durch die Formel $\frac{u}{a+1}$ gegeben, wo a eine ungerade Zahl, u die Reihe bedeutet; Ein zugehöriger Ehemann durch $\frac{u}{b-1}$, wo b eine gerade Zahl bedeutet. Die zugehörige Ehefrau wird durch Addition von 1, der Ehemann durch Subtraktion von 1 zu ihrem Gespons gefunden.

Beispiele: zur Frau $\frac{8}{6}$ gehört der Mann $\frac{8}{5}$; zum Manne $\frac{4}{3}$ die Frau $\frac{4}{4}$; $\frac{16}{1}$ u. $\frac{16}{2}$; $\frac{16}{3}$ u. $\frac{16}{4}$; sind Paare.

3) Es läßt sich sofort angeben, ob der bezeichnete Ahn zum Vater oder zur Mutter (auch zu welchen Großeltern) des Probanden gehört. Zu diesem Zwecke dividiert man den Zähler (Reihenzahl) durch 2, während man den Nenner (Ordnungszahl) unverändert läßt. Ist die erhaltene Zahl größer als der Nenner, so gehört der Ahne zur Mutter, ist sie kleiner oder gleich dem Nenner, so gehört er zum Vater.

Beispiele: Der Ahn $\frac{8}{2}$ ergiebt durch Division des Zählers $\frac{4}{2}$; er gehört daher zum Vater. Die Ahnen $\frac{16}{1}$; $\frac{16}{2}$ bis $\frac{16}{8}$ gehören zum Vater, die Ahnen $\frac{16}{9}$ bis $\frac{16}{16}$ zur Mutter.

4) Auch die genealogische Reihe der Ahnen in der Stammtafel läßt sich angeben. Man ersieht, ob der betreffende mit seiner Frau, oder seinem Manne durch einen Sohn oder eine Tochter

sich an dem Zustandekommen des Probanden betheiligt haben. Zu diesem Zweck dividiert man sowol Zähler, wie Nenner durch 2. Hierbei ist jedoch zu bemerken, daß wenn ein Männlicher Ahne vorliegt (ungrade Zahl) der Nenner zuerst um 1 erhöht werden muß (der Auffindung des zeugenden Ehepaares entsprechend). Beispiel: Die Ahnin $\frac{16}{12}$ ergiebt (durch 2 dividiert) $\frac{8}{6}$, sie ist also durch eine Tochter betheiligt. Dasselbe ergäbe sich natürlich für ihren Mann $\frac{16}{11}$. Es wäre nämlich $\frac{16}{11+1} : 2 = \frac{8}{6}$ dieselbe Tochter.

Wir wollen dies Beispiel fortführen. Der Mann der Ahnin $\frac{8}{6}$ ist $\frac{8}{5}$; beider Kind $\frac{4}{3}$ ist nun ein Sohn. Es ist der mütterliche Großvater der untersuchten Person, der mit seiner Frau $\frac{4}{4}$ $\frac{2}{2}$ die Mutter derselben erzeugte.

5) Um die Eltern einer auf der Ahnentafel verzeichneten Person zu finden, hat man Zähler und Nenner mit 2 zu multiplicieren und dann vom Zähler 1 zu subtrahieren. Beispiel: die Eltern der Mutter $\frac{2}{2}$ sind $\frac{4}{4}$ und $\frac{4}{3}$. Die Eltern des Vaters $\frac{2}{1}$ sind $\frac{4}{2}$ und $\frac{4}{1}$. Die Eltern der Ahnin $\frac{8}{5}$ sind $\frac{16}{10}$ und $\frac{16}{9}$.

6) Bei Ahnenverlusten erleichtert diese Aufschreibung die Hinweise auf schon vorhandene Personen. Es sei z. B. das Ahnenpaar $\frac{8}{7}$ und $\frac{8}{8}$ identisch mit dem Paare $\frac{8}{3}$ und $\frac{8}{4}$, alsdann genügt es in der Tafel anstatt ihrer Namen an dem Platze $\frac{8}{7}$ und $\frac{8}{8}$ die letzteren Ziffern $\left(\frac{8}{3}\right.$ und $\left.\frac{8}{4}\right)$ zu notieren. Alle weiteren Hinweise ergeben sich durch Rechnung. Wünsche ich mich rasch über die väterliche Großmutter jener Person zu orientieren, die zu demselben Elternpaar führte, so setze ich $\left(\frac{8}{3}\right) \times 2 = \frac{16}{6}$ und suche an diesem Platze den dort schon geschriebenen Namen. Aber auch in schwierigeren Fällen ist auf diese Weise der Hinweis mit nicht zu verwechselnder Klarheit gegeben. Es habe z. B. jemand seine Nichte geheiratet, wodurch bekanntlich Verschiebungen in den Generationsreihen entstehen, die einen einfachen, klaren Hinweis oft

erschweren. Die fragliche Nichte sei $\frac{8}{6}$. Ihr Vater $\frac{16}{11}$ sei der Bruder des Herrn $\frac{8}{5}$. Dann werden dessen Eltern $\frac{32}{21}$ und $\frac{32}{22}$ identisch mit den Eltern von $\frac{8}{5}$ also mit $\frac{16}{9}$ und $\frac{16}{10}$ sein. Man notiert nun an den Plätzen $\frac{32}{21}$ und $\frac{32}{22}$ anstatt des Namen die Ziffern $\frac{16}{9}$ und $\frac{16}{10}$, die dann in der Reihe der 32 zu stehen kommen, und somit sowol den Ahnenverlust, als auch die Generationsver-schiebung deutlich zum Ausdruck bringen.

Wer sich jemals durch die geradezu verwirrende Fülle von Namen einer sehr großen Ahnentafel, die etwa bis zu den 1024 oder 2048 Ahnen aufwärts durchgeführt ist, hindurch gearbeitet hat, wird die Vortheile einer einfachen und klaren Zählung zu schätzen wissen. Es sei daher an einem Beispiele gezeigt, wie ein-fach sich vermittels dieses Zählsystems die Verhältnisse überblicken lassen. Der Ahne $\frac{1024}{112}$ sei gegeben. Wir erkennen sogleich, daß es eine Frau ist. Sie ist eine Stammmutter des Vaters, der Person, deren Ahnentafel vorliegt, da $1024 : 2 = 512$ größer ist als 112. Aber sie ist auch eine Stammmutter des väterlichen Großvaters, da $512 : 2 = 256$ immer noch größer ist als 112. Da auch $256 : 2 = 128$ größer ist als 112, so gehört Sie auch noch zu dessen Vater, während sie dann der Mutter dieser eben genannten zukommt. Der Mann dieser Ahnin ist $\frac{1024}{111}$, dies Paar betheiligt sich, da ihr Kind $\frac{512}{56}$ ist, mit einer Tochter in dieser Ahnentafel. Der hierzu gehörige Mann ist unter $\frac{512}{55}$ zu suchen, das Paar betheiligt sich mit einer Tochter $\frac{256}{28}$ und diese wiederum mit einer Tochter $\frac{128}{14}$, während letztere einen Sohn $\frac{64}{7}$ aufzuweisen hat. Seine Frau ist $\frac{64}{8}$, sie betheiligen sich mit einer Tochter $\frac{32}{4}$, und diese wiederum mit einer Tochter $\frac{16}{2}$, welche, wie wir sehen, in der Reihe der 16 Ahnen den Stammhalter zum Mann hat, ein Resultat, welches wir vorhin schon fanden. Ihr Sohn $\frac{8}{1}$ ist natürlich wieder der Stammhalter, der mit seiner Frau $\frac{8}{2}$ wiederum

den Stammhalter $\frac{4}{1}$ u. s. w. fort ergiebt.

Die Rechnungen sind so einfach, daß eine wirkliche Ausführung einer Ahnentafel im Schema darnach nicht mehr notwendig wäre. Man könnte vielmehr nach diesem System bei Erforschung einer Ahnentafel direkt einen Zettelkatalog anlegen, in welchem jeder Zettel obige Ziffernbezeichnung trägt. Schreibt man Familien- und Eigennamen ferner stets nur einmal auf, während bei Wiederholungen auf den Zettel abermals die Ziffernbezeichnung geschrieben wird, so lassen sich Ahnenverluste sowie Generationsverschiebungen ebenfalls in einfacher Weise ausmitteln. —

Zweites Capitel.

Ahnenprobe und Ebenbürtigkeit.

Wenn man von den religiösen Vorstellungen absieht, welche bei den verschiedensten Völkern die Erinnerungen an Personen und Leben der Vorfahren wach erhalten mochten, so sind es in erster Linie gesellschaftliche und rechtliche Verhältnisse und Zustände, die das Fortleben der Ahnen bei nachfolgenden Geschlechtern sicherstellten. (s. oben Theil I. Cap. 1.) Die Nachkommen bedienen sich nicht nur dessen, was die Väter erworben und geschaffen haben, sondern sie suchen sich auch derjenigen Vortheile dauernd zu bemächtigen, welche durch die Stellung und Geltung der vorangegangenen Erzeuger in der Familie, im Stamm, in der Gemeinde, im Staat, in der Gesellschaft gewonnen worden ist. Wie sich auf solche Weise Standschaft und Standesbewußtsein ausbildete, ist einer der Gegenstände, die tief in das indogermanische Alterthum zurückgreifen und durch die mächtig fortschreitende gelehrte Forschung auf diesen Gebieten ihre Erklärung finden werden.

Blickt man lediglich auf den Zusammenhang romanisch-germanischer Geschichte, so zeigt sich hier ein so klares in sich geschlossenes System von Rechts- und Gesellschaftsentwicklungen, daß man wol sagen darf, der Begriff der Ahnenerprobung ist mit einer Art von logischer Nothwendigkeit aus der Einordnung jedes einzelnen Individuums in eine bestimmte Reihe von gesellschaftlich zusammengehörigen unter mannigfachen Gesichtspunkten zu gewissen Einheiten verbundenen Menschen entstanden. In diesem Sinne ließe sich von Ahnenproben nicht bloß in historisch rechtlichen und

sozialen Formen, sondern auch in einer ganz idealen Gestalt
sprechen, indem man ebenso wie der Adel seine adeligen, etwa seine
künstlerischen oder gelehrten, und speziell wieder seine theologischen,
medizinischen oder juristischen Ahnen zusammenstellen und darnach
die Abstammung bewerthen könnte. Wenn sich ein Verein bildete,
in welchem alle verpflichtet wären Ehen nur mit Personen zu
schließen, von deren Eltern, Großvätern und Urgroßvätern solche
Eigenschaften nachgewiesen werden müßten, wonach dieselben nicht nur
zu lesen und zu schreiben, sondern auch etwa Latein und andere
schöne Wissenschaften verstanden, so würde dies eben eine Ahnen=
probe der geistigen Bildung sein, die im übrigen auf denselben
Prinzipien stände, wie jede andere Ahnenprobe, und es ist nicht
einmal sicher, ob solche Ahnenproben für den Fortgang der Civili=
sation und für die Zunahme geistiger Potenzen nicht sehr nützlich
wären. Es ist aber nötig sich dieses eigentlichen Wesens der in
unserer demokratischen Zeit etwas in Mißachtung gefallenen Ahnen=
probe zu erinnern, um so manchen Mißverständnissen und zuweilen
sogar komischen Vorurtheilen begegnen zu können.

Bei allen alten Völkern scheint sich eine gewisse Bildungs-
oder wenigstens Verfeinerungsvorstellung in das Ahnenproblem
geflüchtet zu haben, doch sind bei den Römern die Ebenburtsbegriffe
sicher aus dem Gentilrecht entsprungen, da es wenn nicht verboten
doch jedenfalls nicht üblich war aus der gens heraus zu heiraten.
In der Entwickelung der Stände zeigt sich die Geltung des Ahnen=
nachweises in dem Kampfe um das conubium. Wie immer die
Gesetzgebung hierüber vor und nach den Zwölf Tafeln beschaffen
war¹), jedenfalls wird die patrizische Abstammung von beiden Eltern

¹) Herr Prof. Kniep hat mir die Ansicht ausgesprochen, daß man sehr
mit Unrecht die Unterscheidungen, welche schon Niebuhr in Bezug auf den
Inhalt der zehn Tafeln und der beiden späteren gemacht hat, wenig beachtet.
Aus Cicero. de re publica wissen wir, daß die beiden letzten Tafeln in Bezug
auf die conubia bestimmten: ut ne plebi cum patribus essent. Vermutlich
werden, meint Kniep, die zehn Tafeln das Gegenteil enthalten haben, denn
sonst hätte es einer solchen Bestimmung gar nicht bedurft. Die That des
Canulejus hätte dann darin bestanden, daß er den Inhalt der Zehntafeln
wieder herstellte. Auf diese Weise erkläre es sich auch, daß dies durch ein
Plebiscitum erreicht werden konnte.

als ein gewisses Erforderniß der Standesmäßigkeit theils gehalten, theils bekämpft. Wenn die zwei letzten Tafeln unzweifelhaft dem conubium zwischen Patriziern und Plebejern entgegentraten, so kann die lex Canuleja entweder als eine Wiederherstellung der schon in den zehn Tafeln zugestandenen Gleichstellung, oder als eine völlige Veränderung der gesammten alten Ebenburtsrechte aufgefaßt werden, aber das auf der Ahnentafel beruhende Standesbewußtsein blieb durch die eherechtliche Frage völlig unangetastet, denn bei Mischehen zwischen Patriziern und Plebejern kam alles auf den Stand des Vaters an.[1]) Die vollkommene patrizische Ahnentafel der Fabia wird durch die Heirat mit C. Licinius Stolo vollkommen werthlos, die Kinder verlieren ihre Ebenbürtigkeit mit den Fabiern.[2]) Daß der Ebenbürtigkeitsbegriff besonders im Sakralrecht hervortrete, läßt sich erwarten; ein entscheidendes Beispiel zeigt sich aber in der Ueberlieferung von jener Patrizierin Virginia, welche, da sie einen Plebejer geheiratet hatte, von dem Heiligthum der pudicitia patricia zurückgewiesen wurde.[3])

Daß sich der Ebenburtsbegriff nach unten hin verschärfte, steht fest, denn Ehen zwischen Sklaven und Freien waren überhaupt unstatthaft. Auch der Freigelassene erlangt mit der Freilassung nicht die Ebenbürtigkeit, denn ein Freigeborener, der eine Freigelassene heiratete, erlitt zu Zeiten der Republik Nachtheile an Ehre und Vermögen.[4]) In diesen Umständen tritt die Ahnenfrage aber um so schärfer hervor, je weniger sie die Ehe rechtlich aufhob. Der Begriff der Ebenbürtigkeit läßt sich auch in der Zeit nicht verdrängen, wo die rechtlich begründete Schranke in Bezug

---

[1]) Soweit conubium bestand, haben wir nuptiae justae, bei denen der Grundsatz galt, das Kind folgt dem Stande des Vaters, also nicht ein für allemal, wie im deutschen Rechte (siehe weiter unten) der ärgeren Hand. vgl. Ulpian 5, 8. Conubio interveniente liberi semper patrem sequuntur: non interveniente conubio matris condicione accedunt. Canuleius sagte nach Livius IV, 5, 11 nempe patrem secuntur liberi.

[2]) Livius VI, 34, 5.

[3]) Livius X, 23. im Jahre 458/296.

[4]) vgl. Livius XXXIX, 19, 5. wo der Fescenia Hispala eine besondere Vergünstigung eingeräumt wird, utique ei ingenuo nubere liceret, ohne daß diesem ein Nachtheil an der Ehre entspringt.

auf die Eheschließung mehr und mehr gefallen war. Indessen tauchen seit der lex Julia und Papia Poppaea noch eine Reihe von Eheverboten auf, die sich auf die Ungleichheit der Abstammung beziehen. Eines der bezeichnendsten ist in dieser Beziehung das der lex Julia: „Kein Senator oder Descendent desselben soll wissentlich Gatte oder verlobt sein mit freigelassenen oder solchen Personen, die selbst oder deren Eltern Schauspieler sind oder waren." Später wurde sogar hinzugefügt, daß jemand der Senator wird, seine Frau, die nicht als standesgemäß anerkannt ist, verlieren solle.[1] Die scharfen Bestimmungen späterer Kaiser von Constantin bis Justinian geben zwar dem Ebenburtsbegriff eine mehr auf die moralischen und sozialen Eigenschaften sich stützende Grundlage, aber durchaus zeigt die römische Ehegesetzgebung einen psychologisch tiefentwickelten Gegensatz in der Ahnen und Abstammungsempfindung, welche sich in älteren Zeiten in ständischem und politischem, später in sozialem Sinne mehr geltend macht. Auch das strenge Verbot der Ehen zwischen Juden und Christen durch Theodosius II. gehört hierher.[2] Und wenn man ein Zeugnis dafür bei den Römern sucht, daß die Standesmäßigkeit in der That nicht bloß auf die von jemand thatsächlich eingenommene Stellung, sondern auf die Abstammung und also auf das Blut und die Ahnenschaft bezogen wurde, so findet er ein solches in der nachdrücklichen Bekämpfung der Ehen auch mit den Töchtern der Freigelassenen von Seite Ciceros. Das römische Kaiserreich hat in seinen völkerschaftlichen und Standesmischungen zwar die mannigfaltigsten sozialen Nivillierungen hervorgebracht, aber dasjenige Volk, welches sich in seiner — man könnte sagen — bis zum Aberglauben gesteigerten Ueberzeugung von der Bedeutung des Blutes nicht erschüttern ließ, waren die Germanen. Diese sind es nach Naturanlage und biologischer Einsicht gewesen, welche die Lehre von der

---

[1] Zimmern, Geschichte des römischen Privatrechts I, 542 ff. § 140.

[2] Hierher gehören Eheverbote zwischen libertus und Patronin, und die Nullitätserklärung der Ehe mit einem fremden Colonen u. a. m. Verbot der Judenehe L. 2. C. Th. de nupt. (3, 7,) oder L. 5. C. Th. ad. leg. Jul. de adult. (9, 7,) oder L. 6. C. de Jud. (1, 9.) Citate nach Zimmern für die, welche es etwa interessiert sich die Stellen wegen der Juden nachzuschlagen.

Ahnenschaft in Staat und Gesellschaft auf die höchste denkbare Stufe und vielleicht manchmal bis zur äußersten Einseitigkeit erhoben haben, und der Blutsabstammung eine Art von Cultus gesetzlicher und sozialer Formen zuwendeten.

Die Entwickelung und tiefsinnige Bedeutung des auf dem Ebenburtsprinzip beruhenden Ahnenbewußtseins kann daher nirgends genauer studiert werden, als an den deutschen Rechtsinstitutionen, deren Beziehungen zur Genealogie zunächst in den Hauptgrundzügen nachgewiesen werden sollen. [1]

A. Die Ebenbürtigkeit im gemeinen deutschen Rechte.

Bis ins 10. Jahrhundert beruht die ganze Geburtsstandsverfassung auf dem Gegensatze zwischen Freien und Unfreien, und ursprünglich kommen für die Ebenbürtigkeitsfrage nur diese beiden Stände in Betracht. Die Unfreiheit beruhte meist auf kriegerischer Unterwerfung, die Unterworfenen waren fremden Stammes und also rechtlos. Im Prozeß und in der Eheschließung tritt der Grundsatz der Ebenbürtigkeit von Alters her auf, doch zunächst nur zu Gunsten der Freien. Diese dürfen nur durch Freie gerichtet werden, und nur ihre Ehen sind rechtsgültig. Unfreie werden durch ihren Herrn vor Gericht vertreten; ihre Ehen gelten nur solange, als es dem Herrn paßt[2]. Mit den härtesten Strafen werden in den Volksrechten Ehen zwischen Freien und Unfreien bedroht, und auch, wo nicht mehr der Tod darauf stand, hatte doch für die freie Frau und in einigen Rechten auch für den freien Mann eine unebenbürtige Verbindung den Verlust der Freiheit zur Folge, und die Kinder wurden überall unfrei.[3]

Eine Abstufung innerhalb des unfreien Standes tritt seit dem 5. Jahrhundert mehr und mehr hervor, und sogleich bemächtigt

---

[1] Die folgende Zusammenstellung danke ich im besonderen der Hilfeleistung des Herrn Dr. Ernst Devrient.

[2] Chr. G. Gührum, Geschichtl. Darstellung der Lehre von der Ebenbürtigkeit I, S. 28. 29.

[3] A. Heusler, Institutionen des dt. Privatrechts I, S. 187.

15*

sich das Ebenbürtigkeitsprinzip auch dieser Gestaltung. Die Hörigen sind eine besser gestellte Klasse von Unfreien; sie sind teils von ihren Herren in diese Stellung durch einfache Freilassung erhoben, teils von Fremden durch Unterwerfung zur Abhängigkeit herabgedrückt. Die Volksrechte zeigen zwischen Hörigen und Unfreien in Bezug auf Ebenbürtigkeit eine ebenso feste Schranke wie zwischen Freien und Hörigen.[1])

Im 10. Jahrh. beginnt eine neue Gruppierung der Stände. Hörige und Unfreie rücken sehr nahe zusammen unter dem Schutze der Hofrechte, die auch dem Unfreien die Mitwirkung beim Gerichte über Genossen sichern. Die Unfreien (d. h. die früheren Unfreien und Hörigen) scheiden sich jetzt in zwei neue Hauptgruppen, die niedere der Eigenleute und die höhere der Dienstmannen (Ministerialen).[2]) Von den Freien werden viele genötigt, einen Teil ihrer Freiheit aufzugeben, sodaß auch dieser Stand in Gruppen auseinanderfällt: unter den Schöffenbarfreien, die noch auf freiem Eigen sitzen, stehen die Pfleghaften, deren Güter mit Vogteisteuern belastet sind, und unter diesen die Landsassen, die als Zinsleute fremden Boden bebauen. Zu den Schöffenbarfreien gehören Fürsten, Herren und freie Bauern, und diese sind einander völlig ebenbürtig.[3])

Fünf Stände also kennt das Landrecht. Die Genossen eines jeden Standes sind einander ebenbürtig. Die Ebenbürtigkeit kommt zur Geltung

    1. im Prozeß:

        a. Urteilsfinden: Der Beklagte darf Untergenossen als Richter und Schöffen ablehnen.[4])

        b. Zeugnis und Eideshilfe: Niemand braucht sich vor Gericht durch einen Untergenossen überführen zu lassen.[5]) Der

---

1) Göhrum I, S. 40 ff.

2) Ebenda S. 160 ff.

3) Heusler I, S. 162 ff. Göhrum, I, S. 180 ff.

4) Göhrum I, S. 288 ff. 302 f. Heusler I, S. 157.

5) Göhrum I. S. 271 ff. Heusler a. a. O.

angefochtene Zeuge muß seine Ebenburt durch Nachweis
von 4 Ahnen gleichen Rechts bezeugen.[1])

c. Zweikampf: Dem Untergenossen darf man den Zweikampf
verweigern. Der Schöffenbarfreie ist berechtigt, von dem
ihn zum Kampfe fordernden Genossen den Nachweis von
vier freien Ahnen zu verlangen und im Unvermögens-
falle den Kampf abzulehnen.[2])

d. Urteilschelten: Der Scheltende darf nicht Untergenosse des
Urteilsfinders sein.[3])

e. Fürsprache: auch hier ist der Grundsatz der Ebenbürtigkeit wirksam, doch gehören die einschlägigen Stellen späteren
Quellen an. Die einzelnen Bestimmungen sind nicht klar.
Vielleicht bezieht sich die Sache hier nur auf das Lehnrecht.[4])

2) im Privatrecht:

a. Ehe und Familie: eheliche Verbindungen zwischen Unfreien
sind jetzt vollkommen rechtskräftig[5]), und auch solchen
zwischen Angehörigen verschiedener Geburtsstände stehen
keine rechtlichen Hindernisse mehr im Wege, ausgenommen
allein den Fall, daß eine Freie ihren eigenen Knecht ehelichen wollte.[6]) Demnach gehört die Eheschließung an sich
nicht zu den Rechten der Ebenbürtigkeit. Wohl aber ge-

---

[1]) Sächs. Landr. I, A. 51, § 3: Svelk man von sinen vier anen, dat is
von tven eldervaderen unde von tven eldermuderen, unde von vader unde
muder unbescvlden is an sime rechte, den ne kan neman bescelden an
siner bord, he ne hebbe sin recht vorwarcht.

[2]) Sächs. Landrecht I, A. 51, § 4: Svelk seppenbare vri man enen
sinen genot to kampe ansprikt, die bedarf to wetene sine vier anen unde
ein hantgemal, urde die to benomene oder jene weigeret ime kampes
mit rechte. Andere Stellen bei Göhrum I, S. 265 f. Wie Schröder in
der Zeitschr. f. RG. III, S. 468 zeigt, ist nur beim väterlichen Großvater
Schöffenbarkeit nachzuweisen, bei den übrigen 3 Ahnen genügt die Freiheit.

[3]) Göhrum I, S. 290 f.

[4]) Ebenda S. 301.

[5]) Fürth, Ministerialen S. 203 ff. Göhrum I, S. 161.

[6]) Schwäb. Landr. 60. Göhrum I, S. 312. Es ist klar, daß die Frau
nicht ihre eigene Magd werden kann.

hört zu diesen die Vererbung des Standes auf die Nachkommen, und bei unebenbürtigen Ehen erhebt sich nun die
Frage, wessen Stand die Kinder erhalten sollen, des Vaters
oder der Mutter, des Ober- oder des Untergenossen. Im
Allgemeinen gilt der Grundsatz, daß das Kind der ärgeren
Hand folgt. Ein Versuch, nach römischem Rechte den
Stand der Mutter als maßgebend hinzustellen, hatte keine
dauernde Wirkung. Wer seine Freiheit beweisen will, muß
sie von drei Verwandten von Vaterseite und ebensoviel
von Mutterseite beschwören lassen.[1]) Doch machen die drei
freien Stände unter sich eine Ausnahme vom strengen Ebenbürtigkeitsprinzip: Ehen zwischen ihren Angehörigen geben
unter allen Umständen, auch wenn die Frau der niedriger
geborene Teil ist, den Kindern den Stand des Vaters.[2])

b. Vormundschaft: Zur Verwandtenmuntel ist Ebenbürtigkeit
schlechterdings notwendig, zur ehelichen Vormundschaft und
zur Gerichtsvertretung nicht.[3])

c. Erbrecht: auf ebenbürtige Kinder vererbt das Vermögen
der Eltern, unebenbürtige dagegen beerben nur den niederen parens. In Folge einer Mißheirat einander un-
ebenbürtig gewordene Verwandte können sich gegenseitig
nicht beerben.[4])

Neben diesen landrechtlichen Bestimmungen schafft sich das
Lehnswesen ein eigenes Ebenbürtigkeitsrecht.

---

[1] Gökrum I, S. 312 ff. Die höherstehende Frau erhält nach dem Tode
des Mannes alle Rechte ihres früheren Standes zurück. Doch ist es wohl eine
Übertreibung, wenn Schröder, ZRG. III, S. 472 f. und Heusler I, S. 188
aus dem Satze des Sachsenspiegels I, A. 16, § 2: it kint behalt sogedan
recht, als it in geboren is, folgern, ein nach dem Tode des unfreien Vaters
von einer freien Mutter geborenes Kind sei frei.

[2] Sächs. Landr. I, A. 16, § 2: Svar't kint is vri unde echt, dar behalt it sines vader recht. III, A. 72: Dat echte kind unde vri behalt
sines vader schilt unde nimt sin erve unde der muoder also of it ir even-
burdich is oder bat geboren. Gegen Gökrum I, S. 337 f., der diese
Stellen auf verschiedene Stufen der Schöffenbaren bezieht, vgl. Schröder ZRG.
III. S. 468 f. und Heusler, I, S. 167 f.

[3] Gökrum I, S. 347 f.

[4] Ebenda S. 348 ff. Doch vgl. oben Anm. 2.

Lehnsfähig sind nur Krieger, vulkomen an lenrechte ist gleichbedeutend mit vulkomen inme herscilde.[1] Im Sachsenspiegel wird das Heerschilbrecht nur Leuten von Rittersart zugesprochen.[2] Von Rittersart ist aber nach der Glosse zum sächsischen Lehnrecht 2 Niemand, sein vater und sein eldervater weren denn Ritter gewesen oder rittersgenoss. Also erst der Enkel eines zum Ritter geschlagenen Bauern wird lehnsfähig. In Bezug auf die Erblichkeit der Lehen finden sich schon im 12. Jahrhundert Bestimmungen, wonach nur ebenbürtige Söhne folgen sollen, und zwar scheinen hier die drei freien Stände nicht als gleich zu gelten.[3] Aber die Lehnsfähigkeit an sich ist noch an keine Ahnenprobe gebunden.[4] Erst seit dem 13. Jahrhundert beginnt man die Lehnsfähigkeit vom Nachweis von vier ritterlichen Ahnen abhängig zu machen.[5] Die Kinder eines Ritters aus der Ehe mit einer freien Bäuerin sollten nicht mehr im Lehen erbfolgen, während sie ihm nach Landrecht doch ganz ebenbürtig waren.[6]

Das Landrecht weicht vor dem Lehnswesen immer weiter zurück. Die Ritterschaft hebt Dienstmannen und ritterliche Eigen

---

[1] Homeyer, des Sachsenspiegels zweiter Theil II, S. 298.

[2] Landr. I, A. 27, § 2: Swelk man von ridderes art nicht n'is, an deme tastat des herschildes.

[3] Trad. Brix. (Acta Tirol. I) 135: Ac si filium sui similem et se excellentiori ingenuitate procreasset, is quidem eadem beneficia solito more deserviat. Schultes, Hist. Schriften S. 285: primogenitus suae nobilitatis. Waitz VG. VI,² S. 84, Anm. 3.

[4] Die parentes im Reichsgesetze Friedrichs I. v. J. 1156 de pace tenenda (M. G. h. LL. II, 103) sind wohl nur als väterliche Vorfahren, nicht als Ahnen im technischen Sinne zu fassen. Vgl. Heusler I, S. 172. Anders Homeyer S. 300 und Schröder DRG. III, S. 462.

[5] Kl. Kaiserrecht III, 15: und sal auch niman des riches gut besitzen von lehens wegen, dan ein ritter der von dem geborn ist, daz sin stam von allen sinen vier anen hat gehort in des riches ritterschaft. (Glosse zum sächs. Landr. III, 19 und andere Stellen bei Böhm I, S. 334.

[6] Glosse zum sächs. Landr. I, 5: wo est ein ridder neme eines buren dochter, weren die kindere erven edder nicht? seghe ja tu landrechte, aver nicht tu lehnrechte. Ebenso zum sächs. Lehnr. 30. Weiter Böhm I, S. 343.

leute über die freien Bauern empor.[1]) Die Ritterbürtigen bilden
nun den Adel. Das Abzeichen des Adels ist das Wappen; der
Beweis des Adels besteht im Nachweis von vier ritterlichen Ahnen
mit ihren Wappen.[2]) Nur wer diesen erbringen konnte, war
turnierfähig.[3]) Innerhalb dieses aus so verschiedenen Elementen
zusammengesetzten Adels ist doch nur zwischen Hoch freien (Fürsten
und Herren, in Süddeutschland Semperfreie genannt) und einfachen
Ritterbürtigen (niederen Vasallen, Ministerialen und ritterlichen
Eigenleuten) eine Schranke der Ebenbürtigkeit zu finden: bei Ehen
zwischen Angehörigen dieser beiden Gruppen folgt das Kind der
ärgeren Hand.[4])

Das ausgehende Mittelalter kennt noch vier Geburtsstände:
Hochfreie, Ritterbürtige, freie Landsassen und Leibeigene. Wie
aber schon die 3 Gruppen der nichtritterlichen Freien in den einen
der Landsassen verschmolzen sind (zinsfreie Bauern kommen nur
noch selten hier und da vor), so ist auch der Gegensatz zwischen
Freien und Unfreien stark verwischt, die Leibeigenen fast zur Stellung der Landsassen erhoben. Das Privatrecht macht wenig Unterschied mehr zwischen Beiden, das Kind aus einer gemischten
Ehe folgt der Mutter: partus sequitur ventrem.[5]) Im Prozeß
ist das Ebenbürtigkeitsprincip unter dem Einflusse des römischen
Rechts überhaupt fast ganz verschwunden, nur der hohe Adel ge-
nießt hierin noch einige Vorzüge[6]) Und selbst das feste Gefüge
der Ritterschaft gerät ins Wanken, da sich ihre kriegerische Bedeutung dem aufkommenden Söldnerwesen gegenüber verliert. Im

---

[1]) Schröder RG.², S. 451.

[2]) Göhrum I, S. 334 f. F. Hauptmann, Wappenrecht S. 54 ff.

[3]) Göhrum I, S. 193 f.

[4]) Schwäb. Landr. 70: Ez ist niemen semper vri. wan des vater vnd
muter vnd der vater vnd der muter semper vri warn. Die von den
miteln vrien sint geboren. die sint och miteln vrien. vnd ist ioch div
muter semper vri. vnd der vater mitel vri. die kint werdent mitel
vrien. und ist der vater semper vri. und div muter mitel vri. die kint
werdent aber mitel vrien. Göhrum I, S. 341 f.

[5]) Göhrum II, S. 1 ff. S. 165 ff., wo auch Abweichungen von dieser
Regel in der Doctrin und in Particularrechten angeführt sind.

[6]) Ebenda II, S. 159 ff.

15. Jahrhundert mehren sich die seit Karl IV. vereinzelt vorgekommenen Wappenverleihungen an Nichtadlige.[1]) Seit dem 16. Jahrhundert ist der Vierahnenbeweis für den Adel nicht mehr nötig,
denn die Kinder erhalten den Stand und alle Rechte des Vaters,
sei die Mutter edel oder nicht, nur darf sie nicht leibeigen sein,
in welchem Falle ihre Kinder es auch würden.[2])

Bestimmter schloß sich der hohe Adel von den übrigen Ständen ab. Die alten hochfreien Häuser, soweit sie das Mittelalter
überlebten, errangen fast alle die Reichsstandschaft. Die übrigen
Fürsten, Grafen und Freiherren werden zwar in der Doctrin noch
bis zur Mitte des 18. Jahrhunderts zu den illustres, dem hohen
Adel gezählt,[3]) allein in der Praxis wird den seit dem 16. Jahrhundert zahlreich neuerhobenen Häusern von den alten Herrengeschlechtern keineswegs Ebenbürtigkeit zugestanden, und in der zweiten Hälfte des 18. Jahrhunderts schließen sich auch die Publicisten
dieser Auffassung an. Die Stellung derjenigen alten hochfreien
Häuser, die nicht reichsständig geworden waren, z. B. der Burg-
grafen zu Dohna, ist noch heute ein Gegenstand des Streites;
jedenfalls aber waren sie bis ins vorige Jahrhundert hinein dem
hohen Adel gleichgeachtet und durchaus ebenbürtig.[4])

Der Grundsatz des deutschen Rechts, daß ein Hochfreier mit
einer niederen Freien keine vollberechtigten Kinder zeugen kann,[5])

---

[1]) Hauptmann S. 90 ff.

[2]) Göhrum II, S. 174 ff. 203 ff. Ausnahmen in Particularrechten.

[3]) Ebenda II, S. 101 ff.

[4]) Vgl. Stephan Kekule v. Stradoniz, die staatsrechtl. Stellung der
Grafen zu Dohna, Berlin 1896.

[5]) Zöpfl's Behauptung (Mißheirathen S. 44 und öfter, daß Ebenbürtigkeitsschranken innerhalb der Freien dem gemeinen deutschen Recht auch im
späteren M. A. nicht angehören, ist unhaltbar. Vgl. die oben angeführten
Stellen Schwäb. Landr. I, 70, Glosse zum Sächs. Landr. I, 6 und Kl. Kaiserrecht III, 15 sowie Göhrum I, 341 u. öfter. Deshalb braucht man noch
nicht mit Pütter (Mißheiraten. Gött. 1796) einen „Uradel in den Urwäldern
Germaniens mit einer Mißheiratslehre im Gefolge" anzunehmen, wie z. meint.
Siehe auch Herm. Schulze, Erb- und Familienrecht der dt. Dynasten S. 81 f.
und A. W. Heffter, Sonderrechte der vormal. reichsständigen Häuser Deutschlands S. 107.

bleibt bei Ehen zwischen reichsständischen Herren und bürgerlichen
Mädchen dauernd in Geltung. Wo dem Sprößling einer solchen
Ehe die Erbfolge im Fürstentum oder in der Herrschaft dennoch
zufiel, geschah es immer durch einen besonderen Gnadenact des
Kaisers, wie er diesem kraft seiner kaiserlichen Machtvollkommen-
heit zustand.[1]) Auch in Bezug auf Verbindungen zwischen Fürsten
und abligen Damen finden wir diesen Grundsatz mit wenig Ausnahmen fortwährend in Uebung, während sich die reichsgräflichen
Häuser hierin weit weniger streng zeigen.[2]) Die oft willkürlich
erteilten kaiserlichen Dispense erhöhten die durch den Streit zwischen römischem und deutschem Rechte genährte Rechtsunsicherheit.
Die Wahlcapitulation vom Jahre 1742 verhütete zwar durch ihren
A. 22 § 4 weitere einseitige Eingriffe von kaiserlicher Seite, ließ
aber in ihrer -unbestimmten Fassung verschiedenen Deutungen
Spielraum.[3]) Der Artikel wurde in Josephs II. Wahlcapitulation
im Jahre 1764 unverändert hinübergenommen und erhielt in der
Leopolds II. vom Jahre 1790 den Zusatz, daß über den Begriff
,notorische Mißheirat' baldmöglichst ein Reichsbeschluß herbeigeführt
werden sollte, was auch in die Capitulation von 1792 aufgenommen wurde.[4]) Zu einem solchen Beschluß ist es jedoch nie gekommen. Mit dem Ende des Reiches erlosch der letzte Rest des
altdeutschen gemeinen Rechtes. Alle nach 1806 geschlossenen Ehen
sind allein nach Einzelbestimmungen zu beurteilen, denen sich die

---

[1]) Göhrum II, S. 207 ff.

[2]) Ebenda S. 221 ff.

[3]) „Noch auch denen aus ohnstrittig notorischer Miß-Heurath erzeugten Kindern
eines Standes des Reichs, oder aus solchem Hause entsprossenen Herrns, zu
Verkleinerung des Hauses die väterliche Titul, Ehren und Würden beulegen,
viel weniger dieselben zum Nachtheil derer wahren Erb-Folger und ohne deren
besondere Einwilligung für ebenbürtig und Successionsfähig erklären, auch, wo
dergleichen vorhin bereits geschehen, solches für null und nichtig ansehen und
achten." Aus zwei Entscheidungen des Reichshofrats aus den Jahren 1752 und
1758 geht hervor, daß Ehen zwisßen Reichsgrafen und Damen von niederem
Adel nicht als Mißheiraten zu betrachten sind. Göhrum II, S. 229 f. Pütter
S. 274 ff. Vgl. Heffter, Sonderrecht S. 117.

[4]) Pütter, S. 309. Reuling, Ebenburtsrecht des Lippischen Hauses,
Anl. S. 63.

betr. Häuser etwa durch besondere Verträge unterworfen haben.
Auch der bekannte Art. 14 der deutschen Bundesacte, der den
im Jahre 1806 und seitdem mittelbar gewordenen ehemaligen
Reichsständen „das Recht der Ebenbürtigkeit in dem bisher damit
verbundenen Begriff" zuspricht und seitdem mehreren Fürstenhäusern zur Richtschnur für ihre Sonderbestimmungen gedient hat,
kann doch nicht die Hausgesetze solcher Familien brechen, die,
wie Würtemberg, den mediatisierten Häusern Gleichberechtigung
nicht zugestehen. Auch sind die Mediatisierten selbst dadurch keineswegs in ihrer Verfügung über ihre Familienrechte beschränkt.

Die Verfassung des Deutschen Reiches schweigt über das
Ebenbürtigkeitsrecht. Doch enthält das Reichsgesetz vom 6. Febr.
1875 über die Beurkundung des Personenstandes und die Eheschließung in ihrem 72. Art. eine gewisse Garantie für die in den
regierenden Häusern geltenden Sonderbestimmungen über die Eheschließung.[1]

Diese verschiedenen particularen Institutionen, wie sie sich
schon früh seit dem Eindringen des römischen Rechtes und dem
Verfall des Lehnswesens gebildet und immer mehr entwickelt haben, müssen noch besonders behandelt werden.

B. Der Stiftsadel.

Während gegen das Ende des Mittelalters die Ebenbürtigkeitsschranken zwischen Adel und Unadel fielen, begann sich gleichzeitig ein engerer Adel zu bilden, der die älteren strengen Grundsätze aufrecht erhielt und noch verschärfte, der sogenannte Stiftsadel.

Bei der Besetzung der Stiftspräbenden sah man zwar anfangs
der Bestimmung dieser Einrichtungen gemäß nicht auf den Stand,
sondern auf die Gesinnung der Personen. Allein schon unter den
Karolingern wurde der Adel in den Stiften so mächtig, daß im
Jahre 883 eine Synode zu der Erklärung veranlaßt wurde, es

---

[1] Schulze, Hausgesetze III, S. 617. Nach A. 72 des genannten Ge-
setzes „werden im übrigen in Ansehung der Mitglieder der regierenden Häuser
die auf Hausgesetzen oder Observanzen beruhenden Bestimmungen über die
Eheschließungen und die Gerichtsbarkeit in Ehesachen nicht berührt."

solle bei den Wohnungen der Kanoniker kein Unterschied zwischen
Abel und Unabel gemacht werden.[1])

Je größer die politische Bedeutung der Domstifte wurde, desto
geflissentlicher suchte der Adel ihre Stellen mit Söhnen seiner
Familien zu besetzen. In Straßburg hatte er schon im Anfang
des 13. Jahrhunderts das ausschließliche Recht auf die Dom-
pfründen. Vergeblich traten einige Päpste diesen Ansprüchen
entgegen.[2]) Im 14. Jahrhundert mußte auch die Curie die Besetzung der Stellen durch Adelige als Regel anerkennen. Der
Adel bestand, wie oben nachgewiesen, seit dem 13. Jahrhundert
in der Herkunft von vier ritterlichen Ahnen. Wenn nun in den
Statuten von vielen Capiteln von den Bewerbern verlangt wird,
daß sie aus edlem oder von beiden Eltern her ritterlichem Geschlechte seien,[3]) so ist doch wohl nicht zu vermuten, daß die Capitel hier einen milderen Adelsbegriff aufstellen wollten, vielmehr
dürfen wir annehmen, daß auch Vater und Mutter von zwei
Seiten her ritterlicher Abkunft sein sollen.[4])

---

[1]) J. M. Seuffert, Versuch einer Gesch. des teutschen Adels in den
hohen Erz- und Domcapiteln. Frankf. M. 1790. S. 16.

[2]) Joh. Ge. Cramer, Comment. de juribus et praerogativis nobilitatis
avitae. Lips. 1739. S. 129 ff. Seuffert S. 41 ff. P. Hinschius,
Kirchenrecht II, S. 67.

[3]) Von derartigen Bestimmungen wissen wir für Halberstadt v. J. 1205
und 1446 (Cramer S. 518—522), für Mainz v. J. 1320 (Seuffert S. 87),
ür Minden v. J. 1450, für Naumburg, Merseburg und Meißen v.
J. 1476 (Cramer S. 524 ff.), (Würdtwein, Nova subs. X. p. 272 mit falscher
Interpunction, danach Hinschius II, S. 67 Anm. 7: 1450), für Köln, Osna-
brück, Paderborn v. J. 1504 (Cramer S. 535).

[4]) Papst Julius II (1504) und Kaiser Maximilian II. (1574) sprechen in
ihren Bestätigungsurkunden für das Stift Münster (Cramer S. 528 ff.) von
einem älteren Statut, nach dem Niemand aufgenommen werden solle, nisi ab
atroque parente de nobili militari genere et ex legitimo thoro pro-
creatus existat. Das in Maximilians Urkunde aufgenommene Statut lautet
an der betr. Stelle aber wörtlich: quicunque petens se recipi et admitti in
Canonicum nostrae ecclesiae — — in vulgari Alemannico denominare
ibidem publice quatuor suas stirpes proximiores, videlicet duas de linea
sua paterna, et duas de linea sua materna, atque extensis duobus suae
dextrae digitis iurare, quod praedictae stirpes per eum denominatae sint

Als sich im gemeinen Rechte die Ebenbürtigkeitsgrundsätze
des Adels lockerten, suchte man anscheinend in den Stiften durch
genauere Formulierung der Aufnahmebedingungen dieser Bewegung entgegenzuwirken. Man verlangte z. B. seit 1517 in Os-
nabrück ausdrücklich den Nachweis von vier ritterlichen Ahnen.[1]
Auch die bisher fast überall geduldeten unabligen Doctoren, Ma-
gister und Licentiaten begann man jetzt auszuschließen. Im Jahre
1500 erteilte Papst Alexander VI. dem Erzstift Mainz und
sämmtlichen Suffraganen seiner Provinz (Worms, Würzburg,
Speyer, Eichstädt, Constanz, Straßburg, Chur, Hildesheim, Verden,
Paderborn, Augsburg, Halberstadt) das Privileg, daß keine Bewerber zu den Pfründen zugelassen werden sollten, nisi de illu-
strium ducum, principum, comitum et baronum seu nobilium
genere, qui ad minus ex quatuor ascendentibus et ex illo
gradatim descendentibus nobilibus antecessoribus suis recta
linea ac militari genere sint procreati.[2] Trier, Bamberg,
Münster folgten diesem Beispiel.[3] Aber auch über den Adelsbegriff des späteren Mittelalters ging man nun hinaus. In
Lüttich wird in den Statuten von 1560 bemerkt, daß unter den
nachzuweisenden vier Ahnen kein neuerhobener Ritter sein darf.[4]
In Köln mußten die Bewerber schon seit dem Jahre 1474 sogar
von hohem Adel sein und 16 ablige Ahnen nachweisen.[5] Dieselbe Zahl verlangte man seit 1575 in Hildesheim.[6]

Die Vorrechte des Adels in den Stiften erhielten durch die
Reformation eher eine Stärkung als eine Minderung; hatte ja
doch die statutenwidrige Unterbringung päpstlicher Creaturen in
den Domstiften einen Hauptpunkt in den Beschwerden der Nation

suae proximiores stirpes et de bono militari genere existant, et exnde
derivatae ipseque recipiendus in legitimo thoro ex dictis denominatis
parentibus matrimonialiter copulatis genitus existat, was er außerdem von
zwei Männern pari nobilitate beschwören lassen muß.

[1] Estor. Anleitung zur Ahnenprobe Marbg. 1750 S. 5 ff.
[2] Würdtwein, Nova subs. X, S. 168 ff. N. XXVII
[3] Seuffert S. 139.
[4] Cramer S. 527.
[5] Cramer S. 523. Näheres bei Heffter, Sonderrechte S. 433 ff.
[6] Estor S. 422.

gebildet.[1]) Die reformierten Stifte fügten nur die Bedingung
lutherischer Confession für die Aufnahme hinzu. Wo aber noch
Statuten zu Gunsten unabliger Studierten bestanden, durften sie
nach dem Westfälischen Frieden laut dessen Art. V, § 17 nicht
mehr geändert werden.[2])

  Ein besonders vornehmes Capitel war von jeher das zu
Straßburg. Nach der Neuordnung im Jahre 1687 mußten hier
die deutschen Candidaten 16 Ahnen nachweisen, und alle in der
Ahnentafel vorkommenden Personen mußten aus fürstlichen oder
gräflichen der Reichsstandschaft fähigen Familien stammen. Im
Jahre 1713 wurde diese Forderung auf die directen väterlichen
Vorfahren von Vater und Mutter beschränkt, während die übrigen
Ahnen nur solche Personen zu sein brauchten, die in andern Capi-
teln des Reiches aufnahmefähig waren. Für die französischen
Bewerber bestanden mildere Vorschriften.[3])

  Der Mißbrauch der geistlichen Stiftungen hatte im 18. Jahrhundert seinen Höhepunkt erreicht. Die Reaction erfolgte plötzlich
und gründlich. Im Jahre 1783 wurden die Vorrechte des Adels
in den österreichischen Capiteln durch Joseph II. aufgehoben, und
in den folgenden 20 Jahren warf die Revolution das ganze Ge-
bäude über den Haufen, indem sie die Stiftscapitel ihrer eigentlichen Bestimmung, der Pflege von Religion und Wissenschaft, wie-
dergab und demgemäß die Bedingungen der Aufnahme formu-
lierte.[4])

  Nach dem Obigen war nun freilich der Stiftsadel in den
verschiedenen Kirchenprovinzen verschieden, die geringste Forderung
war aber doch im ganzen Reiche die von 4 ritterlichen Ahnen.
Dieser Vierahnen-Adel nahm eine Zwischenstellung zwischen ein-
fachem und hohem Adel ein und wurde in der Doctrin und vereinzelt auch in der Praxis mit letzterem für ebenbürtig erklärt.[5])

---

[1]) Seuffert S. 113 u. öfter. Hinschius II, S. 68, Anm. 3.
[2]) Vgl. Seuffert S. 130 ff.
[3]) Cramer S. 544 ff. Estor S. 431 f. Heffter S. 439 f.
[4]) Hinschius II, S. 81.
[5]) Böhrum II, S. 202 f. Primogeniturvertrag des Hauses Fürstenberg.
Pütter S. 305, siehe unten.

C. Die Ahnenprobe in Ritterorden und bei Hofe.

Als die ersten Ritterorden gegründet wurden, kannte man die ritterliche Ahnenprobe noch nicht, aber schon im ersten Jahrhundert ihres Bestehens begann man Jeden von der Lehnsfähigkeit auszuschließen, der nicht vier ritterliche Ahnen nachweisen konnte. Die Ritterorden übernahmen später diese lehnrechtliche Einrichtung und machten sie zur Bedingung der Aufnahme.

Der Johanniter-Orden nahm stets nur Ritter von anerkannt altritterlichem Stamme auf und verlangte später den Nachweis von 8 Ahnen. Die Ahnenprobe war sehr kostspielig, „sie „mußte brieflich, local, geheim und durch Zeugen geschehen. — „Vier anerkannte Edelleute aus der Landschaft eines Aspiranten „mußten den zur Adelsprüfung dahin eigens committirten Com- „mandeurs und Rittern dessen Adelsreinheit protocollarisch und „eidlich, dabei namentlich seinen Catholicismus und die Reinheit „des Rufs der Eltern bezeugen. Dazu mußten noch alle Urkun- „den, wie Ehepacten, Trau- und Taufscheine, Testamente, Patente, „Vormundschaftsnachweise, Stiftsurkunden, Abbildungen von Grab- „malen, Grabinschriften etc. beglaubigt in Abschriften beigelegt „werden; während gewöhnlich noch jene Ordenscommissäre geheime „Nachforschungen über des Aspiranten Abkunft, seinen Ruf, seine „Moralität anstellten. Waren einmal alle diese Proben notariats- „kräftig dargethan, so konnte nur in dem einzigen Fall ihre Gül- „tigkeit angefochten werden, wenn irgend etwas Jüdisches in dem „Geschlechtsregister nachgewiesen wurde, indem dieses Gebrechen „niemals verjährte."[1]

Weniger streng waren die Bestimmungen im Templer-Orden, der bis zu seiner Aufhebung im Jahre 1313 keine Ahnenprobe verlangt zu haben scheint. In der geheimen Fortsetzung des Ordens waren vier Ahnen nötig.[2] Auch der Deutsche Orden bestand nur auf Herkunft aus altem adeligen Geschlecht.[3]

----

[1] Frhr. v. Biedenfeld: Ritterorden (1841) II, S. 19 u. 21 nach St. Allais, l'Ordre de Malte (1839).

[2] Ebenda Ebenda S. 90.

[3] S. 24.

Später gegründete Orden führten meist den Vierahnenbeweis ein, so der Orden vom Stachelschwein in Frankreich 1394[1] vom zunehmenden Mond in der Provence 1448,[2] die Besserabrüder in Franken 1465)[3], der Orden von St. Simplicius zu Fulda 1492[4] die Brüderschaft von St. Martin in Mainz 1467.[5] u. a. m.

Die folgenden Jahrhunderte der Religionskriege und des römischen Rechts waren der strengen Ahnenprobe weniger günstig. Die in dieser Periode gegründeten Gesellschaften begnügten sich entweder mit dem einfachen Abel ihrer Mitglieder oder beschränkten sich überhaupt nicht auf einen Stand. In der zweiten Hälfte des 17 Jahrhunderts aber beginnt ein neuer Eifer für Ordengründung; neben politischen und religiösen Gesellschaften tauchten Vereinigungen der gewöhnlichsten Weltlust auf, und ihnen allen dienten die Ritterorden zum Vorbild. Viele dieser neueren Orden machten die adelige Ahnenprobe zur Aufnahmebedingung. Der 1690 geplante Orden der Dankbarkeit in Thüringen sollte sechzehn reine Ahnen von den aufzunehmenden Jünglingen verlangen.[6] Dieselbe Probe wurde in dem Meiningischen Orden der Treue 1702[7], in dem Limburgischen Vierkaiserorden 1768[8], dem portugiesischen St. Jacobsorden 1789[9] und dem Würtembergischen Goldenen Adler-Orden 1807[10] gefordert. Auch die protestantische Ballei Brandenburg vom Johanniterorden hatte die Sechzehnahnenprobe eingeführt.[11] Andere Orden, wie der vom schwarzen Adler in Preußen, begnügten sich mit 8 Ahnen.[12] In dem hohenlohischen Hausorden vom Phönix aus dem Jahre 1758 brauchten die Candidaten nur vier Ahnen von väterlicher Seite nachzuweisen.[13] Seit der zweiten Hälfte des 18. Jh. treten auch adelige Damenorden auf, die teils wie der von St. Elisabeth 1766 und St. Anna 1758 in Bayern, 16, theils wie der von St. Anna in Würzburg 1784 acht Ahnen beanspruchen.[14]

---

[1] Frbr. v. Biedenfeld I, S. 231. — [2] I, S. 69. — [3] I, S. 70. — [4] I, S. 122. — [5] I, S. 62. — [6] I, S. 164. — [7] I, S. 170. — [8] I, S. 203, II, S. 77. — [9] II, S. 415. — [10] II, S. 457. — [11] II, S.1.. — [12] II, S. 317. — [13] I, S. 196. — [14] II, S. 163 ff.

Die Höfe wurden gewissermaßen auch als Rittergesellschaften betrachtet: Die Hoffähigkeit hing von der adeligen Ahnenprobe ab. Sobald man an den norddeutschen Höfen begann, sich dieser Fessel zu entledigen, verlor die Ahnenprobe überhaupt rasch an Bedeutung. Die Aufhebung der Ballei Brandenburg i. J. 1811 bezeichnet das Ende der Bewegung, die mit der Abschaffung der Ahnenprobe am preußischen Hofe unter Friedrich d. Gr. begonnen hatte.[1]

Der neue preußische Johanniterorden fordert nur Nachweis des Adels von den Aspiranten. Alle übrigen neugegründeten Orden sind Verdienstorden. Nur eine Reihe von katholischen Orden mit Ahnenprobe hat sich erhalten. Sechzehn adelige Ahnen muß nachweisen, wer in den Malteser (Johanniter)-, den Deutschen Orden oder den bayrischen St. Georgsorden aufgenommen werden will. Derselben Bedingung haben sich die Aspirantinnen an den adeligen Damenstiften zu Wien, Prag und Innsbruck zu unterwerfen, während in Brünn acht Ahnen und in Graz vier mit adeligen Vätern genügen. Die Erlangung von k. u. k. Hofämtern wie überhaupt die Hoffähigkeit in Wien ist ebenfalls von Ahnenproben abhängig, worüber man ein verwickeltes System aufgestellt hat. Wer nach der k. u. k. Kämmererswürde strebt, hat, gegenwärtig von väterlicher Seite acht, von mütterlicher vier stiftsmäßige Ahnen zu beweisen, es sei denn, daß sein Vater schon Kämmerer und seine Mutter Sternkreuzordensdame nach richtig gelegter Probe, war. Früher konnten Ungarn die Probe auf dreierlei Arten nachweisen: mindestens sieben adelige Generationen in gerader Linie und eine altadelige Mutter, oder sieben direkt von Vater und Mutter, oder sieben vom Vater und seiner adeligen Gemalin. Italiener haben dagegen vier adelige Ahnen und von den Großvätern zwei, von den Großmüttern drei adelige männliche Ascendenten nachzuweisen. Dieselben Grundsätze bestimmen bei der Aufnahme als Edelknaben und beim Zutritt zum Hofe. Dabei ist zu beachten, daß sämmtliche aufgeführten Ahnen 1. ehelich und 2. adelig geboren sein müssen, daß also thatsächlich die Ahnenprobe stets noch eine Generation höher hinaufsteigt, als ange-

---

[1] Vgl. G. v. Marczianyi im dt. Herold 1887. S. 96 ff.

geben ist. In der Regel muß von jeder in der Ahnentafel vorkommenden Familie das Wappen beigebracht werden.[1])

D. Hausgesetze.

Zur Zeit des alten Reiches bestand die Familiengesetzgebung
nur in einzelnen Verordnungen und Verträgen, wie sie sich von
Fall zu Fall nötig machten. Die älteste bekannte Urkunde dieser
Art, die für uns in Betracht kommt, ist der Frankfurter Entscheid
zwischen den beiden Grafen Eberhard von Würtemberg vom
30. Juli 1489[2]), in dem unter Anderem bestimmt wird: „Wäre
es auch, daß Graf Eberhards des jüngeren eheliche Gemahlinn
vor ihm mit Tode abgienge; würde er sich dann wieder verheirathen, so soll das geschehen mit einer, die seine Genossin ist.
Ob er sich aber mit einer mindern und niedern Person verheirathen würde, überkäme er dann bey derselben Kinder, wenige oder
viele, so sollen die an einem Theile Landes, noch an der Herrschaft Würtemberg keinen Erbtheil haben, empfangen, noch überkommen in keinem Weg, ungefährlich." Im Jahre 1573 verfügte
Herzog Johann Wilhelm von Sachsen in seinem Testamente, daß
„wenn einer seiner Söhne sich verheirathen wollte, er sich mit
einem Christlichen fürstlichen Fräulein in Teutschland vermählen,
mit nichten aber sich deshalb mit fremden Nationen befreunden
sollte", und sein Enkel Ernst von Gotha wiederholte diese Verordnung im Jahre 1654, indem er seinen Kindern noch besonders
einschärfte, sich nicht mit gräflichen Lehnsleuten seines Hauses zu
vermählen.[3]) Auch im Hause Würtemberg sollten nach einem
Vertrag von 1617 Heirathen „nicht außer dem fürstlichen Stande"
erfolgen, was im J. 1664 durch Herzog Eberhard III. dahin erweitert wurde, seine Söhne und Töchter sollten „sich allein mit
fürstlichen oder anderen hohen Standespersonen ehelich verloben."[4])
Im gräflichen Hause Königsed wird im Jahre 1588 der gesammten Nachkommenschaft bei Strafe der Enterbung standesgemäße

---

[1]) Ueber diese modernen Adelsproben findet man Alles zusammengestellt
bei Dr. E. Edm. Langer, Die Ahnen- und Adelsprobe u. s. w. in Oesterreich. Wien 1862. Vgl. aber oben S. 211, f. über Ahnenproben.

[2]) Pütter, Mißheirathen S. 194.

[3]) Pütter S. 196 f. H. Schulze, Hausgesetze der reg. deutschen Fürsten-
häuser Bd. III, S. 109 f.

[4]) Ebenda S. 203. 207.

Vermählung befohlen, und dasselbe finden wir in den Häusern Nassau-Katzenellnbogen 1597, Limburg 1604, Witgenstein 1607, Leiningen-Westerburg 1614.[1]) Doch wird hier nirgend die Grenze der Ebenbürtigkeit bestimmt. Schärfer gefaßt ist der Hausvertrag des eben erst gefreiten Hauses von der Leyen v. J. 1661, der gänzliche Enterbung den Stammagnaten androht, die „sich in Heirathen übel vorsehen, und an keine von alten adeligen oder Herren-Standes Personen vermählen.“[2]) Die Reußen von Plauen sollten sich nach dem Geschlechtsverein v. J. 1668 „nicht zu genau ins Geblüt, noch außer dem Stande in ein höheres noch niedriges Geschlecht, sondern mit einer die gleichen gräflichen oder herrlichen Standes von einem guten wohlbekannten Hause ist, befreunden und vermählen.“ Von den Folgen einer Zuwiderhandlung wird dabei nichts gesagt.[3])

Das erste Hausgesetz beim hohen Adel, in dem bestimmt erklärt ist, welche Ehen als ungleich zu betrachten sind, und die Kinder solcher Ehen als nicht erbfähig erklärt werden, ist das Testament des Fürsten Victor Amadeus von Anhalt-Bernburg vom 10. Oct. 1678, das i. J. 1679 die kaiserliche Bestätigung erhielt. Hier heißt es: „Sollte aber über alles Verhoffen einer unter ihnen (seinen Söhnen) oder ihren Nachkommen sich soweit versehen, und diesem uralten fürstlichen Hause zum Schimpfe, Verkleinerung und Nachtheile, sich mit einer unstandesmäßigen Person, von Adel oder bürgerlichen Eltern geboren, verehelichen; als declariren wir, daß die aus solchem, unserm fürstlichen Hause schimpflichen Ehebette erzeugten Kinder beiderlei Geschlechts unfähig aller Titel unseres fürstlich Anhaltischen Hauses und Stammes, auch aller Succession und Erbes, sowohl von ihrem Vater als dessen Anverwandten, so lange eine von uns posterierende fürstliche Person, oder ein Fürst Anhaltischen fürstlichen Geblüts von beiderseits Eltern fürstenmäßig geboren, am Leben ist.“[4]) In dem vom

---

[1]) Ebenda S. 198—203.
[2]) Ebenda S. 206.
[3]) Ebenda S. 208. Schulze, Hausgesetze II. S. 278, § 18.
[4]) Pütter S. 209.

16*

Kaiser 1697 bestätigten Waldeck'schen Hausvertrag v. J. 1687 wird nicht nur den Kindern einer unstandsgemäßen Ehe die Erbfähigkeit abgesprochen, sondern auch dem Grafen, der eine solche eingeht, selbst.[1]

Durch gewisse Vorgänge in seiner nächsten Verwandtschaft wurde Herzog Ernst Ludwig von Sachsen-Meiningen i. J. 1721 veranlaßt, zu verordnen, daß eine jede Ehe mit einer Frau „aus einem anderen als fürstlichen oder wenigstens alten reichsgräflichen Hause pro matrimonio ad morganaticam declarirt, und eo ipso die daraus erzielten Kinder vor Edelleute geachtet werden sollten.[2] Ihm folgte sein Vetter Ernst August in Weimar, der in seiner Primogeniturordnung v. J. 1724 ebenfalls nur die Söhne aus Ehen mit Damen aus fürstlichen oder alten reichsgräflichen Häusern für erbberechtigt erklärt.[3] Und Herzog Franz Josias von Koburg bestimmte i. J. 1735 u. später, daß seine Descendenten, sich an keine anderen, als fürstliche und gut gräfliche Häuser und Familien verheirathen sollen.[4]

Die drei sächsischen Hausgesetze erhielten die kaiserliche Bestätigung.

Zur Bedeutung eines Hausgesetzes gelangte auch die bekannte Erklärung, die Friedrich der Große an Kaiser Karl VII. richtete.[5] „Wir sollen auch aus Teutsch patriotischer Gesinnung ganz unvorgreiflich davor halten, daß Ew. kaiserliche Majestät reichshofrath, sowohl als reichshofcanzley pro norma regulativa bei dieser Gelegenheit ein vor alles zu bescheiden sein, daß alle diejenige fürstl. heiraten schlechterdings für ungleich zu achten, welche mit personen infra oder unter dem alten reichsgräflichen sitz und stimme in comitiis habenden stand contrahiret werden" u. s. w. Es handelt sich hier, wie der Wortlaut ergiebt, um einen Vorschlag zu einem Reichsgesetz über die Ebenbürtigkeitsfrage, das übrigens nie zu

---

[1] Ebenda S. 211.

[2] Ebenda S. 241 ff.

[3] Ebenda S. 243. Schulze, III, S. 223.

[4] Schulze III, S. 50 f. 286.

[5] Pütter S. 247 f. Schulze, Hausgesetze III, S. 615. Reuling, Ebenbürtsrecht des Lippischen Hauses, Anl. S. 43.

Stande kam. Die im brandenburgischen Hause von jeher geübte
Praxis bei Eheschließungen zeigt jedoch eine vollkommene Uebereinstimmung mit den hier entwickelten Anschauungen, und Friedrichs Nachfolger wenigstens haben seinen Vorschlag als bindende
Norm anerkannt.

Die Grafen der Lippe'schen Nebenlinie Biesterfeld beschlossen
i. J. 1748, daß wenn einer ihrer Descendenten eine Person, welche
nicht Gräfl. und geringern, als Freiherrln. Standes wäre, ehelichen würde, dessen und deren Söhne der Succession unfähig sein
sollen.[1] Zufällig ist, daß der Primogeniturvertrag des schon seit
1667 Sitz und Stimme im Fürstencollegium führenden Hauses
Fürstenberg v. J. 1755 den niederen Stifts-Adel als ebenbürtig anerkannt; er verlangt von dem Thronfolger nur,
„wenigstens eine adelige stiftsmäßige Fräulein" zu heiraten. Im
reichsgräflichen Hause Oettingen-Wallerstein dagegen wird
i. J. 1765 verordnet, daß die „Nachkommen beiderlei Geschlechts,
wenn sie sich vermählen, fördersamst auf Teutsch altfürstliches oder
reichsgräfliches Geblüt ihre vornehmste Rücksicht nehmen, nimmer
aber mit einem geringeren Teutschadeligen Geschlechte sich alliiren,
als welches auf einem der hohen Erz- und Domstifter Cölln,
Eichstädt und Augsburg für prob- und stiftsmäßig gehalten wird;
bei Verlust aller in dieser Constitution einem jeden — ausgemach-
ten Emolumente und Rechte." In der kaiserlichen Bestätigung
dieser Verordnung sind die Folgen unebenbürtiger Ehen gemildert,
die Definition der Ebenbürtigkeit aber anerkannt. In den Pri-
mogeniturordnungen von Nassau-Saarbrücken 1769, Löwenstein-Wertheim 1770 und Erbach-Erbach 1783 wurden vom
Kaiser alle Bestimmungen über Mißheiraten gestrichen, indem dieser
sich die Entscheidung in den einzelnen Fällen selbst vorbehalten
wollte.[2]

Als die alten Reichsordnungen ihrem Ende entgegengingen,
erließ Kurfürst Friedrich von Würtemberg am 13. Dez. 1803 ein
ausführliches Hausgesetz über die ehelichen Verbindungen der fürst-

[1] Reuling Anl. S. 154.
[2] Pütter S. 305—308.

lichen Familienmitglieder, in dem u. a. bestimmt wird: „daß nur diejenigen Ehen Unserer Prinzen und männlichen Nachkommen für standesmäßig zu achten seyen, welche mit Personen eingegangen werden, die aus Kaiserlichen, Königlichen, Reichsfürstlichen oder wenigstens aus altgräflichen reichsständigen Häußern entsprossen und gebohren sind . . . . . . Alle andere Ehen hingegen, . . . können, da sie nach gegenwärtigen mit dem Sinn und Geist der bisherigen Hausverträge und Testamente ganz übereinstimmendem Haus-Gesetze als entschiedene Mißheurathen anzusehen sind, in Gemäßheit der Kaiserlichen Wahl-Capitulation, im Verhältniß gegen Unser Churfürstliches Hauß, und den jedesmaligen Regenten, der Rechte und Würkungen standesmäßiger Ehen schlechterdings nicht theilhaft sein."[1]

Die im Jahre 1806 erlangte volle Souveränität veranlaßte seitdem mehrere deutsche Fürsten, durch umfassende Familiengesetzgebung die Verhältnisse ihrer Dynastien zu sichern, und bald nötigten auch die constitutionellen Verfassungen dazu. Zur Abschließung einer vollgültigen Ehe wird jetzt überall die Zustimmung des regierenden Herren als des Familienoberhaupts gefordert. In mehreren Familien giebt es Bestimmungen über Ebenbürtigkeit, meistens im Anschluß an den Art. 14 der deutschen Bundesacte. So lautet § 2 des 3. Cap. im Hannover'schen Hausgesetz vom J. 1836: „Als ebenbürtig werden diejenigen Ehen betrachtet, welche Mitglieder des Hauses entweder unter sich abschließen, oder mit Mitgliedern eines andern souveränen Hauses, oder aber mit ebenbürtigen Mitgliedern solcher Häuser, welche laut Art. 14 der deutschen Bundesacte den Souverains ebenbürtig sind."[2] Aehnlich sind die Bestimmungen im Reußischen Hause[3] und in Waldeck[4]. Im Hause Koburg-Gotha, dem die Herrscherfamilien von England, Portugal, Belgien und Bulgarien angehören,

[1] Schulze, Hausgesetze III, S. 495.
[2] Schulze, I, S. 493.
[3] Ebenda II, S. 356. Beschluß der drei regierenden Herren v. 10. Nov. 1844.
[4] Ebenda III, S. 426, Hausgesetz vom 22. Apr. 1857.

wird die Ebenbürtigkeit durch einen Familienrath geprüft. [1]). Dagegen sind im Hause Oldenburg Ehen mit Angehörigen der
nach Art. 14 der Bundesacte ebenbürtigen Häuser nur soweit
vollgültig, als auch in den betr. Familien „Ebenbürtigkeit fort-
dauernd als ein Erfordernis für eine standesmäßige Ehe angesehen
wird." Hier wird der Nachweis von mindestens vier hoch-
abeligen Ahnen vom Thronfolger verlangt[2]). Hohe Anforderungen stellt auch das Haus Würtemberg. Hier sind nur
solche Ehen ebenbürtig, welche mit Prinzen und Prinzessinnen. die
zu Kaiserlichen, Königlichen Großherzoglichen, oder souverainen
Herzoglichen Häusern gehören, geschlossen werden." [3])

Wo es in den Hausgesetzen noch an näheren Bestimmungen
der Ebenbürtigkeit fehlt, muß die ungeschriebene Ueberlieferung
entscheiden[4]). Zweifellos aber hat jeder Fürst das Recht, mit Zustimmung seiner Agnaten die Grenzen der Ebenbürtigkeit zu erweitern und selbst aufzuheben, wo nicht anderen Häusern infolge
von besonderen Verträgen ein Einspruchsrecht zusteht.

---

[1]) Ebenda III, S. 286. Hausgesetz vom 1. März 1855, Art. 04: „Hinsichtlich der Ebenbürtigkeit der Ehe verbleibt es zunächst bei der in dem Testamente des Herzogs Franz Josias vom 1. Oct. 1733 im siebenten Puncte u.s.w.
— enthaltenen Bestimmungen, denen zufolge seine Nachkommen „sich an keine
andere als Fürstliche, oder gut Gräfliche Familien verheirathen sollen." Jedoch
wird für künftig vorzunehmende Vermählungen noch die Bestimmung hinzugefügt, „daß, sofern der anzuheirathende Ehegatte nicht einem regierenden Hause
oder einer der im Art. 14 der Bundesacte ausdrücklich für ebenbürtig erklärten
deutsch-standesherrlichen Familien angehört, die Frage, ob die Vermählung eine
ebenbürtige und in dieser Hinsicht hausgesetzmäßige sei, von einem Familienrathe
zu entscheiden ist."

[2]) Schulze, Hausgesetze II, S. 455. Hausgesetz vom 1. Sept. 1872,
Art. 9.

[3]) Ebenda III, S. 503. Hausgesetz v. 1. Jan. 1808. § 17.

[4]) In den Hausgesetzen von Baden 1817, Bayern 1816, Mecklenburg-
Schwerin 1821, Sachsen 1837 wird nur Ebenbürtigkeit verlangt ohne nähere
Erklärung. Ueber Preußen siehe Schulze, Hausges. III, S. 615. Auch
hier fehlt eine Bestimmung. Eine übersichtliche Zusammenstellung der Hausgesetze der noch vorhandenen souveränen und mediatisierten vormals reichsständischen Häuser giebt Heffter, Sonderrecht S. 229—234.

E. Staatsverträge.

In den Erbverbrüderungsverträgen Hessens mit den Häusern Wettin und Brandenburg seit dem Jahre 1373 bezw. 1614 heißt es, daß die Lande des einen Teils an die andern beiden fallen sollen, falls er „ohne rechte Leibs-Lehens-Erben", „ohne mannliche eheliche rechte Leibs-Lehens-Erben" mit Tode abginge. Danach konnte Brandenburg allerdings verlangen, daß unebenbürtige Ehen in den mit ihm erbverbrüderten Häusern nicht anerkannt würden, doch fehlt in den Verträgen jede Bestimmung über den Begriff der Ebenbürtigkeit[1]). In dem Erbvertrage zwischen Brandenburg und Hohenzollern v. J. 1695 werden Kinder aus ungleichen Ehen für nicht succeffionsfähig erklärt, und in der Erneuerung des Vertrags v. J. 1707 ist dies dahin erläutert, „daß die Heyrathen, so unter dem Grafen Stand geschehen, vor ungleich geachtet" sein sollen[2]). Um den zunehmenden Mißheirathen entgegenzutreten, verbanden sich i. J. 1717 einige Herren aus den beiden Häusern Sachsen und Anhalt zu einem Vertrage, dessen erste Artikel lauten: „1) Wollen dieselbe sambt und sonders in Zukunfft in ihren Testamenten und pactis Domus aufs nachdrücklichste verbiethen, daß Ihre Prinzen mit nicht geringeren als alt Reichsgräflichen Standes Personen, sich vermählen. 2) Da aber dennoch der gleichen mesalliancen geschehen solten, oder zeither ohne Erhebung in Fürsten Stand geschehen wären, dieselbe anders nicht als matrimonia ad morganaticam confideriren."[3])

Auch reichsgräfliche Familien empfanden das Bedürfnis, den eingedrungenen römischen Rechtslehren gegenüber durch Verträge ihre Auffassung von der Ebenbürtigkeitslehre zu sichern. Der 14. Artikel des im Jahre 1754 zwischen den Grafen von Wied-Neuwied, Wied-Runkel, Schaumburg, Lippe, Sayn-Hachen-

---

[1] Schulze, Hausgesetze II, S. 36, 39. Pütter S. 198 f.

[2] Schulze III, S. 728, 735. Pütter S. 213—215.

[3] Reuling S. 31 nach Hellfeld, Beitr. z. Staatsr. v. Sachsen III, S. 289, Pütter S. 236 ff. nach J. J. Moser. Teutsches Staatsr. XIX. S. 236. Der Moserche Text hat: „mit nicht geringeren als reichsgräflichen Häusern."

burg, Bentheim und Löwenstein-Wertheim erneuerten
„engeren weitfälischen Correspondenzvereins" handelt von ungleichen
Heiraten und bestimmt unter Nr. 8, „daß ein jeder Herr, welcher
aus diesem sich zu vermählen gedenkt, den vorzüglichen Bedacht
auf eine Gräfin seines Standes, entweder aus diesem oder aus
anderen Collegiis und deren Alt-Gräfl. Häusern solcher gestalt zu
nehmen, daß zugleich andere Correspondenz-Verwandte Mitgliedern
befugt seyn sollen, sich hinunter auf alle dienliche Art zu verwenden,
und wo etwa andere widrige Absichten sich äußern sollten, solchen
auf alle mögl. Art in Zeiten zu begegnen."[1] Es ist zu vermuten,
daß viel mehr solcher Verträge geschlossen worden sind, als der
Oeffentlichkeit bekannt geworden ist.

Schlußbemerkung über die heutige Lage.

Eine so lange und ehrwürdige Geschichte die Ahnenprobe in
ihren Beziehungen zu rechtlich und staatlich anerkannten Institutionen auch aufzuweisen hat, so kann nun doch nicht verkannt
werden, daß ihr Gebiet seit hundert Jahren wesentlich eingeschränkt
worden ist. Die französische Revolution hat mit dem 4. August
1789 eine Ideenrichtung in Europa begünstigt, welche sich dem
Ebenburtsbegriff schärfer und schärfer entgegenstellte. Einzelne privat-
rechtliche Institutionen werden sich, solange stiftungsmäßige Ver-
mögensverwaltungen den Schutz der Gesetze haben, nicht leicht
durchbrechen lassen; in staatsrechtlichem Sinne aber gewähren Hausgesetze des hohen Adels und der regierenden fürstlichen Familien
nur noch einen schwachen Damm gegen die steigende Fluth. Und auch
die Anzahl jener Regentenhäuser, die auf dem Grunde des Ebenbürtigkeitsprinzips ihre Ahnenproben legen könnten, verringern
sich von Jahrzehnt zu Jahrzehnt. Daß die Rechtsprechung auch in
Betreff fürstlicher Hausgesetze von der Ahnenprobe abzusehen sich
im Stande weiß, tritt eben so deutlich hervor, wie die völlige
Ignorierung der Ebenbürtigkeitsfrage in den in den verschiedensten
Ländern neuerdings im Wege der Gesetzgebung hervorgebrachten

[1] Reuling S. 45 f.

Successionsordnungen. Einen Kampf aufzunehmen für die Ebenburt scheuen sich selbst die größten und mächtigsten Familien mit Rücksicht auf die sogenannte „öffentliche Meinung". Und wenn es auch nicht ohne komischen Beigeschmack zu sein scheint, daß man zuweilen auf halbem Wege stehen bleibt und nur über eine gewisse Grenze der Unebenbürtigkeit, die man aber ganz willkürlich gezogen hat, nicht heruntergehen will, so kann doch wol kein Zweifel sein, daß die Ebenbürtigkeitsahnenprobe auch in Deutschland in den letzten Zügen liegt. Für die Beobachtungen der Genealogie ist es selbstverständlich kein Gegenstand irgend eines Urteils darüber, ob diese Entwicklung nützlich oder schädlich, erwünscht oder unerwünscht ist. Sie kann nur die Thatsache constatieren. Ob sich dagegen im sozialen Sinne die Neigung für die Ebenbürtigkeit verringert oder verstärkt habe, ist außerordentlich schwer zu bemessen. Vieles spricht dafür, daß sich die Bevölkerungsclassen, je weniger sie sich ständisch und politisch unterscheiden, in Rücksicht auf ihre moralischen und materiellen Qualitäten um so schärfer im Laufe unseres demokratischen Jahrhunderts zu sondern trachten; und bezeichnend für die Classentrennung gerade in Deutschland darf doch auch das Beispiel des bekannten Dichters und Schriftstellers hier nicht fehlen, welchem bekanntlich die intimsten Freundeskreise einer bürgerlichen Stadt wie Leipzig den Verkehr erschwerten, als er eine Frau aus der dienenden Classe nahm. Das Ebenbürtigkeitsprinzip läßt sich allemal als ständisches beseitigen, und bemächtigt sich als soziales und biologisches von neuem der menschlichen Natur.

Auch sollte man sich darüber nicht täuschen, daß trotz aller ständischen Nivillierungen der Ebenburtsbegriff sowol in den vermögensrechtlichen, wie in den sozialen Verhältnissen besonders Deutschlands und Oesterreichs doch noch weit tiefer wurzelt, als die liberale Doctrin zugestehen möchte. In erster Beziehung hat mir Herr Dr. Stephan Kekule von Stradonitz ein Verzeichnis zur Verfügung gestellt, welches auf Vollständigkeit keinen Anspruch machte, aber doch den Beweis lieferte, welche erheblichen Summen stiftungsmäßiger Capitalien durch Ebenbürtigkeitsbedingungen vinculirt sind. So braucht man gar nicht den Besitz der großen

Orden mit in Betracht zu ziehen, um zu erkennen, daß es sich etwa bei zwei Dutzend Damenstiften in Deutschland und Österreich mindestens um den Nutzgenuß von vielen Millionen handeln wird.

Diese Verhältnisse scheinen wenigstens dafür zu sprechen, daß es sich auch für den deutschen Richter immer noch praktisch nützlich erweisen könnte, wenn er sich aus dem Lehrbuch der Genealogie eine richtige Kenntnis von der Ahnenprobe verschaffen würde. Unwissenheit in diesen Dingen kann leicht zur Kränkung von Privatrechten führen, welche der heutige Staat doch hoffentlich noch zu schützen berufen ist.

Und wie hier die praktische Bedeutung der Ahnenprobe im geltenden Rechte hervortritt, so zeigt sich dem Beobachter sozialer Wirklichkeit allenthalben auch noch im Volksleben eine starke Tendenz für die Ahnentafel, die hoffentlich bei zunehmender Bildung noch stärker hervortreten wird. Besonders mächtig ist seit ältesten Zeiten die Ahnentafel in den ländlichen Gemeinden freier Bauerschaften gewesen, und so findet der Forscher gerade in diesen Kreisen zuweilen noch ein genealogisches Material vor, welches in Erstaunen setzt. Ein Zufall hat mich in die Kenntnis der Stammbäume und Ahnentafeln der bekannten Schwyzer Familie Auf der Mauer gesetzt, und ich höre, daß auch in Tirol großes genealogisches Material noch unvollkommen unbehoben vorliegt. Alle diese Erinnerungen beruhen aber auf dem Gefühle ebenbürtiger Abstammungen und sind ein Vermächtnis uralten Ahnenbewußtseins, auch eine Art von Religion, der man keine Tempel und Altäre errichtet, aber gegen welche die sozialistische Freisinnigkeit vergebens Sturm laufen wird, weil sie im Blute begründet ist.

Beilage.

Anweisungen für richtige Ausarbeitung von Ahnenproben sind für die praktischen Zwecke, denen durch genealogische Lehrbücher gedient werden kann, etwas so nothwendiges und wünschenswerthes, dass das alte Werk von Estor, Anleitung zur Ahnenprobe, sich bis auf den heutigen Tag eines unveränderten Ansehens und zwar mit Recht rühmen konnte; indessen ist es in diesem Punkte so gegangen, wie mit allen Regeln in Bezug auf Dinge, bei denen es mehr auf das Können als auf das Wissen ankömmt. Man hat daher oft hervorgehoben und auch Gatterer ging von derselben Ansicht aus, dass das werthvollste an Estors Ahnenprobe die Exemplifizirung auf die Ahnenprobe Karl Friedrich Reinholds von Baumbach sein möchte, die derselbe zum Zwecke seiner Aufnahme in den deutschen Ritterorden ablegte.

Heute sind die Hilfsmittel, durch welche die Abstammung und Familienangehörigkeit der einzelnen Individuen zu erweisen ist, viel zahlreicher und vollständiger, als ehedem und es war wünschenswerth, ein trefflich gearbeitetes Beispiel einer Ahnenprobe aus der neuesten Zeit darbieten zu können. Ich darf es nun wol als einen der erfreulichsten Beweise des Antheils an meiner Arbeit hervorheben, dass mir Sr. Excellenz der Herr Grosskapitular des deutschen Ritterordens, Dr. Gaston Pötticklh. Graf von Pettenegg seine Unterstützung gewährt und die folgenden Acten zur Mittheilung überlassen hat. Kann eine andere Institution in Europa bewährt heute noch die alten überwältigenden historischen Traditionen in so grossgedachter Weise wie der deutsche Ritterorden, an dessen Führung in genealogisch-heraldischen und historisch-juristischen Fragen jedermann, der Dinge dieser Art zu behandeln hat, sich gern ein Muster nehmen wird. Ich ergreife daher die Gelegenheit, den seit Jugendtagen herzlich verehrten Mann ,und trefflichsten Kenner dieser Wissenschaft aufrichtig zu danken.

Die Beilage enthält: 1) Eine Instruction für die Legung der Ahnenprobe bei dem deutschen Ritterorden, eine Arbeit von seltener genealogischer Ansicht, Einsicht und Vorsicht und 2) Ein Beispiel einer Deduction zu einer in der neuesten Zeit abgelegten Probe. Die Familiennamen des Probanten und seiner Ahnen sind dabei durch die Ortsnamen des Familien-Grund-Besitzes ersetzt worden, da das persönliche für den Leser und Nachahmer dieser musterhaften, Arbeit durchaus nebensächlich erschien.

Instruction für die Legung der Ahnen-Probe bei dem hohen Deutschen Ritter-Orden.

Vorbemerkungen.

§. 1.

Die Ahnenprobe, d. i. der urkundlich belegte genaue Nachweis der Abstammung des Probelegers von einer bestimmten Reihe von demselben gleichmässig abstehender direkter Ascendenten, welche zu Schild und Helm adelig geboren, sowie ritterbürtig und stifts-mässig sein müssen, erstreckt sich bei dem hohen Deutschen Ritter-Orden sowol bei den Profess- als auch bei den Ehren-Rittern bis in den fünften Grad, oder auf 16 Ahnen, 8 von Seite des Vaters und 8 von Seite der Mutter, mithin bis zu den Ur-Urgrosseltern des Probanten.

§. 2.

Die Hauptabtheilungen dieses Nachweises bestehen bei dem hohen Deutschen Ritter-Orden in:

    I. Filiation.

    II. Adels- und Wappenprobe [Ritterbürtigkeit und Stifts-mässigkeit] und

    III. Deutsches Geblüt.

In dieser Reihenfolge werden demnach auch die einzelnen Probe-theile in den nachstehenden Paragraphen des Näheren erläutert.

§. 3.

Der Probant selbst muss der römisch-katholischen Religion an-gehören; seine Ahnen (Ascendenten) können auch akatholisch sein, nur müssen sie alle christlicher Confession gewesen sein.

Zur Aufnahme als Profess-Ritter sind dermalen nur diejenigen geeignet, welche dem inländischen (erbländischen, d. h. österreichischen) Adel angehören und die österreichische Staatsbürgerschaft besitzen.

Ausländer müssen, um in den hohen Orden als Professritter aufgenommen werden zu können, vorerst die österreichische Staats-bürgerschaft erlangen.

Die Ehrenritter, welche dieselbe Probe wie die Professritter legen müssen, bedürfen der österreichischen Staatsbürgerschaft nicht.

Diesbezüglich muss noch weiters bemerkt werden, dass durch keine, wenn auch noch so lange, Dienstleistung in der österreichischen Armee, sowie auch nicht durch die k. k. Kämmererswürde, die österreichische Staatsbürgerschaft erworben wird; endlich dass aus-ländische Adelstitel und Prädikate bezüglich der eigentlichen Probanten für die Professritterswürde, wenn selbe in Österreich nicht aus-drücklich anerkannt worden sind, überhaupt und bei der Probelegung insbesondere keine Giltigkeit haben.

§. 4.

Der Probeleger hat gleich bei seinem ersten Einschreiten um
Aufnahme als Profess- oder Ehrenritter des hohen Deutschen Ritter-
ordens, welches an Einen der Herren Landkommture zu richten und
mit dem Taufscheine des Aspiranten und dessen Ahnentafelschema
auf 16 Ahnen zu belegen ist, nachzuweisen, dass er nicht unter
24 Jahre und zur Zeit der allfälligen Ertheilung des feierlichen
Ritterschlages das 50. Lebensjahr nicht überschritten habe. Der
Aspirant hat bis zur feierlichen Profess oder dem Ritterschlage
4 Jahre im Orden zu verbleiben, und zwar ein Jahr im Noviziate
und mindestens drei Jahre mit einfachen Gelübden, nach Vorschrift
der Kongregation der Riten vom Jahre 1857, wiederholt bestätigt
durch das Breve des Papstes Pius IX. vom 7. Februar 1862. —
Nach Ablauf dieser drei Jahre kann sich der Profess-Ordens-Ritter
mit einfachen Gelübden noch eine weitere Bedenkzeit erbitten und
diese Bedenkzeit bis auf zehn Jahre, vom Zeitpunkte der abgelegten
einfachen Gelübde an gerechnet, ausdehnen; nach dem Ablaufe dieser
zehn Jahre muss sich der Profess-Ordens-Ritter mit einfachen Gelübden endgiltig entscheiden, entweder die feierlichen Gelübde ab-
zulegen oder aus dem Orden zu treten.

Erst nach Ertheilung des feierlichen Ritterschlages, um welchen
der Professritter mit einfachen Gelübden nach Ablauf der oberwähnten
vier Jahre neuerlich bei seinem Herrn Landkommutur bittlich werden
muss, erhält der D. O. Professritter über landkommuturlichen Vorschlag eine Kommende, falls eine solche erledigt ist.

§. 5.

Der Probeleger hat sein Gesuch um Aufnahme dem betreffenden
Herrn Landkommtur persönlich zu überreichen und sich hierbei dem
Herrn Hoch- und Deutschmeister, sowie den übrigen anwesenden
Professrittern persönlich vorzustellen.

§. 6.

Dem Petenten steht es frei, sich die Probe von wem immer
zusammstellen zu lassen. Falls er dies jedoch durch einen Ordens-
beamten thun liesse, so ist dies als eine Privatsache zu betrachten.

§. 7.

Matriken-Extrakte, das sind Tauf-, Trauungs- und Todten-Scheine,
müssen immer in Original, die übrigen bei den Abschnitten über die
„Filiation" und „Adels- und Wappenprobe" näher zu bezeichnenden
Probations-Dokumente können auch in von den hiezu gesetzlich be-
rufenen Behörden und Personen beglaubigten ersten Abschriften
beigebracht werden. Beglaubigte Abschriften von Abschriften, sogenannte zweite Kopien, werden nicht angenommen. Sämmtliche
Probe-Dokumente müssen jedoch jedes in der für selbe vorgeschriebenen

gesetzlichen Form genau ausgestellt und alle diesbezüglichen Vorschriften bei deren Ausfertigung erfüllt sein.

Leichenpredigten, sowie überhaupt Druckwerke und beglaubigte
Auszüge aus selben, soferne sie nicht durch andere glaubwürdige
und bei dem hohen Orden als zulässig anerkannte Probations-Dokumente unterstützt und bekräftigt werden, bilden für sich allein nur
einen sogenannten halben Beweis und kein vollgiltiges Beweis-
Material. — Es ist selbstverständlich, dass mit einem solchen halben
Beweismateriale niemals bei dem hohen Orden eine Probe gelegt
werden kann.

§. 8.

Bezüglich der Legalisirung der beizubringenden Dokumente ist
sich genau nach jenen gesetzlichen Vorschriften zu halten, welche sich
auf die diesbetreffenden Übereinkommen der österreichisch-ungarischen
Monarchie und der einzelnen Staaten, aus welchen die vorzulegenden
Urkunden herstammen, begründen, und noch in Giltigkeit sind. Diese
Vorschriften sind im Reichsgesetzblatte enthalten.

§. 9.

Berufungen auf anderwärts schon gelegte und approbirte Proben
werden bei dem hohen Deutschen Ritter-Orden nur bei sehr nahe
liegenden Fällen (z. B. bei leiblichen Brüdern, Vettern) und nur
bezüglich einzelner Theile der Probe, nicht aber bezüglich der ganzen
Probe, als giltiges Suppletorium angenommen.

In der Regel soll die Filiation von Grad zu Grad genau erbracht und nur bezüglich der Adels- und Wappenprobe, beziehungsweise Stiftsmässigkeit, eine Berufung auf anderweitige Approbirungen
zulässig sein.

§. 10.

Jeder Probe ist die auf Pergament ausgefertigte Ahnentafel des
Probanten auf 16 Ahnen, welche sowol bezüglich der darauf von
Grad zu Grad mit allen Vor-, Zu- und Beinamen zu verzeichnenden
31 Personen, als auch mit eben so vielen betreffenden Familien-
Wappen in Schild, Helm, Kleinodien und Helmdecken in ihren Ab-
theilungen, Farben und Figuren, genau nach den beigebrachten
Dokumenten entworfen sein muss, anzuschliessen.

Diese Ahnentafel ist mit der nachfolgenden Klausel, welche später
von den beiden Herren Aufschwörern (§ 15) zu unterfertigen und
zu besiegeln, am Fusse derselben zu versehen, als:

„Dass sämmtliche hier oben benannte Ahnen von . . . .
Geschlechtern rittermässigen Herkommens entsprossen, auch die
mit Farben, Schild, Helm, Zierden und Kleinodien abgebildeten
Wappen derenselben wahre Familienwappen seien, und der . . .
geborne Herr . . . . von denenselben als seinen sechzehn Ahnen
abstamme, folglich dieser Stammbaum echt und gerecht sei, —

solches bezeugen wir hiemit hierunten Benannte mit unseren
eigenhändigen Unterschriften und angeborenen Sigillen. So geschehen. Wien am . . . . .:ᵈ
weiters noch mit zwei Siegelkapseln aus Holz, welche an schwarz-
weissen Seidenschnüren anzuhängen sind.

Schliesslich ist noch über alle in Vorlage gebrachten Probations-
Dokumente in der ordensüblichen Weise ein erklärendes Verzeichniss,
Deduction genannt, genau zu verfassen, in welchem Schriftstücke
in Kürze auszuführen ist, auf welche Art die Descendenz von einer
Generation zur anderen gegründet erwiesen, sowie der Adel und das
Wappen einer jeden in der Ahnentafel aufscheinenden Familie, sohin
die Ritterbürtigkeit und Stiftsmässigkeit genau dargethan, endlich
das deutsche Geblüt der eingehenden Geschlechter erhärtet ist.

§. 11.

Die Ahnenprobe des Professritter-Probanten ist von den zwei
von selbem zu wählenden stiftsmässigen Kavalieren, welchen das
Herkommen des Probanten wol bekannt, die jedoch nicht in direkter
Linie mit dem Probanten verwandt sein dürfen, den sogenannten
Aufschwörern, bei dem dem feierlichen Ritterschlage und der Ein-
kleidung vorausgehenden Receptions-Kapitel durch einen leiblichen
Eid zu bekräftigen (d. h. aufzuschwören) und sohin die Ahnentafel
des Probanten, welche nach dem Datum des Receptions-Kapiteltages
zu datiren ist, von den beiden Herren Aufschwörern zu unterfertigen
und in den anhängenden Kapseln zu besiegeln.

Die Eidesformel, mit welcher die Herren Aufschwörer die Ahnenprobe des Probanten mit aufgehobenen Schwörfingern zu bekräftigen
haben, ist folgende:

„Ich N. und N. schwöre, dass mir anders nicht bewusst, als
dass N. N., so jetzt in den löblichen Deutschen Ritter-Orden
aufgenommen wird, von adelichem rittermässigem Herkommen,
ein Rittergenoss und von deutschem Geblüte sei, so wahr mir
Gott helfe und alle Heiligen!"

Bei den Ehrenritter-Kandidaten findet keine eigentliche Auf-
schwörung statt, die beiden Kavaliere haben vielmehr die Ahnentafel gleich bei Vorlage der Probe schon zu unterschreiben.

§. 12.

Da die in den einzelnen Paragraphen dieser Instruktion vorgeschriebenen Punkte nur die unumgänglich nothwendigen Erfordernisse bezüglich der Probe in sich enthalten, ohne deren Erfüllung
Niemand hoffen kann, in den hohen Deutschen Ritter-Orden als
Profess- oder Ehren-Ritter aufgenommen zu werden, so hat ein jeder
Probant diese Punkte genau zu prüfen und zu überlegen, ob er
denselben hinsichtlich seiner Ahnenprobe nachzukommen vermag,
um sich nicht unangenehmen Ausstellungen oder gar einer Abweisung
unnötiger Weise auszusetzen.

§. 13.

Sollte nach beigebrachter dokumentirter Probe von Seite des hohen Ordens ein oder das andere Dokument für nicht genügend befunden und deren Ersatz durch andere glaubwürdige und beweiskräftige Urkunden gewünscht oder eine anderweitige Bemänglung der Probe gemacht werden, so hat der Probant die abverlangten Erläuterungen und Verbesserungen ehethunlichst und unweigerlich beizubringen.

§. 14.

Die Prüfung der einzelnen Ahnenproben nimmt eine von Fall zu Fall von dem betreffenden Herrn Landkomture jener Ballei, in welche der Probant aspirirt, zu bestimmende Kommission von drei Profess-Ordensrittern vor. Das Resultat dieser Prüfung legt der berufene Herr Landkommtur mit der fraglichen Ahnenprobe sammt allen Beilagen zur Veranlassung der Superrevision, beziehungsweise Approbation, dem Herrn Hoch- und Deutschmeister berichtlich vor.

Bei besonders berücksichtigungswürdigen Fällen und bei notorischer Richtigkeit der Angaben steht einem jeweiligen Herrn Hoch- und Deutschmeister das Recht zu, von der Beibringung eines zu einem streng juridischen Beweise erforderlichen Dokumentes zu dispensiren.

§. 15.

Die Ahnenprobe sammt allen Beilagen, Deduktion und Ahnentafel der aufgenommenen Profess- und Ehren-Ritter hat bei dem hohen Deutschen Ritterorden zu verbleiben und ist bei den Ritter-Biographien im Deutsch-Ordens-Centralarchive, sammt dem Berichte der Prüfungs-Kommission in Abschrift, zu hinterlegen.

I. Filiation.

§. 16.

Die vorzüglichsten Dokumente, mittelst welchen die Abstammung des Probanten von Grad zu Grad von seinen 16 Ahnen, das ist von 30 Personen, mithin die Filiationsprobe, erbracht wird, sind die von den rechtmässigen Matrikenführern seines nun geistlichen (Pfarrern, Pfarrverwesern oder deren Stellvertretern) oder weltlichen Standesbeamten, in gesetzlicher Form ausgefertigten Matriken-Extrakte, das sind Tauf-, Trauungs- und Todten-Scheine.

§. 17.

Da es jedoch nicht immer möglich ist, von Generation zu Generation den Filiations-Nachweis durch Matriken-Extrakte zu erbringen, so können hiefür auch zum Beweise der richtigen Descendenz anderweitige Dokumente, als: Heiratsverschreibungen (Eheberedungen,

Heiratskontrakte), Testamente, Theilungs-, Lehen- und Bestallungs-
Briefe über innegehabte adelige Ämter und Dienstverträge, Kauf-
und andere Kontrakte, Landtafelextrakte, Erbschafts-, Vormundschafts-
Antretungen, Erbtheilungen, Einantwortungen, gerichtliche Urtheile
und andere gerichtliche und öffentlichen Glauben verdienende Urkunden in Vorlage gebracht werden.

§. 18.

Sollte es jedoch der Fall sein, dass, da durch Feuersbrünste,
Kriege, Verheerungen und dergleichen Unglücksfälle viele adelige
Schlösser, Kirchen, Archive und Schriften zerstört worden sind, oder
weil eine geordnete Matrikenführung in manchen Ständen (Militär)
oder Ländern erst spät eingeführt wurde, — einige Generationen
durch ordnungsmässige schriftliche Dokumente nicht erwiesen werden
können, sondern diese allein durch glaubwürdige Zeugnisse (Zeugen-
aussagen) sogenannte Verwandschafts-Zeugnisse, bestätigt werden
müssen, so ist vor Allem notwendig, dass solche oben gedachte
Unglücksfälle oder besondere Verhältnisse angeführt und, wenn sie
nicht notorisch sind, nachgewiesen werden, nicht minder, dass die
Attestanten, deren drei und zwar eben dieses Geschlechtes, in dessen
Verehelichung und Abstammung die Probe mangelt, sein müssen,
unter ihren adeligen Ehren, wahren Worten, Treuen und an Eides-
statt nach ihrem eigenen besten Wissen und Gewissen bekräftigen,
unterfertigen und besiegeln, dass die in der Probe durch ordnungsmässige Urkunden nicht zu belegende Filiation N. N. mit Anführung
der Vor-, Zu- und Beinamen wirklich die rechte und wahre Abstammung des Probanten sei, dass ein solches immer unter ihnen
wol bekannt, sie es auch jederzeit so vernommen, und dass dies
eine Notorität sei.

Wenn aber dieser Abgang von Urkunden ein adeliges Geschlecht
betrifft, welches bereits schon gänzlich erloschen wäre, so wird auch
in diesem Falle ein auf obige Art verfasstes, von drei der diesem
ausgestorbenen Geschlechte nächsten Anverwandten gefertigtes Zeugniss für zureichend anerkannt.

Diese Substituirung einer ordnungsgemässen dokumentarischen
Probe der Filiation darf sich aber bei einer und derselben Probe
nie mehr als auf zwei Generationen erstrecken.

II. Adels- und Wappenprobe.

§. 19.

Die Dokumente, durch welche der Adel und sohin die Ritterbürtigkeit und Stiftsmässigkeit der sechzehn in die oberste Ahnenreihe des Probanten eingehenden Geschlechter zu beweisen kommt,
sind folgende:

Adelsdiplome, Atteste der ehemaligen Herren- und Ritterstände
der österreichischen Erbländer, der bestandenen Reichsritterschaften,

der Reichsburgen, anerkannter Adelsgenossenschaften, der adeligen
Dom- und übrigen Reichsstifter, des Malteser Ordens, dreier stifts-
mässiger Kavaliere (§ 22), eventuell und ausnahmsweise der Komitate
im Königreiche Ungarn; weiters der Staats- und Landes-Archive
auf Grund der dortselbst verwahrten Urkunden, der Heroldsämter
jener Länder, in welchen selbe bestehen, ferner beglaubigte Auszüge
aus den Adelsmatrikeln, aufgeschworener und überhaupt approbirter
Ahnentafeln (sogenannte Stammbäume) in Original, Grabsteine,
Kirchenfenster und andere glaubwürdige Urkunden.

§. 20.

Die Zeugnisse der Komitate des Königreiches Ungarn müssen
stets bezüglich der Komitats-Fertigung und des Amtssiegels durch
das königlich ungarische Ministerium des Innern legalisirt sein.

§. 21.

Die bei den einzelnen der in der Ahnentafel des Probanten vorkommenden Familien etwa eingetretenen Standesveränderungen oder
Erhebungen, Änderungen des Namens, Titels oder Wappens und
dergleichen sind gleichfalls durch die einschlägigen Dokumente genau
nachzuweisen und in der Ahnentafel durchzuführen.

§. 22.

Der Nachweis des Adels und des Wappens österreichisch-polnischer
Familien ist hauptsächlich auf die im §. 3 des Allerhöchsten Patentes
Weiland Sr. Majestät Kaiser Franz II. vom 16. Oktober 1800 vor-
geschriebene Art zu erbringen.

§. 23.

In Betreff der italienischen (lombardischen und venetianischen)
Adels-Familien rücksichtlich der Beurtheilung ihrer Adels- und
Wappenprobe, gelten die diesbezüglich von der österreichischen Regierung erlassenen Allerhöchsten Patente auch für den hohen Orden
als freigewählte Richtschnur, und zwar, Edikt vom 20. November 1796
und vom 29. April 1771, Kundmachung vom 14. Dezember 1814,
Gubernial-Circularien vom 28. Dezember 1815, 13. Jänner 1816 und
25. Juni 1825.

§. 24.

Die Patrizier- oder rathsfähigen Geschlechter der grösseren und
angeseheneren deutschen Reichsstädte sind dem stiftsfähigen aus-
ländischen deutschen Adel gleich zu halten; desgleichen auch das
rathsfähige und verburgerte Patriziat der hervorragenderen Städte
der Schweiz [Bern, Genf].

17*

§. 25.

Bezüglich der bei dem hohen Deutschen Ritter-Orden schon aufgeschworenen und approbirten Familien ist ein weiterer Nachweis hinsichtlich der Adels- und Wappenprobe nicht mehr notwendig, nur muss diese Thatsache dargethan sein.

§. 26.

Auf dieselbe, in den sieben vorstehenden §§. 19—25 des Näheren bezeichnete Art und Weise, bezüglich mit den gleichen Dokumenten, ist auch die Wappenprobe, d. h. der genaue Nachweis der einzelnen Wappen in ihren Farben, Figuren, Helmen, Decken, Kleinodien etc., der in der Ahnentafel des Probanten aufscheinenden Familien zu erbringen.

§. 27.

Da es zuweilen geschieht, dass die adeligen Geschlechter durch Standeserhöhungen, Erbschaften, Zuwachs von Gütern oder andere Ursachen ihre Wappen verändern, woraus leicht entstehen kann, dass in einer Ahnentafel bei einerlei Geschlecht zwei verschiedene Wappen vorkommen, so hat der betreffende Proband in diesem Falle die Ursache hievon genau durch Urkunden nachzuweisen.

III. Deutsches Geblüt.

§. 28.

Früher war es bei dem hohen Deutschen Ritter-Orden ausnahmslose Vorschrift, dass sämmtliche in die Ahnentafel des Probanten eingehenden Familien deutschen Geblütes sein mussten.

Gegenwärtig ist jedoch festgesetzt, dass nur der direkte väterliche Stamm des Probanten deutschen Geblütes sein müsse, die übrigen eingehenden altadeligen Familien auch anderen Nationalitäten angehören können, beziehungsweise wurde einem jeweiligen Herrn Hoch- und Deutschmeister vom Grosskapitel das Recht eingeräumt, hinsichtlich dieses Mangels Dispens zu ertheilen, doch muss der betreffende Proband um diesen Dispens speziell bitten.

§. 29.

Unter den Familien deutschen Geblütes sind nach der Auffassung des hohen Ordens alle jene zu verstehen, welche in jenen Provinzen begütert und ansässig sind oder waren, die zu dem heiligen römischen Reiche deutscher Nation und den Reichskreisen gehörten, oder zur Zeit Kaiser Karls V. dem deutschen Reiche einverleibt gewesen und davon gewaltthätiger Weise abgerissen wurden, wie dies mit Elsass und der Grafschaft Burgund, zum Theil auch mit dem burgundischen Kreise geschah, und die den deutschen Provinzen gleich geachtet werden. Diese Familien sind demnach bei dem hohen Deutschen Ritter-Orden receptionsfähig, vorausgesetzt, dass sie die bei diesem hohen Orden vorgeschriebene Ahnenprobe erbringen können.

§. 30.

Wegen einiger in Mähren und Schlesien erkaufter Herrschaften wurden auch die böhmischen, mährischen und schlesischen Familien, wenn sie sich auf die bei dem hohen Deutschen Ritterorden gebräuchliche Art über ihre Ahnen ausweisen können, znr Aufnahme fähig erklärt.

Wien, am 8. April 1884.

Deduction

zu der Ahnentafel (S. 280, 281) von 16 Ahnen des um die Aufnahme in den hohen Deutschen Ritter Orden aspirirenden Herrn Eduard Karl Grafen und Freiherrn von Steinberg und Kroissenbach.

A. Filiation.

I. Väterliche Seite.

1. Abstammung.

Karl Anton Heinrich Graf und Freiherr von Steinberg und Kroissenbach.	Maria Anna Francisca Sofia Freiin von Bastogne.

Eduard Karl Graf und Freiherr von Steinberg und Kroissenbach.

Der Original-Taufschein sub Nr. 1 beweist, dass der Probant No. 1 Eduard Karl Graf und Freiherr von Steinberg und Kroissenbach ein ehelich erzeugter Sohn des Karl Anton Heinrich Graf und Freiherr von Steinberg und Kroissenbach und dessen Gemalin Maria Anna Francisca Sofia Freiin von Bastogne.

Derselbe wurde am 13. Juni 1847 auf dem Schlosse zu Pepensfeld bei Laibach in Krain geboren, steht somit gegenwärtig in seinem fünfundzwanzigsten Lebensjahre.

Die kirchliche Trauung der obengenannten Eltern des Probanten, nämlich des Karl Anton Heinrich von Steinberg und Kroissenbach und der Maria Anna Francisca Sofia Freiin von Bastogne fand nach dem Trauungszeugnisse sub Nr. 2 den 3. Juli 1832 bei der Hof- No. 2 und Stadtpfarre zum hl. Augustin in Wien statt.

2. Abstammung.

Christof Anton Johann von Nepomuk Franz von Paula Graf von Steinberg und Kroissenbach.	Maria Theresia von Köckeritz.

Karl Anton Heinrich von Steinberg und Kroissenbach.

No. 3   Aus dem Originaltaufschein sub Nr. 3 des Karl Anton Heinrich
Grafen von Steinberg und Kroissenbach ist zu ersehen, dass des Probanten
Vater ein ehelicher Sohn des Christof Anton Johann von Nepomuk,
Franz von Paula, Grafen von Steinberg und Kroissenbach und dessen Ge-
malin Maria Theresia von Köckeritz ist und bei der Haupt- und
Stadt-Pfarre zu St. Stefan in Wien den 8. December 1790 getauft
wurde, welche Abstammung auch durch den Trauungsschein sub Nr. 2
bestätigt wird.

Die rechtmässige eheliche Verbindung des Christof Anton Johann
von Nepomuk, Franz von Paula, Grafen von Steinberg und Kroissenbach mit dessen Gattin Maria Theresia von Köckeritz geht aber aus
No. 4 dem Trauungsscheine sub Nr. 4 hervor, wonach dieselben den 15. Juli
1788 bei St. Stephan in Wien kirchlich getraut wurden.

3. Abstammung.

Anton Jakob Narcissus Graf   Maria Elisabeth Edle
von Steinberg und Kroissenbach.   Herrin von Lichtenthal.

Christof Anton Johann von Nepomuk Franz von Paula Graf von
Steinberg und Kroissenbach.

Dass von Anton Jakob Narcissus Graf von Steinberg und Kroissenbach mit seiner Ehegattin Maria Elisabeth Edle Herrin von Lichtenthal
während ihres Ehestandes ein Sohn erzeugt worden sei, welcher den
22. December 1731 bei der Pfarre zu U. L. F. bei den Schotten
in Wien getauft worden ist, und hiebei die Namen Christof Anton
Johann von Nepomuk Franz von Paula erhalten hat, wird durch
No. 5 den Original-Taufschein desselben sub Nr. 5 erwiesen, sowie durch
den Trauschein sub Nr. 4 bestätigt.

Die eheliche Trauung des Anton Jakob Narcissus Grafen von Steinberg und Kroissenbach mit Maria Elisabeth Edlen Herrin von Lichten-
No. 6 thal fand laut des Original-Trauscheines sub Nr. 6 bei der Haupt-
und Stadt-Pfarre zu St. Stefan in Wien den 26. Oktober 1730 statt.

4. Abstammung.

Heinrich Adolf   Amalia Christiana von Asch
von Köckeritz   auf Sorg

Maria Theresia von Köckeritz.

Das gehörig beglaubigte Verwandtschaftszeugniss in Originale
No. 7 ddto. Erfurt 20. September 1870 sub Nr. 7 ausgestellt von den
einzigen drei lebenden, eigenberechtigten männlichen Mitgliedern der
Freiherrlichen Familie von Köckeritz thut unzweifelhaft dar, dass
Maria Theresia von Köckeritz eine ehelich erzeugte Tochter des
Heinrich Adolf von Köckeritz und der Amalia Christiana von Asch
auf Sorg gewesen ist. Ein Matrikenextrakt über die Geburt dieser
Maria Theresia von Köckeritz ist dem gehorsamst gefertigten
Probanten aus dem Grunde nicht möglich beizubringen, weil dieselbe,
da ihr Vater als k. k. Hauptmann zur Zeit ihrer Geburt im Felde
gestanden, wo sie auch von ihrer Mutter geboren und von einem

Feldgeistlichen getauft worden ist, von welchen in damaligen Zeiten keine eigenen, so zu sagen ämtliche Register, sondern lediglich Privataufschreibungen geführt wurden, die zumeist in Verlust gerathen sind.

Ein solches supplirendes Beweisdokument ist auch nach Punkt 8 der „Anweisung wornach ein Jeder, welcher in den hohen Deutschen Ritter-Orden zu treten verlangt, sich zu richten habe" vollkommen zulässig.

Ferner wird diese Abstammung noch durch den Trauungsschein sub Nr. 4 dargethan. Dieselbe Abstammung wird überdies noch durch die sub Nr. 8 vorliegenden, approbirten und vom k. sächsischen No. 8 Oberhofmarschall-Amte ausgefertigten Ahnentafel des zweibändigen Bruders der obengenannten väterlichen Grossmutter Maria Theresia von Köckeritz des gehorsamsten Probanten, Josef Adolf von Köckeritz auf Schneckengrün, auf 16 Ahnen (8 väterlicher und 8 mütterlicher Seits) sowie durch den im Originale sub Nr. 9 vorliegenden „genea- No. 9 logischen Ausweis über die von Sebastian von Köckeritz abstammende Nachkommenschaft bis 1769" endlich durch den sub Nr. 10 anliegenden No. 10 beglaubigten Auszug aus dem „Allgemeinen Deutschen Adelslexikon" von Joh. Wilh. Franz Freih. v. Krohne welches bekannte Werk auch in der Bibliothek des hohen Deutschen Ritter-Ordens vorfindig ist, wiederholt nachgewiesen.

5. Abstammung.

Johann Adam Andreas Graf von Steinberg und Kroissenbach.	Eva Katharina Eleonora von und zu Adelshausen.

Anton Jakob Narcissus Graf von Steinberg und Kroissenbach.

Wie aus dem sub Nr. 11 vorliegenden Matrikenextrakte, aus- No. 11 gestellt von der Propstei und Hauptstadtpfarre zum heiligen Blut in Graz und gehörig legalisirt hervorgeht, wurde der erste väterliche Urgrossvater zu Graz am 29. Oktober 1698 von obigen Eltern ehelich geboren. Der Familien-Name der Mutter ist zwar aus diesem Taufscheine nicht ersichtlich, wird jedoch durch den Trauungsschein derselben sub Nr. 12 No. 12 erwiesen, laut welchen Johann Adam Andreas Graf von Steinberg und Kroissenbach am 11. Oktober 1693 bei der Haupt- und Stadtpfarre zu St. Stefan in Wien mit Eva Katharina Eleonora von und zu Adelshausen ehelich getraut wurde, wodurch eben auch die rechtmässige eheliche Verbindung der Eltern des ersten väterlichen Urgrossvaters nachgewiesen wird.

Dass der Vater dieses Urgrossvaters bei der Taufe eigentlich die obigen und in der Ahnentafel angeführten Vornamen erhalten habe, wird später bei Nachweis des Lustrums dargethan werden.

6. Abstammung.

Peter Friedrich Edler Herr von Lichtenthal	Marie Anna Elisabeth von Antdorf

Marie Elisabeth Edle Herrin von Lichtenthal.

No. 13   Durch den Taufschein sub Nr. 13 wird bewiesen, dass Maria
Elisabeth Edle Herrin von Lichtenthal eine in rechtmässiger Ehe er-
zeugte und geborene Tochter des Peter Friedrich Edlen Herrn von
Lichtenthal und der Maria Anna Elisabeth von Antdorf ist, welche
zu Wien am 27. September 1709 geboren und bei dem Pfarrer zu
U. L. F. bei den Schotten getauft wurde.

Durch eben diesen Taufschein wird auch die rechtmässige eheliche
Verbindung der Eltern Peter Friedrich Edlen Herrn von Lichtenthal
und der Maria Anna Elisabeth von Antdorf nachgewiesen. Dass der
Letztgenannten die obenangeführten Namen, welche in dem Taufzeugnisse ihrer Tochter irrig angegeben sind, in der heiligen Taufe
beigegeben wurden, wird bei dem Lustrumsnachweise dargethan werden.

7. Abstammung.

Johann Adolf	Agnes Juliana
von Köckeritz	von Röschwitz

Heinrich Adolf von Köckeritz.

Über den Geburts- und Taufackt seines zweiten väterlichen
Urgrossvaters Heinrich Adolf von Köckeritz vermag der gehorsamst
Gefertigte Probant das Geburts- und Taufzeugniss nicht beizubringen,
weil sich der Geburtsort desselben nicht konstatiren liess. Allein für die
Richtigkeit der Abstammung des Heinrich Adolf von Köckeritz spricht
das oben sub Nr. 7 vorgelegte Verwandtschaftszeugniss, sowie die
vorher schon besprochene approbirte Ahnentafel sub Nr. 8. der
genealogische Ausweis sub Nr. 9 und der sub Nr. 10 erliegende
Auszug aus Krohne's Adelslexikon.

Die rechtmässige eheliche Verbindung der Eltern des Heinrich
Adolf von Köckeritz, Johann Adolf von Köckeritz und Agnes Juliana
No. 14 von Röschwitz wird durch den Nr. 14 angebogenen Trauungsschein
derselben erhärtet, gemäss welchem sie am 26. November 1710 zu
Rudolstadt ehelich getraut wurden.

8. Abstammung.

Karl Josef von	Anna Katharina von
Asch auf Sorg	Hayn

Amalia Christiana von Asch auf Sorg.

No. 15   Der Auszug sub Nr. 15 aus den Geburts- und Taufbüchern des
Oberpfarramtes zu Asch stellt den Beweis her, dass auf dem Schlosse
zu Asch den 16. Mai 1707 Amalia Christiana eine eheliche Tochter
des Karl Josef von Asch auf Sorg und der Anna Katharina von Hayn
geboren und getauft worden ist.

No. 16   Aus dem weiteren Auszuge sub Nr. 16 aus dem Trauungsbuche
des Oberpfarramtes zu Asch ist ersichtlich, dass die obengenannten
Eltern Karl Josef von Asch auf Sorg, Neuberg etc. und Anna Katharina
von Hayn den 28. Mai 1688 auf dem Schlosse zu Schönbach ehelich
getraut wurden.

II. Mütterlicher Seits.

1. Abstammung.

Karl Anton Heinrich Graf und Freiherr   Maria Anna Franziska Sofia
von Steinberg und Kroissenbach   Freiin von Bastogne

Eduard Karl Graf und Freiherr von Steinberg und Kroissenbach.

Diese Abstammung sowie die eheliche Verbindung der Eltern
des Probanten ist schon auf der väterlichen Seite genügend dargethan worden, daher hier diesfalls nichts weiter zu bemerken kommt.

2. Abstammung.

Peter Josef Deodat   Maria Carolina Sofia
Freiherr von Bastogne   von Putzlitz auf Czenova

Maria Anna Francisca Sofia Freiin von Bastogne.

Die Richtigkeit und Rechtmässigkeit der Abstammung der Mutter
des Probanten Maria Anna Francisca Sofia Freiin von Bastogne von
ihren Eltern Peter Josef Deodat Freiherrn von Bastogne und dessen
Gemalin Maria Carolina Sofia von Putzlitz auf Czenova beweiset der
Original-Taufschein sub Nr. 17 gemäss welchen dieselbe zu Wien, No. 17
am 24. Jänner 1805 geboren und bei der Komturei des ritterlichen
Kreuzherrnordens mit dem rothen Stern zu St. Karl in Wien auf
der Wieden getauft wurde.

Die rechtmässige eheliche Verbindung des Peter Josef Deodat
(spätern) Freiherrn von Bastogne mit Maria Carolina Sofia von Putzlitz
auf Czenova ist aus dem Original-Trauungsscheine sub Nr. 18 der- No. 18
selben ersichtlich, gemäss welchen die Trauung auf dem Schlosse zu
Kopetzen, Pfarre Prostibro in Böhmen stattfand. Diese eheliche
Verbindung wird auch noch des weiteren durch den Heirathskontrakt
ddto. Schloss Kopetzen bei Bischofteinitz in Böhmen, am 21. Mai 1799
sub Nr. 25 erhärtet.   No. 25

3. Abstammung.

Jakob Ludwig Joseph   Maria Anna von
von Bastogne   Confignon zu Dardagny und Echallens

Peter Joseph Deodat (später) Freiherr von Bastogne.

Gemäss Original-Taufschein sub Nr. 19 ausgestellt vom Maire No. 19
der Stadt Luxemburg aus den Registern der Geburten und Taufen
der früheren Pfarre zu St. Nikolaus u. St. Theresia in Luxemburg,
jetzt deponirt im Archive der Stadt Luxemburg ist Peter Josef
Deodat (späterer) Freiherr von Bastogne ein ehelicher am 10. Juni 1761
zu Luxemburg geborener Sohn des Jakob Ludwig Josef von Bastogne
und der Maria Anna von Confignon zu Dardagny und Echallens.

Die Prädikate der beiden Eltern sind zwar im Taufscheine nicht
aufgetragen, jedoch wird deren aufrechter Bestand bei dem Lustrum
nachgewiesen werden. Die beiden Trauungsscheine sub Nr. 20 u. 21 No. 20, 21
beweisen, dass die vorgenannten Eltern Jakob Ludwig Josef von

Bastogne und Maria Anna von Confignon auf dem Schlosse Schrassig bei der Stadt Luxemburg am 12. Juli 1746 ehelich getraut wurden.

Ersterer Trauungsschein ist aus den Registern der Pfarre zu St. Bartholomäus in Oetringen, wohin das Schloss Schrassig eingepfarrt ist, letzterer aus den Registern der früheren Pfarre zu St. Nikolaus und St. Theresia zu Luxemburg der parochia propria des Jakob Ludwig Josef von Bastogne wegen seines Wohnsitzes ausgezogen.

Die Trauung fand nemlich mit Genehmigung des parochus proprius auf dem Schlosse zu Schrassig statt, und wurde auch nebenbei in den Registern der parochia propria eingetragen.

4. Abstammung.

Wenzel von Putzlitz auf Czenova Zackerau, Kopetzen, Dölitschen und Darmschlag	Maria Elisabeth von Schönwald auf Pawlowitz

Maria Carolina Sofia von Putzlitz auf Czenova.

Die mütterliche Grossmutter des Probanten Maria Carolina Sofia No. 22 von Putzlitz auf Czenova ist nach dem Taufzeugnisse sub Nr. 22 eine eheliche, am 28. Jänner 1775 auf dem Schlosse zu Schönwald bei Tachau geborene Tochter des Wenzel von Putzlitz, Herrn auf Czenova, Zackerau, Kopetzen, Dölitschen und Darmschlag und der Maria Elisabeth von Schönwald auf Pawlowitz. Ebengenannte Eltern No. 23 wurden laut Trauungsscheines sub Nr. 23 am 23. Oktober 1768 zu Schönwald bei Tachau ehelich getraut.

5. Abstammung.

Karl von Bastogne zu Hondlange	Regina Theresia von Niemange

Jakob Ludwig Josef von Bastogne zu Hondlange.

No. 24   Aus dem Original-Taufscheine sub Nr. 24 geht hervor, dass Jakob Ludwig Josef von Bastogne zu Hondlange der erste mütterliche Urgrossvater des Probanten, als ehelich erzeugter Sohn des Karl von Bastogne zu Hondlange und der Regina Theresia von Niemange den 27. Mai 1725 zu Luxemburg geboren und bei der Pfarre zu St. Nikolaus und St. Theresia dortselbst getauft worden ist. Auch bei diesen Matrikenauszuge sind die Prädikate der Eltern ausgelassen, welcher Umstand in der allgemein bekannten Mangelhaftigkeit, womit in früheren Zeiten die Matriken geführt wurden, seine Begründung findet. Der aufrechte Bestand dieser Prädikate wird bei dem Lustrum nachgewiesen werden.

Dass zwischen Karl von Bastogen zu Hondlange und Regina Theresia von Niemange die Eingehung einer Ehe beabsichtigt worden war, beweiset der Heirathskontrakt dieser beiden ddto. Luxemburg den 19. Jänner 1715 sub Nr. 25, welche Ehe in der That laut Trauungs- No. 25 schein sub Nr. 25 der ehemaligen Pfarre St. Nikolaus und St. Theresia zu Luxemburg am 21. Jänner 1715 kirchlich vollzogen wurde.

6. Abstammung.

Johann von Confignon   Maria Agnes Katharina
zu Dardagny und Echallens   von Maisonforte

Maria Anna von Confignon zu Dardagny und Echallens.

Für die Richtigkeit und Rechtmässigkeit der Abstammung der
ersten mütterlichen Urgrossmutter Maria Anna von Confignon von
ihren Eltern Johann von Confignon zu Dardagny und Echallens und
der Maria Agnes Katharina von Maisonforte sprechen die Trauungsscheine sub Nr. 20 und 21 und die Todtenscheine sub Nr. 26 und 27. No. 26, 27
   Die eheliche Verbindung der obengenannten Eltern aber wird
durch die obenerwähnten Todtenscheine sub Nr. 26 und 27, sowie
durch den Heirathskontrakt derselben ddto. Bastogne, den 25. Sep- No. 28
tember 1731 sub Nr. 28 erhärtet.

7. Abstammung.

Wenzel Leopold Anton   Elisabeth Josefa Francisca von
von Putzlitz auf Czenova   Paula Magdalena Lidwina
                                        von Jerschitz

Wenzel von Putzlitz auf Czenova, Zackerau, Kopetzen, Dölitschen und
Darmschlag.

   Nach dem beglaubigten Landtafelextrakte sub Nr. 29 ist der No. 29
zweite mütterliche Urgrossvater des Probanten Wenzel von Putzlitz
Herr auf Czenova, Zackerau, Kopetzen, Dölitschen und Darmschlag
ein ehelicher Sohn des Wenzel Leopold Anton von Putzlitz Herrn
auf Czenova und seiner Gemalin Elisabeth Josefa Francisca von
Paula Magdalena Ludwina von Jerschitz. Die am 23. November 1723
zu Gross-Jerschitz bei Königgrätz vollzogene Trauung der obenerwähnten Eltern geht aus dem Trauungsscheine sub Nr. 30 hervor. No. 30
Auch wird diese rechtmässige eheliche Verbindung durch den oban-
gezogenen Landtafelextrakt bestätigt.

8. Abstammung.

Joachim Posthumus   Maria Elisabeth Wilhelmina
von Schönwald Herr   von Wildenau aus dem Hause
auf Kulm, Pawlowitz   Plössberg
und Shhlowitz

   Maria Elisabeth von Schönwald auf Pawlowitz.

Durch den von der Pfarre zu St. Nikolaus in Schönwald bei
Tachau ausgestellten Original-Taufschein sub Nr. 31 wird endlich No. 31
dargethan, dass die zweite mütterliche Urgrossmutter des Probanten
Maria Elisabeth von Schönwald auf Pawlowitz eine von den Eheleuten
Joachim Posthumes von Schönwald Herrn auf Kulm, Pawlowitz und
Schlowitz und Maria Elisabeth Wilhelmina von Wildenau aus dem
Hause Plössberg ehelich erzeugte und auf dem Schloss Schönwald
den 4. August 1744 geborene Tochter sei.

   Durch den Trauungsschein sub Nr. 32 wird die rechtmässige No. 32
eheliche Verbindung des obengenannten Elternpaares erwiesen.

B. Lustrum.

I. Ritterbürtigkeit und Stiftsmässigkeit.

Die in dem Stammbaum des Probanten aufgetragenen Familien,
auf der väterlichen Seite:

1. Grafen und Freiherrn von Steinberg und Kroissenbach.
2. von und zu Adelshausen.
3. Edle Herren von Lichtenthal.
4. von Antdorf.
5. von Köckeritz.
6. von Röschwitz.
7. von Asch auf Sorg.
8. von Hayn.

und auf der mütterlichen Seite: ·

9. Freiherrn Bastogne zu Hondlange.
10. von Niemange.
11. von Confignon zu Dardagny und Echallens.
12. von Maisonforte.
13. von Pntzlitz.
14. von Jerschitz.
15. von Schönwald.
16. von Wildenau.

sind alle altadelig, ritterbürtig und stiftsmässig.

Väterlicher Seits.

1. von Steinberg und Kroissenbach.

Die von Steinberg und Kroissenbach sind ein altes landständisches
und nunmehr Gräflich und freiherrliches Geschlecht aus Krain stammend.

Aus dieser stiftsmässigen Familie erhielt Sebastian von Steinberg,
Doktor der Rechte und fürsterzbischöflicher salzburgischer Rath,
mit seinen Brüdern: Hans, Matthias, Ambrosius, Angustin, Georg
und Philipp vom Kaiser Karl V. laut Diplom ddto. Augsburg
No. 33 9. Feber 1548 sub Nr. 33 unter Bestätigung ihres althergebrachten
Wappens und adeligen Standes, sowie Besserung des ersteren, den
Reichsadelstand.

Aus dieser Urkunde ist zu entnehmen, dass die Familie von
Steinberg schon vor Erlangung dieses Diploms dem Adelstande an-
gehörte, aber nicht im Besitze eines Diploms war, und deshalb sich,
der Sitte der Zeit folgend, wie viele andere Familien während
der Regierungsepoche Karls V. von diesem Kaiser ein Reichs-
Adels-Diplom erbeten habe. Es ist eine von allen Heraldikern und
Genealogen anerkannte Thatsache, dass gerade während der Re-
gierungszeit Kaiser Karl V. bei solchen dem damaligen hohen Adel
nicht angehörigen Familien, namentlich Süddeutschlands, die sich

nicht im Besitze von Diplomen befanden, es Sitte geworden war, pergamentene Adelsdiplome zu erbitten.

Lucas von Steinberg, Feldhauptmann im Friaulischen Kriege unter Maximilian II. wider die Venezianer, dessen Oheim Georg von Steinberg gleichfalls Feldhauptmann in Diensten Kaiser Rudolfs II. gegen die Türken unter Hassan Pascha in der Schlacht bei Sisseck (22. Juni 1593) blieb, ward vom Erzherzoge Ferdinand von Österreich, nachherigen Kaiser Ferdinand II., laut Diplom ddto. Graz, 11. Februar 1602 sub 34 unter neuerlicher Verbesserung des No. 34 Familienwappens in den erbländisch-österreichischen rittermässigen Adelstand erhoben.

Hier muss noch bemerkt werden, dass nach dem Privilegium Friedericanum majus, der von einem römisch-deutschen Kaiser verliehene Reichs-Adel-Stand, wenn der Kaiser zur Zeit der bezüglichen Adels-Verleihung nicht zugleich Regent der österreichischen Erblande war, für die Letzteren insofern keine Geltung hatte, als der Adelsbeliehene nicht zugleich die Adelsanerkennung von Seite des Regenten der österreichischen Erblande nachgesucht und erhalten hatte. Nun war aber Kaiser Karl V. zur Zeit der Reichsadelsverleihung und Wappenbestätigung der Familie von Steinberg (9. Februar 1548) nicht mehr Regent der österreichischen Erblande, da er dieselbe durch Verträge vom 21. April 1521, 30. Jänner 1522 und 7. Feber 1522 seinem Bruder Erzherzog Ferdinand zur Alleinregierung endgiltig abgetreten hatte, daher musste auch die Familie von Steinberg die diplomatische Adelserkennung durch einen Regenten der österreichischen Erblande nachsuchen.

Vorgenannter Lucas von Steinberg focht erst gegen die Türken, nachher (1612—1617) wie schon erwähnt, als Fähnrich und Feldhauptmann gegen die Venezianer im Friaulischen Kriege, nach dessen Beendigung er Richter und Bürgermeister der Stadt Laibach wurde, ein Amt, welches zu jener Zeit meist Adeliche bekleideten.

Sein Sohn Johann Baptist (geboren 1607 gestorben 28. Juni 1683) seit 1643 Rentmeister des Herzogthums Krain, vermählt mit Sidonia Katharina geborene von Schönegg und Wildenegg, erhielt für sich und seine Nachkommen vom Kaiser Ferdinand III. laut Diplom sub Nr. 35 ddto. Pressburg, 27. April 1655 mit dem Prädikat „und No. 35 Kroissenbach" den Reichs- und erbländischen Ritterstand mit neuerlicher Wappenvermehrung.

Des vorerwähnten Johann Bapt. Sohn Johann Adam Andreas von Steinberg, auf Steinberg in Krain und Kroissenbach in Steiermark geboren, laut Taufschein sub Nr. 42 zu Laibach am 22. Mai 1645, gestorben 7. Februar 1708, Doktor der Rechte, einer löblichen Landschaft des Herzogthums Krain Proviantamtsverwalter der Meergrenzen zu Fiume (in den damaligen Kriegszeiten ein sehr wichtiger Posten) vermählt zu Wien, am 11. Oktober 1693 mit Eva Katharina Eleonora von und zu Adelshausen, des Johann Christof von und zu Adelshausen und der Maria Anna Theresia von Poxberg Tochter, wurde laut Diplom sub Nr. 36 für sich und seine Deszendenz auf dem krainischen Land- No. 36

tage zu Laibach am 5. Februar 1689 unter die Herren- und Landstände des Herzogthums Krain aufgenommen. Für seine Verdienste,
welche er sich in seiner Amtsstellung und anderweitig in den damaligen
glorreichen Türkenkriegen unter Prinz Eugen erworben hatte, erhielt
er mit Genehmigung Kaiser Leopold I. vom Herzoge Ferdinand Carl
von Mantua und Guastalla und als Reichsvikar von Italien laut Diplom
No. 37 ddto. Mantua 15. Mai 1699 sub Nr. 37 nach dem Rechte der Erstgeburt den Grafenstand, welchen der Familie durch Sr. Majestät
dem Kaiser Franz Josef I. von Österreich mittelst Diplom vom 27. Juli
1878 als ein österreichischer anerkannt und bestätigt wurde. Johann
Adam Andreas wurde später innerösterreichischer Hofkammerrath
und Hofkammerprokurator zu Graz und erwarb zu seiner Herrschaft
Steinberg (Stemberg) in Krain noch das Gut Kroissenbach in Steiermark.

No. 38   Wie aus den sub Nr. 38 vorliegenden ämtlichen Auszug aus den
Landtagsprotokollen des Herzogthums Krain, enthaltend die Namen
derjenigen Mitglieder der Familie von Steinberg und Kroissenbach,
welche dem Landtage auf der Herrenbank beigewohnt haben, hervorgeht, haben auch stets die Mitglieder dieser Familie die ihnen
zukommenden landständischen Rechte ausgeübt. Auch war der gut
altadelige und stiftsmässige Ritterstand der Familie, laut Zeugniss
des Oberst-Erb-Land-Marschalls- und Oberst-Erb-Land-Kämmerers in
Krain Anton Josef Grafen von Auersperg Sr. k. und k. Apostol.
Majestät wirklicher geheimer Rath, Kämmerer und Landeshauptmann
No. 39 in Krain ddto. Laibach 22. Februar 1759 sub Nr. 39 im ganzen
Lande notorisch und anerkannt.

Eine weitere Standes-Erhebung, welche der Familie zu Theil
geworden, erhielt Karl Anton Heinrich Graf von Steinberg und
Kroissenbach k. k. Landrechtspräsident von Krain und Besitzer der
Güter Ober-Schischka und Koses dortselbst, der Vater des Probanten,
welcher mit seiner ganzen Deszendenz von Sr. Majestät Kaiser
No. 40 Franz Josef I. laut Diplom ddto. Wien, 1. August 1854 sub Nr. 40
in den unbeschränkten österreichischen Freiherrnstand erhoben wurde.
No. 41   Endlich wurde gemäss Zeugniss sub Nr. 41 der ständischen
Verordnetenstelle von Krain ddto. Laibach vom 9. Februar 1849 die
vollständig und urkundlich nachgewiesene direkte Filiation des gehorsamst gefertigten Probanten von Joh. Bapt. und dessen Sohn
Johann Adam Andreas Grafen von Steinberg und Kroissenbach von
dieser hiezu kompetenten Stelle anerkannt.

Wie schon erwähnt ist der 1. väterliche Ur-Urgrossvater des
Probanten Johann Adam Andreas Graf von Steinberg und Kroissen-
No. 42 bach laut Taufschein sub Nr. 42 ein zu Laibach am 22. Mai 1654
ehelich geborener Sohn des Johann Baptist von Steinberg und
Kroissenbach und der Sidonia Katharina von Schönegg und Wildenegg.

Das nunmehr erloschene uralte Geschlecht der Herren von
Schönegg und Wildenegg stammt ursprünglich aus Steiermark, von
wo es sich schon in sehr früher Zeit nach Kärnten und Krain verbreitete.

Schon 1256 -1261 erscheinen sie, aus dem Santhale herüber
gekommen, in Kärnten, woselbst sie bald Güter in der Nähe von
Hollenburg erwarben.

Chunrat von Schönegg 1369 -1377 gesessen auf Hollenburg
hatte eine von Aicha zur Frau und besass viel Eigenthum in Kärnten.
Dies Geschlecht wurde auch stets den kärntnerischen Landständen
beigezählt. Dies sowie ihr Wappen erhellt aus den Zeugnissen
sub Nr. 43 und 44.   No. 43, 44

In Steiermark, wo sie schon im 12. Jahrhunderte urkundlich erscheinen, besassen die von Schönegg, Schalleck, Schönegg, Einöd
im Cillierkreise, Anderburg, Reicheneck, die Ringelhube hinter Juden-
burg, Gut Rattenbach, Wildenegg, Markt St. Georgen unter Reicheneck und Osterwitz.

Die Ritter Hans und Jörg von Schönegg lebten um das Jahr
1378. Erhard 1400, Jobst 1404. Sigismund von Schönegg, Ritter,
war des Grafen Albrecht von Cilli Oberster Kämmerer und starb 1407.

Konrad von Schönegg war 1446 bei dem grossen Aufgebote
wider die Türken. Ritter Erasmus von Schönegg zu Schalleck lebte
um das Jahr 1604.

Bei Anlegung der steierischen Landstands-Matrikel im 15. Jahrhunderte wurde auch dieses Geschlecht, derselben in der Person des
Ritters Georg von Schönegg einverleibt und zwar unter den Herren-
und Landleuten des Landesviertels „enthalb der Traa" (jenseits der
Dran) wegen des Besitzes des dort gelegenen im Giltbuche vorkommenden Gutes Schönegg. Dies, sowie das Wappen dieser Familie
ist aus den Zeugnissen sub Nr. 45 und 46 zu entnehmen.   No. 45, 46

Die Gebrüder Adam Seifried, Leopold und Erasmus von Schönegg
und Wildenegg wurden vom Kaiser Ferdinand III. laut Diplom
ddto. Regensburg, 13. April 1654 sub Nr. 47 in den Reichsfreiherren- No. 47
stand erhoben. Dieselben waren Brüder der 1. väterlichen Ur-
Urgrossmutter des Probanten und einer von ihnen, Leopold auch
Taufpathe des 1. väterlichen Ur-Urgrossvaters des Probanten, seines
Neffen, wie dies des Letzteren Taufschein ausweist.

Auch in Krain war dieses Geschlecht begütert und landständisch.
Beides erhellt aus den sub Nr. 48 vorliegenden Extrakt aus No. 48
der Landtafel des Herzogthums Krain, welcher die Namen derjenigen
Herren und Freiherrn von Schönegg und Wildenegg enthält, welche
den krainischen Landtagen beiwohnten.

Die Stiftsmässigkeit dieses uralt adeligen Geschlechtes geht aber
auch insbesondere daraus hervor, dass Georg Leopold Freiherr von
Schönegg und Wildenegg laut Relation sub Nr. 49 seine Proben No. 49
behufs Aufnahme als Professritter in den Johanniter (Malteser) Orden
vollständig bei dem Grosspriorate Böhmen abgelegt hat, und auch
laut Bulle ddto. Malta den 12. August 1687 sub Nr. 50 wirklich No. 50
in den hohen souv. Malteserorden aufgenommen wurde. Demnach
wurde schon im 17. Jahrhunderte dieses Geschlecht als stiftsmässig
anerkannt.

II. von und zu Adelshausen.

Aus dieser ursprünglich auf der adelichen Hofmark und dem Gute Adelshausen, woselbst auch ehemals ihre Stammburg stand, in Baiern erbgesessen und davon herstammenden Familie, von welcher schon 1550 Johann von Adelshausen als Domherr des Hochstiftes Augsburg erscheint, und welche sich später nach Österreich wandte, erhielt Hans von Adelshausen durch Kaiser Rudolf II. durch Diplom No. 51 ddto. Prag 16. Juli 1608 sub Nr. 51 den reichts- und erbländischen Adel bestätigt, sammt Besserung seines althergebrachten Wappens Seinem Sohne Johann Christof bestätigte Kaiser Leopold I. mittelst Diplom No. 52 ddto. Wien, den 25. Februar 1662 sub Nr. 52 neuerlich den reichs- und erbländischen Adel seiner Familie, unter abermaliger Besserung des Familienwappens und Verleihung des Prädikates „von und zu Adelshausen" sowie des Rechtes, landtäfliche Güter auch in den Erblanden erwerben zu dürfen.

Ferner erhielt diese Familie ihres anerkannten alten Adels und hoher Verdienste wegen in der Person des Johann Caspar von Adelshausen vom Kaiser Karl VI. laut Diplom ddto. Laxemburg 28. Mai 1728 No. 53 sub Nr. 53 den alten böhmischen Ritterstand und gemäss Diplom No. 54 desselben Kaisers ddto. Laxenburg 28. Mai 1728 sub Nr. 54 die böhmische, mährische und schlesische Landstandschaft.

Der Sohn dieses ebengenannten Johann Christof, Christof von Adelshausen, ein eheleiblicher Bruder der 1. väterlicher Ur-Urgross- mutter Eva Katharina Eleonora von und zu Adelshausen laut Beilagen No. 55, 56 sub Nr. 55 und 56, war ein um das allerdurchlauchtigste Erzhaus und dem Staate Österreich hochverdienter Mann. Wegen seiner hervorragenden Verdienste, die er sich in seiner diplomatischen Carriere, während welcher er an allen hervorragenden europäischen Höfen in einer der wichtigsten und glänzendsten Periode der Ge- schichte Österreichs, die Interessen des allerdurchlauchtigsten Kaiser- hauses und der Monarchie mit grosser staatsmännischer Klugheit und Gewandtheit sowie historisch anerkannter Energie und Un- erschrockenheit vertrat, erwarb, erhielt er als kaiserlicher Reichs- hofrath und der österreichischen Niederlande Rath, und Regent sowie ausserordentlicher Gesandter und bevollmächtigter Minister in England vom Kaiser Karl VI. laut Diplom ddto. Wien, 25. Sep- No. 57 tember 1719 sub Nr. 57 den Reichsfreiherrenstand.

In diesem Diplome wird abermals das altadeliche Herkommen dieser Familie aus Bayern wiederholt erwähnt und bestätiget.

Christof Freiherr von und zu Adelshausen starb als kaiserlicher wirklicher Geheimer Rath und Botschafter am königlich französischen Hofe bei den Friedenskongressen zu Cambrai und Soissons, in letzterer Stadt, unverehelicht und hinterliess sein ganzes beträchtliches Ver- mögen seinem Neffen Anton Jakob Narcissus Grafen von Steinberg und Kroissenbach, den 1. väterlichen Urgrossvater des Probanten, der als kaiserlicher Legationssekretär sich an seiner Seite befand.

Die adeliche Geburt der 1. väterlichen Ur-Urgrossmutter des
Probanten, Eva Katharina Eleonora von und zu Adelshausen wird durch
die beiden Testamente sub Nr. 58 und 59, sowie durch die beiden Nr. 58, 59
Todtenscheine sub Nr. 60 und 61 nachgewiesen, woraus erhellet, Nr. 60, 61
dass dieselbe eine eheleibliche Tochter des Johann Christof von und
zu Adelshausen und der Maria Anna Theresia von Poxberg ist.

Der alte Adel und das Wappen derer von Poxberg (Boxberg,
Bocksberg) geht aus dem Zeugnisse des königlich sächsischen Oberhofmarschallamtes sub Nr. 62 hervor, das auch besagt, dass diese Nr. 62
Familie sowohl bei dem Oberhofmarschallamte als auch bei den
Landtagen des ehemaligen Kurfürstenthums — nunmehrigen Königreiche Sachsen wiederholt als altadelich und stiftsmässig aufgeschworen wurde.

3. Edle Herren von Lichtenthal.

Für den alten Adel und die Stiftsmässigkeit dieser Familie
sprechen folgende Urkunden.

Laut des sub Nr. 63 vorliegenden Diploms wurde der 2. väter- Nr. 63
liche Ur-Urgrossvater des Probanten Peter Friedrich Edler Herr von
Lichtenthal, churpfälzischer und vieler anderer Reichsfürsten Geh.
Rath und Minister-Resident am kaiserlichen Hofe zu Wien, von
Kaiser Karl VI. unter dem Datum Wien, 9. Februar 1716 in des
hl. römisch. Reichs-Ritterstand mit dem Prädikate „Edler Herr"
erhoben und ihm eine Wappenbesserung ertheilt.

In diesem Diplom wird dessen Vater Friedrich von Lichtenthal
genannt und auch seines Grossvaters gedacht, welcher aus einer
altadelichen luxemburgischen Familie stammend, als Offizier unter Kaiser
Ferdinand II. in kaiserlichen Diensten gestanden, in verschiedenen
Schlachten hart verwundet, bei der berühmten Belagerung Magde-
burgs durch Tilly sich vor anderen tapfer erwiesen und nach be-
endigtem dreissigjährigen Kriege in Ost-Friesland sich niedergelassen
hatte, wo des vorgenannten Reichs-Ritterstandsdiplom Erwerbers
Vater Friedrich von Lichtenthal geboren wurde und in des damaligen
regierenden Fürsten von Ost-Friesland Diensten als Hofmeister gegen
vierzig Jahre gestanden ist.

Ferner wurde gemäss Diplom sub Nr. 64 der Neffe des vorgenannten Nr. 64
Peter Friedrich, Christian Wilhelm von Lichtenthal vom Kaiser Leopold II.
ddto. Mantua 18. Mai 1791 gleichfalls mit dem Prädikate „Edler Herr"
in des hl. römischen Reiches-Ritterstand erhoben. Aus diesem Diplome
geht hervor, dass derselbe ebenfalls ein Nachkomme des im vorigen
Diplom erwähnten, unter Kaiser Ferdinand II. in kaiserlichen Diensten
gestandenen Offiziers gewesen und dieser Cornelius von Lichtenthal
geheissen habe.

Die schon im vorigen Jahrhunderte anerkannte Stiftsmässigkeit
dieser Familie geht noch des Mehreren aus den sub Nr. 65 anruhenden Nr. 65
Expectanz-Dekret auf eine katholische Praebende in adelichen Damenstifte S. Walburgis zu Soest in Westphalen, für Anna Dorothea von

Lichtenthal vom Könige Friedrich II. in Preussen ddto. Berlin, den
14. August 1750 hervor.

Zum Beweise der adelichen Geburt des 2. väterlichen Ur-
Urgrossvaters Peter Friedrich Edlen Herren von Lichtenthal wird auf
die vorerwähnten Diplome sub Nr. 63 u. 64 und den Heiraths-
Nr. 66 kontrakt sub Nr. 66 hingewiesen, durch welchen letzteren in Verbindung mit der Beilage sub Nr. 63 erprobt wird, dass derselbe ein
in rechtmässiger Ehe erzeugter Sohn des Friedrich Arnold von
Lichtenthal und der Anna Margaretha gebornen Freiin von Lützburg
und Bergum ist. Der uralte reichsfreie unmittelbare Herrenstand und
das Wappen des nun reichsgräflichen Geschlechtes der von und zu
Lützburg und Bergum ist wohl notorisch, wird jedoch überdiess noch
Nr. 67 durch das Diplom sub Nr. 67 erwiesen.

4. von Antdorf.

Nr. 68   Der sub Nr. 68 anliegende beglaubigte Auszug aus A. Fahne's
Geschichte der Kölnischen Jülich- und Berg'schen Geschlechter, gibt
eine theilweise Darstellung der Filiation dieses alten und edlen nun
längst erloschenen kölnischen Geschlechtes.

Nr. 69   Durch dass Zeugniss sub Nr. 69 bestätigt der Stadtarchivar
von Köln, dass die Familie von Antdorf zu den alten edlen Geschlechtern der Stadt Köln gehört hat und im 17. Jahrhunderte der
Stadt wiederholt Bürgermeister und Rathsherren (Würden, die be-
kanntermassen nur den alten adelichen Patrizier-Geschlechtern in
den freien deutschen Reichsstädten vorbehalten waren) gegeben hat,
und dass in einer Qualifikationsurkunde vom 23. Januar 1715, Johann
Arnold von Antdorf „hochedel" genannt wurde.

Die adeliche Geburt der 2. väterlichen Ur-Urgrossmutter Anna
Nr. 70 Maria Elisabeth von Antdorf geht aus dem Taufzeugnisse sub Nr. 70
hervor, wornach dieselbe eine am 21. März 1677 in der Pfarre zu
St. Peter in Köln getaufte Tochter des Johann von Antdorf, Bürger-
meisters von Köln und der Maria Katharina von Coesfeld ist.

Die rechtmässige eheliche Verbindung der ebengenannten Eltern
Nr. 71 geht aus dem sub Nr. 71 angeschlossenen gehörig beglaubigten
Zeugnisse des Stadtarchivars von Köln hervor.

Die adelige Geburt, sowie die ritterbürtige Stiftsmässigkeit der
2. väterlichen Ur-Urgrossmutter Anna Maria Elisabeth von Antdorf
wird noch überdiess durch den von demselben Stadtarchivar auf
Grund der im Stadtarchive zu Köln aufbewahrten pfarrlichen Ma-
trikeln und anderen Handschriften und Urkunden bestätigten und
Nr. 72 gehörig legalisirten Ahnentafel sub Nr. 72 auf acht adeliche Ahnen
für dieselbe erwiesen.

Nr. 73   Aus dieser Ahnentafel sowie aus dem Zeugnisse sub Nr. 73 und
Nr. 74 dem Auszuge aus dem oberwähnten Werke A. Fahne's sub Nr. 74 ist
zu entnehmen, dass auch die Familie von Coesfeld zu den alten edlen
Geschlechtern von Köln gehörte und das auf dem Zeugnisse gemalte
Wappen führte.

5. von Köckeritz.

Ausser den bereits bei der väterlichen Filiation allegirten Dokumenten, als der approbirten Ahnentafel sub Nr. 8 des zweibändigen Bruders der väterlichen Grossmutter des Probanten, Maria Theresia von Köckeritz, Josef Adolf von Köckeritz Herr auf Schneckengrün für 16 Ahnen (8 väterlicher und 8 mütterlicher Seits) dann den sub Nr. 9 im Originale vorliegenden genealogischen Ausweis über die von Sebastian von Köckeritz abstammende Nachkommenschaft bis 1769 endlich den beglaubigten Auszug sub Nr. 10 aus dem Artikel „Köckeritz" des bekannten „Allgemeinen Deutschen Adelslexikon von Johann Wilhelm Franz Freiherrn von Krohne" wird nunmehr überdies zum Beweise des uralten Adels und der Stiftsfähigkeit dieses Geschlechtes das Zeugniss des königlich sächsischen Oberhofmarschall-Amtes sub Nr. 75 vorgelegt. **Nr. 75**

Endlich wird durch den Auszug sub Nr. 76 aus dem grünen **Nr. 76** Relationsquatern vom Jahre 1589 bis 1594 Nr. 48 (roth) welcher früher bei der Landtafel aufbewahrt wurde und nunmehr im Landes-Archive des Königreiches Böhmen erliegt, Blattseite D 6, dargethan, dass die Herren von Köckeritz in der Person des Hektor von Köckeritz auf dem allgemeinen Landtage aller drei Stände des Königreiches Böhmen, welcher auf dem Prager Schlosse am Montag nach dem heiligen Matthiastag d. i. am 26. Februar 1590 abgehalten wurde, auf gnädige Fürsprache Sr. röm. Kaiserlichen Majestät als König von Böhmen und dringende Bitte und Verwendung vieler Landstände, als Landstand des Königreiches Böhmen und der inkorporirten Lande aufgenommen wurde.

Dass der in diesem Quartiere erscheinende 3. väterliche Ur-Urgrossvater des Probanten ein in rechtmässiger Ehe erzeugter und adelich geborner Sohn des Hans Heinrich von Köckeritz Herren auf Reichenfels und der Maria Amanda von und auf Zechau wird gleichfalls durch die schon bei der väterlichen Filiation vorgebrachten Beilagen sub Nr. 8—10 erwiesen.

Der Adel und das Wappen des uralten meissen- und thüringischen Geschlechtes von und auf Zechau wird durch das Zeugniss des königlichen sächsischen Oberhofmarschallamtes Nr. 77 erhärtet. **Nr. 77**

6. von Röschwitz.

Die altadeliche und ritterbürtige Stiftsmässigkeit des Geschlechtes von Röschwitz wird durch das Zeugniss des königlich sächsischen Oberhofmarschallamtes sub Nr. 75 sowie die approbirte Ahnentafel sub Nr. 8 bekräftiget.

Die adeliche und eheliche Abstammung der 3. väterlichen Ur-Urgrossmutter des Probanten Agnes Juliana von Röschwitz von Bernhard Alexander von Röschwitz Herrn auf Poppelsdorf und der Agnes Juliana von Syrau geht aus dem Trauungsscheine sub Nr. 14, der approbirten Ahnentafel sub Nr. 8 und dem Auszuge Nr. 78 aus **Nr. 78** dem bekannten Werke: „Geschlechtsregister der löblichen Ritterschaft

18*

im Voigtlande, welches aus den bewährtesten Urkunden, Kauf-, Lehen- und Heirathsbriefen, gesammelten Grabschriften und eingeholten genauen Nachrichten von innen beschriebenen gräflich-, freiherrlich- und Edlen Häusern in gegenwärtige Ordnung verfasset und zusammengetragen dann auch mit zweien Registern versehen worden von Johann Gottfried Biedermann P. U." hervor, aus welch' letzteren auch die ältere Genealogie derer von Röschwitz zu entnehmen ist.

Die ritterbürtige Stiftsmässigkeit und das Wappen der von Syrau eines zum Theil auch freiherrlichen und gräflichen uralten **Nr. 79** sächsischen Geschlechtes wird durch das Zeugniss sub Nr. 79 des königlich sächsischen Oberhofmarschallamtes erwiesen.

7. von Asch.

Wie aus dem zur Probirung dieses Quartieres beigeschlossenen Zeugnisse der hoch- und deutschmeisterischen geheimen Deutsch-**Nr. 80** Ritter-Ordenskanzlei sub Nr. 80 ersichtlich ist, wurde das uralte Geschlecht von Asch schon wiederholt bei dem hohen Deutschen Ritter Orden aufgeschworen.

Dass der im fraglichen Quartiere erscheinende 3. väterliche Ur-Urgrossvater Karl Josef von Asch Herr auf Sorg, Neuberg, Schönbach, Krugsreuth und Elster aus rechtmässiger Ehe von Hans Georg von Asch Herrn auf Schönbach, Sorg, Neuberg, Krugsreuth und Elster und der Eva Maria von Veilbrunn und Greifenstein ab-**Nr. 81** stamme, wird durch den Taufschein sub Nr. 81 erwiesen.

Auch der uralte stiftsmässige Adel und das Wappen der Familie **Nr. 82** von Veilbrunn und Greifenstein wurde, wie das Zeugniss sub Nr. 82 der hoch- und deutschmeisterischen Geheimen Deutsch-Ritter-Ordenskanzlei hervorgeht, des öfteren im hohen Deutschen Ritter Orden aufgeschworen.

8. von Hayn.

Das Zeugniss der hoch- und deutschmeisterischen Geheimen **Nr. 83** Deutsch-Ritter-Ordens-Kanzlei sub Nr. 83 bestätigt gleichfalls, dass das Geschlecht von Hayn häufig bei dem hohen Deutschen Ritterorden aufgeschworen wurde.

Zur Beglaubigung der ehelichen Provenienz der 4. väterlichen Ur-Urgrossmutter Anna Katharina von Hayn wird auf den schon bei der väterlichen Filiation angeführten Trauungsschein sub Nr. 16 sowie auf die im Deutsch-Ordens-Central-Archive sub Nr. 3377 u. 3378 erliegenden Aktenstücke und endlich auf die approbirte Ahnentafel sub Nr. 8 hingewiesen, woraus ersichtlich ist, dass dieselbe eine eheliche Tochter des Adolf August von Hayn Herrn auf Danndorf und Schimmendorf und der Elisabeth Katharina von Wallburg aus dem Hause Winklern und Schönsee ist.

Das altfränkische Geschlecht der von Wallburg wurde, wie aus dem Zeugnisse der hoch- und deutschmeisterischen Geheimen Deutsch-**Nr. 84** Ritter-Ordenskanzlei sub Nr. 84 zu entnehmen ist, auch schon oftmals beim hohen Deutschen Ritter-Orden aufgeschworen.

9. Freiherren von Bastogne zu Hondlange.

Der weit über dreihundertjährige Adelsstand dieser alten in Luxemburg erbgesessenen und dortselbst einst reich begüterten Familie ist aus der sub Nr. 85 im Originale beiliegenden, von der Nr. 85 ehemaligen k. k. niederländischen Adelskammer amtlich ausgefertigten und bestätigten Genealogie derselben zu entnehmen.

Diese Genealogie enthält eine vollständige Stammreihe dieses Hauses sammt auszugsweiser Anführung sämmtlicher Beweisurkunden hiefür und weist die ununterbrochene Filiation von Wernard von Bastogne Herrn auf Oso (womit er am 11. September 1484 belehnt wurde) Lehensmann und Schöffen des adelichen Lehenhofes zu Durbuy, der noch 1526 lebte, und seiner Gemalin Perinette von Wezi durch zehn Generationen bis zum mütterlichen Grossvater des Probanten Peter Josef Deodat Freiherrn von Bastogne nach.

Als weiterer Beleg für den mehr als dreihundertjährigen Adel der von Bastogne erscheint ein Zeugniss des Lieutenant-Prevôt und der adelichen Schöffen des Lehenhofes von Durbuy in Luxemburg vom 13. Juli 1793 sub Nr. 25.

Der ebengenannte mütterliche Grossvater des Probanten, Herr und Erbmayer der Stadt Bastogne sammt Gebiet, Herr der Herrschaften Wardin, Bras, Tarchamps, Harzi, Benonchamps sowie der Lehensherrschaft und Schlosses Hondlange in Luxemburg, sah sich in Folge der französischen Revolution, die ihre verderbliche Umwälzung auch nach Luxemburg ausbreitete, und seiner ererbten Anhänglichkeit an das österreichische Kaiserhaus genöthigt, mit Hinterlassung all' dieser beträchtlichen Güter aus Luxemburg zu fliehen und sich nach Österreich zu begeben. Hierselbst trat er in kaiserliche Militärdienste, in welchen er während der Kriege wider die Türken und Frankreich sich hervorragend auszeichnete.

Laut Bulle ddto. Triest 1. Mai 1799 sub Nr. 85 wurde der- Nr. 85 selbe auch vom letzten souveränen Grossmeister des h. s. Malteser-Ordens nach richtig gelegter Ahnenprobe zum Ehrenritter dieses Ordens ernannt.

Die 16 Ahnen womit derselbe bei dem h. s. Malteser Orden aufgeschworen hat, sind auf der Original-Ahnentafel sub. Nr. 86 er- Nr. 86 sichtlich. Eine weitere beglaubigte Ahnentafel auf acht Ahnen für denselben Probanten liegt sub Nr. 87 vor. Nr. 87

Da sich damals, wie bekannt, die politischen Verhältnisse immer trauriger gestalteten und an eine Rückkehr Luxemburg's unter österreichischer Herrschaft nicht mehr zu denken war, kaufte sich der mütterliche Grossvater des Probanten mit dem geretteten Reste seines Vermögens in Nieder-Österreich mit den Herrschaften Biedermannsdorf und Inzersdorf bei Wien, sowie später mit dem Gute Klein-Mariazell an, um seine Familie dauernd in den deutschösterreichischen Erblanden ansässig zu machen.

Aus diesem Anlasse und in Anbetracht des erwiesenen alten Adels erhob Kaiser Franz II. gemäss Diplom sub Nr. 88 ddto. Nr. 88

Wien, 26. April 1803 den mütterlichen Grossvater des Probanten
unter ausdrücklicher Anerkennung des nachgewiesenen uralten Adels
und Wappens sowie seiner Genealogie durch 10 namentlich angeführte Generationen in den Reichsfreiherrenstand sammt Wappenbesserung.

In Folge dessen wurde auch Peter Josef Deodat Freiherr von
Nr. 89 Bastogne laut Diplom sub Nr. 89, ddto. Wien, 20. April 1804 in den
niederösterreichischen Herrenstand aufgenommen.

In Bezug auf die adelige Geburt des 1. mütterlichen Ur-Urgrossvaters wird bemerkt, dass die eheliche Abstammung desselben
von Ludwig von Bastogne Herren auf Ozo, Lieutenant Prevôt des
adeligen Lehenhofes zu Durbuy und der Maria Anna Pricque von
L'Embrée durch die Beilagen sub Nr. 85–87 und der Adel und das
Wappen der letzteren durch die Beilage sub Nr. 85 und den Tauf-
Nr. 90 schein sub Nr. 90 erwiesen wird. Die eheliche Verbindung der ebengenannten Eltern geht aber aus dem Heirathskontrakte sub Nr. 25 hervor.

10. von Niemange.

Zur Beglaubigung der alten Ritterbürtigkeit des Adels der Familie von Niemange wird auf die ausführliche Genealogie sub Nr. 85
sowie die Ahnentafeln sub Nr. 86 und 87 hingewiesen.

Dass die erste mütterliche Ur-Urgrossmutter adelich geboren und
eine eheleibliche Tochter des Georg von Niemange, Ecuyer, und
von der Johanna von Vervez zu Vervez war, erhellt aus deren Taufschein sub Nr. 25 sowie aus dem Trauungsschein sub Nr. 25 und
die beabsichtigte eheliche Verbindung der eben erwähnten Eltern
aus dem Heirathskontrakte sub Nr. 25.

Der stiftsmässige Adel und das Wappen der Familie von Vervez wird durch das Zeugniss der hoch- und deutschmeisterischen
Nr. 91 Geheimen Deutsch-Ritter Ordens-Kanzlei sub Nr. 91 erwiesen, aus
dem auch hervorgeht, dass dieses Geschlecht schon im vorigen Jahrhundert bei dem hohen Deutschen Ritter-Orden aufgeschworen wurde.

11. von Confignon zu Dardagny und Echallens.

Als Lustrums-Nachweis für dieses Geschlecht enthält ebenfalls
das sub Nr. 25 allegirte Aktenheft (Ziffer IX Seite 31 und folgende)
ein Erkenntniss des Parlamentes von Metz, ddto. 21. Oktober 1755,
laut welchem African von Confignon, Ehrenpräsident und Rath des
Parlamentes zu Metz als altadelichen Stammes entsprossen anerkannt,
und die von demselben vorgelegten ferneren Nachweise, nemlich ein
Urtheil des souveränen Rathes in Genf vom 30. Dezember 1743,
dann die den Adel der Familie des Bittstellers anerkennenden weiteren
Urkunden vom 11. Jänner und 3. Februar 1661, 29. August 1731,
25. Mai 1743 und 11. Feber 1737 in der Greffe des Parlamentes
einregistrirt und sohin auch in Frankreich als vollbeweisend anerkannt wurden.

Unter diesen als zur Einregistrirung in die Parlaments-
akten als geeigneten anerkannten Beweis-Urkunden ist besonders
hervorzuheben die authentischen Akte vom 3. Februar 1661

die Konklusionen des Procureur Patrimonial (gewissermassen Staatsanwaltes) der Chambre des comptes von Savoyen enthaltend, aus welchen sich ergibt, dass Daniel von Confignon in einem Rechts-streite Nachweise über den Adel seiner Familie bis zu der im Jahre 1507 erfolgten Niederlassung seines Ahnherrn des Edlen Johann von Confignon in Genf hinauf beigebracht hatte.

Aus den sub Nr. 92 beiliegenden Auszug aus dem Werke „No- **Nr. 92** tices généalogiques sur les familles genevoises depuis les premiers temps jusqu'a nos jours par J. A. Galiffe C. G.," welches sich auf die authentischen Urkunden der Archive der Stadt Genf und des Cantons sowie der pfarrlichen Matriken dortselbst gründet, geht der alte landsässige Adel sowie die ununterbrochene Stammfolge der von Confignon von Generation zu Generation hervor.

Die adelische und eheliche Abstammung des 2. mütterlichen Ur-Urgrossvaters jedoch wird noch überdies durch dessen Taufschein sub Nr. 93 nachgewiesen, woraus erhellt, dass derselbe ein ehelicher **Nr. 93** Sohn des Johann von Confignon und der Maria Anna von Collandi sei. Der Adel und das Wappen derer von Collandi ursprünglich eines der ältesten und vornehmsten Patriziergeschlechter von Lucca, das nur der Religion halber gezwungen war, Italien zu verlassen, und nach Genf zu ziehen, geht aus den Beilagen sub Nr. 55 und 86 hervor.

Der Auszug sub Nr. 94 aus dem oben genannten Werke von **Nr. 94** J. A. Galiffe gibt einige Notizen zur Geschichte dieser altadelichen Familie und die Wappenbeschreibung sowie die ununterbrochene Stammreihe bis auf die in Frage stehende Maria Anna von Collandi.

12. von Maisonforte.

Obwohl schon aus den Beilagen sub Nr. 85—87 der alte Adel der Familie von Maisonforte ersichtlich ist, wird zur grösseren Be-kräftigung dieser Angaben die Belehnungs-Urkunden sub Nr. 95 bei- **Nr. 95** geschlossen.

Laut dieser Urkunde ddto. Brüssel 10. April 1677 verkaufte und belehnte König Karl II. von Castilien, Leon, Arragon u. s. w. als Herrscher der Niederlande und Luxemburgs, dem Ludwig von Maisonforte seinem „recevoir de nos droits d'entrée et sortie à Marche" die adeliche Würde und das Amt eines Herren und Erb-mayeors der Stadt Bastogne mit allen dazu gehörigen Rechten und Gerechtigkeiten, Wäldern, Feldern, Wiesen, Renten, Revennen u. s. w., so wie es König Karl II. selbst besessen hat, da Ludwig von Maison-forte bei der Versteigerung dieses königlichen Eigenthumes mit der Summe von 18000 Goldgulden Meistbietender geblieben war.

In der Urkunde überträgt der König alle Rechte wie er sie be-sessen hat auf Ludwig von Maisonforte mit der Vergünstigung zu-gleich die Stelle eines „receveur" fortzubehalten und die damit ver-bundenen Funktionen selbst oder durch einen geeigneten Stellver-treter ausüben zu lassen.

Fortsetzung S. 282.

Johann Adam Andreas Graf von Steinberg und Kroissenbach	Eva Katharina Eleonora von und zu Adelshausen	Peter Friedrich Edler Herr von Lichtenthal auf Atzgersdorf	Maria Anna Elisabeth von Antdorf	Johann Adolf von Köckeritz	Agnes Juliana von Röschwitz	Karl Josef von Asch auf Sogr	Anna Katharina von Hayn

Anton Jakob Narcissus Graf von Steinberg und Kroissenbach	Maria Elisabeth Edle Herrin von Lichtenthal auf Atzgersdorf	Heinrich Adolf von Köckeritz	Amalia Christiana von Asch auf Sorg

Christof Anton Johann Nep. Franz von Paula Graf von Steinberg und Kroissenbach	Maria Theresia von Köckeritz

Karl Anton Heinrich Graf und Freiherr
von Steinberg und Kroissenbach

Eduard Karl Graf
von Steinberg und

Karl von Bastogne zu Hondlange	Regina Theresia von Nie- mange	Johann von Con- fignon zu Dardagny und Echallens	Maria Agnes von Maison- forte	Wenzel Leopold Anton von Putzlitz . auf Czenova	Elisa- beth Josefa Fran- ziska von Paula Ludwina von Jer- schitz	Joachim Post- humus von Schön- wald auf Pawlo- witz	Maria Elisa- beth Wilhel- mina von Wil- denau auf Plössberg

Jakob Ludwig Josef von Bastogne zu Hondlange	Maria Anna von Confignon zu Dardagny und Echallens	Wenzel von Putzlitz auf Czenova	Maria Elisabeth von Schönwald

Peter Josef Deodat Freiherr von Bastogne.	Maria Karolina Sofia von Putzlitz auf Czenova

Maria Anna Franzisca Sofia
Freiin von Bastogne

und Freiherr
Kroissenbach

Zum Beweise der adelichen ehelichen Geburt der zweiten mütterlichen Ur-Urgrossmutter als ehelicher Tochter des Leopold Wilhelm
von Maisonforte und der Maria Agnes von Rousseau dient der Tauf-
Nr. 96 schein derselben sub Nr. 96.

Der stiftsmässige Adel und das Wappen derer von Rousseau
Nr. 97 aber wird durch das Diplom ddto. Madrid 18 Juni 1683 sub Nr. 97
nachgewiesen, laut welchem König Karl II. von Castilien, Leon,
Arragonien und Erzherzog von Österreich und Herzog von Luxemburg den Johann von Rousseau den althergebrachten Adelstand und
das althergebrachte Familienwappen bestätigt.

13. von Putzlitz.

Nr. 98 Das sub Nr. 98 vorliegende, vom k. k. böhmischen Landrechte
ddto. Prag 12. Mai 1804 ausgestellte Zeugniss besagt, dass die von
Putzlitz'sche Familie eine uralt ritterbürtige und stiftsmässige vor
undenklichen Jahren im Königreiche Böhmen begütert gewesene
Familie, sei und auch von jeher für solche geachtet und gehalten
wurde.

Dies bestätigt auch das Zeugniss der Verwaltung der Bibliothek
Nr. 99 des Museums des Königreiches Böhmen sub Nr. 99 und des könig-
Nr.100 101 lichen böhmischen Landesarchives sub Nr. 100 und 101 woraus noch
überdies hervorgeht, dass über die Begüterung dieses alten böhmischen
Rittergeschlechtes in Böhmen, die böhmische Landtafel zahlreiche,
bis in die erste Hälfte des 16. Jahrhundertes reichende amtliche Aufzeichnungen enthält.

Mithin erscheint dieses Geschlecht schon zur Zeit der Anlegung
der neuen Landtafel (1. Hälfte des 16. Jahrhundertes) nachdem die
alte Landtafel durch den bekannten verderblichen Brand beinahe
ganz vernichtet wurde, in Böhmen reich begütert, daher das Alter
dieses Geschlechtes noch viel weiter zurückreichen muss.

Was aber die adeliche Geburt des 3. mütterlichen Ur-Urgross-
Nr. 102 vaters betrifft, so wird dieselbe durch den Tautschein sub Nr. 102
und die Extrakte aus der königlich böhmischen Landtafel sub Nr.
Nr.103-106 103- 106 erwiesen, woraus sich ergibt, dass derselbe ein ehelicher
Sohn des Friedrich Jaroslaw von Putzlitz Herren auf Czenova und
der Johanna Katharina von Ehrenstein war.

Die altadeliche böhmische Familie der von Ehrenstein erhielt
Nr. 107 aber laut Zeugniss des königlich böhmischen Landesarchives sub Nr. 107
vom Kaiser Mathias als König von Böhmen der II. mit Diplom ddto.
Budweis 15. Februar 1614 den böhmischen Wladyken oder Ritterstand
sammt dem auf dem Zeugnisse erscheinenden Wappen.

Dies alles sowie die ganze nachfolgende Filiation und der alte
stiftsmässige Adel und die Wappen sämmtlicher im Nachstehenden
erwähnter Familien geht auch aus der approbirten Ahnentafel sub
Nr. 108 Nr. 108 der mütterlichen Grossmutter des gehorsamst gefertigten
Probanten Maria Carolina Sofia von Putzlitz auf 16 Ahnen (8 väterlicher und 8 mütterlicher Seits) hervor.

14. von Jerschitz.

Diese altadelige Familie erhielt gemäss dem in der königlichen böhmischen Landtafel eingetragenen Diplome ddto. Pressburg, 19. August 1662 sub Nr. 109 in der Person des kaiserlichen Oberst-Nr. 109 lieutenants Johann von Jerschitz vom Kaiser Leopold I. den alten Reichsritterstand, nebst Confirmation des altangestammten Adelstandes und adeligen Wappens verliehen.

Die Söhne dieses Johann von Jerschitz Herren auf Gross-Jerschitz und der Maria Magdalena von Lipstadt auf Scharfenstein laut Extrakt aus der königlich böhmischen Landtafel sub Nr. 110, Nr. 110 Clemens Ferdinand und Bernhard Franz Anton erhielten durch Diplom ddto. Laxenburg, 3. Mai 1690 sub Nr. 111 den alten Nr. 111 Reichs- und böhmisch erbländischen Ritterstand sammt Wappen durch Kaiser Leopold I. abermals bestätigt.

Aus dem sub Nr. 112 beiliegenden Taufscheine und dem Auszuge Nr. 112 aus der königlich böhmischen Landtafel sub Nr. 113 u. 114 ist er-Nr. 113, 114 sichtlich, dass die 3. mütterliche Ur-Ur-Grossmutter des Probanten, Elisabeth Josefa Francisca von Paula Magdalena Ludwina von Jerschitz eine in rechtmässiger Ehe erzeugte Tochter des Clemens Ferdinand von Jerschitz und der Ludmilla Katharina von Horeze ist.

Der Adel und das Wappen des alten böhmischen Rittergeschlechtes der von Horeze aber wird durch das Zeugniss des königlich böhmischen Landes-Archives sub Nr. 115 erwiesen. Nr. 115

15. von Schönwald.

Dieses uralt adelige, ursprünglich fränkische und voigtländische und seit 1160 im Egerer Kreise und im Königreiche Böhmen überhaupt in vielen Linien verbreitete und reich begüterte Geschlecht, dessen Stammburg Schönwald hart an der böhmischen Grenze, zwei Meilen von Eger gegen Weisstadt zu gelegen war, ist von notorischem Uradel und auch schon wiederholt bei dem hohen Deutschen Ritter-Orden aufgeschworen worden. Sie besassen ihre Stammburg urkundlich schon im Jahre 1211 zur Zeit Kaiser Otto IV. und nach 1496 zur Zeit Friedrich IV. wo Jobst von Schönwald allda den Heirathsbrief seines Schwagers Albert von Aufsess mit seinem Siegel fertigte.

Die hier in Betracht kommende Linie ist die zu Pawlowitz in Böhmen, in welchem Lande auch stets der uralte stiftsmässige Adel dieses Geschlechtes anerkannt wurde und Mitglieder dieser Familie schon vor der ersten Hälfte des 16. Jahrhundertes auf den böhmischen Landtagen unter dem Ritterstande erschienen, laut Zeugnissen des königlichen böhmischen Landesarchives sub Nr. 116 u. 117. Pawlowitz, Nr. 116, 117 eine Herrschaft im Pilsener Kreise, ist schon seit 1507 bis auf die Gegenwart im Besitze dieser Linie.

Jobst von Schönwald dessen gleichnamiger Vater Jobst, Hauptmann zu Wunsiedel war, vor welcher Stadt er die Husitten 1467 aus dem Felde schlug, erwarb mit seiner Gattin Anna von Bünau, die obengenannte Herrschaft Pawlowitz.

Ihnen folgte im Besitze von Pawlowitz Albert von Schönwald († 1529), vermält mit Anna Eva von Aufsess. Dessen Sohn Sigismund von Schönwald war vermält mit Anna Katharina von Albenreuth. Sein Enkel Johann Joachim von Schönwald war vermält mit Anna Salome Kfeller von Sachsengrün, die ihrem Sohne Johann Joachim von Schönwald die Herrschaft Neuzedlischt vererbte.

Der Letztgenannte hinterliess aus seiner Ehe mit Anna Maria von Erlbach laut Extrakt aus der königlichen böhmischen Landtafel Nr. 118 sub Nr. 118 unter mehreren Kindern die Söhne Johann Friedrich und Johann Leopold. Letzterer besass in Böhmen die Herrschaften Chotiemirz, Bliziwa, Stanetiz, Vogelsang und Nachatiz und wurde Stifter des gräflichen Zweiges dieses Hauses.

Ersterer, Johann Friedrich von Schönwald, Herr auf Kulm, Pawlowitz und Putzlitz setzte die Linie zu Pawlowitz fort.

Er war laut Extrakt aus der königlich böhmischen Landtafel Nr. 119 sub Nr. 119 mit Maria Katharina von Putzlitz vermält, aus welcher Ehe nebst mehreren anderen Kindern auch laut Landtafelextrakt Nr. 120 sub Nr. 120 der Sohn Joachim von Schönwald Herr auf Pawlowitz und Kulm der 4. mütterliche Ur-Urgrossvater des Probanten hervorging.

Hierdurch ist auch die adelige Geburt desselben nachgewiesen.

Der uralte stiftsmässige Adel der von Putlitz aber wurde schon früher dargethan.

Diese böhmische Linie der von Schönwald erhielt auch zweimal den Freiherrnstand, beide Male durch Kaiser Karl VI. und zwar in der Person des Heinrich Sigmund von Schönwald laut Diplom ddto. Nr. 121 Wien, 13. Dezember 1717 sub Nr. 121 und in der Person des Johann Heinrich Josef von Schönwald laut Diplom ddto. Wien, 11. April Nr. 122 1737 sub Nr. 122.

16. von Wildenau.

Der uralte Adel des bayerischen Geschlechtes von Wildenau erhellt aus dem Zeugnisse der hoch- und deutschmeisterischen Ge-Nr. 123 heimen Deutsch-Ritter-Ordenskanzlei sub Nr. 123, woraus auch hervorgeht, dass dieses Geschlecht des öfteren im hohen Deutschen Ritter-Orden aufgeschworen wurde.

Zur weiteren Beglaubigung der adelichen und ehelichen Geburt der 4. mütterlichen Ur-Urgrossmutter Maria Elisabeth Wilhelmina von Wildenau aus dem Hause Plössberg in der Oberpfalz liegt Nr. 124 deren Taufschein sub Nr. 124 und der Taufschein sub Nr. 32 bei, wodurch bewiesen wird, dass dieselbe eine eheliche Tochter des Christof Ferdinand von Wildenau Herrn auf Plattenberg und Plössberg und der Maria Sofia von Asch auf Sorg war, deren alter Adel und Geschlechtswappen schon erwiesen wurde.

II. Stiftsmässigkeit.

Die Stiftsmässigkeit der in der Ahnentafel des Probanten aufgeführten Adelsfamilien ist zum Theile notorisch, zum Theile wird sie durch die vorgelegten Dokumente erwiesen.

1. von Steinberg und Kroissenbach.

Die Stiftsmässigkeit dieses Geschlechtes, dessen mehr als dreihundertjähriger Adel schon bei dem Lustrum erwiesen wurde, erhellt aus dem Zeugnisse sub Nr. 39.

2. von und zu Adelshausen.

Auch dieses Geschlechtes mehr als dreihundertjähriger Adel wurde schon bei dem Lustrumsnachweise erprobt, sowie dargethan, dass schon im Jahre 1550 ein Mitglied dieser Familie, Johann von Adelshausen Domherr des Hochstiftes Augsburg war.

3. Edle Herren von Lichtenthal.

Aus dem Dekrete sub Nr. 15 geht hervor, dass schon im vorigen Jahrhunderte die von Lichtenthal in adeligen Stiften aufgenommen und aufgeschworen, daher für stiftsfähig gehalten wurden.

4. von Antdorf.

Wie schon bei dem Lustrum nachgewiesen, gehört dieses Geschlecht zu den ältesten und edelsten der Reichsstadt Köln und wurden wiederholt Mitglieder desselben bei den adeligen Stiften dieser Reichsstadt aufgeschworen. Übrigens wird die Stiftsmässigkeit der von Antdorf noch durch die Beilage sub Nr. 72 erhärtet.

5. von Köckeritz.

Die Stiftsmässigkeit der von Köckeritz erhellt aus den Beilagen sub Nr. 8 und 75 die bestätigen, dass dieses uralte voigtländische und sächsische Geschlecht wiederholt bei den Landtagen des ehemaligen Kurfürstenthums nunmehrigen Königreiches Sachsen aufgeschworen wurde.

Überdies erscheint schon im 17. Jahrhunderte ein Mitglied dieses Hauses als Aufschwörer bei dem hohen Deutschen Ritter-Orden, woraus hervorgeht, dass schon zu jener Zeit dieses Geschlecht als ein bekannt adeliges und stiftsmässiges angesehen wurde.

6. von Röschwitz.

Auch die Stiftsmässigkeit dieses uralten thüringischen Geschlechtes wurde jederzeit auf den sächsischen Landtagen anerkannt, wie dies aus der Beilage sub Nr. 75 hervorgeht.

7. von Asch u. 8. von Hayn.

Die Zeugnisse der hoch- und deutschmeisterischen Geheimen Deutsch-Ritter-Ordens-Kanzlei sub Nr. 80 und 83 thun dar, dass diese notorisch uralt adelichen Geschlechter schon bei dem hohen deutschen Ritterorden wiederholt aufgeschworen wurden, mithin deren Stiftsmässigkeit anerkannt wurde.

Nicht nur im hohen Deutschen Ritter-Orden, sondern auch bei den Hoch- und Domstiften zu Würzburg und Bamberg, bei dem

souveränen Malteserorden, dem königlich bayerischen Hausorden
vom hl. Georg, dem hochadeligen Damenstifte am Hradschin zu
Prag u. s. w. wurden diese uralt adelichen Geschlechter häufig und
seit jeher für stiftsmässig anerkannt und aufgeschworen.

9. Freiherren von Bastegne.
10. von Niemange.
11. von Consignen.
12. von Maisonforte.

Die altadelige und ritterbürtige Stiftsmässigkeit dieser Familie
geht aus den Beilagen sub Nr. 25 und 85—87 hervor, die auch
beweisen, dass dieselbe schon im vorigen Jahrhunderte im h. souveränen Malteserorden aufgeschworen, demnach für stiftsmässig anerkannt
wurden. Auch wurden diese Familien bei dem hochadeligen Damenstifte auf dem Hradschin zu Prag als stiftsmässig anerkannt.

13. von Putzlitz.
14. von Jerschitz.

Die Beilagen Nr. 99—100, 106 und 107 beweisen die Stiftsmässigkeit der altadeligen böhmischen Rittergeschlechter von Putlitz
und Jerschitz, welche Stiftsmässigkeit überdies schon wiederholt im
böhmischen Grosspriorate des hohen souveränen Malteserordens und
bei den hochadeligen Damenstiften auf dem Hradschin und zu den
Neun Chören der Engel in der Neustadt zu Prag anerkannt wurde.

15. von Schönwald.
16. von Wildenau.

Laut Beilagen sub Nr. 116, 117 und 125 wurden diese uradeligen
Geschlechter des öftern bei dem hohen Deutschen Ritter-Orden
aufgeschworen und deren Stiftsmässigkeit anerkannt.

Die Stiftsmässigkeit dieser Geschlechter ist überhaupt eine no-
torische, indem sie schon seit der Zeit des ersten Auftretens von
Ahnenproben bei den hohen Domstiften zu Würzburg, Bamberg,
Eichstädt, bei dem königlich bayerischen Haus-Ritter-Orden vom
hl. Georg u. s. w. unzählige Male aufgeschworen wurden.

III. Wappenstellung.

In Folge Standeserhebungen liegt dem gehorsamst Gefertigten
Probanten ob, bei seiner und seiner Mutter Familie das rittermässige
und das von demselben später erworbene freiherrliche, beziehungsweise gräfliche, bei den übrigen Familien aber ihr angestammtes
Wappen zu beweisen. Dieser Aufgabe kommt derselbe wie folgt,
nach:

Das rittermässige Wappen der Familie von Steinberg und
Kroissenbach wird durch das derselben verliehene hier sub Nr. 35
beiliegende Diplom, in welchem das Wappen beschrieben und gemalt
ist, erwiesen.

Das Wappen der Freiherrn von Steinberg und Kroissenbach ist aus dem Freiherrnstands-Diplom sub Nr. 40, jenes des Grafen aus dem Diplom sub Nr. 37 zu entnehmen.

Die Richtigkeit des Wappens der altadelichen Familie von und zu Adelshausen beweist die in den Diplom sub Nr. 52 enthaltene Blasonnirung desselben.

Das von der Familie der Edlen Herrn von Lichtenthal geführte Wappen zeigt die Beilage sub Nr. 63.

Das Wappen der von Antdorf ist aus dem Zeugnisse sub Nr. 69 zu entnehmen.

Das Wappen der Familien von Köckeritz, von Röschwitz, von Asch und von Hayn ist aus den Beilagen sub Nr. 75, 80 und 83 zu entnehmen.

Das einfache adeliche Wappen der Familie von Bastogne ist auf den sub Nr. 85 und 86 beiliegenden Dokumenten in Farben ausgeführt, deren reichsfreiherrliches Wappen aber in dem Reichsfreiherrnstands-Diplom sub Nr. 88 beschrieben ist.

Für die Richtigkeit der Wappen der Adelsfamilien von Niemange, von Confignon und von Maisonforte sprechen die Beilagen sub Nr. 85, 86 und 92.

Das Wappen der Familie von Putzlitz erscheint durch die Beilagen sub Nr. 99, 101 und 108 bestätigt.

Die Beschreibung des Wappens der Familie von Jerschitz enthält das Diplom sub Nr. 109.

Das Wappen der Familie von Schönwald und von Wildenau zeigen die Beilagen sub Nr. 116, 125 und 123 in Farben gemalt. **Nr. 125**

IV. Deutsches Geblüt.

Der väterliche Hauptstamm des Probanten ist deutschen Ursprungs und auch stets ein Deutscher geblieben, denn es wurde bereits der Beweis geliefert, dass die gräfliche und freiherrliche Familie von Steinberg und Kroissenbach zu den Landständen des Herzogthums Krain gehört und auch dortselbst, sowie in Steiermark und Niederösterreich begütert und landsässig ist und war.

Von den übrigen Familien sind auf der väterlichen Seite die von und zu Adelshausen (Bayern und Niederösterreich) Edlen Herren von Lichtenthal (Luxemburg und Ost-Friesland), von Antdorf (Köln), von Köckeritz (Voigtland, Sachsen), von Röschwitz (Thüringen), von Asch (Voigtland, Sachsen und Böhmen), von Hayn (Franken), vollkommen deutsche Familien.

Die auf der mütterlichen Seite aufscheinenden Familien: Freiherrn von Bastogne, von Niemange, von Confignon und von Maisonforte stammen sämmtliche aus Luxemburg woselbst sie durch Jahrhunderte begütert waren, und zu den landsässigen Adel gehörten, daher sie gleichfalls zu den deutschen Familien zu zählen sind, denn der noch gegenwärtig bestehende Grosskapitelbeschluss vom Jahre 1764 besagt, dass „die Provinzen, so zu dem Reiche und Reichskreisen gehören, oder zu Zeiten Kaiser Karl V. dem Deutschen Reiche einverleibt gewesen und davon gewaltthätiger Weise abgerissen worden sind, wie mit Elsass und der Grafschaft Burgund, auch zum Theile mit dem burgundischen Kreise sich zugetragen hat, sind für deutsche Provinzen zu achten, deren adeliche Geschlechter, wenn sie ihre Ritterbürtig-, Stiftsmässig- sofort Ordensfähigkeit erprobt haben, von den hohen Orden nicht ausgeschlossen werden sollen." Die vier ebengenannten Familien stammen aber aus Luxemburg, welches Land noch bis zum Jahre 1866 zum deutschen Bunde gehörte und gehören demnach zum landsässigen Adel des ehemaligen niederrheinischen Kreises des heiligen römischen Reiches deutscher Nation.

Übrigens wurden auch die Reichsfreiherrn von Bastogne zu Anfang dieses Jahrhunderts in den Herrenstand des Erzherzogthums Österreich unter der Enns aufgenommen, in welchem Lande sie auch begütert waren.

Die weiters auf der mütterlichen Seite aufgeführten Familien von Putzlitz und von Jerschitz sind gleichfalls für deutsche zu halten, da nach dem noch in voller Giltigkeit stehenden Grosskapitelschluss vom Jahre 1700 „wegen einiger erkaufter Herrschaften in Mähren, die böhmischen, mährischen und schlesischen Familien, wenn sie sich mit der Probe ihres Deutschen ritterlichen Herkommens rechtfertigen können, zur Aufnahme fähig erklärt wurden."

Endlich sind die letzten auf der mütterlichen Seite erscheinenden Familien von Schönwald (Voigtland und Böhmen), und von Wildenau (Bayern) von allbekanntem deutschem Gebiet.

Mithin sind sämmtliche in den Stammbaum des Probanten vorkommenden Familien erwiesenermassen deutschen Geblütes.

Nach diesen Urkunden ist die Ahnentafel des gehorsamst gefertigten Probanten[1]) zusammengestellt und gemalt.

Eduard Karl Graf und Freiherr

von Steinberg und Kroissenbach. m./p.

---

[1]) Siehe S. 280, 281.

Drittes Capitel.

Das Problem des Ahnenverlustes.

Bei der Ausarbeitung der Ahnentafeln bemerkt der Genea-
log schon bei Aufstellung der vierten, fünften oder sechsten
Geschlechtsreihe sehr häufig die Thatsache, daß dieselben
Elternpaare zweimal und dreimal als Altväter und Altmütter,
Uraltväter und Uraltmütter eines bestimmten Individuums und
seiner Geschwister zu erscheinen pflegen. Damit ist auf empirischem
Wege eine Sache bestätigt, welche dem Mathematiker schon vermöge
der bekannten Schachbrettanekdote bekannt ist, nach welcher der
Sultan nicht im Stande war die Summe zu bezahlen, die daraus
entstand, daß er auf jedes Feld die doppelte Zahl der Münzen
legen sollte, die auf dem früheren Felde lag. Auf den Begriff
der Menschheit angewendet wird das Ahnenproblem manche Erwägungen notwendig machen, die gewöhnlich gänzlich vernachlässigt zu werden pflegen. Die oben bezeichnete empirische Beobachtung des Genealogen, wonach sich unter Umständen die Zahl der
Personen in den oberen Geschechtsreihen nicht immer zu verdoppeln braucht, gibt indessen die angenehme Sicherheit, daß der
wirkliche Bestand der Menschenmenge in der steigenden Zahl von
Ahnenreihen doch keineswegs in das Unendliche sich zu verlieren
braucht. Es kommt nur darauf an, die Gesetze des Ahnenproblems
sich völlig klar zu machen, eine Sache der jedoch mancherlei Schwierigkeiten entgegenstehen werden, da sich die Unbestimmtheit und
Zufälligkeit der Umstände, die dabei in Betracht kommen einem
mathematischen Calcul meist zu entziehen scheinen.

Einer der geistvollsten und gelehrtesten Forscher, Friedrich
Theodor Richter in Dresden hat schon vor vielen Jahren neben
den Stammbäumen auch den Ahnentafeln seine volle Aufmerksamkeit
zugewendet und in der von ihm besorgten Ausgabe der alten,
geschätzten Oertelschen „Genealogischen Tafeln“ einer Beobachtung
Ausdruck gegeben, die das Problem, um welches sich die gesammte
Ahnenfrage dreht, nach allen Richtungen hin deutlich bezeichnet.
Es sei gestattet, die ganze Betrachtung Richters hier wörtlich zu
wiederholen, da es nicht leicht wäre, den Leser kürzer und sachlicher auf diejenigen Punkte aufmerksam zu machen, denen die folgenden Abschnitte vorzugsweise gewidmet sein werden. „Jedermann“, sagt Richter, „hat Eltern, Großeltern, Urgroßeltern u. s. w.,
aber nicht Jedermann ist mit Kindern, Enkeln, Urenkeln u. s. w.
gesegnet, und hierdurch bestimmt sich in der Betrachtungsweise
der Unterschied zwischen Vorfahren und Nachkommen. Im Allgemeinen werden die Vorfahren unter der Benennung „Ahnen“ begriffen und dazu alle Personen einer Familie gerechnet, wenn
auch irgend Jemand nicht in gerader Linie von einer genannten
Person abstammen sollte. Dagegen versteht man im diplomatischen oder sozusagen „stiftsfähigen“ Sinne unter Ahnen alle einer
bestimmten Geschlechtsreihe angehörende Personen. Man spricht
dann von 2, 4, 8, 16, 32 Ahnen und so fort. Vollkommen und
tadellos ist eine Ahnenreihe, wenn sie 32 verschiedene Personen
enthält und von ihnen keine doppelt vorkommt, keine etwa schon
in der vorhergehenden Ahnenreihe von 16 Personen genannt ist.[1])
Jede Vermählung in der Verwandtschaft verkürzt die Zahl der
Ahnen, und so darf es nicht Wunder nehmen, daß die Reihen
von 16 oder 32 Ahnen selten vollständig vorkommen und noch
seltener die nöthige Anzahl der Ahnen in den folgenden aufstei-

---

[1]) Richter bezieht sich hiebei besonders auf die Frage der stiftsmäßigen
Zahlungen von sechzehn und zweiunddreißig Ahnen, von der schon im 1. Cap.
II. Theils gesprochen worden ist, ob die doppelt vorkommenden Ahnen der
oberen Reihen vernachlässigt werden dürfen oder nicht. Ich erwähne nochmals,
daß mir die heute bestehende Praxis nicht genau bekannt ist. Vgl. oben S. 210.
Ich bemerke hier zugleich, daß dieses Capitel meines Buches in der letzten
Jubiläumsschrift des deutschen Herolds mitgetheilt war.

genden Reihen erreicht wird. Ein auffallendes Beispiel dieser Art enthält eine Tafel, welche die sämmtlichen Vorfahren des Prinzen Victor Emanuel von Neapel, des Enkels des Königs Victor Emanuel von Italien, bis in die siebente Ahnenreihe aufstellt. . . . Bei näherer Betrachtung ergiebt sich, daß Prinz Victor Emanuel in Wirklichkeit nur vier Ahnen[1]) hat, denn bei der Urgroßelternreihe tritt der Umstand ein, daß sein väterlicher Großvater der Bruder seines mütterlichen Großvaters ist, beide folglich gleiche Personen als Eltern haben, in dieser Reihe also nur sechs Personen vorkommen statt acht, wie es das Gesetz der Verdoppelung erfordert. In ähnlicher Weise ist die Großmutter des Kronprinzen Humbert die Schwester seines Großvaters, wodurch seine Urgroßelternreihe ebenfalls auf sechs Ahnen beschränkt wird. König Victor Emanuel von Italien, der Vater des Kronprinzen Humbert,[2]) wie dessen Mutter, die Königin Adelheid, haben jedes acht Ahnen, wobei zu bemerken ist, daß die Großeltern der Königin, Kaiser Leopold II. und seine Gemahlin, zugleich als Urgroßeltern ihres Gemahls vorkommen. Die nächste Ahnenreihe, welche dem Könige von Italien 16 Ahnen geben sollte, ist unvollkommen, nicht allein, weil Stammpaare (Kaiser Franz I. mit seiner Gemahlin Maria Theresia und König Karl III. von Spanien mit seiner Gemahlin Maria Amalia von Sachsen) doppelt aufzuführen wären, sondern auch einer Lücke wegen, welche dadurch entsteht, daß die Eltern der Gräfin Franziska Corvin-Krasinska, der morganatischen Gemahlin des Herzogs Karl von Kurland, in den genealogischen Handbüchern verschwiegen werden. Sechzehn Ahnen zählen nur die Kronprinzessin Margaretha von Savoyen und ihre Mutter Elisabeth, Herzogin von Genua und Tochter des Königs Johann von Sachsen, außerdem noch Humberts mütterlicher Großvater Rainer, Erzherzog von Oesterreich. Von 32 Ahnen einer Person giebt unsere Tafel kein Beispiel und dergleichen werden auch bei den folgenden Ahnenreihen zu den Seltenheiten gehören, auch wenn die Zahl der Ahnen in einer Reihe fort und fort sich

---

[1]) D. h. nur die Vierahnenreihe vollzählig hat.
[2]) Die Abhandlung Richters ist im Jahre 1876 geschrieben.

mehrt, bis nach und nach die Fälle, wo alle Ueberlieferung von
Namen aufhört, häufiger werden und zuletzt nur noch ein oder
einige Stammpaare übrig bleiben. Unsere Tafel kann in der
Urgroßelternreihe D nur 6 statt 8 Ahnen, in der Reihe E statt
16 Ahnen nur 10, in der Reihe F nur 18 statt 32, in der Reihe
G nur 24 statt 64 und in der Reihe H statt 128 erforderlicher
Ahnen nur 39 verschiedene Personen namentlich aufführen. Auch
ist nicht außer Acht zu lassen, daß Ahnenreihen nicht immer gleichbedeutend sind mit Geschlechtsreihen oder sogenannten Generationen;
bisweilen stehen Personen auf zwei Generationen, z. B. Vater
und Sohn in einer Ahnenreihe, während Personen einer Generation, z. B. Geschwister, in zwei und mehr Ahnenreihen vertreten
sein können. Sind dergleichen Fälle an sich schon lehrreich, so
dürften sie auch geeignet sein, dem wissenschaftlichen Genealogen
die Aufstellung solcher Ahnen- oder Ascendententafeln zu empfehlen."

Man wird in diesen Worten Richters und in dem von
ihm aufgestellten Beispiel den Begriff und die Bedeutung des
Ahnenverlustes in den oberen Generationen so deutlich
gekennzeichnet finden, daß kaum etwas zuzusetzen sein möchte, nur
bemerke ich, daß eine genaue Unterscheidung von Ahnenreihe und
Geschlechtsreihe unter dem Gesichtspunkt der Generation wohl
kaum aufrecht zu halten sein dürfte, denn auch die Ahnenreihe
fällt überall unter den Gesichtspunkt der Generation; eine Anomalie ist nur darin zu erblicken, daß das zeugende Individuum
bei der Ahnenzählung nicht nur in einer Reihe, sondern immer
in mehreren Reihen erscheinen kann, während die Descendententafel
die Zeugungen eines Individuums stets in derselben Reihe verzeichnet. Es sei daher gleich hier bemerkt — um mancherlei Mißverständnissen vorzubeugen —, daß sich die Ahnenreihen zur Zählung von Generationen im strengen historischen Sinne überhaupt
nicht eignen, und es ist daher gewiß zweckmäßig, mit Richter die
Ahnenreihe in einen gewissen Gegensatz zu der sogenannten Generation im Sinne der Geschlechtsreihe der Descendenten zu stellen.
Wenn hier der Ausdruck obere und untere Generation gebraucht
worden ist, so sollte damit nur angedeutet werden, daß für die

Bildung der Ahnenreihe so gut, wie für die der Geschlechtsreihe die natürliche Basis dieselbe bleibt.

Die Ahnentafel des heutigen Kronprinzen von Italien (vgl. bei Oertel CXVIII) reicht bis zur siebenten oberen Generation und lehrt uns einen Ahnenverlust sehr erheblicher Art kennen. Die Tafel selbst ist so geschickt und übersichtlich angeordnet, daß man beim Anblick derselben die progressive Verminderung der Ahnenreihen im Vergleich zu der theoretisch erforderlichen Zahl in jeder Reihe außerordentlich rasch zu erfassen vermag. Leider steht fast gar kein gedrucktes Material zu Gebote, aus welchem ähnlich rasche Belehrungen zu gewinnen wären. Das Werk des großen Spener, welches, wenn ich nicht irre, seit Joh. Seiferts Ahnentafeln jeder Fortsetzung entbehrt, hat sich nicht zur Aufgabe gestellt, den Ahnenverlust besonders zum Gegenstande der Darstellung zu machen, und so ist heute die Zahl der Beispiele noch recht beschränkt, die uns Vergleichungen zu machen erlaubten. Dennoch kann es hier ausgesprochen werden, daß die Ahnentafel des heutigen Kronprinzen Victor Emanuel von Italien immer noch nicht als eine von denen anzusehen ist, die den denkbar stärksten Ahnenverlust aufweisen. Die Geschichte kennt thatsächlich — und um das Thatsächliche geschichtlich nachweisbarer Verhältnisse kann es sich nur handeln — sehr viele Fälle von noch größeren Ahnenverlusten.

Ungemein belehrend ist beispielsweise die neunte Tafel bei Spener,[1]) wenn man sich die Mühe nehmen will, die Ahnen in der von Richter vorgeschriebenen Weise zu zählen. Es handelt sich um die sechs ersten der oberen Ahnenreihen des Kaisers Leopold I. und seiner Geschwister. Man bemerkt hier leicht, daß der alte Kaiser wie der heutige Kronprinz von Italien statt der theoretisch erforderlichen acht Urgroßeltern nur deren sechs besaß, indem der Erzherzog Karl von Oesterreich und dessen Frau Maria von Bayern die Eltern des Großvaters väterlicher- und der Großmutter mütterlicherseits gewesen sind. Während sich nun die nächst höhere Ahnenreihe, da die theoretisch erforderliche Zahl von 16,

¹) Theatrum nobilitatis Europeae.

wie sich von selbst versteht, durch den Ahnenverlust in der dritten
Reihe schon ausgeschlossen war, doch noch immer auf 12 Ahnen
heben sollte, zeigt sich bei dem Kaiser Leopold, gerade so wie beim
Kronprinzen von Italien, die Erscheinung, daß ein noch weiterer
Verlust eintritt, indem bei beiden die vierte Ahnenreihe nur noch
10 Personen aufweist. In der fünften und sechsten Reihe aber
schreitet dann die Verlustziffer bei dem Kaiser Leopold in einer
noch erstaunlicheren Weise als bei dem italienischen Prinzen fort.
Der erstere hat statt der 32 theoretischen Ahnen in Wirklichkeit
nur 12 und statt 64 nur noch 20. Da die in der vierten Reihe
noch verhandenen 10 Personen sich auf 20 und 40 verdoppeln
sollten, so ist ersichtlich, daß sich die Ahnen des Kaisers Leopold
in der kurzen Zeit von zwei Generationen gerade um die Hälfte
noch weiter verminderten. Dieser ungewöhnlich große Verlust
erklärt sich dadurch, daß schon in der vierten Reihe das Elternpaar Albrecht V. von Bayern und dessen Gemahlin Anna von
Oesterreich als dreifache Ur-Ur-Urgroßeltern Leopolds I. erscheinen,
und Kaiser Ferdinand I. und seine Gemahlin Anna von Ungarn
in der vierten und fünften Reihe nicht weniger als sechs Mal
als Ahnen aufzuführen sind und demnach hier einen vierfachen
und dort einen doppelten Ahnenverlust herbeiführen. Die weiteren Einzelheiten dieser Verlustlisten brauchen wohl kaum näher
beschrieben zu werden, da es sich bloß darum handelt, einen deutlichen Begriff von der Art und Weise zu gewinnen, wie diese
eigenthümlichen genealogischen Erscheinungen thatsächlich entstanden
sind.

Wohl aber wird es erwünscht sein, noch weitere historische
Fälle von bedeutenderen Ahnenverlusten kennen zu lernen.

Unter den Nachkommen des Kaisers Leopold hat jener Prinz
Joseph-Ferdinand von Bayern, der der Erbe der gesammten spanischen Habsburger geworden war, durch seinen allzu frühen Tod
eine lange Kriegszeit über Europa gebracht. Seine Ahnentafel
ist von väterlicher und mütterlicher Seite sehr merkwürdig. Er
hält im Gegensatze zu den bisher dargestellten Beispielen in den
ersten oberen Generationen die Ahnenreihe ganz regelmäßig, um
dann desto rascher und schneller die bedeutendsten Einbußen zu

erfahren. Er besitzt regelrecht noch acht Ahnen, die jedoch schon in der nächst höheren Reihe auf 10 von 16 herabsinken. Statt der 32 Ahnen der fünften Generation bleiben dem bayerischen Erbprinzen von Spanien nur 14 übrig, und auch von diesen sinkt noch die jetzt mit 28 zu erwartende Ahnenreihe, während sie sonst 64 haben müßte, auf 22 beziehungsweise 24 Ahnen herab. Die letztere Zählungsungleichheit rührt aber daher, daß Philipp II. von Spanien in der vorhergehenden Reihe drei Mal als Ahne zu zählen war, jedoch als Vater seiner Tochter Katharina, die mit dem Herzog Karl Emanuel I. von Savoyen vermählt war, mit seiner dritten Gemahlin Elisabeth von Frankreich, als Vater Philipps III. aber mit seiner vierten Gemahlin, der Tochter Maximilians II. aufzuführen war; da aber die Großeltern dieser Anna, Ferdinand I. von Oesterreich und seine Frau Anna von Ungarn, und ebenso Kaiser Karl V. und seine portugiesische Gemahlin schon anderweitig zu zählen waren, so nimmt diese zweimalige Vermählung Philipps II. auf die höheren Ahnenreihen keinen weiteren Einfluß. Es möge aber hier genügen, nur noch die nächste, siebente Ahnenreihe des Erben von Spanien in Betracht zu ziehen, wo sich das ganz überraschende Resultat ergiebt, daß der früh verstorbene Prinz statt 128 erforderter Ahnen thatsächlich nur noch 32 besaß.

Wie sich leicht erklärt, wiederholt sich dieser ungewöhnlich große Ahnenverlust bei den meisten Mitgliedern jener Familien, die mit den genannten Personen in aufsteigender oder absteigender Linie blutsverwandt waren. Die zahlreichen Vermählungen in den beiden Häusern von Habsburg, dem spanischen sowohl wie dem österreichischen einerseits und dem wittelsbachischen andererseits, sind als die Ursachen der dargestellten Ahnenverluste zu erkennen; man darf daher schon auf Grund der wenigen hier angeführten Beispiele den allgemeinen Satz aussprechen; je geringer die Zahl der Personen zu einer gewissen Zeit gewesen ist, zwischen deren Familien Heirathen stattgefunden haben, desto größer werden die Zahlen sein, die den Ahnenverlust bei den späteren Nachkommen bezeichnen. Bei den Personen des spanisch-habsburgischen Hauses braucht man kaum noch besondere Untersuchungen im Einzelnen anzustellen; sie werden ohne Frage alle mehr oder weniger von

demselben starken Ahnenverlust betroffen, wie Kaiser Leopold oder
sein bayerischer Enkel. So hat auch der letzte von ihnen, der
König Karl II., in der dritten oberen Ahnenreihe nur 6 statt 8,
in der vierten 10 statt 16, in der fünften auch nur 10 statt 32
und in der sechsten nur 18 statt 64 wirkliche Ahnen. Eines der
stärksten Beispiele von Ahnenverlusten, welches jedoch auch wieder
gewisse Eigenthümlichkeiten aufweist, giebt die Ahnentafel des unglücklichen Don Carlos an die Hand, welcher statt der erforderlichen 8 Ahnen gleich in der dritten Reihe 4 Ahnen, also nur die
Hälfte besitzt, während in den späteren Reihen nach der vierten,
in welcher jedoch die Ahnenzahl bis auf 6 statt 16 gesunken ist,
eine mehr regelmäßige Verdoppelung bemerken läßt, indem die
fünfte Reihe wirklich 12 Ahnen und die sechste doch noch 20 aufweist. In der siebenten stehen dann, genau so wie bei dem bayerischen Erbprinzen von Spanien am Ende des siebzehnten Jahrhunderts nur 32 statt der nun erwarteten 40, beziehungsweise
statt der theoretischen 128 Ahnen.

———— ————

Das Ahnenproblem in seiner mannigfachen Tragweite zu
erfassen, ist ebenso schwierig, als seine allseitige Lösung historisch
unmöglich wäre. Man wird leicht bemerken, daß unsere Quellen
der Erkenntnis nach der Tiefe wie nach der Breite mangelhaft
sind. Die wenigsten Menschen, ja nur ein verschwindend kleiner
Theil kennt seine Ahnen, und auch die, welche in ihren Familien
nach Jahrhunderten zählende Erinnerungen besitzen, vermögen, abgesehen davon, daß Anstrengungen und Arbeiten dieser Art fast
gänzlich fehlen, nicht über eine sehr lange Reihe von Generationen
die Ahnentafel hinaufzuführen. Indessen ist es klar, daß die an-
geregte Frage des Ahnenverlustes fast gar keine sicheren Anhaltspunkte für weitere Schlüsse geben könnte, wenn man nicht in der
Betrachtung der Ahnenreihen zur Kenntnis einer noch größeren
Zahl von thatsächlich bekannt zu machenden Generationen und
ihres Personenbestandes zu gelangen vermöchte. Will man sich
über die Bedeutung des Ahnenverlustes ein vollkommeneres Bild
verschaffen, so wird es jedenfalls nöthig, sein, eine mathematische

Kurve zu bilden, durch welche die Abweichungen des wirklichen
historischen Ganges der Geschlechter von der mathematischen Voraussetzung zur Anschauung gebracht werden. Eine solche Kurve
kann aber erst dann einen Werth gewinnen, wenn sie in einer
möglichst großen Ausdehnung gezeichnet worden ist. Um diesem
Ziele sich wenigstens einigermaßen zu nähern, wird sich der Genealog an Persönlichkeiten zu wenden haben, deren Ahnenreihen
durch viele Jahrhunderte nachweisbar sind. Es soll hier daher
der Versuch gemacht werden, an der Ahnentafel des Kaisers Wilhelm II. möglichst umfassende Beobachtungen anzustellen. Dabei
braucht kaum hinzugefügt zu werden, daß es ein besonderes genealogisches Vergnügen gewährt hat, die, so viel bekannt, noch nicht
aufgestellte Ahnenprobe des Kaisers kennen zu lernen. Und so wurde
denn im Vereine mit einer Anzahl von Theilnehmern, die von
gleichem Interesse für Genealogie erfüllt waren, mit Fleiß und
Ausdauer dazu geschritten, eine Ahnentafel des Kaisers mindestens
bis zur zwölften oberen Generation zu entwerfen, deren Resultate
im Folgenden mitgetheilt werden sollen. Um dem Leser eine Vorstellung von der Aufgabe zu geben, die eine Ahnentafel von zwölf
Generationen darbietet, wird es gut sein, sich des theoretischen
Wachsthums der Ahnen bis zur zwölften Generation zu erinnern.
Man wird also nach den in der siebenten Generation schon erwähnten 128 erforderlichen Ahnen, in der achten 256, in der
neunten 512, in der zehnten 1024, in der elften 2048 und in
der zwölften Generation 4096 Ahnen, theoretisch betrachtet, erwarten
dürfen. Da die letzteren Zahlen schon groß genug sind, um einen
Schluß auf das progressive Verlustverhältnis in den weiteren Reihen-
folgen machen zu können, so darf einer so erkannten Ahnenreihe
eine über den einzelnen Fall wol hinausragende Bedeutung zu-
geschrieben werden.

Beschreibung der Ahnentafel Kaiser Wilhelms II.

Schon deshalb darf man in der Ahnentafel des Kaisers Wilhelm ein geeignetes Beispiel für genealogische Beobachtungen erblicken, weil sich bei ihm die ersten vier oberen Generationen mit

einer einzigen Ausnahme ganz regelmäßig aufbauen. In den vier
Großeltern und acht Urgroßeltern fehlt bekanntlich kein für sich zu
zählendes Glied. Erst bei den sechzehn Ahnen tritt eine Verminderung um zwei ein. da Ernst I., Herzog von Koburg und
die Gemahlin des Herzogs von Kent, die Mutter der Königin
Victoria, Geschwister waren. Der Ahnenverlust Kaiser Wilhelms II.
beginnt also erst bei dem Herzog Franz von Sachsen-Coburg-Saal-
feld und seiner ausgezeichneten, klugen und energischen Gemahlin,
Prinzessin Auguste Caroline von Reuß-Ebersdorf. Diese beiden
Ahnen finden sich in der vierten Generation zweimal vertreten
und verursachen in den nächst höheren Reihen einen immer neu
sich verdoppelnden Verlust. Im Uebrigen zeigt die Sechzehnahnen-
reihe Kaiser Wilhelms II. hohenzollernsches und oldenburgisch-
russisches Blut je einmal, Mecklenburg-Strelitz zeimal, Hessen-
Darmstadt dreimal, Mecklenburg-Schwerin und Württemberg je einmal, englisches, Weimarisches und Gotha-Altenburgisches Blut je
einmal, Koburgisches und Reuß-Ebersdorfisches Blut aber je zweimal. Greift man nun in die fünfte Ahnenreihe hinauf, so findet
man alsbald einen weiteren Verlust von vier Ahnen, indem Ludwig IX. von Hessen-Darmstadt und seine Gemahlin Karoline von
Zweibrücken-Birkenfeld, sowie Herzog Karl Ludwig Friedrich von
Mecklenburg-Strelitz und Christine-Albertine von Sachsen-Hildburg-
hausen je zweimal als Elternpaare erscheinen, diese beiden als die
Eltern Karls II. und Sophie Charlottes von Mecklenburg, be-
ziehungsweise Großeltern der unvergeßlichen Königin Louise von
Preußen und des Herzogs von Kent, also auch Urgroßeltern des
Kaisers Wilhelm I. und der Königin Victoria von England, jene
Darmstädter aber als die Eltern von Louise Friederike und Louise,
Gemahlinnen von Friedrich Wilhelm II. von Preußen, und Karl
August von Weimar, Urgroßeltern mithin von Kaiser Wilhelm I.
und seiner eigenen Gemahlin Augusta.

Die Ahnenreihe, die 32 Personen zählen sollte, und bei der
wir nach Abrechnung des Verlustes in der vierten Reihe immer
noch 28 erwarten durften, weist demnach nur noch 24 wirkliche
Ahnen auf; immerhin noch eine sehr ansehnliche Anzahl im Vergleiche zu den schon erwähnten, oft viel stärkeren Fällen von

Ahnenverlusten bei den früher besprochenen Beispielen. Zugleich
zeigt sich auch, daß der Vater des Kaisers Wilhelm wiederum in
seinen Ahnenverhältnissen genau in derselben Lage war, wie sein
Sohn, indem auch Kaiser Friedrich III. 4, 8, aber statt 16 nur
14 thatsächliche Ahnen zählte.

Wir steigen zur sechsten Ahnenreihe hinauf! Sie ist diejenige,
welche für Kaiser Wilhelm II. verhältnismäßig die stärkste Zunahme an Ahnen ergiebt, soweit sich die früheren und späteren
Generationsreihen übersehen lassen. Es sind in der sechsten
Ahnenreihe statt 64 nach Maßgabe der früheren Verluste
noch 48 Ahnen zu erwarten, und davon finden sich thatsächlich
auch 44 vor, mithin beträgt der ganze Verlust gegenüber der theoretischen Zahl hier nur ein Sechstel der Zunahme, während er sich
in der vorhergehenden Generation auf nahezu ein Drittel gestellt
hatte. Diese weitere, wenn auch nur geringe Einbuße ist durch
zwei Elternpaare herbeigeführt, die sich einmal von hessischer und
einmal von braunschweigischer Seite eingestellt haben. Ludwig VIII.
von Hessen-Darmstadt und seine Gemahlin Charlotte Christine von
Hanau waren die Eltern zugleich von Ludwig IX. und von Georg
Wilhelm von Hessen; und Ferdinand Albrecht II. von Braunschweig-Wolfenbüttel, vermählt mit Antoinette Amalia von Braun-
schweig-Blankenburg, ist durch zwei Töchter, Gemahlinnen des
Prinzen August Wilhelm von Preußen und des Herzogs Ernst
Friedrich von Coburg-Saalfeld, Ahnherr des Kaisers Wilhelm II.
geworden. Im Uebrigen ist gleich hier die Bemerkung zu machen,
daß sich der Kreis der Familien, aus denen dem Kaiser Ahnen
zuwachsen, außerordentlich stark vermehrt hat. So sind namentlich
die brandenburgischen Seitenlinien von Ansbach und Bayreuth,
wie auch Schwedt in der sechsten oberen Generation sehr stark
vertreten. Es erscheinen außerdem die Häuser von Hanau, Nassau-
Saarbrück, Erbach-Erbach und Schönberg, Leiningen und Solms-
Rödelheim, Anhalt-Zerbst, Thurn und Taxis, Schwarzburg-Rudol-
stadt und Sondershausen, Kastell-Remlingen, Stollberg in dieser
Reihe. Endlich empfängt die Ahnentafel an dieser Stelle den Zuwachs altrussischen Blutes durch die Mutter des Gottorpers Peter III.,
die Tochter Peters des Großen. Durch diese Abstammung wird

der Ahnentafel manche Verlegenheit bereitet, von der später eingehender zu sprechen sein wird. Im Allgemeinen ist hier nur zu
sagen, daß die sechste Generation einen gewissen Wendepunkt in
der Aufnahme des Ahnenblutes bezeichnet und daß es gewissermaßen eine erweiterte Welt ist, in der nun die Generationenbildung
vor sich geht. Man sollte daher denken, daß auch der Ahnen-
zuwachs in das Ungemessene fortschreiten werde und die Verlust-
reihen sich vermindern müßten. Je mehr sich aber dem kombiniren-
den Verstande diese Vorstellung aufdrängt, desto wichtiger ist es,
die thatsäche Zählung weiter zu verfolgen und die persönliche
Betrachtung der Ahnentafel an die Stelle arithmetischer Gesetz-
zu stellen. Dabei ist aber an dieser Stelle aufmerksam zu machen,
daß in den höheren Generationen die Ahnen des Kaisers Wilhelm
strenge genommen nur im diplomatischen oder, wie man zu sagen
pflegt, stiftsfähigen Sinne betrachtet und gezählt werden konnten.
Es wird zunächst durchaus nur auf diejenigen Rücksicht genommen
werden, deren Genealogie sichersteht. Später sollen dann die aus
dem Mangel sicherer Ueberlieferungen entstandenen Lücken, um zu
einer wenigstens annähernd genauen Schätzung aller wirklichen
Personen zu gelangen, die als Ahnen des Kaisers gelten dürfen,
noch des Weiteren in Erwägung gezogen werden.

Zunächst richten sich unsere Blicke auf die siebente Ahnenreihe
mit theoretisch angenommenen 128 Ahnen. Berücksichtigt man die
in der sechsten Generation gezählten Personen, so dürfte man noch
88 Mitglieder dieser Reihe erwarten.

In der Wirklichkeit zeigt die Ahnentafel weitere Verluste: Ferdinand Albrecht II. von Braunschweig und seine schon erwähnte
Gemahlin, Urgroßeltern Karl Augusts von Weimar, ferner Friedrich Wilhelm I., König von Preußen, und seine Gemahlin Sophie
Dorothea, Friedrich II. von Gotha und Magdalena von Anhalt-
Zerbst, Josias von Coburg-Saalfeld und Anna von Schwarzburg-
Rudolstadt, endlich Georg I. von England und Sophie Dorothea
von Braunschweig-Celle kommen, ganz abgesehen von den schon
vorher wegfallenden Nachkommenschaften, teils schon in der sechsten,
teils in der siebenten Ahnenreihe, theils zwei-, theils breimal vor.
Indem sie doch nur einmal als Ahnen gezählt werden können,

besonders auch dann, wenn sie schon, was sich nun immer häufiger ereignet, in der vorhergehenden Generation vorgekommen waren, so beträgt der gesammte Ahnenverlust in der siebenten oberen Ahnenreihe neuerdings 14 Personen gegenüber den erwarteten 88: statt 128 sind nur 74 vorhanden.

In der achten Ahnenreihe tritt der Fall ein, daß die männlichen Ascendenten des preußischen Königshauses durch die Verluste, die durch die Heirath des Königs Friedrich Wilhelm I. mit Sophie Dorothea herbeigeführt wurden, unmittelbarer beeinflußt erscheinen. Der Kurfürst Ernst August von Hannover und seine Gemahlin Sophie von der Pfalz sind verdoppelte Urgroßeltern des Prinzen Wilhelm August, auch König Friedrichs II., wie nebenher bemerkt werden mag, und steht, wenn man die ganze Reihe vollständig darstellen wollte, nicht weniger als sechsmal als achtes Ahnenpaar des Kaiser Wilhelms II. da. Ebenso tritt der große Kurfürst selbst mit seinen beiden Gemahlinnen als doppelter Ahnherr auf, aber so, daß er selbst als Vater Friedrich I. und des Markgrafen Philipp Wilhelm von Schwedt nur einmal, seine beiden Gemahlinnen, aber jede besonders gezählt werden müssen. Es ergiebt sich daraus, daß die in der achten Reihe erscheinenden Personen eine ungerade Zahl bilden werden. Anderer Fälle von doppelter, drei- und mehrfacher Ahnenschaft sei hier nur beispielsweise gedacht: Ferdinand Albrecht I. von Braunschweig und Christine von Hessen-Eschwege, Ludwig Rudolf von Braunschweig und Christine von Oettingen, Christian Albrecht von Holstein-Gottorp, und Friederike Amalia von Dänemark, Johann von Anhalt-Zerbst und Sophie Auguste von Holstein-Gottorp, Friedrich I. von Sachsen-Gotha und Magdalena Sibylle von Sachsen-Weißenfels, Georg Albert Graf von Erbach und Elisabeth Dorothea von Hohenlohe, Anton Ulrich von Braunschweig-Wolfenbüttel und Elisabeth Juliane von Holstein-Norburg, Albrecht von Brandenburg-Ansbach und Sophie Margarethe von Oettingen u. a. m. Das merkwürdigste Beispiel von Ahnenschaft, welches die Tafel wohl überhaupt aufweist, bietet aber der sächsische Herzog Ernst der Fromme mit seiner Gemahlin Elisabeth Sophie von Sachsen-Altenburg dar. Dieses fruchtbare Elternpaar mit seinen 18 Kindern hat in der Zeit von

25 Jahren gewissermaßen alle Generationsrechnungen aufgehoben
und eine Nachkommenschaft gezeugt, die sich in fast unberechenbarer
Weise über nicht weniger als drei Menschenalter auszubreiten vermochte. So tritt denn Ernst der Fromme als ein Stammvater
mit seiner Gemahlin in der achten Ahnenreihe Kaiser Wilhelms II.
zum ersten Male auf und begegnet hier schon wiederholt, um in
allen höheren Generationsreihen immer wieder zu erscheinen. Es
läßt sich kaum mit Sicherheit sagen, wie oft er als Ahnherr zu
zählen sein mag, jedenfalls zeigt ihn die Tafel in der achten Reihe
zuerst und er war daher auch hier zu verbuchen. In ganz ähnlicher Weise erscheint auch Philipp der Großmüthige von Hessen
als Stammvater aller hessischen Nachkommen in den nächst höheren
Generationen in mehr als zwanzigfacher Wiederholung. Indem
man sich nun aber anschickt, die Gesammtsumme der Ahnen in der
achten Reihe festzustellen, muß hier noch auf den ganz besondern
Umstand aufmerksam gemacht werden, daß fünf Personen unbekannt
und unbestimmbar bleiben; es soll später über den steigenden Zuwachs an solchen besonders gesprochen werden, hier sei nur hervorgehoben, daß diese namenlosen Unbekannten in der achten Reihe
zu erstehen beginnen. Die namentlich erkannten Ahnen der achten
Reihe betragen dagegen 111. Mit der theoretischen Zahl 256
verglichen, beträgt der Verlust bereits 145 und bedenkt man die
thatsächlich gefundene Zahl der Personen in der früheren Generation, nach welcher wenigstens 148 zu erwarten gewesen wären,
so stellt sich eine neuerliche Verlustziffer von 37 Individuen als
Resultat der Zählung dar.

Von der neunten Ahnenreihe ab vermehren sich die aus früheren Verwandtschaftsheirathen entstehenden Verdoppelungen und
Verdrei- und Vervierfachungen der Ahnen in geradezu unbeschreib-
licher Weise, und es wird nicht möglich sein, dem Leser ein volles
Bild der Ahnentafel zu geben, so lange typographische und andere
Mittel es nicht erlauben, die ganze Ahnentafel in regelrechter
Weise vorzuführen. Es wird von Seite des Verfassers der vorliegenden Arbeit ein großer Grad des Vertrauens in Anspruch
genommen werden müssen. Die Resultate sind aber so außerordentlich auffallende, daß selbst bei Voraussetzung einiger Irrthü-

mer, die bei solchen Dingen nie mangeln werden, eine sichere
Grundlage für weitere Schlüsse in Betreff der Ahnenfragen doch
immerhin gewonnen werden dürfte.

In Uebereinstimmung mit den Beobachtungen an der achten
Generation zeigt sich auch in der neunten das häufige Erscheinen
von gewissen Stammeltern, die durch einen reichen Kindersegen
ausgezeichnet waren. Besonders sind es die Braunschweiger und
Lüneburger, die im 17. Jahrhundert durch großen Familienbestand
fruchtbar in alle Kreise des höchsten Adels eingriffen: so der schon
erwähnte Ernst August mit seiner pfälzisch-englischen Gemahlin,
Georg von Lüneburg mit Anna Eleonore von Hessen-Darmstadt,
August von Braunschweig mit Dorothea von Anhalt-Zerbst, Heinrich von Braunschweig mit Ursula von Lauenburg u. s. w. Die
großen Geschlechter am Anfang und um die Wende des 17. Jahrhunderts, wozu insbesondere auch Mecklenburg und Holstein-Gottorp gehörten, sind oftmals vertreten. Wie sie sich in so verschiedene Zweige und Linien theilen, so ist auch die Vertheilung ihres
Blutes durch von ihnen abstammende Mütter in den verschiedensten Häusern sehr ausgiebig. Der Genealog kann sich hierbei der
Beobachtung nicht entziehen, daß gerade die fruchtbarsten Stammeltern diejenigen sind, die den späten Nachkommen die größten
Ahnenverluste bereiten, und daß mithin Kindergewinn und Ahnenvermehrung in umgekehrtem Verhältnisse zu einander stehen. Wenn
aber dabei bemerkt werden muß, daß die im Braunschweigischen
und Lüneburgischen Hause im 17. und 18. Jahrhundert stattgefundene ganz enorme Descendenzzunahme und der ungewöhnliche
Kindersegen dieser Häuser doch nicht verhindert hat, daß am Ende
des 19. die gesammte Erhaltung des Mannesstammes beider
Häuser auf wenigen Augen stand, so wird sich der Genealog der
Vermuthung nicht erwehren können, daß es am Ende doch für
die Erhaltung der Familie vielleicht mehr auf zahlreiche Ahnen,
als auf zahlreiche Kinder ankommen könnte. Doch es sei gestattet,
nach dieser kurzen Abschweifung auf die kaiserliche Ahnentafel zurückzugreifen.

Das eigenthümlichste in den nächst oberen Generationen
scheint zu sein, daß die Zahl der Ahnen aus den nächst stehenden

Adelskreisen von Grafen und Herrengeschlechtern rasch zunimmt,
ohne daß deshalb eine Vermehrung von Ahnen in irgend nennens-
werther Zahl erfolgte. Es sind insbesondere Oettingen, Hanau,
Waldeck, Baden in allen Zweigen, Nassau, Erbach, Hohenlohe,
Salm und die Wild- und Rheingrafen, Solms, insbesondere die
Laubacher, aber auch die Röbelheimer, ferner Schönburg, Barby,
Castell, die in den vier obersten Generationen man möchte fast
sagen den Reigen führen. Persönlichkeiten wie Crafft von Hohenlohe oder der gelehrte Herr Johann Georg von Solms-Laubach
gehören zu den allerhäufigsten Ahnen des Kaisers Wilhelm II.
So hat auch Georg von Erbach durch seine in der zweiten Hälfte
des sechzehnten Jahrhunderts geborenen zwanzig Kinder eine reichliche Saat unter den deutschen Adel gesäet, und ebenso kann es
nicht Wunder nehmen, daß Wolfgang von Barby, der 1565
starb und 16 Kinder hatte, sicherlich zehnmal als Ahnherr des
Kaisers erscheint, während sein Geschlecht ausgestorben ist.

Indem es nun gestattet werden mag, die Resultate der wirklich stattgefundenen Zählungen der persönlich nachweisbaren Ahnen
in den vier nächsten oberen Generationen mitzutheilen, sei bemerkt,
daß dies auf Grund eines Zettelkatalogs geschehen ist, auf welchem alle einzelnen Personen mit der Ahnenreihe verzeichnet sind,
in welcher sie zuerst vorkommen. Hierbei zeigte die neunte Ahnenreihe, welche theoretisch 512 Ahnen hat, nur noch 162 Personen.
Da nach dem früheren Resultat für die achte im Betrage von 111
Personen doch 222 zu erwarten gewesen wären, so beträgt der
neuerdings eingetretene Verlust 60 Personen.

Der wirklich vorgefundenen Anzahl entsprechend, sollte die
zehnte Ahnenreihe daher statt 1024 doch immer noch 324 aufweisen, aber es wurden nur 206 aufgefunden. Der neuerliche Verlust betrug mithin 118 Personen.

In der elften Ahnenreihe fordert die Arithmetik 2048 Ahnen,
in Wirklichkeit wurden 225 gezählt. Die erwartete Zahl war
412.

In der zwölften Ahnenreihe endlich stehen statt 4096 Personen nur 275 gezählte Ahnen, 175 weniger als immer noch
erwartet werden konnten.

Ueberſicht der geſammten Ahnenverluſte.

Ahnenreihe	I	II	III	IV	V	VI	VII	VIII	IX	X	XI	XII
Theoretiſche Zahl	2	4	8	16	32	64	128	256	512	1024	2048	4096
Wirklich gefundene Perſonen	2	4	8	14	24	44	74	111	162	206	225	275

Um das voranſtehende Zahlenergebnis richtig zu bewerthen, muß man ſich jedoch nochmals jener ſchon früher erwähnten Auseinanderſetzungen des trefflichen Richter erinnern, in denen er auf den Unterſchied verſchiedener Ahnenzählungen und auf die beſondere Bedeutung der „im diplomatiſchen und ſtiftsfähigen Sinne" aufgeſtellten ſogenanten Ahnenproben hingewieſen hat. Die hier unterſuchte Ahnentafel iſt mit Außerachtlaſſung aller Perſonen, die nicht ganz beſtimmt nachweisbar waren, ausgearbeitet worden. Nicht gering war ſo die Anzahl derer geweſen, die ſich, ſei es zunächſt aus Mangel an Hilfsmitteln, ſei es vermöge ihrer aller Ueberlieferung entbehrenden Abſtammung, der Kenntniß des Genealogen entzogen. Die gezählten Perſönlichkeiten ſind durchaus Leute, deren geſchichtliches Daſein ſicher überliefert iſt, und die Ahnentafel beruht durchaus auf der ſtrengſten Ausſonderung von allem ungewiſſen und zweifelhaften. Vom rein genealogiſchen Standpunkte betrachtet, wird man einer ſolchen Tafel den größeren Werth beilegen. Aber es giebt noch einen anderen Geſichtspunkt, der für die Aufſtellung und Betrachtung der Ahnentafel wichtig iſt. Wenn es ſich darum handelt, ein Bild davon zu gewinnen, wie das empiriſch feſtzuſtellende Verhältniß der thatſächlichen Ahnen eines Menſchen zu den theoretiſch anzunehmenden, d. h. arithmetiſch erforderten Ahnen eigentlich beſchaffen ſei, ſo erſcheint der Wegfall jener Perſonen, die nur deshalb nicht gezählt wurden, weil die Nachrichten über dieſelben fehlen, als ein Rechenfehler, deſſen Korrektur unbedingt nötig ſein wird. Um aus der Ahnentafel in ethnologiſcher und phyſiologiſcher Beziehung verwerthbares Material zu gewinnen, wird man ſich wenigſtens

so viel wie möglich bestreben müssen durch Wahrscheinlichkeitsbe-
rechnungen zu den wirklichen Zahlen der Ahnen zu gelangen.
Zu diesem Zwecke wird es zunächst nöthig sein, über die auf der
Ahnentafel Kaiser Wilhelms fehlenden Personen genaueres anzugeben.

Der universale europäische Charakter der Ahnentafel kenn-
zeichnet sich dadurch, daß derselben kaum eine von jenen, man
möchte sagen berühmten Namen fehlt, an deren Vorhandensein
alle Ebenbürtigkeitstheorieen der gelehrtesten Staatsjuristen von
jeher gescheitert sind. Die Zeutsch, die d'Olbreuse und die Prinzessin Ahlden, das Mädchen von Marienburg, alle sind sie auf der
Stammtafel vorhanden und stellen dem Genealogen die unerbitt-
lichen Räthsel ihrer Abstammung und ihrer Vorfahren. Es ist
schon oben aufmerksam gemacht worden, S. 301, daß in der achten
Generation bereits fünf Personen zu wenig gezählt worden sind.
Es waren dies die beiden Eltern der Zeutsch, die Eltern der Kaiserin Katharina und ferner die Mutter der Gräfin von Ahlefeldt.
Wenn die Annahme berechtigt wäre, daß diese fünf Personen
vollständige, wenn auch nicht stiftsgemäße, so doch menschlich lücken-
lose Ahnenproben liefern könnten, so würde durch dieselben
schon in der neunten Generation ein Zuwachs von 10, in der
zehnten ein solcher von 20, in der elften von 40 und in der
zwölften von 80 Personen zu berechnen sein. Hieraus ist deutlich
zu ersehen, wie wichtig es ist, die Lücken der Ahnentafel genau
zu bezeichnen, beziehentlich zu berechnen. Außerdem sei bemerkt,
daß gewisse Persönlichkeiten in ihren Ahnenverhältnissen nur deshalb zur Zeit nicht aufgenommen werden konnten, weil die geeigneten Hilfsmittel nicht zur Hand waren. Es würde nicht schwer
sein, manche Vervollständigung darzubieten. So fehlt in der neunten Generation der Name der Mutter der Eleonore d'Olbreuse,
während in den folgenden Reihen ihre sämmtlichen Ahnen unbekannt sind. Die Ahnen von Eleonore von Scharffenstein und von
der Gräfin von Ahlefeldt fehlen seit der neunten Ahnenreihe.
Die russischen Stammbäume wurden ganz vernachlässigt. Es
fehlen die Ahnen von Michael Feodorowitsch, Eudoxia Lukanowna,
die Narischkin und wie schon erwähnt das Mädchen von Marienburg; das gleiche gilt von einer Gräfin von Thurn und Taxis,

gebornen von Hörnes, und von der erwähnten Zeutsch; ferner
von Sigismund Graf zu Promnitz und dessen Frau, geb. Schön-
burg; endlich von Apollonia von Zelking, Elisabeth von Fränking,
Barbara Teuffel, Eusanna von Preising, Sophia von Hohenegg.
Die Personen, denen in der zwölften Generation die Eltern ganz
oder theilweise fehlten, sind auf der Ahnentafel noch häufiger.
Eine Zusammenstellung des Abgangs ersieht man aus folgender
Tafel:

Namen.	9.	10.	11.	12.
Mutter der Eleonore d'Olbreuse	1	2	4	8
Alexander d'Olbreuse	.	2	4	8
Carola v. Coligny	.	.	.	2
Katharina v. Soubise	.	.	2	4
Ulrich v. Rappoltstein Gemahlin	.	.	1	2
Elisabeth v. Sayn	.	.	2	4
Caecilia v. Eda, Erich Maias Gemahlin	.	.	.	2
Anna Maria v. Nassau, Gemahlin Wierichs IV. von Daun	.	.	.	2
Eleonore v. Scharffenstein	2	4	8	16
Gräfin Ahlefeld und ihr Vater Graf Ahlefeld	4	8	16	32
Georg Teuffel und Gemahlin	.	.	1	4
Michael Feodorowitich	.	2	4	8
Eudoxia Lukanowna	.	2	4	8
Narischkin und Frau	.	4	8	16
Katharina I., (2 in der achten)	4	8	16	32
Zeutsch, (2 in der achten)	4	8	16	32
Thurn und Taxis geb. Gräfin Hörnes	.	4	8	16
Polyxena v. Pernstein	.	.	2	4
Jodocus v. Eiden und Gemahlin	.	.	1	4
Sigismund Seifried v. Promnitz, Mutter	.	.	2	4
Und dessen Frau, geborene v. Schönburg	.	2	4	8
Apollonia v. Zelking	.	2	4	8
Elisabeth v. Fränking	.	.	2	4
Barbara Teuffel	.	.	2	4
Anna della Scala	.	.	.	2
Anna Koenigstein-Rochefort, Mutter	.	.	.	1
Elisabeth v. d. Plesse	.	.	.	2
Barbara v. Mansfeld, Mutter	.	.	.	1
Seite	15	48	111	238

20*

Namen.	9.	10.	11.	12.
Uebertrag . . .	15	48	111	288
Eltern der Frau v. Wolfgang v. Hohenstein	.	.	.	2
Eltern der Afra Gallin v. Gallenstein.	.	.	.	2
Sophia v. Hobenegg	.	.	2	4
Susanna Eleonore v. Preising	.	2	4	8
Johanna Vestin v. Dub	.	.	.	2
Susanna v. Bolsra	.	.	.	2
Summe der Fehlenden . .	15	50	117	258
Summe der namentlich Gezählten . .	162	200	225	275
Hauptsumme . .	177	250	342	533

Hauptvergleichung.

Ahnenreihe.	Theoretische Zahl.	Zu erwartende Anzahl.	Thatsächlich gefundene Personen.	Unbekannt Gebliebene und Fehlende.	Wahrscheinliche Gesammtsumme.	Anmerkung.
I.	2	2	2	.	.	Die in der dritten Rubrik vorkommende Ziffer ist jedesmal mit der zu erwartenden Zahl der vorhergehenden Ahnenreihe zu vergleichen.
II.	4	4	4	.	.	
III.	8	8	8	.	.	
IV.	16	16	14	.	.	
V.	32	28	24	.	.	
VI.	64	48	44	.	.	
VII.	128	88	74			
VIII.	256	148	111	5	116	Vgl. S. 300 oben.
IX.	512	292	162	15	177	
X.	1024	354	206	50	256	
XI.	2048	512	225	117	342	
XII.	4096	684	275	258	533	

Bei dieser Schlußzählung ist übrigens außer Acht geblieben, daß unter den unbenannten Personen der elften und zwölften Ahnenreihe in den Fällen, wo von einem Nachkommen in der Ascendenz schon 16 und selbst 32 Personen zu zählen waren, sehr wahrscheinlicher Weise ebenfalls Ahnenverlust eingetreten sein wird. Dieser Ahnenverlust der unbenannten Personen würde indessen die Hauptergebnisse der Zählung doch nur unbedeutend verändern,

denn wenn man auch von den mit 16 und 32 Ahnen bezifferten
Personen einen Ahnenverlust von einem Viertheil annehmen würde,
so kämen von der Gesammtsumme bei der elften Ahnenreihe doch
nur 12 und bei der zwölften 36 Personen in Abzug. Man hätte
sonach statt der theoretischen 2048 330 und statt der 4096 497
Ahnen nachgewiesen; mit anderen Worten: es sind bei der hier
untersuchten Ahnentafel in der elften Generation nur 16½, in
der zwölften nur 12 Prozent übrig geblieben. Welche Schlußfolgerungen lassen sich' aber aus diesen Ergebnissen überhaupt gewinnen? — —

Bevor wir den Versuch machen wollen die Bedeutung des
individuellen Ahnenverlustes nach der Seite allgemein gesellschaftlicher und ethnographischer Fragen näher zu kennzeichnen, möge
hier noch eine Anzahl von Fällen in tabellarischer Uebersicht vorgelegt werden, durch welche wenigstens bis zur 6. und 8. Generationsreihe hinauf eine durchschnittliche Berechnung von Ahnenverlusten ermöglicht werden könnte. Die Beispiele sind absichtlich
einer möglichst zufälligen Auswahl des Gothaischen Hofkalenders
entnommen und mir von Walther Gräbner zur Verfügung gestellt
worden. Einzelheiten dieser Ahnentafeln sind mitunter von
nicht geringem Interesse. So kommt auf der unter Nr. 15 verzeichneten Ahnentafel des im Jahre 1889 geborenen Prinzen Wal-
demar von Preußen in der sechsten Ahnenreihe Ludwig IX. von
Hessen-Darmstadt sechsmal und in der siebenten, Ludwig VIII.
sogar neunmal vor, während unter den männlichen direkten hohen-
zollernschen Vorfahren erst Friedrich Wilhelm I. einen ansehnli-
cheren Antheil an dem Ahnenverluste trägt, indem er in der siebenten Reihe viermal erscheint. Noch interessanter gestaltet sich
die Ahnentafel des jungen im Jahre 1887 gebornen Erzherzogs
Karl F. J. von Oesterreich welcher den Kaiser Joseph I. 10 mal
Maria Theresia und Kaiser Franz I. siebenmal und den König
Philipp V. von Spanien 12 mal unter seinen Ahnen zählt.
Denselben Philipp V. hat aber die Erzherzogin Maria von Tos-
kana, geboren 1891 22 mal als ihren Ururalvater anzuerkennen.
Sie besitzt ferner Maria Theresia und ihren Gemal 11 mal und
den König Friedrich August II. von Sachsen 13 mal als Ahnen.

Alle diese Beispiele werden wol zu beachten sein, wenn man Fragen der Vererbung und Abstammung als genealogisches Problem erörtert. Hier soll uns zunächst mehr das rein mathematische Verhältnis beim Ahnenverlust beschäftigen. Bei den folgenden 40 Personen liegen die Ahnenverhältnisse folgendermaßen:

Nachgewiesene Ahnen · Ziffer d. Ahnenverlustes

	geboren	I	II	III	IV	V	VI	VII	VIII	III	IV	V	VI	VII	VIII
		2	4	8	16	32	64	128	256						
1. Franz Joseph II. v. Österreich	1830	2	4	8	12	20	40	73		—	4	12	24	55	
2. Alexander II. v. Rußland	1845														
bis	1891	2	4	8	14	20	38	68		—	2	12	26	60	
3. Albert von Sachsen	1828	2	4	8	16	26	50	91		—	—	6	14	37	
4. Georg von Großbritannien	1865	2	4	8	14	25	42			—	2	7	22		
5. Carl Eduard von Albany	1884	2	4	8	14	26	52			—	2	6	12		
6. Arthur Frederik v Connaught	1883	2	4	8	14	24	42			—	2	8	22		
7. Alfred von Coburg-Gotha	1874	2	4	8	14	26	42			—	2	6	22		
8. Wilh. Ernst. Sachs. Weimar	1876	2	4	8	12	20	32			—	4	12	32		
9. Wilhelm v. Niederland	1840														
bis	1878	2	4	6	10	18	28			2	8	14	30		
10. Wilhelmina v. Niederland	1880	2	4	8	16	28	52			—	—	4	12		
11. Pauline v. Würtemberg	1877	2	4	8	12	18	36			—	4	14	28		
12. Rupprecht v. Baiern	1869	2	4	8	16	24	38			—	—	8	26		
13. Charlotte v. Meckl.-Schwer.	1868	2	4	6	10	18	36			2	6	14	28		
14. Georg v. Oldenburg	1868	2	4	8	14	24	48			—	2	8	16		
15. Waldemar v. Preußen	1889	2	4	6	12	20	28	50	84	2	4	12	36	78	172
16. Feodora v. Meiningen	1879	2	4	8	14	22	38	62	102	—	2	10	26	66	154
17. Elisabeth v. Hess.-Darmst.	1895	2	4	6	10	18	28	46	80	2	6	14	30	62	176
18. Olga v. Rußland	1895	2	4	8	14	28	41	60	107	—	2	6	28	68	149
19. Georg v. Griechenland	1890	2	4	8	16	26	41	64	109	—	—	6	23	64	147
20. Carl Fr. Jos. v. Österreich	1887	2	4	8	14	22	32	54	96	—	2	10	32	74	100
21. Maria de la Dolores v. Toscana	1891	2	4	8	14	19	20	28	50	—	2	13	44	100	206
22. Phil. Albrecht v. Würtembg.	1893	2	4	8	14	21	36	62	116	—	2	11	28	66	140
23. Georg von Sachsen	1893	2	4	8	16	25	32	48	86	—	—	7	32	80	170
24. Friedr. Wilh. v. Preußen	1882	2	4	8	15	28	50			—	1	4	14		
25. Friedr. Sigismd. v. Preußen	1891	2	4	8	16	28	52			—	—	4	12		
26. Gust. Adolf v. Schweden	1882	2	4	8	16	32	53			—	—	—	11		
27. Antoinette von Anhalt	1882	2	4	8	16	26	48			—	—	6	16		

	geboren	Nachgewiesene Ahnen								Ziffer d. Ahnenverlustes					
		I (1,2)	II (4)	III (8)	IV (16)	V (32)	VI (64)	VII (128)	VIII (256)	III	IV	V	VI	VII	VIII
28. Karl v. Rumänien	1893	2	4	8	16	20	30			—	—	6	14		
29. Friedrich K. v. Hoh. Sigm.	1891	2	4	8	16	30	48			—	—	2	16		
30. Stephanie v. Hoh. Sigm.	1895	2	4	6	12	22	42			2	4	10	22		
31. Elisabeth v. Österreich	1883	2	4	8	14	24	42			—	2	8	22		
32. Ludwig von Portugal	1887	2	4	8	14	26	32	58		—	2	0	32	128	
33. Friedr. Frz. v. Meckl. Schw.	1882	2	4	8	14	26	49			—	2	6	15		
34. Aug. Carl v. Sachs. Cobg. G.	1895	2	4	8	12	18	34	46		—	4	14	40	82	
35. Frz. Carl Salv. v. Toscana	1893	2	4	8	12	16	24	42		—	4	16	40	86	
36. Victoria v. Leiningen	1895	2	4	8	12	24	47			—	4	8	17		
37. Marie v. Roß Weilburg	1894	2	4	8	16	32	58			—	—	6			
38. Eduard Albert v. Großbr.	1894	2	4	8	16	26	46			—	0	18			
39. Heinrich XLIII j. L. Reuß	1893	2	4	8	14	26	44			—	2	6	20		
40. Friedr. Wilh. v. Hess.-Cassel	1893	2	4	8	12	22	40			—	4	10	24		

Viertes Capitel.

—

Bevölkerungsstatistik und Ethnographie.

Im allgemeinen besteht über den inneren Zusammenhang zwischen den gesellschaftlichen Zuständen und den Abstammungsverhältnissen für niemanden auch nur der geringste Zweifel. Wer immer sich jemals mit Bevölkerungsstatistik beschäftigte, hat im wesentlichen mit Dingen zu thun gehabt, die unter den Begriff des Lebens fallen und also von Geburt und Tod bestimmt werden. In diesem allgemeinsten Sinne ist die Genealogie eine der alterältesten Hilfswissenschaften aller den gesellschaftlichen und staatlichen Zuständen gewidmeten Forschungen der Menschen gewesen. Aristoteles ist sich über die Beziehungen von Staat, Gesellschaft, Zeugung und Abstammung nicht im mindesten unklar gewesen,[1]) und man darf behaupten, daß alles das, was man heute in Bezug auf die sogenannte Socialwissenschaft mit hoch tönenden Namen bezeichnet, der Welt dem Wesen nach schon seit tausenden von Jahren völlig bekannt war; man hat nur in einer gewissen Art der Methode der Betrachtung erfreuliche Fortschritte gemacht. Seit den großen Beobachtungen der neuen Naturforschung konnte man sich denn auch nicht wol über die Anwendbarkeit gewisser im Gebiete des thierischen und überhaupt des organischen Lebens gemachter Erfahrungen auf die gesellschaftlichen und Bevölkerungsverhältnisse täuschen. Die nur unter andern Namen bekannten Begriffe der Auslese, oder des Kampfes um das Dasein sind für die

---

[1]) Ueber die Stelle bei Aristoteles Rhetorik Berl. Ag. II. 1390. b. 22ff. siehe weiter unten III. Theil 1. Cap.

Ethnologie und Bevölkerungsstatistik von der Naturforschung nicht
erst entdeckt worden, sie wurden nur etwas erfahrungsmäßiger
begründet. Als man dann mit vielleicht zu weit gehender Aus-
schließlichkeit an den Anfbau der Gesellschaftsbegriffe unter dem
Einflusse eines gewaltig überragenden Geistes, wie Darwin, heran-
trat, konnte natürlich auch das genealogische Problem nicht verkannt werden; wenn man von demselben immer noch neue Aufklärungen erwarten darf, so liegt dies darin, daß auch hier die
systematische Uebung in der Anwendung genealogischer Grundsätze
ein wenig in Vergessenheit geraten ist. In Frankreich hat de
Lapouge in Montpellier ganz außerordentliche, bahnbrechende
Verdienste um die Feststellung der natürlichen Grundlagen des
Staats- und Gesellschaftslebens erworben; in ansehnlicher Weise
sind ihm in Teutschland Otto Ammon und viele andere gefolgt.
Niemand aber hat so energisch im besondern auf den unentbehr-
lichen Zusammenhang zwischen Genealogie und Bevölkerungsstatistik
hingewiesen, als neuestens Freiherr M. du Prel in Straßburg,
dessen treffliche Worte in einem Lehrbuche der Genealogie nicht
fehlen dürften[1]): „Die Abstammung von französischen Königen und
alten Herzogsgeschlechtern durch die Frauen können nicht nur
französische, sondern auch eine große Anzahl deutscher einfacher
Adelsgeschlechter nachweisen, wenn der Abstammung nach den Frauen
nachgeforscht wird; es kann ebenso auch die Abstammung französischer
oder anderer fremder Geschlechter von deutschen Herrscherhäusern
durch die Frauen nachgewiesen werden; in ähnlicher Lage sind

---

[1]) Vgl. das beachtenswerthe Büchlein von Otto Ammon, wo auch
mancherlei andere Litteratur und insbesondere das interessante Werk von
Hansen, Die drei Bevölkerungsstufen, München 1889, herangezogen ist. Allen
diesen zum Theil höchst merkwürdigen und geistreichen Tarstellungen gegenüber
hat nun du Prel das bleibende Verdienst, darauf aufmerksam gemacht zu
haben, daß ohne spezielle Kenntnis thatsächlicher historisch genealogischer Vorgänge und Nachweisungen alle Theorieen dieser Art immer in der Luft stehen
werden. Vgl. Allgemeines statistisches-Archiv von G. von Mayr. IV. Jahrgang 1896 S. 416 458. Wer diese Arbeit gründlich überlegt, wird sich wol
sagen, daß man sich schon wird entschließen müssen, das harte genealogische
Holz zu bohren.“

aber nicht nur adelige, sondern auch die mit denselben verbundenen bürgerlichen Geschlechter.   Solche Nachweisungen sind keineswegs Seltenheiten. . . . ."

„Mit Recht hat La Bruyere gesagt, daß es wenig Familien auf der Welt gibt, die nicht auf der einen Seite mit den größten Herrschern und auf der andern Seite mit dem Volke verwandt- schaftliche Berührungen haben."

„Bei näherer Betrachtung von Ahnenproben ergiebt sich so- gar, daß Fälle dieser Art so häufig sind, daß nicht nur auf ein ergiebiges Forschungsgebiet für Liebhaber von überraschenden Ab- sonderlichkeiten hingewiesen werden kann, vielmehr bietet sich hier Gelegenheit, Untersuchungen über den Aufbau der Geschlechter an- zustellen, welche weit lehrreicher sind, als die Nachforschungen nach Namensträgern in auf- oder absteigender Linie, Untersuchungen, welche ein allgemeines statistisches Interesse beanspruchen können."

Und weiter heißt es: „ . . . . so dürfte es wohl an der Zeit sein, sich mit menschlichen Stammbäumen zu beschäftigen, um über den Aufbau von Geschlechtern und der Menschheit überhaupt Er- fahrungen zu gewinnen, welche für die Wissenschaft weiter ver- wertet werden können."

„Daß dies mit Nutzen in der That geschehen kann," dies zeigte nun Baron du Prel in Wirklichkeit an einem Beispiele der interes- santesten Art, indem er die Ahnentafel des Reichsfreiherrn Joseph Maria von und zu Weichs, dessen Vater mit einer Reichsfreiin von Gumppenberg zu Pöttmeß vermählt war, untersuchte. Dieser selbst war mit Anna von Ingenheim vermählt und nimmt man die Ahnentafel der letztern hinzu so ergibt sich eine Verwandschaft dieses Weich'schen Geschlechts mit zahlreichen Fürstenhäusern der Euro- päischen Welt, denn da die Ingenheim auf die Hohenzollern und Habsburger zurückgehen und die mütterliche Abstammung der Habs- burger von den Karolingern durchaus wahrscheinlich ist, so ergibt die Ahnenforschung hier ein Resultat, welches manche von jenen gesellschaftlichen Systemen auf den Kopf stellen muß, die den Auf- bau der staatlichen Ordnungen von einer gleichsam bestimmt gegebenen Classen-, Rassen- oder Stände-Eintheilung versuchen. Die Weich'sche Ahnentafel beweist vielmehr eine Ständevermischung

der ungeahntesten Art, und mit Recht konnte du Prel seinen lehrreichen Aufsatz mit den Worten schließen: „wie solche Betrachtungen
geeignet sind, die Vorurtheile des Adels zu zerstören, so könnten
sie auch dazu dienen, die Vorurtheile gegen den Adel abzuschwächen."
Wird sich da die Bedeutung der Genealogie für die sogenannten
Gesellschafts-richtiger Staatswissenschaften noch länger läugnen
lassen?

Erinnert man sich der oben aufgestellten Ahnentafel des
Kaisers Wilhelm II. und seiner Geschwister, so zeigt dieselbe schon
von der neunten bis zehnten Generation an eine starke Neigung
zu dem weiten Kreise einfach freiherrlicher Geschlechter, und erhält
von der achten ab bereits erheblichen Zufluß von bürgerlichem
Blut. Wäre es möglich das letztere Ahnenmäßig zu verfolgen,
so würde sich wahrscheinlich zeigen, daß vor fünf und sechs Jahrhunderten die Ahnen des Kaisers aus niederen Adelsgeschlechtern,
vielleicht auch ganz unadeligen Kreisen zahlreicher waren als diejenigen, die auf Ebenbürtigkeit Anspruch erheben konnten.[1] Es
ist also ganz richtig was Freiherr du Prel gezeigt hat, daß von

---

[1] Unter den Familien des niederen Adels befinden sich auf der Ahnentafel die von Coldiz, Eisenberg, Frauburg, Gallenstein, Gandersdorf, Madruz,
Manderscheid, Plesse, Pernstein, Peck, Preising, Promniz u. v. a.; dazu kommen
die Vorfahren der d'Olreuse, der Zeutsch und der Katharina I. von Rußland.
Noch viel gemischter wird aber die Ahnentafel des heutigen Kronprinzen
des Deutschen Reichs und seiner Geschwister sein, indem diese in weite bürgerliche Kreise zurückgreift, und zwar wenn man die Abstammung nicht bloß von
der rechtlichen, sondern auch von der natürlichen Seite betrachtet, sogar in
nahen Generationen, da der Großvater der Kaiserin Auguste Victoria ein Sohn
der angeblichen Tochter Christians VII. und also vielmehr Struensees gewesen ist. Geht man alsdann in der Reihenfolge der mütterlichen Ahnen
noch weiter zurück, so sind die Grafen Danneskjold Samsöe seit dem Anfang
des 18. Jahrhunderts als Nachkommen des Grafen Christian, des natürlichen
Sohnes Christians V. wol zu voller Hälfte der Ahnen bürgerlicher Herkunft.
Die gleiche Vermischung von bürgerlichem und abligem Blut zeigt sich bekanntlich im badischen und anhaltischen Hause, und mit dem Fall d'Olbreuse
beginnt du Prel seinen ausgezeichneten Aufsatz, indem er die Ebenbürtigkeits-
schwärmer wiederum damit zu trösten weiß, daß er geistvoll und auf die
Meinung keines geringeren als Leibniz gestützt, zwar anerkennt, daß der von
der d'Olbreuse für 2000 Gulden besorgte Stammbaum den Spott der

Gesellschaftsklassen in dem Sinne, in welchem die Bevölkerungsstatistik zuweilen davon spricht, gar nicht die Rede sein sollte und
daß der Begriff des Ständewesens, sowie er auch nur entfernt
seiner zeitlich verstandenen politischen Grundlage entkleidet wird,
eine ethnologische Bedeutung gar nicht besitzt. Die Genealogie
lehrt vielmehr durch die Fülle von nachweisbaren Beispielen, daß
alles das, was man unter irgend ein allgemein giltiges sogenanntes
Entwicklungsgesetz in Bezug auf ständische Verhältnisse zu bringen
pflegt, nichts ist, als eine auf gewisse engbegrenzte Zeiträume
zugeschnittene Zufälligkeit. Thatsächlich ist aber immer unter den
Menschen eine vollständige Vermischung vorhanden gewesen, welche
in den Generationen auf und absteigt, wie die Wellen des Meeres.

Sieht man von der politischen durch zeitliche und staatliche
Gesetze gegebenen Stellung gewisser Bevölkerungskreise ab, die sich
aber als eine willkürliche und veränderliche Größe darstellt, so
könnte von Ständen in sozialem und ethnologischem Sinne nur
da geredet werden, wo Verweigerung jedes Conubiums vorhanden war
und also Kasteneinrichtungen des Orients bestanden haben. Welcher
ungemein große genealogische Unverstand demnach wohl darin
liegt, wenn man neuerdings sogar von einem „vierten Stand" zu
reden pflegt, einem Bevölkerungskreise, auf den niemals irgend ein
Merkmal besonderer politischer Rechte ruhte, oder anwendbar sein
wird, kann nur derjenige in seiner Bodenlosigkeit völlig beurtheilen,
der eine gewisse genealogische Art zu denken besitzt.

Würde die Anzahl der Ahnen, die eine Person besitzt, oder
besitzen müßte, lediglich nach der geometrischen Progression des
Ahnenproblems berechnet werden, so läßt sich leicht feststellen, daß

Prinzessinnen von Hannover und Orleans verdiente, aber doch immer- hin
die Möglichkeit einer Abstammung von Königen nicht ausschloß, wie denn
gerade viele französische Protestantenfamilien ganz unzweifelhaft recht hohe
Ahnen besaßen. Die in den früheren Zeiten verlangten Ahnenproben vgl. oben
II. c. 2 sind daher auf höchst vernünftigen Prinzipien aufgebaut gewesen, wenn
sie voraussetzten, daß alle Ebenbürtigkeitsfragen nur unter dem Gesichtspunkt
zeitlicher Grenzen d. h. also mit 16 oder höchstens 32 Ahnen einen genealogischen
Verstand haben. Was darüber hinausgeht, sind ethnologische, biologische
und statistische Fragen, die auf die Standschaft eines Menschen unmöglich Einfluß nehmen können.

jeder heute lebende Mensch ohne weiteres alle in Europa zu Kaiser
Karls des Großen Zeit vorhanden gewesenen Menschen als seine
Ahnen bezeichnen darf.

Die Zahl dieser Ahnen ließe sich für eine bestimmte Zeit
rückwärts in folgender Formel ausdrücken. Wenn man eine Generation durchschnittlich auf 35 Jahre berechnet und die Anzahl
der Generationen n ist, so ist $x = 2^n$ und die Zahl der Jahre, die
seit jener zu berechnenden Generation verflossen sind, $z = n \cdot 35$,
so hat man

$$x = 2^n = 2^{\frac{z}{35}}$$

$$\log x = \frac{z}{35} \log 2$$

$$z = \frac{35 \log x}{\log 2}$$

Aus dieser Formel ergibt sich die Menge der Ahnen eines
Individuums vor einer bestimmten Anzahl von Jahren. Anbei
ist indessen der Umstand vernachläsfigt, daß die Generation der
Frauen, die die Ahnentafel nachweist, zahlreicher sind, als die der
Männer und daß daher alle Durchschnittsberechnungen der Lebensdauer einer Generation sich nur auf die in direkter Linie aufsteigende Reihe der Väter eines Individuums beziehen können. Wie
hoch man aber auch den bei dieser Formel vorhandenen Rechnungsfehler anschlagen möchte, soviel ist gewiß, daß die Ahnenzahlen selbst in Zeiten, die durchaus innerhalb der uns durch
persönliche Ueberlieferungen bekannten Geschichte liegen, ganz außerordentliche Größen ersteigen werden. Vergleicht man mit denselben die Berechnungen, die aus manigfaltigsten Umständen und
aus mancherlei überlieferten statistischen Nachrichten über Bodenbesitz
oder über Heeresgrößen irgendwo über die Bevölkerungsverhältnisse der Vorzeit im allgemeinen angestellt werden konnten, so ergibt sich ein außerordentlich großer Ausfall bei dem Vergleich der
scheinbaren Anzahl der Ahnen und der thatsächlichen Bevölkerungs-
ziffern.

Daß England zur Zeit, als das Domsdaybook verfaßt wurde,
etwa zwei Millionen Einwohner gehabt hat, ist eine sehr wahrscheinliche Annahme; erwägt man dagegen die ungeheure Zahl

der Ahnen, auf die vor 900 Jahren jeder heutige Engländer Anspruch erheben dürfte falls er seiner Berechnung die geometrische
Progression zu Grunde legte, so müßte, wenn man sich auch
dächte, daß alle heute lebenden Engländer Geschwister wären, die
Bevölkerungsziffer im elften Jahrhundert doch immerhin schon
128 Millionen betragen haben. Man berechnet aber die Zahl
der auf der ganzen Erde englisch sprechenden Menschen heute nur
auf 100 Millionen[1]), während die in Europa lebenden Engländer
und Schotten zusammen nur 36300000 betragen. Aus dieser
Erwägung ergibt sich mithin die Thatsache, daß die heute lebenden Menschen, die vermöge ihrer Sprache, oder sonstiger gemeinsamer in persönlichen, oder gesellschaftlichen Umständen gegründeten
Eigenschaften auf eine gemeinschaftliche Abstammung schließen lassen
viel näher unter einander verwandt sein müssen, als man dies
gewöhnlich voraussetzt. Um diese nahe Verwandtschaft zu kennzeichnen, in welcher voraussichtlich eine gewisse Anzahl von Menschen, deren Vorfahren räumlich aneinandergeschlossen waren, nach
einer gewissen Zahl von Abstammungsreihen stehen wird wenn sie
nicht von außen her neuen Blutzufluß erhalten hat, wird man
folgenden Calcul machen müssen.

---

[1]) du Prel a. a. O. S. 421 berechnet die Zahl der Ahnen jedes Menschen
zur Zeit Karls des Großen 8 Milliarden bereits überschreitend. Dies ist nach
obiger Formel x = 2 $\frac{z}{36}$ wol zu viel gerechnet; aber ganz richtig ist seine Bemerkung: „Zur Zeit Karls des Großen waren die großen Wanderungen der
Völker aus dem Osten nach Europa längst zur Ruhe gekommen. So wenig als
wir die Ahnen eines Finländers im heutigen Mecklenburg oder am Tiber-
strande suchen können, so wenig können wir die Ahnen eines Berliner Geheim-
raths im damaligen Japan, oder in den Südseeinseln, oder bei den Zulus
suchen." Es ist außerordentlich erfreulich, daß du Prel das Ahnenproblem in
allen Consequenzen durchgedacht hat, denn man sieht zugleich daraus, daß die
so gewöhnliche Vorstellung von der Heimat der Völker auf einen geographisch
begrenzten Raum lediglich nur deshalb als etwas höchst natürliches und ein-
faches erscheint, weil man eben gewohnt ist die Stammtafel von oben nach
unten zu lesen und also von Adam anzufangen, während von unten nach oben
die Ahnentafel viel größere Schwierigkeiten verursacht, und viel größere Ausdehnung des Menschengeschlechts auf dem Erdenraum voraussetzt, als das
Paradies, wo man es auch immer hinverlegen möchte.

Man denke zum Beispiel, daß eine Anzahl von tausend Menschen auf einer Insel wohnte, auf welcher bis zu gegebener Zeit
eine fremde Einwanderung nicht stattgefunden hätte. Dann würde
nach Ablauf von etwas mehr als 300 Jahren diese oberste Ahnenreihe allen dort lebenden Bewohnern gemeinschaftlich sein müssen, selbst wenn eine Vermehrung der Einwohner nicht stattgefunden hätte, denn jeder der 1000 jetzt lebenden Bewohner würde
in der 10. Ahnenreihe 1024 Personen, nämlich 512 weibliche und
512 männliche Ahnen beanspruchen und es existirte mithin keine
Person auf dieser Insel, die nicht mit der anderen die gleichen
Väter und Mütter in der 10. Generation besäße. Würde nun
aber angenommen werden, daß unter jenen tausend Menschen viele
kinderlos waren, andere in ihren Nachkommen ausstarben, so
würde der Grad der Verwandtschaft der jetzt lebenden sich immer
mehr vergrößern, und wenn noch dazu etwa vorausgesetzt würde,
daß auf dieser Insel ein sehr starker Kindersegen geherrscht hätte,
so daß die fruchtbaren Ehepaare jeder Generation statt auf zwei
sie überlebende Kinder, durchschnittlich auf sechs und mehr bezif-
fert würden, die größere Zahl derselben aber unfruchtbar geblieben
wäre, so würde die wirkliche Zahl der Väter und Mütter der 10.
oberen Generation außerordentlich zusammenschmelzen und die Ver-
wandtschaftsnähe der jetzt Lebenden noch ungleich mehr wachsen.
Man könnte endlich dazu gelangen, daß die Anzahl der gemeinsamen Eltern bei dieser Berechnung so sehr verringert erscheint,
daß man von den heute lebenden 1000 Bewohnern der Insel
ohne weiteres behaupten dürfte, sie stehen alle untereinander in der
allerengsten Blutsverwandtschaft. Dabei käme zu erwägen, daß
zur Bildung einer so völlig untereinander verwandten Gesellschaft
höchstens ein Zeitraum von etwa 300—320 Jahren nötig gewesen
wäre. Beispiele so enger Verwandtschaften bieten sich nun aber
in den verschiedensten Gemeinwesen ohne alle Frage in Massen
dar. Gemeinden, die sich mitten unter fremdsprachigen ganz
andern Stämmen erhalten haben, wie Sette communi oder
die Gotscheer, oder die Sachsen in Siebenbürgen, die Walliser
in England können nur gedacht werden, indem man annimmt,
daß kaum einer darunter sich befindet, der nicht mit dem andern

zehn und hundertfach verwandt ist. In östlichen slavischen und
ungarischen Gebieten sind selbstverständlich alle deutschen Enklaven,
die schwäbischen Dörfer im Banat u. v. a. unter diesem Gesichtspunkt zu betrachten; sie stellen nicht bloß eine Spracheinheit sondern in erster Linie eine Blutseinheit dar. Denn Veränderungen
in Sprache und Sitte müßten viel durchgreifender bemerkbar sein,
wenn eine wirkliche Vermischung mit andern Volksgenossen stattgefunden hätte. Hieraus ergibt sich aber daß die nationale Frage
überall nur auf genealogischem Wege exakt zu erledigen sei. Man
wird zu erforschen haben, ob und welche Verheiratungen in einer
Gemeinde, in einem Staate zwischen angesessenen und eingewan-
derten Personen stattgefunden haben.

Nicht von geringerem Werth für die Bevölkerungsstatistik ist
dieselbe Beobachtung, wenn man sich der Thatsache erinnert, daß
die Hörigkeit der früheren Jahrhunderte nicht bloß eine äußerliche
Gebundenheit an die Scholle bedeutete, sondern auch zur Verheiratung mit unter gleicher Grundherrschaft stehenden Genossen des
andern Geschlechts zwang. In Folge dessen entstanden Verwandtschaften von ganz ungeahnter Verwicklung und Nähe gerade in
denjenigen Volkskreisen, von denen man gerne voraussetzt, daß in
ihnen gleichsam ein unerschöpfliches Material von gemischtem
Blut gefunden werden müßte. Der allgemeine und sehr vage
Begriff „Volk" pflegt auch in diesem Falle den Bevölkerungssta-
tistikern Schwierigkeiten zu bereiten, denn bei näherer genealogischer
Betrachtung zeigt sich, daß zwar im gesellschaftlichen Sinne dieser
Ausdruck eine große Masse ungleicher Bestandtheile bezeichnet,
aber in Wahrheit in Folge örtlichen Zusammenseins eine engbegrenzte Ahnenzahl umfassen muß, wodurch die Verwandtschaft der
nachkommenden Geschlechter höher und höher steigt. Wenn man
insbesondere auf den früheren geistlichen, Kirchen- und Kloster-
Gütern schon seit dem 13. und 14. Jahrhundert sorgfältige Ver-
zeichnisse der Kloster- und Stiftsleute findet, von denen man weiß,
daß sie nicht leicht Erlaubnis erhielten, sich nach außen zu ver-
heiraten, so bekommt man einen deutlichen Begriff davon, daß
das oben aufgestellte Rechenexempel von den hundert- und tausend-
mal untereinander verwandten tausend Einwohnern durchaus nicht

bloß auf die etwa in der Südsee von aller fremden Berührung
ausgeschlossene Insel passen, sondern von den meisten ländlichen
Orten in Europa gelten wird, die durch Jahrhunderte in einer
geschlossenen Gemeinschaft einer bestimmten Grundherrschaft angehörten.

Aufmerksamen Beobachtern pflegen die Anzeichen sehr enger
Familienverwandtschaften unter der an manchen Orten vorhandenen Bevölkerung oft genug deutlich aufzufallen. Der Land-
rath eines oberschlesischen Kreises machte die Bemerkung, daß an
einem gewissen, mitten in polnischer Gegend liegenden deutschen
Orte die Leute alle einander ähnlich sahen. Die jungen Leute
waren durchgehends schöne Bursche von großer Gestalt, so daß
die meisten davon zum wahren Vergnügen dieses Landraths jähr-
lich in die Garde gestellt werden konnten. Die Ahnenzahl dieser
Bevölkerung ist also nicht, wie man anzunehmen pflegt, eine aus
dem weiten Begriff des Volkes zu beurtheilende große, sondern
eine nach dem oben bezeichneten Rechenexempel zu erklärende sehr
geringe, wahrscheinlich minimale im Vergleiche zu dem mathematisch vorliegenden Problem; die Nähe der Verwandtschaften dieser
schönen Garderekruten war offenbar eine fast unheimlich große.
Würden diese Leute ihre Ahnentafeln mitzubringen in der Lage
sein, wie die adligen Offiziere ihrer Regimenter, so würde sich ohne
Frage beweisen lassen, daß es unter ihnen eine weit größere Zahl
naher Verwandter gibt, als unter den Fürsten des deutschen Reiches,
von denen man die Meinung zu haben pflegt, daß ihre gesammte
Art und Wesenheit durch die Ebenbürtigkeitsbegriffe einen vollständigen Unterschied gegenüber den Abstammungsverhältnissen anderer
Kreise der Bevölkerung herbeigeführt hätte; Die Fabel vom
blauen Blut kann von den Dorfbewohnern so gut wie vom Adel
gelten, wenn man die Verwandtschaftsfrage in Betracht zieht.

Würde die Bevölkerungsstatistik im großen auf Stammtafel
und Ahnentafel begründet werden können, wie dies bei dem Adel
und insbesondere bei dem hohen seit vielen Jahrhunderten möglich
ist, so würde sich zeigen daß die Abstammungsverhältnisse in fast
allen Classen der Bevölkerung unter ganz gleichen, oder doch sehr
ähnlichen Gesetzen stehen. Die Orte, wo man indessen das von

der großen Menge der Menschen leider so vernachlässigte Gebiet
der Genealogie einigermaßen nachzuholen im Stande wäre, sind
die Städte. Daß die Statistik durch Erforschung von Stamm-
und Ahnentafeln hier noch mancherlei Resultate gewinnen könnte,
ersieht man aus dem Buche von Hansen über die Bevölkerungsstufen und aus·den Arbeiten des Engländers Sadler, sowie Professor Hofackers und Dr. Göehlerts, worüber noch später gesprochen
werden soll.

Alles was in dieser Beziehung von dem Bevölkerungsstatistiker
zu erforschen und zu erklären sein wird, fällt unter den Begriff
des Ahnenverlustes, dessen Beobachtung sich, wie schon gezeigt
worden ist, in exakter Weise freilich nur auf dem Wege persönlicher Nachweise durchführen läßt. Da aber das Material zeitlich
so unendlich beschränkt und nur immer von einer verhältnismäßig
kleinen Zahl von Menschen zu beschaffen ist, so entsteht die Frage,
ob sich das Problem des Ahnenverlustes nach einem allgemeinen
Calcul nicht rechnerisch lösen ließe. Gehen wir hierbei von den
Ahnenverlusten aus, die wir auf Grund bestimmter persönlich nachweisbarer Ahnentafeln im früheren Abschnitt nachzuweisen im
Stande waren, so findet sich, daß die Ahnenverluste des Kaisers
Wilhelm in den ersten oberen Reihen mit 4, 8, 14, 24, 44 Ahnen
keineswegs als starke und ungewöhnliche Beispiele gelten dürfen.
Nicht wenige Fälle wurden nachgewiesen, wo sich die aufsteigende
Reihe auf 4, 6, 10, 18, 28· 32 u. dgl. Ziffern vermindert.

Wenn wir nun an der Hand dieser nachweisbaren Thatsachen
eine Linie construiren würden die neben der mathematisch geordneten Linie von 2^n die Ahnenverluste einer größern Zahl von
Personen durchschnittlich zur Darstellung brächte, so ergäbe sich
eine Curve, die sich immer mehr und mehr von der gerade aufsteigenden mathematischen Linie entfernte. Die Frage wäre nur,
ob man auf diese Weise an einen Punkt käme — wo die Curve
umzukehren vermöchte und die Zahl der Ahnen sich demnach wieder
zu vermindern beginnen müßte. Wäre ein solcher Punkt gefunden,
so wäre die Annahme nicht ausgeschlossen, daß man endlich zu
einer sehr geringen Zahl von Ahnen oder gar zu Adam und Eva
zurückkommen könnte. Ein solches Resultat entspräche dann

den gewöhnlich herrschenden Descendenzvorstellungen so sehr, daß man sich gern mit dieser wenn auch wegen der vielen thatsächlichen Zufälligkeiten mathematisch wie es scheint, nicht berechenbaren Zahlenreihe befreunden würde; allein die Rückbiegung der construirten Curve, wäre doch nur unter der Voraussetzung denkbar, daß sich die Zahl der Nachkommen jedes der in den obersten Generationen stehenden Paares stets in dem gleichen Verhältnis vermehrt haben müßte, in welchem die Ahnenzahl sich vermindert hätte. Um aber die in den untern Generationen nachgewiesenen Vermehrungen, die trotz aller selbst der größtmöglichen Ahnenverluste immer noch sehr beträchtlich sind, auszugleichen, müßte nicht nur angenommen werden, daß durch eine sehr lange Reihe von Generationen hindurch die Kinder eines Paares viel zahlreicher gewesen sind, als dies nach menschlichen Naturgesetzen möglich, sondern diese müßten auch, um einen Ersatz zu geben für die in frühern Generationen verdoppelten Ahnen, stets nur unter einander geheiratet haben. Auf diese Weise käme man ja vielleicht zu einer Rückbiegung der construirten Ahnenreihe, aber die Erfahrung, daß ein Menschenpaar immer nur eine verhältnismäßig sehr kleine Anzahl Kinder haben kann, und diese Zahl vermöge der Natur des menschlichen Weibes immer beschränkt gewesen ist, würde ein für allemale den Gedanken ausschließen, daß das Ahnenproblem jemals zur Abstammung von einem Paare der heute bekannten Spezies von Menschen führen könnte. Ebensowenig Anspruch haben dann aber die liebenswürdigen Genealogieen, welche jedem Volke einen besondern Stammvater ertheilen, auf irgend welche Glaubwürdigkeit. Die „Hellen" und die „Teut" und Abraham und wie sie alle heißen sind daher nur Phantasiegebilde, die einem realen genealogischen Denken nicht Stich halten können. Ob dagegen der Stammvater in Gestalt irgend einer Urzelle aus dem Ahnenproblem hervorgeht, ist zu untersuchen natürlich nicht des Amtes der Genealogie der Menschen.[1]

[1] Ich weiß recht gut, daß bei den laichenden Fischen das Ahnenproblem sehr viel einfacher liegt, und daß man in diesem Falle in größter Geschwindigkeit zu dem Stammvater eines Fischteiches und wol auch zu irgend einem der

21*

Bleibt man dagegen bei den Erfahrungen die sich aus der thatsächlich untersuchten Ahnentafel ergeben, so muß bemerkt werden, daß sich die Ahnenverluste des hohen Adels in den neuern Zeiten immerhin sehr zu vermehren scheinen und daß diese Tafeln notwendig mit denjenigen vieler unterer Bevölkerungskreise verglichen werden müßten, wenn man zu wertvollen Durchschnittszahlen kommen wollte. Geht man jedoch auf Ahnenproben anderer auch nur wenig tiefer stehender Stände in den vergangenen Jahrhunderten ein so besitzt man eine so große Zahl davon in den Werken von Spener, und vielen andern,[1]) daß man sich ein ohngefähres Bild machen kann, wenn dasselbe auch auf gar keine mathematische Sicherheit Anspruch erheben dürfte. Indessen sehe ich mich doch zu der ausdrücklichen Erklärung veranlaßt, daß ich viele hunderte von Ahnentafeln kenne, die die 16 Ahnen ganz vollzählig haben, und daß auch 32 zu den ziemlich Regelrechten Erscheinungen gehören. Erst die 64 lassen sich als etwas seltenes behaupten und es beginnen auch thatsächlich die größeren Ahnenverluste, soweit gedrucktes Material vorliegt, allemal bei 64 Ahnen. Selbstverständlich müssen sie sich dann in diesen obern Generationen desto stärker vermehren, bis sie zu einer Grenze gelangen, wo sich wahrscheinlich ein gewisses mittleres constantes Verhältnis ergeben wird. Wir werden von dieser Betrachtung in dem Theile unserer Untersuchungen wichtigen Gebrauch zu machen haben, der von der Vererbung handelt. Hier mag noch die nachweisbare Abstammungs-

unendlich vielen Spezies gelangen kann. Es wird hier nur hervorgehoben, daß die Sache mit den menschlichen Ahnen verwickelter ist und für die historisch wahrnembaren Zeiten ganz besondere Resultate ergibt, die mit keinerlei thierischer Genealogie zusammenfallen.

[1]) Von den älteren habe ich Salver, Ahnenproben und Seuffert neben Spener in der Richtung der Ahnenverluste durchgesehen, es kann sich hier nur um eine ohngefähre Feststellung handeln. Treffliche Auskunft über Ahnenproben wird man bei Redopil, Deutsche Adelsproben aus dem deutschen Ordens-Central-Archiv Wien 1868 finden. Von älteren ist auch Hörschelmann, Sammlung zuverlässiger Stamm- und Ahnentafeln, wobei die Attestierungen durch Zeugen nicht fehlen, beachtenswerth. Nun ist vom Freiherrn du Prel auf die in München liegenden handschriftlichen Ahnenproben des Georgi-Ritterordens aufmerksam gemacht worden, und wie mir derselbe schreibt, seien dieselben mit urkundlichen Beweisen reichlich ausgestattet. Vgl. oben S. 212.

reihe einer Familie in Betracht gezogen werden, aus welcher sich
eine historisch sicher gestellte Vorstellung von den stärksten Ahnenverlusten gewinnen läßt, die überhaupt seit 3000 Jahren vorgekommen sein dürften. Dazu bietet die Ahnentafel der Ptolemäer
Gelegenheit. Wir haben sie in dem vorigen Abschnitt unter den
Beispielen des Ahnenverlustes nicht angeführt, weil dort nur ganz
sichere Ueberlieferungen sprechen sollten, die Genealogie der ägyptischen Könige aber zum Theil doch nur auf Combinationen und
Vermutungen beruht. Dennoch wird sie denen zu denken geben,
die sich von der Stammelternvorstellung, sei es im nationalen oder
menschlichen Sinne nur ungern trennen mögen.

Blicken wir nun auf die, wenn auch etwas unsichere genealogische
Geschichte der Ptolemäer, so findet man hier Verwandtenehen vierten
und zweiten Grades seit den Zeiten des Sohnes des berühmten
Feldherrn unter dessen Nachkommen als die fast ausschließliche
Regel. Innerhalb dieser acht Generationen bis auf die Königin
Kleopatra waren aber dennoch auch einige außerhalb der Familie
stehende Ehen, sei es in legitimer oder illegitimer Art vorgekommen
und auch diese wenigen reichten hin, die Zahl der Ahnen von
unten nach oben sofort in recht erheblicher Art zu erhöhen, denn
wenn man annimmt, daß die nicht zur Familie der Ptolemäer
gehörigen Mütter jedesmal nur in einigen Generationen die regelrechte Ahnenzahl besessen haben werden, so ergibt sich hieraus der
folgendermaßen zu berechnende Zuwachs: Die Eltern der berühmten
Kleopatra scheinen Halbgeschwister gewesen zu sein, weil bestimmt
berichtet wird, daß Ptolemäus Auletes ein natürlicher Sohn des
Lathyros gewesen ist; demnach hatte Kleopatra drei Großeltern,
statt vier. Obwohl nun in allen folgenden oberen Generationen
nahezu lauter Geschwisterheiraten, eine Heirat von Geschwisterkindern
und nur zwei mit fremden Frauen zu verzeichnen waren, so ergab
sich dennoch in der achten oberen Generation noch eine Anzahl von
76 Ahnen für jene Kleopatra, die das Ptolemäergeschlecht so tra-
gisch abschloß; das bedeutet ein Verhältnis von 76 : 256 oder
einen Ahnenverlust von 180. Bedenkt man nun aber, daß stärkere
Anwendung von Verwandtenehen, als bei den Ptolemäern, vermöge
der begrenzten Fruchtbarkeit der Geschlechter in menschlicher Ge-

sellschaft, nie vorgekommensein wird, so ergibt sich daraus der Schluß, daß in den obersten denkbaren Ahnenreihen der Menschen selbst nach den größtmöglichsten Ahnenverlusten doch immer neue Blut-Mischungen zwischen unter sich verwandten und fremden Familienkreisen stattgefunden haben müssen. Es wird daher gestattet sein anzunehmen, daß aller Ahnenverlust Grenzen habe, bei denen angelangt neue Mischungsverhältnisse und dadurch wieder eine neue Verbreiterung der Ahnenreihen eingetreten sein werden. Die römische Erzählung von dem Raube der Sabinerinnen stellt in sagenhafter Form den Zustand dar, wo eine in sich zusammengeschmolzene Bevölkerung durch Aufnahme ganz neuer in gar keiner Verwandtschaft stehender Familien zu ehelicher Gemeinschaft den Nachkommen wiederum eine neue und dann gleich sehr erhebliche Anzahl von Ahnen herbeibringt, oder was dasselbe sagen würde, den stetig zunehmenden Ahnenverlust beseitigt.

Zunahme und Abnahme des Ahnenverlustes bestimmen den gesellschaftlichen Aufbau nach fast allen Seiten menschlichen Daseins: Nationale und sprachliche, Familien- und Verwandtschafts-Verhältnisse sind darauf begründet.[1] Es ist sehr erklärlich, daß sich daher die Gesetzgebungen aller ihrer selbst sich bewußt werdenden Völker bemühen Institutionen zu schaffen, durch welche Zu- und Abnahme der Ahnenverluste gleichsam unbewußt geregelt werden. Betrachtet man die Einrichtungen, durch welche die Ahnenreihen vergrößert, oder verkleinert zu werden vermögen, so läßt sich etwa folgende Tabelle aufstellen:

I. Ahnenverluste werden befördert (Ahnenzahl verringert) durch:	II. Ahnenverluste werden verringert. (Ahnenzahl vermehrt) durch:
a) Ebenbürtigkeitsgesetze und Ständegliederungen (Kastenwesen).	a) Ständegleichheit. (Beseitigung der Ehebeschränkungen zwisch. Ständen).
b) Beschränktes Conubium.	b) Freigegebenes Conubium.
c) Verwandtschaftsehen. (Zahlreich gewährte Ehedispense.)	c) Ausgedehnte Ehehindernisse (Princip d. christl. und besonders katholisch. Kirchenrechts).

[1] Von den biologischen Folgen hiervon zunächst ganz abgesehen; hiemit beschäftigt sich der nächste Theil.

d) Seßhaftigkeit, Unbeweglichkeit der Bevölkerung. (Hörigkeit).

d) Freizügigkeit.

e) Enge Staatsgrenzen, genau gewahrte Staatsangehörigkeit. (Schwer zu erlangende Staatsbürgerschaft).

e) Freies Auswanderungs- und Einwanderungsrecht.

f) Starkes Nationalbewußtsein, Religionsbekenntniß, Rassenhaß.

f) Völker und Stammesvermischung Rassenmischung.

Wenn man unter den eben dargelegten Voraussetzungen den Aufbau der historischen Gesellschaft betrachtet, so ist ohne weiteres zuzugestehen, daß die Leute, die man mit dem heute sinnlos gewordenen Namen der unteren Stände bezeichnet im allgemeinen wahrscheinlich ahnenreichere Individuen sein dürften, als die der sogenannten oberen und obersten. Indessen bedarf es auch hier gewisser Unterscheidungen, und es wäre zweckmäßig den Ausdruck Stände ganz zu vermeiden, nachdem schon du Prel die Unmöglichkeit gelehrt hat im Hinblick auf den Gesellschaftsbau genealogisch getrennte Gruppen festzuhalten. Stellen wir uns dagegen auf den historischen Standpunkt der ehemaligen ständischen Eintheilungen, so ist ohne Frage anzunehmen, daß es der dritte Stand sein dürfte, der im ganzen den größten Ahnenreichthum gehabt haben wird, weil in den Städten wenigstens seit dem 13. und 14. Jahrhundert jedenfalls am meisten Freizügigkeit geherrscht hat. Hiefür besitzen wir einen höchst characteristischen Ausspruch des bekannten Satirikers Seifried Helbling, der die Leute seiner Zeit Elsterfarbig genannt hat, weil, wie er versichert, kaum noch jemand existirte, der vier Ahnen aus seinem eigenen Stande, und damit die Zugehörigkeit zu demselben nachweisen könne. Die Mischung zwischen den Ständen hat natürlich die Ahnenzahl der Elsterfarbigen des Seifried Helbling eben sehr vermehrt, aber die Ehen wurden doch auch damals nur zwischen Bürgern und freien Bauern geschlossen, wohl auch zwischen Bauern und niederem Adel; und auf diese stolzen Bauern hat es unser Satiriker besonders abgesehen. Würde man dabei an Leute denken, die man heute unpassender Weise den vierten Stand nennt, so würde die Behauptung des Ahnenreichthums auf denselben schon nicht mehr passen, denn diese Classe der Bevölkerung bestand

ſeit vielen Jahrhunderten bis zu unſeren Tagen aus Unfreien,
oder wenigſtens an die Scholle gebundenen Perſonen und dieſe
hatten thatſächlich wenige Ahnen, wie oben gezeigt worden
iſt. Wenn mithin das natürliche Uebergewicht der oberen Stände
dadurch erklärt werden ſollte, daß bei ihnen eine ſtarke Auslese
ſtattgefunden hätte, ſo würde ſich dasſelbe von den unterſten
Ständen ebenfalls behaupten laſſen, während derjenige Stand, der
der arbeitstüchtigſte geweſen iſt, der ſogenannte dritte Stand,
am wenigſten der Zuchtwahl unterworfen war, weil er ſicherlich
am meiſten Ahnen hatte!

Man ſieht, daß die Geſellſchaftstheorieen, welche ſich allzuſehr
und allzumechaniſch an die dürftigen Kategorieen der Descendenzlehre halten, in die Gefahr gerathen, erhebliche Fehlſchlüſſe zu
machen. Die Stammtafel iſt überall eben nur die eine Seite
genealogiſcher Betrachtung, da man aber den Geſellſchaftszuſtand
aus der Vergangenheit erklären muß, ſo iſt die Ahnentafel faſt
wichtiger, als die Descendenzbetrachtung, die immer nur etwas
einſeitiges iſt. Es mag geſtattet ſein, wenn es auch nicht entfernt
beabſichtigt iſt den in der modernen Geſellſchaftswiſſenſchaftlichen
Forſchung erworbenen Verdienſten nahe zu treten, doch eine Anzahl Sätze zu beſprechen, die in dem ſonſt ſo geiſtvoll geſchriebenen
Buche von Ammons aus der Vernachläſſigung des Ahnenproblems
entſtanden zu ſein ſcheinen.

Der Verfaſſer denkt ſich, daß die ſogenannten höhern Stände
durch das fortwährende Nachrücken der untern Stände, von denen
er ſchlechtweg annimmt, daß ſie auch percentual die an Kindern
zahlreicheren wären, immer neu und von friſchem gebildet werden;
aber dieſe ſcheinbar einleuchtende Erklärung iſt viel zu allgemein
und im einzelnen nicht genealogiſch nachgewieſen. Der Verfaſſer
wird mit uns darin übereinſtimmen, daß hier eine Aufgabe der
Genealogie liegt, die erſt aufgenommen werden müßte. Aber jetzt
ſchon kann man ſagen, daß die Vorſtellung vom Ausſterben der
Geſchlechter eine der zweifelhafteſten iſt. Der Gegenſtand ſoll in
einem ſpätern Capitel noch genauer erwogen werden, hier genügt
es auf die Ausführungen des Freiherrn du Prel hinzuweiſen.
In der That dürfen wir überzeugt ſein, daß die allerwenigſten

Geschlechter ausgestorben sind. Daß zahllose Karolingische Nachkommen heute noch unter uns existieren, ist unzweifelhaft. An
dieser Stelle genügt es ja darauf hinzuweisen, daß schon vermöge
der großen Bevölkerungsvermehrung in historischen Zeiten der Satz
umgedreht werden muß, und weil solchergestalt der Ahnenverlust
der heute Lebenden, wie wir sattsam gezeigt haben, ein ungemein
großer gewesen ist, so gilt für jedes vor 1000 Jahren vorhandene
Ehepaar die wahrscheinliche Annahme daß seine Nachkommen
noch leben. Die größere Menge der vor tausend Jahren vorhandenen Kinderzeugenden Ehepaare — hier kann nicht der
mindeste Zweifel sein — sind Ahnen der jetztlebenden Menschen, wenn
auch ein gewisser, sicher aber sehr kleiner Perzentsatz ohne Nachkommen geblieben war. Es ist also richtiger zu vermuten, daß
ein Aussterben von Ständen überhaupt nicht stattfindet, als das
Gegentheil. Es bleibt daher vorläufig noch eine offene Frage,
ob die Ständebildung ein biologischer Vorgang sei, oder nicht.
Zunächst spricht die Wahrscheinlichkeit dafür, daß biologische Thatsachen hier nur wenig und politisch gesetzgeberische stets vorwiegend
maßgebend waren.

Was man einzig und allein behaupten kann, ist die Wahrnehmung, daß sich durch sehr starke Mischungsverhältnisse, also
durch große Ahnenvermehrung der einzelnen Individuen der
Gesellschaftszustand wesentlich verändert. Führt man diesen Gedanken an der Hand der vorhin aufgestellten Uebersicht in seinen
Consequenzen durch, so leuchtet der Zusammenhang dieser Dinge
um so klarer ein, als es für jeden solchen Mischungsfall nicht an
nachweisbaren historischen Beispielen fehlen wird. Man denke also:

A) Alle Geschichte zeigt in ihrem Ursprung die Ahnen der
heute lebenden Menschheit in einer unbekannten, unzähligen und
mathematisch wie es scheint unberechenbaren Anzahl in sehr viele
von einander gesonderte und sich sondernde Gruppen getheilt:
Rassen, Völker, Stämme, Familien, Staaten, Kasten, Stände, Gemeinden, Genossenschaften u. s. w. Hiedurch erhalten sich nicht
nur die bei den Nachkommen entstandenen Ahnenverluste, sondern
vermehren sich auch, wodurch die Gleichartigkeit der Individuen
jeder Menschengruppe erhalten und vergrößert worden ist. Hie-

rauf beruht das in den Gesellschaftskreisen bestehende Ebenbürtigkeitsprinzip. Dieses bestimmt die Zeugungen und Abstammungen
und bewirkt eine stetige Vermehrung von Ahnenverlusten. Nun
wird in einem und dem andern Kreise das Ebenbürtigkeitsprinzip
verlassen und eine Mischung findet statt. In Folge dessen ändert
sich der gesellschaftliche und verfassungsmäßige Zustand wesentlich.
Im staatlichen Leben der politisch entwickelten Völker nennt man
solche Uebergänge Katastrophen und Revolutionen. Eine Gesell-
schaftsklasse hebt entweder selbst oder wird gezwungen ihre Ebenbürtigkeitsgrundsätze aufzuheben. Die Priesterkaste, die Kriegerkaste verschwindet. In Rom wird dieser Zustand mit besonders
klarer Wirkung für die gesellschaftlichen und staatlichen Zustände
durch Aufhebung des ausschließlichen Conubiums der patrizischen
Geschlechter erreicht. Plebejische und patrizische Ahnen erscheinen
von nun an auf denselben Tafeln in denselben obersten Ahnenreihen. Ein Cornelier, der sonst statt 32 mit üblichem Ahnenverlust 24—28 patrizische Ahnen gezählt haben wird, erhielt nun
mit einem male zur Hälfte plebejische Ahnen, und außerdem
wahrscheinlich die Mehrzahl von letzterer Sorte, denn der Ahnenverlust war voraussichtlich bei den Plebejern viel geringer, während
er in den letzten Zeiten bei den Patriziern sehr groß geworden
war. So konnte es zwar kommen, daß der Cornelier nunmehr
seinen Ahnenstand vermehrt hat, aber die größere Hälfte davon
war plebeisch. Es lassen sich hieran biologische und politische
Betrachtungen schließen. Die letzteren, die uns an dieser Stelle
beschäftigen sollen, sind eingreifend genug: Das patrizisch-ständische
Interesse wird verringert, die größere Masse der plebeischen Verwandten zieht nach links, die ausschließliche Aemterfähigkeit des
Adels wird unhaltbar. Die Ehe ist gemischt, das Consulat desgleichen; ein neuer Adel bildet sich, er kann aber nicht mehr auf
der vollsten Ausnützung des Ebenbürtigkeitsprinzips beruhen, nicht
mehr die gleiche Standschaft der 16, 32, 64 Ahnen zur Grundlage haben, sondern muß sich auf anderweitigen Machtproducten
auferbauen. Der Patriziat wird zum Optimatenthum. Doch
wäre es sehr falsch, wenn man nun gleich annehmen würde, das
Ebenbürtigkeitsprinzip sei ein für allemale gestürzt worden und

unwiederbringlich verloren gewesen. Noch gilt in voller Stärke der Grundsatz: civis Romanus sum; und er hat im demokratischen Rom sich nur verstärkt; Das Bürgerrecht wird auf ganz Italien ausgedehnt werden, aber noch sorgt der strenge Begriff des nationalen Römerthums für Ebenbürtigkeit und Ahnenverluste.

Die große Auflösung des politischen und gesellschaftlichen alten Roms erfolgt erst mit der sogenannten Völkerwanderung.

B) Die vergrößerte Ahnentafel wird gesellschaftlich und politisch bedenklich. Der Limes ist geöffnet worden. Eine Art Freizügigkeit der Völker ist eingetreten, auch die Staatsreligion schützt das Ebenbürtigkeitprinzip nicht mehr; Culte aller Art bewirken keine Ehehindernisse; die Ahnenzahlen wachsen, die Fluth steigt. Gothen und Langobarden sind die Ahnen römischer Kinder und Bürger. Und diese Barbaren von denen der Begriff des Sklaven einstens untrennbar schien, versuchen den Staat zu beherrschen und als eine Art von neuer Kriegerkaste Recht und Eigenthum, Ehe und Familie auf neue Grundlagen zu stellen.

Man weiß, wie es gegangen ist. In der Lebensgeschichte des edlen Missionars Severinus wird erzählt, wie die römischen Familien landflüchtig ihre Laren, man könnte sagen ihre Ahnentafeln nach Italien zurücktrugen und Auswanderer wurden im eigenen Lande; die indessen noch zahllos zurückgebliebenen Römer hatten das zweifelhafte Glück ihre Ahnen um Millionen zu vermehren, aber ihre Städte gingen unter und in Lorch, Vindobona und Juvavum wird kein Latein mehr gesprochen und kein Rechtsgelehrter Prätor hält in römischer Toga sein Gericht ab!

Völker- und Stammesmischung ist die Grundlage der großen Revolutionen auf gesellschaftlichen und staatlichen Gebieten. Man darf daraus den Schluß ziehen, daß es gewisse Grenzen gebe, wo Ahnenvermehrung schädlich und auflösend für Staat und Gesellschaft zu werden droht. Zunahme der Ahnenverluste dagegen als ein rettendes Moment der Verbesserung der Staats- und Gesellschaftzustände erscheinen müßte. Dieses Ergebnis der Betrachtung der Ahnentafel der Menschheit lastet wie ein Schwergewicht und Hemmschuh auf den Ideen des gesellschaftlichen und staatlichen

Fortschritts, wie er von manchen Theorieen verstanden zu werden
pflegt. Auch die modernsten Gesellschaftsconstructionen, welche
vielleicht mit etwas zu großer Bereitwilligkeit aus der Descendenzlehre, oder wie wir uns genealogisch ausdrücken aus der Stammtafel heraus versucht worden sind, scheinen die Thatsachen gegebener,
ein für allemale feststehender Ahnenreihen zu unterschätzen und in
Folge dessen vielleicht den von einigen naturwissenschaftlichen
Systematikern vertretenen Ansichten von den im ewigen Fluß befindlichen Variabilitäten eine zu große Bedeutung, wenigstens für
die Gesellschafts- und Staatszustände, beizumessen. Der geschichtlich
feststehende Umstand, daß ungeheure Ahnenreihen jedenfalls schon
zu einer Zeit vorhanden waren, wo das geschichtliche und bewußte
Leben der Gesellschaft noch in streng gesonderten Gruppen stattfand, muß die Anwendbarkeit biologischer Entwicklungsvorstellungen
auf den gesellschaftlichen Aufbau etwas bedenklich erscheinen lassen,
denn diese Ahnenreihen sind im wesentlichen dieselben Individuen,
wie ihre Nachkommen, und diese wiederum lediglich Erbschaftsmasse
von jenen. Wollte man da der Variabilität eine so große Bedeutung beimessen, wie dies etwa von Otto Ammon und manchen
anderen geschieht, so wäre zu verlangen, daß diese Veränderungen
an genealogisch zu untersuchenden Descendenzreihen erst nachgewiesen worden wären; allerdings eine Aufgabe der sich die wissenschaftliche Genealogie unterziehen kann und muß.

C) Wenn sich indessen auch nicht läugnen läßt, daß die in
der Geschichte sich immer von neuem vollziehende Beseitigung der
Ebenbürtigkeitsschranken auf die Zustände der Gesellschaft großen
Einfluß nimmt, so darf man doch nicht verkennen, daß man unter
dem Gesichtspunkt der allgemeinen Menschheit betrachtet, selbst in
den weitest bekannten Ahnenvermehrungen doch immer noch gewisse
ganz gewaltige Begrenzungen der Mischungsverhältnisse vorfindet.
Man kann die geschilderten Staats-, Kasten- und Ständeeinrichtungen,
die Stammes- und Volksgegensätze, wie sie sich in unsern geschichtlichen Verhältnissen zeigen, als eine Art von Ehehindernissen ansehen, welche verschoben und bald erschwert und bald erleichtert
werden können, aber in allen diesen geschichtlich beobachteten
Mischungen ist immer noch ein großes erhaltendes Prinzip von

Ebenbürtigkeit bemerkbar. Vergleicht man damit die Möglichkeit
einer Ahnenvermehrung, die sich ergeben müßte, wenn in jeder
Generation neue Rassenkreuzungen eingeleitet würden, so erhellt
leicht, daß man sich innerhalb des indoeuropäischen Sprachstammes
immer noch unter sehr nahen Verwandten befände.   Die Folgen
der dauernden und systematischen Kreuzung aller Rassen wären aber
für die Gesellschaft, den Staat und die Weltordnung von unab-
sehbaren Folgen. Kein Verstand und keine Phantasie der Kenner
staatlicher Einrichtungen ist groß und lebhaft genug, um sich den
Zustand auszudenken, der aus einer vollständigen Verschmelzung
der Menschenarten entstehen und für die gesellschaftlichen Verhältnisse maßgebend würde. Biologisch würden sich Vererbungsverhältnisse aus diesen Ahnenschaften ergeben, die sich genealogisch
weder fassen, noch auch durch Analogieen bekannter Thatsachen erklären ließen. Es gibt gewisse sozialistische Schwärmereien, die
den Begriff des Weltbürgerthums in den Entwicklungstraum der
Gesellschaft ohne rechte Vorstellung der genealogischen Consequenzen
eingefügt haben. Man denke sich über die heute in Europa lebende
Bevölkerung eine gleiche Bevölkerungsschicht von gelber, dann von
schwarzer, dann von brauner und rother Rasse gelegt; dadurch
würden die Ahnen jedes einzelnen unendlich vermehrt worden sein,
aber, wenn auch eine Erfahrung hierüber nicht vorliegt, so läßt
sich doch mit großer Wahrscheinlichkeit sagen, daß eine Aehnlichkeit der nachkommenden Geschlechter ebenso wenig wie ihrer, gesellschaftlichen Einrichtungen mit den heutigen Menschen und ihren
Staaten noch erkennbar wäre. Und wenn es dahingekommen sein
würde, daß Beispielsweise jeder Engländer eine gleiche Anzahl
seiner Ahnen unter den Engländern und unter den Negern zu
suchen hätte, so würde der Zustand da sein, wo nach der bekannten
Vision Macaulays der letzte des weltbeherrschenden Volkes auf den
zerstörten Bogen von London Bridge, wie Marius auf den Trümmern
von Karthago säße, in einer Welt von farbigen Menschen.

Viele meinen es könnte auf diesem Wege erreicht werden, was
man Verbesserung und Fortschritt zu nennen pflegt, aber wenn
für die schwarze Rasse dadurch bessere Zustände geschaffen worden
wären, so könnte man doch nicht behaupten, daß dies auch für

die weiße gälte. Vielmehr hätte diese ihren Zuwachs an Ahnen
mit der Kultur bezahlt, die sie in ihrer auf der Ebenbürtigkeit des
englischen Bluts erstandenen Gesellschaft aufgerichtet hat. Faßt
man unter diesem Gesichtspunkte die Frage der Rassenmischung zusammen, so wird es wohl begreiflich, daß der Verlauf der bekannten mehrtausendjährigen Geschichte von solchen weltbürgerlichen
Absichten nicht das mindeste erkennen läßt, vielmehr eher eine Zunahme, wie Abnahme des Rassenhasses sich bemerkbar macht. Wir
haben die Abschaffung der schwarzen Sklaverei erlebt und Amerika
hat seinen großen Krieg um die Befreiung der schwarzen Rasse
geführt, aber es freut sich der Verminderung dieser Rasse mit jedem
Jahre und in dem Eisenbahnwaggon sind schwarz und weiß getrennt geblieben wie in der Ehe auch. Es leckert keinen, seinen
Nachkommen durch Negerfrauen die Ahnenmasse zu vergrößern.

Und damit dürfte man sich der Lösung des Ahnenräthsels doch
einigermaßen in ethnologischer Beziehung genähert haben. Es gibt
ein in der Menschennatur begründetes Bestreben die Ahnenmasse
zu verringern. Das Gesetz der Attraction des Gleichartigen und
ebenbürtigsten wird zuweilen in kleinerem Spielraum verlassen und
beseitigt, aber es ist im ganzen unausrottbar; denn die Liebe ge-
deiht am meisten bei Ahnenverlust und Ebenbürtigkeit.[1]

---

[1] Ueber den hieraus entspringenden Begriff der Inzucht vgl. den biologischen Teil.

Dritter Theil.

Fortpflanzung und Vererbung.

Probleme.

Erstes Capitel.

—

Vater, Mutter und Kinder.

Die Genealogie beschäftigt sich mit Thatsachen, deren physiologische Grundlagen niemals von irgend einem denkenden Menschen verkannt worden sind. Welches Glaubens und welcher religiöser Vorstellungen auch Beobachter und Erklärer des Daseins und der Fortpflanzung der Menschheit gewesen sein mochten, darüber hat nie ein Zweifel bestanden, daß auf einer bedeutenden Strecke des Weges die Vorgänge der thierischen und menschlichen Welt sich vollkommen decken. Es dürfte daher wohl nicht unter wissenschaftlich erfahrenen Männern davon die Rede sein, daß unsere genealogische Forschung erst durch die modernen Naturwissenschaften auf einen Standpunkt zu setzen gewesen wären, der in der Erkenntnis der natürlichen Vorgänge des Lebens überhaupt die erste und wichtigste Voraussetzung der Genealogie erkennt. Nur davon kann gesprochen werden, daß der hohe, durch seine Methoden zu ungeahnten Ergebnissen gelangte Stand der heutigen Naturwissenschaft auch für die genealogische Forschung einen ganz anderen Grad der Sicherheit und des Verständnisses möglich macht, als dies in einer früheren Zeit menschlicher Beobachtungen möglich gewesen wäre.

Indessen darf man wohl sagen, daß die Probleme des natürlichen Vorgangs aller Abstammung schon seit tausenden von Jahren in ihrem Zusammenhange mit den gesammten Erscheinungen der Biologie griechischen Denkern und allen, die auf ihrer Philosophie fußten, bekannt waren. Wenn man heute auf die bewunderswerthen Resultate naturwissenschaftlicher Beobachtung blickt, so

Lorenz, Genealogie.

muß man vielmehr erstaunt sein, wie sehr sich die Gedankenarbeit
der alten Denker auch im einzelnen denselben nähert. Als ich vor
kurzem einem Kenner[1]) des Aristoteles die Aufgaben der heutigen
Genealogie insbesondere nach diesen Seiten hin darzulegen suchte,
machte mich derselbe sofort auf die merkwürdige Stelle in der Rhetorik aufmerksam, wo es heißt: „Das adlige gilt aber hinsichtlich der Tüchtigkeit des Geschlechts, edel wegen des Nichtheraus-
tretens aus der (seiner) Natur, was gewöhnlich bei den Abligen
nicht stattfindet, während die Masse minderwertig ist. Denn es
gibt einen Fruchtertrag bei den Geschlechtern der Männer, wie bei
dem, was auf dem Felde wächst, und bisweilen wenn das Geschlecht gut ist, entstehen eine gewisse Zeit hindurch hervorragende
Männer, und dann läßt es wieder nach. Es sinken aber die talent-
vollen Geschlechter zu überspannter Gemütsart, wie die Nachkommen
des Alcibiades und des älteren Dionysius, die beständigen (Geister
ingenia) aber zu Einfalt und Schläfrigkeit wie die Nachkommen
des Cimon, Perikles und Sokrates."[2])

Es wird nicht zu verkennen sein, daß die durch die Abstammung sich ergebenden genealogischen Probleme hier von Aristoteles
ganz deutlich bezeichnet werden, aber auch die allgemeine naturwissenschaftliche Grundlage derselben ist von ihm im einzelnen beschrieben worden, und es dürfte hier wol einiges aus den fünf
Büchern von der Zeugung und Entwicklung der Thiere am Platze
sein, da es besonders geeignet ist in die heute vorzugsweise behandelten biologischen und physiologischen Fragen einzuführen.

---

[1]) Für diese Belehrung bin ich meinem verehrten Collegen Euden zu Danke
verpflichtet, der mir auch die Uebersetzung der nicht ganz glatt zu verstehenden
Stelle ermöglichte.

[2]) Die Stelle in der Berl. Ausg. II. 1390 Bd. 22. Die lateinische Uebersetzung daselbst: est autem nobile ex generis virtute; generosum verum ex
eo ut non deficiat a natura, id quod plerumque non accidit nobilibus,
sed sunt multi abjecti. (Die Worte im griechischen ἀλλ᾽ εἰσίν οἱ πολλοί
εὐτελεῖς scheinen Euden verdächtig, obwol sie in allen Handschriften stehen.) Dagegen ist der Sinn in der Uebersetzung am Schluß gewiß richtig ausgedrückt:
deficiunt vero bono ingenio predicta genera ad insaniores mores, ut qui
ab Alcibiade et Dionysio superiore stabili vero ingenio predicta ad so-
cordiam, ut qui a Cimone et Pericle et Socrate.

Aristoteles erblickt den Erfolg der Zeugung in einem gewissen Ebenmaß zwischen Männchen und Weibchen. „Daher kommt es, daß manche Männer und manche Frauen mit einander nicht zu zeugen vermögen, aber wol zeugen in anderer Gemeinschaft." Und nachdem er die Gründe für diese Gegensätze ebenso wie für die Entstehung des Geschlechts der Erzeugten, wovon noch später die Rede sein soll, dargelegt hat, fährt er folgendermaßen fort:[1)]

„Dieselben Ursachen sind es auch, weshalb die Kinder den Eltern bald ähnlich, bald unähnlich sind und manchmal dem Vater, manchmal der Mutter, sowol im ganzen Körper als in den ein-zelnen Theilen, und weshalb sie mehr den Eltern ähnlich sind als den Vorfahren und wiederum mehr diesen, als irgend welchen Beliebigen und weshalb die Knaben dem Vater die Mädchen aber der Mutter gleichen, manche aber keinem unter den Verwandten, doch überhaupt noch einem Menschen, einige endlich auch der menschlichen Gestalt nicht mehr, sondern einer Misgestalt."

Im wesentlichen läuft die Lehre des Aristoteles auf eine weit-gehende Anerkennung der Energie des Vaters — des Erzeugers hinaus, ohne daß jedoch der Einfluß der Mutter auf die Hervor-bringung des Erzeugten ganz geläugnet würde. Alles wird von dem „Antrieb" abgeleitet; „bei der Zeugung wirkt sowol die Art als das Individuum, aber letzteres in höherem Grade, denn dieses ist das Substantielle. Und das werdende Junge wird zwar ein Wesen von einer gewissen Beschaffenheit, aber auch ein Individuum und dieses ist das Substantielle." Je stärker die bewegende Kraft des Antriebs bei dem Vater, desto treuer die Aehnlichkeit mit diesem bei dem Erzeugten. Ist aber die Kraft geschwächt, so treten Aehnlich-keiten mit frühern Vorfahren auf, die wieder sich auch bei der Mutter wiederholen, wenn diese schwach ist, — eine Abstammungslehre, die sehr genau und in logischer Gliederung sich entwickelt, aber

---

[1)] Nach der Engelmannschen Ausgabe und Uebersetzung III. 298 ff. Ueber die Antheilnahme von Vater und Mutter s. weiter unten, eine Hauptstelle ebd. S. 43: „Denn vor allem hat man wie gesagt, das weibliche und das männliche als die Prinzipien der Zeugung zu setzen, das Männliche als das-jenige, in dem der Anfang der Bewegung und der Zeugung, das Weibliche als das, worin der Anfang des Stofflichen liegt."

22*

doch von der falschen Vorausjetzung ausgeht, daß die mütterliche
und väterliche Leistung bei der Zeugung auf verschiedene Zwecke
gerichtet ist, so daß auch hier der Aristotelische Grundgedanke von
Stoff und Form auf das Verhältnis von Vater und Mutter im
Hinblick auf das Erzeugte zur Geltung kommt.

Eine beruhigende Erklärung der auch von der Genealogie zu
beobachtenden biologischen Erscheinungen würde sich indessen kaum
auf die Aristotelische Lehre begründen lassen. Seine Ansicht von
der getheilten Mitgift des Elternpaares, wonach „das Weibchen
überall den Stoff hergibt, das Männchen aber das gestaltende,"
und die noch dunklere Vorstellung: „der Körper aber kommt vom
Weibchen, die Seele dagegen vom Männchen,"[1] hätten niemals
eine geeignete Grundlage für eine unbefangene Betrachtung der
Ahnentafel bieten können. Dessenungeachtet beherrschte die Aristotelische Theorie durch unendlich lange Zeit die Wissenschaften fast
vollständig und ist auch durch Harveys Evolutions- und Eitheorie
nicht in der Weise zurückgedrängt worden,[2] daß sich eine auf die
Empirie der Ahnentafel gestützte unbeeinflußte genealogische
Wissenschaft hätte herausbilden können. Im Grunde ist selbst
Schopenhauers noch später zu besprechende Vorstellung des väterlichen Einflusses auf die Herzthätigkeit, mit der er den Willen,
und des mütterlichen Einflusses auf die Gehirnbildung, womit er
den Intellekt in Verbindung bringt, wenn nicht ein Rest Aristote-
lischer Lehre, so doch eine Art Analogie dazu gewesen.

So darf man sagen, daß doch erst durch die moderne Naturwissenschaft eine Erklärung für jene Thatsachen gegeben werden
konnte, mit denen sich auch die Genealogie zu beschäftigen hat.
Die mikroskopischen Erfahrungen der Zellphysiologie über die Vorgänge und Bestandtheile der Fortpflanzungszellen haben uns mit

---

[1] Engelmannsche Ausgabe S. 160. Berl. Ausg. II. 738 B. 25. Die
Begründung dieser Anschauung ist bei Aristoteles auch schon mit voller Rücksicht
auf die Veränderung der Arten, (Bastarde) versucht, doch ist überall ein Dua-
lismus erkennbar, der dann besonders von den christlichen Philosophen ausgebildet wurde, worauf hier nicht weiter einzugehen ist.

[2] Man setzt die Lehre Harveys (omne animal ex ovo) de generatione
animalium bekanntlich in Gegensatz zur alten Theorie der generatio aequivoca.

einer Reihe von Erscheinungen bekannt gemacht, aus denen sich
sowol für die Entwicklung des Individuums, wie der Arten der
Lebewesen überhaupt Folgerungen von größter Tragweite ergeben.
Einerseits ist die Cellulartheorie zur Erforschung des Keimkerns,
seines Wesens und seiner Zusammensetzung aus den von den verschiedenartigen Zellen der organisirten Lebewesen ausgeschiedenen,
oder ausgesonderten Keimchen fortgeschritten, andererseits ermöglichte
die Kenntnis der Zellentheilung in einer erfahrungsmäßig begründeten
Weise an die Frage der Entwicklung des Keimplasmas unter Berücksichtigung der Entstehung neuer Arten heranzutreten, auf welchen
Grundlagen die moderne Entwicklungslehre aufgebaut worden ist.

Es braucht nun nicht gesagt zu werden, daß sich in dieser
Richtung eine große gelehrte naturwissenschaftliche Litteratur gebildet
hat, die ihrem Wesen nach an die Beantwortung von Fragen
herantritt, die den Genealogen als solchen nur noch mittelbar beschäftigen können, und die sich zu den Aufgaben, denen er sich
unterzieht, etwa wie die Metaphysik zur Psychologie in den Systemen
der älteren Philosophen verhalten mögen. Dabei ist aber eine
vielfache Trennung der Ansichten dieser Naturforscher seit Darwins
vorsichtig ausgesprochenen epochemachenden Lehrsätzen von 1859
sowenig zu vermeiden gewesen, wie bei allen metaphysischen Specu-
lationen seit Thales der Fall war. Die lange Reihe von scharf-
sinnigen und einschneidenden Theorien, die von sovielen Meistern
empirischer Beobachtung bis auf v. Nägeli, Weismann u. v. a.
aufgestellt worden sind,[1] ändern glücklicherweise den Standpunkt

[1] Bei Anwendung der modernen Entwicklungslehre auf manigfaltige andere
Gebiete der Wissenschaften kann man die Bemerkung machen, daß in neuester
Zeit den Forschungen und Ansichten von Weismann eine große, man kann
sagen vorwiegende Beachtung zu theil wird. So z. B. von Ammon, der sich
insbesondere auf folgende Sätze beruft: „Gemäß der Theorie Weismanns findet
(das Gepräge der Nachkommenschaft) seinen physiologischen Ausdruck in dem
Endergebnis der sogenannten Reductionstheilung der Kerne der Fortpflanzungszellen, wonach die Vererbungssubstanz eines jeden Erzeugers halbiert erscheint
und die Befruchtung sich durch die Vereinigung zweier solcher Hälften verschiedenen
Ursprungs vollzieht;" „Jeder einzelnen körperlichen oder seelischen Eigenschaft, die
an dem fertigen Individuum hervortritt, muß schon im Keimplasma desselben
eine organisirte Molekulgruppe von besonderer Beschaffenheit entsprechen, aus

nicht, welchen der Genealog seinem Gegenstande gegenüber mit Sicherheit, und wie man hoffen darf in voller Uebereinstimmung mit allen jenen Forschern einnehmen darf, mögen dieselben in der Auffassung gewisser letzter Ursachen der Lebenserscheinung auch auseinandergehen.

Die genealogischen Fragen überschreiten eine gewisse Grenze nicht, innerhalb welcher die empirische Beobachtung vorherrscht, und ihre Beantwortung darf sich auf eine Anzahl von Sätzen stützen, in denen zwischen den Naturforschern volles Einverständnis besteht. Als anerkannte Grundlage für die richtige Betrachtung aller Zeugungs- und Abstammungstheorien, welche auch der Genealog durchaus kennen und berücksichtigen muß, hat O. Hertwig in seiner Rede über ältere und neuere Entwicklungstheorieen[1]) gemeinfaßlich und in wolverständlicher Sprache die folgenden bezeichnet:

der durch die sortale Entwicklung jene Eigenschaften hervorgehen. Diese bestimmende Molekülgruppe hat Weismann „Determinanten" genannt, oder: „Weismann sucht die Ursache der Veränderungen des Keimplasmas in ungleicher Ernährung der einzelnen Determinantengruppe, von denen manche eine stärkere Anziehung auf die kreisende Nahrungsflüssigkeit ausüben als andere. In den neuesten Schriften Weismanns ist dieser Gedanke mit außerordentlicher Vertiefung durchgeführt" u. s. w. Auch du Prel hat sich bei seinen statistisch genealogischen Beobachtungen besonders auf Weismann stützen zu können geglaubt. Die merkwürdige „Soziale Evolution" von Benjamin Kidd rühmt sich auch Weismannscher Grundanschauung; (vgl. darüber eine treffliche Besprechung des Herrn Cartellieri in Karlsruhe. Man könnte noch mancherlei anführen. Nach meiner Meinung wäre es unbescheiden, wenn gewisse Grenzgebiete sich in eine Beurtheilung von so schwierigen Differenzpunkten in den Ansichten der Naturforscher einlassen wollten. Ich wäre gar nicht im Stande den mannigfachen in ihren Einzelheiten oft unter einander abweichenden Arbeiten Weismanns vollständig zu folgen. Nur die zuweilen als lichtvoll gerühmte Darstellung von Romanes, Kritische Darstellung der Weismannschen Theorieen habe ich mich bemüht zu studieren. Es scheint mir aber, daß für den Genealogen eigentlich nur ein Punkt vorhanden ist, wo die Abweichungen der Weismannschen Theorieen von den sonstigen Theorieen eingreifend sein könnte — nämlich in Bezug auf die Frage der Vererbung erworbener Eigenschaften. Wie sich die genealogische Forschung zu diesem wichtigen Prinzipienstreite verhalten dürfte, ohne doch die Grenzen ihrer untergeordneteren Erfahrungen zu überschreiten wird in den nächsten Capiteln zu erörtern sein.

[1]) Da mir die bekannte Rede O. Hertwigs eben nicht zur Hand ist, citiere ich nach Rohde, „Ueber den gegenwärtigen Stand der Frage nach der Entstehung und Vererbung individueller Eigenschaften und Krankheiten."

1. „Die Erkenntnis, daß Ei- und Samenfaden einfache, vom
Organismus zum Zwecke der Fortpflanzung sich ablösende
Zellen sind, und daß die entwickelten Organismen selbst nichts
Anderes sind als geordnete Verbindungen von außerordentlich
zahlreichen, zu verschiedenen Zwecken angepaßten Zellen, ent-
standen durch vielmals wiederholte Theilung der befruchteten
Eizelle."

2. „Die sich immer mehr Bahn brechende Vorstellung, daß die
Zelle etwas außerordentlich Complicirtes, d. h. daß sie selbst
ein Elementarorganismus ist."

3. „Die tiefere Erkenntnis des Befruchtungsvorgangs, der Kon-
struktur und des Kerntheilungsprozesses, namentlich der Längs-
spaltung und Vertheilung der Kernsegmente, die Entdeckung
der Verschmelzung des Ei- und Samenkerns, die Aequivalenz
der männlichen und weiblichen Kernmasse und ihrer Vertheilung auf die Tochterzellen, den Einblick in die complicirten
Prozesse der Ei- und Samenreife und der durch sie herbeigeführten Reduction der Kernsubstanz."

Im Anschluß an diese Worte könnte gesagt werden: „Die
Entwickelungs und Vererbungstheorieen, die auf dieser neuen Grundlage aufgebaut worden sind, haben ein Gemeinsames. Sie gehen,
wie wir mit O. Hertwig anzunehmen berechtigt sind — von der
Voraussetzung aus, „daß die Geschlechtszellen aus kleinsten Stoff-
theilchen zusammengesetzt sind, welche die für unsere Wahrnehmung
unsichtbaren Anlagen für alle die zahlreichen Eigenschaften sind,
welche während der Entwickelung eines Organismus zum Vorschein
kommen."

„In der genauen Durchführung dieser Vorstellung" — sagt
O. Hertwig des weiteren, — „weichen aber die Ansichten der
einzelnen Forscher weit auseinander." Und wir dürfen hinzufügen,
daß für den Genealogen glücklicherweise nur jene Vorgänge von
Wichtigkeit sind, über welche bei den neuen Naturforschern keine
Meinungsverschiedenheiten herrschen.[1] Die Genealogie sucht eine

---

[1] Hertwig findet sich in Betreff der zur Zeit bestehenden Gegensätze
zwischen den neuesten Theorieen an diejenigen früherer Jahrhunderte erinnert,
die zwischen der Theorie der Evolution und der Epigenese bestanden haben,

Erklärung für die unter den von einander abstammenden Generationen der Menschen vorhandenen Erscheinungen in Bezug auf Eigenschaften, Fähigkeiten, Leistungen und sie wird in dieser Beziehung
auf die Grundlagen verwiesen, welche bei der Zeugung maßgebend
sind. Das Bild, das sich der Genealog daher von den Vorgängen
zu machen hat, welche bei der Zeugung selbst stattfinden, soll und
muß ein exaktes sein, und es schien daher zweckmäßig sich von einem
der erfahrensten Kenner dieser Dinge eine möglichst leichtverständliche
auch dem Laien einleuchtende Darstellung dieser Vorgänge selbst
geben zu lassen. Herr Professor Verworn hatte zu diesem Zwecke
die Güte folgendes zur Verfügung zu stellen:

„Für die Verhältnisse des Stammbaums einerseits und der
Ahnentafel andererseits beim Menschen sind die Vorgänge der
geschlechtlichen Fortpflanzung von Interesse. Was von den Einzelheiten dabei von wesentlicher Bedeutung ist und als völlig gesicherte
Tatsache betrachtet werden muß, ist folgendes:"

„Die Uebertragung des Keimplasmas von Vater und Mutter
bei der geschlechtlichen Fortpflanzung geschieht ausnahmslos durch
den Act der Befruchtung, der in einer Vereinigung (Copulation)
des männlichen Spermatozoons mit dem weiblichen Ei besteht. Es
ist von Wichtigkeit, daß sowohl das Spermatozoon, wie das Ei
den morphologischen und physiologischen Werth einer lebendigen
Zelle besitzen, d. h. daß sie alle wesentlichen Bestandtheile, die
zum intacten Leben einer Zelle gehören, Protoplasma und Zellkern
enthalten, mag die Form, die Größe, das Massenverhältnis dieser
Bestandtheile in beiden Zellen noch so verschieden sein. Der
kindliche Organismus entwickelt sich also aus der Verschmelzung
zweier vollständiger lebendiger Zellen, von denen die eine vom
Vater, die andere von der Mutter abstammt. Bei dieser Ver-

gewiß eine ungemein zutreffende Bemerkung, wobei man den Wunsch nicht
unterdrücken kann, daß der Sprachgebrauch und die Terminologie der heutigen
Theorieen nicht noch dunkler werden sollte, als derjenige der verschiedenartigsten
altern Systeme der Metaphysik, denn daß man sich in dem Gebiete wenigstens
im Sinne des *rein* Physischen bereits stark befindet, wird nicht verkannt werden
können, und die Genealogie darf immerhin davon Kenntnis nehmen, daß auch
die Naturwissenschaft hier nicht mehr auf der Empirie beruht.

schmelzung vermischt sich das Protoplasma des Spermatozoons, das gegenüber dem an Nährmaterial reichen Protoplasma der Eizelle gewöhnlich an Masse bedeutend zurücktritt, unentscheidbar mit dem letzteren. Dagegen sind die beiden Zellkerne bei ihrem Verhalten in der gemeinschaftlichen Protoplasmamasse dauernd deutlich zu verfolgen. Die beiden Kerne wandern nämlich im Protoplasma einander entgegen und verlieren allmählich ihre sie umschließende Kernmembran. Dadurch werden ihre Inhaltsbestandtheile im Protoplasma frei und es ist nun von großer Wichtigkeit, daß sich von den Chromatinfäden, welche den wesentlichen Inhalt der Kerne bilden, die Hälfte eines jeden Kerns mit der Hälfte des anderen zu einem neuen Kern vereinigt, so daß nunmehr in der gemeinschaftlichen Protoplasmamasse zwei neue Kerne enthalten sind, von denen jeder ebensoviel Material von männlichen Spermatozoon wie vom weiblichen Ei besitzt. Nach Ablauf dieser Vorgänge in den Kernen theilt sich das Protoplasma · durch eine Scheidewand zwischen beiden Kernen in zwei Hälften, so daß jetzt zwei Zellen entstanden sind: Die beiden ersten „Furchungszellen". Aus der sich nun immer wieder von neuem wiederholenden Theilung und fortschreitenden Differenzierung dieser Zellen und ihrer Nachkommen baut sich allmählich der ganze vielzellige Organismus auf, bis er das Ende seiner Entwicklung erreicht hat. Dabei wird mit jeder Theilung jeder Zelle auf ihre beiden Tochterzellen immer wieder Material vom Kern und Protoplasma übertragen, so daß schließlich das Material einer jeden Zelle des ganzen Körpers in lückenloser Descendenz von dem Material der befruchteten Eizelle abstammt und dadurch in einer materiellen Continuität steht mit dem Vater durch das Spermatozoon und mit der Mutter durch die Eizelle."

Schematische Darstellung des Befruchtungsvorganges.

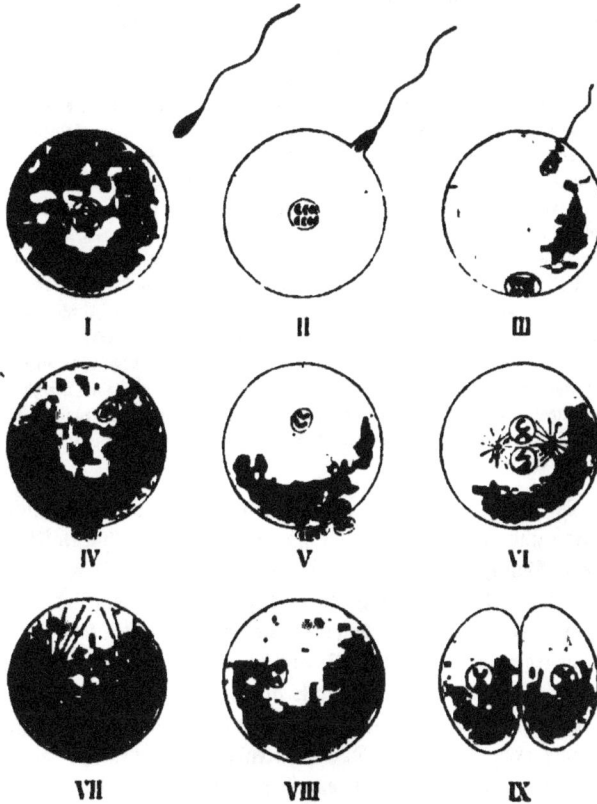

I   II   III

IV   V   VI

VII   VIII   IX

Figuren-Erklärung.

I Eizelle mit ihrem central gelegenen Zellkern, dessen chromatische Substanz sich in Knäuelform befindet (schwarz gezeichnet). Rechts oben von der
runden Eizelle eine Spermatozoenzelle, die sich mittels ihres Geißelfadens gegen
die Eizelle hinbewegt. II Die Verschmelzung der Spermatozoenzelle mit der Eizelle beginnt. Das Protoplasma beider vermischt sich während die Kerne deutlich sichtbar bleiben. Der Kern der Eizelle zeigt jetzt eine Anordnung seiner
chromatischen Substanz zu 8 Chromosomen. III Während der Kern des Spermatozoons im Protoplasma der Eizelle mehr nach dem Centrum zu wandern
beginnt, rückt der Kern der Eizelle nach der Peripherie, wo er sich zweimal
hinter einander theilt und jedesmal die Hälfte seiner Chromosomen abgiebt.

IV und V (Reifungsprozeß des Eies). VI Nach erfolgter Reifung treffen sich
Eikern und Spermatozoënkern in der Mitte der Eizelle. Jeder hat die gleiche
Zahl von Chromosomen, (hier je 2; die Chromosomen des Eikerns sind zur
besseren Unterscheidung spitzwinklig, die des Spermakerns rundgebogen gezeichnet.)
Gleichzeitig werden im Protoplasma zwei Centrosomen sichtbar, um die sich
das Protoplasma in Strahlenform anordnet. VII Indem sich die Kernmembran auflöst, werden von den Protoplasmastrahlen des Centrosomenkranzes
nach beiden gegenüberliegenden Seiten der Eizelle hin je zwei Chromosomen
auseinandergezogen und zwar sowohl eins vom Eikern wie eins vom Sperma-
kern VIII Jedes der beiden Chromosomenpaare umgiebt sich wieder mit einer
Kernmembran, so daß zwei neue Zellkerne entstehen, von denen jeder ein
Chromosom des männlichen Spermatozoons und eins der weiblichen Eizelle besitzt. Gleichzeitig geht die Protoplasmastrahlung wieder zurück. IX Das Protoplasma der Eizelle hat sich zwischen beiden Kernen durch eine Furche getheilt,
so daß aus der Eizelle 2 Zellen hervorgegangen sind, deren jede etwas Sub-
stanzen der Mutter sowohl wie vom Vater besitzt. Aus dem Wachstum und
der fortgesetzten Theilung dieser ersten Furchungszellen entsteht schließlich die
ganze ungeheure Masse von Zellen, die den Körper des erwachsenen Organismus zusammensetzen und die sämmtlich in substanzieller Continuität mit den
beiden Eltern stehen.

Die Folgerungen, die sich aus diesen gesicherten Beobachtungen
ergeben, sind für den Stammbaum wie für die Ahnentafel von
gleicher Wichtigkeit, aber der bei der geschlechtlichen Fortpflanzung
in den Keimzellen als Amphimixis bezeichnete Vorgang lehrt überdies auch mit Gewißheit, daß der Stammbaum allein keine Grundlage für irgend eine natürliche Betrachtung genealogischer Verhältnisse
sein dürfte, sondern in jedem Falle auf eine biologische Untersuchung
der Ahnentafel zurückgegriffen werden muß, wenn man brauchbare
Resultate erwarten soll. Alle Descendenzbetrachtungen, die das
eherne Gesetz der in den Ahnenreihen zum Ausdruck kommenden
Amphimixieen unbeachtet ließe, müßte voraussichtlich zu schweren
Rechnungsfehlern Anlaß geben. Nichts ist durch die exakt fortge-
schrittene Erforschung der Zelle und ihres Wesens heute als sicherer
anzusehen, als die volle Gleichwertigkeit der von den beiden geschlechtlich verschiedenen Individualitäten ausgehenden Keimkerne;
und mithin hat die Genealogie in ihrem Gebiete die väterliche und
mütterliche Ahnenreihe als Grundelemente aller Betrachtungen des
Individuums sowohl, wie der Familie, des Stammes, des Volkes
und der Gattung zu beachten und zu schätzen.

Die Ahnentafel, als die Wissenschaft von den Vätern und
Müttern erhält durch die neuesten Forschungen der Naturwissenschaft eine pangenetische Unterlage im Sinne einer dualistischen
Einwirkung auf den Keimkern eines neu sich bildenden Organismus,
und wenn man von dem Standpunkt der Ahnentafel das Descen-
denzproblem betrachtet, so stellt sich jede neue Generation als ein
Produkt der Vermischung von Keimplasma sämmtlicher auf der
Ahnentafel erscheinenden Einzelwesen, das heißt als ein Produkt
einer Vermischung von in den höchsten Reihen mathematisch unbe-
grenzten Größen dar. Hierbei ergibt sich die Frage, wie weit es
als Aufgabe der Genealogie gelten kann, die Ahnentafel des heutigen
Menschen aufwärts zu verfolgen. Allein wer nicht absichtlich geneigt ist die verschiedenen Gebiete der Forschung zu verschieben und
zu verwirren, wird darüber nicht zweifelhaft sein können, daß die
Genealogie in jenem engeren, historischen Sinne, in welchem wir
hier überhaupt von derselben sprechen, ein weiteres Ahnenproblem
als dasjenige, welches sich aus dem Wesen und der Natur des dem
Menschen eigenthümlichen Keimkerns entwickelt, nicht kennt. Die Naturwissenschaft bleibt bekanntlich vor der Frage nicht stehen, woher
und unter welchen äußeren und inneren Bedingungen sich die Keime
zweier geschlechtlich getrennter Individuen gebildet haben, aus denen
in ihrer Zusammensetzung eben nur und ausschließlich jene Art der
Lebewesen entsteht, die Menschen sind; aber die Genealogie im
engern Sinne findet hier die natürlich gegebene Grenze ihres
Wissens und ihrer Forschung. Sie braucht sich nicht zu verhehlen,
daß jenseits dieser Grenze ein großes Gebiet des Wissens liegt,
aber ihre Quellen, die auf menschlichen Erinnerungen und menschlichen Ueberlieferungen beruhen, können darüber keine Auskunft
geben. Wenn sie sich auf die innerhalb ihres Gebiets allerdings
scharf hervortretende Beobachtung stützt, daß sich in der Reihe der
Generationen starke Unterschiede in den Eigenschaften der Menschenarten finden, so vermöchte die Genealogie immerhin noch die Annahme zu gestatten, daß sich in obersten Ahnenreihen die Unterschiede zwischen den einzelnen Individuen von Vätern oder Müttern,
oder von beiden zugleich noch wesentlich vergrößert finden können,
und daß mithin auf einer sehr hohen Stufe des Ahnenproblems

selbst jene Gleichartigkeit der Eigenschaften, die uns heute in dem
Begriffe des Menschen zu liegen scheint, nicht in demselben Maße
vorhanden zu sein brauchte, aber diese Verschiedenartigkeit der
Väter und Mütter in einer unendlich hohen Ahnenreihe würde dann
Kreuzungen von verschiedenen Arten zur Folge gehabt haben, deren
Möglichkeit der Genealog von seinem Standpunkte aus dann doch
wiederum nur engbegrenzt gelten lassen könnte. Denn die ihm zu
Gebote stehenden Erfahrungen lassen das Kreuzungsvermögen des
aus dem menschlichen Keimplasma hervorgegangenen Lebewesens
auffallend gering erscheinen und die Verwandtschaft der Arten, innerhalb welcher noch Zeugung erfolgt, ist eine außerordentlich nahestehende.

So stellen sich die spezielleren genealogischen Aufgaben nach
allen Seiten hin klar und deutlich abgeschlossen dar und brauchen
auf keinem Gebiete physiologischer oder psychologischer Betrachtung
in die weiteren Kreise naturwissenschaftlicher Forschung über-
zutreten. Eben in der Möglichkeit einer strengen Begrenzung der
Disciplin als solcher zeigt sich aber ihr wissenschaftlicher Character.

Abstammung und Kinderzeugung.

Geht man bei der Betrachtung der Zeugungsverhältnisse von
der Ahnentafel zur Stammtafel über, so befindet man sich auf einem
weit gesicherterem Boden und die Genealogie vermag in abwärts
steigenden Linien die Zeugungen der Eltern an der Natur der
Kinder zu betrachten und wenn man will zu beurteilen. Die
Descendenzforschung läßt sich allemal bis in ihre jüngsten Ausläufer
verfolgen und könnte ins unendliche ausgedehnt gedacht werden,
so lange von dem denkenden und sich erinnernden Menschen
Zeugungen ausgehn mit gleichen Eigenschaften des Denkens und
Erinnerns. Die Voraussetzung dieses Fortgangs liegt lediglich
darin, daß die geschlechtliche Theilung immer wieder in jeder Generation zum Ausdrucke kommt, auf welcher die Fortentwicklung der
Art beruht. Es ist daher erklärlich, daß die Geschlechtsverhältnisse
der aufeinanderfolgenden Generationen von den verschiedensten
Seiten her immer die manigfaltigste Beachtung gefunden haben.
Wie sich die Bevölkerungsstatistik im wesentlichen auf das Verhältnis der männlichen und weiblichen Geburten aufbaut, so bietet
auch das Geschlechterproblem eine Reihe von physiologischen Forschungs-

aufgaben, die bei der Thierzucht zugleich von praktischer Wichtigkeit sind und auch für die Entwicklung menschlicher und gesellschaftlicher Verhältnisse einflußreich erscheinen.

Die Entstehung des Geschlechts ist auch für die Genealogie, eines der ersten Beobachtungsmomente bei Aufstellung der Stammtafel. Sie bemerkt, wie die Statistik auch, den Wechsel der männlichen und weiblichen Geburten, aber sie hat den Vortheil des historischen Rückblicks auf eine lange Reihe von Generationen. Dagegen steht der Statistik eine Erfahrung zu Gebote, mit der sich die Genealogie nicht entfernt messen kann. Doch wird es ihr schon genügen, wenn sie nur einigermaßen mit in Betracht gezogen werden kann.

Eines der ältesten statistischen Gesetze, welche für die Geschlechtsverhältnisse bei menschlichen Geburten aufgestellt worden sind, ist das sogenannte Sadler-Hofackerische, welches aus den Altersverhältnissen der Eltern wenn nicht ausschließlich, doch vorwiegend das Geschlecht des Kindes erklärt. Einige Zahlen mögen diese Wahrnehmungen deutlicher machen. Hofacker in Tübingen hat statistisch folgendes festgestellt:[1]

Vater jünger als Mutter — 90,1 Knaben auf 100 Mädchen.

„	eben so alt	93,3	„	„	„	„
„	4—6 Jahre älter	108,9	„	„	„	„
„	6—9 „ „	124,7	„	„	„	„
„	9—12 „ „	143,7	„	„	„	„

Unabhängig von diesen Zahlen behauptet Sadler in England folgende Verhältnisse gefunden zu haben.

Vater jünger als Mutter — 86 Knaben auf 100 Mädchen.

„	eben so alt	94	„	„	„	„
„	1—6 Jahre älter	103	„	„	„.	„
„	6—11 „ „	126	„	„	„	„
„	11—16 „ „	147	„	„	„	„
„	16 und mehr	163	„	„	„	„

Gegen diese Resultate hat sich Göhlert in Wien ausgesprochen, er weist darauf hin, daß eigentlich auch die Todtgeburten hätten

---

[1] Dies und das folgende zum Theil wörtlich nach C. Düsing, Die Regulierung des Geschlechtsverhältnisses bei der Vermehrung der Menschen, Tiere und Pflanzen. S. 68 ff.

mitgezählt werden müſſen, da die Knaben hiebei etwas ſtärker
betheiligt ſind. Ferner verlangt er, daß nur ſolche Ehen berück-
ſichtigt werden ſollen, bei denen die Reproduction ihren Abſchluß er=
langt hätte. Er nahm daher nur ſolche Ehen, welche mit vier
oder mehr Kindern geſeguet waren und gelangte alsdann zu vielfach anderen Reſultaten; er fand, daß das Maximum des Knaben-
überſchuſſes bei einem Alter des Vaters von 30—35 Jahren uud
einem ſolchen der Mutter von 25--30 Jahren eintritt, daß alſo
bei höherem Alter d. h. in den ſpätern Jahren der Ehe relativ
etwas weniger Knaben geboren werden. Die letztere Beobachtung
wird auch von Bertillon beſtätigt.

Die ausſchließliche Berückſichtigung des Altersunterſchiedes der
Eltern hat den Uebelſtand, daß ſich in einem längern Zeitraum
der Zeugungsthätigkeit zwar der Altersunterſchied der Eltern immer
gleich bleibt dagegen aber die Reproduction ſich verändert, denn
die Fälle, wo aus einer Ehe nur Kinder einerlei Geſchlechts hervorgehen, ſind verſchwindend klein. Wollte man daher das Hof-
ackerſche Geſetz vom Erfolg des Altersunterſchiedes einheitlich geſtalten, ſo müßte man dabei bloß auf den Geſchlechtserfolg der
Erſtgeburt ſehen, nicht aber auf die Geſammtreproduction ſolcher
Ehepaare. Daher hat ſchon Düſing jedenfalls ſehr richtig bemerkt,
daß unter dieſen Umſtänden das Geſetz in ſeiner urſprünglichen
Form nicht aufrechterhalten werden kann. Es müſſen ohne Zweifel
noch viele andere Umſtände in Betracht gezogen werden.

Düſing ſelbſt hat bei ſeinen rein ſtatiſtiſchen Arbeiten für die
Geſchlechtsverhältniſſe eine Menge von Geſichtspunkten aufgeſtellt,
wie den Einfluß der Jahreszeiten, ſogar Religion, Stand, Beruf
der Eltern, die Wirkungen des Landes und der Stadt und ähnliches.[1]) Eine mehr biologiſch klingende Erklärung gibt er in
ſeinem ältern Werke, wenn er ſagt: „Je größer der Mangel an
Individuen des einen Geſchlechts iſt, je ſtärker die vorhandenen
in Folge deſſen geſchlechtlich beanſprucht werden, je raſcher, je
jünger ihre Geſchlechtsproducte verbraucht werden, deſto mehr

---

[1]) Düſing, C., Das Geſchlechtsverhältnis der Geburten in Preußen, in
Staatswiſſenſchaftliche Studien von Elſter 3. Bd. 6. Heft.

Individuen ihres eigenen Geschlechts sind sie disponirt zu erzeugen."[1]

Sollte diese Theorie sich bewähren, so wäre die Genealogie
in erster Linie berufen sie zu bestätigen. Genaue Vergleichungen
der Stammbäume polygamischer und monogamischer Völker, die
uns aber bei dem heutigen Stand unserer Wissenschaft bei weitem
nicht genugsam vorliegen, müßten natürlich das Ergebniß haben,
daß die in Polygamie lebenden Väter eine sehr viel größere Zahl
von Söhnen erzeugen, als die Monogamen. Aber es würde sich
aus der vermehrten Männerproduction bei den Polygamen im
Laufe der Generationen wieder ein Wechsel ergeben, denn da durch
die so vermehrten männlichen Geburten mit der Zeit ein Männer-
überfluß eingetreten wäre, so müßte der weibliche Theil als der
nun überangestrengte in die Disposition kommen, mehr Individuen
seines Geschlechts zu erzeugen. Im ganzen müßte auf diese Weise
überall gleichmäßig, sowohl bei monogamen wie bei polygamen
Völkern ein steter Wechsel in den Generationen zu beobachten sein,
nach welchem bald das männliche, bald das weibliche Geschlecht
nach Ablauf gewisser Zeitperioden vorwiegend wäre. Zu einer
solchen Annahme dürfte aber alle Geschichte wenig Anlaß bieten,
obwohl eine Untersuchung der Verhältnisse der beiden Geschlechter
für recht große Zeiträume immerhin genealogisch möglich wäre.
Man müßte dabei nur von der Voraussetzung ausgehen, daß die
in den einzelnen Familien nachweisbaren Geschlechtsunterschiede,
wie sie unter einander ohne Rücksicht auf die Zeit vergleichbar
wären, so auch in jedem Zeitalter mit dem Gesammtbestand der
beiden Geschlechter in Beziehung stehen werden.

Von anderen Forschern sind für die Erklärung der Geschlechter-
reproduction ausschließlich physiologische Gründe herangezogen
worden: so hat Thury die Theorie aufgestellt, daß für das Geschlecht des Embryo das Alter des Eies entscheidend sei, von
welchem er zuerst ernährt wird.[2] Zahlreiche andere Ansichten

----

[1] Regulierung S. 29.

[2] Verzögerte Befruchtung des Eies, vgl. bei Düsing, ebd. S. 29 wo das
Buch von Thury angeführt und besprochen wird, wo man sich auch über die
weitere wissenschaftliche Litteratur belehren kann. Es soll übrigens auch beim

wurden daran angeknüpft, und mancherlei neue aufgestellt. Diesen
Versuchen, welche die Hoffnung erregen konnten, daß die Hervorbringung des Geschlechts eine Sache absichtlicher Veranstaltung sein
könnte, wendeten nun die Landwirte und Thierzüchter eine besonders starke Aufmerksamkeit zu und so begannen auch ihre Wissenschaften mit einer großen Anzahl höchst wichtiger Beobachtungen
hervorzutreten und in maßgebendster Weise auf die Beantwortung
dieser ungelösten Probleme einzuwirken. Insbesondere glaubte
Fiquet so zuversichtlich an die beliebige Erzeugung des Geschlechts
auf dem Wege der Fütterung des einen, oder des andern Eltern-
theiles, daß er hierüber den Landwirten genaue Vorschriften zu
geben sich getraute und sein Verfahren auch in Deutschland insbesondere durch Janke eine lebhafte Verbreitung fand.[1]

Im allgemeinen wird man nun durch die Versuche der Thierzüchter als festgestellt betrachten dürfen, daß durch äußere Umstände die Geschlechtsbildung einigermaßen beeinflußt werden kann.
Besonders wird hiebei auf klimatische und Wärmeverhältnisse überhaupt, auf die Ernährung der zur Zeugung herangezogenen Thiere,
auf ihre geschlechtliche Inanspruchnahme und endlich auf die Ernährung der Frucht selbst im Mutterleibe Gewicht gelegt. Düsing
glaubte in neuester Zeit das Geheimnis durch seine Beobachtungen
an den Pferden am sichersten enträthseln zu können. Er hat bestätigt gefunden, daß ein Hengst der durch mehrere an einem
Tage erfolgte Sprünge geschwächt ist, bei seinem dritten Sprung
weit mehr männliche, als weibliche Fohlen abgibt. Darnach
stände die aufgewendete Energie im umgekehrten Verhältnis zu
dem Geschlechte der Reproduction des Thieres. Der starke Vater

---

Menschen die Wirkung einer verzögerten Befruchtung des Eies auf das Geschlecht
constatiert worden sein.

[1] Janke, die Vorausbestimmung des Geschlechts beim Rinde, und die willkührliche Hervorbringung des Geschlechts bei Mensch und Hausthieren. Herr
Professor Backhaus in Königsberg hat die Güte gehabt mir zu schreiben, daß
das Buch im allgemeinen in seinen Resultaten den exakten Beobachtungen entspricht, daß mehr männliches Geschlecht bei stärkerer Inanspruchnahme der Mutter
und mehr weibliches bei stärkerer Inanspruchnahme des Vaters hervorgerufen
wird.

erzeugt Weibchen, der geschwächte Männchen und so auch umgekehrt
die Mutter.¹)

Bei allen diesen Versuchen wird aber wohl zu beachten sein,
daß es sich nur um ein mehr oder minder handelt, nicht aber
um Effecte, die ein für allemale zutreffend sind. Nicht davon
kann die Rede sein, daß der Hengst bei seinen dritten Sprüngen
jedesmal sein eigenes Geschlecht reprobuzirt, sondern nur die
Wahrscheinlichkeit zu gunsten des letztern Falles wird um einige
Perzente größer geworden sein. Daher gelangte M. Wildens in
seiner außerordentlich nüchternen Betrachtung dieser Fragen zu
den folgenden Schlüssen, nachdem er selbst in seiner Darstellung
des ganzen Gegenstandes den Ernährungsverhältnissen der Mutter
die weitaus größere Bedeutung beilegen zu müssen glaubte:

„Die willkührliche Erzeugung des Geschlechts bei Hausthieren
ist durch verschiedenartige Verfahrungsweisen wiederholt empfohlen
worden. Aber keine der bisher als erfolgreich behaupteten Vorschriften hat sich in der thierzüchterischen Praxis bewährt. Unter
den geschlechtsbildenden Ursachen spielt ohne Zweifel die bessere
und schlechtere Ernährung der Leibesfrucht eine hervorragende
Rolle. Aber neben dem Einflusse der Ernährung auf die Geschlechtsbildung kommen noch andere in Frage, die wir zur Zeit
nicht kennen. Wir können daher nur mit Wahrscheinlichkeit darauf
rechnen, daß im großen Durchschnitte besser ernährte, insbesondere
auch jüngere Mütter verhältnismäßig mehr weibliche Früchte,
schlechter ernährte, insbesondere auch ältere Mütter verhältnismäßig mehr männliche Früchte erzeugen werden. Im allgemeinen
gebären auch Kühe mit reichlicher Milchabsonderung mehr männliche, Kühe mit spärlicher Milchabsonderung mehr weibliche Kälber.“

„Wir müssen uns mit dieser Voraussage der Wahrscheinlichkeit
begnügen. Eine willkürliche Erzeugung des Geschlechts ... ist bei
unsern landwirtschaftlichen Hausthieren nach dem gegenwärtigen
Stande der Wissenschaft nicht möglich; sie wird meines Erachtens
in jedem Einzelfalle auch wohl niemals möglich sein.“

¹) Düfing, Ueber die Regulierung des Geschlechtsverhältnisses bei Pferden
in Thiels landwirtschaftlichen Jahrbüchern 1887, 1888 und besonders 1892
S. 277 ff.

Dürfte man in aller Bescheidenheit etwas hinzufügen, so wird sich gegen das Prinzip der willkührlichen Erzeugung des Geschlechts vielleicht auch im allgemeinen einiges einwenden lassen. Wilckens hat an 30000 Hausthieren das durchschnittliche Geschlechtsverhältnis berechnet und seine Zahlen stimmen vollständig mit den Berechnungen anderer Statistiker überein: Es wurde ein Verhältnis der männlichen zu den weiblichen Würfen gefunden bei den Pferden von 97,3, bei Rindern von 107,3, bei Schafen 97,4, bei Schweinen 111,8. „Es werden also verhältnismäßig mehr weibliche Thiere geboren bei Pferden und Schafen, verhältnismäßig mehr männliche bei Rindern und Schweinen."[1]

Es sei gestattet gleich hinzuzufügen daß sich nach den jedes Jahr genau berechneten Geschlechtsverhältnissen der Geburten der

---

[1] Wilckens, Grundriß der landwirtschaftlichen Hausthierlehre Bd. II S. 36 bis 39. Unter den sichergestellten Einflüssen auf die Geschlechtsbildung steht wol auch nach Wilckens die Jahreszeit. Der Unterschied beträgt bei Pferden nach seiner Berechnung 97,3 für die kältere gegen 103,0 für die wärmere Jahreszeit, während bei Rindern, Schafen und Schweinen die wärmere Jahreszeit der Erzeugung des männlichen Geschlechts sehr viel günstiger ist. Die Bedeutung der Wärme für die Fortpflanzung überhaupt haben übrigens schon die alten Griechen gekannt und es verdient wol angemerkt zu werden, daß Aristoteles eigentlich sein ganzes physiologisches System der Zeugung und Entwicklung der Thiere auf die Wärmelehre stützt. Was nun aber die Ernährungsfrage betrifft, so muß dabei wol unterschieden werden die Ernährung der Eltern von der Ernährungsfrage des Embryos. Der Satz Wilckens, daß gut ernährte Mutterthiere auch ihre Leibesfrüchte gut ernähren ist klar, weniger ist es aber der Fall in Bezug auf das Geschlecht, welches durch Ernährungsverhältnisse der Eltern bedingt sein soll. Wie aber daneben der Satz bestehen soll: „Das Geschlecht der Frucht wird nicht während der Paarung bezw. in Folge der Befruchtung entschieden, sondern erst während der Entwicklung der Frucht. Danach kann die Geschlechtsbildung der Frucht durch äußere Umstände beeinflußt werden." Da begreift man aber nicht, was bei der Bildung des Geschlechts der Hengst und der Stier überhaupt für eine Rolle spielt, und warum die Landwirte ihn dann bald schlecht, bald gut genährt, bald durch vorhergehende Sprünge geschwächt an die Stute heranbringen wollen. Für menschliche Verhältnisse würde ja die Frage der Ernährung sehr ins Gewicht fallen, und man müßte dann einen wesentlichen Unterschied der Geschlechtsverhältnisse bei armen und reichen Classen finden; wie sich die Genealogie zu diesen Fragen verhält wird nun sogleich zu untersuchen sein.

Menschen ein ganz gleiches constantes Gesetz und zwar zu Gunsten eines Ueberschusses von Knaben ergiebt. Für dieses Gesammtresultat macht die Thatsache keinen Unterschied, die man seit lange kennt, daß an diesem Ueberschusse die Landbevölkerung stärker betheiligt ist, als die städtische.[1] Das wesentliche dürfte doch dabei jedenfalls die Gleichmäßigkeit sein, mit welcher sich bei Menschen und Thieren dieselbe Erscheinung Jahr für Jahr wiederholt, nämlich, daß bei der einen Gattung stets ein Ueberschuß von männlichen und bei der andern ein Ueberschuß von weiblichen Geburten stattfindet. Würden nun äußere Umstände auf die Bildung des Geschlechts in einer einigermaßen erheblichen Art einflußreich sein, so müßte doch irgend einmal die Beobachtung gemacht worden sein, daß bei der einen oder andern Gattung eine Veränderung stattfand, indem sich die äußern Umstände doch sicherlich immerwährend verändern. Dies ist aber nicht der Fall. Es wurden niemals und unter keinen Umständen mehr Hengste als Stutten und niemals mehr Kuhkälber als Stierkälber geboren. Alle Klugheit des die äußern Umstände bis ins einzelnste beherrschenden Landwirts bringt es nicht dahin, das Verhältnis umzukehren, sondern er ist höchstens im Stande eine minimale Schwankung in der Differenz hervorzubringen von der man kaum sicher sagen könnte, ob sie nicht doch auch noch auf einem mathematisch gerechtfertigten Rechnungsfehler beruht. Dazu kommt noch etwas

---

[1] Für Preußen beträgt der Knabenüberschuß der Geburten 105—106 gegen 100. Dabei hat nun Düsing für die verschiedensten Lebens- und Standesverhältnisse die interessantesten, wenn auch im ganzen doch höchst unbedeutenden Unterschiede mit staunenswerther Detailkenntnis berechnet. Für die Unterschiede von Städten und Land ist folgende Tabelle lehrreich:

Berlin 105,193 : 100
andere Großstädte 105,316 : 100
Mittelstädte 105,640 : 100
Kleinstädte 106,187 : 100
Auf dem Lande 106,566 : 100.

Dabei ergibt sich aber in einer 13jährigen Geburtenperiode für ganz Preußen doch nur ein Verhältnis zwischen Stadt und Land von 105,818 : 100 gegen 106,568 : 100. Also ein minimaler Unterschied. Staatswissenschaftliche Studien III. 6, 29 ff.

zweites: Wilckens hat berechnet, daß bei einigen Pferdearten das
Geschlechtsverhältnis günstiger, bei anderen ungünstiger ist. Er
verweist die Gründe dieser Erscheinung seinerseit auf klimatische
und Ernährungsverhältnisse; ist es aber nicht doch sehr merkwürdig,
daß das Geschlechtsverhältnis zu ungunsten der männlichen Repro-
buction um so größer wird je feiner die Rasse ist, so zwar daß die
englischen und arabischen Halbblutpferde sogar nur 87,4 Hengst-
fohlen abwerfen?

Alle diese Umstände scheinen doch dafür zu sprechen, daß ein
individueller Factor bei der Geschlechtsreproduction in Betracht
kommt, der sich keinerlei Umständen unterwerfen will.[1]) Sollte
da nicht das Anpassungsprinzip der individuellen Betrachtung
des Wertes der angeborenen und unveränderlichen Eigenschaften
einigermaßen Gewalt angethan haben? Jedenfalls muß festgestellt
werden, daß alle Statistik dieser Dinge, soweit sie mir wenigstens
bekannt geworden ist, auf dem Standpunkt der Durchschnitts-
zählungen von Gesammtreproductionen, aber nirgends auf demjenigen des Individualprinzips beruht, welches aus den genealogischen
Forschungen zu gewinnen gewesen wäre. Vielleicht dürfte man
sich darüber umso mehr wundern, als ja bei der Thierzucht die
Stammtafel überall und seit ältester Zeit eine so große Rolle
spielt.

Wendet man sich bei der Betrachtung der Abstammungsverhältnisse der Genealogie der Menschen im eigentlichsten Sinne zu,
so muß man sich vor allem klar machen, daß hier das Experiment
eine viel geringere Rolle spielen kann, als bei den Thieren und

---

[1]) Ich möchte dabei nicht unerwähnt lassen, daß mir die großen Leistungen
der Statistik, wie sie namentlich durch Lexis und andere prinzipiell durchgeführt
werden, anzutasten nicht in den Sinn kommen kann. Wenn Lexis in der
Einleitung in die Theorie der Bevölkerungsstatistik ausdrücklich
auf die „exakte Massenbeobachtung" verweist, so ist dadurch für die Gestaltung der menschlichen Gesammtexistenz soviel und so treffliche Einsicht gewonnen
worden, daß sich mehr und mehr das Bedürfnis ergibt innerhalb dieser Massen-
betrachtung die Wirkungen der Individualexistenz kennen zu lernen. Daß dies
auf dem Wege der genealogischen Forschung geschehen muß, scheint klar; es
fragt sich also wie weit in diesen Fragen die Genealogie bei regelrechter Heranziehung „die Statistik der Gesammtmasse" ergänzen kann.

daß sich nach Lage von Sitten, Gebräuchen und Gesetzen der natürliche und von Umständen und willkührlichen Eingriffen unbeeinflußte Gang der Fortpflanzung hier deutlicher offenbart, als dort. Andererseits gestattet die Untersuchung menschlicher Generationen eine viel längere Reihe von Beobachtungen nach und aufeinander folgender Wirkungen elterlicher Zeugung. Während die Statistik ihre Erfahrungen nur auf einen sehr kleinen Zeitraum erstreckt, eröffnet die Menschengeschichte einen Blick auf lang vergangene Generationsreihen. Die Frage, die sich daher erhebt ist die, was die Genealogie für unsere Kenntnis der Fortpflanzungsverhältnisse zu leisten vermöchte? Vielleicht nicht allzuviel, aber doch einiges, was erhebliche Prinzipienfragen anregt. An unserm Theil kann es sich hier nur darum handeln zu zeigen, wie die genealogische Forschung in den bezeichneten biologischen Fragen einzugreifen vermag.

Erwägt man zunächst die Frage, welche Umstände für die Zeugungen und Abstammungen maßgebend seien, so sind die Gesichtspunkte der neuen statistischen Forschungen zum Theil wenigstens solche, die sich im Laufe geschichtlicher Zeiten jedenfalls stärker geltend machen müßten, als in der Gleichzeitigkeit bestimmter Jahreswirkungen. Wenn man beispielsweise die confessionellen Verhältnisse der Eheleute untersucht und Wirkungen auf die Nachkommenschaft vermutet, so liegt es nahe zu denken, daß in ältern Zeiten die letzteren stärker sein müßten als in heutigen, weil ja die Confessionalität heute gewiß schwächer ist, als vor dreihundert Jahren. Der Wunsch nach historischer Orientierung scheint daher in diesem Falle sehr gerechtfertigt zu sein. Diese aber könnte doch wieder nur durch das Studium thatsächlicher Genealogieen gewonnen werden. Das gleiche gilt von einer andern von der Statistik aufgeworfenen Frage: welchen Einfluß günstige und ungünstige Zeiten, Kriege, Seuchen, Hungersnöte auf die Hervorbringungen von Menschen hätten. Aus einigen historisch ziemlich mager ausgestatteten Fällen schließt man auf besondere Fruchtbarkeit nach Kriegen, oder auf Knabenproduktion nach solchen in vorherrschendem Maße. Aber wenn man von den französischen Kriegen absieht, über deren Wirkungen wiederum das statistische

Material nicht ausreichend zu sein scheint; so muß man doch
eigentlich gestehen, daß es im ganzen neunzehnten Jahrhundert
keinen Krieg gegeben hat, der eine Wirkung gehabt hätte, von der
man sagen könnte, es habe eine sichtliche Entvölkerung stattgefunden. Ist dies aber nicht der Fall gewesen, wie wollte man
denn von einer irgend stattgefundenen Reaction in geschlechtlichem
Sinne sprechen. Die Zahlen vom Jahre 1871 und 1872 sind
doch nicht sprechender, als sämmtliche Vermehrungsprozente jedes
folgenden Jahrgangs; will man also die europäische Volksver-
mehrung sämmtlich auf Rechnung der Schlachtfelder von 1870/71
setzen? Ganz anders stände es bei der Betrachtung von für die
Bevölkerungsverhältnisse so eingreifenden historischen Ereignissen wie
der siebenjährige oder der dreißigjährige Krieg, aber hier fehlen
dem Statistiker wieder die Volkszählungen. Die Genealogie dagegen könnte immerhin Anhaltspunkte gewähren, aber die genauen
Forschungen müßten erst angestellt werden. Allerdings könnte
schon bei oberflächlicher Betrachtung der Genealog dem Statistiker
verraten, daß in der zweiten Hälfte des 17. Jahrhunderts in sehr
vielen Familien ein auffallend großer Kindersegen herrschte, wie
weit aber diese Thatsache Rückschlüsse auf die vorhergegangene
Entvölkerung durch die Kriegsereignisse gestattet, müßte vorsichtig
behandelt werden, denn es sind auch schon vor diesem großen und
vor allem langen Kriege Familien vorhanden gewesen mit massen-
hafter Kinderproduktion. Dagegen würde eine genealogische Untersuchung von vornherein in der Lage sein, das Problem richtiger
zu formulieren, denn wenn man die Frage günstiger oder ungünstiger Einwirkung von Kriegen auf die Bevölkerungszunahme
beantworten wollte, so müßte sie doch eigentlich so gestellt werden:
Ist die Zeugungsfähigkeit in den Paarungen in Folge, oder
wenigstens nach einem Kriege größer geworden oder nicht? Um
aber die Stärke der Zeugungsfähigkeit zu beurtheilen, ist der Hinblick auf das Individuum und mithin auf die Genealogie nothwendig. Wenn es erwiesen ist, daß viele Familien nach dem
Kriege kinderreicher geworden sind, so könnte man sich den Schluß
leisten, daß der eingetretene Mangel an Individuen des einen
Geschlechts — wir wollen mit Düsing sprechen — die stärkere In-

anspruchnahme geschlechtlich bewirkt hätte und auf diese Weise auch ein reicherer Kindersegen hervorgebracht worden wäre. Freilich müssen dann aber auch nach derselben Theorie nach dem Ende des dreißigjährigen Kriegs sehr viel mehr Männer als Frauen geboren worden sein, denn der Verbrauch und Abgang der Männer war ja ein ungeheurer — „allein hier stock' ich schon" — kann man mit Faust sagen, denn davon ist gar keine Spur vorhanden, die Männlein und die Weiblein wechseln sich so vergnügt in tausenden von Genealogien aus der Zeit nach dem dreißigjährigen Kriege, wie jezuvor oder nachher.

Man wird aus diesem Beispiel entnehmen dürfen, daß es gegen die starke Bewertung aller äußern Umstände bei den Zeugungen der Menschen genealogische Bedenken gibt, die man vielleicht nicht in unbescheidenem Maße überschätzen dürste, die aber doch aufzufordern scheinen, bei solchen Fragen nicht bloß die Massenbeobachtung, sondern auch die Stammtafel ein wenig zu Rathe zu ziehen. In Bezug auf die vielbesprochene Frage der Geschlechtsverhältnisse der Geburten, werden Beobachtungen über längere Zeiträume schon deshalb sehr erwünscht sein, weil das Maaß der äußern Einflüsse sich im Laufe mehrerer Jahrhunderte jedenfalls nach der einen, oder der andern Seite sicherer geltend machen würde, als in einem einzelnen, oder in einer kleineren Zahl von Jahrgängen. Es ist daher vor allem die Frage aufzuwerfen, ob sich das Geschlechtsverhältnis bei den Geburten nicht etwa in verschiedenen Zeitperioden verschieden und abweichend von demjenigen vermuten lasse, welches heute statistisch festgestellt ist.

Es wird, um eine Probe zu machen, sich empfehlen, in die Betrachtung einer Zeitperiode einzutreten, die weit genug von unserer Gegenwart entfernt ist, um die Wirkung andersgearteter Lebens- und Gesellschaftsverhältnisse wahrscheinlich zu machen, und andererseits doch nicht so weit zurückliegt, daß man an der Genauigkeit der überlieferten Thatsachen und mithin an ihrer Berechenbarkeit und Vergleichbarkeit mit heutigen statistischen Erhebungen Zweifel hegen könnte. Wir legen daher passend die Zeit vom Ende des 15. bis zum Beginne des 18. Jahrhunderts unseren Zählungen zu Grunde und betrachten mithin in einer

gewiſſen Zahl von Familien eine Reihe von etwa ſieben Generationen. Hierbei zeigt ſich, daß bei einer Auswahl, die lediglich
vom Zufall gegeben iſt, allerlei beſondere Familienverhältniſſe be-
ſtehen. Einige ſind ungemein zahlreich, andere in Abnahme, oder
gar im Ausſterben begriffen. Einige ſind ſchon in ſehr hohem
Alter in Bezug auf ihre hervorragende Lebensſtellung, andere ſind
eben erſt zu hohen Ständen emporgekommen. Bei allen dieſen
Familien ſoll zunächſt lediglich das Verhältnis der ehelich erzeugten
Kinder in Betracht gezogen werden, gleichgiltig, ob die Lebensdauer lang oder kurz war, und ob ſich die erzeugten Kinder
ihrerſeits verheiratet haben, oder nicht, es ſoll alſo nach denſelben
Grundſätzen gezählt werden, wie man die Geburtsziffern eines
Jahres nach Geſchlechtern ſondert, ohne daß man beachtet, was
aus dieſen Früchten ſpäter geworden iſt oder werden wird.

Es wurde hierbei unterſucht 1) die ungewöhnlich zahlreiche
Familie Fugger von dem Stammvater Raymund an, der 1530
in den Grafenſtand erhoben wurde, 2) die Mannsfeld ſeit Ernſt II.,
1479—1530, 3) Stollberg ſeit dem im Jahre 1535 verſtorbenen
Gf. Botho berechnet, 4) Lippe ſeit Bernhard Bellicoſus, 5) Oettingen ſeit Wolfgang Pulcher; 6) Salm von 1505, 7) Leiningen
von 1528, 8) Solms von 1510, 9) Iſenburg ſeit 1511, dem
Todesjahr Ludwigs VII., endlich 10) 11) 12) Waldeck, Löwenſtein und Sayn Wittgenſtein mit etwas ſpäteren Generationen
beginnend, weil ältere Ueberlieferungen wohl nicht genügend ſein
würden. Die Stammbäume dieſer 12 Häuſer wurden bis zu den
Jahren 1720—30 als äußerſten Zeitgrenzen für die Geburten
herabverfolgt und ergaben eine Geſammtzahl von 2328 Geburten
und darunter waren 1198 männliche, und 1130 weibliche.

Auf die einzelnen Familien vertheilt ſich dieſes Verhältnis ſo,
daß in neun Familien die Zahl der männlichen Geburten um 1 bis
10 Perzent größer war als die der weiblichen. Leiningen dagegen
hatte von der Zeit Emichs des VIII bis zum erſten Viertel des
18. Jahrhunderts um 29 Mädchen mehr hervorgebracht als Knaben.
Sayn Wittgenſtein' und Solms haben in allen ihren Linien ganz
gleiche Verhältniſſe, die erſteren ein Mädchen, die letzteren 2 bis 3
Knaben mehr gegeben. Dagegen gibt es auch ſehr Knabenreiche
Familien, wie etwa die Löwenſtein.

Zeigt sich nun in dem Verhältnis der beiden Geschlechter während des 16. und 17. Jahrhunderts im wesentlichen eine fast vollständige Uebereinstimmung mit den auch von der heutigen Statistik gefundenen Zahlen, so darf man den Schluß ziehen, daß alle historischen gesellschaftlichen Begebenheiten und Umstände der vergangenen Jahrhunderte nicht im Stande waren eine in der menschlichen Natur liegende Regel wesentlich zu stören oder abzuändern. Und wenn das Zeugungsvermögen der Menschen wirklich geneigt wäre auf äußere Umstände so lebhaft zu regieren, wie man dies von Seite derer voraussetzt, die der Regulierung der Geschlechtsverhältnisse das Wort reden, so müßte man sich sehr wundern, woher in einem Zeitalter, in welchem Krieg, Pest, Hungersnoth, Religionskämpfe und Verfolgungen aller Art gleichsam zur Tagesordnung gehörten, soviel Uebereinstimmung mit Zeiten besteht, wo Hungerjahre und Kriege zu den seltensten Ausnahmen gehören und Epidemieen doch nur in sehr eingeschränktem Maaße vorkommen.

Man kann aber die Genealogie auch dazu benützen, um sich über noch längere Zeiträume Auskunft geben zu lassen und kann die Frage des Geschlechtsunterschieds bei der Nachkommenschaft lediglich unter den Familiengesichtspunkt stellen. Dann wird man wieder die Beobachtung machen, daß sich dieselbe Ausgleichung der doch stets sehr geringfügigen Differenzen, die man in einem kleineren Zeitraume durch die Nebeneinanderstellung von verschiedenen Familien erlangt, in einer über doppelt oder dreifach so viele Generationen ausgedehnten Epoche dadurch bekommt, daß sich die schwächeren Geschlechtsziffern des einen Theils innerhalb der einen Zeitgrenze durch bessere in der andern Compenfieren. Was also bei der einen Betrachtung sich durch die Nebeneinanderstellung verschiedener Familien ergibt, wird bei der andern durch die hintereinander auftretenden längeren Generationsreihen erreicht; der Durchschnitt bleibt immer derselbe. Die menschliche Zeugungskraft ist eben so beschaffen, daß sie zu jeder Zeit und unter allen Umständen einen kleinen Ueberschuß von männlichen Geburten hervorbringt.

So läßt sich das fürstlich Reußische Geschlecht, welches durch

Kinderreichthum ausgezeichnet ist, vom Ende des 14. Jahrhunderts
an recht gut verfolgen, wenn auch wahrscheinlich in den ersten
Generationen manche weibliche Geburten in Vergessenheit gekommen
sein mögen. Es sind aber in etwa 560—570 Jahren in diesem
Geschlechte genau 500 Geburten gezählt worden, wovon 261 dem
männlichen und 239 dem weiblichen Geschlecht angehörten. Hieraus ergibt sich ein Geschlechtsverhältnis von 108, was mit Rücksicht auf die in den ältern Jahrhunderten, wie gesagt, nicht so
genau überlieferte weibliche Nachkommenschaft gerade um die kleine
Differenz zuviel sein dürfte, nach deren Abrechnung die Ziffer
mit den heute anerkannten statistischen Ergebnissen wieder vollkommen übereinstimmen wird. Genau dasselbe Verhältnis zeigt
sich auch bei den Mecklenburgischen Häusern, wo man seit etwa
vierhundertfünfzig Jahren 95 männliche und 92 weibliche Geburten
gezählt hat. Ich darf hinzufügen, daß für theils kleinere, theils
größere Zeiträume ganz ähnliche Geschlechtsverhältnisse mir auch
noch bei andern Häusern aufgefallen sind, von denen noch in
anderer Beziehung zu sprechen sein wird. Hier dürfte die Folgerung kaum für übereilt gehalten werden, daß die Erzeugung des
Geschlechts eine Sache ist, welche zu den historisch und biologisch
unveränderlichen Eigenschaften in der Menschen- und Thierwelt gerechnet werden muß.

Wie sehr sich die Zeugungsverhältnisse überhaupt als etwas
in individuellen Kräften der Natur gegebenes darstellen und wie
wenig Einfluß darauf äußere Umstände nehmen, wie bedenklich es
demnach auch zu sein scheint, hierbei mit dem Begriffe der Anpassung operieren zu wollen, ist noch an einer Reihe weiterer genealogischer Beobachtungen zu erkennen. So wäre die Frage
sehr wohl berechtigt, ob sich die Hervorbringung der Geschlechter
nicht vielmehr als ein Erbtheil der Familien herausstellt. Im
gewöhnlichen Laufe des Lebens macht man sehr häufig die Beobachtung, daß die Kinderzahl und selbst die Vertheilung der Geschlechter, ja nicht selten sogar die Ordnung, in welcher männliche
und weibliche Geburten erfolgt sind, in den Zeugungsverhältnissen
der Eltern und ihrer Kinder sich fast mechanisch wiederholen.
Weit entfernt, hierin eine Regel vermuten zu wollen, scheint sich

doch daraus ein Gesichtspunkt zu ergeben, unter welchem eine
Reihe von genealogischen Verhältnissen betrachtet werden könnte.
Berücksichtigt man dabei in erster Linie die vielerörterte Frage der
Hervorbringung des Geschlechts und sieht zunächst von der Kinderzahl und der Fruchtbarkeit der Ehen ab, worüber sich aber ebenfalls Beobachtungen machen ließen, so kann man nicht verkennen,
daß sich auffallend viele Wiederholungen in Betreff des Geschlechts
der Erstgeburten in den Familien wahrnehmbar machen. Wie
sich soeben gezeigt hat, daß ganze Familien mehr zur Hervorbringung von weiblichen Nachkommen vorherbestimmt scheinen, und
daß sich bei den einen immer wieder die Neigung zur Knaben-
reproduction, in den andern die zu Mädchengeburten von Generation zu Generation zu wiederholen pflegt, so begegnet man auch
der Neigung vieler Familien in langen Generationsreihen immer
wieder nur männliche oder weibliche Erstgeburten hervorzubringen.
Dabei gestattet gerade der Umstand, daß diese Erscheinung bei den
ersten Conceptionen der neuvermählten Frauen gleichsam als Probe-
leistung des Stammhalters der Familie gelten kann, einen erwünschten
Rückschluß auf die in allen Fällen hervortretende Bedeutung des
ererbten Spermatozoon. Denn wenn der Antheil des weiblichen Theiles in Ansehung der Hervorbringung des Geschlechts
bei der Zeugung ganz gleichwertig wäre, so könnte sich die vom
Vater auf den Sohn vererbte Uebermacht nicht wohl erklären.
Wenn aber die Entscheidung über das Geschlecht der Erstgeburt
nicht von der Mutter abhängt, sondern von dem Familiencharacter
des Mannes, so ergibt sich zweifellos, daß man es mit einer dem
männlichen Individuum von vornherein oder wie man zu sagen
pflegt, angeborenen Eigenheit, Kraft, Vermögen, oder wie man es
ausdrücken mag, oder aber mit einem Mangel dieses Vermögens
zu thun hat. Daneben bleibt die theoretisch-physiologische Frage,
ob die größere Energie des Weibes, oder des Mannes die männliche oder weibliche Reproduction bewirkt, völlig unberührt. Auffallend erscheint nur allerdings dieser Theorie gegenüber die Thatsache, daß in solchen Geschlechtern oft Mädchenüberschuß herrscht,
wo die Männer, die nach jener Ansicht stark und kräftig sein
müßten, sich gewöhnlich in sonstigen Verhältnissen des Characters

und Handelns schwächlicher zu zeigen pflegen. So zum Beispiel das
Luxemburgische Haus, welches sicherlich geistig nicht unbedeutend
war, aber an starkem Character keinen Ueberfluß hatte. Der Sohn
Kaiser Heinrichs VII., in dessen elterlichem Hause auch schon ein
starker Mädchenüberschuß vorhanden war, heiratete 14jährig eine
ganz wohlausgebildete, aus habsburgisch-böhmischer, sehr zeugungskräftiger Verbindung hervorgegangene 18jährige Frau; wenn jemals
die oft erwähnte Theorie von den Pferden auf die Menschen anwendbar gewesen wäre, so müßte ein Sohn erzeugt worden sein.
Es kam aber ein Mädchen zur Welt. Der später geborene in
seinen späteren Jahren auch immer zeugungskräftiger gewordene
Sohn Karl debütirte 13jährig vermählt mit einer strammen vollent-
wickelten Französin wieder nur mit einer Tochter. Er hatte in seinen
späteren Jahren mit drei Frauen fünf Söhne gezeugt. Aber eben
diese Söhne haben alle die Eigentümlichkeit geerbt, zur Erstgeburt
Mädchen zu schaffen. In dem ganzen Geschlechte der Luxemburger
ist nur ein einziger Fall vorgekommen, daß in einer ersten Zeugung
ein Sohn reproducirt wurde, und auch dieser eine Fall ist unsicher,
weil er in zweiter Ehe des Herzogs Johann Heinrich erfolgt ist,
nachdem gegen denselben in erster Ehe der Nachweis voller Impotenz
erbracht worden war. Jedenfalls könnte auch dieser Umstand
eigentlich nur dafür sprechen, daß zur Erzeugung männlicher
Frucht eine erst im höheren Mannesalter vorhandene väterliche
Kraft erforderlich war.

Es wird erwünscht sein, auf Thatsachen aus länger lebenden
Familien hinzuweisen, doch darf man wohl auf Ausnahmen von
der Regel um so mehr gefaßt sein, je länger die Reihenfolge der
Generationen sein wird, die in Betracht gezogen worden ist. In
manchen Häusern ist das männliche Erstgeburtssystem indessen doch so sehr
in Uebung, daß einige Abweichungen wenig besagen, wie beispielsweise in Würtemberg, wo es fast gar nicht vorkam, daß die Erstgeburten weiblich gewesen wären, und diese Gewohnheit sich bis
in dieses Jahrhundert erhielt, wo dann in den zwei allerjüngsten
Generationen wenigstens bei der regierenden Linie ein anderes
Verhältnis eintrat. Sonst aber findet man seit dem 12. Jahrhundert bei allen Würtembergischen Zweigen, mit Ausnahme der

Julianischen Linie, männliche Erstgeburten in so überwältigender
Zahl, daß an der Familieneigentümlichkeit nicht gezweifelt werden
kann. Was aber die Julianische Linie betrifft, so ist überhaupt
ganz plötzlich bei ihr ein ungeheurer Töchtersegen entstanden und
die männlichen Nachkommen starben schon im Laufe von zwei bis
vier Generationen aus. Wir werden uns in einem anderen
Capitel mit der Erscheinung des sogenannten Aussterbens zu beschäftigen haben.

Jn der hessischen Familie herrschte lange Epochen hindurch
der umgekehrte Fall, wie bei den Würtembergern. Es gehn hier
fast immer Töchter voran und nicht selten in beträchtlicher Anzahl,
bis es dem Vater gelingt einen Erben zu bekommen. Die Erstgeburt gehört mit wenigen Ausnahmen dem weiblichen Geschlecht.
Eine starke Neigung für diese Bevorzugung der Töchter zeigt sich
schon seit älteren Zeiten, sie wird aber seit Philipp dem Groß-
mütigen zuweilen bedenklich und artet in einen erheblichen Ueberschuß von Mädchengeburten aus. Nachher tritt die Kasseler Linie
mit stärkerer Bevorzugung männlichem Erstgeburten hervor, wogegen
die Darmstädtische dem alten Prinzip entschieden treu bleibt, indem
von Ludwig V. bis auf den Großherzog Ludwig II. in sieben
Generationen fünfmal weibliche Erstgeburten vorkamen; dann folgten
zwei Generationen mit männlicher und die letzten zwei wieder mit
weiblichem Vorgang. Auch in den Nebenlinien kamen sonderbare
Wechselfälle vor, aber die starke Mädchenreproduction war nicht
immer ein Zeichen der Langlebigkeit der einzelnen Zweige im
engern Sinne.

Gerade umgekehrte Geburtsverhältnisse finden sich bei den
Wittelsbachern. Jm bayerischen Hause habe ich nicht weniger als
32 männliche Erstgeburten gegen nur 12 weibliche gezählt. Dasselbe Verhältnis herrscht im alten Pfälzer Kurhaus, wo der Reihe
nach eine Generation die andere mit männlichen Erstgeburten ab-
löst und nur in zwei jüngeren Linien zweimal weibliche Erstgeburt
vorausgeht. Dagegen ändert sich das Verhältnis in allen jüngeren
pfälzischen Linien überhaupt sehr zu Ungunsten des männlichen
Vortritts; schon im mittleren Hause überwiegen weibliche Erstgeburten und steigen bei den Zweibrückenern bis auf 10 unter 14.

Dagegen huldigten die heute noch lebenden Birkenfelder dem alten Wittelsbachischen Princip. Es waren alle Erstgeburten mit Ausnahme von drei in ihrer Familie männlich.

Man könnte unzählige Beispiele ohne alle Auswahl hinzufügen: Bei den Wettinern stehen die Ernestiner erheblich auf Seite der männlichen Erstgeburten: es gibt 48 gegen 18, die Albertiner dagegen sind mehr weiblich geneigt. In den jüngern Linien der Hohenzollern sind vorherrschend weibliche Erstgeburten zu bemerken. Auch sonst trifft diese Beobachtung bei jüngern Linien zu. So ist das mittlere Haus Braunschweig, während als Gesammthaus die Welfen keinen recht ausgesprochenen Character zeigen, durchaus weiblich gerichtet u. s. w.

Was sich mithin als feststehendes Princip in allen diesen Einzelheiten erweist, ist die Gleichartigkeit der Zeugungskraft der Väter in einer gewissen Reihe von Generationen. Wir wollen nicht wagen, an diese Beobachtungen schon jetzt weitgehende Schlüsse zu knüpfen. Der Gegenstand müßte noch ganz anders im Detail erforscht werden, als dies in einem allgemeinen Lehrbuch der Fall sein kann, nur das eine wird man als annehmbar betrachten dürfen, daß bei den Zeugungsverhältnissen etwas typisch gegebenes vorliegt, was vielleicht doch mehr durch Familienforschung, als durch statistische Massenbeobachtung aufgeklärt werden könnte. Vielleicht wäre durch die Genealogie schon einiges gewonnen, wenn sie mit voller Sicherheit den Nachweis erbrächte, daß in allen geschlechtlichen Vorgängen in den Generationen nicht nur im allgemeinen stete Wiederholungen derselben Erscheinungen wahrzunehmen seien, sondern auch Besonderheiten und Eigenthümlichkeiten, die man sonst als Einwirkungen äußerer Umstände zu bezeichnen pflegt, als eine Folge der inneren Natur der Zeugenden in bedeutenderem Maße erscheinen. [1] Aristoteles erklärte die

---

[1] Die Wiener Medizinische Wochenschrift theilte vor einiger Zeit einen Fall von Erblichkeit der Kinderfruchtbarkeit von Frauen mit, der auffallend ist: Mutter und Tochter hätten die Fähigkeit von Zwillings- und Drillingsgeburten in dem Maße gehabt, daß die erstere 38 und die letztere 32 Kinder geboren hätte. Diese war selbst ein Vierling. Der Mann der armen Frau wird genannt, und erregt den Schein der Genauigkeit und Richtigkeit der Thatsache, wann sie sich aber ereignet habe, ist indessen nicht mitgetheilt.

meisten Erscheinungen der Zeugung aus der $\varkappa\iota\nu\eta\tau\iota\varsigma$. dem Uebergewicht des „Antriebs", der von dem die Bewegung hervor-
bringenden Männchen ausgeht. Er setzt eine ganze Stufenleiter
dieses Kraftverhältnisses voraus, aus welcher sich die manig-
fachsten Erscheinungen, das Geschlecht der Kinder, die Aehnlichkeiten derselben bald mit dem Bater, bald mit der Mutter und
selbst mit den Vorfahren erklären sollen, so daß sich ihm ein
förmlicher Gradmesser für die vom Erzeuger ausgehende Energie
ergibt. Daraus würde sich dann leicht erklären lassen, wie es
kommt, daß in einer Reihe von Generationen dieselben Erscheinungen sich wiederholen, aber man darf annehmen, daß unserer
heutigen physiologischen Wissenschaft mit diesen formalen Erklärungen wenig geholfen wäre, und das Mikroskop scheint für
die von Aristoteles bekämpften Ansichten Demokrits über den
Samen des Weibchens und Männchens entschieden zu haben. Beachten dürfte man aber immerhin, daß dem großen Denker es
keineswegs als ein Widerspruch erscheint, neben der gewaltigen
Bedeutung des angebornen Antriebs doch auch einige Wirkungen
äußerer Umstände anzunehmen, wie er denn gegen den Glauben
der alten Schafzüchter durchaus nichts einzuwenden findet, welche
noch viel weiter gingen, als die modernen, indem sie nicht nur
den Nord- und Südwinden, sondern auch schon der Stellung der
Thiere je nach Norden oder Süden Folgewirkungen auf die Ent-
stehungdes Geschlechts zuschrieben. Dem gegenüber steht die Genealogie auf dem Standpunkt der individuellen Bewertung gegebener
und ererbter Kräfte.

Zweites Kapitel.

Erblichkeit und Variabilität.

Die Genealogie bedarf zu ihrer wissenschaftlichen Begründung der von der Naturwissenschaft erkannten Thatsachen sogut, wie ihrer Hypothesen, um Natur und Wesen der sich fortpflanzenden Generationen verstehen und beurtheilen zu können. Daß die Lehre vom Keimplasma nach heutiger Anschauung den beiden Geschlechtern eine gleiche Betheiligung an der Bildung des neuen Organismus zuschreibt, ist ein Umstand der der Ahnentafel eine bislang nur zusehr und zwar von allen Seiten verkannte Bedeutung zuerkennt. Hiebei lassen sich die Resultate der biologischen Untersuchungen keinen Augenblick vergessen, da sie gleichsam fortwirkend für alles Leben entscheidend sind, an welches der genealogische Forscher heranzutreten in der Lage ist. Anders dagegen verhält es sich mit jenen Prinzipienfragen, welche die heutige Naturforschung unter dem Begriffe der Vererbung und Veränderung der Organismen zu behandeln pflegt. In dieser Beziehung müssen zwei Dinge von einander unterschieden werden, von denen das eine gewissermaßen eine Welt betrifft, die außerhalb jener Genealogie liegt, die sich auf den heutigen historischen Menschen bezieht, während ein anderer Theil der dabei in Betracht kommenden Fragen allerdings leicht in seinen Wechselbeziehungen zwischen geschichtlichen und naturwissenschaftlichen, physiologischen und psychologischen Thatsachen unsere im engeren Sinne gefaßte genealogische Wissenschaft unmittelbar berührt.

Die naturwissenschaftlichen Betrachtungen über „Vererbung und Variation" haben seit Darwins unsterblichem Werke einen

solchen Umfang und eine so starke Befestigung erfahren, daß es
fast begreiflich erscheint, wenn die Genealogie als solche nur eine
ganz nebensächliche Bedeutung in Anspruch nahm. Das Material,
welches dem Zoologen, Botaniker und Physiologen zu Gebote
steht, ist ein so überwältigendes für die Frage von „Vererbung
und Variation", daß es wie eine undankbare Aufgabe gelten
konnte, sich mit einem im ganzen sehr unveränderlichen Wesen wie
dem historisch bekannten Menschen in Betreff dessen zu beschäftigen,
was sich aus seiner genealogischen Entwicklung für die Variabilität
des Artenlebens ergeben könnte. Die Naturforschung geht mit
Recht von der Voraussetzung aus, daß die niedrigen und niedrigsten
Organismen viel geeigneter sind die Probleme der Veränderungen
zu lösen, als die höheren und höchsten. So darf sich denn auch
die Genealogie nicht anmaßen in die Kreise dieser allgemeinen
biologischen Untersuchungen tief eindringen zu können. Sie ist
und bleibt eine Wissenschaft, die von dem Standpunkte des reinen
Individualismus nicht abzugehen vermag, wenn sie sich auf Erfahrungen beschränkt. Sie kann unzweifelhaft auch ihrerseits die
Erfahrung machen, daß im Generationswechsel Individuen aufein-
anderfolgen, die in körperlicher Beziehung und in Betreff der
Aeußerungen des geistigen Lebens eine solche Aehnlichkeit untereinander besitzen, daß hieraus der Begriff der Vererbung gewonnen
werden kann; und sie bemerkt auch, daß zwischen den von einander abstammenden Generationen Unterschiede bestehen, aber jene
Aehnlichkeiten und diese Variabilitäten sind auch nicht entfernt so
greifbar wie diejenigen, auf welche der Naturforscher seine Lehre
aufbauen kann. So haben denn Darwin, Galton, Haeckel, von
Kölliker, Weismann, von Nägeli, Ziegler, Eimer und viele andere[1]) sich um die Genealogie des Menschen nur sehr wenig zu
bekümmern gebraucht, und davon nur dann Nutzen gezogen, wenn

---

[1]) Zur Einführung in die reiche, zum Teil polemische Litteratur über Vererbung habe ich insbesondere das sorgfältige Büchlein von Dr. Friedrich Rohde,
über den gegenwärtigen Stand der Frage nach der Entstehung und Vererbung
individueller Eigenschaften und Krankheiten mit einem Vorworte des Herrn
Professor Dr. Binswanger; Jena 1895 und die entschlossene und consequente
Arbeit des Herrn Professor Dr. Th. Eimer, Die Entstehung der Arten auf

sich ihnen Gelegenheit bot aus dem Bereiche nächstliegender ana-
tomischer oder pathologischer Erfahrungen Beispiele für Vererbungen oder für Variation zu gewinnen. Immerhin könnte dieser
Umstand die Hoffnung gewähren, daß eine systematische und ausgedehntere Betrachtung genealogischer Verhältnisse auch den allgemeinen biologischen Studien zu gute kommen könnte.

Leitet man nun den Begriff der Vererbung in Uebereinstimmung mit den gesammten naturwissenschaftlichen Autoritäten,
welcher abweichenden Meinungen unter einander sie auch sonst sein
möchten, von der Erfahrungsthatsache der Ähnlichkeit zwischen Erzeugern und Erzeugten ab, so steht die Genealogie in gewissem
Sinne auf einem viel beschränkteren Standpunkte als die allgemeine Biologie, aber sie könnte andererseits wieder vielmehr Material der Beobachtung darbieten, wenn man den Begriff der
Variabilität feststellen wollte. Denn daß zwischen einer Heerde
von Schafen so wenig Unterschiede bestehen, daß nur die Uebung
des Schäfers es möglich macht, das eine von dem andern zu
unterscheiden, während es in einer Masse von Menschen schon
Schwierigkeiten verursacht, zwei völlig gleichaussehende zu finden,
leuchtet ohne weiteres ein. Daraus geht aber hervor, daß die
Unterschiede höherer und höchster Lebewesen, wenn sie zur Bildung
des Begriffs einer besonderen Art berechtigen sollen, sehr viel
größer sein müssen, als bei den niedern Organismen, wo man
geneigt sein kann, schon in einem geringen Grade von Variabilität Neubildungen zu erblicken, durch welche bekanntlich Darwin
zur Erkenntnis der Entstehung der Arten überhaupt geführt worden
ist. Will man dagegen bei Menschen wesentliche Variationen erzeugen, so gehören dazu die immer ganz deutlich erkennbaren
Unterschiede der schon bestehenden Arten (Rassen), wo dann eine
Vererbung stattfindet, die teils von dem einen, teils von dem
andern der Erzeuger herkommt. In solchen Mischungen zeigt sich
etwas ein für allemale gegebenes, wie das Maulthier eben nur aus
der Kreuzung von Pferd und Esel und der Mulatte aus der von

Grund von Vererben erworbener Eigenschaften nach den Gesetzen organischen
Wachsens. Ein Beitrag zur einheitlichen Auffassung der Lebewelt. Jena 1888,
benutzt.

24*

Weißen und Schwarzen entstand. Die Genealogie hat mithin immer noch ein beschränktes Feld der Beobachtung, selbst wenn man alle Arten der Menschen in ihren Kreuzungen dabei ins Auge fassen wollte. Zu einer Descendenzlehre würde sie niemals zu gelangen im Stande sein.

Desto ausgiebiger gestaltet sich dagegen das Beobachtungs= material der Genealogie innerhalb jener engeren und engsten Grenzen physiologischer und psychologischer Eigenschaften, die zwar groß genug sind, um die Unterschiede zwischen den menschlichen Individuen viel bedeutender erscheinen zu lassen als zwischen den tierischen, aber doch nicht so groß, um den Begriff des Menschen als Art irgendwie zu gefährden. Man sollte daher glauben, daß die Genealogie in unserm Sinne als Wissenschaft von den Menschen genommen, ein ganz besonderes Feld für die Beobachtung der Variabilitäten sein könnte, und zwar für die feine Beobachtung kleiner und kleinster Variabilitäten, die sich vom Standpunkte der allgemeinen biologischen Fragen für unwesentlich, vom Stand= punkte der menschlichen Art im besonderen aber als höchst bedeutend darstellen. Diese Variabilitäten, die sich als bloße Veränderungen von solchen Eigenschaften erkennen lassen, die das Wesen des Menschen gar nicht berühren, sind in den genealogischen Erfah= rungen, die uns vorliegen, so massenhaft vorhanden, daß ihr Studium offenbar zu viel sichereren Schlüssen führen dürfte, als die Beobachtung jener Umformungen, die man an den niedern Organismen wahrgenommen hat.

Aristoteles[1]) setzte die Ursachen auseinander, weshalb die Kinder den Eltern bald ähnlich, bald unähnlich sind und manchmal dem Vater, manchmal der Mutter, sowol im ganzen Körper, als in den einzelnen Teilen, und weshalb sie mehr den Eltern ähnlich sind, als den Vorfahren und wiederum mehr diesen, als irgend welchen beliebigen Menschen. Und hierbei setzte er die Möglich= keit voraus, daß die Unähnlichkeit so zunehmen könnte, daß eine Mißgestalt entsteht, also wie sich Aristoteles ausdrückt, ein Wesen, das niemandem von den Verwandten ähnlich ist und endlich auch

¹) S. oben S. 330, f.

nicht mehr der menschlichen Gestalt. Ob heutige physiologische
Erfahrung Variabilitäten, wie sie etwa durch die Vorstellung von
Centauren bezeichnet werden, für möglich erachten würde, bleibt
dahingestellt, aber mag man sich die Abänderungen, die bei dem
Erzeugten auftreten können, noch so groß oder klein vorstellen,
die Erzeuger erscheinen, da man den Begriff der Vererblichung
immer als das allgemeine und unbedingt giltige voraussetzen muß,
doch als der Maßstab jeder Veränderung. Man bedarf dazu eines bestimmten Begriffs der Variabilität, welcher von der heutigen Wissenschaft auf sehr verschiedene Weise gegeben wird. Darwin läßt
aus den verschiedenen Lebensbedingungen, denen sich das Individuum anpassen muß, die Veränderungen hervorgehen, welche an
die Nachkommen vererbt worden sind. Heute ist nun wol die
hauptsächlichste Differenz zwischen den Naturforschern in der bekannten Formel zum Ausdruck gekommen: „Vererbung erworbener
Eigenschaften".

Um die Veränderungen an den lebendigen Organismen überhaupt und im wesentlichen zu erklären, sind seit Lamarck die
mannigfaltigsten Ansichten geltend gemacht worden. In der veränderten Lebensweise und den veränderten Lebensbedingungen,
durch welche der Kampf ums Dasein bedingt ist, war zuerst der
Grund der Differenzierungen in der Vererbung wahrgenommen
worden. Alsbald war man bestrebt, aber auch die Veränderungen
in dem Keim selbst zu erblicken, und man war sozusagen von einer
Erklärung der in der Peripherie sichtbaren Veränderungen zur Annahme einer Variabilität im Centrum fortgeschritten. Es wurden
dann selbst innere und äußere Ursachen der Veränderung unterschieden. Die normale Entwickelung dachte man von einer bestimmten typischen Beschaffenheit der Befruchtungskörper abhängig.
Die Abweichungen erschienen alsdann als eine Rückwirkung der
äußeren Lebensbedingungen auf die im Keimplasma vorhandenen
Qualitäten, die somit ihrerseits unter der Notwendigkeit der Anpassung ebenfalls Veränderungen eingingen. War man auf der
einen Seite zu einer vollständigen Flüssigkeit alles realen Lebens,
also gleichsam zu der ältesten Philosophie von Thales zurück-
gekehrt, so konnte der Demokritos nicht ausbleiben, der zu den

„Iden" fortschritt und in diesen endlich die Grenze aller Variabilität entdeckt zu haben meinte. Darnach hing alle und jede
Veränderung an den entwickelten Organismen von den Mischungsverhältnissen ab, die schon in den Keimkernen und bei der Copulation derselben durch weibliches und männliches Keimplasma vor
sich gegangen sein sollte. Weismann erblickte in der Vermischung
der Keimplasmen beider Eltern zweierlei Vererbungstendenzen,
welche die Ursache einer Herstellung individueller Charaktere wären.
„Durch die Vermischung wird eine Steigerung und nicht eine Ab-
schwächung der individuellen Unterschiede bedingt, weil ein jedes
Individuum solche besitzt, und immer wieder in anderer Weise.
Hier könnte ein Ausgleich der Verschiedenheiten nur dann eintreten,
wenn wenige Individuen schon die ganze Spezies ausmachten . . .
Die Zahl der Individuen, welche zusammen aber eine Art darstellen, ist unendlich groß und es ist unmöglich, eine Kreuzung
aller mit allen hervorzubringen; die individuellen Unterschiede
können daher nie ganz aufgehoben werden. Bei aller Vererbung
ergibt die unendliche Variation der unendlichen Teile immer wieder
einen individuellen Unterschied in der amphigonen Fortpflanzung."
Durch diese demokritische Vorstellungsweise des modernen Natur-
philosophen wird der Begriff der Auslese und Anpassung zwar
nicht ganz aufgehoben, aber doch in sehr enge Grenzen gebannt.
„Wenn das Keimplasma," so sagt er, „nicht in jedem Individuum
wieder neu erzeugt wird, sondern sich von den vorhergehenden ableitet, so hängt seine Beschaffenheit, also vor allem seine Mole-
cularstructur, nicht von dem Individuum ab, in dem es zufällig
gerade liegt, sondern ist gewissermaßen nur der Nährboden, auf
dessen Kosten es wächst; seine Structur aber ist von vornherein
gegeben." Darnach sind es also auch nur die angeborenen Variationen, welche vererbt worden sind. Was durch die Wechsel-
wirkungen zwischen den Individuen und anderen äußeren Umständen erworben worden ist, spielt in Betreff der Vererbung keine
Rolle. Es wird erworben und in nächsten Generationen wieder
ausgeschieden, und besitzt keine Bedeutung für den organischen
Prozeß. Es sind Abänderungen, die sich, wie Weismann später
unterschied, am „Soma" und nicht am „Keimplasma" vollzogen

haben, da doch nur diese eigentlich zur Vererbung kommen, jene hingegen nur das fertige Soma berührt haben und für die Entstehung erblicher individueller Abänderungen nicht in Betracht kommen können. Mehr und mehr hat man sich in dem Sinne von Weismann nun zu der Formel entschlossen, daß die erworbenen individuellen Eigenschaften nicht vererbt werden können.

Daß diese Ansicht gewichtige Gegner gefunden hat, soll hier nur angedeutet werden und insbesondere hat Einer sich umständlich gegen die Vorstellungsweise des modernen Demokritos entschieden und hierbei hinwieder auch bei Birchow und anderen Unterstützung gefunden, so daß man wol sagen kann, die Frage ist für die heutige Naturphilosophie eine vollkommen ungelöste. Hervorragende Naturforscher haben sich sogar wiederum hinter die scholastischen Vorstellungen der causae externae und internae geflüchtet, und das bedenklichste ist, wie es scheint, der Umstand, daß auch über den Begriff dessen, was eine erworbene Eigenschaft sei, auch nicht die mindeste Verständigung stattgefunden hat, sobald man aus der Allgemeinheit heraus zur Beantwortung irgend einer konkreten Frage geschritten ist. So ist die Sechsfingerigkeit oder die Schwanzlosigkeit des Thieres (von gewissen rituellen Gebräuchen semitischer Völker, oder von der steten Reproduction des Hymens und vielem ähnlichen ganz abgesehen) bald zu den erworbenen Eigenschaften, welche prinzipiell vererbt werden müßten, gerechnet worden und bald wieder nicht. Es muß daher wol beachtet werden, was Birchow bei den verschiedensten Gelegenheiten warnend über erworbene Eigenschaften und Erblichkeit geäußert hat: „Die Erblichkeit würde ein vortreffliches Kriterium sein, wenn wir etwas mehr von dem Wesen der Vererbung wüßten. Leider wissen wir davon so wenig, daß in der Regel nur ein statistischer [1]) Nachweis dafür geliefert wird. Man ist jedesmal geneigt, eine Eigenschaft als eine erbliche zu betrachten, wenn sie sich im Laufe

---

[1]) Es ist gewis ein Zeichen der vollkommenen Vergessenheit des genealogischen Studiums in heutiger Zeit, daß Birchow nur einen statistischen Nachweis von Erblichkeitsverhältnissen kennt. Er denkt also an die in den Krankenhäusern gesammelten Zahlen, und hat offenbar keine Kenntnis von den historischen Thatsachen, die auf dem Gebiete der Genealogie gefunden werden können.

auseinander hervorgehender Generationen wiederholt. Je häufiger
sie anftritt, um so sicherer erscheint sie als eine erbliche. Aber
gerade in derjenigen Wissenschaft, welche praktisch am meisten mit
der Frage der Erblichkeit befaßt ist, in der Pathologie, hat die
Erfahrung gelehrt, wie unsicher das Merkmal der Wiederholung
ist. Unser Jahrhundert hat in dieser Beziehung die herbsten
Lehren gebracht."[1] Interessant und zugleich ermunternd für das
ernstere Studium der Genealogie ist es auch, wenn Virchow für
eine Modification der Erblichkeitslehre eingetreten ist, wozu die
Fortschritte der Anthropologie in den letzten Jahren mehr und
mehr gedrängt hätten.[2]

Anknüpfend an diese Forderung Virchows wird es berechtigt
sein, zu behaupten, daß eine systematische Erforschung genealogischer Verhältnisse hier bestimmt sein dürfte, eine Lücke auszufüllen. Zunächst erhebt sich die Frage, wie stellt sich die Genealogie zu der Theorie der Entstehung und Veränderung der indivi-

---

[1] Im weitern Verfolg seiner Rede erwähnt Virchow alle die pathologischen
Erscheinungen, die früher als erblich galten und jetzt sämmtlich durch die Bacteriologie erklärt sind, wobei er aber die Frage der „erblichen Disposition" nicht
weiter berührt hat.

[2] Es mag gestattet sein nach einer Analyse von Rohde, a. a. O. S. 71
auf die Hauptsätze Virchows aus seiner Rede von 1889 aufmerksam zu machen:
„Alle Erblichkeit ist beim Menschen eine partielle. Eine allgemeine Erblichkeit
im geologischen Sinne, wo alle Eigenschaften von Generation zu Generation
sich fortsetzen, giebt es beim Menschen nicht". Dasselbe Individuum kann Träger
verschiedener Erblichkeiten sein. In demselben Individuum vereinigt sich also
eine Summe von partiellen Erblichkeiten, welche auf kleine oder größere Theile
beschränkt sind." Erbliche Eigenschaften treten unter Umständen mit einer solchen
Stärke hervor, daß die Bildung in der That vom Typus abweicht. Man weiß
heute noch nicht einmal sicher, wie weit das Gebiet der Erblichkeit reicht. Durch
diese Ungewißheit complicirt sich die Sache auch für die menschlichen Verhältnisse
außerordentlich. Daß z. B. durch Klima und andere Lebensumstände die menschliche Entwicklung beeinflußt werden könne, ist wahrscheinlich, obwol im Augenblicke keine zwingenden Gründe darthun, daß bestehende Menschen sich in ihrer
Gesammterscheinung zu ändern im Stande wären. Es ist kein Umstand vorhanden, der mit Sicherheit bewiese, „daß das locale Klima beliebige Menschen
zu der Menschenform, welche an diesem Orte heimisch ist, umwandeln könne".
Die dagegen von Ziegler geltend gemachten Gründe für die Vererbung pathologischer Eigenschaften werden in einem späteren Capitel zu berücksichtigen sein.

duellen Eigenschaften gegenüber der durch die Zeugung begründeten Erblichkeit oder Reproduction. Hiebei darf man wol rühmend hervorheben, daß das Gebiet der Thatsachen, mit welchen sich
die Genealogie beschäftigt, einer strengeren historischen Kritik unterzogen werden kann, als dies bei statistischen Beobachtungen der
Fall ist, welche der Gegenwart und oft den Aussagen unzuver-
lässiger von Vorurtheilen jeder Art besonders in biologischen Beziehungen beherrschten Menschen entnommen wurden. Spricht
dieser Umstand dafür, daß die Genealogie ein sichereres Beobachtungsmaterial für die Erblichkeit liefert als es gemeiniglich benützt
zu werden pflegt, so werden sich andererseits diese Thatsachen
schwerlich eignen, die prinzipielle Frage der Variabilität entscheiden
zu wollen, und es dürfte angemessen sein von vornherein in aller
Bescheidenheit zuzugestehen, daß auch das eifrigste Studium der
Genealogie nicht dahin führen könnte, jenen allgemein naturwissenschaftlichen Streit der Meinungen wesentlich zu beeinflussen. Es wird
vielmehr als das richtigere anzusehen sein, daß die Genealogie
zunächst ganz von der viel besprochenen Frage der Erblichkeit
erworbener Eigenschaften absieht und das reichlich sich darbietende
Material lediglich unter dem Gesichtspunkte der Vergleichung der
Eigenschaften späterer und früherer Generationen überhaupt behandelt. Indem man an die Ahnenreihen mit der Frage herantreten wird, welche Eigenschaften der Abgestammten sie besaßen
und welches die gemeinsamen Merkmale ihrer Zusammengehörigkeit
seien, wird man ohne Zweifel die Frage der Erblichkeit voraus-
setzungsloser zu beantworten im Stande sein, als wenn man einer
schon vorher entschiedenen Ansicht über die Vererbung erworbener
Eigenschaften schon zugestimmt hätte. Es würde vielmehr als
ein wahrer Triumph des genealogischen Studiums zu betrachten
sein, wenn man auf diese Weise etwas exaktes über diese viel-
umstrittenen Gegenstände festzustellen im Stande wäre. Jedenfalls
wird es aber bei Betrachtung der menschlichen Zeugungs- und
Abstammungsverhältnisse ganz unmöglich sein die im Vergleich
zu der Mannigfaltigkeit der Lebewesen überhaupt doch nur gering-
fügig erscheinenden Variabilitäten nach den Begriffen erworbener
und nicht erworbener Eigenschaften zu unterscheiden. Die verhält-

nismäßig so höchst geringe Spanne Zeit, innerhalb welcher an
dem menschlichen Organismus Veränderungen zu beobachten sind,
wenn man auch die Wirkungen der durch äußere Lebensbedingungen hervorgebrachten Eigenschaften noch so hoch veranschlagen
wollte, schließt von vornherein die Hoffnung aus, starke Beweise
für die Veränderlichkeit der Menschenart auf dem genealogischen
Wege zu erlangen. Sehr fleißige genealogische Beobachtungen
werden gewisse Variabilitäten an bestimmten Einzelfällen in der
Aufeinanderfolge der Generationen bemerken lassen, aber eine Vermutung darüber, ob die Variation durch Vererbung erworbener
Eigenschaften, oder durch regelrechte bei der Zeugung vor sich gegangene Kreuzungsverhältnisse zu erklären sei, wird meistens
durchaus ausgeschlossen sein. Man ist gar nicht in Verlegenheit
eine ganze Reihe von Veränderungen in einer und derselben
Familie nachzuweisen und die Geschichte kennt Vorgänge, wo
an ganz individuell nachweisbaren Generationsreihen thatsächliche
Veränderungen sichtbar geworden sind, aber sie giebt uns keine
entscheidenden Aufklärungen über die Ursachen dieser Erscheinung.
Man kennt beispielsweise das Geschlecht der Ptolemäer ganz
genau. Niemand zweifelt an seiner indoeuropäischen und griechischen Abstammung, aber von einer Veränderung seines Wesens
ist durch eine dreihundertjährige Einwirkung ägyptischer Lebensverhältnisse nichts zu bemerken, und nichts darf man als lächer-
licher und verkehrter bezeichnen, als daß in manchen Theatern
in der neuesten Zeit, entsprechend der sogenannten realistischen
und historischen Richtung der Kunst Shakespeares Kleopatra braun
angestrichen vor dem Publikum erschien. In Wahrheit weiß die
Geschichte das volle Gegentheil von einer solchen vermeintlichen
Variation der indoeuropäischen Haut der Ptolemäer zu berichten.
Aber selbst wenn es der Genealogie gelingen würde, gewisse
dauernde, unbedingt vererbte Abänderungen in den ägyptischen
Königsgenerationen zu bemerken, sei es in Bezug auf plastogene
oder somatogene Eigenschaften, so würde sie doch keine Auskunft
darüber geben können, ob diese einer Anpassung an die Lebensbedingungen Aegyptens, oder aber den mehrfachen unmittelbaren
Kreuzungsverhältnissen griechischer und ägyptischer Keimzellen zu-

zuschreiben wäre. Eine Schlußfolgerung aus diesen genealogischen
Beobachtungen auf die in jenen Theorieen besprochenen Fragen
machen zu wollen, wäre schon in Anbetracht des kurzen Zeitraums
um welchen es sich in der Geschichte der Ptolemäer handelt, sehr
voreilig.

Scheinbar läßt sich eine bestimmtere Ansicht über die Variabilitäten gewinnen, wenn man die Schicksale größerer Familien-
und Volkskreise ins Auge faßt, die sich unter den Einfluß anderer
Lebensbedingungen, eines anderen Klimas, veränderter Nahrung
und verschiedener Sitten und Gewohnheiten gestellt haben, wie
die Gothen, Langobarden in Italien, und die Franken in Gallien.
Denkt man nur an die allgemeinen Ergebnisse der Anpassung, so
sind viele bereit, sogleich an die erworbenen Eigenschaften zu ap-
pellieren. Geht man der ganzen Sache aber genealogisch zu
Leibe, so findet man alsbald, daß thatsächliche Kreuzungen und
mithin das veränderte Ahnenverhältnis weitaus die hervorragendste
Rolle gespielt haben. Die germanische Abkunft der Merowinger
steht fest und man wird gerne bereit sein zuzugestehen, daß sie
mehr und mehr zu Romanen geworden sind, aber wenn man
auch nur die verhältnismäßig geringere Menge der Frauen betrachtet deren romanische Namen auf nicht deutsche Abkunft hinweisen, wie Basina, Beranda, Deoteria u. v. a., so kann man
bei richtiger Ahnenberechnung schon auf viele hunderttausende
romanischer Ahnen schließen, welche diese Germanen in Gallien
erworben haben. Ganz ebenso verhält es sich mit den Pippiniden und
Karolingern, für welche Kreuzungsverhältnisse von romanischem und
germanischem Blute von vornherein feststanden. Dazu kommen
die zahlreichen Heiraten mit westgothischen, burgundischen und
langobardischen Frauen, welche ihrerseits auch schon eine reiche
romanische Ahnenschaft besaßen und man wird leicht verstehen,
daß je mehr man auf genealogische Verhältnisse Rücksicht nimmt,
die Frage der äußeren Lebensumstände desto mehr zurücktritt.
Dasselbe gilt in noch höherem Maße von den Normannischen
Dynastieen, voran von Rurik und seinem Geschlecht, in welchem
die slavischen Stammmütter Olga und Dobrina sofort und mit
erstaunlich rascher Wirkung den slavischen Typus herbeiführten.

Wollte man den durch die veränderten Lebensbedingungen erworbenen Eigenschaften den hervorragenderen Antheil an der Variation des Normännischen Geschlechtscharakters zuschreiben, so
müßte man sich über die Kürze der Zeit wundern, in welcher
diese Veränderung vollzogen werden konnte, denn auch in Italien
sind die Normannen viel schneller zu Italienern geworden, als
man dies von den Longobarden sagen könnte. Nur in England
hat sich nach übereinstimmenden Ueberlieferungen der normannisch-
französische Charakter gegenüber der angelsächsischen Bevölkerung
dauerhafter gezeigt, als irgend wo anders; aber was sagt die
Genealogie zu dieser Erscheinung? Unter den Ahnen sowohl
Wilhelms des Eroberers, wie seiner Söhne und ebenso unter
denen Stephans von Blois, wie der Plantagenets, giebt es nur
eine einzige Frau aus Angelsächsischem Blute und überhaupt fast
nur Französinnen, einige Deutsche und eine Schottin. Nur durch
diese letztere, die Gemahlin des Königs Heinrich I., deren Mutter,
Margareta eine Tochter Edwards, eines Sohnes Edmunds II. gewesen, ist etwas angelsächsisches Blut den Normannen, und alsdann den Plantagenets zugeflossen.[1] Man könnte also hier gewissermaßen behaupten wollen, daß das, was bei den alten englischen Dynastien englisch war, nicht von Kreuzungen, sondern in
der That von Anpassung und erworbenen Eigenschaften her-
gekommen wäre. Dagegen haben aber Ethnologen wol mit Recht
die Bemerkung gemacht, daß der Volkscharacter in England sehr
lange Zeit und selbst bis heute noch die verschiedenen Abstammungen, wie kaum wo anders, erkennen ließe. Indessen wird
das Beispiel der Normännischen Königsdynastie und ihrer Nachfolger den Genealogen aufmerksam machen, daß selbst in verhältnismäßig kleinen Zeiträumen immerhin Einwirkungen erworbener
Eigenschaften in intellectueller und moralischer Beziehung genealogisch bemerkbar werden können, wenn es auch schwierig, vielleicht

---

[1] König Heinrich II. hat in seiner 16. Ahnenreihe einen angelsächsischen
Altvater, aber in der 32. Ahnenreihe auch nur einen angelsächsischen Uraltvater,
da seine Altmutter eine Ungarin, Tochter des Königs Salomon gewesen ist. =
$\frac{1}{16}$ u. $\frac{1}{32}$ angelsächsisches Blut; gerade noch soviel, um die langsame Rationa-
lisierung des Geschlechts zu erklären.

unmöglich bleiben dürfte, solche seine Einwirkungen von Lebensbedingungen sicher zu erfassen. Wenn man daher in der Genealogie zunächst darauf verzichten mag, in den Vererbungsverhältnissen
die erworbenen und angebornen Eigenschaften genau zu unterscheiden, so dürfte dies nicht aus einer Geringschätzung der von
der einen und der andern Seite aufgestellten naturwissenschaftlichen
Theoriceen, sondern lediglich aus Zweckmäßigkeitsgründen geschehen,
um vorerst das Vererbungsmaterial überhaupt bestimmter in ge-
nealogisch-individualisirter Weise zu fassen.

Wenn man die seit Darwin und Galton oftmals wiederholten Beispiele von beobachteten Vererbungen ins Auge faßt,
welche sich auf erworbene Eigenschaften beziehen, so wird man
sehr bald eine Schwierigkeit in der Beurtheilung dieser Fälle bemerken,[2] die darin besteht, daß sich nicht sicher sagen läßt, wieviel

---

[1] Die Neigung die meisten Eigenschaften auf die Vererbung schlechtweg
zurückzuführen ist im Wachsen begriffen. Lucas behauptete sogar die Mehrzahl
der von schwatzhaften Eltern abstammenden Kinder seien von Geburt an Schwätzer
(also noch bevor sie reden könnten). Das geht über Lessings Maler ohne Hände!
Galton war vielleicht der erste, der große Sammlungen von Vererbung solcher
Art bei Thieren gemacht hat. Einer hat jetzt auch das Hochtragen des Schwanzes
von Seiten des Haushundes „offenbar als eine erworbene und vererbte Eigenschaft" bezeichnet. Auch Darwin hatte vielleicht doch eine zu große Neigung
unbedeutende Beobachtungen, wie etwa die in einer Familie vorkommende Bewegung der Hände und der Finger stark zu verallgemeinern. Auf diese Weise
wird der Vererbungsbegriff fast zur Phrase. Gewiß ist auch der Tempelherr
im Nathan durch das Streichen der Augenbrauen vom Sultan erkannt worden.
Aber wenn man das Schnurrbartstreichen für eine ererbte Eigenschaft erklären
sollte, so wird man dazu kommen, daß ein Mensch sehr viele Väter haben könnte.
Mich wundert, daß unter den vielen Jäger- und Jagdgeschichten nicht auch die
von den Raben häufiger erzählt wird, denn es ist bekannt, daß diese ganz zu-
trauliche Thiere sind, welche furchtlos hinter dem pflügenden Bauer einhergehen,
und an dem Straßenzaun sitzen bleiben wenn der Wagen mit dem Gutsherrn
vorbeifährt, aber von weitem den Mann mit der Flinte erkennen und sich selten
überraschen lassen. Da nun aber Jagd auf Raben etwas seltenes zu sein pflegt,
so kann man nur denken, daß Erblichkeit in der Erkenntnis der Gefahr vorliegt.
Es gibt eine Reihe von Erblichkeiten, wie etwa die von Hofacker angenommene
Erblichkeit der Handschriften, bei denen gerade genealogische Feststellungen unbedingt nothwendig und durchaus möglich wären. Wie speziell bei Handschriften
dieses Moment übersehen werden konnte, und Behauptungen doch ohne genealogische Prüfungen ohne weiteres angenommen werden können, ist nicht recht
verständlich.

oder wenig dabei der Einfluß der Eltern vor oder nach der Geburt
gewirkt hat, was sich als ein unzweifelhaftes aus dem Keimplasma
herstammendes Vererbungsmoment behaupten läßt, und was als
eine nachträglich übernommene von den Erzeugern auf das Erzeugte übergegangene Eigenschaft anzusehen wäre. Besonders in
Bezug auf die meisten seelischen Eigenschaften läßt sich eine sichere
Unterscheidung gar nicht machen, und es gibt keinen einzigen
Psychologen, der die Vererblichungsfrage untersucht hat, der nicht
diese Schwierigkeit sogleich erkannt hätte. Wir werden in einem
späteren Capitel zu zeigen haben, daß viele Schlüsse, welche in
diesen Dingen gemacht zu werden pflegen, auf einer mangelhaften
genealogischen Basis beruhen, hier soll die Sache nur von der
Seite der erworbenen Eigenschaften betrachtet werden. Es kommen
hierbei insbesondere jene Familien in Betracht, welche immer wieder
angeführt zu werden pflegen, als Beispiele von Vererbung der
Gelehrsamkeit, der Malerei, der Musik, selbst ganz spezieller, wissenschaftlicher Befähigungen, wie Mathematik und Naturwissenschaft.
Auch Familien von Athleten, Tänzern und Schauspielern sind bekannt.[1] Alle diese unzähligen, fast in jedem Werke über Vererblichung gewissenhaft wiederholten Beispiele lassen wohl keinen
Zweifel darüber, daß es sich einestheils um erworbene Eigenschaften handelt und anderntheils Vererbung stattgefunden hat.
Worüber man unklar ist, kann sich nur auf die Frage beziehn,

---

[1] Galton ist wol am weitesten darin gegangen, daß er der Erblichkeitsfrage statt auf genealogischem Wege auf statistischem beizukommen suchte. Seine
Berechnungen der ausgezeichneten und berühmten Männer die sich auf Großvater, Väter, Söhne, Enkel, Oheime u. s. w. vertheilen lassen, sind höchst originell,
aber es ist doch nur das einzige schlimme, daß jeder Mensch von der Berühmt-
heit andere Begriffe hat. Die Sonderung nach Berufsständen und die daraus
sich ergebende Erblichkeit beweist nichts anderes, als daß Söhne von Geistlichen
sehr häufig Geistliche und Söhne von Juristen auch wieder Jurist werden u. s. w.
Wenn nicht wenigstens bewiesen werden kann, daß die Söhne der Richter auch
Richter geworden waren, und zwar durch inneren Beruf, wenn sie von dem
Stand ihrer Väter nichts gewußt und nichts gewonnen hätten, so lange ist damit für Erblichkeitsfrage gar nichts bewiesen; man könnte ebenso gut sagen,
die Söhne der Präsidenten der französischen Republik bekamen eine erbliche
Anlage zur Präsidentschaft vgl. darüber weiteres im IV. Capitel.

ob die erworbene Eigenschaft im Keimplasma vererbt worden ist,
oder durch spätere Einwirkung immer von neuem erworben werden
mußte.

Sehr bekannt ist der Einwand, den man gegen die Vererbung der erworbenen Eigenschaften erhoben hat, daß nicht die
geringste Sprachkenntnis oder Sprachvorstellung von Eltern auf
Kinder übergeht, und daß das Kind deutscher Eltern, welches alsbald zu einer andern Nation gebracht worden ist, lediglich die
Laute der letzteren nachahmt. In dieser Beobachtung liegt indessen entweder eines der geheimnisvollsten Probleme des geistigen
Seins der Menschen, oder aber eine große und wenig beweisende
Trivialität. Wenn man dagegen gerade diesen Beobachtungsfall
aufmerksamer betrachtet und zergliedert, so wird es klar sein, daß
in jeder Vererbungserscheinung ein doppeltes liegt: die Wirkung
von Thätigkeiten, die im Organismus begründet sind, an welchem
das Individuum selbst keinerlei freiwilligen Antheil nimmt, und
andererseits Arbeitsleistungen des Organismus, die ohne eine darauf gerichtete Absicht des Individuums überhaupt gar nicht gedacht werden könnten. Alle Eigenschaften, welche als Ursachen
der letztern Wirkungen, das heißt jener beabsichtigten Leistungen
vorausgesetzt werden können, sind immer von der Art, daß sie
bald als ererbt, bald als erworben und bald wieder als erworben
und vererbt bezeichnet zu werden vermögen. Wenn man sich diese
einfache logische Lösung nicht klar macht, so ist es begreiflich, daß
man eine ungemeine Schwierigkeit darin finden wird, Vorgänge
naturgesetzlich erklären zu wollen, die lediglich Formen unseres
Denkens sind. Das, was bei einer Arbeitsleistung irgend eines
Organismus, welcher Art immer derselbe sein mag, im Gegensatz
zur unwillkürlichen Thätigkeit absichtlich geschehen ist, beruht immer
auf zweierlei Eigenschaften, auf der nämlich, daß das Individuum
die Absicht hat, und auf der, daß es ein Organ besitzt, welches
die Verwirklichung dieser Absicht ermöglicht. Die Frage, ob es
vererblich erworbene Eigenschaften gibt, ist also im Grunde eine
unlogische Frage, man sollte eigentlich fragen, gibt es Organismen,
welche die Absicht haben, sich zu verändern, oder gibt es nur
Organismen, die bei Veränderungen jederzeit sich leidend verhalten

und die mit keiner Absicht geboren sind, sich durch sich selbst zu
verändern, sondern alle Veränderungen als eine Einwirkung von
Umständen erfahren, die außer ihnen liegen. Auch bei den höchst-
organisirten Wesen laufen die beiden Ursachen ihrer verschiedenen
Arbeitsleistungen dicht nebeneinander her. Der Herzschlag geht
ohne jede Absicht vor sich und hört auf, wenn man ihn durch
eine äußere Einwirkung, sei es eine Kugel, oder ein Messer, unmöglich gemacht hat. Wenn jemand aber sprechen soll, so gehört
dazu, daß er erstens gewisse freiwillige Bewegungen macht und
zweitens, daß er eine Zunge, Lippen und Gaumen u. s. w. besitzt,
durch welche er articulirte Laute hervorbringt; und er braucht
dazu eine genau so organisirte Zunge, daß er befähigt ist, zu
sprechen und nicht bloß zu brüllen. Sich nun darüber den Kopf
zu beschweren, ob man die Sprache als eine erworbene, oder ererbte Eigenschaft zu betrachten habe, ist wenigstens für den Genealogen ganz gleichgiltig. Es handelt sich unter allen Umständen
um eine Eigenschaft, welche angeboren und doch immer wieder erworben wird, aber sie kann eben nur vom Menschen erworben
werden und vom Rindvieh nicht, weil nur diesem sowohl die
Eigenschaft der dazu erforderlichen Organe, wie auch die Absicht
innewohnt, die zu dieser Arbeitsleistung seines Organismus nöthig
ist, dem Thiere aber beides fehlt.

Das gleiche gilt nun von allen Eigenschaften, die in Folge
oder durch das Hinzukommen von Beabsichtigung erworben sind.
Ist jemand ein Maler, oder ein Gelehrter geworden, so ist es
thöricht, an der Vererblichung der dazu nötigen Eigenschaften den
leisesten Zweifel zu hegen, man muß nur nicht so unlogisch sein
zu behaupten, daß Sprache, Malerei, Gelehrsamkeit, Mathematik
u. s. w. ererbt werden könnten. Für die Genealogie kommt sicher
nur der Effekt in Betracht und sie darf mit voller Sicherheit
voraussetzen, daß die zu diesem Effekt nötigen Bedingungen ohne
weiters ererbt worden sind. Es unterscheiden sich von dieser Art
der erworbenen Eigenschaften allerdings jene Veränderungen, bei
denen absichtliche Thätigkeit im Organismus einen verhältnismäßig geringeren Antheil hat, aber auch Erwerbungen von Eigenschaften solcher Art, die man fast ganz als unwillkürliche anzu-

sehen pflegt, wie etwa die pathologischen, entbehren durchaus nicht
ganz einer analogen Ursächlichkeit im Vererbungsmaterial, wie die
auf reiner Absichtlichkeit beruhenden Veränderungen. Denn allerdings hat Virchow guten Grund gehabt, gegen die vererbte
Schwindsucht die Bacteriologie anzurufen, dennoch aber dürfte er
nicht leugnen, daß dem einen der Bacillus tödtlich und dem andern
nicht im leisesten unbequem war. Wenn also nach wie vor genealogisch sicher steht, daß für den Vater oder die Mutter des vom
Bacillus Getöteten, dieser auch schon tötlich war, so leuchtet die
Erblichkeit ein, man wird nur nicht sagen dürfen, dieser und jener
Bacillus ist gleichsam wie die Geldcasse vererbt worden, sondern
was festgestellt worden ist, ist eine Gleichheit von Wirkungen bei
Eltern und ihren Nachkommen, welche uns logischer Weise zu dem
Schlusse berechtigt, daß die Ursachen derselben unter andern auch
solche gewesen sind, die bei den Eltern und ihren Nachkommen
dieselben waren und vermöge der nachgewiesenen Zeugung und
Abstammung auch vererbt worden sind. Wie man sieht, verlieren
sich für die Vererbung und Variation mancherlei Schwierigkeiten
von selbst, wenn man die Fragen auf ihre einfachsten begrifflichen
Unterlagen zurückführt. Die Genealogie darf getrost ihre Beobachtungen an die alten Erwägungen anknüpfen, die schon
Aristoteles bei der Vererbung und Variation angestellt hat, indem
zunächst von der Frage abgesehen werden darf, in wieweit und
unter welchen Umständen Abänderungen in den Eigenschaften der
Organismen von solcher dauernder Rückwirkung auf die Keimzellen
selbst sein werden, daß dadurch etwas in seinem Wesen anderes
und neues entstehen müßte. Hier handelt es sich nur darum, die
wissenschaftliche Berechtigung und Nützlichkeit der genealogischen
Untersuchungen über Vererbung und Veränderung für das engere
biologische Gebiet der menschlichen Geschichte zu erweisen.

Wenn sich mithin für die Genealogie die Unterscheidung von
angeborenen und erworbenen Eigenschaften in Rücksicht auf Vererbung keineswegs als wesentlich und die Beobachtungen besonders
störend erkennen läßt, so ergeben sich für solche Untersuchungen doch
aus der Natur der Ahnentafel, die hierbei eine viel strengere und
genauere Beobachtung finden müßte, als die gewöhnlich ganz ein-

seitig benutzten Stammtafeln, nicht unerhebliche Schwierigkeiten. Die
Erkenntnis, daß alle Erblichkeit in gleichem Maße von Vater
und Mutter ausgehen kann, würde sich als ein genealogisches Axiom
betrachten lassen, wenn auch die naturwissenschaftliche Theorie
glücklicherweise nicht so bestimmt zu dem gleichen Resultat gekommen wäre. Die jedermann bekannte Thatsache, daß die Nachkommen bald den Typus des Vaters und bald den der Mutter
erkennen lassen, kann in gewissem Sinne als der Ausgangspunkt
aller genealogischen Betrachtungen angesehen werden, die sich auf
die Vererbung individueller Eigenschaften beziehen. Aber wenn
Genealogie und Anthropologie ein für alle Male die Forderung
der gleichen Berücksichtigung der väterlichen und mütterlichen Keime
stellen, so muß es als ein großer Irrtum bezeichnet werden, wenn
physiologische, psychologische oder pathologische Untersuchungen über
stattgefundene Vererbung gewisser Eigenschaften, seien dieselben als
durch Veränderungen des Keimplasmas erworben angenommen, oder
seien sie durch Anpassung entstanden —, auf den Familienbegriff
d. h. auf die einseitige väterliche Abstammung gegründet zu werden
pflegen. Es ist vielmehr zu sagen, daß die Vererbung, da sie
von Vater und Mutter herkommt, immer eine Gesammtheit von
Familienzuständen voraussetzt. Eine einzelne Familie vermag wie
sich leicht überlegen läßt, weder dem Physiologen und Psychologen
eine Auskunft über die normal vor sich gehende Vererbung, noch
dem Pathologen eine Aufklärung über die sogenannte Belastung
zu geben. Der im Individualleben zum Ausdruck gekommene biologische Prozeß ist nicht das Resultat Einer Familie, sondern das
von sehr vielen Familien, die sich in der unzähligen Menge von
aufsteigenden Zeugungsakten in gewissen willkürlich zusammengestellten Einheiten erkenbar machen. Steigt man bei der Vererbungsfrage von dem einzelnen Individuum zu den vielen Familien hinauf, von denen dasselbe herstammt, so wird man alsbald gewahr, daß es überhaupt keine familiär faßbare Vererbung
gibt, weil jede Vererbung einen Ursprung von unendlichen Mengen
von Vätern und Müttern genommen hat. In der That wird diese
Thatsache in ihrer Bedeutung ganz besonders wichtig und eingreifend, wenn man an Beispiele aus der pathologischen Vererbungs-

lehre erinnert. Von gewissen Krankheiten und Gewohnheiten wird mit Vorliebe die Behauptung aufgestellt, daß sie ein hervorragendes Belastungsmaterial für nachkommende Geschlechter bilden, aber wenn man die zahlreichen und guten Berichte über die Ausbreitung der Syphilis vor drei bis vierhundert Jahren in Betracht zieht, so lebt heute offenbar niemand, der nicht eine ungemein große Menge von syphilitischen Vätern und Müttern unter seinen Ahnen in der Zeit gehabt hat, in welcher jeder von uns einen Anspruch auf 16—32000 Ahnen, also im 14.—15. Jahrhundert erheben darf. Von Seuchen anderer Art gar nicht zu reden. Die Krankheit der Kreuzzüge, die mit dem Namen Lepra überliefert ist, muß ihre Wirkungen auf jeden heute Lebenden ausgeübt haben, da wir in dieser Zeit mit allen damals lebenden Menschen eines oder des andern Volkes und Landes verwandt gewesen sein müssen. Noch schlimmer steht es mit der Erblichkeit des Wahnsinns. Es ist sehr unwahrscheinlich, daß nicht jeder Mensch ein paar wohl ausgebildete Narren in den zahlreichen allernächsten Generationsreihen von Ahnen aufzuweisen haben sollte.

Einen eigenthümlichen Eindruck machen im Lichte der Vererbungslehre unsere heute oft gehörten Schilderungen von den Wirkungen des Alkoholismus. Zum Bier- und Weingenuß ist seit dem Ende des 15. Jahrhunderts der Branntwein getreten. Im sechszehnten Jahrhundert hat die Trunksucht aller Stände einen fast märchenhaften Charakter angenommen.[1] Luther versichert uns, daß auch Frauen, Mädchen und vor allem auch schon Kinder Wein und Branntwein bekamen. Die Schilderungen volksthümlicher Festlichkeiten im 15. und 16. Jahrhundert könnten die Vermutung nahe legen, daß die bei solchen Gelegenheiten übliche allgemeine Trunkenheit einen Ausnahmezustand beweise, aber es gibt ausreichende Zeugnisse, daß bis in die untersten Classen der übermäßige Alkoholgenuß die tägliche Rechnung bildete. Man könnte darnach eine allgemeine Regel aufstellen und so zu sagen statistisch zu Werke gehen: Dächte man daß nach Abrechnung eines ent-

---

[1] Eine sehr schöne Abhandlung über Altdeutsches Trinken lieferte kürzlich Dr. W. Bode in Hildesheim.

sprechenden durchschnittlichen Ahnenverlustes jeder heutige Mensch in den trunksüchtigen Zeiten des 16.—17. Jahrhunderts in zehnter oberer Generation 6—700 Ahnen hätte, und darunter wären selbst 10 Prozent Nüchterne, so bliebe doch immer noch eine so große Vererblichungsmasse vorhanden, daß, wenn auch die Trunksucht in späteren Generationen ganz plötzlich aufgehört hätte, was nicht der Fall war, die Nachwirkung für den heutigen Nachkommen ein Wahrscheinlichkeitsverhältnis von $\frac{600-60}{10} = 54 : 1$ ergeben würde. Kann darnach wohl noch auf vererbliche Wirkungen des Alkoholismus geschlossen werden?

Wenn aber die statistische Erwägung doch immer nur unsichere Schlüsse gestattet, so zeigt die streng genealogisch individuelle Betrachtung doch offenbar den Weg, zu ganz bestimmten Resultaten zu gelangen, denn sie ist ja in der Lage die einzelnen Individuen in Bezug auf ihren Trunksuchts- und sonstigen Gesundheitszustand so genau zu untersuchen als hätte der Arzt einen Patienten vor sich. Und zwar vermag die Genealogie diese Untersuchung nicht bloß mit Rücksicht auf Vater, Mutter und Tochter zu machen, sondern an den gesammten Reihen durch 10 und mehr Generationen. Von manchen Hofhaltungen könnte die Masse des verbrauchten Getränks generationsweise festgestellt werden, wenn man glaubte, daß auf diese Weise die Verhältnisse erblicher Belastung besser erkannt werden könnten.[1]

Angesichts solcher thatsächlicher genealogischer Verhältnisse scheint man nun lediglich zu dem Schlusse zu gelangen, daß im Gegen-

---

[1] Bei der Hochzeit Wilhelms von Oranien mit Anna von Sachsen wurden 3000 Eimer Wein und 1600 Fässer Bier verbraucht. Die zweite Gemahlin Wilhelms von Oranien Anna war eine Tochter des Kurfürsten Moritz und eine Säuferin hervorragender Art, die auch im Säuferwahnsinn gestorben ist. Ihr Sohn ist der seinem Vater nicht unebenbürtige Moritz, der nicht legitim verheiratet war, aber mit Madame de Mechelen ganz charmante Kinder hatte. Ihre Tochter Louise 1576, geboren zur Zeit erheblicher Betrunkenheit der Mutter, ist die Mutter des Winterkönigs und der Gemalin Georg Wilhelms von Brandenburg, Elisabeth und folglich die Großmutter des großen Kurfürsten, die Stammmutter also der Pfälzer, der Hannoveraner, der Orleans u. s. w. Dieser Dame hatte also Trunkenheit jedenfalls nichts geschadet.

ſatz zu den Anſichten mediziniſcher Autoritäten Trunkſucht entweder
überhaupt nichts ſchadet, oder ihre Schädlichkeit gar nicht, oder
nur theilweiſe, und unter erſt noch zu erforſchenden Umſtänden
in vererbten Eigenſchaften zum Ausdruck kommt. Und hier erhebt ſich nun die Frage, über welche ſicherlich am meiſten eine
Verſtändigung zwiſchen der genealogiſchen und naturwiſſenſchaft-
lichen Beobachtung zu wünſchen und herbeizuführen wäre. Denn
die phyſiologiſche und pſychologiſche Forſchung findet gewiſſe
Veränderungen, die ſich als Abweichungen von dem als normal
vorausgeſetzten Zuſtand charakteriſieren und daher in Rückſicht auf
nachkommende Generationen als Belaſtungsmomente erſcheinen und
die Genealogie findet bei Betrachtung langer Reihen die erwarteten
Wirkungen nicht. Wie läßt ſich dieſer Widerſpruch löſen?
    Es braucht wohl nicht bemerkt zu werden, daß ebenſo wie
Abirrungen vom Gattungstypus, ſo auch die Rückkehr zu demſelben
ſeit Darwin keinem Naturforſcher unbekannt oder dunkel geblieben
iſt. Nur über die oft nicht genug ſicher verbürgten Thatſachen
iſt von manchen geklagt worden. Die Genealogie ihrerſeits iſt
ohne Zweifel am beſten in der Lage, die zeitlichen Grenzen der
Einwirkungen von Veränderungen ins Auge zu faſſen, die im
Laufe irgend eines Lebens erworben worden ſind. Denn da ihr
lange Reihen für die Beobachtung zu Gebote ſtehen, ſo kann ſie
zeitliche Unterſchiede finden in den Fällen, wo Vererbung ſtattgefunden hat und wo nicht. Ja es wird geſtattet ſein der ganzen
Vererbungsfrage einen etwas beſtimmteren Charakter zuzuwenden,
wenn man die Vererbungserſcheinungen auf die beſtimmten Ahnenreihen zurückführt. Darnach würde zu unterſuchen ſein, ob die
Eigenſchaften eines Individuums nur von zwei, oder auch von
den vier, den acht, ſechzehn oder gar 32 Ahnen noch vererbt
werden können. Auch Ariſtoteles hat, wie ſchon bemerkt, ſich bereits die Frage der Zurückführung der Aehnlichkeiten auf frühere
Generationen zurecht gelegt, er hat jedoch dabei auf die Zahlenver-
hältniſſe nicht Rückſicht genommen; handelt es ſich aber um die Vererbung gewiſſer Abirrungen, ſo iſt die Ahnenzahl garnicht zu entbehren. Das Problem ſtellt ſich in der Weiſe dar, daß zu fragen
ſein wird, wie lange erhalten ſich und wie raſch verſchwinden

Abänderungen vom normalen Typus, welche in einer bestimmten Ahnenreihe aufgetreten sind. Ob sich in dieser Beziehung irgend eine Regel feststellen lassen wird, steht dahin, aber auch dies wäre ja ein Gewinn, wenn man sagen könnte, daß die Vererbung keine Regeln erkennen lasse? Sollte dadurch nicht manchen zu schnell aufgestellten Theorien vorgebeugt werden können? Es läßt sich wohl behaupten, daß es ganz gesunde, „normale" Menschen gebe, daß aber irgend jemand 16 oder gar 32 ganz „normale" Ahnen gehabt hätte, ist sehr unwahrscheinlich, und daraus geht hervor, daß die Vererbung im allgemeinen immer wieder Bedingungen voraussetzt, die außerhalb ihres eigentlichen Begriffes liegen.

Man hat für das Hervortreten von Eigenschaften, die weder an dem Vater noch an der Mutter bemerkt werden konnten, den Begriff des Atavismus im Gegensatze zur regelmäßigen Vererbung aufgestellt. Die Schwierigkeit aber wird dadurch nur umgangen, nicht gelöst, denn wenn man schon das Ueberspringen von Eigenschaften aus der Vierahnenreihe auf den Enkel als Atavismus bezeichnen wird, so dürfte die Genealogie sehr bald den Beweis erbringen können, daß dieser Atavismus fast eine Regel genannt werden kann, wie denn die gewöhnlichste Menschenbeobachtung in jeder Familie die Aehnlichkeiten mit den Großeltern hervorhebt. Man wird sich also, um seltenere Beispiele vom Ueberspringen der Generationen zu erhalten, an die 8, 16 oder 32 wenden müssen. Aber auch dieser Atavismus ist gar nicht selten und wird in nächsten Kapiteln in physiologischer, psychologischer und pathologischer Hinsicht nachgewiesen werden können. Jedenfalls wird man sich gewöhnen müssen, den Atavismus für eine Erscheinung zu betrachten, die nur deshalb als etwas auffallendes gelten konnte, weil Ahnentafeln so wenig untersucht worden sind. Jedenfalls würde, wenn bestimmte Begriffe mit allen heute gebräuchlichen Bezeichnungen verbunden werden sollten, dies einer gewissen Vereinbarung unter den Männern bedürfen, die sich mit diesen Dingen beschäftigen. Ich würde vorschlagen, alle Vererbungen, die in dem Schema der 16 Ahnen vorkommen und beobachtet werden, als normale Vererbungen zu bezeichnen und alles was darüber hinaus aus höheren Ahnenreihen entsprungen ist, Atavismus zu nennen.

Die Bedeutung der 16 Ahnen für so viele bürgerliche und gesellschaftliche Verhältnisse und ihre Bedeutung für die Eigenschaftsvererbungen und Veränderungen würden auf diese Weise in schöne
Harmonie gebracht. Wer weiß, ob nicht eine dunkle Ahnung
davon in dem räthselhaften Glauben an die Zahl von 16 Ahnen
gelegen habe.

Drittes Capitel.

Vererbung und Familie. (Familienbegriff.)

Schon Darwin hat die Bemerkung gemacht, es müßten in manchen Familien einzelne Vorfahren eine besondere Kraft der Uebertragung besessen haben, da es sonst ganz unverständlich wäre, wie gewisse Merkmale sich trotz einer Reihe von Verbindungen mit Frauen der verschiedensten Herkunft in einzelnen Familien erhalten konnten. Mit diesen Worten ist das Familienproblem angedeutet, aber nicht erschöpft. Es ist nicht nur unverständlich, wie in einigen Familien sich gewisse Merkmale durch viele Generationen erhalten haben, sondern es ist vielmehr eine Erklärung dafür nötig, daß in jenen Gemeinschaften, welche sich in bürgerlichem Sinne als Familie darstellen, gemeinsame biologische Merkmale bestehen und sich vererben.

Denn die Familie kann nicht nur prinzipiell verschieden gedacht werden, sie besitzt sogar nach den Anschauungen gewisser Rechtsgelehrter Schulen thatsächlich und historisch eine ganz verschiedene Grundlage.[1]) Die, welche vom Standpunkte des Mutterrechts die Familie construieren wollen, werden indessen zugeben müssen, daß eine solche lediglich von weiblicher Seite zusammengehaltene Gemeinschaft einen ganz verschiedenen biologischen Character gehabt haben müßte, als jene im Mannsstamm gefestigte durch

---

[1]) Daß und welche Gründe sich gegen das Mutterrecht sprachlich ergeben, hat Delbrück erörtert, vgl. oben S. 82. Die Familie in indogermanischer Urzeit schildert dann Schrader, Sprachvergleichung und Urgeschichte S. 668 ff., wo etwaige Auseinandersetzung mit anderen neueren Ansichten unserer Erörterung selbstverständlich ferne liegt.

väterliche Zeugungswiederholungen gesicherte Familie, welche wir bei uns und bei den uns verwandten Völkern als die einzige und älteste Form von Rechtsbildung kennen. Denn wenn Darwin die Beobachtung gemeinsamer Merkmale in unsern Familien auf die von den Männern ausgegangene Kraft der Uebertragung zurückzuführen geneigt ist, so wird selbstverständlich in der Mutterrechtsfamilie jede Continuität der männlichen Vorfahren aufgehoben und es kann sich mithin kein Familiencharacter gebildet haben. Stellt man ein nach dem Mutterrecht construirtes Ahnenschema auf, so erhält man folgende Ergebnisse:

Sechzehn Ahnen von Geschwistern der Mutterrechtsfamilie Anna.

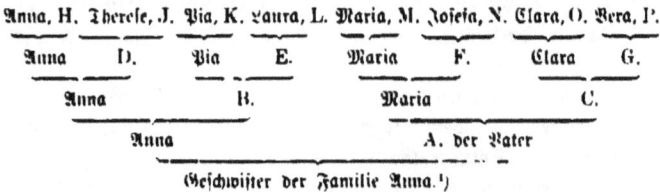

Anna, H. Therese, J. Pia, K. Laura, L. Maria, M. Josefa, N. Clara, O. Vera, P.

Anna	D.	Pia	E.	Maria	F.	Clara	G.

Anna		B.		Maria			C.

Anna			A. der Vater

Geschwister der Familie Anna.[1]

Zählt man die Gesammtheit der Ahnen ohne Unterschied der Generationen zusammen, so haben die Geschwister Anna 15 völlig verschiedene väterliche Ahnen, vier mütterliche Annen, drei Voreltern aus einer Mutterrechtsfamilie der Marieen je zwei aus der der Pia und Clara und je eine aus Theresa, Laura, Josefa, Vera. Daraus ergibt sich, daß, wenn der Familientypus in unseren heutigen Vererbungen auf väterliche Ahnen zurückgeht, dies bei der Mutterrechtsfamilie nicht denkbar wäre, und also das, was man in physiologischer und psychologischer Beziehung als gemeinsame Merkmale einer Reihe von Generationen anzunehmen pflegt, nur eine Folge der auf das Vaterrecht begründeten Ordnung sein könnte.

Das Vererbungsprinzip, wie es auch von den verschiedenen Theorien aufgefaßt und erklärt worden ist, steht unter allen Umständen in vollstem Gegensatze zum Familienbegriff. Es gibt in

---

[1] Die Frauen, welche im Verhältnis von Müttern und Töchtern stehen, sind immer mit demselben Namen bezeichnet, die Männer erhalten dagegen bloß Buchstaben.

Wirklichkeit keine Abstammung von Einer Familie. Jeder Mensch, jedes geschlechtlich entstandene Individualleben überhaupt, ist das Produkt einer unbekannten und unbemeßbaren Zahl von Familienzusammenhängen. In der Gesammtheit der Ahnen läßt sich eine natürliche Grenze für Vererbung nicht ziehen, für das Vererbungsgesetz gibt es überhaupt keine auf eine einzelne Familie beschränkte Schranke. Jede neue Generation hebt vielmehr den früheren Familienzusammenhang auf. Und da die aufsteigenden Generationen in das unbestimmbare wachsen, so entsteht die Frage, ob vom anthropologischen und physiologischen Standpunkt überhaupt die Familie als solche irgend eine Bedeutung beanspruchen kann. Jedenfalls dürfte es nicht vorkommen, daß bei den Untersuchungen über Vererbung der Bestand der Familie vorausgesetzt wird. Die Frage ist vielmehr so zu stellen: lassen sich in der Ahnentafel, welche ein Bild aller thatsächlich stattgefundenen Vererbungen darbietet, solche Zusammenhänge von vererbten Eigenschaften wahrnehmen, die sich nach dem Familienprinzip gruppieren lassen? Wenn auf einer Ahnentafel Angehörige von hundert Familien ihre vererbbaren Eigenschaften, gleichgiltig ob angeboren oder erworben, zur Hervorbringung eines Individuums vereinigt haben, so entsteht die Frage, ist auch ein physiologischer und psychologischer Beweis dafür zu finden, daß innerhalb dieser hunderten von einzelnen Gruppen eine größere Gemeinschaft von vererbten Eigenschaften besteht, als zwischen sonst nicht verwandten Gruppen?

Man muß sich klar machen, was unter Familie im physiologischen Sinne eigentlich verstanden werden müßte, wenn man den gesellschaftlichen Begriff des Wortes auf die Vererbungsfrage anwendete.

In gesellschaftlichem Sinne gehören zu der Familie diejenigen Personen, welche den vom Vater ererbten Namen in der Descendenz führen und fortpflanzen; auf die Ascendenz eines Individuums, d. h. auf die Ahnentafel angewendet, bedeutet dies nichts anderes, als die Behauptung, daß man einen wesentlichen Unterschied zwischen den Vererbungsverhältnissen der vom Vater aufsteigenden Reihe der Ahnen gegenüber den von den Müttern

ausgehenden Ahnenreihen machen dürfte. Und hiebei wird das
mathematisch zu berücksichtigende Verhältnis in der aufsteigenden
Ahnenreihe ein mit jeder Generation ungünstigeres. Vergegenwärtige man sich dies durch einen concreten Fall. Es wäre beispielsweise ein Scipio in der Lage gewesen, seine 32 Ahnen nachzuweisen, dann hätte er auf seiner Tafel aus der Familie der
Cornelier einen Vater, Großvater, Urgroßvater, Altvater, Uraltvater als eine der zu 32 Gliedern sich entwickelnden Stammreihen
seiner Ahnen zu verzeichnen, aber gerade diese Stammreihe mußte
bewirkt haben, daß er sich einen Cornelier nennen durfte. Gibt
ihm nun diese Abstammung auch einen physiologischen Grund
seine Vererbungsverhältnisse so zu betrachten, daß er von sich als
von einem Cornelier im Sinne eines besonderen Familientypus
sprechen konnte? Die natürlichen Vererbungsgesetze scheinen eigentlich
keine Wahrscheinlichkeit zuzulassen, denn der Antheil, welchen die
Cornelischen Väter an der Vererbungsmasse besitzen, welche jenem
Scipio zu theil geworden, ist ein minimaler, der Vater hat mit
der Mutter das Keimplasma für den Sohn noch redlich getheilt,
aber der Großvater hat nur den vierten und der Urgroßvater
den achten, der Altvater nur $\frac{1}{16}$ und der Uralvater nur $\frac{1}{32}$ Theil
an der Vererbungsmasse des jüngsten Scipio gehabt. Mathematisch
formulirt zerfällt das, was man den Familientypus bei Annahme
gleichwertiger Vererbungsverhältnisse von Vätern und Müttern zu
nennen pflegt, in ungünstigem Sinne, denn, wenn selbst nur bei
einer Rechnung von 32 Ahnen die Vererbungsmasse, wie 1 : 32
sich verhält, so gehören davon den Corneliern nur 5 Theile. Und
dennoch hat man schon zu den Zeiten der Römer davon gesprochen,
daß dieser oder jener ein rechter und wahrer Scipio gewesen sei, so
gut, wie wir dies heute von einem Hohenzoller oder einem Habsburger gelegentlich behaupten.

Man muß gestehen, daß man bei dieser Betrachtung vor
einem Räthsel steht, an dessen Lösung noch kaum gedacht ist. Von
zweien eins, entweder sind bei der Vererbung Unterschiede zwischen
den Geschlechtskeimen von Vater und Mutter zu machen, wodurch
sich auf eine Continuität eines Familienkeimplasmas schließen
läßt, welches sich gegen die ungeheure Ueberzahl sonstiger Keim-

theile durch viele Generationen hindurch behauptet, oder man kann
die Familientypen nicht, man verzeihe der Einfachheit wegen den
Ausdruck, für etwas angebornes halten. Es entfallen dann aber
freilich auch sehr viele Schlüsse, die aus den Familienstammbäumen
gemacht zu werden pflegen.

Die Genealogie steht hier offenbar vor einer Aufgabe, bei
welcher sie ein Wort mitsprechen könnte, wenn sie sich auch kaum
anmaßen dürfte, die Entscheidung herbeizuführen. Eine höchst
beachtenswerte Thatsache ist es aber, daß alle Theorieen, welche
sowohl von Seiten der psychologischen, wie der pathologischen
Forschung aufgestellt worden sind, ausschließlich auf dem Standpunkt der Familienvererbung stehen, d. h. die Annahme machen,
daß die Vererbungsfrage mit dem den Familienbegriff bildenden
Stammvater im Zusammenhange stände. So sind sämmtliche
Beispiele, welche Darwin, Galton, Ribot für Vererbungen physiologischer oder psychologischer Eigenschaften anführen aus der
Familiengeschichte entnommen, und lassen die Thatsache unbeachtet,
daß der Urgroßvater, der seinen Urenkel zwar zu einem rechtlich
und gesellschaftlich anerkannten Familienhaupt machen konnte und
ihm seinen Namen verliehen hat, in der Vererbungsmasse der Ahnen
im ganzen nur $\frac{1}{16}$ beitrug. Es ist gar nicht zu zweifeln, daß
dieser Umstand bei pathologischen Vererbungsfragen unendlich ins
Gewicht fallen sollte. Insbesondere dürfte die gern als entscheidend
angesehene Beobachtung psychologischer Forscher von der nachweisbaren Existenz von Malerfamilien, Musikerfamilien, Gelehrtenfamilien erst noch einer genaueren Prüfung unterzogen werden
und wird vielleicht nicht doch dem Factor der auf das Individuum
wirkenden gleichmäßigen äußeren Erziehungsumstände ein größeres
Gewicht beizulegen sein? (Siehe Cap. IV.)

Vom Standpunkt der Ahnentafel betrachtet, stellt sich das
Problem der Familie unendlich viel schwieriger dar, als die
meisten bei dem bloßen Anblicke eines Stammbaums, den sie
gleichsam fortwährend vor ihrem geistigen Auge zu sehen glauben,
vermuten." Es wird auch hier auf eine richtige Formulierung der
ganzen Frage ankommen, welche nun so lauten muß:

Welchen Antheil an der Vererbung läßt sich unter

den zahllosen Ahnenreihen eines Individuums derjenigen Ahnenreihe zuschreiben, welche in direkter Ascendenz lediglich die Väter der Väter umfaßt und berücksichtigt? Dieses genealogische Problem muß zunächst in seiner Bedeutung für sich betrachtet und untersucht werden, es ist unabhängig von allen übrigen Entwicklungsfragen und Vererbungsprinzipien und man darf sagen, daß es vollkommen ungelöst und von der biologischen Forschung unberührt geblieben ist. In gewissem Sinne glaubt man nicht selten den Familiencharacter als etwas dem Volkscharacter analoges annehmen zu können und meint mit dem Nachweise des Volkscharacters auch das Dasein des Familientypus erklärt zu haben, aber durch diesen Vergleich wird die Sache nur erschwert, denn bedeutende Anthropologen, wie insbesondere Virchow sonnten auf die anthropologischen Merkmale, durch welche Völker und selbst einzelne Stämme, wie die Friesen characterisirt sind, in voller Uebereinstimmung mit den genealogischen Thatsachen aufmerksam machen, aber die physiologische und vollends psychologische Gleichartigkeit des Familiencharacters wird damit in keiner Weise erklärt sein. Denn die Aehnlichkeiten innerhalb eines ganzen Volkes lassen sich genealogisch leicht aus dem Ahnenverlust erklären, der hinreichend in frühern Abschnitten bewiesen werden sonnte, aber eine Analogie· zwischen dem Vorhandensein eines Volkscharacters und dem Vorhandensein von Familientypen ließe sich nur in solchen Fällen aufstellen, wo Väter und Mütter stets aus einer Familie hervorgegangen wären, wie etwa die Ptolemäer oder andere Familien des ivanischen Alterthums.

Trotz dieser Bedenken, welche die Ahnentafel vermöge ihrer nachzuweisenden tausendfältigen Blutsvermischungen gegen die Möglichkeit eines anthropologisch zu fassenden Familienbegriffs erhebt, wird sich indessen doch kaum jemand der Thatsache verschließen, daß man in allen Familien die Wiederholung väterlicher Eigenschaften vorherrschend wahrnimmt und daß in einer längeren Reihe von Generationen und unter einer Mehrzahl von Descendenten, unbeschadet der Thatsache, daß auch mütterliche Vorfahren in ihren normalen und anormalen Eigenschaften reprodugirt erscheinen, doch eine weit größere und schärfer ausgeprägte Zahl von Aehnlichkeiten mit dem Stammvater wahrgenommen werden, als mit irgend welchen andern Ahnen. Selbst wenn man den aus bürgerlichen und gesellschaftlichen Lebensumständen dabei hervorgegangenen Wirkungen einen sehr großen und nachhaltigen Einfluß auf die Entwickelung dieser Eigenschaften beimessen wollte, so bleibt immer noch eine große Masse von Vererbungsmomenten übrig, die von väterlicher Seite in der Familie, wie sie sich uns darstellt, ausgegangen sein muß und im Gegensatze zu mütterlichem Keimplasma Gemeingut der Descendenz geworden ist. Wenn fast in allen von der Erblichkeit handelnden Werken auf die Erscheinung der großen Hand in Familien von Clavierspielern hingewiesen wird, so kann man ja wohl unsicher sein, wie viel dabei auf Rechnung von Vererbung und von individueller Uebung und Gebrauch zu setzen sei, aber es gibt eine Menge anderer Eigenschaften, wie etwa Schädelbildung, Knochenbau und Statur, wobei an etwas anderes, als an unwillkührlich vollzogene Uebertragung nicht gedacht werden könnte.

Für die lediglich von den Vätern herzuleitende erbliche Schädelbildung finden sich sehr viele Beispiele. Das ganze Bourbonische Haus mit Einschluß der Orleans ist an jener vielbekannten Eigenthümlichkeit erkennbar, welche die Carricaturenzeichnung unseres Jahrhunderts zu der Birnendarstellung des Kopfes von Louis Philipp so gerne benützt hat. Für die Gesichtsbildung der Orleans ist außerdem auch die Adlernase bezeichnend, welche von weiblichen Descendenten selbst in solche Familien übertragen wurde, die ihrerseits ursprünglich gar keine Aehnlichkeit mit dieser Form des Profils gehabt hatten. Es leitet uns dies zur Betrachtung des Einflusses der Mütter auf den Familientypus, der sich manigfaltig geltend macht und bald als Atavismus vereinzelt vorkommt, bald aber auch als eine vollständig obsiegende neue Charactereigenschaft einer ganzen Familie sich behauptet und dann wol einen neuen Typus, oder eine Nebenform erzeugt, die sich wieder mit wechselnder Stärke vererbt und dem, was man sonst das charakteristische in einer Familie zu nennen pflegte, eine Concurrenz schafft. In Folge dessen schlägt zuweilen der allergrößte

Theil der Familiendescendenz auf zwei, manchmal drei ganz bestimmte Typen aus; es ist sattsam bekannt, daß in einer Familie
gar nicht selten zweierlei Wachsthum bemerkbar ist, der eine Theil
besteht aus schlanken großen Personen, der andere aus auffallend
kleinen; es gibt dann Fälle, wo diese typischen Eigenschaften das
Mittelmaaß fast völlig ausgeschlossen haben. Ueberhaupt wird
doch daran festzuhalten sein, daß überall da, wo sich eine Ueberzeugung vom Familientypus entwickelte, dies doch durchaus nur
aus der Beobachtung von Majoritäten und Minoritäten unter
den Mitgliedern längerer Reihen von Generationen entsprungen
sein konnte, und wahrscheinlich darin begründet ist, daß sich gewisse aus der männlichen Ascendenz herstammende Eigenschaften
in einer Familie in einer größeren Zahl entdecken lassen, als
andere, die sich atavistisch aus mannigfaltigen Typen zusammengesetzt haben, und die sich untereinander wieder auszuschließen
scheinen. Weil aber die Aehnlichkeiten stärker in das Auge fallen
und sich fester einprägen als die Unähnlichkeiten, so bildet sich die
Vorstellung des Familientypus mit einer Art von Glauben an
eine prästabilirte Familienharmonie. Würde man eine sehr große
Zahl von Stammbäumen systematisch und unbefangen untersuchen,
so würde man wahrscheinlich auf lauter relative Majoritäten der
von väterlicher Seite herkommenden Erblichkeiten stoßen. Die bei
den Hohenzollern vorherrschende Schädelbildung findet sich ohne
Frage bei Friedrich dem Großen am schärfsten ausgeprägt. Seine
hohe freie, aber nach hinten stärker abgeplattete Stirne mit den
stark hervortretenden Joch und Nasenbeinen bemerkt man an sehr
vielen Porträts Hohenzollernscher Fürsten der verschiedensten Linien.

Der Familie Bonaparte sind von den meisten Vertretern der
Erblichkeitslehre Beispiele sowohl in Bezug auf die Schädel- und
Gesichtsbildung wie auch besonders in Betreff der Gestalt entnommen worden. In ersterer Beziehung ist oft von der Aehnlichkeit des Prinzen Jerome Napoleon mit dem Oheim die Rede gewesen und hier darf man sagen, daß für die Frage des Familientypus Beispiele von Aehnlichkeiten zwischen verschiedenen Linien
eines Hauses erwünschter sind, als diejenigen zwischen direkter
Descedenz, weil der weite Umweg, auf welchem solche väterliche

Vererbung zu gleicher Wirksamkeit in verschiedenen Verwandtschafts=
graden geführt hat, den Bestand des biologischen Familiencharacters
mehr sichert. Und gerade nach dieser Seite zeigen die verschiedenen
Zweige der Napoleons Aehnlichkeiten, die ganz auffallend sind und
daher wirklich auf Vererbung in längeren Reihen von Generationen
Schlüsse machen lassen, denn wieder eine andere Linienähnlichkeit
ist es, wenn ein anderer Neffe des ersten Napoleon, der dritte
nämlich, sich durch die ganz stark entwickelte Eigenthümlichkeit der
kurzen Beine ausgezeichnet hat, die von keiner Seite je als zum
Napoleonischen Familiencharacter gehörig auch nur im mindesten
verkannt werden konnte.

Alles wird darauf ankommen, daß die genealogische Forschung
in Betreff dieser Fragen genau und streng wissenschaftlich verfährt
und ihre Resultate erfahrungsgemäß zusammenträgt. Einen muster=
haften Anfang macht hierin die Arbeit des Herrn Ernst Devrient
über die Eigenschaftsvererbung innerhalb einer Zahl von sechs
Generationen im Wettinisch=Ernestinischen Hause. Sie ist recht
eigentlich mit der Absicht unternommen worden, um sich zu über=
zeugen, ob derartige Untersuchungen von Erfolg sein können und
werden, oder nicht. Die Ergebnisse waren die günstigsten. Devrient
hat gezeigt, daß das Material, welches historisch vorliegt, nicht
nur exakt und ausreichend genug ist, um eine Reihe von Fragen
dieser Art beantworten zu können, — und das gleiche wird sich
von unendlich vielen Familiengeschichten finden, — sondern er hat
auch die Vorsicht gehabt nur ganz sicher überlieferte Thatsachen
zu benützen, um lieber wenige, aber desto zuverlässigere Vererbungs=
momente im Sinne der Feststellung des Familiencharacters zu er=
halten. Hiebei soll hier lediglich auf die äußerlich sichtbaren und
nachweisbaren Eigenschaften Rücksicht genommen werden, denn
wiewohl die im Ernestinischen Hause vorkommenden psychischen
Uebereinstimmungen nicht weniger stark hervortreten, so soll doch
in Absicht auf die Frage des Bestandes eines Familientypus zu=
nächst von diesen zweifelhafteren, den äußeren Umständen und
Willensrichtungen mehr unterworfenen Eigenschaften abgesehen
werden. Dagegen kann es gewiß nicht anders, als unter dem
Gesichtspunkt der Vererbung betrachtet werden, wenn Devrient

nachgewiesen hat, daß in sechs Generationen unter 23 männlichen Persönlichkeiten mit einer einzigen Ausnahme nur braune Augen vorgekommen sind. Wechselnder ist dagegen die Haarfarbe und es findet sich hier bis ins einzelnste der Einfluß der Mütter nachweisbar, so daß das vorherrschend brünette Geschlecht mehrfach in einer ganzen Generation blond erscheint, dann aber doch wieder, besonders wenn braune Mütter eintreten, sofort zum ursprünglichen Vatertypus zurückkehrt.

„Wirkt also, — so fährt Devrient fort, — hier die Eigenart der Mütter unverkennbar stark mit ein, so finden wir dagegen wie in der Augenfarbe auch in der Gesichtsbildung deutlich im Mannsstamme fortlaufende Aehnlichkeiten. Vor allem ist es der bekannte Ernestinische Unterkiefer, der sich bei allen Söhnen der Familie bemerklich macht durch ungewöhnliche starke, Entwicklung nach vorne und den Seiten. Am stärksten und in beiden Richtungen tritt er bei Friedrich dem Weisen hervor, sehr kräftig ist auch das Kinn bei Johann Friedrich I. und den Söhnen Herzog Johanns. Bei allen aber ist die starke Seitenbiegung des Knochens und die kräftige Muskelbildung zwischen Kinn und Wange auffällig, die die Mundwinkel herabzieht und die Unterlippe gewaltsam anpreßt." [1]

Die Bildung der Nase fand Devrient auf den von ihm untersuchten 224 Porträts weniger gleichförmig, dagegen hatten die meisten geschilderten Personen hohe Augenhöhlen mit kräftigen Wulsten darüber. „Die Augen sind oft unter dicken breiten Lidern halb geschlossen .... Breite Lider haben unsere Ernestiner alle, aber die Augen sind sonst meist weit geöffnet. Bei allen stehen die Augen ziemlich weit voneinder ab; die Brauen sind selten stark und laufen nie zusammen. Die Stirn ist hoch und schräg. Die stärkste Neigung zeigt Johann Friedrich I., die schwächste bei Friedrich Wilhelm I. Die wichtigste Einwirkung von mütterlicher

[1] Eine sehr entschiedene Aehnlichkeit zeigt bei den Ernestinern auch der Bau des Beckens und die Stärke der Gesäßmuskeln, wovon aber natürlich die Porträts nur da eine Vorstellung geben können, wo man stehende Figuren findet. Die alten Kurfürsten lassen den Typus auf solchen von ihnen erhaltenen Bildern nicht verkennen.

Seite findet sich bei Herzog Johanns Söhnen, die fast alle
Dorothee Maries gewölbte Stirne haben."

„Nur ovale Kurzschädel kommen vor, dazu meist volle runde
Backen und dicker Hals. Magere Gesichter finden sich selten, so
Johann Ernst von Koburg" (derselbe, welcher sich als einziger
auch in der Augenfarbe unterscheidet) „und der kranke Johann
Friedrich VI."

Es dürfte genügen, aus den angeführten körperlichen Eigenschaften den Schluß zu ziehen, daß bei den ersten sechs Generationen der Ernestiner der Familiencharacter ausreichend erwiesen
ist. Wenn sich nun auch in psychischen und moralischen Eigenschaften
bei gar vielen Familien Uebereinstimmungen vorherrschender Art
finden, so wird man durch die Sicherstellung der Vererbung unwillkührlich hervorgebrachter Eigenschaften nunmehr wesentlich ge-
neigter gemacht sein, auch in diesen Dingen Familientypus anzunehmen. Indessen zeigen manche typische Eigenschaften ganzer
Familien wunderbarer Weise auch eine mütterliche Herkunft, die
sich freilich in nachhaltiger Weise wieder nur bei den Männern zu
erhalten scheinen und erst in Folge dessen zu einem Familientypus
umgestaltet werden. Es gibt ein sehr merkwürdiges Beispiel dieser
Art, von welchem fast alle Erblichkeitstheorien zu sprechen pflegen,
und wir müssen daher auch unsererseits hier einer zwar durchaus
nicht verletzenden, aber doch nicht ganz erfreulichen Unregelmäßigkeit eines der angesehensten Geschlechter Erwähnung thun. Soviel
aber auch von der habsburgischen Unterlippe theils als Beispiel der Vererbung überhaupt, theils als Beispiel für Vererbung erworbener Eigenschaften die Rede gewesen ist, so ist doch die eigentliche Geschichte dieser in der Familie der Habsburger und
Lothringer vorkommenden Unregelmäßigkeit, wie ich zu meinem
Erstaunen wahrnehme, in der betreffenden Literatur fast völlig
unbekannt. Ja man kann sagen, daß an den Angaben und Betrachtungen über diese Erscheinung in den zahllosen biologischen,
physiologischen, anthropologischen Werken, in denen sie angeführt
und behandelt wird, wol nichts anderes richtig zu sein pflegt, als
der dunkle Drang, daß in der That durch Heranziehung einer
solchen Sache für die Wissenschaft schöne und wichtige Resultate

zu erhoffen sind. Daß man aber andererseits bei einer solchen Frage genealogisch richtig vorgehen müßte, um die Wahrheit zu ergründen, wird aus dem Folgenden hervorgehen.

In deutlich nachweisbarer und ausgeprägter Form findet sich die Habsburgische Unterlippe bekanntlich bei dem Kaiser Maximilian und seinem spanischen Enkel vor. Zwar giebt es eine Vermutung, daß auch schon Rudolf von Habsburg eine starke Unterlippe gehabt hätte, doch ist weder bei ihm noch bei seinen Nachkommen von einer Anomalie im eigentlichsten Sinne die Rede, wie sie seit Maximilian allerdings als solche bezeichnet werden konnte. Die große Lippe ist mit Sicherheit auf die Cimburga von Massovien zurückzuführen, die eine überhaupt körperlich ungewöhnlich entwickelte Frau war. Bekannt sind die Proben ihrer Stärke, durch welche sie allen Kraftmenschen ihrer Zeit überlegen war. Sollte mithin die Ueberlieferung richtig gewesen sein, daß sich bei manchen älteren Habsburgern bereits Ansätze einer stärkeren Entwicklung der Unterlippe gefunden haben, so würde sich die als eine Anomalie hervortretende Eigenschaft der späteren Familie und ihre gleichsam typische Ausgestaltung als ein Beispiel einer in der Amphimixie erworbenen Eigenschaft verwenden lassen, die sich vorher nur atavistisch im Mannsstamm vererbte.[1] Daß durch diese Combination von Vererbungen die Sache an sich noch eine besonders merkwürdige Seite erhält, wird die Erblichkeitslehre überhaupt gerne anerkennen müssen. Für die Frage vom Familientypus ergiebt aber die weitere Geschichte der starken Unterlippe noch mancherlei andere Belehrung, denn die Eigenthümlichkeit setzt sich in den beiden von Philipp dem Schönen ausgehenden männlichen Linien der Habsburger fort, in der älteren zunächst viel stärker, als in der jüngeren, so daß König Philipp II. fürs erste eigentlich als der stärkste Vererbungsrepräsentant gelten kann. Nun ist aber

---

[1] Die Ueberlieferungen sind unsicher, der Grabstein, welchem die meisten Darstellungen auf welche man sich beruft, nachgebildet sind, ist ebenso wie das Siegel wenig maßgebend. Der starke Unterkiefer mit vorstehender Lippe ist bei König Albrecht glaubwürdiger und das Grabdenkmal Rudolfs IV. in der Wiener Stephanskirche zeigt wirklich eine recht starke Unterlippe, doch ist nicht zu vergessen, daß er kinderlos starb.

von beiden Linien eine ungeheuer zahlreiche weibliche Descendenz
ausgegangen, welche in andern Häusern Vererbung der stärkeren Unterlippe nur unter besondern gleich näher zu besprechenden Umständen
hervorzubringen im Stande gewesen ist. Von Philipps II. und seiner
dritten französischen Gemalin Tochter, Katharina stammt das ganze
prächtige, und in jeder Beziehung wohlgestaltete Geschlecht von Savoyen ab, in welchem keinerlei Ueberlieferung eines auf Philipp hin-
deutenden Atavismus dieser Art besteht. Und während die männliche
Descendenz in Spanien ihre bald kleinere bald größere Unregelmäßigkeit nicht mehr verlor, so haben die aus dem spanisch-habsburgischen
Hause stammenden Mütter der ausgedehnteiten europäischen Geschlechter die von der alten Cimburgis herkommende, oder doch
wesentlich beförderte Eigenschaft nirgends vererbt. Ebenso verhielt
es sich mit der Vererbung im österreichischen Hause. Während
die männliche Descendenz die bemerkte Eigenschaft vererbte und
endlich bei Kaiser Leopold eine über das gewöhnliche Maß weit
hinausgehende Unregelmäßigkeit schuf, blieben weibliche Descendenzen
in männlichen und weiblichen Linien im ganzen normal. Kaiser
Ferdinand I., dessen Unterlippe nicht weit hinter der der spanischen
Linie zurückstand, hatte sieben Töchter in die verschiedensten Häuser
verheiratet, darunter war das Wittelsbachische, welches in der
dritten Generation nochmals österreichisches Blut erhielt, aber in
allen diesen von Ferdinand abstammenden Familien hat sich die
habsburgische Lippe nicht eingebürgert. Auch in der illegitimen
Abstammung Karls V. bei den Farnesen ist die Unregelmäßigkeit
unbekannt, während sich bei Don Juan d'Austria auf dem Gemälde von Coello allerdings eine herabhängende Unterlippe angedeutet findet.

Geht man nun aber zu der Descendenz des Kaisers Leopold
über, so scheint ein merkwürdiger Widerspruch darin zu liegen,
daß die älteren Enkelinnen desselben die Töchter Josephs I. in
das sächsische und bayrische Haus heiraten, ohne den alten Typus
zu übertragen, während die Kaiserin Maria Theresia, die selbst
keinerlei wesentliches Merkmal davon besitzt, im lothringischen
Hause den Typus aufrechthält, und wenigstens recht häufige Fälle
von Atavismus bewirkt, wenngleich ein so scharf ausgeprägter

Typus, wie unter den männlichen Habsburgern bei den Linien im Lothringischen Hause doch nicht in gleichem Maße besteht. Wenn man nun aber die väterliche Ahnenreihe der neuen Familie selbst ins Auge faßt, so wird man alsbald einen ganz merkwürdigen Umstand wahrnehmen, der seinerseits genealogisch an den Vorgang erinnert, welcher bei der Entstehung der Unregelmäßigkeit durch die Cimburgis ebenfalls wahrscheinlich gewesen zu sein scheint; nämlich schon im Mannsstamm vorhandene Anlage dazu. Wenn man die Porträts der Lothringer mustert, so kann niemand, der das von Liotard gezeichnete und von Schmuzer gestochene Bild Kaiser Franz I. ansieht, den mindesten Zweifel haben, daß auch dieser eine breite, stark hervortretende Unterlippe besaß. Dieselbe Anlage zur Vergrößerung der Unterlippe hatte nach dem Kupferstich von du Boulois der Bruder des Kaisers Franz I., sodaß man geneigt ist zu fragen, woher diese Eigenthümlichkeit bei Mitgliedern der Lothringischen Familie, in der sie sonst wenig bekannt gewesen, wenn auch in schwächerem Maße stammt?[1]) Die Antwort ergibt sich leicht, wenn man sich erinnert, daß die Großmutter der genannten Herzoge von Lothringen eine Schwester des Kaisers Leopold und mithin eine Tochter Ferdinands III. war. Der Fall, der bei den Nachkommen Franz I. und der Maria Theresia vorliegt, ist also der, daß eine väterlich vorhandene atavistische Anlage durch die Vermählung mit einer Frau aus einem Hause, in welcher die gleiche Eigenschaft familientypisch war, neuerdings einen Typus hervorgebracht hat.

Wem es nun aber erwünscht erscheinen könnte, die wie man gesehen hat, auf der Amphimixis beruhende Erblichkeitsgeschichte der habsburgischen Lippe noch weiter zu verfolgen, dem bieten sich alsbald für den Uebergang jener Eigenschaft auf ein anderes großes Geschlecht die merkwürdigsten Thatsachen dar. In völlig analoger Weise, wie es eben bei den Lothringern beobachtet werden konnte, entwickelte sich die große Unterlippe der späteren Mediceer. Wer Florenz besucht hat wird an den Porträts des Cardinals

---

[1] Dem Leser werden die in Cudens Weltgeschichte recht gut gelungenen Nachbildungen zur Hand sein. III. 9. S. 47, 50, 78.

Leopold von Medizi nicht ohne Erstaunen vorbeigegangen sein, dessen Unterlippe ganz ebenso anormal war, wie diejenige des Kaisers Leopold I. Der Cardinal Leopold von Medizi, der im Jahre 1675 gestorben ist, war aber der Bruder des Großherzogs Ferdinands II. und der Sohn Cosimos II. und der Tochter des Erzherzogs Karl von Oesterreich, Maria Maddalena, welche in dem im Palazzo Pitti vorhandenen Porträt die habsburgische Lippe wolausgebildet zeigt. Sie war eine Schwester Kaiser Ferdinands II. und also eine Enkelin Ferdinands I. Alle nachfolgenden Geschlechter der Medizeer besitzen die ererbte Eigenschaft ihrer Stammmutter in sehr starkem Maße. Wenn man nun aber meinen würde, daß hier ein Fall vorlag, wo solche typische Erblichkeit lediglich auf weiblicher Uebertragung beruhte, so wäre dies ein Irrthum, denn auch der Vater Leopolds und Ferdinands II. besaß eine starke Unterlippe, welche, wenn man die älteren Porträts der Medizeer mustert in diesem Hause wiederholt sprungweise vorkam.

Wer hätte nicht die Bilder Raffaels von Leo X. bewundert, auf denen die große Lippe, die man auch bei Lorenzo Magnifico wahrnimmt, unverkennbar, wenn auch bescheidener verewigt ist. Ueber den Ursprung dieser Anomalie ist ebensowenig sicheres zu sagen, wie von der hervortretenden Lippe Rudolfs von Habsburg oder Albrechts I., darüber aber kann kein Zweifel sein, daß sich diese Eigenthümlichkeit sprungweise bei zahlreichen Medizeern des 15. und 16. Jahrhunderts findet, wenn sie auch nicht als Familientypus ein für allemal gelten konnte. Der Enkel Lorenzos Giovanni, dessen Frau eine Sforza war, hatte ebensowenig wie seine Nachkommenschaft von jener Eigenthümlichkeit etwas wahrnehmen lassen. Ferdinand I. hatte zuverlässig vom ersten Großherzog, seinem Vater Cosimo und seiner Mutter Eleonore di Toledo normale Lippen geerbt, auch seine Nichte Maria von Medizi hat den Bourbonen keine große Lippe gegeben, obwol sie habsburgisches Blut besaß. Erst durch die Ehe Cosimos II. und Maria Maddalenas wurde ein Familientypus geschaffen, der für alle folgenden Medizeer bis auf Giangastone bezeichnend war. Weder die Familie Rovere noch die Orleans haben den einmal im Mannsstamm erblich

gewordenen Typus durch ihre Ehen mit Medizeern beseitigen
können. [1])

Und so zeigt sich auch im Falle der Medizeer wie in der
gesammten Geschichte der sogenannten habsburgischen Lippe ein gewissermaßen klassisches Beispiel der Bedeutung von Amphimixis
für die Bildung von Familiencharakter und von Erblichkeit überhaupt.
Wollte man einen Schluß aus diesen genealogischen Thatsachen
ziehen, so dürfte man sagen, daß in den zahlreichen Fällen, wo
sich Heiraten mit spanischen und österreichischen Prinzessinnen für
den Familientypus dritter Häuser in Ansehung der Lippenbildung
einflußlos gezeigt haben, die einseitig dargebotene Anlage ver-
kümmerte, daß aber in dem Augenblick, wo mütterlich vorhandene
Anlage eines Mannsstammes durch das Hinzutreten einer Frau
aus einer Familie, in welcher die gleiche Eigenschaft typisch war,
verschärft wurde, unbedingt wiederum Familientypus erzeugt
werden mußte. Vielleicht ist demnach die Vermutung gerechtfertigt, daß sich Familieneigenschaften einseitig zwar immer nur
von väterlicher Seite entwickeln, aber durch Amphimixis in den
Anlagen zweier verschiedener Familienangehörigen auch in neuen
Häusern zur Vererbung gelangen.

Die Geschichte der sogenannten Habsburgischen Lippe, welche
von den meisten Werken über Haeredität besprochen wird, beweist
nun aber deutlich, daß mit der nur im allgemeinen constatirten
Thatsache, nach welcher in verschiedenen hintereinander auftretenden Generationen ähnliche Unregelmäßigkeiten vererbt sind, sehr
wenig faßbares und greifbares gewonnen worden ist, während
durch die genealogische Betrachtung sich die Sache zu einem lebens-
vollen Bilde ursächlich begründeter Vererbungsverhältnisse ausge-
stalten ließ. Wenn es aber richtig ist, daß sich im allgemeinen
die väterlichen Eigenschaften so viel stärker in der Vererbungsmasse erweisen, als die mütterlichen, so kann es auch nicht auf-

---

[1] Ich will nicht unterlassen hier nachzutragen daß doch schon Litta in
seinen Famiglie celebri die Genealogie im höchsten Sinne des Wortes verstanden und daher die trefflichsten Portrats seinen Stammtafeln beigefügt hat,
die man in Rücksicht auf die angeführten Thatsachen nachsehen kann. Besser
ist es freilich nach Florenz zu reisen.

fallen, daß die heute zurecht bestehende auf dem väterlichen Namen
beruhende bürgerliche Familie auch in anthropologisch-physiologischer
Beziehung ihre Bedeutung besitzt und daß gewisse Familientypen,
wie sie sich in äußerlich wahrnehmbaren und von willkürlicher
Bewegung unabhängigen Wirkungen bemerkbar machen, auch ohne
Zweifel im Sinne geistiger und moralischer Vererblichung zu verstehen sind, oder wenigstens unendlich wahrscheinlich sein werden.
Was unsicher ist und nur auf dem Wege genealogisch genauer
Forschung festgestellt werden könnte, ist das Maß der als Erblichkeit fortwirkenden und der durch Variabilität verkümmernden, der
als Atavismus sprungweise, und der als Typus dauernd auftretenden Eigenschaften in der Ascendenz und Descendenz.

Versucht man diese möglichen Wirkungen auf allgemeine
Formeln zurückzuführen, so könnte vielleicht folgende Betrachtung
zum Ziele führen. Stellen wir uns physikalisch-mechanisch die in
den Keimplasmen vorhandenen väterlichen und mütterlichen Vererbungstendenzen als „Massen" vor, wie ja auch thatsächlich von
Vererbungsmasse gesprochen wird, so müßte, wenn dieselben
gleichwertig wären, der neue Organismus einen Mittelwert der
elterlichen Vererbungstendenzen darstellen. Daß diese Massen aber
bei der Reproduction nicht zu gleicher Geltung zu kommen vermögen, wird schon durch die niemals vorhandene Gleichheit von
einem Elternpaare entsprossener Geschwister zur Genüge bewiesen.
Das Ueberwiegen von Erbschaftsmassen aus früheren väterlichen
oder mütterlichen Generationsreihen führte mithin zu der notwendigen Annahme einer gewissen Intensität, mit der sich die
einen oder anderen Vererbungstendenzen, deren Träger die Massen
sind, Geltung verschaffen: sie dürften ein für allemal mit dem
Namen Vererbungsintensität bezeichnet werden.

Mit Hilfe dieser Vorstellungsweise würde zunächst begreiflich,
warum es überhaupt möglich ist, daß einige Eigenschaften des
neuen Individuums mehr nach der Seite des Vaters, andere mehr
nach der der Mutter gerathen können. Während nun vermöge
der nachgewiesenen Amphimixis aus den Vorelternpaaren stets getheilte Masse vererbt worden ist, braucht doch nicht angenommen
zu werden, daß die Vererbungsintensität der Massenvertheilung

analog verlaufen sei. Denn wenn ein Mensch von seinem Altvater nur ein Sechzehntel von dessen Vererbungsmasse in sich trägt,
so muß angenommen werden, daß sich dessen Vererbungsintensität
ungeschwächt erhalten habe, sobald die Erfahrung zeigt, daß gewisse Eigenthümlichkeiten der Familie trotz der fortwährenden
Theilungen der Vererbungsmasse sich mit solcher Zähigkeit fortgepflanzt haben.

Denken wir uns die Ahnentafel eines Individuums mit 16
Ahnen gegeben, so ist Vererbungsmasse von dreißig einzelnen Individuen in Betracht zu ziehen. Unter diesen finden sich stets eine
gewisse Anzahl direkter Abstammungen von Vätern und Söhnen,
welche denselben Familiennamen tragen, woraus sich für die
Stammväter eines Menschen bis zu zu sechzehn Ahnen die folgende
Formel ergiebt:

$$4d + 3b + 2d + 1e + 1f + 1g + 1h = 15 \text{ Väter.}$$

Dies besagt, daß ein Mann Namens Müller 4 Ahnen Müller,
3 Ahnen Schulze, 2 Ahnen Lehmann, 2 Ahnen Meier und je 4
Ahnen noch anderen Namens in seiner Ahnentafel aufzuweisen hat,
und man ersieht hieraus ohne weiteres, daß jeder Mensch von
Seiten seiner Väter gleichen Namens, seiner direkten männlichen
Ascendenz, mit stärkeren Erblichkeitseigenschaften belastet, oder be-
haftet sein muß, als von Seiten anderer ihm verwandter Familien,
da er stets einen Ahnen mehr von ersterer Art als von jeder
andern aufzuweisen hat. In den Fällen, in welchen in den oberen
Generationen Ahnenverlust eintritt, kann dieses Vorwiegen der
einen Art über die Anderen noch vergrößert sein. Nehmen wir
daher an, irgend eine Besonderheit habe sich mehrere male bereits
in einer Familie vererbt, so ist nach dieser Erkenntnis vollkommen
erklärlich, daß dieselbe sich im Mannesstamm weiter vererben wird;
denn abgesehen davon, daß sich hierin ein für allemale die quantitative Präponderanz der direkten männlichen Ascendenten geltend
machte, werden sich die hervortretenden Eigenschaften anderer
Familien durch die Gleichungen verschiedener Stammväter anderer
Herkunft ohne Zweifel gegenseitig aufheben.

Ist man sonach schon auf dem Wege der Betrachtung quan-
titativer Erbschaftsverhältnisse zu der Wahrscheinlichkeit gelangt,

daß sich einigemale regelmäßig vererbte Besonderheiten weiter ver=
erben werden, so erfährt dieser Gesichtspunkt noch eine erheblich
gesteigerte Bedeutung, sobald man den Begriff der Vererbungs=
intensität hinzunimmt. Alle lebende Materie reagirt gegen wieder=
holte, gleichartige, äußere Einflüsse in dem Sinne, daß die Inten=
sität ihrer Gegenreactionsfähigkeit erhöht wird. So erstarkt die
Spannkraft der Turnermuskel durch wiederholte Uebung genau so,
wie das Gedächtnis des lernenden Schülers. Warum sollte also
nicht die Vererbungsintensität gewisser Vererbungsmassen bei wieder=
holter Vererbung ein und derselben Eigenschaft erhöht werden?
Fügen wir aber diese Vorstellung in obige Ableitungen ein, so
wird die Präponderanz der direkten männlichen Ascendenten, also
der die Familie constituirenden Eigenschaften, trotz der bei neuen
Zeugungen stattgefundenen weiteren Theilungen der Erbschaftsmasse
vielleicht begreiflich scheinen. Damit dürfte man sich auch der
Möglichkeit nähern, eine Erklärung für die Erscheinung zu finden,
daß sich gewisse Eigenschaften oder Talente in Familien erhalten,
oder steigern und zu einem gewissen Höhepunkt gelangen können.
Nur wird dann der langsame Verfall, oder das oftmalige Ver=
schwinden derselben in den Epigonen nicht unbemerkt bleiben dürfen.
Soll man dasselbe mit den allgemeinen Ermüdungs= und Sätti=
gungserscheinungen der lebenden Materie in Zusammenhang
bringen, so daß bei abnehmender oder selbst schon constant bleibender
Vererbungsintensität die Massenwirkung der sich fortwährend
theilenden und vermengenden Keimplasmen wieder die Oberhand
gewinnt? Es sei jedoch nicht näher hierauf eingegangen, wir
haben uns in den nächsten Capiteln mit dieser Frage zunächst
wieder empirisch zu beschäftigen.

Vergleicht man nun aber unter Berücksichtigung des oben ange=
führten Mutterrechtsschemas die Anzahl der mütterlichen Ahnen mit
der der väterlichen, so ist unter der Annahme des mütterlichen
Familienbestandes der voneinander in direkter Abstammung sich
entwickelnder Mütter und Töchter allerdings der der Väter voll=
kommen entsprechen (siehe oben S. 393).

Wenn nun aber durch die Thatsache, daß in der nach dem
Vaterrecht sich bildenden Familie typische Vererbung nachgewiesen

werden konnte, die Präponderanz der väterlichen Vererbungsintensität anzunehmen ist, so käme man doch selbst bei dem durch
Mutterrecht gebildeten Familienbegriff immer wieder auf die steigende
Vererbungsintensität der Väter zurück. Denn in diesem Falle haben
wir doch auch das Recht, die Töchter auf ihre väterliche Herkunft zu
prüfen, und da zeigt sich wieder, daß für das weibliche Individuum
A vier männliche Ascendenten a zunächst in Betracht kommen. Die
Frau hätten wir aber immerhin als ein im Sinne des Vaterrechts
geborenes B zu bezeichnen u. s. w. Die gleichlautenden Formeln
für väterliche und mütterliche Ahnen vermöchten somit der Präponderanz des väterlichen Keimplasmas einen Spielraum offen zu
lassen, und dieser müßte immer wieder zur Annahme einer vor-
wiegenden väterlichen Vererbungsintensität führen.

Die beiden erörterten Ahnentafeln stellen Grenzfälle vor.
In Wahrheit liegt, mit den empirischen Beobachtungen zusammen-
gehalten die Sache offenbar so, daß die weibliche Vererbungsintensität hin- und herschwankt, der männliche Charakterzug aber
in der Descendenz unter allen Umständen als ein Produkt der in
der Ahnentafel begründeten väterlichen Präponderanz nachwirkt.
Gleichzeitig ist aber damit auch begreiflich, daß wenn bei der Zeugung
irgend eine besonders starke Eigentümlichkeit der Frau übertragen
worden ist, eben diese sich wieder besonders in der männlichen
Descendenz weiter entwickelte und dadurch wieder als Familientypus
in unserem Sinne verstanden, forterbt.

Im allgemeinen dürften folgende Grundsätze der genealogischen
Erfahrung entsprechen:

1) Die den Eltern gemeinsamen Eigenschaften vererben sich ohne
   Rücksicht auf die Intensitäten der Vererbungsmasse. (Zeugung
   und Erhaltung der Art, Gattung oder Race.

2) Für Vererbung von Besonderheiten kommt eine Vererbungsintensität in der Vererbungsmasse in Betracht, wobei

3) Die Weitervererbung einer erlangten Eigenthümlichkeit in der
   Präponderanz der männlichen Vererbungstendenzen gesichert ist
   und deren Intensität durch Häufung der Reproduction gesteigert
   wird. (Familientypus.)

Viertes Capitel.

Psychische und moralische Vererbung.

Die Unsicherheiten im Gebiete der Vererbungsfragen entstehen
besonders dadurch, daß man ihre zeitlichen Grenzen nicht von
vornherein zu bestimmen im Stande ist.[1]) Im allgemeinen ergibt
sich aus dem Vererbungsprincip eigentlich keine weitere Erkenntnis,
als die der stets wiederholten Thatsache, daß gleiches aus gleichem
entsteht. Aus Eichen werden Eichen, von Menschen werden
Menschen geboren. Die mannigfaltigen und schwierigen Fragen,
die sich für die Naturforschung ergeben, wenn sie eine Erklärung
für die Entstehung neuer Arten zu geben versucht, bleiben für die
Genealogie von secundärer Bedeutung. Sie setzt bei ihren Betrachtungen das Vorhandensein von im Wesen sich gleichbleibenden
Arten voraus. Das Problem der Vererbung, mit welchem sie sich
beschäftigen kann, ist nicht, wie man zu sagen pflegt, philogenetischer,
sondern nur physiologischer, psychologischer oder pathologischer
Natur. Veränderungen, die im genealogischen Sinne zu beobachten
kommen, betreffen immer nur Eigenschaften, welche einer gewissen
Gattung im ganzen und großen stets anhaften, sei es, daß man
die thierische oder menschliche Natur in das Auge faßt. Der
Thierzüchter beseitigt den Hengst, welcher asthmatische oder röhrende
Nachkommenschaft erzeugt, aber daß er doch stets Pferde und vielleicht das schönste Vollblut reproduzierte, konnte trotzdem, daß ihn
eine einzige pathologische Eigenschaft für die Fortpflanzung
schädlich machte, nicht im mindesten geläugnet werden. Die menschlichen Eigenschaften, deren Vererbung der Genealoge kennen zu

[1]) Cap. II. oben S. 388 ff.

lernen strebt, sind im ganzen und großen etwas den Menschen immer anhaftendes, und sind stets in der Gesammtheit der Individualitäten vorhanden gewesen. Alles, was als vererbte Eigenschaft der einzelne besitzt, war zu allen Zeiten den Lebewesen, die man homo sapiens nannte, in collectivistischem Sinne eigenthümlich. Die Genealogie tritt also an die ganze Vererbungsfrage von Eigenschaften unter der Voraussetzung heran, daß die Totalität derselben in der Totalität der Individuen, welche genealogisch untersucht werden, stets und in gleicher Weise vererbt worden ist. Erblichkeit im allgemeinen braucht daher nicht erwiesen zu werden; was sich als ein Problem genealogischer Art darstellt, ist die Frage, in welchem Maße sich gewisse individuelle und besondere d. h. solche Eigenschaften eines Nachkommen, die diesen individuell charakterisieren, auf die unmittelbar vorhergehenden und einer bestimmt zu fixierenden Reihe von Generationen angehörenden Vorfahren zurückführen lassen. Um dieses Problem in seiner Besonderheit zu fassen, ist es durchaus nötig, die Untersuchung in der Weise auf das Individuum anzuwenden, daß dabei nach den strengen Regeln der Ahnentafel und nur nach den Grundsätzen der Ahnentafel verfahren wird. Ein gewisser Dilettantismus gestattet sich in Vererbungsfragen mit einer weitgehenden Willkür vorzugehen. Im gewöhnlichen Leben werden allerlei Verwandtschaftsverhältnisse zur Beurtheilung von Aehnlichkeiten herbeigezogen, aber die Wissenschaft darf sich solche Sprünge nicht erlauben. Wenn jemand Eigenschaften seines Oheims oder seiner Tante besitzt, so kann hier von keiner Vererbung die Rede sein. Es entsteht in diesem Falle die Frage, ob ein Atavismus stattgefunden hat, durch welchen sich die dem Oheim und Neffen gemeinsamen Eigenschaften aus einer gleichen Quelle ableiten ließen. Aber die wissenschaftliche Behandlung des Gegenstandes erfordert, daß diese gemeinsame Quelle nachgewiesen wird, denn wenn man dies nicht im Stande ist, so hat die ganze Aehnlichkeitsbeobachtung nicht mehr Werth, als der Zufall, der uns zuweilen in ganz fremder Gegend eine Person finden ließ, die unserm Bruder oder unserer Mutter täuschend ähnlich sah.

Man ersieht aus dieser Ueberlegung, wie vorsichtig man in

der Feststellung von Erblichkeit sein sollte. Ja man darf behaupten, daß alle Aufstellungen, die nicht aus dem festen Schema
der Ahnentafel hervorgegangen sind, völlig werthlos seien. Auch
hier bringt der Familienbegriff häufige Verwirrungen hervor,
denn man scheut sich zuweilen nicht, auf den gemeinsamen Familiennamen Schlüsse von Vererbungen zu bauen. Man kann sich als
Axiom einprägen, daß die Vererbungsfragen in der Descendenz
gar nicht erörtert werden sollten, sondern lediglich in der Ascendenz
und in der Descendenz nur Werth haben, wenn die Untersuchung
der Ascendenz vorangegangen sein wird. Will man nun über
die ererbten Eigenschaften eines Menschen eine Untersuchung anstellen, so sind die Eltern, Großeltern, Urgroßeltern u. s. w. festzustellen. Da sich für den größten Theil der lebenden Menschen
dieses Schema nur sehr lückenhaft aufstellen läßt, so darf man
sich darüber keiner Täuschung hingeben, daß vorläufig und so
lange die geistige Cultur der Menschen nicht ein lebhafteres genealogisches Interesse für die Ahnenforschung hervorgebracht haben
wird, alle Beobachtung an den Lebenden etwas sehr lückenhaftes
bleiben wird. Will man in diesen Fragen dagegen nach allgemeinen
Regeln verfahren, so ist man auf das Material angewiesen, welches
die Genealogie in einer ausgezeichneten, vielfach noch unbenutzten
Weise darbietet.

Bei der Aufstellung einer solchen Vererbungstafel würde zuerst
zu beachten sein, daß die gemeinsamen Kinder einer Ehe schon
untereinander oft sehr unähnlich sind, um so sicherer wird sich ihre
Vererbungsmasse nur aus einer längeren Reihe von Generationen
feststellen lassen, zugleich wird aber auch in den Unähnlichkeiten
einer so construirten Vererbungstafel eine wichtige Controlle gegenüber von allzu voreiligen Schlüssen erblickt werden können. Indem
ich ein Beispiel zu geben versuche, wende ich mich daher an eine
Familie, die möglichst vollständige Ahnen einerseits und eine große
Anzahl von Geschwistern andererseits aufweist. Man gestatte also
zunächst den jetzigen Prinzen von Wales und seine sieben Geschwister als Beispiel vorzuführen. Dabei muß man sich zunächst
eine Grenze stecken, die ganz willkürlich erscheint und von der erst

künftige Forschung ahnen lassen wird, ob man auf diesem Wege zur Erkenntnis von wirklichen Vererbungsgesetzen gelangen könne. Vorläufig bleibe angenommen (vgl. oben den Schluß von Cap. II. S. 391), daß sich gewisse Eigenschaftsvererbungen in vier Generationen geltend machen und daher noch an den zu erprobenden Urgroßenkeln wahrnehmbar sind. Unter dieser Voraussetzung wird mithin die anzufertigende Vererbungstafel auf den bekannten Nachweis von 16 Ahnen gestellt.

Victoria Kaiserin Friedr.	Prinz Albert v. Sachsen Coburg Gotha.	Hg. Ernst v. S.-Coburg.	Frz. Friedrich Hg. v. Sachs.-Coburg.	Ernst Friedrich.
Albert, Prinz von Wales.				Sophie v. Braunschweig.
Alice, Großh. v. Hessen. †			Augusta Karolina v. Reuß-Ebersdorf.	Heinrich XXIV. v. Reuß.
Alfred, Hg. v. Coburg-Gotha.		Hg. Louise v. S.-Gotha.		Caroline Gfin. v. Erbach.
Helene, Prinzessin v. Schleswig-Holstein.			August Hg. von Gotha.	Ernst II. Hg. von Gotha.
				Charlotte von Meiningen.
Louise, Marquise of Lorne.			Charlott. v. Mecklbg.-Schwerin.	Friedrich Franz I.
Arthur, Hg. v. Connaught.				Louise von Sachsen-Gotha.
Leopold, Hg. v. Albany. †	Königin Victoria.	Hg. Eduard von Kent.	Georg III. Kg.	Friedr. Ludw. g Prinz v. Wales.
				Auguste v. Sachsen-Gotha.
Beatrix, Prinzessin v. Battenberg.			Sophie Charlotte v. Mecklbg.-Strelitz.	Karl Lud. Hg. v. Mecklbg.-Strel.
				Elisabeth Albertine v. Sachsen-Hildburghausen.
		Victoria von Sachs.-Coburg.	Franz Friedrich Hg. v. Sachs.-Cobrg. s. oben.	oben.
			Augusta Karolina v. Reuß-Ebersdorf. s. oben.	oben.

Es handelt sich hier nur um ein Beispiel und um die Aufstellung und Ersichtlichmachung jener Probleme, die auf dem regelrechten genealogischen Wege zu lösen sind; in Folge dessen wird es an dieser Stelle nicht darauf ankommen, in eine genaue Untersuchung aller vererbten, die einzelnen, vielfach so hervorragenden Persönlichkeiten speziell characterisierenden Eigenschaften einzugehen, die durch die voranstehende Ahnentafel allerdings erkannt werden könnten. Dagegen soll durch die Methode, die man bei solchen Forschungen zu befolgen hätte, einleuchtend gemacht werden, daß

ſelbſt ſchon die äußerlichſten Kennzeichen der Vererbung, wie etwa
Geſtalt, oder Porträtähnlichkeit eben nur aus einer ſo conſtruirten
Gruppe von Familienbeziehungen verſchiedenen Characters verſtanden
werden können. Ohne nun in eine — gegenüber einem
lebenden Familienkreiſe ſich leicht als unbeſcheiden darſtellende —
genauere Erblichkeitsunterſuchung eintreten zu wollen, ſo wird man
doch die für die engliſche Königsfamilie ſo erfreuliche Thatſache
hervorheben dürfen, daß die geſegnete Ehe der Königin Victoria
acht kräftige durchwegs höchſt begabte, blühende Nachkommen ergeben
hat, die ſämmtlich ſchon ſelbſt in höheren Lebensaltern ſich
befinden und daß von Krankheitserſcheinungen, die ſich in noch
höheren Ahnenreihen in einer nur zu bedauerlichen Weiſe geltend
machten, bei den Nachkommen nicht die leiſeſte Spur vorhanden
iſt. Ein einziges der Kinder der Königin Victoria, der Herzog
von Albany, iſt in einem frühen Lebensalter durch eine Krankheit
hinweggerafft worden, bei welcher vielleicht von Häredität geſprochen
werden könnte. Die treffliche und geiſtvolle Prinzeſſin Alice dagegen
iſt das Opfer der aufopferungsvollen Pflege ihrer erkrankten
Kinder geworden. Betrachtet man mithin die hier vorliegende
Vererbungsahnentafel vom allgemeinſten biologiſchen Standpunkt,
ſo läßt ſich eben nur behaupten, daß ſich in der Familie der
Königin von England trotz eines Ahnenverluſtes von zwei bei
ſechszehn ſich mütterlicherſeits nur die ungemeine Fruchtbarkeit der
hannoverſchen Familie, insbeſondere ihrer weiblichen Linien und
väterlicherſeits die durch viele Generationen hindurch blühende
Kräftigkeit und man kann ſagen ſtrotzende Geſundheit des Koburgiſchen
Herrengeſchlechts vererbt hat. Was die perſönlichen Eigenſchaften
äußerer und innerer Art betrifft, ſo würde ein Blick auf
die Porträtgallerie dieſes Hauſes ſogleich den Eindruck gewähren,
daß ſich unter den Kindern der Königin von England eine unleugbare
Zweitheilung wahrnehmen laſſe, indem die einen mehr
den mütterlich engliſchen, die andern dem väterlichen, ſächſiſchen
Typus in Geſtalt und Geſichtszügen ſich nähern. Die Ahnentafel
zeigt eigentlich ein ſo ſtarkes Uebergewicht des ſächſiſchen Blutes,
daß man Grund gehabt hätte zu erwarten, es werde ſich auch in
den Kindern des Koburgiſchen Prinzgemals der ſächſiſche Familien-

character ganz ausschließlich Geltung verschaffen, indessen ist trotzdem, daß man unter den acht Ahnen dreimal und unter den
sechzehn sogar siebenmal Wettinisches Keimplasma wahrnehmen
konnte, dennoch eine merkwürdige Vererbungsvarietät ersichtlich,
indem zwar mehrere von den Söhnen der Königin äußerlich eine
lebhaft an Persönlichkeiten des sächsischen Hauses erinnernde Erscheinung zeigen, aber in psychologischer Beziehung hinwiederum
ihren mütterlichen Ahnen in einem und dem anderen Character-
zuge ähnlicher sein dürften. Auch wollten manche die Bemerkung
machen, daß die Töchter, welche in Gestalt und Gesichtszügen zuweilen ausgesprochene Aehnlichkeit mit ihren mütterlichen Vorfahren
besitzen, in der Lebhaftigkeit und Vielseitigkeit ihrer Talente und
besonders in ihrer künstlerischen Veranlagung mehr an die sächsische Abstammung als an ihre braunschweigischen Ahnen erinnern,
was um so beachtenswerther und erklärlicher sein mag, als gerade jene Reihe mütterlicher Vorfahren, welche die Tafel zu verzeichnen hat — so viele bedeutende Leute das braunschweigische Haus
auch sonst zu haben pflegte, — als persönlich geistige Potenzen
wohl weniger hervortritt. Dabei läßt sich vielleicht auch noch auf
den Umstand hinweisen, daß die väterliche Ahnenreihe auf zwei
in der dritten und vierten oberern Generation stehende Gemalinnen
der Koburger Herren hinweist, welche ganz ungewöhnlich bedeutende Persönlichkeiten waren und die seltene geistige Beweglichkeit
dieses Familientheils der Vererbungstafel hervorgebracht zu haben
scheinen. Besonders von der Reußischen Karoline Auguste haben
ihre Söhne in geistiger und gemütlicher Beziehung sehr vieles geerbt, was wenn nicht alles täuscht, auch wieder bei den Töchtern
der Königin von England zum Durchbruch gekommen ist. Es
zeigt sich dies recht deutlich, wenn man z. B. die höchst interessanten
Briefe und Aufzeichnungen der alten Auguste Karoline mit den
Briefen der liebenswürdig geschiedenen und in der gleichsam natürlichen und angeborenen Art der Aufgeklärtheit ihrer Urgroßmutter
so sehr ähnlichen, auch in der aufopfernden Liebe für ihre Kinder
jener so nahe verwandten Prinzessin Alice von Hessen vergleicht.
Man findet da zuweilen Wendungen und Gedanken, die lebhaft an
jene alten vergilbten Briefe und Tagebuchblätter erinnern könnten,

die jedoch der Prinzeffin Alice wahrscheinlich ganz unbekannt
waren, und erst lange nach ihrem Tode beachtet wurden.

Wenn man diese Betrachtungen, die sich aus der aufgestellten
Vererbungsahnentafel ergeben haben, als einen nicht wohl zu ver-
werfenden Versuch ansehen dürfte, die auf die Erblichkeit gerichteten
Untersuchungen auf eine wissenschaftlich gesicherte Grundlage zu
stellen, so soll ausdrücklich noch bemerkt werden, daß die skizzen-
haft durchgeführte Vergleichung der Eigenschaften immer noch auf
keine so große Sicherheit Anspruch machen dürfte, wie sie in vielen
Fällen zu erreichen wäre, wo das Material mit noch größerer urkundlicher Abgeschlossenheit erreichbar sein wird. Indessen hat sich
doch gerade hier eine gewisse Erscheinung von Vererbungsmomenten,
als bestimmt nachweisen lassen, die theilweise auf die mütterlichen,
theilweise auf die väterlichen Ahnen zurückgeführt werden mußten.
Dieser Umstand ist aber geeignet, der Frage, die schon Schopenhauer aufgeworfen hat, ob sich eine Regelmäßigkeit in der mütterlichen und väterlichen Vererbung behaupten lasse, an diesem Orte
unsere Aufmerksamkeit zuzuwenden.

Schopenhauer hat eine Vermutung ausgesprochen, die außerordentlich ansprechend und erfreulich sein könnte, wenn sie sich
einigermaßen durch genealogische Studien beweisen ließe. Mit
großem Unrecht haben aber neuere Schriftsteller, die sich mit der
Erblichkeit beschäftigten, das berühmte Kapitel des Philosophen gänzlich
vernachläßigt und dadurch zugleich eine Undankbarkeit gegenüber
einem der allerersten bewiesen, die sich systematisch über die Erblichkeit zu orientieren bestrebt waren. Schopenhauer war der
Meinung, daß sich der Character vom Vater, und der Intellekt
von der Mutter herleiten lasse. Er hat sich mit dieser Ansicht zunächst auf dem Wege seiner philosophischen Grundanschauung be-
freundet, wonach der Wille, das Wesen an sich, der Kern, das
Radikale im Menschen, der Intellekt hingegen das sekundäre, das
Accidenz jener Substanz ist. Eine aus der Erfahrung gewonnene
Erkenntnis, die den Naturforscher befriedigen könnte, ist dies nun
freilich nicht, aber man muß zugestehen, daß Schopenhauer sich
ernstlich bemühte, durch zahllos gesammelte Beispiele aus der Geschichte seine Hypothese auf alle Weise zu unterstützen und daß er

auf diese Weise ein frühes Beispiel gegeben, welches von den Erblichkeitsforschern nachher lediglich entwickelt wurde. Ja man darf hinzufügen, daß genau dieselben geschichtlichen Ueberlieferungen, wie die Charakterisirung des Kaisers Nero auf Grund der schon von Sueton hervorgehobenen erblichen Eigenschaften der Claudier, oder der Hinweis auf die, wie es scheint, vererbte Heldenhaftigkeit der Scipionen, oder Kimons und Miltiades, Hannibals und Hamil-kars u. s. w. nach Schopenhauers Vorgang bis zum Ueberdruß benützt worden sind, um die Vererbungslehre psychologisch zu ver-werten. Ebenso verdiente Schopenhauer mit viel größerer Dank-barkeit da erwähnt zu werden, wo von den Psychologen das Ver-hältnis der Mütter zu ihren Kindern besprochen zu werden pflegt, denn auch hier hat der Philosoph bereits eine sehr ansehnliche Reihe von Beispielen aufgezeigt, die nicht schlechter wenn auch nicht besser als die meisten andern sind, die zahllos von Schrift zu Schrift und selbst von Mund zu Munde gehen. Ebenso sind Schopenhauers Beispiele sehr lehrreich, wo er nachweist, daß im Charakter zwischen Müttern und Söhnen sehr häufig viel größere Gegensätze vorhanden seien, wie zwischen Vätern und Söhnen, wobei er dann freilich die eben so häufig vorkommende Verwandt-schaft der intellektuellen Begabung bei Vätern und Söhnen so sehr unterschätzt, daß er z. B. den so bezeichnenden Fall von Lord Chatham und seinem Sohn als reine Ausnahme betrachtet wissen wollte. Man muß thatsächlich befürchten, daß es Ausnahmen dieser Art von Schopenhauers Regel doch allzuviele geben wird, so daß man auch hier nur erst zu hoffen vermag, es werde vielleicht eine regelrechtere genealogische Forschung etwas mehr Sicherheit in diesen Dingen herbeiführen. Indessen kann allerdings auch jetzt schon zugestanden werden, daß die in dem früheren Capitel be-sprochene, häufig nachzuweisende Annahme von Familieneigen-schaften, also die väterliche Vererbung meistentheils auf Character-eigenthümlichkeiten, und viel seltener auf intellektuelle Gleichungen sich beziehen dürfte. Jedenfalls ist die negative Seite der Frage mit einer großen Sicherheit zu entscheiden, denn es gibt fast in jeder aufsteigenden Reihe von Vätern immer einige, deren Intellekt als ein hervorragender betrachtet wird, aber es gibt kaum einen

Fall, wo eine unterbrochene Reihe von Intelligenzen aufwärts oder abwärts zu verzeichnen wäre; vielmehr ist das Gegentheil nur zu sicher, daß bedeutender Intellekt der Väter manchmal schon bei den Söhnen verschwindet. Es kann, soweit genealogische Forschung bis heute zu urtheilen gestattet, hier von Regeln und Gesetzen überhaupt nicht geredet werden. Wenn aber Ribot auf die von Galton gesammelten Beispiele gestützt, Erblichkeit intellektueller Eigenschaften ohne weiteres als nachgewiesen ansieht, so hat er eine sehr richtige Bemerkung Schopenhauers dabei ebenfalls übersehen, welche sich auf das Moment frühzeitiger erziehlicher Einwirkung bei ähnlichen Beschäftigungszweigen von Vätern und Söhnen bezieht. Daher sind viele Beispiele, die man seit Galton von der Erblichkeit künstlerischer Talente anführt, doch einigermaßen mit Vorsicht zu behandeln, denn Mozarts Vater war freilich auch Musikus, aber doch kein bedeutender. Viel wichtiger ist in der That die Bemerkung Schopenhauers, daß bei Genies wie Raphael und Mozart der Umstand frühzeitiger Unterweisung besonders gegenüber der kurzen ihnen zugemessenen Lebenszeit stark in Rechnung kommen sollte! Galton glaubte bei der genealogischen Untersuchung von 56 Dichtern 40 % Erblichkeit nachweisen zu können. Jedenfalls sind bei diesen Vererbungen die Väter mehr als die Mütter betheiligt gewesen, doch ist nicht zu zweifeln, daß man mehr als hundert Fälle von dichterischen Anlagen bezeichnen könnte, wo weder unter Vätern noch unter Söhnen so vereinzelter Erscheinungen irgend welche Anzeichen von Vererbung zu finden wären. Soll also in diesen Fällen dennoch an Vererbung gedacht werden, so ist es klar, daß dieselbe in den mütterlichen Ahnenverhältnissen gesucht werden müßte und wegen der fast durchweg fehlenden Ahnentafeln nicht festgestellt werden könnte. Die einzige Lehre, die man aus den von Schopenhauer und Ribot und anderen aufgestellten Beispielen zu gewinnen im Stande ist, wird die sein, daß eine regelrechte Erblichkeitsuntersuchung allemale nur auf Grund einer regelrecht aufgestellten Vererbungsahnentafel, wie sie im obigen Falle von den Kindern der Königin von England aufgezeigt werden konnte, einigermaßen sichere Resultate ergeben kann. Das Lehrbuch der Genealogie hat nicht

die Aufgabe das Problem der Vererbung an und für sich zu
lösen, sondern versucht es nur, diejenigen Methoden festzustellen,
die allein zu Resultaten führen können. So lange man nur aus
ein paar Aehnlichkeiten, sei es des Charakters, oder des Intellekts
zwischen Eltern und Kindern Schlüsse zieht, werden die Ein-
wendungen Buckles ganz entschieden eine erhebliche Bedeutung behalten, wenn er sagt, man darf sich nicht nur fragen, wie viele
Fälle von vererbten Eigenschaften vorhanden sind, sondern auch,
wie oft solche Eigenschaften sich nicht vererben. Gerade in diesem
Gegensatze der Meinungen zeigt sich aber der Umstand, daß alle
diese Probleme nicht genugsam auf genealogischer Grundlage erörtert zu werden pflegen. Denn in dieser Allgemeinheit der Negation ist die Einwendung Buckles eben so wenig brauchbar,
wie die aus bloßen Wahrscheinlichkeitsrechnungen genommenen Beweise für und wieder die psychische und moralische Vererbung.
Im Allgemeinen lehrt die Genealogie, daß jeder Mensch unter
der Gesammtheit seiner Ahnen nothwendig alle Eigenschaften vertreten findet, die die Menschheit überhaupt an sich hat. Jeder
Mensch hat Weise und Narren, Dichter, Musiker, Krieger, Tu-
gendhelden und Verbrecher, gerade und verkrüppelte Menschen
unter seinen Ahnen, und es ist daher gar kein Zweifel, daß alle
Eigenschaften die irgend jemand an sich hat — physiologische,
psychologische und moralische — bereits bei einem seiner Vorfahren
vorhanden gewesen sind. Wahrscheinlich würde man kaum einen
Menschen finden, dem nicht selbst innerhalb eines verhältnismäßig
ganz kurzen Zeitraums alle Eigenschaften, die er besitzt, auch an
seinen Ahnen nachgewiesen werden könnten. Wenn man bedenkt,
daß jemand vor ein paar hundert Jahren möglicherweise schon
hunderttausende von Ahnen gezählt hat, so ist es ein Absurdum
zu denken, daß irgend einer unter uns lebenden irgend eine Eigenschaft haben könnte, die nicht hunderte von väterlichen oder
mütterlichen Ahnen auch gehabt und also im Wege des Keimplasmas auf uns gebracht haben. Die Frage ist nur die, innerhalb welcher Zahl von aufsteigenden, beziehungsweise absteigenden
Generationen sich besondere nicht allen einzelnen Individuen gleichmäßig anhaftende Eigenschaften als vererbt und vererbbar nach-

weisen lassen? Hier liegt das zu lösende Problem. Von dem
Besitz der Nase, Zunge, des Gesichts, der Ohren, der Empfindung
für Wollust und Schmerz und tausend anderen Dingen weiß
jeder, daß ihm diese Vererbung nicht nur so gut vom Vater wie
von der Mutter, sondern auch von einer ungezählten Menge von
Generationen, wie man zu sagen pflegt von Adam und Eva her
von jeglichem Paare seiner Ahnen, das durch Zeugung das Leben
des spätern Nachkommen bewirkt hat zu, theil geworden ist. Das
was darüber hinaus unsicher bleibt, ist die Besonderheit, die jemand besitzt, die Adlernase, oder die Stumpfnase, die hohe oder
niedrige Stirn, der gewaltig überragende Verstand, das Herrscher-
talent, auch die körperlichen und geistigen Anomalieen. Sind alle
diese Besonderheiten der Vererbungsmasse innerhalb einer engbe-
grenzten Zahl von Zeugungen aus dem Keimplasma einer bestimmt zu erkennenden Reihe von aufsteigenden Generationen
nachweisbar, oder hat man die Besonderheiten in der Gesammtmasse der Vererbung als eine regellos in den Generationsreihen
umherschwebende, bald hier, bald dort zum Vorschein kommende
Erscheinung zu betrachten, die sich jeder faßbaren Continuität
entzieht und mithin nur in dem dunkeln Begriff dessen, was man
im allgemeinen mit dem Worte Atavismus bezeichnet, wahrnehmbar sein wird?

Es wurde schon im dritten Capitel mit Rücksicht auf die allgemeine und prinzipielle Frage der Vererbung auf die Schwierigkeiten und Unsicherheiten hingewiesen, die durch den Begriff des
Atavismus entstehen, hier soll der Versuch gemacht werden, einige
einzelne Beispiele vorzuführen, die im Gegensatze zu der heute
verbreiteten Haereditätslehre zu stehen scheinen. Bekanntlich war
P. Lucas einer der ersten, welcher die psychologischen und physiologischen Eigenschaften der Menschen als eine bloße Vererbungserscheinung zu begründen gesucht hat. Dann sind ihm Galton
und so viele andere Forscher in der Methode gefolgt, die er anwendete, um besonders intellektuelle und moralische Qualitäten
neben den physischen als vererbt zu beweisen. Hierbei spielte eine
Art von statistischem Verfahren die Hauptrolle, indem man bekannte Namen der politischen, wie der Litteratur- und Kunstgeschichte

zusammenstellte und aus dem Zusammentreffen der gleichen Lebens-
bethätigungen ihrer Träger den Schluß zog, daß in allen diesen
Fällen haereditäre Eigenschaften zu Grunde lägen. Auf diesem
Wege ist die Erblichkeitslehre — wenn man so sagen darf — zu
einem eisernen Bestand von Beispielen gelangt, welche in unzähligen
Werken wiederholt werden und durch manche immerhin frappirende
Fälle von Eigenschaftsgleichungen eine gewisse Wirkung auf die Leser
nicht verfehlten, ohne daß das Bedenken entstanden wäre, daß man
sich bei jeder Verallgemeinerung solcher Begriffe wie Erblichkeit der
Einbildungskraft oder des Denkvermögens u. s. w. leicht in einem
Kreise bewegen wird, der nichts mehr zu besagen hat, als die ein
für allemal bekannte Wahrheit der natürlichen Reproduction im
Wege der Zeugung.

Ribot stellt in seinen sonst so umsichtig gefaßten psychologischen Untersuchungen die Resultate früherer Forscher übersichtlich
zusammen und vermehrt die Masse der historischen Beispiele für
jede Art von Erblichkeitsverhältnissen beträchtlich. Hierbei ist aber
doch zu wenig Unterschied gemacht worden in Bezug auf solche
Fälle, welche sich als Besonderheiten deutlich erkennbar machen,
und solchen, welche zwar in den Darstellungen der Massenstatistik
als Ungleichheiten gezählt werden können, aber vom Standpunkt
der Vererblichungsfrage durchaus unter die Regelmäßigkeit zu stellen
sind. Dahin gehören alle Betrachtungen über die Vererblichung
von solchen Eigenschaften, welche sich auf die Lebenswirksamkeiten
und Beschäftigungen gewisser Familien beziehen. Hier kann es
durchaus nicht genügen, mit Galton auf Grund einer Massenstatistik von Familien, die Richter, Staatsmänner, Feldherrn,
Litteraten, Gelehrte, Dichter, Künstler, Geistliche hervorzuheben und
darnach eine durchschnittliche Zählung von Vererbungen vorzu-
nehmen, die sich noch außerdem noch auf alle möglichen Verwandtschaftsgrade ausdehnen. Eine solche Berechnung läßt gar keinen
Schluß auf die Besonderheiten der Vererbung zu, weil allerdings
der Beruf, den jemand ergriffen hat, mit demjenigen seiner Vorfahren in einem gewissen Zusammenhang zu stehen pflegt, aber die
Erlangung dieses Berufs nicht beweist, daß der betreffende Mann
die dazu nötigen Eigenschaften gehabt, geschweige denn geerbt hat.

Wenn jemand die Merovinger Könige abzählen würde und den
Schluß zöge, sie hätten ihre königliche Qualität geerbt, so wäre
dies ersichtlich ein Irrtum, denn die meisten haben zwar die Krone
aber keinerlei königliche Qualitäten geerbt; und ebenso besagen die
von Galton und anderen zusammengezählten Richter, Staatsmänner und Gelehrte gar nichts, weil vermutlich die Hälfte ganz
unfähige Leute gewesen sind, die von ihren Vorfahren nichts geerbt haben als die gewöhnlichsten Eigenschaften der Menschen und
nach Maßgabe dieser ebenso gut Schuster oder Schneider hätten
sein können, wie Richter und Politiker. Die schlimmste Täuschung,
welche durch die Zusammenstellungen von Familiennamen unter
dem Gesichtspunkte der Berufswahl und der Beschäftigung hervorgebracht wird, besteht also darin, daß sie an eine Vererblichung
von Fähigkeiten im besondern glauben lassen, während selbst die
umfangreichste Statistik der günstigen Fälle im einzelnen bei weitem
nicht die der ungünstigen aufzuwiegen im Stande wäre, wenn es
überhaupt möglich wäre, die letzteren zu sammeln. Was besagen
alle Hinweisungen auf Persönlichkeiten, deren Väter oder Söhne
sich in gleicher Weise bethätigt haben, wie sie selbst, wenn doch
die Thatsache nicht gelengnet werden kann, daß die Namen der
allergrößten Schriftsteller, Gelehrten und Künstler völlig ausgestorben sind. Wie wenig zutreffendes und zwingendes der Erblichkeitsbegriff insbesondere für die genialische Bethätigung hat,
kann keinen Augenblick verkannt werden. An wirklichen Stammbäumen dieser Art vermochte auch Ribot eigentlich sehr wenig
nachzuweisen. Man findet in seinem Buche unter den Gelehrten
die Bernouilli und unter den Malern die Tizians in je drei Generationen wirksam. Dagegen ist nichts lehrreicher als die Geschichte
der Familie Bach, deren zahlreiche musikalische Mitglieder, wie
Ribot selbst bemerkt, eigentlich unter den Begriff der Zunft-
genossenschaft zu setzen sein werden. Die meisten derselben sind
nach zünftigem Gebrauche vermöge Verheiratung mit Töchtern von
Stadtmusikern, Pfeifern, Organisten dieser Thätigkeit erhalten
worden. Daß sich also das Genie von Sebastian Bach vererbt
habe, wird trotz der hundert Musiker dieser Familie nicht behauptet
werden können.

Will man in Bezug auf Vererbung geistiger Eigenschaften eine richtigere genealogische Methode in Anwendung bringen, so wird man als erste Forderung betrachten müssen, daß nicht nach Aeußerlichkeiten, sondern nach innerer Bewertung verfahren werde. Und hier wiederum sind es die Besonderheiten, die man ins Auge zu fassen hat, gerade solche Eigenschaften, die im Rahmen einer Familienvererbung sich als Ausnahme, nicht als Regel bemerkbar zu machen scheinen. Wer also zu einer richtigen Beantwortung der Frage gelangen will, ob und in welchem Maße geistige Eigenschaften vererbt zu werden pflegen, der muß gerade den entgegengesetzten Weg von demjenigen betreten welchen Galton und seine Nachfolger eingeschlagen haben. Nicht die Masse von selbstverständlichen Aehn- lichkeiten, die sich in mancherlei Abstammungsreihen zeigen, können uns helfen, sondern nur eine solche genealogische Untersuchung kann zu einem Ziele führen, welche die Besonderheiten des individuellen Characters und die Abweichungen vom allgemeinen Laufe der Ent- wicklung als eine ebenfalls nur durch Vererbung zu erklärende Erscheinung erkennen lassen.

Die Vererbungsstatistik von Galton und seinen Nachfolgern stößt offene Thüren ein, es ist wirklich unnötig sich für etwas so zu bemühen, was jeder Birnbaum lehrt, daß er keine Aepfel her- vorbringt.

Zu ganz anderen Resultaten wird man dagegen gelangen, wenn die genealogische Methode beobachtet werden wird. Als Bei- spiele dieses Verfahrens mag es gestattet sein, auf einige Fälle hinzuweisen, die von den Psychologen gemeiniglich unter der Kate- gorie von Vererbung der Feldherrntalente angeführt werden. Es soll dabei nicht davon geredet werden, daß die Reihe der Pippi- niden am Ende, wie jede Geschlechtsfolge von Herrschern ebenso gut als Beispiel für Vererbung von Feldherrntalenten wie von staatsmännischen Tugenden angeführt werden könnte. Ebenso wenig werden Untersuchungen über die Nachkommen des großen Feldherrn Ptolemaeus irgend eine Wahrscheinlichkeit für Vererbung seines Talentes ergeben, und selbst der Fall der Scipionen steht in der generationenweisen Auseinanderfolge ihrer Kriegstüchtigkeit wohl nicht vereinzelt da, beweist aber doch nur, daß das Kriegs-

handwerk im Alterthum wie in den neuen Zeiten als solches in
zahllosen Familien gleichsam erblich war. Will man das Talent
in seinem Ursprung und seiner Vererbbarkeit untersuchen, so muß
man vielmehr fragen, wie verhalten sich gewisse unzweifelhafte
Repräsentanten einer Kunst oder Wissenschaft zu ihren Ascendenten
und Descendenten und zwar zu den mit ihnen wirklich durch Abstammung und Zeugung zusammenhängenden Mitgliedern der vorhergehenden und nachkommenden Geschlechter, nicht aber zu beliebig
ausgewählten Verwandten und Namensträgern. Hier wird es genügen eine Anzahl Namen zu nennen, welche genealogisch im
speziellen untersucht werden müßten, wenn man wissen wollte, ob
und wie weit das Feldherrntalent vererblich ist. Man denke also
etwa an Gustav Adolf und Bernhard von Weimar, an Alexander
Farnese, an Johann von Oesterreich, den Prinzen Eugen, den
großen Friedrich, an den Erzherzog Karl, an Napoleon.

Die Ahnentafeln dieser Feldherrn lassen nun, wenn man auch
Gustav Adolf einen gewissen Anspruch auf Atavismus zubilligen
könnte, fast durchwegs die Beobachtung zu, daß dieselben von ihrer
väterlichen Seite her ganz unbeeinflußt zu sein scheinen. Nichts
deutet bei denselben darauf hin, daß ihr ausgesprochenes Genie
von Vererbung herkommt. Die Väter von der Mehrzahl waren
zwar militärisch gebildete, aber keinerlei in strategischen Leistungen
hervorragende Leute. Jeder Offizier der deutschen oder französischen
Armee hätte heute Anspruch als gleichwertiger Stammvater militä-
rischer Talente nachgewiesen werden zu können, wenn man behaupten
wollte, Johann von Oesterreich oder Bernhard von Weimar, oder
auch Friedrich der Große hätten ihr offenbares Feldherrngenie
von ihren Vätern geerbt. Dagegen ist es sehr wahrscheinlich, daß
Friedrich der Große gerade von mütterlicher Seite eine gewisse
Disposition zu der ihm eigenthümlichen Geistesrichtung im allgemeinen erhalten haben dürfte, denn in der Braunschweigischen Familie
war von jeher eine gewisse Dauereigenschaft in Bezug auf mili-
tärischen Geist zu finden.[1] Erzherzog Karl dagegen steht unter

[1] Daß sich bei Friedrich dem Großen und seinem Bruder offenbares Feldherrntalent aus mütterlicher Abstammung erklären läßt, kann wol kaum bezweifelt werden, wenn man die Familiengeschichte der Braunschweiger seit Hein-

seinen habsburgischen Ahnen völlig isolirt und unter den lothringischen ohne erhebliches Beispiel da. Und was endlich das Genie Napelons betrifft, da wird ihm gegenüber jede Vererbungstheorie ohne Zweifel verstummen müssen.

Sehr zu bedauern ist es, daß ein eigenthümlicher Zufall zu wollen schien, daß die meisten unter den größten Feldherrn aller Zeiten, zu denen die genannten ohne Zweifel gerechnet werden müssen, ohne männliche Nachkommen geblieben sind, so daß das Problem in der Descendenz nur sehr unvollkommen zu untersuchen sein dürfte, wahrscheinlich aber wird es sich bei Feldherrn so gut wie bei den größten Dichtern aller Zeiten als ein Verhängnis erweisen, daß ihr Name wenn nicht schon in erster, so gewiß in zweiter und dritter Generation meistentheils verloren ging. Wenn sich das Genie, was genealogisch noch nicht feststeht, aus Ahnenreihen von Generation zu Generation von kleinen Anfängen durch Amphimixis glücklicher Kreuzungen entwickeln sollte, so bedeutet es ein allmähliches Wachsthum stetig zunehmender Qualitäten; wenn es aber die höchste Stufe bezeichnet, die erreicht werden konnte, so ist ebenso gewiß, daß es sich nicht weiter vererbt, sondern in der Descendenz verschwindet. Wer hier von Vererbung sprechen will, der kann in der That den Vorgang nur dem Bilde eines unter Ahnenreihen aufflackernden Lichtstreifens vergleichen, der sich am Horizont erhebt um als Komet mit gewaltiger Erscheinung am Himmel zu erglänzen und unterzugehen ohne seines gleichen zu hinterlassen.

Selbstverständlich soll auf diese Weise nur einer Hypothese Raum gegeben werden, daß auch sehr individuelle und ganz besondere Charakterzüge und Eigenschaften von den Ahnen her bald stärker und bald schwächer, zuweilen veredelt und verbessert in den

---

sich dem Löwen verfolgt. Denn hier zeigt sich wirklich eine Dauereigenschaft durch fast alle Generationen hindurch, wie bei kaum einem andern Geschlecht. Eine umfangreiche vollständig erschöpfende Untersuchung hierüber hat Moritz Otto vor einiger Zeit verfaßt, aber das Werk ist, soweit ich weiß, Manuscript geblieben, was ein Beweis ist, daß die Zeit für genealogische Studien in Teutschland noch nicht gekommen ist: „Es führt den Titel: Die kriegerischen Eigenschaften des Welfengeschlechts im genealogischen Verfolg" und es ist daraus einiges aus der Einleitung und dem Schluß als Jenensische Doctordissertation gedruckt worden.

Nachkommen lediglich reprobuzirt erſcheinen können; doch hat in
dieſer Allgemeinheit des Vererbungsglaubens die moderne Wiſſenſchaft noch keinen weſentlichen Schritt über die älteſten Vorſtellungen
der Menſchen hinaus gemacht. Vielmehr läßt ſich ſagen, daß ſelbſt
die römiſche Kirche ſchon in frühen Zeiten des Mittelalters einen
ungemein lebhaften Begriff von der Vererbung geiſtiger Eigenſchaften
gehabt hat, indem ſie von aller Ketzerei annahm, daß ſie auf Kind
und Kindeskinder übergehe und bis ins vierte Glied ausgerottet
werden müſſe.

Fünftes Capitel.

—·—

Vererbung pathologischer Eigenschaften.

Es gibt kein Gebiet biologischer Forschung, in welchem die Fragen der Erblichkeit mehr und häufiger behandelt worden wären, als das der Pathologie, und hier wiederum ganz besonders der Psychiatrie. Wenn es der Genealog unternehmen darf, einigermaßen mitzuwirken bei Arbeiten, die ihm dem Wesen nach sehr fern liegen, so wird er sich der sehr enggesteckten Grenzen seiner Erfahrungen im strengsten Sinne des Wortes bewußt bleiben müssen. Was die Genealogie auf einem Gebiete, welches durch die außerordentlichsten Fortschritte in der Wissenschaft, wie in der Praxis ausgezeichnet ist, darzubieten vermöchte, ist eigentlich nur statistischer Natur, und es kann sich dabei nur um die Frage handeln, inwieweit ein regelrechteres genealogisches Verfahren den gerade in Betreff der pathologischen Vererbungen erfolgreichsten Forschungen entgegenzukommen geeignet wäre. Während alle sonstige Statistik fast ausschließlich auf der Behandlung und Bearbeitung des Massenmaterials einzelner Fälle beruht, pflegt sich die pathologische Statistik schon ihrer Natur nach mehr an die Individualisirung jedes Falles zu halten, weil sich die Frage der Erblichkeit überhaupt und der erblichen Belastung im besondern nicht ohne Untersuchung ganz bestimmter Familienzusammenhänge beantworten läßt. In Folge dessen hat die Genealogie nirgends so großen Eingang gefunden, als in den pathologischen und speziell psychiatrischen Statistiken. Bei seinen Voruntersuchungen ist der Psychiater eigentlich Genealog und in seinen Sammlungen befindet sich in der Regel ein ungemein reiches genealogisches Material aufgespeichert.

Er hat längst begonnen, gleichsam abseits von aller genealogischen Wissenschaft, nach den Stammeltern psychischer und physischer Anomalien zu forschen und auf dem Wege persönlicher Erkundigungen allerlei Stammtafeln von geistig, oder körperlich verderbten Individualitäten zu verfassen. Dieses Material, in den öffentlichen Anstalten seit so langer Zeit gesammelt, ist selbstverständlich so groß, daß das, was durch allgemeine genealogische Studien zuwachsen könnte, vielleicht manchem gering erscheinen wird. Dennoch wird der Werth und die Vollständigkeit des meist auf mündlichen und daher zuweilen ganz unzuverlässigen Ueberlieferungen beruhenden psychiatrischen Materials vom Standpunkt einer sorgfältig überlegten generationsweise behandelten Familiengeschichte vieles zu wünschen übrig lassen und die genealogische Wissenschaft hier manche lehrreiche Verbesserung liefern können. Insbesondere wird sich vielleicht zeigen lassen, daß ein strengeres genealogisches Verfahren bei der Aufstellung und Abfassung pathologischer Erblichkeitsstammtafeln nützlich sein könnte.[1]

Bei der Aufstellung der Krankenstatistiken herrscht, wie ein Blick auf das treffliche Werk von Dejerine zeigt[2], der Gesichts-

---

[1] Dringend zu empfehlen wäre der Gebrauch von vorgedruckten Formularen in denjenigen Anstalten, wo Erblichkeitstafeln angefertigt zu werden pflegen. Diese Formulare hätten mindestens den Bestand von acht Ahnen zu berücksichtigen, wie dies auf der nächstfolgenden Tafel dargestellt ist. An der Seite jeder Generationsreihe könnten die Geschwister der betreffenden Ahnenreihe unter Hinweis auf die nächst höherstehende Generation verzeichnet werden. Alsdann würde in demjenigen Formularfach, wo die belastenden Fälle sich ereignet haben, die Ursachen der Krankheit namhaft zu machen sein. Würde sich die letztere auf die acht Ahnenreihen oder noch höher hinauf erstrecken, so wäre doch die ersichtliche Nothwendigkeit gegeben, nach weiteren Ursachen der Krankheitserscheinung zu suchen. Das Formular, welches also einzig und allein benutzt werden kann, wird eben den Typus der Ahnentafel haben müssen und kann auch nach dem Muster der römischen Verwandtschaftstafeln gestaltet werden, besonders wie das Facsimile auf Seite 118. Daß alle auf dem System der Descendenz beruhenden Darstellungen bloß dazu dienen können, Verwirrungen und Fehlschlüsse in den psychiatrischen Forschungen hervorzubringen, scheint nur zu gewis zu sein.

[2] L'heredité dans les maladies du système nerveux par J. Dejerine Paris, 1886. In diesem Werke erscheint die Genealogie als eine der Psychiatrie

punkt der Descendenzbeobachtung vor; die Ascendenzfrage wird meist nur in Rücksicht auf solche Fälle in Betracht gezogen, wo sich wegen der Gleichheit von Leiden verwandter Personen, die nicht untereinander im Abstammungsverhältnis stehen, der Rückblick auf die Ascendenz unmöglich vermeiden läßt. Nachdem man längere Zeit hindurch über die Frage, ob es Vererbungen zwischen nicht in direkten Linien verwandten Personen geben könne oder nicht, zu lebhaften Meinungsverschiedenheiten gekommen war, hat schon Ribot die richtige Ueberzeugung ausgesprochen, daß die sogenannte kollaterale Vererbung nichts anderes sein könne als eine besondere Art von Atavismus. Wäre bei der Aufstellung von Verwandtschaftstafeln jederzeit nach genealogischen Prinzipien verfahren worden, so ist klar, daß eine andere Erklärung, als die eben genannte kaum möglich wäre, aber auch der Zweifel an einem gewissen Zusammenhange vererbter Eigenschaften bei Oheim und Neffen und zwischen anderen ähnlichen Verwandtschaften durchaus ausgeschlossen ist. Aber diese Erkenntnis wird doch eine sehr verschiedene Beurteilung der fraglichen Vererbungsfälle herbeiführen, wenn man das Problem genealogisch genau durchführt. Besonders für die Psychiatrie wird es von ungemein großer Wichtigkeit sein sich zu besinnen, wie eine Krankheitserscheinung ähnlicher oder vollkommen gleicher Art bei collateralen Verwandtschaftsverhältnissen genealogisch erklärt werden müßte. Man halte sich beispielshalber an mehrere Fälle von collateraler Vererbung, welche Dejerine S. 203 anführt. Der einfachste wäre dieser:

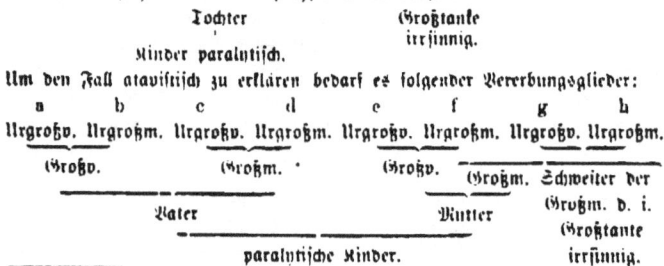

Tochter	Großtante
	irrsinnig.
Kinder paralytisch.	

Um den Fall atavistisch zu erklären bedarf es folgender Vererbungsglieder:

a	b	c	d	e	f	g	h
Urgroßv.	Urgroßm.	Urgroßv.	Urgroßm.	Urgroßv.	Urgroßm.	Urgroßv.	Urgroßm.

Großv.		Großm.		Großv.		Großm.	Schwester der
							Großm. d. i.
Vater				Mutter			Großtante
							irrsinnig.
		paralytische Kinder.					

so nahestehende Wissenschaft, daß man unendlich bedauern muß, es nicht auch den Genealogen als Muster empfehlen zu können für die Aufstellung und Darstellung genealogischer Probleme.

Demnach würde die Paralyse der Kinder aus der Reihe der 8 Ahnen von dem Ehepaar g h herkommen müssen und da eben diese 8 Ahnen 8 verschiedenen Familien angehören, so würde der Fall beweisen, daß die Vererbungsmasse sich zu dem Atavismus von Paralyse verhalten hat wie 8 : 1.

Ebenso wird der Atavismus in dem auf derselben Seite vorgeführten Beispiele:

Großmutter	Großvater	Großtante
melancholisch	epileptisch	epileptisch
Mutter	Vater		
		Onkel
Sohn.		

zum mindesten auf die Reihe der acht Ahnen zurückgeführt werden müssen, da der Großvater und seine Schwester bereits erblich belastet sind und also der Beginn des Uebels einer höheren Generation entspringt.

Diese Beispiele von krankhaften Vererbungserscheinungen scheinen mithin zu beweisen, daß in Betreff der pathologischen Vererbung dem Atavismus eine ganz außerordentlich große Rolle zufällt, und es mithin möglich ist, daß aus der Reihe der acht und wahrscheinlich auch der 16 Ahnen pathologische Eigenschaften vererbt werden. Es wäre darnach nicht ausgeschlossen, daß jeder unter 16 Ahnen Urheber der Krankheit des Ururenkels wird, doch verliert sich wol, wie sich von selbst versteht, die Gefahr dieser Vererbung in dem Maße, in welchem sich die Zwischenglieder als intakt erweisen werden.

Dennoch kann nicht geläugnet werden, daß große bekannte und genealogisch sichergestellte Ahnentafeln uns nötigen werden, ganz enorme Fälle pathologischer Vererbungen anzuerkennen, sobald man dem Atavismus einmal diesen großen Wirkungskreis eingeräumt hat. Die Krankheit Georgs III. von England ist einer von den wenigen in hohen fürstlichen Häusern festgestellten Irrsinnsfällen. Seine Ahnentafel hat die folgende Beschaffenheit:

Georg I. Sophie Dorothea Johann Friedr. Eleonore Friedr. I. Magdalena R. Wilhelm Sophie v.
v. Brschw.-Celle. v. Ansbach. v. S.-Eysench. v. Gotha. S.-Weißenf. v. Zerbst. S.-Weißenf.

Georg II.   Wilhelmine v. Ansbach. Friedrich II. v. S.-Gotha. Magdalena v. Anh.-Zerbst.

Friedrich Ludwig Prinz v. Wales.   Augusta v. Sachsen-Gotha.

Georg III.

Wie man sieht ist die Ahnentafel bis zur dritten oberen Generation durchaus vollzählig mit Personen besetzt, die alle wolbe-
kannt sind; es sind lauter an Geist und Körper vollständig gesunde meist langlebige Personen. Bei den 16 Ahnen erleidet
König Georg III. den Ahnenverlust eines Altväterlichen Elternpaares, da die beiden obengenannten Weißenfelderinnen Schwestern,
und Kinder von August von Sachsen-Weißenfels und Anna
Marie von Mecklenburg-Schwerin waren. Die Gemalin Georgs I.
ist allerdings die Tochter eines Fürsten gewesen, der sich die Ex-
travaganz geleistet hatte eine unebenbürtige Frau zu nehmen und der
der Bruder seines Vaters war, aber nichts berechtigt zu einem
Zweifel an der geistigen Gesundheit dieser sämmtlichen aufsteigenden Generationen, von denen der Altvater 7 und der Uraltvater 14 lebende Geschwister besaß. Man muß bis in die Reihe
der 64 Ahnen, welche allerdings bereits einen größeren Ahnenverlust aufweist, hinaufsteigen, um auf den möglichen Quell der
Krankheit des Königs Georg III. zu gelangen. Denn Wilhelm
der Jüngere, vermählt mit der Tochter Christians III. von Dänemark, Dorothea, litt an einer Gemütskrankheit, die ihn unfähig
machte, die Regierung zu führen.

Aus der Ahnentafel Georgs III. ist also ein Beweis von
pathologischem Atavismus ganz außerordentlicher Art zu gewinnen;
sie lehrt gewiß mehr als irgend eine andere medizinische Statistik
zu leisten vermag, denn sie zeigt bei einem Ahnenverlust von 14
statt 16, 24 statt 32 und 44 statt 64 noch immer einen Atavismus wirksam, der sich gegenüber der gesammten Vererbungsmasse wie 1 : 64 verhält. Man muß also gestehn, daß die Un-
wahrscheinlichkeit dieses pathologischen Vererbungsfalles eine un-
verhältnismäßig große war und es würde vielleicht vom Standpunkt der psychiatrischen Causalforschung mehr darauf ankommen
zu untersuchen, welche Ursachen neben der Vererbungsfrage für
einen so ungewöhnlichen Fall schwerer geistiger Erkrankung aufzufinden wären. Jedenfalls würde es wichtiger sein festzustellen,
welchen etwaigen genealogischen Gesetzen der Atavismus in Bezug
auf seine Wirksamkeit unterliegt, als daß er überhaupt besteht.
Denn in einem solchen Umfang als wirksam erkannt, verliert sich

die Grenze der Möglichkeit atavistischer Leidenserscheinungen allmählich ins unendliche.

Ein noch viel merkwürdigeres Beispiel von psychopathischer
Einzelerscheinung, zu deren Erklärung der Begriff des Atavismus
zu Hilfe genommen werden muß, findet sich in der Familie der
Ernestiner. Johann Friedrich VI. zeigt in seinen früheren Jahren
das unverkennbare Bild ausgesprochener Neurasthenie, die sich später
zu vollständigem Irrsinn und endlich zur Tobsucht entwickelte.[1]
Wie man auch über die verfehlte Behandlung solcher Krankheiten
in früheren Jahrhunderten denken mag, der Fall ist bis ins einzelnste so genau bekannt, daß ein Zweifel an der Schwere und
wahrscheinlichen Unheilbarkeit desselben wohl ausgeschlossen sein
dürfte. Nun hatte aber Herzog Johann Friedrich VI. zehn Brüder
und eine Schwester, und unter jenen befand sich kein geringerer,
als der Held Bernhard, sodaß man hier einen Beitrag zu der
Lehre von Genie und Wahnsinn erblicken könnte.[2] Die kräftige
Mutter dieser zahlreichen Familie läßt sich körperlich und geistig
als eine durch und durch gesunde Frau erkennen. Einige von den
Kindern sind sehr rasch gestorben, ein Zwilling zu dem lebens-
kräftigen Herzog Wilhelm, einem der Stammhalter des Hauses, kam
todt zur Welt. Fünf Brüder, die zu vollen Jahren kamen, spielten
in der Geschichte eine Rolle, einer darunter wurde 64, ein anderer
74 Jahre, der kranke Johann Friedrich starb mit 28 Jahren.
Die Ahnentafel zeigt erst unter den acht Urgroßeltern eine Möglichkeit, an erbliche Belastung zu denken. Denn die Urgroßmutter,

---

[1] Vergl. E. Devrient a. a. O. S. 82 und 102. Wenn aber hier gesagt
wird, daß Belastungsmomente auch bei Johann Friedrich II. und Johann zu
bemerken seien, nur in schwacher Form, so dürfte dem widersprochen werden.
Johann Friedrich war ein starker Trinker, aber ich wüßte nicht, wie man dazu
käme etwas irrsinniges an ihm zu finden und das gleiche gilt von Johann. Die
Genealogie kann nicht genug vorsichtig in der Zuerkennung psychopathischer
Eigenschaften sein. Denn wenn Goethe gesagt hat: Am Ende sind wir alle
Pedanten, so darf es die Genealogie nicht dahin bringen zu sagen: Am Ende
sind wir alle Narren, wozu freilich manche von den Psychiatern aufgestellten
Stammbäume zu neigen scheinen.

[2] Genie und Wahnsinn eine Studie, wo auch die einschlägige Litteratur
gefunden werden kann.

Sybille von Cleve, stammte aus einer Familie, wo psychopathische Erkrankungen häufig vorgekommen waren. Ihr Bruder war sehr alt geworden, zeigte aber schon früh deutliche Spuren geistiger Verirrungen, die in seinen späteren Jahren zu vollständiger Unzurechnungsfähigkeit führten. Sein Sohn ist in anerkanntem Wahnsinn gestorben. Es liegt nun der Genealogie ob, die Quelle der Belastung des Urenkels jener Sybille in den Vorfahren dieser und ihres Bruders des Herzogs Wilhelm zu finden. Und in der That hat man nicht lange zu suchen. Denn die Mutter der beiden genannten Geschwister, Marie, war eine Herzogin von Jülich, aus einem Geschlecht, in welchem Narrheit und Blödsinn so heimisch waren, daß seine Geschichte eifriger studirt zu werden verdient. Der Großvater jener Marie war in ausgesprochene Paralyse verfallen, und da sich unter seinen im sechsten und siebenten Grade verwandten Vettern ebenfalls neuropathische Erscheinungen finden, so geht der Ursprung dieser Psychose auf eine Ahnenreihe zurück, in welcher, von Ahnenverlusten abgesehen, 1024 Personen stehen. Bedenkt man mithin, daß diese 1024 Personen dreihundert Jahre vor jenem unglücklichen, kranken Johann Friedrich VI. gelebt haben, so erhält man ja allerdings einen außerordentlich lehrreichen Beweis von Erblichkeit pathologischer Eigenschaften, aber, wenn man nicht in den Fehler einer einseitigen Descendenzdarstellung, mit Außerachtlassung aller strengeren genealogischen Vererbungsfragen verfallen wollte, so müßte man sich doch alsbald erinnern, daß eigentlich mit dieser Erkenntnis nicht viel gewonnen sein dürfte, solange man nicht den Grund dafür anzugeben weiß, warum eine Vererbung in den Reihen der Ahnentafel dort nicht stattgefunden hat, wo vermöge einer nachzuweisenden Vermehrung des erkrankten Keimplasmas bei den nachkommenden Geschlechtern ein viel stärkerer Grad des Uebels zu erwarten gewesen wäre.

Eine gewiß nicht abzuweisende Analogie der Ahnentafel des Herzogs Johann Friedrich VI. bietet diejenige seiner Vettern dar, von denen der älteste Johann Philipp aus der zweiten Ehe seines Vaters mit Anna Marie von Pfalz Neuburg, nachher der mütterliche Stammvater aller jüngeren Ernestiner geworden ist. Betrachtet man nun die Stellung dieses Zweiges des Gesammthauses in Bezug auf die Jülich-Clevesche Krankenerbschaft, so findet sich die merkwürdige Thatsache, daß in dieser Nachkommenschaft schon aus der 16-Ahnenreihe doppelt soviel Jülich-Clevesches Blut floß, als bei Johann Friedrich VI. und seinen Brüdern; denn jener stammte von väterlicher und von mütterlicher Seite aus Ehen mit dem belasteten Geschlechte ab; und um die Sache noch verwickelter zu machen, so ist noch der Umstand zu beachten, daß unzweifelhafte Erkrankungen psychischer Art der Linie jenes Johann Philipp in nächster Nähe gestanden haben, indem die Mutter desselben die leibliche Schwester des völlig verrückten letzten Herzogs von Jülich und Cleve, Johann Wilhelm gewesen ist.

Sehr merkwürdig ist es nun wieder freilich, daß dieser ausgesprochene Wahnsinn des Herzogs Johann Wilhelm von Cleve in der That einer bilateralen Belastungsmasse entstammt zu sein scheint, denn sein Vater, der, wenn auch erst in späteren Jahren, völlig erkrankte, aber doch stets excessiv gewesene Herzog Wilhelm, war mit einer Tochter Kaiser Ferdinands I. und also mit einer Enkelin Johannas der Wahnsinnigen vermählt. Welche Vererbungs-Eigenthümlichkeiten die unter den Vorfahren Habsburgischer Familienmitglieder herrschende Erkrankung aufweist, soll später noch genauer untersucht werden, hier soll zunächst nur auf die besonderen Momente der Ahnentafel des Herzogs Johann Friedrich VI. und des Herzogs Johann Philipp hingewiesen werden. Es haben sich also folgende Thatsachen ergeben:

1. Ein psychologischer Fall in einer Geschwisterreihe von zehn Brüdern und einer Schwester, wovon die meisten hervorragend begabte und tüchtige Menschen sind, deren Todesursachen in äußerlichen Umständen lagen.

2. Eine Ahnenprobe von acht gesunden Urgroßeltern und von vollständig vorhandenen Sechzehn, unter denen sich eine schwer belastete Person befindet.

Es liegt ein psychopathischer Atavismus aus der vierten oberen Generationsreihe vor.

3. Eine Geschwistergruppe von sechs gesunden Personen, welche außer dem von derselben Person ausgehenden Belastungsmomente in der Reihe der Sechzehn noch zwei weitere schwer belastete Ahnen,

in der Reihe der acht aber einen thatsächlichen erkrankten Urgroßvater und mithin in der Reihe der vier auch eine belastete Großmutter aufweist.

4. Einen Fall von leichterer Erkrankung aus der Ehe eines
Vaters mit einer belasteten Frau, und endlich

5. Einen Fall von schwerer Erkrankung (außerhalb der erwähnten Ahnentafel, nämlich Herzog Johann Wilhelm von Cleve)
in Folge der Ehe eines leichter Erkrankten mit einer schwer belasteten Frau.

Wie man sieht, ergeben sich aus der richtigen Aufstellung von
Ahnenproben ganz andere Vererbungsbilder, als diejenigen zu sein
pflegen, die man gemeiniglich durch die Aufstellung einiger oberflächlich construirter Descendentenreihen erhält. Denn wenn man
den Fall Johann Friedrich VI. in dieser Weise auf die unglückliche Sybille von Cleve, die übrigens eine ganz famose Person
war, zurückführt und daraus auf die schrecklichen Verheerungen, die
selbst der weitgehendste Atavismus herbeiführt, Schlüsse macht, so
kann man leicht zu Rathschlägen und Vermutungen kommen,
daß die besser organisirte Gesellschaft der Zukunft unter dem Zu-
spruch der Psychiatrie belasteten Personen überhaupt die Ehe ver-
bieten werde.[1] Wenn man dagegen die Genealogie zu Rathe

---

[1] Sehr vorsichtig ist in Bezug auf diese Dinge noch Féré, Dégénérance
et criminalité, essai physiologique. Wenn auch bei ihm die Ueberzeugung
von der Erblichkeit das durchgreifende Prinzip für soziale Maßregeln abgibt,
so scheint er doch nicht so weit gehen zu wollen, als manche deutsche Psychiater,
wovon in einer Abhandlung des Herrn Ludwig Wilser in der Festschrift
zur Feier des fünfzigjährigen Jubiläums der Anstalt Illenau ein erschütterndes
Beispiel vorliegt. Mit dem Fanatismus, den die von Ibsen und Zola erhitzte
Erblichkeitsüberzeugung der heutigen Zeit aufweist, fordert Herr Wilser die
Gesetzgeber der Zukunft auf, die „Eheschließung" unter Controle der Psychiatrie
zu stellen. Er gibt aber nicht an, ob er dabei bloß an die bürgerliche Ehe,
oder an das Verbot des Coitus überhaupt — was doch consequent wäre —
gedacht habe. Selbst Galton und Ribot sind noch Fatalisten! Dabei werden
in dieser Schrift nicht weniger als XII Sätze aufgestellt, worunter sechs
genealogisch geprüft werden müßten, und von welchen nicht einer wirklich geprüft worden ist. Denn wenn es in Art. I. heißt, die Eigenschaften werden
um so sicherer übertragen, sind um so befestigter, je länger sie schon ererbt
sind, je weiter sie im Stammbaum hinaufreichen, so behaupte ich, daß der

ziehen wird, so wird selbst der ängstlichste Vererbungsglauben
schließlich zugestehen müssen, daß solche herausgerissene Statistiken
kaum etwas beweisen können. Denn unser genealogische Fall wird
aller Theorie geradezu ins Gesicht schlagen, wenn man nun auch
noch unter dem Eindruck der in Nr. 1—5 berücksichtigten Ahnen=
proben die Geschichte der Descendenz der erwähnten Geschwister
und Vettern beachtet, weiter führt und alsdann finden wird:

6. Daß der Bruder des kranken Johann Friedrich VI., Ernst,
eine Tochter des von väterlicher und mütterlicher Seite und von
letzterer wiederum doppelt belasteten Johann Philipp unvorsichtiger=
weise geheiratet hat, und mit dieser seiner Cousine, richtiger Vetters=
tochter, nicht weniger als 18 Kinder erzeugt hat, worunter wieder=
um nicht weniger als sieben tüchtige, zum Theil schneidige Landes=
herrn gewesen, die wieder Stammväter ausgebreiteter Linien ge=
worden sind, worunter eine halb Europa mit Regentenhäusern
versorgt hat.

Die Genealogie wird sich gewiß nicht anmaßen wollen, über
die unendlich schwierigen Fragen, die sich aus ihren Beobachtungen
ergeben können, physiologische oder pathologische Urtheile zu fällen,
aber sie wird immerhin das Recht haben, einem populär gewordenen
Vererbungsaberglauben entgegenzutreten. Wissenschaftlich betrachtet
scheint heute die Vererbungsfrage vor dem Problem des Atavismus
gleichsam stille zu stehen, über welchen auch nicht ein einziger Ver=
such einer haltbaren Begriffsbestimmung vorliegt. Denn daß es
irgend welchen Atavismus gibt, darüber braucht es keines be=
sonderen Studiums, aber daß er sich unter scheinbar gleichen Ver=
hältnissen nicht geltend macht, dies dürfte doch wol die Forderung
rechtfertigen, die Gründe anzugeben, warum er in so vielen Fällen
nicht zur Geltung gelangt. Könnte die Wissenschaft hierüber Aus=
kunft geben, so wäre die Schreckhaftigkeit der Vererbung patho=
logischer Eigenschaften beseitigt. So sicher nun aber die Wissen=
schaft mit ihren heutigen Methoden, wenn auch nur langsam das

---

Verfasser nie eine Ahnentafel auch nur gesehen — auch äußerlich nicht —
geschweige denn an einer solchen die vererbten Eigenschaften untersucht hat,
denn wer nur einmal eine Tafel, auf der etwa 512 Ahnen stehen, angesehen
hätte, würde nie wieder so ins Gelage hinein von pathologischer Vererbung sprechen.

Geheimniß des Atavismus enträthſeln wird, ſo ſkeptiſch darf man
ſich wol auch manchen vom praktiſch mediziniſchen Standpunkt
geäußerten Uebertreibungen der Vererbungsfrage gegenüber verhalten.[1]

---

[1] Ich erlaube mir hier auf den Standpunkt Binswangers hinzuweiſen,
deſſen lehrreiche Worte zugleich eine Ermunterung für den Genealogen ſein
können, ſeine Beobachtungen nicht für unnütz halten zu dürfen: „Bei dem in
dem letzten Jahrzehnt beſonders unter dem Einfluß der Forſchungen von Weismann neu entfachten wiſſenſchaftlichen Streite über die Theorieen der Vererbung
und Abſtammungslehre ſpielen gerade die Belege aus der Neuro- und Pſycho-
pathologie für die Discuſſion der Frage ob erworbene innerhalb eines Indi-
viduallebens hinzugekommene Eigenſchaften auf die Nachkommen vererbbar ſind,
eine große Rolle. Wir verdanken dieſen neuen biologiſchen Forſchungen eine
außerordentliche Befruchtung unſerer Anſchauungen und Kenntniſſe über die der
Vererbung zu Grunde liegenden Vorgänge."

„Die moderne Kritik hat uns die beſchämende Thatſache kennen gelehrt,
daß das ganze bis jetzt vorliegende Material anſcheinend geſicherter Beobachtungen über die Vererbung erworbener Geiſtes- und Nervenkrankheiten in keiner
Weiſe ausreicht, um über die Richtigkeit dieſer oder jener Theorie eine Ent-
ſcheidung herbeizuführen. Es beruht dies aber nur zum Theil auf der Unvoll-
kommenheit unſerer aetiologiſchen Forſchungen, ein mindeſtens gleich großer
Antheil an der ungenügenden Aufklärung über dieſe Fragen durch die kliniſche
Forſchung muß, wie ich glaube, einem Uebelſtande zugemeſſen werden, welcher
eine Verſtändigung zwiſchen den biologiſchen Forſchungsergebniſſen und den
Lehren der Pathologie ſehr erſchwert."

„Es werden nämlich die meiſten theoretiſchen Betrachtungen über die erbliche Uebertragung erworbener Eigenſchaften von der unbewieſenen Annahme
beherrſcht, daß die pathologiſche Vererbung, d. h. die erbliche Veränderung
(Variabilität), welche durch Schädlichkeiten hervorgebracht wird, und die eine
Verſchlechterung der Art, oder richtiger geſagt, eines Individualtypus hervorbringt, den gleichen Bedingungen unterworfen ſei, welche die phylogenetiſche
Fortentwicklung d. h. die zur Erhaltung und zur Weiterentwicklung der Art
nothwendige Conſtanz reſp. Variabilität der individuellen Eigenſchaften be-
herrſchen."

„So erklärt es ſich, daß viele Beweisführungen, die ſowohl Weismann
wie ſeine Gegner zur Stütze ihrer Anſchauungen aus der Phyſiologie geſchöpft
haben, für die menſchliche Pathologie nur ſchwer verwerthbar ſind. Man darf,
wie ich glaube, nicht den gleichen Maaßſtab an die Thatſachen der pathologiſchen
Vererbung bezüglich des Umfanges und der Dauer der ſchädlichen Einwirkungen
legen, welcher wohl für die phylogenetiſche Betrachtungsweiſe angebracht iſt."

Wie unendlich vorſichtig im Vergleich zu andern Erblichkeitstheorien iſt

Es würde einem Lehrbuch der Genealogie wenig anstehn, sich mit den sorgfältigsten Arbeiten der neuesten Psychiatrie sachlich beschäftigen zu wollen, aber schon der Umstand, daß die hervorragendsten Werke auf diesem Gebiete thatsächlich seit längerer Zeit gewissen genealogischen Methoden zu folgen pflegen, läßt es als wichtig erscheinen, sich dieser medizinischen und physiologischen Fachlitteratur so weit zu nähern, als der laienhafte Standpunkt es zuläßt. So enthält das, so viel mir bekannt ist, in den ärztlichen Kreisen besonders anerkannte schon erwähnte Werk von Dejerine eine Fülle von genealogischen Beobachtungen die fast durchwegs auf dem Prinzip des Familienstammbaums aufgebaut sind. So findet sich neben den schon angeführten Beispielen eine in manigfache Linien gespaltene weitläufige Descendenz von sechs Generationen.[1] In der ältesten und in der jüngsten Linie dieses

---

der Grundsatz Binswangers, wenn er sagt: „Eine ererbte d. h. von den Erzeugern überkommene krankhafte Anlage kann mit Sicherheit nur dann zu stande kommen, wenn bei der amphigonen Zeugung pathologisch verändertes Keimplasmen von einem oder beiden Erzeugern stammend, zum Aufbau des neuen Individuums gedient hat". Selbstverständlich wird es hier nicht darauf ankommen, auf die weiteren physiologischen Ausführungen Binswangers einzugehen, die ganz außerhalb unseres durchaus beschränkten Gesichtskreises liegen. Wenn man aber den oben ausgesprochenen Grundsatz Binswangers auf die genealogischen Thatsachen anwenden sollte, so wird sich jedenfalls die Frage ergeben, ob der Begriff des Atavismus in der Erblichkeitslehre nicht mehr und mehr fallen gelassen werden muß. Jedenfalls zeigt auch die Darstellung Binswangers, wie wenig vorläufig mit demselben anzufangen ist. Vgl. Binswanger: Die Pathologie und Therapie der Neurasthenie. Vorlesungen für Studirende und Aerzte S. 30 ff. Ich ergreife diese Gelegenheit, um meinem hochverehrten Collegen Binswanger für seine viele geduldreiche Belehrung aufrichtig zu danken, die er mir zu Theil werden ließ.

[1] Dejerine a. a. O. zu S. 152 nro. XLIII. Neuropathie héréditaire suivie depuis plus d'un siècle à travers 6 générations. On voit se succéder et alterner les psychoses et les névroses les plus diverses. Dans une des branches on peut voir l'état de dégénérescences physique et mentale, arriver à un degré de développement très marqué. Da Dejerine nun in einer Anmerkung versichert, daß auch in anderen Linien Fälle von Melancholie verzeichnet seien, so würde die Stammtafel höchstens dazu auffordern, die Ahnentafel der Geschwister Jean, Simon et frères wirklich herzustellen, um behaupten zu können, ob diese überhaupt belastet waren oder

nach dem Familienprinzip construirten Stammbaums kommen in
vierter und fünfter Generation neuropathische Krankheitserscheinungen
vor, welche in weiterer Descendenz Irrsinn veranlaßt zu haben
scheinen. Ueber die gemeinschaftlichen Stammeltern dieser Verwandten scheint ebenso wenig bekannt zu sein wie über die fünf
Ahnentafeln, die notwendig wären, um ein richtiges genealogisches
Bild der Erkrankungen zu erhalten. Denkt man sich aber die im
achten Grade der Blutsverwandtschaft mit einander stehenden
kranken Personen nach dem System der Vererbungsahnentafe
untersucht, so ergiebt sich schon ein Bild, nach welchem in den
obersten Reihen der beiderseits erkrankten Linien neben gemeinsamen Uraltvätern und Uraltmüttern möglicherweise noch je dreißig
Ahnen auf beiden Seiten stehen werden. Es können mithin nicht
weniger als sechzig andere Personen außer den durch die Tafel in
Verdacht gebrachten Familienhäuptern die Krankheitserreger gewesen sein. Wenn es sich also um eine wirkliche Entdeckung der
physiologischen Ursachen der in der vierten dargestellten Generation
vorgekommenen Eigenschaften von: Melancolique, sourd, extra-
soucieuse, nevropathe, suicidée und aliené handeln sollte, so ist
es ja nicht ganz unmöglich, daß der Stammvater die Quelle aller
dieser Krankheitserscheinungen gewesen sei, aber selbst wenn nachgewiesen wäre, daß er etwa Alkoholiker war, so würde doch die
Möglichkeit und selbst Wahrscheinlichkeit nicht ausgeschlossen sein,
daß unter den sechs anderweitigen Ahnen, die jede dieser belasteten Personen bereits neben dem verdächtigen Urgroßvater in
der dritten aufsteigenden Generation gehabt hat, etwa Siphylitiker,
Diabetiker und andere Kranke sich befanden. Es ist unter diesen
Umständen angenscheinlich, daß es ein furchtbarer Fehlschluß wäre,
wenn man nun etwa den Alkohol zum Krankheitserreger machen
wollte, da doch alle anderen Krankheiten der dreißig und vielleicht sogar sechzig anderweitigen Personen, von denen die in fünf
verschiedenen Linien erkrankten Neurastheniker abstammten, auch

nicht. Waren sie es nicht, so ist es vollständig nutzlos, ihre Descendenz zum
Gegenstand der Erblichkeitsfrage zu machen. Das Erbe stammt dann eben von
einer andern unter den tausend Ahnenreihen.

Erblichkeitswirkungen geübt haben konnten. Es beweist also gar
nichts für das Ibsenische Gespenst, daß der Stammvater diese oder
jene Krankheit besaß, denn jedes der sieben andern Urgroßeltern
hat einen gleichen Anspruch darauf, Erblasser gewesen zu sein.
Dazu kommt nun aber noch ein ganz besonders bedenklicher Umstand, der die Aufstellung einer solchen Descendenztafel wie sie
Dejerine an dieser Stelle beibringt, für eine rein dilettantische
Spielerei erkennen läßt.

In der von Dejerine untersuchten Familie ist nämlich die
merkwürdige Beobachtung gemacht worden, daß es mit Ausnahme
eines einzigen Falles immer nur Töchter gewesen sind, welche die
kranken Nachkommen hatten. Eine Tochter war es, die einen
melancholischen und tauben Sohn hatte; der Sohn derselben war
ganz normal und hatte bloß einen extrareligiösen Sohn und im
übrigen gesunde Nachkommenschaft; die andere Tochter dagegen
hatte sehr neuropathische Töchter, die glücklicherweise keine Kinder erzeugten. Auch in der anderen Linie des Hauses sind eigentlich Töchter
die belasteten und belastenden Erblasserinnen. Nun fragt man sich,
was hieraus genealogisch zu schließen sei, und die Antwort kann
nur die sein, daß es sich überhaupt um keine Familienkrankheit
handelt und daß die Vorstellung und Aufschrift der ganzen Tafel
auf einem Irrtum beruht; die von Dejerine beobachteten Fälle
sind nicht in einer Familie, sondern in fünf ganz verschiedenen
Familien vorgekommen, die nur durch einen bürgerlich überhaupt
niemals, oder nur durch die schwierigsten genealogischen Untersuchungen persönlich bestimmbaren gemeinsamen Ahnherrn in einen
biologischen Zusammenhang gebracht werden konnten. Und durch
ein solches vollständig undefinirbares[1]) sollte irgend eine Krankheits-

---

[1]) Sommer, Diagnostik der Geisteskrankheiten, S. 240. beruft sich für
das Verschwinden psychischer Abnormitäten auf die Aufnahmebücher der Irren-
abtheilung des Julius-Spitales in Würzburg (vgl. Rieger, Die Psychiatrie in
Würzburg von 1583—1893). Hierauf gestützt macht Sommer eine wie es
scheint fundamentale genealogische Beobachtung: „Bei der großen Seßhaftigkeit
der ländlichen Bevölkerung und der großen Kinderzahl, welche die Regel bildet,
sollte man auf der Basis der Decadence-Lehre erwarten, daß man die alten
Namen (Hellmuth aus Dittelbach, Goepfort aus Rüdlingen, Bringler von
Aufstetten, Troßer von Hersbruck, Englert von Eßfeld, Eisenhut von Eisenfeld :c.

erscheinung in ihrer Erblichkeit zu begreifen sein? Der hier in Betracht gezogene Stammbaum, welcher eigentlich nur eine Zusammenfassung mehrerer Familien unter Voraussetzung eines Stammelternpaares genannt werden kann, und daher gar keinen genealogischen Werth hat, könnte vielleicht die Vermutung begründen, daß neuropathische Leiden in der Gesammt-Nachkommenschaft irgend eines Elternpaares sich unerwartet rasch und manigfach verzweigen und die verschiedensten Familien ergreifen können; wenn sie auch nur in dem allergeringsten Grade mit dem belastenden Ascendenten in Verbindung standen. Sollte aber diese in ihren Consequenzen furchtbare Wahrnehmung begründet sein, so wird eigentlich jeder Mensch sich für belastet betrachten und die Eventualität ins Auge fassen müssen, unerwarteter Weise geisteskranke Kinder zu erzeugen. Ist aber die Gefahr eine so allgemeine, so sinkt hinwiederum die ganze Vererbungsfrage zu einem leeren Schema herab, denn

in der Neuzeit in gehäufter Weise in den psychiatrischen Acten wiederfinden würde: das ist jedoch durchaus nicht der Fall, während sich die Hypothese, daß alle diese Familien ausgestorben sein sollten, leicht widerlegen läßt. Nimmt man also so große Zeiträume, so erscheinen die Haereditätsthatsachen nicht mehr als eine sich constant senkende Curve, sondern als ein Abschwellen und Wiederanschwellen der modernen Beanlagungen. Nimmt man dagegen kleinere Zeiträume, wie z. B. die letzten 30 Jahre, so könnte man in der That auf Grund des in hiesiger Klinik vorliegenden Actenmaterials auf die Lehre von der fortschreitenden Decadence geführt werden."

Die letztere Erscheinung erklärt sich in der Statistik der öffentlichen Anstalten leicht dadurch, daß eben 30 Jahre nichts weiter bedeuten als den Durchschnitt einer einzigen Generation; mithin müssen innerhalb solchen selbstverständlich sehr viele Fälle zur Behandlung kommen, deren Verwandtschaften scheinbar auf gleiche Quellen schließen lassen. Dagegen bleiben bei der Betrachtung eines Zeitraums von 30 Jahren alle die hundertfältigen Abstammungen unbeachtet, die sich ergeben würden, wenn man die gesammte Nachkommenschaft von 16 oder auch nur von 8 Ahnen, die in dem Verdachte stehen, die Belastung hervorgebracht zu haben, in Rechnung zöge. Ich bemerke hier übrigens, daß Sommer bereits alle die Ueberlegungen von anderem Standpunkte aus gemacht hat, zu welchen genealogische Studien führen dürften. So ist bereits bei ihm die Einschränkung des Begriffs der Vererbung zu finden, indem er sich gegen den Mißbrauch des Wortes „Heredität" und weiters gegen die sogenannte Decadencetheorie in — wenigstens für den Laien — herzerfreuenden Worten erhebt.

feine Nachkommenschaft kann sich von ihren unendlich vielen Ahnen trennen.

Will man dagegen das Problem bestimmter fassen, so wird die Probe allerdings zuerst und vor allem auf die Vererblichung in den Familien zu stellen sein. Untersucht man die Descendenzen, so ergibt sich als die erste Frage gewissenhafterweise die, ob sich neuropathische Vererbung als Familientypus erkennen lasse (vergl. oben Cap. 3.). Ist dies weniger der Fall als man vielleicht auf den ersten Blick Seitens vieler Pathologen anzunehmen geneigt war, so ergibt sich dann eine um so größere Wahrscheinlichkeit dafür, daß die Erblichkeit dieser Eigenschaften nur an der Ahnentafel richtig erkannt und beobachtet werden kann d. h. daß die amphigone Entwicklung der Nachkommenschaft die maßgebendste Bedeutung für die Fortpflanzung von Krankheitserwerbungen hat. Findet diese letztere Annahme in den genealogischen Verhältnissen eine ausreichende Begründung, so dürfte dies für die Methodologie der Vererbungsfrage ein für allemal entscheidend sein.

Wenden wir uns zunächst zu der Frage wie es mit den Familienvererbungen in Begriff pathologischer Eigenschaften steht, so ist klar, daß eine Statistik der Kranken, nach Familien geordnet, einen theilweise Ersatz für die mangelhafte genealogische Behandlung des Gegenstandes und für die noch mangelhafteren Quellen der Familiengeschichte besonders in denjenigen Schichten der Gesellschaft darbieten könnten, aus denen sich die Mitglieder der Irrenanstalten der größten Menge nach rekrutieren. Doch würde sich eine statistische Arbeit, wie sie Sommer für Würzburg versucht hat, von allen Theilen der civilisirten Welt wenigstens für die letzten hundert Jahre leisten lassen. Die seit dem Anfang unseres Jahrhunderts in Krankenhäusern und Irrenanstalten geführten Listen lassen die Annahme zu, daß der psychische Zustand von drei bis vier Generationen einer gewissen Landschaft oder einer Stadt, eines medizinalpolitisch beobachteten Kreises einer Untersuchung unterzogen werden könnte. Da in dieser Zeit alle Namenführung bis in die untersten Classen der Bevölkerung herab durchgehends auf dem Familienprinzip beruht, so würde sich folgern lassen, daß wenn in einem seit hundert Jahren geführten Kran-

lenverzeichnis gewisse bezeichnende Familiennamen nach Verlauf
von je einer Generation immer wieder vorkommen, und diese
Fälle sehr häufig sind, die Erblichkeit pathologischer Eigenschaften
innerhalb der Familie, d. h. durch Abstammung von den väterlichen Namengebern physiologisch als nachgewiesen erachtet werden
könnte. Auch schon das wiederholte Vorkommen eines und desselben Familiennamens in den Listen der Irrenanstalten namentt-
lich wenn auch eine Uebereinstimmung in den Angaben über den
Ort der Herkunft sich fände, könnte manche Fingerzeige gewähren.
Und sicherlich würde eine solche auf die Familienforschung begründete Statistik einen gewissen Ersatz für die schwer zu be-
schaffende Ahnenforschung darbieten. Indessen legen schon jetzt
diejenigen Familiengeschichten, die thatsächlich durch Stammbäume
gebucht erscheinen, die Vermutung nahe, daß man auch auf diesem
Wege zu viel beruhigenderen Beobachtungen käme, als es bei den
Zusammenstellungen aller möglichen Ausschnitte aus unendlichen
Kreisen von Ascendenten und Descendenten erscheinen muß.
Denn wenn man die Stammbäume in voller Größe und Vollständigkeit auch nur ihrer Descendenzreihe nach, ganz abgesehen
von den Ahnenproben, in Betracht zieht, so ist es doch sehr erstaunlich, wie außerordentlich gering und vereinzelt die Meldungen
von deutlich erkannten psychischen Erkrankungen sind. Es ist ja
richtig, daß nicht allzuviele spezielle genealogische Untersuchungen
dieser Art gemacht worden sind und daß trotz der ungeheueren
Masse der vorliegenden nach tausenden zählenden Stammtafeln
und Familiengeschichten, die jedermann mit einem Handgriff zu
Gebote ständen, doch zur Zeit kein Mensch von sich behaupten
könnte, daß er dieses unerschöpfte Material beherrsche, allein
schon eine verhältnismäßig geringe Kenntnis von Familiengeschichten der verschiedensten Stände von den höchsten Regentenhäusern bis zu zahlreichen Bürgerschaften in allen Städten gibt
die Ueberzeugung, daß anerkannte psychische Krankheiten überall
etwas ganz vereinzeltes und niemals eine für eine ganze Familie im größeren Sinne des Wortes charakteristische Erscheinung
sind. Thatsächlich ist eigentlich keine Stammtafel von vielfältiger
Verzweigung je bekannt geworden, auf welcher psychopathische Fälle

anders wie als Ausnahmen vorgekommen wären. Wenn man
freilich die in den Anstalten eigens für den Zweck der Erblichkeits-
darstellung angefertigten Tabellen ansieht, so bekommt man leicht
ein andereres Bild, aber man darf nicht vergessen, daß wenn
man die hier so dicht nebeneinander stehenden schwarzen Punkte
auf den betreffenden vollständig durchgeführten Familienstammtafeln
eingezeichnet hätte, diese doch oft nur wie vereinzelte Perlen
im Meeressand erscheinen müßten.

Nun ist dabei allerdings eines nicht zu unterschätzen: die
bekannten Familiengeschichten, eben weil sie bekannt sind und weil sie
Stammbäume besitzen, bewegen sich in Ständen, aus denen die
Statistik der Krankheiten weniger ihr Material bezieht, als aus
den sogenannten unteren Lebenskreisen. Es kann daher wol sein,
daß hier das Vorkommen von psychopathischen Fällen mehr einen
familienartigen Charakter, mehr typisches angenommen hat, und
wenn dem so wäre, so würde es erklärlich sein, daß die von der
ärztlichen Statistik mitgetheilten vollendeten Degenerationsbeobach-
tungen ganzer Familien eben auf das von ihr vorzugsweise be-
nutzte Material zurückzuführen sind; man würde aber dann auch zu
der Schlußfolgerung berechtigt sein, daß alles das, was zu dem
Zustand führt, den man mit dem Begriff der pathologischen Degeneration bezeichnet, weit weniger aus der Erblichkeit, als aus
den Lebensverhältnissen entsprungen sei. Dann würde vielmehr
der Besitz einer Ahnentafel eine gewisse Garantie der Gesundheit
bedeuten und die Degeneration wäre eigentlich nicht eine Sache
der Vererbung, sondern des Mangels der wolsituirten Ahnen.
Das Problem müßte dann aufhören ein vorherrschend haereditäres
zu sein und stellte sich als ein vorherrschend soziales heraus.

Und in der That, es gibt mancherlei Umstände, welche historisch
betrachtet, das häufigere Vorkommen psychopathischer Fälle als eine
Rückwirkung gesellschaftlicher großer Veränderungen erscheinen lassen,
doch dürfte diese vielfach angeschnittene Frage hier von unserem
Gegenstande zu weit ablenken. Nur das eine könnte als genealogische Betrachtung hier Raum finden, daß, wenn es sich wirklich
statistisch erweisen sollte, daß die sogenannten unteren Lebenskreise
seit einem oder zwei Menschenaltern einen größeren Prozentsatz von

pſychiſchen Erkrankungen in ihren Familien zu Tage fördern, als
die oberen, dies eine Erſcheinung wäre, der ſich Analogien aus
anderen Zeiträumen der Geſchichte wol zur Seite ſtellen ließen.
Denn die Epochen, wo untere Stände in ſtarker Weiſe in die
oberen Lebenskreiſe hineindrängten, wo große Ständeverſchiebungen
von unten nach oben ſtattfanden, waren allemal durch Erſcheinungen
gekennzeichnet, wo die Grenzen normaler und anormaler geiſtiger
Zuſtände verwiſcht waren, denke man dabei an die Geißelfahrer,
Wiedertäufer oder Sansculotten. Wenn aber aus dieſem mächtigen
Emporſtreben vermehrte pſychopathiſche Fälle hervorgehn, ſo iſt es
klar, daß die Keime der Degeneration nicht von oben nach unten,
ſondern von unten nach oben getragen werden. Ob dann dieſe
Erſcheinungen der geſellſchaftlichen Entwicklungen durch die Ver-
ſuche von Lapouge und Ammon und andere, das ſoziale
Problem aus dem Begriffe des Kampfs ums Daſein zu behandeln,
ausreichend erklärt werden können, ſoll hier nicht unterſucht werden.
Die Häreditätsfrage tritt aber hierbei in der ihr zuweilen zu-
gewieſenen ausſchließlichen Bedeutung doch etwas ſtärker in den
Hintergrund.

Um einen geſicherten Einblick in die eigentlichen und unzweifelhaften Erblichkeitsverhältniſſe bei pſychiſchen Krankheiten zu
erhalten, bedarf es der Unterſuchung vieler Generationsreihen nach
oben, alſo eines reichen Beobachtungsmaterials von Ahnen. So
lange es vermöge der in den bunten Volksmaſſen noch mangelnden
Civiliſation nicht möglich ſein wird, von den erkrankten Perſonen
wenigſtens Tafeln mit 8 Ahnen zu erlangen, werden die ſtatiſtiſchen
Nachrichten über die Erblichkeit immer auf große Zweifel ſtoßen.
Entſcheidend kann daher nur das Studium von Familien ſein, wo
nachweisbar Wiederholungen von pſychopathiſchen Fällen vorliegen
und wo man in langen Reihen reichliche Gelegenheiten zu exakten
Beobachtungen findet. Zu dieſen Familien gehören die alten
Habsburger, über welche man ſo gut unterrichtet iſt, als lebten ſie
noch heute unter uns und deren hygieniſche Unterſuchung und Beſprechung bei dem Umſtande, daß ſeit 200 Jahren keinerlei männliche Descendenz von ihnen übrig iſt, keinem Bedenken unterworfen
ſein kann. Auch iſt das alte habsburgiſche Geſchlecht gerade von

den Psychiatern so häufig zur Exemplifikation ihrer Theorien benützt worden, daß es nur erwünscht sein kann, wenn auch die Genealogie die vielbesprochenen Fälle in den Bereich ihrer Betrachtungen zieht. Besonders ist es wiederum der Meister der psychiatrischen
Genealogie, mit dem man sich auch in diesem Falle auseinanderzu-
setzen hat.

Unter dem Titel Névropathie héréditaire bringt Dejerine[1])
die ganze Leidensgeschichte des spanischen Hauses in einem Zeitraum von 250 Jahren zur Anschauung und er nähert sich dabei
dem Prinzip einer wissenschaftlich richtigen Methode der Ahnenforschung mit mehr Glück, als man sonst bei ähnlichen Arbeiten
findet. Wenn er auch keine richtige Ahnenprobe zu kennen scheint,
so stellt er doch wenigstens zwei convergierende Descendenzsysteme
auf, durch welche die Frage der Amphymixis eben nicht ganz bei
Seite geschoben ist. Er geht einerseits auf den König Johann II.
von Kastilien und seine Gemahlin Isabella von Portugal, andererseits auf Karl den Kühnen von Burgund zurück, der freilich merkwürdigerweise ohne seine Gemalin in Betracht gezogen wird; die
aus diesen Ascendenzen hervorgegangenen Wechselheiraten sind
ziemlich vollständig angeführt worden.

Dagegen wird es kaum einen Historiker geben, der den geistigen
und physischen Charakteristiken, welche Dejerine von den meisten
der von ihm vorgestellten Personen entwirft, beistimmen könnte.

---

[1]) Dejerine a. a. O. S. 90. Tafel XIII. Als Quelle wird angeführt:
Tableau construit avec le travail de W. W. Ireland, The blot upon the
Brain, Studies in history and Psychology. Edinburgh. 1885. p. 147—159.
Ich muß sehr bedauern, daß mir dieses Werk nicht zugänglich war.
Die Thesis, welche Dejerine durch seine Tafel erhärten zu können meint,
lautet wörtlich: Névropathie héréditaire suivie dans la famille pendant
250 ans, soutant quelquefois une génération, se manifestant avec une
intensité variable sous forme de: Epilepsie, hypochondrie, manie,
mélancholie, imbecillité amenant l'extinction complete de la ligne royale
directe d'Espagne. La tendance héréditaire fut encore renforcé par les
mariages consanguins. Kann sei auch noch dieser Satz bemerkt: Toute la
vigeur des premiers rois d'Espagne reapparut dans leur descendants
illégitimes; les descendants légitimes héritaient seuls de la tendance
névropathique.

So iſt es ja doch die reine Carricatur, wenn von Karl V. geſagt
wird: Taille petite, santé faible; parole lente, bégayante; menton
proéminent, rendant la mastication difficile; mystique, mélan-
colique, epileptique, goutteux, glouton et gourmand. Das
hervorſtehende Kinn und die ſchwächliche Geſundheit ſcheinen hier
das einzig zutreffende zu ſein. Die langſame und ſtotternde Sprache
bezieht ſich doch allemal darauf, daß er des deutſchen und des
italieniſchen und ſpaniſchen niemals völlig mächtig geworden iſt.
Wenn man in fremden Sprachen ſpricht, ſo geſchieht es ja wohl
den geſündeſten Leuten, daß ſie langſam und ſtotternd reden. Die
in Bezug auf die pathologiſche Vererbung entſcheidenden Eigenſchaften ſind ohne Zweifel die myſtiſche und melancholiſche Anlage
und die Epilepſie. Die zwei erſten gehören zu den Sagen von
St. Juſte, die dritte ſcheint aber ganz und gar diagnoſtiſch unſicher
zu ſein. In den eigenen Aufzeichnungen des Kaiſers iſt ſtets von
Anfällen die Rede, welche ihn mehrere Tage auf das Krankenlager
warfen und ungemein ſchmerzhaft geweſen ſind. Man ſprach von
Podagra und es würde uns ſchlecht anſtehen, hier über dieſe
Krankheitserſcheinungen irgend eine Vermutung ausſprechen zu
wollen; ein wirklicher epileptiſcher Zuſtand in dem verbreiteten
Sinne des Wortes iſt jedenfalls nicht erwieſen. Das erreichte
Alter Karls V. war ja kein hohes, aber doch ein ganz normales. Das
Wort Melancholie erſetzt auch ſonſt auf der Tafel Dejerines
alle genaueren pſychiſchen Begriffe. Wenn man die Tochter Karl
des Kühnen melancholiſch nennen will, ſo müßte man wenigſtens
dazu ſetzen, daß ſie ihrem Vater, der ſanguiniſch war, doch in den
meiſten Stücken ähnelte. Der Königin Maria Tudor „folie hyste-
rique“ zuzuſchreiben, zeigt einen uns ſonſt gar nicht geläufigen
Geſichtspunkt für ihre ſehr intoleranten religiöſen Geſinnungen.
Ebenſo ſcheint Philipp II. ganz unrichtiger Weiſe als supersti-
tioux bezeichnet zu ſein. Schon beſſer paſſen die Bezeichnungen
obstiné und sévère, aber ſoll man denn auch ſolche Eigenſchaften
als pathologiſche anſehen? Und wenn man nun endlich gar die
ſtrammen und grundgeſcheidten Kinder Maximilians II. unter die
Hypochonder und Melancholiker einreihen ſollte,[1] ſo muß man doch

---

[1] Von Kaiſer Rudolfs II. höchſt eigenthümlichen Weſen und Charakter
noch nachher zu ſprechen.

sagen, daß alsbann diese Begriffe in einer Ausdehnung und Allgemeinheit angewendet sind, durch welche eben alles und jedes
bewiesen werden kann.

Daß unter diesen Umständen es sich vielleicht mehr empfehlen
könnte eine exakte Methode zur Erforschung der Erblichkeitsverhältnisse einzuschlagen, ist genealogisch klar. Und man wird vielleicht besser thun von den ganz unzweifelhaften Fällen anerkannten
Irrsinns auszugehen und deren Genealogie zu untersuchen. Einen
solchen Fall bietet nun Johanna die Wahnsinnige dar, durch
welche eine Nachkommenschaft von sechs Kindern belastet erscheint.
Dabei darf wol abgesehen werden von den durch Bergenroth
ungerechtfertigt vorgebrachten Zweifeln an dem psychischen Leiden
der unglücklichen Königin in ihren jüngern und jüngsten Jahren.
Nicht nur steht fest, daß sich der Zustand der Königin von Jahr
zu Jahr bis zu endlicher thierischer Degeneration verschlimmert
hat, sondern auch in der Zeit ihrer kurzen und mit Kindern rasch
hintereinander gesegneten Ehe treten schon allerlei Symptome anormaler Eigenschaften hervor, wenn man ja auch Bergenroth gerne
zugestehen wird, daß eine heutige psychiatrische Behandlung diese,
wie so viele andere unglückliche Kranke früherer Zeiten vor dem
äußersten vielleicht hätte bewahren können. Wie die Verhältnisse
thatsächlich lagen, erwächst in erster Linie die genealogische Aufgabe, die belasteten Kinder Johannas und mithin auch sie selbst
auf ihre Abstammungsverhältnisse zu untersuchen. Wir stellen
also eine Probe von zweiunddreißig Ahnen Karls V. und seiner Geschwister auf, untersuchen ferner die sechzehn Ahnen seiner Mutter
und ihrer Geschwister und betrachten endlich je 16 Ahnen des
sicher erkrankten Don Carlos und die 16 Ahnen seiner Vettern
von Oesterreich.

I. Die Kinder Philipps des Schönen und Johanna's der Wahnsinnigen.

- **Kaiser Karl V, Kaiser Ferdinand I., Königin Eleonore von Portugal, dann von Frankreich, Königin Isabella von Dänemark, König. Maria v. Ungarn, Königin Katharina von Portugal, alle von hervorragenden geistigen Eigenschaften.**
  - **Philipp der Schöne, Erzherzog v. Oesterreich, 1478—1506.**
    - **Kaiser Maximilian I. 1459—1519.**
      - **Kaiser Friedrich III. 1415—1493.**
        - **Ernst der Eiserne, Erzh., 1377—1424.**
          - Leopold III., Erzherzog von Oesterreich. 1351—1386.
          - Bivibis Bisconti. 19..—1414.
        - **Cimburgis v. Masov. † 1429.**
          - Siemovit, Hg. v. Masovien. † 1426.
          - Alexandra von Polen.
      - **Eleonore v. Portugal. 1434—1476.**
        - **Eduard, König von Portugal. † 1438.**
          - Johann I. von Portugal. † 1433.
          - Philippine von Lancaster. † 1415.
        - **Eleonore v. Aragon † 1445.**
          - Ferdinand I., König von Aragonien. † 1416.
          - Eleonore Albuquerque. † 1435.
    - **Maria v. Burgund. 1458—1482.**
      - **Karl d. Kühne Herzog von Burgund. 1433—1477.**
        - **Philipp III. d. Gute Hg. v. Burgund. † 1467.**
          - Johann der Unerschrockene v. Burgund. † 1419.
          - Margarethe von Holland. † 1428.
        - **Isabella v. Portug. † 1472.**
          - Johann I. von Portugal. —1433.
          - Philippine von Lancaster. † 1415.
      - **Isabella v. Bourbon. † 1465.**
        - **Karl I. v. Bourbon † 1456.**
          - Johann, Hg. v. Bourbon. † 1415.
          - Maria v. Berry. † 1434.
        - **Agnes v. Burgund.**
          - Johann der Unerschrockene v. Burgund. † 1419.
          - Margarethe von Holland. † 1428.
  - **Johanna, die Wahnsinnige von Spanien. 1479—1555.**
    - **Ferdinand d. Katholische, Kg. v. Aragon. 1452—1516.**
      - **Johann II., Kg. v. Aragon. † 1479.**
        - **Ferdinand I., Kg. v. Aragon. † 1416.**
          - Johann I., Kg. v. Kastilien. † 1390.
          - Eleonore v. Aragon. † 1382.
        - **Eleonore v. Albuquerque. † 1435.**
          - Sancius, Gr. v. Albuquerque (Castilien). † 1374.
          - Beatrix von Portugal.
      - **Johanna v. Castilien.**
        - **Friedr. Henriques Admiral v. Castil.**
          - Alfons Henriques Adm. v. Castilien.
          - Johanna v. Mendoza.
        - **Maria von Ayala-Calarrubios.**
          - Ferdinand von Cordoba.
          - Agnes v. Ayala-Calarrubios.
    - **Isabella von Castilien. 1451—1504.**
      - **Johann II., Kg. v. Castil., † 1454.**
        - **Heinrich III., Kg. v. Castilien. † 1406.**
          - Johann I., Kg. v. Castilien. † 1390.
          - Eleonora von Aragonien † 1382.
        - **Katharina v. Lancaster.**
          - Johann v. Lancaster. † 1399.
          - Constanze v. Castilien.
      - **Isabella v. Portugal, † 1496.**
        - **Johann, Großmstr. v. St. Jacob. † 1442.**
          - Johann I., Kg. v. Portugal. † 1433.
          - Philippine von Lancaster. † 1415.
        - **Isabella v. Braganza.**
          - Alfons v. Braganza (Bastard v. Portugal. † 1461.
          - Beatrix Pereira.

II. Don Carlos.

Don Carlos † 1568.

- **Philipp II. König von Spanien † 1598.**
  - **Kaiser Karl V 1500—1558.**
    - Philipp d. Schöne, Erzhg. v. Oesterreich 1478—1506.
      - Kaiser Maximilian I. 1459—1519.
      - Maria von Burgund 1458—1482.
    - Johanna d. Wahnsinnige v. Spanien 1479—1555.
      - Ferdinand der Kathol., König v. Aragonien, 1452—1516.
      - Isabella von Castilien 1451—1504.
  - **Isabella von Portugal 1503—1539.**
    - Emanuel I., Hg. v. Portugal 1469—1521.
      - Ferdinand, Herzog von Viseo (Inf. v. Portugal) † 1470.
      - Beatrix v. Portugal.
    - Maria v. Spanien —1517.
      - Ferdinand der Kathol. 1452—1516.
      - Isabella von Castilien 1451—1504.
- **Maria v. Portugal**
  - **Johann III., Kg. v. Portugal 1502—1557.**
    - Emanuel I., Kg. v. Portugal 1469—1521.
      - Ferdinand, Hg. v. Viseo † 1470.
      - Beatrix von Portugal.
    - Maria v. Spanien —1517.
      - Ferdinand der Kathol. 1452—1516.
      - Isabella von Castilien 1451—1504.
  - **Katharina von Oesterreich 1507—1578.**
    - Philipp d. Schöne, Erzhg. v. Oesterreich 1748—1506.
      - Kaiser Maximilian I. 1459—1519.
      - Maria von Burgund 1458—1482.
    - Johanna d. Wahns. v. Spanien 1479—1555.
      - Ferdinand der Kathol. 1452—1516.
      - Isabella von Castilien 1451—1504.

III. Die Kinder Maximilian's II. und seiner Cousine Maria's von Spanien.

Linke Randspalte (senkrecht): Rudolf II., Ernst, Matthias, Maximilian, Albert, Wenzeslaus, Anna, Elisabeth, Margaretha und sechs in der Kindheit gestorbene Kinder.

Kaiser Maximilian II. 1527—1576.

- Kaiser Ferdinand I. 1503—1564.
  - Philipp der Schöne, Erzhg. v. Oesterreich 1478—1506.
    - Kaiser Maximilian I. 1459—1519.
    - Maria von Burgund 1458—1482.
  - Johanna d. Wahnf. von Spanien 1479—1555.
    - Ferdinand der Kathol., König v. Aragonien 1452—1516.
    - Isabella von Castilien 1451—1504.
- Anna von Ungarn 1503—1547.
  - Wladislaus, König von Ungarn und Böhmen. —1522.
    - Kasimir III., König von Polen. † 1492.
    - Elisabeth v. Oesterreich 1438—1505.
  - Anna v. Foix. † 1506.
    - Gaston, Gr. von Foix und Candolle.
    - Katharina v. Foix und Bearn.

Maria von Spanien 1528—1603.

- Kaiser Karl V. 1500—1558.
  - Philipp der Schöne, Erzhg. v. Oesterreich 1478—1506.
    - Kaiser Maximilian I. 1459—1519.
    - Maria von Burgund —1482.
  - Johanna d. Wahnf. von Spanien 1479—1555.
    - Ferdinand der Kathol., König v. Aragonien 1452—1516.
    - Isabella von Castilien 1451—1504.
- Isabella von Portugal † 1539.
  - Emanuel I., Kg. v. Portugal 1469—1521.
    - Ferdinand, Hg. v. Bifeo (Portugal) † 1470.
    - Beatrix von Portugal.
  - Maria v. Spanien † 1517.
    - Ferdinand der Kathol. 1452—1516.
    - Isabella von Castilien 1451—1504.

Wer die voranstehenden Ahnentafeln mit den von Dejerine willkührlich zusammengestellten Abstammungsdarstellungen vergleicht, wird gerne zugestehen, daß sich aus jenen ein ganz anderes Unter= suchungsmaterial ergibt als aus diesen. Wenn die Erblichkeits= frage überhaupt lösbar ist, so kann es wol nur auf dem Wege der Ahnenprobe geschehen. Betrachtet man nun den Fall der Johanna ganz besonders, so führt ihre väterliche Ascendenz in vierter Generation auf Johann I. König von Castilien. Dessen zweiter Sohn Ferdinand I., der Gerechte war der Erbe seiner Mutter von Aragonien, verheiratete sich mit Eleonore, der Tochter des Grafen Sanctius von Albuquerque und zeugte Johann II. von Aragonien, dessen Sohn Ferdinand der Katholische, der Vater der kranken Johanna, war. Da bei den Frauen der letzteren Könige keinerlei Krankheiten vorkamen so hätte es in der That gar keinen Sinn an eine Belastung Johannas von väterlicher Seite her zu denken. Anders steht es auf der mütterlichen Seite, welche nun aber in der vierten oberen Reihe merkwürdigerweise wieder auf denselben Johann I. König von Castilien zurückgeht, den wir als Johannas väterlichen Altvater schon kennen, indem die Urgroßväter derselben Ferdinand I. von Aragonien und Heinrich III. von Castilien vollbürtige Brüder waren. Nun ist aber allerdings zu beachten, daß der letztere ein schwächlicher Herr war dessen moralische und geistige Eigenschaften jedoch nichts zu wünschen übrig ließen. Er starb ebenso wie sein Bruder in jungen Jahren und hinterließ einen zwar körperlich gesunden aber moralisch schwachen Sohn, der sich mit einer Tochter des Prinzen Johann von Portugal, Großmeisters von St. Jakob, Isabella von Portugal verheiratete, welche man, wie Dejerine richtig bemerkt, in spätern Jahren als gestört bezeichnen durfte. Die Tochter dieser gestörten Frau war die Großmutter Johannas und es wird also richtig sein, daß man sich hier an der Quelle erblicher Belastung befindet. Betrachtet man nun aber die Ahnenreihen dieser Isa= bella, so kann man gar nicht anders sagen, als daß ihre portu= giesische Ahnenreihe einen sehr imponierenden Eindruck macht, indem sie bis auf Peter den Grausamen und Alphons IV zurück= reicht ohne daß ein anderes Belastungsmoment in dieser sehr

geistreichen Familie gefunden werden könnte, als das einer
Bastardabstammung, welche selbstverständlich in physiologischer Beziehung nicht weiter in Betracht kommt. Wir sind also wiederum
auch bei der Belastung dieser Großmutter auf die weibliche Ascendenz angewiesen, wenn man nach der Quelle forschen wollte.
Nun ist die Großmutter dieser belasteten Isabella wiederum eine
Dame gewesen von der mancherlei auffallendes gemeldet wird: es
ist die Philippa von Lancaster, Tochter des Herzogs Johann von
Gaunt, der auch noch eine zweite Tochter und also eine halbbürtige Schwester der Philippa nach Portugal verheiratete, welche
wiederum die Mutter des geistesschwachen Gemals der belasteten
Isabella war. Es deuten sonach alle Spuren der Entstehung des
Uebels bei diesen südländischen Familien auf den bekannten
Stammvater der rothen Rose von England, wobei noch vielleicht
beachtet werden könnte, daß diese englischen Damen den Spaniern
als sehr starke Trinkerinnen erschienen.

In der That wird man sagen können, daß die Ahnentafel
eine unerwartete Lösung des Erblichkeitsfalles der Johanna der
Wahnsinnigen darzubieten scheint. Man sieht von zwei Seiten
von großväterlicher und großmütterlicher Seite das Verhängnis
gegen die Descendenz einherschreiten. Noch macht es vor der Persönlichkeit der großen Königin von Castilien der Frau des Ara-
gonesen Ferdinand des Katholischen halt. In dem klaren und
spiegelhellen Geiste dieser Frau verehrt die Welt eine der großen
Regentinnen, die eine Umwälzung in den Kulturanschauungen mit
hervorgebracht haben, aber sie hat unglückliche Kinder gehabt.
Ihr Sohn starb im Alter von 19 Jahren; die älteste Tochter
war zweimal verheiratet, und gebar nur einen Knaben der kaum
lebensfähig war. Ueberlebt haben sie drei Töchter, wovon die
eine Johanna die Wahnsinnige, die zweite Maria, Emanuels III.
von Portugal Gemalin, die dritte Katharina, die von Heinrich VIII.
von England verstoßene Gemalin gewesen ist. Von der Descendenz
dieser drei Frauen ist jedoch zu sagen, daß die der dritten, aus
äußern Gründen rasch verschwand, die der Maria und Johanna
aber eine ungemein zahlreiche gewesen ist, in welcher ein großer
und anerkannter Fall von Wahnsinn nur noch einmal beobachtet

worden ist. Maria von Portugal die Gemalin Emanuel III.
hatte 10 Kinder, worunter sieben männliche, die innerhalb weiterer
hundert bis hundertfünfzig Jahre mindestens 60 Nachkommen
hatten, an welche sich wiederum das gesammte Haus von Bra-
ganza anschließt. Ein Fall aber, der nur entfernt an die ent-
setzliche Krankheitsgeschichte Johannas erinnerte ist in diesem Theile
der Descendenz Isabellas von Castilien entfernt nicht nachgewiesen
worden. Stärkere Belastung hat dagegen ohne Zweifel die direkte
Nachkommenschaft der Johanna selbst davon getragen, von welcher
nun im besondern noch zu sprechen sein wird.

Die Kinder der Johanna und Philipps des Schönen zeigen
keine Spur einer wirklichen Geisteskrankheit. Wenn man bei
Karl V. dem Psychiater auch das Zugeständnis machen wollte, daß er
ein körperlich wenig gesunder Mann war, so dürfte mit Rücksicht
auf seiner Mutter Zustand auch das wol zur Beachtung empfohlen
werden, daß gerade der ältere der beiden Söhne als der be-
lastetere anzusehen sein soll, während von den Töchtern diejenigen
beiden, die geboren sind zu einer Zeit, wo die Mutter offenbar
schon Krankheitssymptome erkennen ließ, die eine mit Recht in dem
Rufe steht eine der gescheidtesten, verständigsten und gebildetsten
Frauen des Zeitalters zu sein und die andere für ihre Person wenigstens bei vollstem Wolsein und 71 Lebensjahren als durchaus
intakt erscheint. Von ihrer Nachkommenschaft wird nachher die
Rede sein, hier soll mit Rücksicht auf die erwähnten beiden Brüder,
von denen sowohl die spanischen wie die österreichischen Habsburger abstammen und ihrer vier Schwestern noch auf ein anderes
Moment aufmerksam gemacht werden.

Erwägt man nämlich den Umstand, daß die Belastung der
wahnsinnigen Johanna wie gezeigt auf ein zusammenwirkendes
Vererblichkeitsmoment zurückzuführen sein könnte, welches durch das
Lancastrische Halbschwesterpaar sich auf den schwachen Johann II.
von Castilien und seine gestörte Gemalin Isabella von Portugal
geworfen haben dürfte, so wird es von Interesse sein nun auch
die väterlichen Ahnen der belasteten Kinder der wahnsinnigen
Johanna ins Auge zu fassen. Die direkte Mannslinie steigt in
der vierten Generation bis zu dem Habsburger Ernst dem Eisernen.

eine Reihe von Charakteren umfassend, die sich durch sehr gute
Gesundheit und ruhige Gemütsart auszeichneten. Indessen kann
man bei Philipp dem Schönen die merkwürdige Beobachtung
machen, daß in dem Blute seiner Eltern eine seiner wahnsinnigen
Frau durchaus verwandte Erbschaftsmasse steckte. Und zwar steht
sowol Kaiser Maximilian I. durch seine Mutter Eleonore von
Portugal, wie auch Maria von Burgund durch ihren Vater Karl
den Kühnen in dem Verdachte belastet zu sein. Dieselbe Philippa
von Lancaster, die wir als Urheberin der unter den Castilianern
herrschenden Krankheitssymptome erkannt haben, ist nämlich die
gemeinschaftliche Großmutter Karl des Kühnen und Eleonorens
von Portugal; Philipp der Schöne müßte daher, wenn man in
dem Erblichkeitsprinzip etwas stetig fortwirkendes annehmen wollte
zu ähnlicher Erkrankung disponirt gewesen sein und diese Summirung von erblicher Belastung hätte eigentlich in den Kindern
dieses vierfach belasteten Paares sich geltend machen müssen. Das
Gegentheil aber ist eingetreten; man mag dem habsburgischen
Stammesbrüderpaar eine noch so ungünstige Beurtheilung zu theil
werden lassen. — dies kann wol nicht gelengnet werden, daß die
geistigen Störungserscheinungen in den Nachkommen Philipps des
Schönen und der wahnsinnigen Johanna erheblich zurückgegangen
sind. Sie haben sich nur noch in einem Falle zur vollen Geltung
durchgerungen und dieser eine Fall ist so außerordentlich verwickelt
und lehrreich, daß er einer besonderen Behandlung unterzogen
werden muß.

Die Ahnentafel von Don Carlos enthält die auf Philipp
den Schönen und Johanna einwirkende Vererbungsmasse selbstverständlich vollständig in sich, es ist daher nur noch nöthig, sechzehn seiner Ahnen nachzuweisen, um zu bemerken, daß sich die Belastung, die ihm zu Theil werden mußte, um einen so hochgradigen
Ausbruch seiner Krankheit hervorzubringen, in einem ganz enormen
Grade gesteigert hatte. Denn der unglückliche „Infant von Spanien"
hatte nur vier Ahnen statt acht, indem sein Großvater väterlicher
und seine Großmutter mütterlicherseits, sowie seine Großmutter
väterlicher und sein Großvater mütterlicherseits Geschwister waren.
Er hatte mithin die schon früher besprochene, durch die Königin

Isabella von Castilien zu erwartende Erbschaft nicht weniger als vierfach in sich aufgenommen, und an der nun freilich noch um drei Generationen zurückliegenden Belastung, die durch die Lancastrischen Schwestern wahrscheinlich entstanden ist, nahmen sämmtliche Altväterpaare Antheil, die in der Sechzehnerreihe des Don Carlos stehen. Indem dieselbe nur sechs statt sechzehn Personen aufweist, so könnte man schließen, daß die sechsfach combinirte Belastung, die in der nächsten unteren Generation den vollen Wahnsinn der Johanna hervorbrachte, müßte sich in dem Urenkel Carlos noch viel schrecklicher geltend gemacht haben, als es der Fall war. Dennoch scheint die Schwere der Erkrankung, wenn man den Fall Don Carlos neben den der Johanna stellt, eher nachgelassen zu haben. Zu dieser Diagnose dürfte sich der Psychiater bei Untersuchung des Falles Don Carlos umsomehr bestimmt sehen, als das Charakterbild auch des historischen Don Carlos manche Seiten aufweist, welche die Ueberzeugung begründen könnten, daß eine rationelle physische Erziehung desselben und eine richtige ärztliche Behandlung des schwächlichen Knaben, seine Krankheit vielleicht gemildert haben würden. Von der Ungeschicklichkeit der spanischen Aerzte hat man schon in damaliger Zeit gesprochen. Außerdem litt Don Carlos in seinem Knabenalter an hartnäckigen Wechselfiebern und zog sich in Folge eines Sturzes in seinem siebzehnten Jahre auf der linken Seite des Hinterhauptes eine handbreite Verletzung in Form eines Dreiecks zu. In Bezug auf die chirurgische Behandlung des Falles mag anheim gegeben werden, was man unter der an ihm vollzogenen Trepanation zu verstehen habe.[1] Unter allen Umständen ist es fraglich, ob die Krankheit des Don Carlos als reiner Erblichkeitsfall aufzufassen sein wird, sofern man darunter etwas Bestimmteres, als allgemeine Dispositions- und Anlageverhältnisse verstehen sollte. Wenigstens

---

[1] Ueber die pathologischen Verhältnisse des Don Carlos hat Büdinger sehr vortrefflich in seinem Buche „Don Carlos Haft und Tod" S. 120—145 ff. gehandelt. Ob die Verkrüppelung mit dem Fall von der Treppe zusammenhing, ist indessen doch nicht als sicher anzunehmen. Auf die Erblichkeitsfrage hat sich Büdinger vermöge des Zweckes seines Buches natürlich nicht eingelassen.

für die Vererbung einer bestimmt zu bezeichnenden erworbenen
pathologischen Eigenschaft dürften selbst die genealogisch enorm
belastenden Umstände der Geburt des Don Carlos nur mit Vorsicht zu verwenden sein. Daß die ganze spanische Familie ein
Bild erfreulicher Gesundheit in physischer und psychischer Beziehung
nicht abgibt, ist ja klar, aber für den speziellen Begriff der Vererbung scheint doch selbst in diesen belastenden Verhältnissen der
richtige Weg der Erklärung schwer erreichbar zu sein. Wenn man
aber zugestehen muß, daß jedenfalls die Vererbung einer bestimmten
pathologischen Eigenschaft nur in ganz besonderen, durch äußere
ungünstige Umstände mit herbeigeführten Fällen beobachtet ist,
so könnte man fast die Frage aufwerfen, ob es nicht nützlicher
und belehrender wäre zu erforschen, aus welchen Gründen ein
nachweisbares Belastungsmaterial genealogisch unwirksam erscheint,
als daß man sich bemüht, die Folgen desselben an ausnahmsweise eintretenden Fällen zu studiren. Und in der That scheint
dazu die Vergleichung von Ahnenproben solcher Personen, die
ähnlichen Verwandschaftsverhältnissen ihr Dasein verdanken, vielleicht nicht ungeeignet zu sein.

Es ist daher wünschenswerth, die Ahnenprobe einer solchen
Familie heranzuziehen, welche den Nachkommen Philipps II.
parallel zur Seite steht. In der Descendenzbetrachtung verzweigt
sich Johanna die Wahnsinnige nämlich in die beiden nebeneinander
laufenden Linien

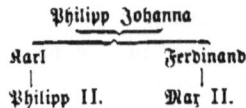

Philipp Johanna

Karl Ferdinand

Philipp II. Max II.

Don Carlos (Ahnenprobe II), Rudolf und seine Brüder (Ahnenprobe III).

Als Hauptunterschied im Bilde der letztgenannten Ahnenproben
nimmt man vor allem folgendes wahr:

Don Carlos hat 2, 4, 4 (statt 8), 6 (statt 16) Ahnen.
Rudolf II. dagegen 2, 4, 6 (statt 8), 10 statt 16 Ahnen. Dieses
für die Ahnenzahl der jüngeren Linie günstigere Ergebnis erscheint
aber weniger bedeutend, wenn man die Belastungsmomente speziell
ins Auge faßt. In beiden Fällen ist Johanna die Wahnsinnige

die Urgroßmutter. In beiden Fällen konnten die Lancastrischen
vielgenannten Schwestern von mütterlicher und väterlicher Seite
gleich wirksam erscheinen. Die beiden Eltern Rudolfs II. und seiner
Geschwister unterschieden sich aber insofern unter einander, als bei
Maximilian II. mütterlicherseits ein erheblicher Zuwachs polnischen
und französischen neben dem wiederholt geschilderten portugiesisch-
spanischen Blut hinzukommt. Man könnte also vermuten, daß
das erstere die Wirkungen des letzteren beseitigt haben wird. Und
gewiß wird diese Beobachtung für den Begriff der Abänderungs-
fähigkeit der belastenden Erbschaftsmasse nicht zu unterschätzen sein.
Aber wenn einerseits sich hier nur das Gesetz von Vererbung und
Variabilität mit Rücksicht auf pathologische Eigenschaften zu wiederholen scheint, so darf man doch nicht verkennen, daß sich, falls
man sich diesen Wandel als eine durch den Fortgang der Generationen bedingte Linie versinnbildlichen würde, der Eindruck
von etwas oscillirenden, nicht aber von etwas regelmäßig weiter
sich entwickelnden ergeben würde. Diese Oscillationen würden
desto stärker hervortreten, je mehr man die Natur und den Charakter
der verschiedenen Kinder eines und desselben Ehepaares mit in
Anschlag brächte, sei es, daß dessen Ahnenproben sich günstiger
oder ungünstiger darstellen. Besonders in den Fällen, wo es
sich um eine zahlreiche Nachkommenschaft handelt, würde die Linie,
die man von einer Erbschaftsentwicklung zu zeichnen hätte, eine
so große Menge von ungleichen und unregelmäßigen Bewegungen
erkennen lassen, daß man schließlich unsicher wäre, ob die pathologische Erbschaft nicht überhaupt in der Masse der Schwingungen
endlich verloren gegangen sei. Und hier ist wiederum die Nachkommenschaft Maximilians II, sowol wie noch mehr die von dessen
Geschwistern sehr lehrreich zu betrachten.

Von den geistvollen Söhnen Maximilians II. könnten sich
diejenigen, denen historische Studien nicht ganz geläufig sind, ein
sehr vortreffliches Bild verschaffen, wenn sie Grillparzers Bruder-
zwist im Hause Habsburg lesen wollten. Rudolf II. war, was
man im gewöhnlichen Leben einen Sonderling nennt, seine Schicksale waren so erdrückend, daß auch ein viel stärkerer Charakter
gebrochen worden wäre. Ein so hochgebildeter Mann wie er,

durchaus ungeeignet zu einer Regententhätigkeit, ohne alle mili-
tärischen Vorzüge in einer Zeit, wo nur diese im politischen Leben
Werth hatten, war der Gegenstand mannigfaltiger Angriffe und
Verleumdungen. Sein physisches Leben war durchaus normal, er
liebte seine zahlreichen unehelichen Kinder und ist vielleicht der
Stammvater einer in den allerverschiedensten Lebenskreisen wirkenden und wie wir hoffen wollen, heute noch recht gesunden Nachkommenschaft. Die Genealogie versagt hier einigermaßen, könnte
aber ohne Zweifel noch aufgestellt werden. Von Matthias, dem
dritten der Brüder, ist bekannt, daß er sich in einem Alter von
über fünfzig Jahren noch durchaus im Stande glaubte, Nachkommenschaft zu erzielen, die er zwar bis in sein letztes Lebensjahr nun noch erwartete, die ihm aber versagt blieb. Maximilian
war Hoch- und Deutschmeister und folglich unverheiratet und Albert
lebte in einer ganz glücklichen Ehe mit Philipps II. Tochter, einer
Halbschwester des unglücklichen Don Carlos. Unter den Schwestern
verdient Anna besonders beachtet zu werden, da sie die Mutter
Philipps III. von Spanien geworden ist. Die vierte Heirath
Philipps II. mit seiner österreichischen Cousine steht genealogisch
auf derselben Stufe der Verwandtschaft, wie seine frühere Ehe mit
Maria von Portugal, denn sein Schwiegervater war nicht nur
der Sohn seines Oheims, sondern die nunmehrige Gemalin war
auch die Tochter seiner Schwester. Unter diesen Umständen kann
der Grund für die doch immerhin bestehende pathologische Immunität Philipps III. im Gegensatze zu seinem Halbbruder Don
Carlos nur darin erblickt werden, daß eben bei den Nachkommen
Ferdinands I. die Spuren des Wahnsinns der Johanna thatsächlich
verschwunden waren, während sie in der älteren Linie lebhafter,
wenigstens in den männlichen Exemplaren, sich forterhielten.[1])

Blickt man nun vollends auf die zahlreichen Geschwister
Maximilians II., so ist dies ein Geschlecht, welches jeden Verdacht
erblicher Belastung geradezu ausschließt. Die beiden Brüder

[1]) Hierbei ist der männliche Stamm allein gemeint, über das angebliche
Aussterben der Familien wird noch an späterer Stelle eingehender zu sprechen
sein. Im allgemeinen kann man nur sagen: in der weiblichen Nachkommenschaft
Philipps III. sind die Spuren geistiger Krankheiten völlig verschwunden.

Maximilians II. haben eine zahlreiche, völlig intakte Nachkommenschaft, wenigstens viele Generationen hindurch, und von seinen
elf Schwestern haben mindestens fünf Nachkommen, die sich zum
Theil bis heute fortgepflanzt haben.[1]) Es scheint also, wie sehr
man auch die zunehmende Degeneration des Mannsstammes
der spanischen Habsburger für nachweisbar und nachgewiesen erachten mag, doch der sichere Beweis geliefert zu sein, daß dieselben
Belastungsmomente bei der österreichischen Linie völlig wirkungslos
geblieben sind und daß also hier ein Widerstandsmoment zum
Ausdruck kam, welches systematisch der Belastung entgegenwirkte.

Die Vergleichung von Ahnentafeln der beiden habsburgischen
Linien ergibt für die Vererbungsfrage pathologisch erworbener
Eigenschaften die wol kaum zu unterschätzende Thatsache, daß schon
ein verhältnismäßig geringer Unterschied in der Zusammensetzung
des von väterlicher und mütterlicher Seite dargebotenen Keimplasmas zu genügen scheint, um völlig verschiedene Wirkungen
hervorzubringen. Auch läßt sich die auf der einen väterlichen
Seite der jüngeren habsburgischen Linie zu beobachtende Immunität
trotz aller Heiraten mit Frauen aus der älteren mehr belasteten
Linie schwerlich anders deuten, als daß sich in dem jüngeren Zweig
ein alter habsburgischer Familientypus erhalten hat, dem die von
den englischen und portugiesischen Ahnfrauen erworbenen pathologischen Eigenschaften nicht schädlich geworden sind. Andererseits
ist es vielleicht auch beachtenswerth, daß in den oberen Ahnenreihen stets von weiblicher Seite die neuropathischen Erscheinungen
auszugehen scheinen, während dieselben von dem Momente an, wo
der condensirte Erkrankungsfall der wahnsinnigen Johanna eingetreten war, das Verhältnis umgekehrt zu sein scheint; die männ-

---

[1]) Was zunächst die männlichen Nachkommen betrifft, so ist das sogenannte
Aussterben sogar der österreichischen Habsburger auf „Degeneration" zurückgeführt worden, was eine solche historische Nacherlichkeit ist, daß man sich schämen
sollte, dagegen zu polemisiren. Dieses Geschlecht hat von Generation zu Generation an körperlicher Kräftigkeit zugenommen und ein so grundgescheidter
Mann wie Joseph I. hätte noch ein Dutzend kräftiger Jungen erzeugen können,
wenn er nicht an den Pocken so jung gestorben wäre. Hier ist also nichts von
der Degeneration ersichtlich, die aus dem Wahnsinn der Johanna erklärt
werden sollte.

liche Nachkommenschaft der älteren Linie der Habsburger ist es fortan, die eine erhebliche Zunahme von Schwächezuständen und einen neuen Fall wirklicher Störungen aufweist, während die weiblichen Descendenzen derselben Linie immer gesünder und kräftiger und von Generation zu Generation mehr zu Müttern neuer unerschütterter Familienbestände sich entwickeln. Diese Umstände lassen den Schluß zu, daß genealogisch überhaupt nicht unbedenklich sein wird, von belasteten Individuen im allgemeinen zu sprechen, und geben vielleicht zu der Frage die Berechtigung, ob nicht überhaupt der Begriff „Belastung" einer wesentlichen Revision bedürftig sein wird. Denn wenn schon die Abstammungsreihen einer und derselben als unzweifelhaft erkrankt erkannten Person, ja selbst eines beiderseits bedenklichen Elternpaares völlig verschiedene Erbschaftsverhältnisse zeigen, so wird man sich doch sicherlich aufgefordert sehen, eine Einschränkung von wesentlicher Art dem Begriff der Vererbung zu Theil werden zu lassen, denn bei den Eigenschaften, die hier zu vererben kommen, handelt es sich doch offenbar um etwas ganz verschiedenes von dem, was bei sonstigen Eigenschaften vor sich geht, wenn dieselben von einer Generation auf die andere übertragen werden. Diese sind, so oft das Individuum zur Zeugung schreitet, stets in gleicher Weise und auf jedes neu erzeugte übergegangen, jene aber gehen auf eine Linie über und auf die andere nicht; hieraus folgt, daß diese Erblichkeit anderen Umständen folgt, als die Erblichkeit im allgemeinen. Hier liegt der Grund der Erbschaft in dem gesammten Wesen des Erblassers, dort aber individualisirt sich die Belastung in einem besonderen Akt desselben, durch welchen in dem einen Fall Erblichkeit bewirkt wird, und im andern nicht.[1]

---

[1] Hier sei zum Schlusse noch eine Aufforderung an die Sachkundigen ausgesprochen. Es wird niemandem entgangen sein, daß in unseren Tagen ein noch viel tragischerer Fall im bayrischen Königshause vorliegt, der eine psychiatrisch-genealogische Untersuchung leicht ermöglichen würde. Ich glaube meinerseits aus vielfachen Gründen davon absehen zu sollen. In erster Linie deshalb, weil hier der Standpunkt des Laien etwas verletzendes haben könnte. Dennoch glaube ich meiner Ueberzeugung Ausdruck geben zu sollen, daß die genealogische Untersuchung nichts zu Tage fördern dürfte, als eines der größten Räthsel, welches der psychiatrischen Wissenschaft gestellt sein kann und bei welchem

Es versteht sich wol, daß die Genealogie nicht die Wissenschaft ist, welche diese Räthsel innerlich zu lösen im Stande wäre; weit entfernt, so unbescheiden zu sein, den naturwissenschaftlichen Untersuchungen irgend etwas wesentlich neues vorlegen zu wollen, wird sie sich vielleicht einzig und allein dadurch empfehlen, daß sie das Material, welches allenthalben als erwünscht erachtet wird, in erheblich breiterem und vollständigerem Maße und mit methodischer Anordnung vorzulegen im Stande sein würde. Den weitverbreiteten Wahngebilden aber, welche Roman und Drama in unseren Tagen dem großen Publikum im nie fehlenden Aberglauben von der Erblichkeit aller möglichen und unmöglichen Eigenschaften einzuflößen vermochten, würden genealogische Studien sicher vorzubeugen im Stande gewesen sein. Niemand, der die großen, mächtigen Bilder von Ahnen und Abstammungsreihen, die das Leben der menschlichen Gesellschaft in jedem Augenblick in tausenderlei kaleidoskopischen Variationen hervorbringt, sich vorzustellen weiß, wird sich von „Gespenstern" schrecken lassen.

die ganze Erblichkeitslehre ins Schwanken käme. Aber das Material liegt vor. Die Untersuchung kann in diesem Falle sich mit keiner Unkenntniß entschuldigen: 512, selbst 1024 Ahnen des Königs Ludwig II. und seines Bruders werden bis in die einzelnsten Aeußerungen ihres Lebens und Sterbens leicht nachweisbar sein. Die psychiatrische Wissenschaft braucht bloß darnach zu greifen, um das Problem entweder zu lösen, oder das Zugeständnis zu machen, daß die Vererbung kein ausreichender und ausschließlicher Erklärungsgrund für psychopathische Fälle selbst der schlimmsten Art sein können.

Sechstes Capitel.

Leben und Tod.

Die Genealogie nimmt die Thatsache des Lebens, als das schlechthin gegebene zum Ausgangspunkte ihrer Untersuchungen und Betrachtungen und sie kann sich nicht vermessen, der Naturforschung auf jenes Gebiet zu folgen, wo das Schöpfungswort „Es werde" seinen geheimnisvollen Zauber verliert und der kindliche Glaube dem ruhelosen Wissensdrange weicht. Die aus der geschlechtlichen Zeugung entsprungene Individualität lebt, pflanzt sich fort und stirbt; — in diesem Kreislauf beginnt und endet die Aufgabe genealogischer Forschung, und nur die Induction führt sie zur Annahme einer Unendlichkeit des Keimplasmas, durch welches Wechsel und Fortgang der Generationen gesichert erscheint, von deren Ursprung und Anfang keine Erfahrung Kunde gibt. Indessen kann die Genealogie im weiteren Sinne die Thatsachen nicht vernachlässigen, die sich auf die Entstehung von Lebewesen durch solche geschlechtliche Zeugungen beziehen, bei welchen durch verschieden geartete Elternpaare neue Arten von Lebewesen herbeigeführt worden sind. Was in dieser Beziehung der zoologische Forscher oder der Thierzüchter in zielbewußtem Streben zu erfahren und selbst thatsächlich zu bewirken weiß, gehört zu den Propyläen der Genealogie unter allen Umständen. Denn auch die Menschen genießen einen ziemlich weiten Kreis von Möglichkeiten, durch Paarungen mit anders gearteten Lebewesen Zeugungen zu bewirken. Der Begriff der Rassenkreuzung, der für die Zoologie im weitesten Sinne so lehrreich und fruchtbar ist, erstreckt sich sehr tief in die Lebenskreise der Menschenarten hinein, ohne daß es der Wissenschaft bisher möglich gewesen wäre, die Grenzen derselben wissenschaftlich zu erklären. Alle Ueberlieferungen und Fabeln der Menschheit begünstigten die Vorstellung von der Möglichkeit menschlicher Kreuzungen sowohl im Sinne übermenschlicher wie untermenschlicher Abstammungen. Die Mythologien aller Völker so gut wie Teufels- und Herenglaube des Christentums gefallen sich in Bildern von Artenkreuzungen und der Glaube an Thiermenschen ist nicht ausgestorben, so sicher auch jedermann die kunstreichsten Darstellungen der Centauren für Gebilde der Phantasie erkennt. Trozdem bleibt auch für die Menschengeschichte noch immer ein sehr großes Feld übrig, auf welchem Rassenkreuzung gediehen ist und gedeihen könnte, und es existieren wahrscheinlich im weiten Umkreise der Erde unzählige unbeschriebene und unbewußte Ahnentafeln, die zu den unter einander verschiedenartigsten Wesen führen, von denen vielleicht manche nur noch eine sehr geringe Aehnlichkeit untereinander mit dem haben, was wir im höchsten Sinne des Wortes den geschichtlichen Menschen zu nennen pflegen. Dennoch aber ist die Genealogie auf die individuelle Erscheinung so bestimmt angewiesen, daß die Grenzen für die Beobachtung ihrer Abstammungen sich immer wieder zu verengern pflegen, je mehr sie den besonderen Zeugungen ihre Aufmerksamkeit zuwendet.

Was im allgemeinen als zoologisches Gesetz gilt, daß sich nur gewisse Arten kreuzen lassen und andere nicht, gilt selbstverständlich auch für den Menschen, aber bei diesem tritt ein besonderes Merkmal der Verfeinerung in der Beurtheilung dessen hinzu, was man als spezifisch menschlich nennen könnte. Der Mauleisel und der Abstamm von Eber und Schwein können vermöge ihrer besonderen Eigenschaften ebenso hoch oder höher geschätzt werden als jedes Elterntheil, aber die höhere Qualität des Menschen hängt von der höheren Gleichheit des zeugenden Paares ab und die Ungleichheit der Rassen verschlechtert die Rasse der Menschen, die als das Produkt dieser Zeugungen auftritt.

Unter diesen Umständen ergibt sich für den Generationenfortgang der Menschheit ein Gesetz, von welchem es wenigstens nicht sicher ist, ob es auch für die Thierwelt besteht. Die höhere Individualität zeigt sich als ein Produkt nicht der Unähnlichkeiten, sondern der größeren Aehnlichkeiten der zeugenden Eltern, und wenn das Leben aller menschlichen Generationen lediglich aus der Mischung des von Menschen ausgegangenen Keimplasmas nachweisbar ist, so ist der Schluß berechtigt, daß es sich bei der Entstehung von neuem individuellen Leben um Bedingungen handelt, die man im Allgemeinen unter den Begriff der Aehnlichkeit der bei der Zeugung betheiligten Geschlechter stellen kann. Die menschliche Organisation schließt die Unähnlichkeit der zeugenden Geschlechter schon von vornherein in einem bei den Thieren nicht in gleichem Maße vorhandenen Grade aus. Alsdann erhebt sich die Frage der Vervollkommnung jener Eigenschaften, die man im höheren Sinne des Wortes menschliche zu nennen pflegt, und hierbei stellt sich wieder die größere Aehnlichkeit zwischen den die Zeugung vermittelnden Individualitäten als das maßgebende Prinzip im Allgemeinen dar. Ethnographisch betrachtet wird kaum jemand etwas gegen den Satz einzuwenden haben, daß die hohe Cultur der Indogermanen eben ein Produkt ist der Vermischungen der Indogermanen und daß von einer hohen Culturstufe solcher Menschen, welche etwa aus Vermischung von Indogermanen und anderen Rassen entstanden sind, nichts bekannt geworden ist. In diesem Sinne läßt sich weiterschreiten. Innerhalb der Rasse gibt es Abstufungen, die wieder auf die Aehnlichkeit der Zeugenden zurückführen, und weiters sind es Stämme, Familien, die wieder durch Amphimixis einen höheren Begriff von dem, was sich schlechthin als menschlich bezeichnen läßt, darstellen.

Verfolgt man diesen Gedankengang weiter, so ergibt sich für die menschliche — ich wage nicht zu sagen für die thierische — Welt überhaupt ein Vervollkommnungsprinzip, welches sich schlechterdings durch nichts anderes als durch die Aehnlichkeiten des in der Amphimixis zur Geltung gekommenen väterlichen und mütterlichen Keimplasmas erklären läßt. Indem man aber zu der Erkenntnis gelangt ist, daß die ähnlicheren Erzeuger bessere, die unähnlicheren schlechtere Abstammungen bewirken, kann darüber kein Zweifel sein, daß alle jene Begriffe, welche man im biologischen Sinne mit dem Worte der Inzucht bezeichnet, höchst mangelhaft sind und einer Klarstellung dringend bedürfen.

A) Ueber den Begriff der Inzucht.

Man nennt Inzucht die wiederholte Zeugung von Individuen, deren qualitative Aehnlichkeiten untereinander auf sogenannter naher oder nächster Verwandtschaft beruhen. Man hat es hier wiederum mit einer Vorstellungsweise zu thun, welche im allgemeinen genommen keinen deutlichen genealogischen Sinn zuläßt, da alle Aehnlichkeiten der Individuen eben auf der mathematisch zu berechnenden Ahnenverwandtschaft beruhen. Es kann, wenn man dem Begriff der Inzucht irgend welche Brauchbarkeit bei der Beurtheilung von Zeugungs- und Abstammungsverhältnissen, sei es beim thierischen oder menschlichen Leben, zuschreiben wollte, sich nur darum handeln, die Grenzen festzustellen, innerhalb welcher Schädlichkeit und Nützlichkeit von Verwandtschaften nachweisbar ist. Dieses Problem kann aber natürlich nur genealogisch gefaßt, d. h. aus der Untersuchung der einzelnen genealogischen Fälle zu einer wissenschaftlichen Lösung gebracht werden. Im allgemeinen gesprochen, beruht, so viel erfahrungsgemäß feststeht, alle Fort-pflanzung der Arten thierischen und menschlichen Daseins, wie oben gezeigt worden ist, auf Inzucht. Wenn man nicht einen ab-scheulichen Misbrauch mit Worten treiben will, so muß man sich entschließen, die Fälle in ihren bestimmten Grenzen zu bezeichnen, in welchen man das Wort Inzucht für Thier- und Menschenleben als ein gleichsam verwerfliches böses Prinzip darstellt, welches sich der Fortpflanzung und Entwicklung des Keimplasmas gleichsam als Geist der Verneinung entgegenstellt. Es ist klar, daß hier die Gefahr von Fehlschlüssen um so größer sich gestaltet, je mehr man geneigt ist, von vielen Seiten die furchtbarsten Folgen dieser soge-nannten Inzucht in physiologischer, psychologischer und patho-logischer Beziehung zu schildern. Demgegenüber stehen wir hier genealogisch auf den folgenden zusammenzufassenden Sätzen:

1. Die Inzucht ist die trotz aller gegentheiligen Vermutungen der Descendenzlehren einzig und allein erfahrungsmäßig nachweis-bare Form der generationsweisen Lebensschöpfung thierischer oder menschlicher Organismen. 2. Außerhalb der durch die Aehnlich-keitsgrenzen der zeugenden Geschlechter gegebenen Inzucht gibt es

keine Fortpflanzung, folglich auch keine Entwicklung. 3. Soweit
unsere Erfahrung reicht, beruht alles auf Inzucht, und es ist klar,
daß unter diesem Gesichtspunkt die gesamte Biologie und mit ihr
auch die Genealogie vor einer Aufgabe steht, die dem Begriff der
Inzucht in ganz anderer Weise zu Leibe gehen und denselben in
ganz anderer Weise zu betrachten haben wird, als es gemeiniglich
geschieht. Denn wenn man sich erst klar gemacht hat, daß es
außerhalb der Inzucht überhaupt eine Zeugung nicht gibt, wird
man wissenschaftlich von den Grenzen sprechen dürfen, innerhalb
deren Inzucht nützlich oder schädlich ist. 4. Das so häufig ge=
hörte Wort der Verdammung der Inzucht als solcher aber wird
sich ein für allemale als ein vollkommen leeres und nichtiges
erweisen.[1]

—

[1] Als das vorliegende Capitel eben unter die Presse ging, ist mir erst
das neuestens erschienene außerordentlich interessante Buch von „Dr. Albert
Reibmayer, Inzucht und Vermischung beim Menschen, Leipzig
und Wien 1897", bekannt geworden, in welchem, wie es scheint, zum ersten=
male der Versuch gemacht ist, den Begriff der Inzucht sachlich zu definieren und
in seiner Anwendung zu begrenzen. Der Verfasser unterscheidet eine entferntere
und nahere Inzucht, womit die Sache nun schon klarer zu werden verspricht.
Daß er das Gesetz der Inzucht im allgemeinen als etwas nothwendiges er=
kannt hat, woraus alle Qualitätsvervollkommnung und damit auch der Cultur=
fortgang erklärt wird, ist eine so wichtige und eingreifende wissenschaftliche
Beobachtung, daß ich glaube, die volle Uebereinstimmung seiner mehr auf all=
gemeine ethnographische und culturhistorische Untersuchungen begründeten Sätze
mit meinem genealogischen Resultate dankbar hervorheben zu dürfen. Ohne
Zweifel wird man — und vielleicht der Herr Verfasser selbst den Wunsch ge=
habt haben — seine wie mir scheint Epoche machenden culturhistorisch=ethno=
graphischen Forschungen möchten sich auch nach genealogischer Methode im
einzelnen bewähren lassen. Daß sich eine mathematisch exacte Betrachtung auch
in Bezug auf die Inzucht nur auf Grund der ziffermäßigen Abschätzungen des
Ahnenverlusts entwickeln lassen wird, dürfte der Verfasser aus den Ausführungen
dieses Lehrbuchs, wenn es ihm zu Gesicht kommen sollte, ohne Zweifel erkennen.
So lange man nur mit dem allgemeinen Begriff von mehr oder weniger In=
zucht operiert, bleiben vor allem jene Schlüsse, die sich auf culturgeschichtliche
und ethnographische Fragen beziehen, unsicher und problematisch. In Bezug
auf das Rassenwesen und den ehernen Bestand der führenden Geschlechter der
Völker hat der Verfasser einmal mit so dankenswerther Schärfe gehandelt, daß
sein Buch kaum von jemand, der Fragen dieser Art behandelt, ignorirt werden

Es sei nun zunächst eine Betrachtung darüber gestattet, ob sich das Gesetz der Inzucht in seinen Grenzen näher bestimmen lassen wird. Hierbei ist von dem Satze auszugehen, daß eine sehr große Aehnlichkeit der Eigenschaften zweier Individuen dazu gehört, um eine Zeugung hervorzubringen. Denkt man sich nun diese Aehnlichkeiten immer mehr verstärkt so wäre — wie sich von selbst versteht — eine Grenze denkbar, wo bei völliger Gleichheit der Individuen wiederum eine neue Lebensschöpfung versagen müßte. Und sie versagt auch wirklich sobald man die Geschlechtsunterschiede aufgehoben denkt. Alles Lebengebende liegt also zwischen den äußersten Graden von Unähnlichkeit und Aehnlichkeit zeugender Individuen. Vom Standpunkte der Genealogie läßt sich nun die Frage so fassen: Ist die Aehnlichkeit der Individuen, die sich aus der Eigenschaftsvererbung der Ahnen herschreibt das maßgebende für die Zeugung neuer Geschlechtsreihen in dem Sinne, daß die Abkömmlinge von vielen Ahnen mehr und die von weniger Ahnen abstammenden weniger Aussicht auf lebensfähige Generationen zeigen?

Darwin hat bekanntlich bei seinen Beobachtungen an domesticirten Hausthieren eine große Zahl von Sätzen aufgestellt, welche er auch auf den Menschen und seine Zeugungs- und Abstammungsverhältnisse anwendbar findet und die Genealogie vermag in vielen Fällen hiebei nichts zu thun, als die Probe darauf zu machen, ob sich das an den Hausthieren speciell in Bezug auf die Inzucht bemerkte auch an historischen Beispielen des menschlichen Geschlechtslebens nachweisen lasse. Unter den von Darwin schon erkannten biologischen Gesetzen darf man nun hier wol an zwei Dinge erinnern, die sich wenn man sie allgemein ausspricht auszuschließen scheinen, in Wahrheit aber durch viele genealogisch bekannte historische Thatsachen bestätigt und begrifflich gefestigt werden. So versichert auch schon Darwin, daß Inzucht nötig

Konnte. Mir scheinen die Probleme hier so trefflich gekennzeichnet, daß es mir eine große Freude ist zu bemerken, daß von verschiedenen Ausgangspunkten ähnliches zu gewinnen war. Wie nahe sich Ethnographie, Kulturentwicklung und Genealogie begegnen, wird die Vergleichung dieses Lehrbuches mit dem trefflichen Werke des Herrn A. Reibmayr auf jeder Seite lehren.

fei, um eine Raffe zu verbeffern und gleichzeitig erkennt er in ihr
eine Quelle der Unfruchtbarkeit und des Verfalles. Wollte man
nun die hier erwünschten und auch von Darwin geforderten
Grenzen für die eine und die andere Erscheinung mathematiſch
fixieren, ſo gäbe es kein anderes Mittel als die Abſchätzung des
Ahnenverluſtes, welcher durch einen Akt der Zeugung zwiſchen
zwei Perſonen herbeigeführt werden müßte. Man könnte darnach
wol die Sache ſo faſſen, daß die Ahnenverluſte in den höheren
und höchſten, oder aber lediglich in den nächſtſtehenden oberen
Generationen gezählt werden. Iſt der Ahnenverluſt entſcheidend,
der ſich in zwei ſtatt vier in vier ſtatt acht etwa in 6 ſtatt 16
Ahnen ausdrückt, oder iſt für Vortheil und Nützlichkeit der Inzucht lediglich entſcheidend was als Ahnenverluſte bei den Reihen
der hunderte oder tauſende zu zählen iſt? Ohne Zweifel iſt hier
der Punkt wo die genealogiſche Forſchung einzuſetzen hat, um
dem Begriff der Inzucht ſeinen vagen und nichtsſagenden Character
zu nehmen.

Um einen Anfang der genealogiſchen Unterſuchung zu machen,
ſei es geſtattet unter den in frühern Capiteln beſprochenen Ahnen-
verluſten auf die Genealogie der Ptolemäer zurückzugreifen (ſ. S.
325). Da ſich gezeigt hat, daß die ſeit dem Feldherrn Ale-
xanders des Großen bis auf Kleopatra fortgepflanzte Familie im
ganzen, wie in jeder einzelnen Generation auf dem Prinzip der
Geſchwiſterheiraten baſirte, ſo läßt ſich unter menſchlichen Verhältniſſen kaum noch ein ſtärkeres Beiſpiel von Inzucht wahrnehmen, da diesfalls nur noch die Paarungen zwiſchen Eltern
und Kindern in Berückſichtigung kämen, wofür aber keinerlei genealogiſch feſtzuſtellende Fälle vorliegen. Wenn Darwin und
nach ihm die Thierzüchter bei ihrem Begriff von Inzucht auch
— wie mir wahrſcheinlich ſcheint   auf die zwiſchen nächſtſtehenden
auf- und abſteigenden Generationen bezüglichen Zeugungen reflectie-
ren, ſo iſt klar, daß hier die Analogie zwiſchen thieriſchen und
menſchlichen Verhältniſſen vollſtändig verſagen würde, weil man wol
mit völliger Sicherheit behaupten darf, daß eine durch Generationen fortgeſetzte Paarung von Eltern und Kindern außerhab der
Geſchichte der Menſchheit, ſoweit ſie genealogiſch verfolgt werden

kann, liegt[1]). Dagegen sind die Ehen der Ptolemäer bekanntlich nichts vereinzeltes in der Geschichte des Orients[2]) und es war daher von ungemein großem Werth, daß wir diese Fälle mit ziffermäßigen Feststellungen besprechen konnten. Man kann also sagen die Ptolemärgeschichte bietet ein Beispiel von größtmöglichsten Ahnenverlusten in einer Reihe von sieben oder acht Generationen. Gehen wir nun an die Betrachtung der Wirkungen der hier beobachteten Inzucht, so ist zunächst nach der Lebensdauer der Geschlechter zu fragen. Hier zeigt sich nun zwar eine ungleiche Vertheilung in den Altersgrenzen der einzelnen regierenden Könige von Aegypten, aber für die gesammte Reihe ergibt sich ein durchaus normaler Durchschnitt von etwa 30—35 Jahren für die Lebenswirksamkeit jeder Generation. Es kommt dazu, daß man von nachgeborenen Kindern die aus den Ehen der Ptolemäer hervorgegangen sind, so wenig wie möglich weiß und daß die gesammte Ueberlieferung des Stammbaums lückenhaft ist. Möglicherweise stellt sich also das auf die Lebensdauer bezügliche Resultat der Inzucht bei dieser Familie noch viel günstiger dar. In Bezug auf den allgemeinen Bestand des Geschlechts zeigt sich als wahrscheinlich, daß zur Zeit des Kaisers Augustus von den letzten zwei Generationen keine männlichen Nachkommen vorhanden gewesen sind; während die Abstammungen älterer Generationen unbekannt sind, daher außer Betracht bleiben müssen. Was als sicher gelten darf, ist die Thatsache, daß ein in stärkster Inzucht lebendes Geschlecht in siebenter und achter Generation keine Nachkommenschaft erzielt hat. Vergleicht man aber dieses Resultat mit andern nachweisbaren Generationsverhältnissen, so zeigt sich dasselbe wenigstens in dem Sinne durchaus nicht besonders auffallend, daß wir das Wegfallen männlicher Nachkommen nach einer Reihe von 7—8 Generationen als eine fast regelmäßige Erscheinung bemerken werden.

---

[1]) Es scheint mir nicht von Wichtigkeit, ob etwa bei unseren erweiterten ethnographischen Kenntnissen Stämme irgendwo aufgefunden sind, bei welchen Inzucht zwischen Eltern und Kindern besteht. Diese Fälle hätten natürlich nur einen Werth, wenn sie in einer gewissen Generationenreihe beobachtet werden konnten, wodurch der ziffermäßige Ahnenverlust berechenbar wäre. Ich lasse daher diese Möglichkeit ganz außer Rechnung.
[2]) Vgl. Schrader a. a. O. oben S. 83 in Betreff der Iranier überhaupt.

Nicht viel anders steht es mit der Fortpflanzung des Ptole-
märgeschlechtes in Betreff sonstiger biologischer Verhältnisse. Es
wird mindestens ziemlich schwierig sein, physische und moralische
Uebel, von welchen dasselbe befallen war, in bestimmter Weise
auf die zu geringe Ahnenzahl der späteren Generationen zurückzuführen. Denn es sind von den Ptolemären durchaus keine Eigenschaften bekannt, welche nicht auch bei Menschen mit großen und in
langen Reihen von oberen Generationen regelmäßiger Ahnenzahlen
vorzukommen pflegen. Die sämmtlichen Nachkommen Ptolemäus II.
und seiner Schwester Arsinoe dürfen im allgemeinen als geistig und
körperlich völlig unverkrüppelte Persönlichkeiten bezeichnet werden.
Auf ihren Münzen, die uns über ihre äußere Erscheinung einige
Auskunft geben können, finden sich manche Köpfe von hervorragend
edler Geistesbildung, fast alle gescheidt und entschlossen im Ausdrucke, einige mit harten, finsteren Zügen. In den Ueberlieferungen
ihrer Geschichte giebt es einzelne Fälle von Grausamkeit, aber das
Normalmaß antiker Herrschercharaktere scheint doch nirgends überschritten. Die letzten Generationen scheinen im Mannesstamm
schwächlicher geworden zu sein, während sich an den Namen Kleopatra,
— und er erscheint auch in den älteren Generationen oftmals
— die Vorstellung von der höchsten verführerischen Kraft des Weibes
schon für die Zeitgenossen knüpfte. Blickt man auf einzelne,
gut erhaltene Porträtköpfe dieser aegyptischen Könige, so darf man
den III. IV. und V. Ptolemäus besonders hervorheben: der dritte
und fünfte waren Söhne von Geschwistern und nur der vierte hatte
eine Mutter nicht ptolemäischer Herkunft. Trotzdem, — oder soll
man sagen eben deshalb? — sind seine Gesichtszüge bei weitem
weniger fein und edel, als diejenigen seines Vaters und ganz besonders seines Sohnes Epiphanes.[1] Es giebt viel zu wenige
Ahnentafeln mit den Ahnenverlusten der Ptolemäer, um hier
weitgehende Folgerungen anschließen zu dürfen, aber mit einer
gewissen Reserve darf man die Vermutung aussprechen, daß hier
ein Fall vorliegt, wo Inzucht veredelnd wirkte und jedenfalls einen

---

[1] Ich benutze das vortrefflich schöne Werk von Imhoof-Blumer,
Porträtköpfe auf antiken Münzen. Leipzig 1885.

lauten Protest gegenüber den manchmal ins ungeheuere gehenden
Schilderungen des Nachteils und der Verderblichkeit der Inzucht
darbietet. Wollte man auch zugestehen, daß die Schwäche des
Mannesstammes — man bemerke wol, daß nur vom Mannesstamm
die Rede sein kann — in den letzten Generationen auf den wachsen-
den Ahnenverlust zurückzuführen sei, so sind für sechs Generationen
doch immerhin lange Lebenswirksamkeiten nachweisbar und wenn
man demnach einen verallgemeinernden Schluß machen wollte, so
könnte gesagt werden: in siebenter Generation treten bei Ahnenverlusten von zwei gegen vier und ähnlichen proportionalen Verhältnissen oberer Ahnenreihen schwächliche Zeugungserscheinungen
im Mannesstamme ein. Allein auch in der freizügigen Bevölkerung, die seit Jahrhunderten in den großen Städten sich an-
sammelt, hat man das Verschwinden von Familien, also den
Schwächezustand der Mannesstämme nach einer gewissen Reihe von
Generationen nachgewiesen, (s. oben S. 328) und es scheint also
vielmehr, daß man es mit einer Erscheinung zu thun hat, die sowol bei minimalsten, wie bei größtmöglichsten Ahnenverlusten in
ganz gleicher Weise zu beobachten sein wird. Leider sind diese
Ahnentafeln sowol in den freizügigsten bürgerlichen wie in jenen
Inzüchtigsten Kreisen nicht genügsam durchforscht, aber aller Wahrscheinlichkeit nach werden die Gründe des Rückgangs des Fort-
pflanzungsvermögens in bestimmten Familien d. h. also in den
Mannesstämmen doch nicht im Ahnenverlust sondern in anderweitigen Umständen des Lebens und der Entwicklung zu suchen sein.

Betrachtet man die weitgehenden Ahnenverluste, die oben
(S. 310) in den vornehmsten Häusern von Deutschland angeführt
worden sind, so reichen sie ja nicht entfernt an diejenigen der
Ptolemäer heran, aber auch die Folgen dieser Inzuchtsfälle müßten
eigentlich von viel stärkerer und verderblicherer Art sein, als sie
thatsächlich sind, wenn der Grad der Inzucht d. h. die Ziffer des
Ahnenverlustes in einem gesetzlich zu erkennenden Verhältnis zur
Fortpflanzung der Geschlechter im Mannesstamme stände. So
müßte, wenn hier nicht andere Umstände wesentlich mitwirken
würden, der Besitzer von 128 regelrechten Ahnen dreimal mehr
nachkommende Geschlechter erwarten dürfen, als der, welcher von

diesen 128 nur 40 nachweisen kann. Aber wie selten würde diese
Rechnung bestätigt werden können. Auch die Ungleichheit der
Nachkommenschaft der Brüder einer und derselben Familie sollte
davor warnen, dem Inzuchtsfaktor eine zu große Bedeutung für
die Fortpflanzung zuzuschreiben. Von den vierzig Beispielen besonders großer Ahnenverluste, die im früheren Kapitel angeführt
worden sind, beziehen sich die meisten auf Familien, in welchen
in den verschiedensten Generationen Ahnenverluste ähnlicher Art
vorgekommen sind, ohne daß diese irgend welche nennenswerthe
Nachtheile davongetragen hätten; vielmehr ist die genealogische
Geschichte der meisten der dort angeführten Geschlechter eine viel-
hundertjährige und nichts berechtigt zu der Annahme, daß die
letzteren Generationen in Bezug auf physische oder psychische Eigenschaften irgend unterschieden wären von den früheren. Vielmehr
zeigen alle historischen Parallelen, wo immer man gerade die
Familien mit starker Inzucht beobachtet, die Erscheinung von Dauereigenschaften in hervorragendem Maße. Hier kann von wesentlichen Veränderungen weder im physischen noch psychischen Sinne
die Rede sein. Wenn der verstorbene König Georg von Hannover
mit Vorliebe von den besonderen Qualitäten des Welfenthums
sprach und kaum einen Zweifel hegte, daß Heinrich d. Löwe von
einer ganz gleichen Natur war, wie die meisten seines Geschlechts bis
auf unsere Zeit, so wurde das von kurzsichtigen Leuten belächelt;
aber genealogisch genaue Forschungen zeigen, daß wirklich in dem
ganzen Welfengeschlechte Dauereigenschaften sich finden, die fast an
das wunderbare streifen. (vgl. oben S. 427). Und doch sind Inzuchtsfälle und Ahnenverluste im Welfenhause allzeit sehr große
gewesen. So wurden von Moritz Otto in demselben 14 Verwandtenehen nachgewiesen, worunter die Hälfte durchaus normale Folgen
zeigten, während bei mehreren unfruchtbaren Ehen die Gründe
der Kinderlosigkeit ganz wo anders zu suchen waren, als in der
Inzucht. Die Fortpflanzung ist nach allen genealogischen Beobachtungen, sowol bei normalem Ahnenstand, wie auch bei großem
Ahnenverlust, in der Descendenz von persönlichen Umständen abhängig, die sich bei verschiedenen Zweigen einer und derselben
Abstammung verschieden entwickeln. Würde die Fortpflanzungs-

frage mit der Inzucht in Verbindung stehen, so müßten die Nachkommen eines Paares in Bezug auf die Fortpflanzung gleiche
Resultate geben, weil Ahnenbesitz und Ahnenverlust für alle Kinder
eines und desselben Paares gleich waren. Dagegen zeigt die
Genealogie aller Häuser die gerade umgekehrte Erscheinung: zahlreiche Zweige finden im Mannesstamme keine Fortsetzung und nur
aus einem einzelnen Aste entwickelt sich zahlreiche Nachkommenschaft.
Es wäre in der That eine unnötige Bemühung Beispiele im einzelnen
anzuführen. Jeder über eine längere Reihe von Generationen
ausgedehnte Stammbaum zeigt zahlreiche Fälle, wo die Erhaltung
des Familiennamens — wie man zu sagen pflegt auf zwei Augen
stand. Würde in der Inzucht der Grund des Aufhörens eines
Geschlechts zu sehen sein, so bliebe ja unerklärt, warum in so
vielen Fällen die männliche Nachkommenschaft wegfiel und in anderen,
die unter denselben Inzuchtsziffern sehr wol gediehen sind, doch
fortbestand.

B. Aussterben der Geschlechter.

Auch der Begriff des Aussterbens von Familien bedarf einer
näheren Erklärung und im Hinblicke auf die nur zu häufige Anwendung desselben bei der Erörterung pathologischer Fälle einer
genaueren wissenschaftlichen Revision. Es sind vorzugsweise zwei
Dinge, welche in unzähligen biologischen Erörterungen als Ursache
des Aussterbens der Familien angeführt zu werden pflegen: die
eben erörterten Inzuchtsverhältnisse einerseits und die in einem
früheren Capitel besprochene Vererbung pathologischer Eigenschaften.
In beiden Fällen wird der Begriff der „Degeneration" als Ursache
der „Extinction" der Geschlechter eingeführt und man glaubt damit einen fast mathematisch festzustellenden Causalzusammenhang in
den Generationsverhältnissen und ein Gesetz der Vererbung nachgewiesen zu haben. In Wahrheit hätte schon der Gedanke an die
ununterbrochene Fortdauer der Menschheit überhaupt die biologische
Forschung von der Aufstellung so ganz allgemeiner und durch ihre
Allgemeinheit verderblicher Sätze abhalten sollen. Geht man von
der Vorstellung aus — wie das im Gegensatze zu den im vierten
Capitel des II. Theils nachgewiesenen Verhältnissen meistens zu

geschehen pflegt — daß das Menschengeschlecht von einem Paare
abstammt, sei es daß es dasjenige der Bibel, oder das wäre,
welches die menschliche Gestalt und das menschliche Wesen als ein
Naturgeschenk der Zuchtwahl annimmt, so ist es klar, daß diese
Familie ein unterbrochenes Leben besitzt. Alle erdenkbaren Uebel,
welche diese Adams verschiedenartiger Herkunft auf ihre Nachkommen
vererbt haben, vermochten das Aussterben ihrer Familien bis heute nicht
zu bewirken. Nun spricht man freilich im „engeren Sinne" vom Aussterben, aber indem man einen relativen Begriff in einer sehr ver-
allgemeinerten Form verwendet, darf man nicht vergessen, daß es
zwar möglich ist, wenn es sich um zwei oder drei Generationen
handelt, die bestimmte Behauptung auszusprechen, daß die Nachkommen eines Paares allesammt ohne weitere Zeugungsfrüchte ver-
storben wären, aber daß es, sowie man die Reihen der Vorfahren
vermehrt, sofort eine unendlich schwierige, nur sehr selten zu lösende
genealogische Aufgabe wäre, zu sagen ob eine Familie ausgestorben
sei, oder nicht. Wahrscheinlich gibt es überhaupt nur verhältnismäßig recht wenige Stammeltern, von denen heute keine zahlreiche
Nachkommenschaft mehr existirt.

Daß die Capetinger heute noch leben, weiß jedermann, daß
aber die Karolinger oder Pippiniden ausgestorben seien, ist ein
Irrthum, wenn es nicht als eine für die Bequemlichkeit von
Schülern gebrauchte Phrase gesagt sein soll, die nur aufmerksam
macht, daß in der weiteren Entwicklung des historischen Schulbuchs
keine Männer mehr genannt werden würden, welche ihre Abstammung von Karl dem Großen oder von Pippin von Landen
oder von dem von Heristall urkundlich nachzuweisen im Stande
wären. Während man nun aber unter der Voraussetzung des
richtigen Begriffs in Bezug auf die zu gewinnende historische
Uebersicht mit dem Worte des Aussterbens etwas ganz nützliches
bezeichnen mag, würde man zu ungeheuren Irrtümern gelangen,
wenn man biologische und pathologische Schlüsse aus einer Vorstellungsweise ziehen würde, die im vollsten Widerspruche gegen
die Thatsachen steht, indem man von aller weiblicher Descendenz
einerseits und von aller geschichtlich und genealogisch nicht eben
verzeichneten Nachkommenschaft andererseits absieht. Es ist durch-

aus wahrscheinlich), daß die allermeisten regierenden Häuser in
Europa von dem Blute Karls des Großen herstammen und ebenso
ist schon von anderer Seite bemerkt worden, daß eine ganz große
Masse von niederen Geschlechtern heutzutage existiere, die unzweifelhaft königliches und kaiserliches Blut in ihren Adern haben. Wer
in dieser Beziehung verwegene physiologische und pathologische Folgerungen aus den ihm eben vielleicht zur Hand liegenden politisch-historischen Stammbäumen macht, wird sich nicht
beklagen dürfen, wenn die wissenschaftliche Genealogie dieselben zu-
rückweist. Es ist schon aus Anlaß der Besprechung der Inzucht
bei den Lagiden bemerkt worden, daß man zwar von dem Aussterben der männlichen Nachkommenschaften dieser geschwisterlichen
Erzeuger sprechen könnte, aber daß die Geschichte mannigfaltige weibliche Descendenzen derselben gar nicht zu verfolgen vermag, welche
die Erinnerungen an die Ptolemäer längst verloren hatten und
den Familien ihrer Männer eingeordnet worden sind.

Zu nicht geringerer Vorsicht bei Beurtheilung von pathologischen Erscheinungen, die das Aussterben bewirkt haben sollen,
mahnt der Umstand, daß es sich bei Familienbetrachtungen meist
nur um die legitimen Sprossen handelt. Aber es bestehen unzählige illegitime Zweige von Familien, die man in Folge von
neuropathischen Vererbungen als ausgestorben qualifizirt hat. Wie
vieles ist von den Folgen jener Uebel gesagt worden, die an der
habsburgischen Familie seit dem 15. Jahrhundert in Spanien beobachtet wurden, und was soll man dazu sagen, wenn ein so an-
gesehener Gelehrter wie Dejerine seine schon früher eingehend besprochene genealogische Tafel (s. Seite 448) gleichsam um noch
den vollsten Trumpf für seine Behauptungen auszuspielen, mit
den Worten endigt „Extinction de la race." Er hätte sich
doch erinnern sollen, daß die ungemein große Menge von Bourbonen, unter denen sich auch heute noch eine ganz ansehnliche
Menge von kerngesunden Leuten befindet, von der Schwester jenes
kinderlosen Mannes abstammen, der seiner Meinung nach die Rasse
geschlossen habe. Und auch der Orleans hätte er sich erinnern
können, die in der nächst höheren Generation auf dieselben Habsburger zurückgehen. Diese erfreuen sich meist einer besonderen

Langlebigkeit. Nicht anders steht es mit dem auf den Ahnenverlust zurückgeführten Abgang der österreichischen Habsburger.
Weder weiß man, ob nicht Nachkommen illegitimer Verbindungen
von ihnen noch existiren, noch dürfte man vergessen, daß von der
Kaiserin Maria Theresia hunderte von Nachkommen sich der
blühendsten Gesundheit erfreuen, noch besteht ein Zweifel darüber,
daß auch die letzten männlichen Sprossen dieses Hauses die vollste
Zeugungsfähigkeit besaßen.

Alle diese Erwägungen geben den genealogischen Beweis, daß
die Genealogie über alles dasjenige, was in außerordentlich vielen
medizinischen und biologischen Werken über das Aussterben der
Familien gesagt zu werden pflegt, zur Tagesordnung übergehen
muß. Die Schlüsse, welche hier gemacht zu werden pflegen, stehen
vollkommen in der Luft.

Mit bei weitem mehr Vorsicht und Besonnenheit ist von
Seite der Statistik die Erscheinung des sogenannten Aussterbens
behandelt worden. Ein Werkchen, welches in dieser Beziehung sich
insbesondere des gräflichen Taschenbuches bemächtigte, hat vor
einigen Jahren viel Beachtung gefunden und eine Richtung ge-
zeitigt, die dem sogenannten Verfall der Adelsgeschlechter und insbesondere der hohen Europäischen Häuser mit vielem Eifer nach-
forscht.[1]) Aber die Methode, die hierbei verfolgt wird, ist nicht
genealogischer Art. Man zählte die Köpfe und machte aus
mancherlei Vermutungen über früher bestandene Verhältniszahlen
Schlüsse für die Zukunft. Ein Verdienst von H. Kleine war es
aber, die statistisch nachzuweisenden Verminderungen gräflicher
Adelsgeschlechter und das vermöge des zu erwartenden kinderlosen
Abgangs zahlreicher Mannslinien schon jetzt bemerkbare sogenannte
Aussterben vieler Familien nicht auf vage biologische Voraus-

---

[1]) Dr. E. Kleine. Der Verfall der Adelsgeschlechter, statistisch nachgewiesen. Leipzig 1870. Viel weniger vorsichtig ist Ad. Franz, Die höchsten
Adelsgeschlechter im Leben wie im Tode. Berlin 1880. Daß die Zeitungs-
blätter von Zeit zu Zeit durch biologische Prophezeiungen Gruseln in gewissen
Familien zu erregen suchen, versteht sich von selbst, aber beispielsweise das
russische Herrscherhaus befindet sich mit seinen 30 Großfürsten bei seiner Inzucht
und anderen Uebeln so außerordentlich wol, daß diese Dinge gewöhnlich keinen
großen Eindruck machen.

setzungen, sondern auf wirtschaftliche und praktische Fragen zurückgeführt zu haben. Insbesondere darf es ihm als eine wirkliche
und nützliche Leistung angerechnet werden, die so sehr beliebte In-
zuchts- und Vererbungsgefahr nicht in unbilliger Weise herbeigezogen zu haben. Indessen ist daneben nicht auszuschließen, daß
trotz der sorgfältigen Erwägung soziologischer und wirtschaftlicher
gewis in der Frage der Familienbestände entscheidender Fragen,
auch den genealogischen Beobachtungen ein Platz einzuräumen wäre.
So darf es als ein genealogisches Problem bezeichnet werden,
wenn Kleine sehr richtig auf die Erscheinung aufmerksam macht,
daß eine große Anzahl von Standesehen in einem viel zu hohen
Lebensalter der Männer abgeschlossen werden. Wollte man
diesen Gedanken genealogisch weiter verfolgen, was sicherlich zu
wünschen wäre, so würden die Geschlechtstafeln, man könnte sagen
auf jedem Blatte, hervorragende Grundlagen zu wichtigen Schlüssen
bieten. Die Wirkungen der Altersgrenzen der Stammpaare auf
die Zeugung nachkommender Geschlechter lassen sich selbst nach
Generationen noch genealogisch nachweisen. Unser Material ist in
dieser Beziehung in der Lage, sowol nach oben wie nach unten
die Altersgrenzen zu bezeichnen, innerhalb welcher hier lebens-
kräftiger und dort schwacher Generationennachwuchs zu finden sein
wird. Besonders ist die Genealogie sehr wol im Stande, die Vor-
bereitungen zu dem sogenannten Aussterben der Familien, d. h.
also die Ursachen des Mangels männlicher Reproductionen in
Bezug auf die untere Altersgrenze genauer zu erkennen, als dies
durch irgend eine statistische Beobachtung heutiger Zeit möglich
wäre, weil die frühzeitigen Vermählungen allzu jugendlicher Leute
heute glücklicherweise kaum mehr vorkommen und der Stammtafel
älterer Geschlechter angehören.

Demgegenüber hat, wie gesagt, Kleine auf die Gefahren
einer zu späten Altersgrenze bei Verheiratungen hingewiesen und
auch dafür gibt es eine große Anzahl von genealogischen Beispielen,
nur muß man nicht erwarten, daß die Wirkungen zu hohen Alters
oder zu ungleichen Alters sich gleichsam statistisch überzeugend
nachweisen lassen, vielmehr sind alle Folgen spätaltriger Zeugungen
nicht an der ersten, sondern erst an der dritten, vierten Generation

deutlich bemerkbar. So ist auch in einer und derselben Familie stets die Beobachtung zu machen, daß in jenen Linien, die auf späteren Zeugungen der Stammväter beruhen, die männliche Reproduction schwächer und schwächer wird. Bei den Hohenzollern sind wiederholt immer wieder die jüngeren und jüngsten Linien, die fränkische wie die Schwedtsche u. s. w. ausgestorben, d. h. in ihren männlichen Zweigen erloschen, während die Hauptlinien, da sie aus rüstigen, männlichen Lebensaltern hervorgegangen sind, ihre männlichen Reproductionen meist zu sichern wußten. Freilich darf man daneben wieder nicht verkennen, daß gerade die erwähnten jüngeren Zweige — gerade auch bei den Hohenzollern — vortreffliche Stammmütter aller möglichen anderen Häuser gezüchtet haben. Was an männlicher Fortpflanzung bei spätaltriger Zeugung oft mangelt, wird sich für weibliche Nachkommenschaft oft noch sehr fruchtbar erweisen. Würde man hier sehr viele Fälle genealogisch zusammenstellen, so käme man allerdings auf ein statistisches Resultat, welches die Fruchtbarkeit des Spermatozoons nach den Altersgrenzen des Erzeugers für eine Zahl von Generationen berechnen ließe, doch würden selbstverständlich dabei doch nur Wahrscheinlichkeiten gefunden werden, weil ja alle Familienfortpflanzung neben der physiologischen auch äußerliche Gründe hat, die sich überhaupt nur schwer von einander trennen lassen.

Was über Leben und Tod der Geschlechter beobachtet werden kann, vermag sich nicht sehr hoch über jene Stufe von Vermutungen zu erheben, welche etwa eine Lebensversicherungsgesellschaft über die wahrscheinliche Lebensdauer, oder über den konstitutionellen physischen Charakter eines Individuums anstellen läßt. Indessen werden auch solche Resultate, wie sie hier der Versicherungsanstalt dienen, dort auch einer von menschlicher Weisheit bescheiden denkenden Philosophie erwünscht sein. So läßt sich schon aus dem Umstande, daß es niemals eine Stammtafel gegeben hat und geben wird, auf welcher alle Descendenzen in gleicher Stärke zur Fortpflanzung geeignet erscheinen, diese vielmehr von einem Zweige auf den andern springt, so daß hier die größte Fruchtbarkeit und dort ein „Aussterben" stattfindet, der Schluß ziehen, daß schon in den Stammeltern eine verschiedene Tendenz für die Fortpflanzung

ihres Geschlechts bei ihren verschiedenen Zeugungen maßgebend
war. Wenn man auch von den Lebenszufälligkeiten der einzelnen
Nachkommen nicht abzusehen vermag, so darf man doch auch das
Fortpflanzungsvermögen, wie sich dies bei allen anderen Erblichkeitsverhältnissen wahrscheinlich machen ließ (s. Seite 398 f.), nicht
als eine ein für allemale einem Individuum anhaftende Eigenschaft, sondern als eine solche betrachten, die aus Umständen des
einzelnen Zeugungsaktes und also als ein Produkt der an jedem
Individuum selbst im Laufe des Lebens sich entwickelnden Veränderungen hervorgegangen ist. Würde man bei diesen Beobachtungen nicht blos Leben und Sterben der männlichen Nachkommen
(Familien) beachten, sondern auch alle Schicksale der weiblichen
Descendenzen mit hereinziehen können, so würde die völlige Ungleichheit der Reproduktionskraft in den jeweiligen Geschlechtsreihen
noch stärker in die Augen springen. Was also in der Fortpflanzung der Menschen als Vererbungseigenschaft erscheint, ist
den größtmöglichsten durch die Lebensumstände und äußeren Verhältnisse bedingten Varietäten unterworfen. Es wird daher schon
ein Gewinn sein, wenn sich auch nur einige wenige Beobachtungen
genealogisch darbieten werden, die durch ihre oftmalige Wiederholung den Gedanken an eine gewisse Regelmäßigkeit annehmbar
machen.

Sehr merkwürdig sind in dieser Beziehung die Fälle, wo der
mangelnden männlichen Reproduction eine Ueberproduction in unmittelbar vorhergehenden Geschlechtsreihen gegenübersteht. Diese
Erscheinung ist so häufig, daß man geneigt sein könnte, an einen
ursächlichen Zusammenhang zu denken. Dabei läßt sich nicht verkennen, daß es gar nicht selten die Ehen naher Verwandter gewesen sind, die ganz übermäßige Kinderzahlen bewirkten, um schon
in nächster Generation in Mannsstämmen auszusterben. So
erzeugte Maximilian II. mit seiner Cousine 15 Kinder, worunter
kräftige und zahlreiche Männer sich befanden, die jedoch keine
männlichen legitimen Nachkommen mehr erzielten. Doch dürfte
dieses Beispiel in letzterer Beziehung nicht allzu hoch angeschlagen
werden (s. oben S. 453 f.), wogegen die Fruchtbarkeit von Verwandt-
schaftsehen in dem Falle Maximilians II. so gut wie in vielen

andern Generationen dieses Hauses einleuchtet. Daß aber der
Erscheinung des sogenannten Aussterbens der Familien Ueber-
produktion vorausgegangen ist, kann noch an anderen Fällen nachgewiesen werden. So hatte Kaiser Leopold I. von drei Frauen
10 Töchter und 5 Söhne, von welchen letzteren bei voller Mann-
barkeit wieder nur je ein Söhnlein abstammte, welche frühzeitig
starben. Noch häufiger trifft man diese Erscheinung bei den zahlreichen Linien des Hauses Wittelsbach: So war es mit der Lands-
huter Linie unter Georg dem Reichen, während trotz naher Verwandtschaft Albrecht IV. mit seiner Gemalin Anna bei fort-
dauernder Fruchtbarkeit viele Generationen ins Leben rief.
Karl VII. und Maria Amalia dagegen verhinderten mit sieben
Kindern nicht den Abgang des Mannesstammes. Die Pfälzischen
Linien hatten, bevor sie ausstarben, alle ungemein zahlreiche Familien gezeugt. Philipp von der Pfalz hatte 14 Kinder, darunter
9 Söhne, und mit 4 Enkeln erlosch der Stamm. In Pfalz Neuburg besaß Philipp Wilhelm von 2 Gemalinnen 8 Töchter und
9 Söhne, von denen nur 8 Töchter und kein Sohn stammten.
Ebenso starb Sulzbach nach zweimal wiederholter Generationenreihe von 9 Kindern aus. Karl Ludwig von der Pfalz hatte von
3 Frauen 6 Töchter und 11 Söhne, mit denen die Linie Simmern
erlosch. Der letzte Pfalzgraf von Veldenz hatte 6 Schwestern und
4 kinderlose Brüder, 6 Töchter und 5 kinderlose Söhne.

Bei den Welfen findet man ganz ähnliche Verhältnisse: das
alte Haus Lüneburg ist trotz eines Kindersegens von sieben und
sechs nach zwei Generationen ausgestorben. Unter den Wettinern
erzielte Friedrich Wilhelm I. von Weimar in zwei Ehen 5 Töchter
und 6 Söhne, von denen einer 1 Tochter und ein zweiter 1 Tochter
und 2 Söhne hatte, mit denen die Linie erlischt. Allerdings ist
die ungemeine Fruchtbarkeit der Ehe Ernsts des Frommen ein
Fall von entgegengesetzter Wirkung gewesen. Dagegen ist ein
schlagendes Beispiel in den Schicksalen der großen Familie Friedrichs V. von Hessen-Homburg zu erblicken, welcher von einer Frau
6 Töchter und 8 Söhne erhielt, von denen nur einer 2 Töchter
und einen früh verstorbenen Sohn erzeugte. Desgleichen besaß der
Graf Heinrich von Nassau-Dillenburg († 1701) von einer Frau

7 Töchter und 9 Söhne, von denen nur einer 1 Tochter und 1 Sohn hatte, mit dessen frühem Tod die Linie ausstarb.

Weitere Beispiele lassen sich auch aus anderen Stammbäumen geringeren Adels darbieten: der schwedische Graf Jakob de la Gardie († 1652) hatte 6 Töchter und 5 Söhne. Von den Söhnen starb einer jung, der zweite zeugte 4 Töchter und 6 Söhne, von denen 5 jung und der älteste zwar vermählt, aber kinderlos starben. Der dritte Sohn Jakobs hatte einen Sohn und 2 Töchter, die sämmtlich jung starben, der vierte nur 4 Töchter, der fünfte eine Tochter und 4 Söhne, von denen nur einer 1 Tochter zeugte. Hier findet sich also eine Generation von 11 Kindern, der eine Generation von 22 Söhnen und Töchtern folgte; in der dritten Generation aber gibt es von allen diesen keine männliche Reproduction mehr und von den männlichen Gliedern der Familie nur 1 Tochter.

Ein ebenso rasches Verschwinden der männlichen Nachkommenschaft findet man in der Familie Noailles, wo der 1788 verstorbene Herzog Julius 12 Töchter und 9 Söhne besessen hatte. Noch merkwürdiger ist der Fall des Georg Achat von Lobenstein († 1633), dessen in drei Ehen erzeugte 12 Töchter und 8 Söhne das Aussterben des Familiennamens nicht verhinderten. Ebenfalls 8 Söhne neben 5 Töchtern besaß der im Jahre 1645 verstorbene Freiherr Ulrich von Howata. Mit der nächsten Generation starb das Geschlecht aus. Es würde sich nicht lohnen, eine noch größere Anzahl von Beispielen zu sammeln, aus welchen sich ja, wenn sie auch noch so zahlreich wären, kein Gesetz ableiten ließe. Wol aber wird man nicht leugnen können, daß die Genealogie zu beweisen scheint, daß sich der männliche Keimkern durch die Zahl der Zeugungen in den männlichen Reproduktionen unzweifelhaft erschöpft, während die Reproductionsfähigkeit in den weiblichen Descendenzen unerschöpflich fortzubestehen scheint. Ja, die Fälle, wo sich bei aussterbender männlicher Nachkommenschaft aus derselben Abstammung sehr mächtige Zweige neuer Familien in weiblicher Descendenz bilden, sind sehr zahlreich, ja, man darf vermuthen, eine regelmäßige Erscheinung. Stände man heute noch auf dem Standpunkte des Aristoteles, so dürfte man sich vorstellen, daß eine gewisse Energie, aus welcher der alte Philosoph die Reproduction des Männchens und des Weibchens erklären wollte, eine gewisse Begrenzung in den Zeugungen findet, auf denen die Erhaltung des Mannesstammes, d. h. also in unserem Sinne der Familie, beruht.

Eine große Belehrung, wenn nicht vollständige Aufklärung für diese Erscheinung würde die Genealogie zu geben im Stande sein, wenn ihr die Stammbäume zahlreicherer Familienkreise der verschiedenen gesellschaftlichen Berufsarten vorliegen würden. Würden unter den in früheren Zeiten bestandenen Ständen die unteren ihre Familiengeschichte so sorgfältig erhalten haben, wie die oberen, so besäße man vielleicht die Möglichkeit eines gesicherten Nachweises über das Verhältniß, in welchem hier und dort die männliche Reproduction in den Generationen nachwirkt. Aller Wahrscheinlichkeit nach würde sich dann eine Erfahrung, die man anderweitig beobachtet hat, auch genealogisch bestätigen lassen, daß der männliche Keim eine Wanderung von unten nach oben vollzieht und in den oberen Ständen, oder wie man nach heutiger gesellschaftlicher Organisation sagen könnte, in den höheren Berufen abstirbt. Ein sehr bemerkenswerthes Beispiel hierfür bietet ein in neuerer Zeit hergestellter Stammbaum des durch den sächsischen Prinzenraub des 15. Jahrhunderts berühmt gewordenen Köhlers, dessen Nachkommen bekanntlich im Genusse einer für die Familie Triller bestehende Stiftung, das Trillerkorn, sind. Hier ist — freilich lückenhaft — eine Nachkommenschaft vorgeführt, welche sich aus sehr tief stehenden Berufen in mannigfachen Zweigen emporarbeitet. Da zeigt sich aber in wiederholten Fällen die Thatsache, daß diejenigen Nachkommen, die sich in den untergeordneteren Lebens- und Beschäftigungszweigen halten, die Familie fortpflanzen, während die höheren Stände „aussterben“. Damit ist dann wenigstens ein Fingerzeig gegeben, in welcher Weise weitere genealogische Forschungen und Beobachtungen anzustellen wären. Eine Unterstützung findet man schon jetzt in den statistischen Erhebungen, die Galton über die Fortpflanzung und Vererbung in den Familien von Litteraten, Gelehrten, Künstlern, Dichtern u. s. w. gemacht hat. So zweifelhaft hierbei die Methode sich auch in Betreff der Erblichkeitsfrage gezeigt hat, so läßt sich in Bezug auf die Familienerhaltung doch ein Schluß aus Galtons Zählungen machen. Denn bei 300 Familien gelehrter Berufsstände, scheint die Zahl der Enkel und Urenkel überhaupt auffallend zusammengeschmolzen zu sein, so daß man unzweifelhaft ein häufiges „Aussterben" derselben voraussetzen darf. Daß man nur an die größten Namen der Litteratur fast aller Nationen zu denken braucht, um die Kurzlebigkeit solcher Familien zu erkennen, bedarf kaum hervorgehoben zu werden. Noch sind keine hundert Jahre seit dem Hintritt jener Männer verflossen, die einst in Weimar die große Zeit der deutschen Poesie repräsentierten, allein männliche Nachkommen derselben gibt es nicht mehr. Unsere genealogischen Aufzeichnungen entstammen meistens den Ueberlieferungen des Adels, wo es vermöge der meist gleichartigen Familienberufe der einzelnen Glieder schwierig ist auf Grund der größeren oder kleineren geistigen Energie die Probe auf die Dauer ihrer Zweige zu machen. Aber jedermann könnte unzweifelhaft aus der Reihe der größten Familien, der Hohenzollern, der Lothringer, der Welfen sofort eine ganze Anzahl von Beispielen anführen, nach welchen die bedeutendsten Persönlichkeiten derselben merkwürdigerweise kinderlos; oder wenigstens ohne männliche Nachkommen schon im ersten oder zweiten Glied geblieben sind. Der größte der Oranier hatte 12 Kinder und doch ist sein Mannsstamm erloschen. Bei dem grundbesitzenden, ländlichen Beschäftigungen hingegebenen, Adel läßt sich wahrscheinlich viel schwieriger eine Rechnung über die größere oder geringere Unfruchtbarkeit der höheren oder tieferen geistigen Qualitäten anstellen, weil seine Lebensführung unter sehr ähnlichen äußeren Bedingungen verläuft, dennoch aber könnten, wenn man viele Stammbäume von solchen Familien prüfen würde, wo der eine Theil der angestammten Beschäftigung mehr treu blieb, der andere sich im Staatsdienst entwickelte, auch in diesen Fällen ganz ähnliche Beobachtungen gemacht werden, wie an dem Stammbaum des thüringischen Köhlers. Die Genealogie wird hier so wenig, wie durch die früher erörterten Beispiele der Erschöpfung des Keimplasmas bei ungewöhnlich großer Reproduction das Räthsel vom Leben und Tode lösen wollen, aber sie kann doch als eine sehr beachtenswerthe Thatsache hervorheben, daß höhere und stärkere geistige Thätigkeit eine geringere Fortpflanzungsfähigkeit in sich schließt. Das Erlöschen des männlichen Geschlechts nach erreichter hoher geistiger Entwicklungsstufe im Laufe der Generationen einer Familie dürfte wahrscheinlich auch mancherlei ethnographische Probleme zu lösen vermögen, welche man unter dem unbestimmten Namen des historischen Verfalles von Völkern und Staaten zu begreifen pflegt. Ferner dürfte in Uebereinstimmung mit dieser Erscheinung die Beobachtung der Statistiker zu erklären sein, daß die nach den großen städtischen Centren strömenden Bevölkerungen gewöhnlich eine kurze Familiendauer zu haben pflegen und nach einigen Generationen — im Mannsstamm, wie man immer wieder wiederholen muß — aussterben. Das städtische Leben, die Forderungen der höheren Cultur nehmen die geistige Energie dieser Individuen stärker in Anspruch als mit dem Durchschnitt der Fortpflanzungsfähigkeit des Menschen verträglich scheint. Die in höhere Lebenswirksamkeiten tretenden Schichten der Bevölkerung, geneigt zu pathologischen Erscheinungen, bringen keine oder doch nur weibliche Nachkommenschaft hervor und die Fortdauer dieser Classen ist von einem fortdauernden Wechsel der Familien abhängig. Wenn es der genealogischen Forschung gelingt, wie kaum zu zweifeln ist, diese Thatsachen noch fester zu begründen und nachzuweisen, als bis jetzt möglich war, so wird der mit den Abwandlungen der Weltgeschichte vertraute Forscher nicht mehr von den Katastrophen der Völker und Staaten wie von einer gleichsam außerhalb der Natur und Wesenheit der Menschen in den objektiv vorliegenden Zuständen und Verhältnissen liegenden Gesetzlichkeit reden dürfen; und die Beobachtungen über den Untergang höherer Culturen und Culturvölker wird sich nicht als eine Folge äußerlicher Ueberwältigungen, sondern vielmehr als die natürliche Abnahme der Fortpflanzungspotenzen des höhern, cultivirten Individuums darstellen; und die historische Entwicklungslehre dürfte dann durchaus nicht auf den aus den sonstigen biologischen Beobachtungen entnommenen Begriff der Zuchtwahl, als vielmehr auf das Unvermögen der Natur, das geistige — um diesen Ausdruck nur im Sinne der Causalität zu gebrauchen —

schlechthin fortzupflanzen. Als Schluß der genealogischen Betrachtung ergibt sich sonach der Satz, daß diejenigen Eigenschaften,
welche als die geistig höhern erscheinen, indem sie sich als die in
den Generationen erworbenen darstellen — zwar im Gesetz der
Entwicklung begriffen sind, aber zugleich an eine Grenze gelangen,
welche in zunehmender Schwäche der Reproduction sich äußert.
Wenn Aristoteles in der Hervorbringung des Aehnlichsten den
Maßstab der Energie gefunden hat, der in der Zeugung des
Mannes durch den Mann zum Ausdruck kommt, so wird zunächst
der Schluß gestattet sein, daß das Unvermögen der männlichen
Reproduction den Rückgang der Entwicklung anzeigt, welche sich
auf dem Wege der Vererbung des Erworbenen erreichen ließ. Es
tritt der Moment ein, wo das männliche Keimplasma nicht ausreicht das ihm ähnlichste hervorzubringen, sondern nur die von
der Mutter gegebene Erbschaftsmasse sich fortpflanzungsfähig erweist. Der Fortgang des Geschlechts beruht aber auf der gleichen
Unerschöpflichkeit der männlichen, wie der weiblichen Erbschaftsmasse
und so ist dafür gesorgt, daß das, was man als das Wesen des
Aussterbens erkannt hat, immer nur ein individueller Vorgang
bleibt, welcher die Gattung als solche nicht zu berühren vermag.
Immer wieder steht der individuell entwickelten Impotenz der
höchsten geistigen Kraft die Totalität der vererbbaren Eigenschaften
des Durchschnitts zur Seite, welcher das Fortleben der Gattung
sichert, immer wieder ist es nur der einzelne Fall, bei dem sich in
Folge von Vererbung dessen, was man das höhere geistige Leben
zu nennen pflegt, die Reproduction vermindert und immer wieder
sorgt die Unerschöpflichkeit der Natur für die Erhaltung dessen
was im allgemeinen als Inbegriff menschlicher Eigenschaften erscheint. Wenn freilich die Genealogie bemerkt, daß in der langen
Reihe hervorragend geistiger Individuen, die seit dreitausend und
mehr Jahren im Andenken der Menschen blieben, die stetige und
zuverlässige Reproduction des Gleichartigen ausgeschlossen war,
wenn sie die höchsten geistigen Eigenschaften entweder nur in sehr
beschränktem Maße als erblich, und in den meisten Fällen im
Laufe der Generationen vielmehr für tödlich erkannt hat, wenn
die Nachkommen eines Sokrates keine Sokrates waren, wie Aristo-

teles schon gewußt hat, wenn Söhne und Enkel der größten
Geister erloschen, so weist sie damit nur auf die im allgemeinen
feststehende Erkenntnis von der im wesentlichen unveränderten Erhal-
tung der menschlichen Art hin, die uns in geschichtlichen Zeiten
bekannt geworden ist. Was sich als Entwicklung individueller
Besonderheiten darstellt, hat Ribot in vortrefflicher Weise als die
Grundlage jener Probleme gezeigt, in welchen der freie Wille zum
Ausdruck kommen kann; aber damit ist zugleich die Grenze be-
zeichnet, innerhalb welcher von unsern genealogischen Studien
Aufklärungen erwartet werden können.

Aus dem Allgemeinen der Erbschaftsmasse, die sich von Generation zu Generation fortpflanzt, erhebt sich immer wieder, sub-
stanziell nicht verschieden, aber verschieden entwickelt das individuelle, welches in höherer Lebenswirksamkeit frei und mächtig erscheint. Es tritt in dem ewigen Wechsel von Geburt und Tod
bald hier bald dort als das Starke hervor, vererbt sich durch Inzucht auf Kinder und Kindeskinder und ersteigt eine Höhe, auf
welcher es vergeht und stirbt, um andern Geschlechtern Platz zu
machen, welche auf den Spuren des Todes wandeln. Das starke Geschlecht, welches die Welt beherrschte, ist untergegangen, aber mit
ihm nicht der starke Wille, der in anderen Mischungen auftaucht
und ein anderes starkes Geschlecht hervorbringen wird. Steht
auch dieser Wechsel unter dem Gesetze der Erblichkeit? Ohne
Zweifel zeigt die Ahnentafel des untergegangenen Geschlechts und
die jenes neu aufkommenden irgendwo einen gemeinsamen Ausgangspunkt in dem gemeinschaftlichen Wesen der untereinander
verwandten Menschheit. Immer in neuen Generationen erscheint
diese in der Geschichte, wie die Wellen des Meeres immer als
dasselbe salzige Wasser ans Ufer schlagen, aber innerhalb dieser
gleichartigen Masse finden sich noch Besonderheiten, deren indivi-
duelles Leben einen gewissen Spielraum freier Entwicklung übrig
läßt, deren Beobachtung zu den großen Aufgaben des genealogischen Studiums mit in erster Linie gehört und welche ohne dasselbe, was man auch sonst darüber sagen und denken mag, niemals enträthselt werden wird.

Verlag von Wilhelm Hertz (Besser'sche Buchhandlung) in Berlin.

Ottokar Lorenz, Deutschlands Geschichtsquellen im Mittelalter seit der Mitte des 13. Jahrhunderts. Im Anschluß an W. Wattenbach's Werk. 2 Bände. 3. in Verbindung mit Dr. Arthur Goldmann umgearbeitete Auflage.

> Band I geheftet Mk. 7.—, geb. in Halbfrz. Mk. 8.50.
> „ II „ „ 8.—, „ „ „ 9.50.

Ottokar Lorenz, Die Geschichtswissenschaft in Hauptrichtungen und Aufgaben kritisch erörtert. 2 Bände. (Band II auch unter dem Titel: Leopold von Ranke. Die Generationenlehre und der Geschichtsunterricht.)

> Band I geheftet Mk. 7.—, geb. in Leinwd. Mk. 8.—.
> „ II „ 8.— „ „ „ 9.—.

Ottokar Lorenz, Genealogisches Handbuch der europäischen Staatengeschichte. 2., neu bearbeitete und vermehrte Auflage des „Genealogischen Hand- und Schul-Atlas". Lexikon 8°. 56 Tafeln mit erläuterndem Text.

> Geb. in Leinwd. Mk. 7.—.

Ottokar Lorenz, Staatsmänner und Geschichtschreiber des 19. Jahrhunderts. Ausgewählte Bilder.

> Geheftet Mk. 6.—, geb. in Leinwd. Mk. 7.—.

Ottokar Lorenz, Goethe's politische Lehrjahre. Vortrag. Mit Anmerkungen, Zusätzen und einem Anhang: Goethe als Historiker.

> Geheftet Mk. 3.—, geb. in Leinwd. Mk. 4.—.

Ottokar Lorenz, Zum Gedächtniß von Schiller's historischem Lehramt in Jena. Vortrag.

> Geheftet 80 Pf.

Druck von A. Schutze, Berlin S, Brandenburgstr. 33

www.ingramcontent.com/pod-product-compliance
Lightning Source LLC
Chambersburg PA
CBHW021842290326
41932CB00064B/350